Die Grundlehren der mathematischen Wissenschaften

in Einzeldarstellungen
mit besonderer Berücksichtigung
der Anwendungsgebiete

Band 197

Walter Benz

Vorlesungen über Geometrie der Algebren

Geometrien von Möbius, Laguerre-Lie, Minkowski in einheitlicher und grundlagengeometrischer Behandlung

Springer-Verlag Berlin Heidelberg New York 1973

Walter Benz
Ruhr-Universität Bochum, Institut für Mathematik
Bochum

AMS Subject Classifications (1970)
50D45, 50D50, 50A20, 50D35, 20G15
20G20, 14E05, 14H45

ISBN 3-540-05786-2 Springer-Verlag Berlin Heidelberg New York
ISBN 0-387-05786-2 Springer-Verlag New York Heidelberg Berlin

Library of Congress Catalog Card Number 72-96050

Vorwort

Mit Hilfe der reellen Algebren der komplexen Zahlen, dualen Zahlen, anormal-komplexen Zahlen können Möbiusgeometrie (Geometrie der Kreise), Laguerre- bzw. Liegeometrie, pseudoeuklidische Geometrie (Minkowskigeometrie) behandelt werden. Das geschieht für die erstgenannte Geometrie in der Geometrie der komplexen Zahlen. — Diese Zusammenhänge bilden den Hintergrund des vorliegenden Buches. In Verfolg axiomatischer Begründungen der angegebenen Geometrien wurde der Bereich der vorweg genannten reellen Algebren ausgedehnt: Ist $\mathfrak{K}$ ein quadratisch nicht abgeschlossener kommutativer Körper, $\mathfrak{L}$ eine quadratische Körpererweiterung von $\mathfrak{K}$, so gehört zur Algebra $\mathfrak{L}$ über $\mathfrak{K}$ eine miquelsche Möbiusebene und jede miquelsche Möbiusebene kann mit Hilfe einer solchen Algebra beschrieben werden. Entsprechendes gilt für Laguerre- und Minkowskigeometrie. Es gibt genau 5 paarweise nicht isomorphe kommutative, assoziative Algebren mit Eins vom Rang 3 über den reellen Zahlen; diese beschreiben Geometrien räumlicher Kurvensysteme. Beliebige kommutative Körpererweiterungen eines kommutativen Körpers führen zu miquelschen Geometrien, die eng verwandt sind mit den miquelschen Möbiusebenen, insofern als nur ein impliziter Berührbegriff an die Stelle des bei Möbiusebenen expliziten zu treten hat. Weitere Algebrengeometrien beanspruchen im hier verfolgten Rahmen Interesse, wie etwa die Quaternionen über den komplexen Zahlen, die die Geometrie der Kreise und Kugeln im vierdimensionalen Raum beschreiben.

Das vorliegende Buch ist aus Vorlesungen hervorgegangen, die der Autor an mehreren in- und ausländischen Universitäten gehalten hat. An den Anfang der Untersuchungen habe ich die klassischen Fälle, nämlich die Geometrien von Möbius, Laguerre-Lie, Minkowski gestellt. Ich möchte hiermit Tatsachenmaterial bereitstellen, das spätere Ansätze motiviert. Vom systematischen Standpunkt aus hätte man die genannten Geometrien lieber am Abschluß der Erörterungen gesehen, nämlich als geeignete Spezialisierungen des allgemeinen Falles. Natürlich bin ich nicht soweit gegangen, Sätze, die im allgemeinen Falle gelten, in den klassischen Geometrien nachzuweisen. Denn dies ist ja gerade der Reiz einer einheitlichen Darstellung, mehr noch: weckt den Wunsch nach einer solchen, Sätze, die mutatis mutandis in Einzelfällen gelten, gemeinsam zu beweisen.

Ist $\mathfrak{K}$ ein kommutativer Körper und ist $\mathfrak{L}$ eine kommutative, assoziative Algebra mit Eins über $\mathfrak{K}$, so wird in Kapitel II der $\mathfrak{K}$-Algebra $\mathfrak{L}$ eine Geometrie Σ ($\mathfrak{K}$, $\mathfrak{L}$) zugeordnet. Dieser Ansatz (der verallgemeinert werden kann und wurde, was auch in Kapitel IV im Hinblick auf das kommutative Gesetz geschieht) faßt neben den genannten klassischen Fällen eine Reihe allgemeiner Geometrien, die in der Literatur betrachtet wurden, unter einem Dach zusammen. Der genannte Ansatz zusammen mit der Standardbezeichnung Geometrie der komplexen Zahlen stand Pate bei der Namensgebung dieses Buches. Der Kurztitel Geometrie der Algebren wurde allerdings nicht ohne Untertitel benutzt, um das Buch abzugrenzen gegenüber allen geometrischen Untersuchungen im Rahmen von Algebren, die hier nicht berücksichtigt werden konnten.

Neben dem systematischen Aufbau werden Teile der in Kapitel II behandelten Fragen, wie etwa die Berührtheorie, Rückführung harmonischer Lage auf Berührung, Winkeltheorie, Gabelung nach der Parallelitätsrelation in der dargebotenen Allgemeinheit erstmalig der Öffentlichkeit vorgelegt.

Kapitel III ist axiomatischen Fragen gewidmet. Hier wird die van der Waerden, Smidsche Theorie der miquelschen Möbiusebenen gebracht. Das in diesem Zusammenhang wichtige Resultat von Yi Chen, daß nämlich bereits der volle Satz von Miquel aus dem einfachen Satz von Miquel folgt, habe ich ebenfalls mit Beweis aufgenommen. Eine axiomatische Begründung der Liegeometrie, die mit einer Abschwächung des Fundamentalsatzes der Liegeometrie arbeitet, ist auch in Kapitel III aufgenommen zusammen mit einer axiomatischen Charakterisierung der Geometrie von Minkowski. In Kapitel IV widmen wir uns insbesondere dem Studium der fünf räumlichen Fälle, die Geometrien räumlicher Kurvensysteme sind. Des weiteren gebe ich in Kapitel IV einen Ausblick auf den nichtkommutativen Fall, der auf die Geometrie der Quaternionen, diese als Algebra über den komplexen Zahlen aufgefaßt, angewandt wird.

Das Buch ist so abgefaßt, daß es schon von Mathematikstudenten ab dem dritten Semester mit Gewinn zur Hand genommen werden kann. Gelegentliche Einstreuungen, die zum Verständnis weitere Vorkenntnisse erfordern, sind Ergänzungen oder betreffen in Form von Gegenbeispielen den Gültigkeitsbereich gewisser Aussagen; diese Einstreuungen können beim ersten Lesen übergangen werden.

Danken möchte ich allen, die mir im Zusammenhang mit der Abfassung dieses Buches geholfen haben: Herr W. Leißner hat das Buchmanuskript kritisch durchgesehen und viele Verbesserungen vorgenommen. Die Ausführungen über Liegeometrie in Kapitel III stammen zudem aus seiner Feder. Herr H. Schaeffer las kritisch Teile des Manuskriptes und half bei der Anfertigung von Literaturverzeichnis und Index. Mrs. Margit Zankl und Fräulein Angelika Blaszkowski halfen bei der Reinschrift, bei der Herstellung von Figuren und Index.

Zu danken habe ich Herrn R. Baer für seine seinerzeitige Anregung, ein Buch zu schreiben. Zu danken habe ich auch dem Verlag für sein stetes und freundliches Entgegenkommen.

Bochum, Januar 1973

Walter Benz

Inhaltsverzeichnis

Kapitel I. Der klassische Fall

Kapitel II. Ketten

Kapitel III. Kreise und Zykel

Kapitel IV. Kurven- und Flächensysteme als Kettengeometrien

Anhang

Kapitel I

Der klassische Fall

§ 1. Möbiusgeometrie

1. Euklidische Kreise. Möbiussche Kreise

Gegeben sei in einer reellen euklidischen Ebene **E** ein kartesisches Koordinatensystem. Dann kann der in **E** gelegene euklidische Kreis mit dem Mittelpunkt (m_1, m_2) und dem Radius $r > 0$ wiedergegeben werden als Menge der Punkte (x, y), x, y reell, die der Gleichung

$$(x - m_1)^2 + (y - m_2)^2 = r^2 \tag{1.1}$$

genügen (s. Abb. 1).

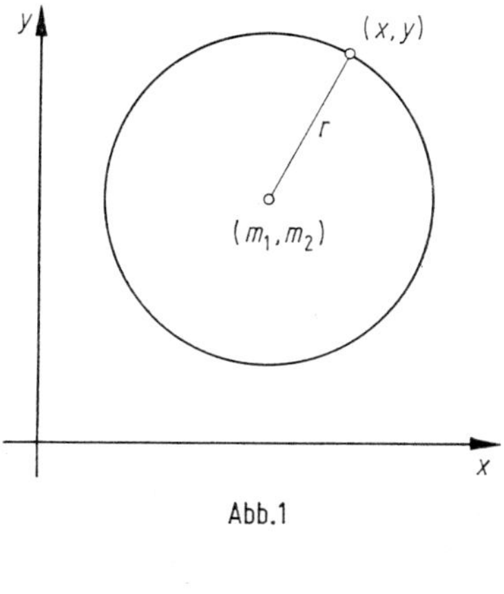

Abb. 1

Wir fügen — nach dem Vorgang von Möbius — der Menge der Punkte der Ebene einen weiteren (fiktiven) Punkt hinzu, den sogenannten *unendlich fernen Punkt*, der in der Form ∞ aufgeschrieben wird. Ein *Möbiusscher Kreis*, im folgenden kurz *Kreis* genannt, ist nun entweder ein euklidischer Kreis oder aber eine Punktmenge

$$\{(x, y) \mid ax + by + c = 0\} \cup \{\infty\}, \tag{1.2}$$

wo a, b, c reelle Zahlen sind, so daß nicht a, b beide Null sind[1]. Neben den euklidischen Kreisen werden also auch die um den Punkt ∞ erweiterten Geraden Kreise genannt.

Fragen wir uns nun, genau wann

$$a(x^2 + y^2) + bx + cy + d = 0 \tag{1.3}$$

die Gleichung eines euklidischen Kreises oder aber einer Geraden darstellt: Eine leichte Überlegung zeigt, daß hierfür

$$b^2 + c^2 > 4ad \tag{1.4}$$

eine notwendige und hinreichende Bedingung ist.

Wir wollen komplexe Zahlen benutzen, um (1.3) in einer anderen Form aufzuschreiben: Man kommt zur *Gaußschen Zahlenebene* — ausgehend von der Ebene **E** —, wenn man dem Punkt (x, y) die komplexe Zahl $x + iy$ zuordnet, und zur *vollen Gaußschen Zahlenebene*, wenn man zur Menge $\mathbb{C}$ der gerade betrachteten Punkte $x + iy$ den Punkt ∞ hinzufügt. Die Abbildung

$$x + iy \to x - iy, \quad x, y \text{ reell}, \tag{1.5}$$

stellt einen *Automorphismus* des Körpers $\mathbb{C}$ der komplexen Zahlen dar, d.h. eine eineindeutige Abbildung von $\mathbb{C}$ auf sich mit den Eigenschaften

$$\overline{z_1 + z_2} = \overline{z}_1 + \overline{z}_2, \quad \overline{z_1 z_2} = \overline{z}_1 \overline{z}_2, \tag{1.6}$$

für beliebige komplexe Zahlen z_1, z_2, wobei an Stelle von $x - iy$ die übliche Schreibweise $\overline{x + iy}$ benutzt wurde. Dieser Automorphismus ist außerdem *involutorisch*, d.h. es gilt $\overline{\overline{z}} = z$ für jedes $z \in \mathbb{C}$, aber nicht durchweg $\overline{z} = z$. Mit Hilfe der Abbildung $z \to \overline{z}$ gewinnt (1.3) die Form

$$az\overline{z} + \overline{h}z + h\overline{z} + d = 0, \quad h = \frac{b + ic}{2}. \tag{1.7}$$

An Stelle von (1.4) können wir schreiben

$$h\overline{h} > ad. \tag{1.8}$$

Die Gleichung (1.7) eines Kreises (hier ist also auch (1.8) vorausgesetzt) leidet unter dem Mangel, daß wir ihr im Falle $a = 0$ nicht explizit entnehmen können, daß ∞ ein Punkt des Kreises ist. Das wird anders, wenn wir homogene Koordinaten einführen, d.h. wenn wir $\mathbb{C} \cup \{\infty\}$ als *projektive Gerade* über dem Körper $\mathbb{C}$ der komplexen Zahlen auffassen: Ist (z_1, z_2) ein geordnetes Paar komplexer Zahlen, so wollen wir es einen

[1] Ist **G** eine Grundmenge, so werde mit $\{g \mid \mathfrak{E}\}$ die Menge aller $g \in$ **G** bezeichnet, die die Eigenschaft $\mathfrak{E}$ haben.

Punkt der projektiven Geraden $\mathbb{P}(\mathbb{C})$ über $\mathbb{C}$ nennen, wenn nicht beide Zahlen z_1, z_2 Null sind; außerdem sollen zwei Paare (z_1, z_2), (z_1', z_2') der eben genannten Art identifiziert werden (d.h. denselben Punkt darstellen), wenn sie sich nur um einen komplexen Faktor $k \neq 0$ unterscheiden, d.h. wenn $z_\nu' = kz_\nu$, $\nu = 1, 2$, ist. Wir können also einen Punkt von $\mathbb{P}(\mathbb{C})$ genau wiedergeben durch eine Paarmenge

$$\mathbb{C}^\times(z_1, z_2) = \{(kz_1, kz_2) \mid k \in \mathbb{C}^\times\},$$

wo $\mathbb{C}^\times$ die Menge $\mathbb{C} - \{0\}$ sei[2].

Setzen wir fest, daß (z_1, z_2) im Falle $z_2 \neq 0$ den Punkt $\frac{z_1}{z_2}$ der Gaußschen Zahlenebene repräsentiert und im Falle $z_2 = 0$ (hier ist also $z_1 \neq 0$) den unendlich fernen Punkt ∞, so haben wir mit $\mathbb{P}(\mathbb{C})$ genau die Punkte der vollen Gaußschen Zahlenebene erfaßt.

Multiplikation der Gleichung (1.7) mit $z_2\bar{z}_2$ — es sei $z = \frac{z_1}{z_2}$, $z_2 \neq 0$ gesetzt — ergibt:

$$az_1\bar{z}_1 + \bar{h}z_1\bar{z}_2 + h\bar{z}_1z_2 + dz_2\bar{z}_2 = 0. \tag{1.9}$$

Fragen wir nun, genau wann $(1, 0)$ (d.h. also ∞) der Gleichung (1.9) genügt, so sehen wir, daß hierfür $a = 0$ notwendig und hinreichend ist. Damit ist ein Möbiusscher Kreis ohne Sonderstellung des Punktes ∞ als Lösungsgebilde (wir benutzen Matrizenschreibweise) von

$$(z_1\, z_2)\begin{pmatrix} a & \bar{h} \\ h & d \end{pmatrix}\begin{pmatrix} \bar{z}_1 \\ \bar{z}_2 \end{pmatrix} = 0, \quad a, d \text{ reell}, \quad h\bar{h} > ad; \tag{1.10}$$

gegeben.

Satz 1.1. *Das Lösungsgebilde von*

$$(z_1\, z_2)\begin{pmatrix} m_{11} & m_{12} \\ m_{21} & m_{22} \end{pmatrix}\begin{pmatrix} \bar{z}_1 \\ \bar{z}_2 \end{pmatrix} = 0 \tag{1.11}$$

ist ein Kreis, wenn die Matrix $\mathfrak{M} = (m_{\nu\mu})$ *hermitesch ist mit* $|\mathfrak{M}| < 0$, *d.h. wenn* $\overline{\mathfrak{M}}^{\mathsf{T}} = \mathfrak{M}$ *mit* $|\mathfrak{M}|$ *reell* < 0 *gilt*[3,4]. *Umgekehrt besitzt jeder Kreis eine solche Darstellung.*

Beweis. 1. Jeder Kreis, d.h. jedes Lösungsgebilde der Form (1.10) ist Lösungsgebilde der Form (1.11) mit $\overline{\mathfrak{M}}^{\mathsf{T}} = \mathfrak{M}$ und $|\mathfrak{M}| < 0$.

---

[2] Sind **A**, **B** Mengen, so ist die „*Differenzmenge*" **A** — **B** definiert als Menge aller Elemente, die zu **A** aber nicht zu **B** gehören. Ist $\mathfrak{K}$ ein Körper, so bezeichnet $\mathfrak{K}^\times$ auch die multiplikative Gruppe von $\mathfrak{K}$, also nicht nur die Menge $\mathfrak{K} - \{0\}$.

[3] Die zur Matrix $\mathfrak{A}$ transponierte Matrix schreiben wir in der Form $\mathfrak{A}^{\mathsf{T}}$. Zu $\mathfrak{A} = (a_{\nu\mu})$ bedeutet $\overline{\mathfrak{A}}$ die Matrix $(\bar{a}_{\nu\mu})$.

[4] Eine hermitesche Matrix hat stets eine reelle Determinante.

2. Ist $\mathfrak{M}$ eine hermitesche Matrix $\begin{pmatrix} m_{11} & m_{12} \\ m_{21} & m_{22} \end{pmatrix}$ mit $|\mathfrak{M}| < 0$, so folgt jedenfalls $a \equiv m_{11} \in \mathbb{R}$, $d \equiv m_{22} \in \mathbb{R}$, wo $\mathbb{R}$ die Menge der reellen Zahlen bezeichnet. Weiterhin folgt aus $\overline{\mathfrak{M}}^{\mathsf{T}} = \mathfrak{M}$ noch $m_{12} = \overline{m_{21}}$. Mit $m_{21} \equiv h$ gewinnt also (1.11) die Form (1.10). Dabei ist wegen $|\mathfrak{M}| < 0$ auch $h\bar{h} > ad$ erfüllt. Damit liegt tatsächlich ein Kreis vor. □

2. Die Gruppe $\Gamma(\mathbb{C})$

Wir betrachten die Menge aller Substitutionen

$$\mathbb{C}^{\times}(z_1' \, z_2') = \mathbb{C}^{\times}(z_1 \, z_2) \begin{pmatrix} a_{11} & a_{12} \\ a_{21} & a_{22} \end{pmatrix}, \tag{2.1}$$

wo $a_{\nu\mu}$ komplexe Zahlen mit $\begin{vmatrix} a_{11} & a_{12} \\ a_{21} & a_{22} \end{vmatrix} \neq 0$ sind. Diese Menge bildet die Gruppe $\Gamma(\mathbb{C})$, die sogenannte *projektive Gruppe* von $\mathbb{P}(\mathbb{C})$, wenn die Hintereinanderschaltung zweier solcher Substitutionen als ihr Produkt erklärt wird[5].

Satz 2.1. *Die Gruppe $\Gamma(\mathbb{C})$ enthält nur Kreisverwandtschaften, d.h. eineindeutige Abbildungen von $\mathbb{P}(\mathbb{C})$ auf sich, die Kreise in Kreise überführen.*

Beweis. Der Kreis $(z_1 \, z_2)\, \mathfrak{M} \begin{pmatrix} \bar{z}_1 \\ \bar{z}_2 \end{pmatrix} = 0$ geht vermöge (2.1) in das Lösungsgebilde von (sei $\mathfrak{A} \equiv (a_{\nu\mu})$)

$$(z_1' \, z_2')\, \mathfrak{A}^{-1}\, \mathfrak{M} (\overline{\mathfrak{A}^{-1}})^{\mathsf{T}} \begin{pmatrix} \bar{z}_1' \\ \bar{z}_2' \end{pmatrix} = 0$$

über. Nun ist $\mathfrak{A}^{-1}\mathfrak{M}(\overline{\mathfrak{A}^{-1}})^{\mathsf{T}}$ wegen

$$\overline{\mathfrak{A}^{-1}\mathfrak{M}(\overline{\mathfrak{A}^{-1}})^{\mathsf{T}}}^{\mathsf{T}} = \mathfrak{A}^{-1}\overline{\mathfrak{M}}^{\mathsf{T}}(\overline{\mathfrak{A}^{-1}})^{\mathsf{T}} = \mathfrak{A}^{-1}\mathfrak{M}(\overline{\mathfrak{A}^{-1}})^{\mathsf{T}}$$

eine hermitesche Matrix. Außerdem gilt

$$|\mathfrak{A}^{-1}\mathfrak{M}(\overline{\mathfrak{A}^{-1}})^{\mathsf{T}}| = |\mathfrak{A}^{-1}|\, |\overline{\mathfrak{A}^{-1}}|\, |\mathfrak{M}| < 0$$

wegen $|\mathfrak{M}| < 0$ und $v\bar{v} > 0$, wo $v = |\mathfrak{A}^{-1}|$ (man beachte $v \in \mathbb{C}^{\times}$) gesetzt ist. Also ist nach Satz 1.1 das Bild eines Kreises wieder ein Kreis. □

Nach einem später in allgemeinerem Rahmen zu beweisenden Satz (Kapitel II, § 1, Satz 3.1) hat die Gruppe $\Gamma(\mathbb{C})$ die folgende Eigenschaft:

[5] Gemeint ist das übliche Produkt zweier Permutationen α, β einer Menge $\mathbf{G}$, wobei in unserem Falle $\mathbf{G} = \mathbb{P}(\mathbb{C})$ ist. $\alpha\beta$ wird erklärt für $\mathrm{g} \in \mathbf{G}$ durch

$$\mathrm{g}^{(\alpha\beta)} = (\mathrm{g}^{\alpha})^{\beta},$$

wo g^{α} das Bild von g unter der Abbildung α bezeichnet usf.

Sind A_1, A_2, A_3 verschiedene Punkte von $\mathbb{P}(\mathbb{C})$ und ebenso A_1', A_2', A_3', so findet man in $\Gamma(\mathbb{C})$ ein Element γ mit $A_\nu' = A_\nu^\gamma$, $\nu = 1, 2, 3$. Da auf der anderen Seite jeder Kreis mindestens drei verschiedene Punkte enthält und durch je drei verschiedene Punkte genau ein Kreis geht, so gilt:

Satz 2.2. *Die Gruppe $\Gamma(\mathbb{C})$ ist transitiv auf der Menge der Kreise, d.h. sind k, l verschiedene Kreise, so gibt es wenigstens ein $\gamma \in \Gamma(\mathbb{C})$ mit $k^\gamma = l$.*

Die projektive Gerade $\mathbb{P}(\mathbb{R})$ über dem Körper $\mathbb{R}$ der reellen Zahlen kann als Teilmenge von $\mathbb{P}(\mathbb{C})$ aufgefaßt werden. Da sie Lösungsgebilde von

$$(z_1 z_2)\begin{pmatrix} 0 & -i \\ i & 0 \end{pmatrix}\begin{pmatrix} \bar{z}_1 \\ \bar{z}_2 \end{pmatrix} = 0$$

ist, stellt sie einen Kreis dar.

Damit erhalten wir, wenn wir noch die Sätze 2.1 und 2.2 berücksichtigen,

Satz 2.3. *Alle Punktmengen*

$$[\mathbb{P}(\mathbb{R})]^\gamma, \quad \gamma \in \Gamma(\mathbb{C}) \tag{2.2}$$

sind Kreise, und alle Kreise können in dieser Gestalt geschrieben werden[6].

3. Winkel

Unsere Ausgangsebene von Abschnitt 1 versehen wir mit einem Umlaufsinn. Sind dann k, l zwei Kreise, die genau die zwei verschiedenen Punkte S, T gemeinsam haben, so verstehen wir im Falle $T \neq \infty$ unter $(kl; T)$ den eindeutig bestimmten Winkel modulo π, der um T längs des angegebenen Umlaufsinnes vom Kreis k zum Kreis l führt (s. Abb. 2). Im Falle $T = \infty$ ist $S \neq \infty$ und $(kl; T)$ durch $(lk; S)$ erklärt.

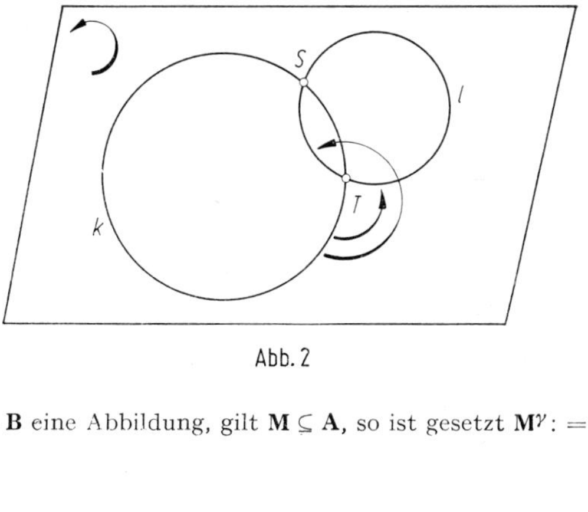

Abb. 2

[6] Ist $\gamma: \mathbf{A} \to \mathbf{B}$ eine Abbildung, gilt $\mathbf{M} \subseteq \mathbf{A}$, so ist gesetzt $\mathbf{M}^\gamma := \{m^\gamma \mid m \in \mathbf{M}\}$.

Messen wir das Argument einer komplexen Zahl $z \neq 0$ bis auf additive ganze Vielfache von π, d.h. also modulo π und benutzen wir den später in allgemeinerem Rahmen eingeführten *Doppelverhältnisbegriff* (Kapitel II, § 1, Abschnitt 4)[7], so lehrt eine elementargeometrische Überlegung unter Benutzung des Satzes über den Sehnentangentenwinkel (s. Abb. 3), die Gültigkeit von

Satz 3.1. *Sind k, l Kreise mit $|k \cap l| = |\{S, T\}| = 2$*[8]*, sind A, B Punkte mit $A \in k - l$, $B \in l - k$, so ist*

$$\arg \begin{bmatrix} S & T \\ B & A \end{bmatrix} = (kl; T).$$

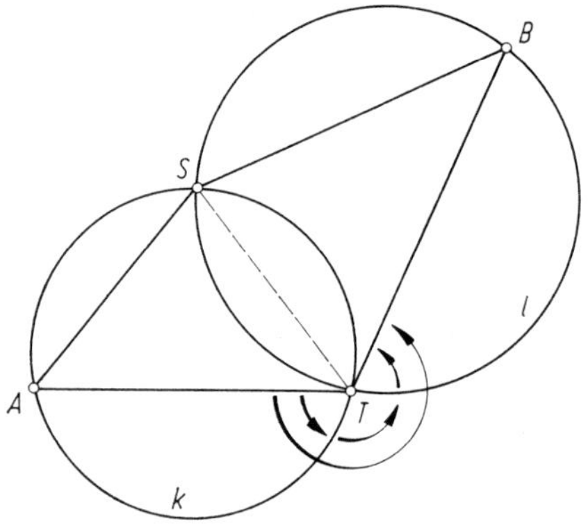

Abb. 3

Bei der in Abb. 3 aufgezeichneten Situation ist z.B. (wir rechnen mod π)

$$\arg\left(\frac{S-A}{S-B} \cdot \frac{T-B}{T-A}\right) = \arg\frac{B-T}{A-T} - \arg\frac{B-S}{A-S}$$

$$= \arg\frac{B-T}{A-T} - \left[\arg\frac{B-S}{T-S} + \arg\frac{T-S}{A-S}\right]$$

$$= [((AT\infty)\,k;\,T) + (kl;\,T) + (l(BT\infty);\,T)]$$

$$- \left[\arg\frac{B-S}{T-S} + \arg\frac{T-S}{A-S}\right] = (kl;\,T)$$

---

[7] Sind $A \neq D$, $B \neq C$ Punkte der Gaußschen Zahlenebene (in inhomogener Schreibweise) so ist das Doppelverhältnis

$$\begin{bmatrix} AB \\ DC \end{bmatrix} \text{ durch } (A-C)\,(A-D)^{-1}\,(B-D)\,(B-C)^{-1}$$

erklärt. Im Falle $\infty \in \{A, B, C, D\}$ sind hier alle Terme, in denen ∞ auftritt, durch den Faktor 1 zu ersetzen.

[8] Ist $\mathbf{B}$ eine Menge, so bezeichnet $|\mathbf{B}|$ ihre Mächtigkeit.

wegen $((AT\infty)\,k;\,T) = \arg\frac{T-S}{A-S}$ und $(l(BT\infty);\,T) = \arg\frac{B-S}{T-S}$ auf Grund des Satzes über den Sehnentangentenwinkel. Dabei haben wir die Kreise durch A, T, ∞ bzw. B, T, ∞ mit $(AT\infty)$ bzw. $(BT\infty)$ bezeichnet.

Da das Doppelverhältnis von vier verschiedenen Punkten bei Abbildungen der Gruppe $\Gamma(\mathbb{C})$ ungeändert bleibt, wie später allgemeiner gezeigt wird (Kapitel II, § 1, Satz 4.2a), haben wir mit Hilfe von Satz 3.1 den

Satz 3.2. *Die Gruppe $\Gamma(\mathbb{C})$ enthält nur winkeltreue Kreisverwandtschaften, d.h. ist $\gamma \in \Gamma(\mathbb{C})$ und sind k, l Kreise mit $|k \cap l| = 2$, $T \in k \cap l$, so gilt $(kl;\,T) = (k^\gamma l^\gamma;\,T^\gamma)$.*

Kapitel II, § 6, Satz 2.1, spezialisiert auf den klassischen Fall, wird ergeben, daß die Gruppe aller Kreisverwandtschaften (Hintereinanderschaltung als Verknüpfung genommen) — wir nennen sie die *Möbiusgruppe* — gegeben ist durch die Menge der Abbildungen

$$\mathbb{C}^\times(z_1' z_2') = \mathbb{C}^\times(z_1^\tau z_2^\tau)\begin{pmatrix} a_{11} & a_{12} \\ a_{21} & a_{22}\end{pmatrix}, \tag{3.1}$$

wo $a_{\nu\mu} \in \mathbb{C}$ mit $\begin{vmatrix} a_{11} & a_{12} \\ a_{21} & a_{22}\end{vmatrix} \neq 0$ ist, und wo τ einen Automorphismus von $\mathbb{C}$ darstellt, der $\mathbb{R}$ als Ganzes festläßt, d.h. der Bedingung

$$\mathbb{R}^\tau = \mathbb{R} \tag{3.2}$$

genügt.

Von dieser Art gibt es aber nur zwei Automorphismen, nämlich die identische Abbildung von $\mathbb{C}$ und der Übergang zum Konjugium $z \to \bar{z}$, $z \in \mathbb{C}$ (s.u. Anmerkungen 1, 2).

Mit Hilfe dieser Aussage hat man

Satz 3.3. *Eine Kreisverwandtschaft ist genau dann winkeltreu, wenn sie zu $\Gamma(\mathbb{C})$ gehört.*

Beweis. Da Satz 3.2 schon zur Verfügung steht, verbleibt noch zu zeigen, daß eine winkeltreue Kreisverwandtschaft zu $\Gamma(\mathbb{C})$ gehört. Wäre dies nicht der Fall, so müßte nach (3.1) und Satz 3.2 $\zeta: (z_1, z_2) \to (\bar{z}_1, \bar{z}_2)$ eine winkeltreue Kreisverwandtschaft sein. Das ist aber nicht der Fall, da allgemein gilt (es liege die Ausgangssituation von Satz 3.1 vor)

$$\arg\begin{bmatrix} S^\zeta & T^\zeta \\ B^\zeta & A^\zeta\end{bmatrix} = \arg\overline{\begin{bmatrix} S & T \\ B & A\end{bmatrix}} = -\arg\begin{bmatrix} S & T \\ B & A\end{bmatrix}.$$

Jeder Winkel (es liegen hier orientierte Winkel vor) geht also gerade in den zu ihm inversen Winkel über. ▯

Anmerkung 1. Ein Automorphismus $x \to f(x)$ des Körpers $\mathbb{R}$ der reellen Zahlen hat notwendigerweise die Gestalt $f(x) = x$.

Beweis. Sei also $x \to f(x)$ eine eineindeutige Abbildung von $\mathbb{R}$ auf sich mit

$$f(x+y) = f(x) + f(y) \tag{1}$$

$$f(xy) = f(x)\,f(y) \tag{2}$$

für alle $x, y \in \mathbb{R}$. Aus (1) folgt für $x = y = 0$ jedenfalls $f(0) = 0$. Aus (2) ergibt sich für $x = y = 1$ offenbar $f(1) \in \{0, 1\}$. Also hat man $f(1) = 1$, da f eineindeutig und doch schon $f(0) = 0$ ist. Mit $y = -x$ ergibt (1) $f(-x) = -f(x)$; mit $x \neq 0$ und $y = \frac{1}{x}$ ergibt (2) $f(x) \neq 0$ und $f\left(\frac{1}{x}\right) = \frac{1}{f(x)}$. Ist m eine natürliche Zahl, so gilt

$$f(m) = f(1 + \cdots + 1) = f(1) + \cdots + f(1) = m,$$

wenn wir (1) und $f(1) = 1$ beachten. Wir haben weiterhin für jede Zahl $\frac{1}{n}$, n natürlich, $f\left(\frac{1}{n}\right) = \frac{1}{f(n)} = \frac{1}{n}$. Damit ist $f\left(\frac{m}{n}\right) = \frac{m}{n}$ für jede rationale Zahl, wenn wir noch $f(-x) = -f(x)$ beachten. Aus $x \geq 0$ folgt $f(x) \geq 0$: Mit $x = \xi^2$, $\xi \in \mathbb{R}$, gilt $f(x) = f(\xi \cdot \xi) = [f(\xi)]^2 \geq 0$. Ist x eine reelle Zahl, sind r, r' rationale Zahlen mit $r \leq x \leq r'$, so folgt $r \leq f(x) \leq r'$: Aus $x - r \geq 0$ hat man beispielsweise

$$f(x) - f(r) = f(x - r) \geq 0.$$

Mit Hilfe etwa einer Intervallschachtelung für x mit rationalen Intervallenden, erhält man damit schließlich $f(x) = x$ für jede reelle Zahl x. ▯

Anmerkung 2. Ein Automorphismus $\tau\colon z \to f(z)$ des Körpers $\mathbb{C}$ der komplexen Zahlen, für den $\mathbb{R}^\tau = \mathbb{R}$ gilt, ist entweder der identische Automorphismus von $\mathbb{C}$ oder aber von der Gestalt $f(z) = \bar{z}$.

Beweis. Aus $i^2 = -1$ folgt $-1 = f(-1) = [f(i)]^2$. Also gilt $f(i) \in \{i, -i\}$. Wegen $\mathbb{R}^\tau = \mathbb{R}$ und Anmerkung 1 ist $f(x) = x$ für alle $x \in \mathbb{R}$. Also ist $f(z) = f(x + iy) = f(x) + f(i)\,f(y) = x + yf(i)$, wenn $z = x + iy$, $x, y \in \mathbb{R}$, gesetzt ist. Im Falle $f(i) = i$ ist damit durchweg $f(z) = z$ und im Falle $f(i) = -i$ ist stets $f(z) = \bar{z}$. ▯

4. Ebene Schnitte einer Kugel. Tetrazyklische Koordinaten

Die Rolle des fiktiven Punktes ∞ ist bisher nicht anschaulich motiviert. Das wollen wir jetzt nachholen, indem wir $\mathbb{C} \cup \{\infty\}$ eineindeutig auf die Menge der Punkte einer Kugelfläche abbilden. Der anschauliche Raum sei auf ein kartesisches Koordinatensystem ξ, η, ζ bezogen. Wir betrachten die Kugel

(4.1) $$\mathbf{K} := \{(\xi, \eta, \zeta) \mid \xi^2 + \eta^2 + \zeta^2 = 1\}.$$

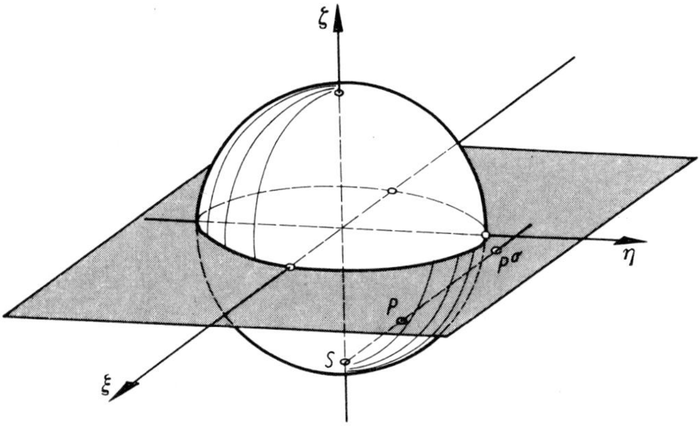

Abb. 4

Unter dem Südpol S von $\mathbf{K}$ verstehen wir den Punkt $(0,0,-1)$. Ist $\mathbf{E}$ die Ebene $\zeta = 0$ und bezeichnen wir die Gerade des Raumes durch die verschiedenen Punkte U, V mit $U + V$, so ordnen wir dem Punkt $P(\xi, \eta, \zeta) \in \mathbf{K} - \{S\}$ den Durchstoßpunkt der Geraden $S + P$ mit $\mathbf{E}$ zu. Nennen wir diesen Punkt P^σ, er habe die Koordinaten (x, y) in $\mathbf{E}$, so gilt mit einem geeigneten $\lambda \in \mathbb{R}$ offenbar (sei U der Koordinatenursprung)

(4.2) $$(x, y, 0) = \overrightarrow{UP^\sigma} = \overrightarrow{US} + \lambda\overrightarrow{SP} = (\lambda\xi, \lambda\eta, -1 + \lambda(\zeta + 1)).$$

Wegen $P \in \mathbf{K} - \{S\}$ ist $\zeta \neq -1$ und also wegen (4.2)

(4.3) $$\lambda = \frac{1}{1 + \zeta}.$$

Damit hat P^σ mit (4.2) die Gestalt

(4.4) $$P(\xi, \eta, \zeta) \to P^\sigma\left(\frac{\xi}{1 + \zeta}, \frac{\eta}{1 + \zeta}\right).$$

Offenbar ist (4.4) eine eineindeutige Abbildung von $\mathbf{K} - \{S\}$ auf $\mathbf{E}$. Die Umkehrabbildung lautet

(4.5) $$(x, y) \in \mathbf{E} \to \left(\frac{2x}{1 + x^2 + y^2}, \frac{2y}{1 + x^2 + y^2}, \frac{1 - x^2 - y^2}{1 + x^2 + y^2}\right).$$

Es liegt nahe, die Abbildung σ zu ergänzen durch

(4.6) $$S^\sigma = \infty,$$

wobei die Vorstellung zugrunde gelegt werden mag, daß P^σ sich unbegrenzt von U entfernt, wenn $P \in \mathbf{K} - \{S\}$ gegen S strebt. Die Abbildung σ von $\mathbf{K}$ auf $\mathbb{P}(\mathbb{C})$

$$(4.7) \quad \begin{cases} (0,0,-1) \to (1,0) \\ (\xi,\eta,\zeta) \to (\xi + i\eta, 1+\zeta) \text{ für } \xi^2+\eta^2+\zeta^2 = 1,\ \zeta \neq -1, \end{cases}$$

heißt auch *stereographische Projektion* von $\mathbf{K}$ auf $\mathbb{P}(\mathbb{C})$.

Ist $\mathbf{H}$ eine Ebene des Raumes mit $|\mathbf{H} \cap \mathbf{K}| > 1$, so heißt $\mathbf{H} \cap \mathbf{K}$ ein *ebener Schnitt* von $\mathbf{K}$.

Die Ebene $\mathbf{H}$ des Raumes

$$(4.8) \qquad \mathbf{H}\colon\ a\xi + b\eta + c\zeta + d = 0$$

sei in der Hesseschen Normalform

$$(4.9) \qquad a^2 + b^2 + c^2 = 1$$

gegeben. Offenbar ist $\mathbf{H} \cap \mathbf{K}$ ein ebener Schnitt genau dann, wenn

$$(4.10) \qquad |d| < 1$$

ist. Zwischen den ebenen Schnitten und den Möbiuskreisen besteht nun folgende Beziehung:

Satz 4.1. *Das σ-Bild eines ebenen Schnittes von $\mathbf{K}$ ist ein Kreis, das σ-Urbild eines Kreises ist ein ebener Schnitt von $\mathbf{K}$.*

Beweis. Sei $\mathbf{H} \cap \mathbf{K}$ ein ebener Schnitt mit

$$(4.11) \qquad \mathbf{H}\colon\ a\xi + b\eta + c\zeta + d = 0.$$

Wegen (4.5) ist das σ-Bild von $\mathbf{H} \cap \mathbf{K}$ (abgesehen vom Punkt ∞) durch die Gleichung

$$(4.12) \qquad 2ax + 2by + (d-c)(x^2+y^2) + (d+c) = 0$$

gegeben. Dies ist eine Gerade im Falle $d = c$, d.h. im Falle $S \in \mathbf{H}$, wie auch anschaulich klar ist; sonst ein euklidischer Kreis. Die Bedingung (1.4) ergibt sich nach Transformation der Gleichung von $\mathbf{H}$ auf die Form (4.9) aus (4.10). Umgekehrt gehört zum Kreis

$$(4.13) \qquad \alpha(x^2+y^2) + \beta x + \gamma y + \delta = 0,\ \beta^2 + \gamma^2 > 4\alpha\delta,$$

der ebene Schnitt $\mathbf{H} \cap \mathbf{K}$ mit

$$(4.14) \qquad \mathbf{H}\colon\ \beta\xi + \gamma\eta + (\delta - \alpha)\zeta + (\delta + \alpha) = 0.$$

Nach Transformation dieser Gleichung auf die Form (4.9) (geeignete Multiplikation mit einem Faktor) ergibt sich (4.10) aus $\beta^2 + \gamma^2 > 4\alpha\delta$. $\square$

Je drei verschiedene Punkte von **K** liegen nicht in einer Geraden. Also bestimmen je drei verschiedene Punkte von **K** genau eine Ebene, die sie enthält. Da jeder Kreis k wenigstens drei verschiedene Punkte enthält, so muß die Ebene **H** im zugehörigen ebenen Schnitt $\mathbf{H} \cap \mathbf{K}$ eindeutig bestimmt sein. Die Koordinaten

$$(\beta, \gamma, \delta - \alpha, -(\delta + \alpha)) \tag{4.15}$$

des Poles von **H** (s. (4.14)) heißen die *tetrazyklischen Koordinaten* des Kreises k. Es sind homogene Koordinaten. Notwendig und hinreichend dafür, daß das Quadrupel

$$(a, b, c, d) \tag{4.16}$$

als tetrazyklisches Koordinatenquadrupel eines Kreises auftritt, ist

$$a^2 + b^2 + c^2 > d^2, \tag{4.17}$$

was aus (4.9), (4.10) folgt.

5. Möbiusgeometrie

Die zur Möbiusgruppe gehörende Geometrie im Sinne des „Kleinschen Erlanger Programms" ist die ebene Möbiusgeometrie. Unter der Möbiusgeometrie im engeren Sinne versteht man die Geometrie, die zur Gruppe $\Gamma(\mathbb{C})$ gehört. Nähere Ausführungen zum Kleinschen Erlanger Programm werden im Anhang gegeben.

§ 2. Laguerregeometrie

1. Speere. Zykel

Gegeben sei eine reelle euklidische Ebene **E**. Unter einem *Speer* (in **E**) wird eine orientierte Gerade von **E** verstanden. Unter einem *Zykel* (in **E**) versteht man einen orientierten euklidischen Kreis oder aber einen Punkt von **E**. Wir messen sozusagen die Radien der Kreise mit Vorzeichen, und so ist es nicht verwunderlich, wenn auch die „Kreise vom Radius 0" betrachtet werden. Dieser Gedanke wird noch präzisiert werden. (Gleichwertig kann man den Begriff der orientierten Geraden auch so fassen: Dies sei ein Paar, bestehend aus einer Geraden und einer Seite dieser Geraden. Entsprechend sei ein orientierter euklidischer Kreis ein Paar, bestehend aus einem euklidischen Kreis und einer Seite dieses Kreises.)

Die einem Speer S zugrunde liegende Gerade heißt die *Trägergerade* von S. Jede Gerade ist Trägergerade von genau zwei verschiedenen Speeren. Ist der Zykel z ein orientierter euklidischer Kreis, so heißt der z

zugrunde liegende Kreis auch der *Trägerkreis* von z. Jeder euklidische Kreis ist Trägerkreis von genau zwei verschiedenen Zykeln.

Der nächste wichtige Begriff in der Laguerregeometrie ist der der *Berührung* von Speer und Zykel: Ist S ein Speer, ist z ein Zykel, so sagen wir, daß S den Zykel z berührt, wenn — sei zunächst z ein orientierter euklidischer Kreis — die Trägergerade von S Tangente des Trägerkreises von z ist, und außerdem im Berührungspunkt die Orientierungen von S und z übereinstimmen, und im Falle, daß z ein Punkt ist, wenn dieser Punkt mit der Trägergeraden von S inzidiert (s. Abb. 5). Berührt S den Zykel z, so schreiben wir auch $S — z$ oder $z — S$. Wir werden gelegentlich die Zykel als Speermengen auffassen

$$z \equiv \{S \mid S — z\}. \tag{1.1}$$

In diesem Sinne sagen wir auch im Falle $S — z$, daß z den Speer S enthält, daß z durch S geht, daß S auf z liegt.

Die Speere S, T heißen *parallel* (auch *syntaktisch* oder *nivelliert*), wenn die Trägergeraden von S, T parallel sind und wenn außerdem die Orientierungen übereinstimmen (Abb. 6). Man erhält leicht den

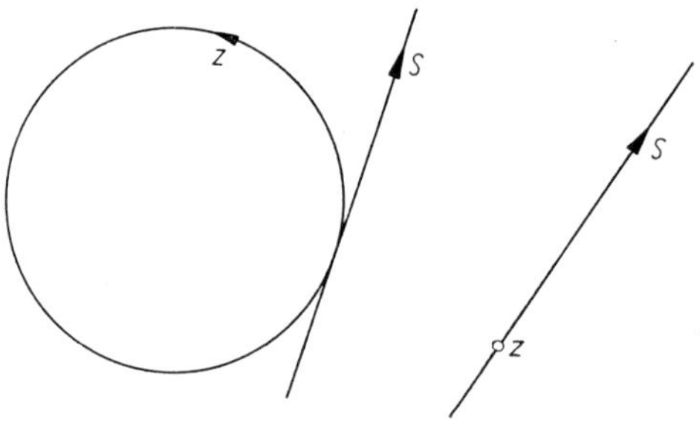

Abb. 5

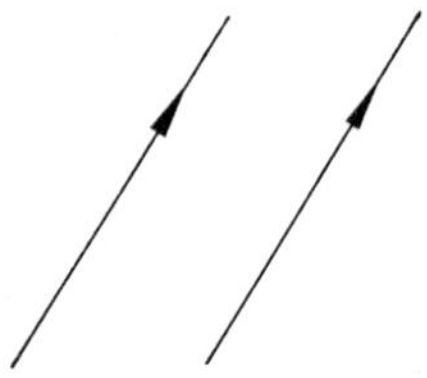

Abb. 6

Satz 1.1. *Die verschiedenen Speere S, T sind genau dann parallel, wenn es keinen Zykel gibt, der beide Speere enthält.*

Ferner bestägt man leicht, daß die Parallelitätsrelation eine Äquivalenzrelation auf der Menge der Speere darstellt, d.h. daß gilt

a) Reflexives Gesetz: *Für jeden Speer S gilt $S \parallel S$.*
b) Symmetrisches Gesetz: *Aus $S \parallel T$ folgt $T \parallel S$.*
c) Transitives Gesetz: *Aus $S \parallel T$, $T \parallel U$ folgt $S \parallel U$.*

In **E** sei jetzt ein festes kartesisches Koordinatensystem gegeben. Es handele sich um ein Rechtssystem. Welches Koordinatensystem man dabei ein Rechtssystem nennt, spielt keine Rolle. Wichtig für uns ist nur der Begriff ($\mathfrak{a}$, $\mathfrak{b}$ seien aufeinander senkrecht stehende Vektoren in **E**):

Das geordnete Vektorpaar ($\mathfrak{a}$, $\mathfrak{b}$) ist wie das Koordinatensystem orientiert (kurz: ist ein Rechtssystem) oder nicht (kurz: ist ein Linkssystem).

Sind (a_1, a_2) bzw. (b_1, b_2) die Koordinaten von $\mathfrak{a}$ bzw. $\mathfrak{b}$ im Koordinatensystem, so heißt ($\mathfrak{a}$, $\mathfrak{b}$) ein Rechtssystem, wenn $D = \begin{vmatrix} a_1 & a_2 \\ b_1 & b_2 \end{vmatrix} > 0$ ist bzw. ein Linkssystem, wenn $D < 0$ gilt. Anschaulich bedeutet also z.B. ($\mathfrak{a}$, $\mathfrak{b}$) ist ein Rechtssystem: Trägt man die Vektoren $\mathfrak{a}$, $\mathfrak{b}$ im Koordinatenursprung von **E** ab, so gelingt es mit Hilfe einer Drehung in E, daß $\mathfrak{a}$ in die positive x-Richtung weist und $\mathfrak{b}$ in die positive y-Richtung.

Die Trägergerade s des Speeres S habe die Gleichung

(1.2) $$a_0 + a_1 x + a_2 y = 0 .$$

Dann ist $\mathfrak{n} = (a_1, a_2)$ ein Vektor, der auf der Geraden s senkrecht steht. Ist $\mathfrak{f}$ ein Richtungsvektor von s, der mit der Richtung von S übereinstimmt, so setzen wir

(1.3) $$a_3 = \sqrt{a_1^2 + a_2^2}\,^{9},$$

wenn das geordnete Vektorpaar ($\mathfrak{n}$, $\mathfrak{f}$) ein Rechtssystem bildet und

(1.4) $$a_3 = -\sqrt{a_1^2 + a_2^2},$$

wenn ($\mathfrak{n}$, $\mathfrak{f}$) ein Linkssystem ist (s. Abb. 7, wo $a_3 = \sqrt{a_1^2 + a_2^2}$ gesetzt werden muß).

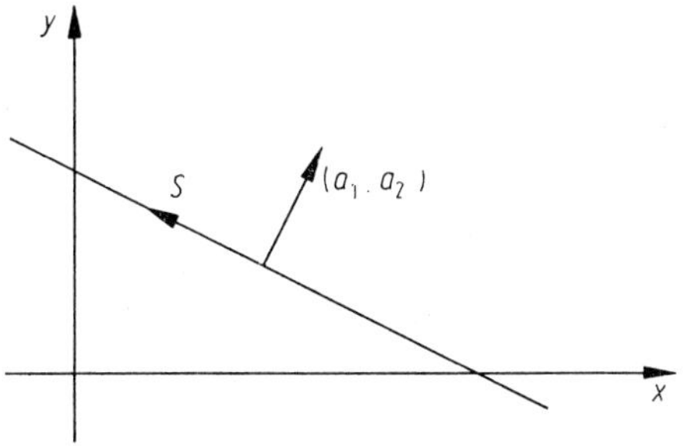

Abb. 7

[9] Ist r eine reelle Zahl > 0, so verstehen wir — wie üblich — unter $\sqrt{r}$ die Zahl $w > 0$ mit $w^2 = r$. Die andere Lösung der Gleichung $x^2 = r$ kann dann also in der Form $-\sqrt{r}$ aufgeschrieben werden.

Die Komponenten des dem Speer zugeordneten homogenen Quadrupels

$$(a_0, a_1, a_2, a_3) \tag{1.5}$$

heißen *Speerkoordinaten* von S. Daß tatsächlich homogene Koordinaten vorliegen, sehen wir so: Gehen wir in unserem Koordinatensystem von einer anderen Gleichung von s aus, $b_0 + b_1 x + b_2 y = 0$, so kann diese Gleichung mit einem passenden $\lambda \neq 0$ auch geschrieben werden

$$\lambda a_0 + \lambda a_1 x + \lambda a_2 y = 0. \tag{1.6}$$

Ist $\lambda > 0$, so hat $((\lambda a_1, \lambda a_2), \mathfrak{f})$ dieselbe Orientierung wie $(\mathfrak{n}, \mathfrak{f})$ und wir haben also $\operatorname{sgn} b_3 = \operatorname{sgn} a_3$. Da noch

$$\sqrt{b_1^2 + b_2^2} = \sqrt{(\lambda a_1)^2 + (\lambda a_2)^2} = |\lambda| \sqrt{a_1^2 + a_2^2} = \lambda \sqrt{a_1^2 + a_2^2}$$

ist, so hat man also $b_3 = \lambda a_3$ und damit $b_\nu = \lambda a_\nu$, $\nu = 0, 1, 2, 3$. Im Falle $\lambda < 0$ gilt $\operatorname{sgn} b_3 = -\operatorname{sgn} a_3$. Wegen

$$\sqrt{b_1^2 + b_2^2} = |\lambda| \sqrt{a_1^2 + a_2^2} = -\lambda \sqrt{a_1^2 + a_2^2}$$

folgt also auch $b_3 = \lambda a_3$.

Es ist klar, daß das geordnete Quadrupel

$$(a_0, a_1, a_2, a_3) \tag{1.7}$$

genau dann als Koordinatendarstellung eines Speeres auftritt, wenn

$$a_1^2 + a_2^2 = a_3^2 \neq 0 \tag{1.8}$$

ist. Das Quadrupel (1.7) bestimmt im Falle (1.8) genau einen Speer: Wegen $a_1^2 + a_2^2 \neq 0$ ist

$$a_0 + a_1 x + a_2 y = 0$$

eine Gerade. Damit ist die Trägergerade bestimmt. Jetzt richtet man einen Richtungsvektor $\mathfrak{f}$ dieser Geraden so ein, daß $((a_1, a_2), \mathfrak{f})$ ein Rechtssystem bzw. ein Linkssystem ist, je nachdem $a_3 > 0$ bzw. < 0 ist. Damit ist ein Speer eindeutig bestimmt.

Satz 1.2. *Die Speere*

$$(a_0, a_1, a_2, a_3), \quad (b_0, b_1, b_2, b_3)$$

sind genau dann parallel, wenn die Vektoren

$$\left(\frac{a_1}{a_3}, \frac{a_2}{a_3}\right), \quad \left(\frac{b_1}{b_3}, \frac{b_2}{b_3}\right)$$

übereinstimmen.

Beweis. Man gehe nur zu den Speerkoordinaten

$$\left(\frac{a_0}{a_3}, \frac{a_1}{a_3}, \frac{a_2}{a_3}, 1\right), \quad \left(\frac{b_0}{b_3}, \frac{b_1}{b_3}, \frac{b_2}{b_3}, 1\right)$$

über, um den Satz sofort einsehen zu können (s. Abb. 8). ▯

Neben den Speerkoordinaten führen wir jetzt Zykelkoordinaten ein. Dazu ordnen wir zunächst dem Radius eines Zykels ein Vorzeichen zu: Sei z ein orientierter euklidischer Kreis und $\mathfrak{r}_P$ ein Radiusvektor, der vom Kreismittelpunkt zum Peripheriepunkt P weist. Ist nun S_P der Speer, der z im Punkt P berührt, so messen wir den Radius von z positiv bzw. negativ, je nachdem ob das geordnete Richtungspaar $(\mathfrak{r}_P, S_P)$ ein Rechtssystem oder ein Linkssystem ist (s. Abb. 9)[10].

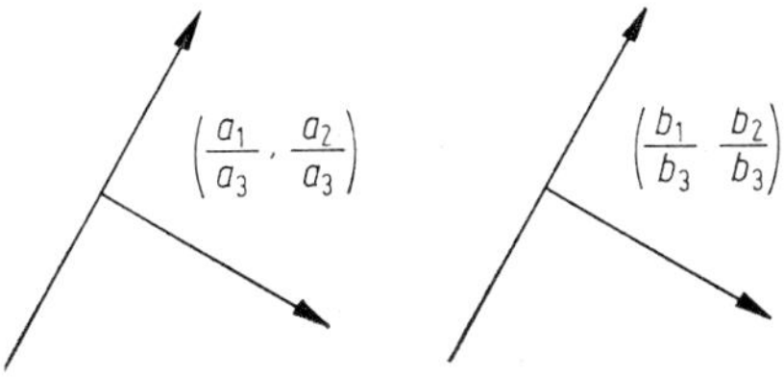

Abb. 8

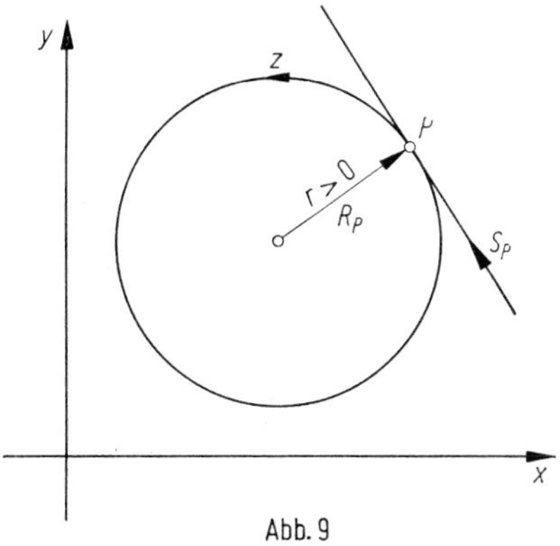

Abb. 9

Ist der Zykel z ein Punkt, so wird ihm der Radius $r = 0$ zugeordnet. Ist jetzt noch (m_1, m_2) der Mittelpunkt von z (im Falle daß z ein Punkt ist, sei (m_1, m_2) dieser Punkt), so heißen die Komponenten des geordneten Quadrupels

$$(1.9) \qquad (x_0, x_1, x_2, x_3)$$

Zykelkoordinaten von z, wenn

$$(1.10) \qquad x_0 \neq 0 \quad \textit{und} \quad \frac{x_1}{x_0} = m_1, \quad \frac{x_2}{x_0} = m_2, \quad \frac{x_3}{x_0} = r$$

ist. Es handelt sich also um homogene Koordinaten. Das geordnete Quadrupel (x_0, x_1, x_2, x_3) tritt genau dann als Koordinatendarstellung eines Zykels auf, wenn $x_0 \neq 0$ ist. Der zugehörige Zykel ist eindeutig bestimmt.

---

[10] Da wir rechts bzw. links relativ zum Koordinatensystem definiert haben, können wir nicht durchweg $r < 0$ dadurch charakterisieren, daß wir verlangen, z sei im Uhrzeigersinn orientiert.

Satz 1.3. *Genau dann berührt der Speer S mit den Koordinaten* (a_0, a_1, a_2, a_3) *den Zykel z mit den Koordinaten* (x_0, x_1, x_2, x_3), *wenn*

$$a_0 x_0 + a_1 x_1 + a_2 x_2 + a_3 x_3 = 0 \tag{1.11}$$

ist.

Beweis. Sei $\alpha_\nu = \frac{a_\nu}{a_3}$ für $\nu = 0, 1, 2$ und $\xi_\nu = \frac{x_\nu}{x_0}$ für $\nu = 1, 2, 3$. Dann sind auch $(\alpha_0, \alpha_1, \alpha_2, 1)$ bzw. $(1, \xi_1, \xi_2, \xi_3)$ Koordinaten unseres Speeres bzw. Zykels. Damit ist

$$\alpha_0 + \alpha_1 x + \alpha_2 y = 0 \tag{1.12}$$

eine Hessesche Normalform der Trägergeraden s des Speeres S. Da $((\alpha_1, \alpha_2), S)$ ein Rechtssystem ist, folgt also

$$\alpha_0 + \alpha_1 \xi_1 + \alpha_2 \xi_2 = -\xi_3 \tag{1.13}$$

als notwendige und hinreichende Bedingung für $S - z$, wenn wir den Mittelpunkt von z in (1.12) einsetzen und beachten, daß wir den Abstand dieses Punktes von s kennen (s. Abb. 10). (1.13) ist aber gleichbedeutend mit (1.11). ▯

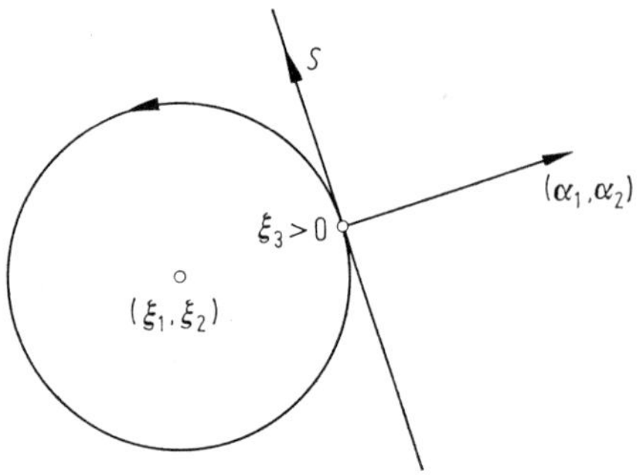

Abb. 10

2. Das zyklographische Modell

Wir betrachten den reellen dreidimensionalen Raum, der auf kartesische Koordinaten ξ, η, ζ bezogen sei. In diesem Raum habe der Punkt (ξ, η) von **E** die Koordinaten $(\xi, \eta, 0)$. Die Ebene **E** ist also als Ebene $\zeta = 0$ in den Raum eingebettet. Die Abbildung

$$\tau\colon\ (1, \xi, \eta, \zeta) \to (\xi, \eta, \zeta), \tag{2.1}$$

die den Punkt (ξ, η, ζ) des Raumes dem Zykel mit den Zykelkoordinaten $(1, \xi, \eta, \zeta)$ zuordnet, heißt *zyklographische Projektion*. Diese Abbildung τ

ist eine eineindeutige Abbildung der Menge der Zykel von **E** auf die Menge der Punkte des Raumes (s. Abb. 11).

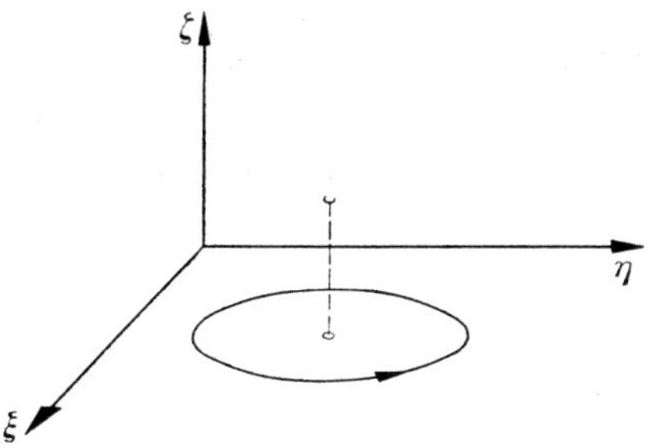

Abb. 11

In diesem Buch dominiert die Auffassung (1.1) im gegenseitigen Verhältnis der Begriffe Speer, Zykel, nämlich die Zykel auch als Speermengen zu erklären. An der vorliegenden Stelle machen wir es umgekehrt: Wir fassen die Speere als Zykelmengen auf

(2.2) $$S = \{z \mid z - S\}.$$

Wir fragen nun nach S^τ, d. h. also — gemäß (2.2) — nach $\{z^\tau \mid z - S\}$:

Nach Satz 1.3 ist S^τ genau eine Ebene, wie man auch der Anschauung sofort entnimmt. Die Ebene S^τ (wir setzen wieder $\alpha_\nu = \frac{a_\nu}{a_3}$, $\nu = 0, 1, 2$)

(2.3) $$\alpha_0 + \alpha_1\xi + \alpha_2\eta + \zeta = 0$$

schließt mit der Ebene **E** den Winkel $\frac{\pi}{4} \bmod \frac{\pi}{2}$ ein. Nennen wir Ebenen mit dieser Eigenschaft 45°-Ebenen, so sieht man, daß umgekehrt auch jede 45°-Ebene als Bild eines Speeres auftritt. Parallelen Speeren entsprechen parallele Ebenen.

3. Das Zylindermodell. Blaschke-Abbildung

Der Speer $S(a_0, a_1, a_2, a_3)$ sei in der Form $(\alpha_0, \alpha_1, \alpha_2, 1)$ gegeben. Wie in Abschnitt 2 betrachten wir den reellen dreidimensionalen Raum. Wir ordnen dem Speer S einen Punkt des Raumes zu

(3.1) $$\varphi\colon\ (\alpha_0, \alpha_1, \alpha_2, 1) \to (-\alpha_2, \alpha_1, -\alpha_0).$$

Die Abbildung (3.1) — wir nennen sie *Blaschke-Abbildung* — hat den folgenden anschaulichen Hintergrund: Ist **Z** der Zylinder

(3.2) $$\{(\xi, \eta, \zeta) \mid \xi^2 + \eta^2 = 1\},$$

und ist $S(\alpha_0, \alpha_1, \alpha_2, 1)$ ein Speer von **E**, so sei S_0 der zu S parallele Speer durch den Koordinatenursprung. Um S_0 als Achse drehen wir S solange, bis der Normalenvektor (α_1, α_2) zur Trägergeraden von S mit der positiven Richtung der ζ-Achse zusamenfällt, d.h. also um 90° nach oben bzw. 90° nach unten (s. Abb. 12). Dabei geht S in eine orientierte Gerade g über, die **Z** zweimal schneidet. Bezeichnen wir die beiden Durchstoßpunkte D, D_0 so, daß $\overrightarrow{D_0 D}$ die Richtung von g angibt, so ist

$$D = (-\alpha_2, \alpha_1, -\alpha_0),$$

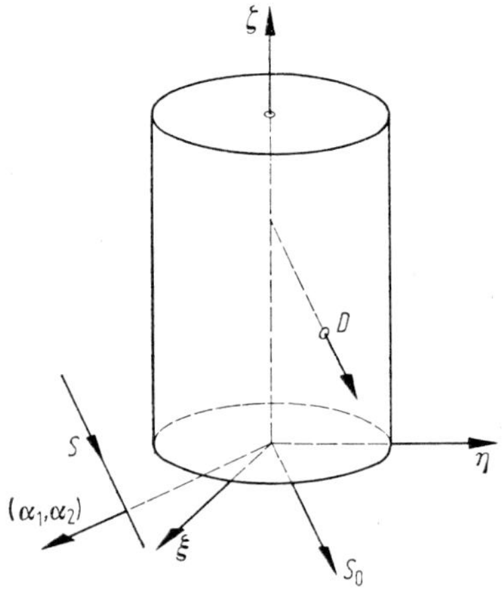

Abb. 12

der Bildpunkt von S gemäß (3.1): Da $\alpha_0 + \alpha_1 x + \alpha_2 y = 0$ Hessesche Normalform der Trägergeraden von S ist, erhalten wir in der Tat, daß $-\alpha_0$ der Abstand des Speeres vom Koordinatenursprung ist. Schließlich ist $(-\alpha_2, \alpha_1)$ ein Einheitsvektor in Richtung von S, da das geordnete Paar $((\alpha_1, \alpha_2), S)$ ein Rechtssystem bildet. Anknüpfend wieder an (3.1) sehen wir, daß durch diese Abbildung φ die Menge der Speere eineindeutig auf die Menge

$$\mathbf{Z} := \{(\xi, \eta, \zeta) \mid \xi^2 + \eta^2 = 1\}$$

bezogen ist.

Was ist das Bild eines Zykels, diesen als Speermenge aufgefaßt? Sei $z(1, u, v, w)$ dieser Zykel. Nach (1.13) ist dann

$$(3.3) \qquad z^{\varphi} = \{(\xi, \eta, \zeta) \mid \xi^2 + \eta^2 = 1 \text{ und } -\zeta + \eta u - \xi v + w = 0\}.$$

Unter einem *ebenen Schnitt* des Zylinders **Z** verstehen wir jede Punktmenge $\mathbf{H} \cap \mathbf{Z}$ des Raumes, wo **H** eine Ebene des Raumes ist, die nicht parallel zur Zylinderachse $\{(0, 0, \zeta) \mid \zeta \in \mathbb{R}\}$ ist. Damit kann kein ebener Schnitt leer sein und außerdem hat kein ebener Schnitt eine Gerade mit dem Zylinder gemeinsam. Schließlich bestimmt ein ebener Schnitt $\mathbf{H} \cap \mathbf{Z}$ die ausschneidende Ebene **H** eindeutig, da je drei verschiedene seiner Punkte nicht kollinear, d.h. nicht gemeinsam einer Geraden angehören können, und er auf der anderen Seite wenig stens drei verschiedene Punkte enthält. Da die Ebene

$$c_0\xi + c_1\eta + c_2\zeta + c_3 = 0$$

genau dann als ausschneidende Ebene auftritt, wenn $c_2 \neq 0$ ist, haben wir mit (3.3)

Satz 3.1. *Das φ-Bild eines Zykels ist ein ebener Schnitt, das φ-Urbild eines ebenen Schnittes ist ein Zykel.*

Wegen Satz 1.1 sind zwei Speere genau dann parallel, wenn ihre φ-Bilder gemeinsam auf einer Zylindergeraden liegen.

4. Das isotrope Modell

Wir legen die $\xi\zeta$-Ebene $\mathbf{E}'$ zugrunde und schreiben in $\mathbf{E}'$: $\xi = x$, $\zeta = y$. Jeder Punkt von $\mathbf{E}'$ heiße ein *isotroper Punkt*, genauer ein eigentlicher isotroper Punkt. Weiterhin werde jede reelle Zahl ein isotroper Punkt genannt, genauer ein *uneigentlicher* isotroper Punkt. Sind α, β, γ reelle Zahlen, so heiße

$$\{(x, y) \mid y + \alpha x^2 + \beta x + \gamma = 0\} \cup \{\alpha\} \tag{4.1}$$

ein *isotroper Kreis*. Damit besteht ein isotroper Kreis aus genau einem uneigentlich isotropem Punkt und weiterhin aus den Punkten einer Parabel, deren Achse parallel zur y-Achse ist, oder aus den Punkten einer Geraden, die nicht parallel zur y-Achse ist. Alle Parabeln aus $\mathbf{E}'$ mit einer zur y-Achse parallelen Achse sind zugelassen und auch alle nicht zur y-Achse parallelen Geraden. Der jeweilige uneigentliche Punkt ergibt sich in eindeutiger Weise aus dem Parameter der Parabel, oder er ist 0 im Falle der zugelassenen Geraden. Ein uneigentlicher isotroper Kreis wird nicht eingeführt.

Mit Hilfe stereographischer Projektion bilden wir den Zylinder $\mathbf{Z}$ auf $\mathbf{E}'$ ab: Es sei $S \in \mathbf{Z}$ der Punkt $(0, 1, 0)$; die Gerade g bestehend aus allen Punkten $(0, 1, \zeta)$, $\zeta \in \mathbb{R}$, heiße die *Gratlinie* von $\mathbf{Z}$. Ist nun $P \in \mathbf{Z}$ ein Punkt $\notin g$, so sei P^σ der Durchstoßpunkt $(x, 0, y)$ der Geraden $S + P$ mit $\mathbf{E}'$ (s. Abb. 13).

Wir erhalten

$$\sigma\colon P(\xi, \eta, \zeta) \to P^\sigma\left(x = \frac{\xi}{1-\eta}, y = \frac{\zeta}{1-\eta}\right) \in \mathbf{E}'. \tag{4.2}$$

Offenbar ist (4.2) eine eineindeutige Abbildung von $\mathbf{Z} - g$ auf $\mathbf{E}'$. Die Umkehrbildung lautet

(4.3) $$(x, y) \in \mathbf{E}' \to \left(\xi = \frac{2x}{x^2+1}, \eta = \frac{x^2-1}{x^2+1}, \zeta = \frac{2y}{x^2+1}\right).$$

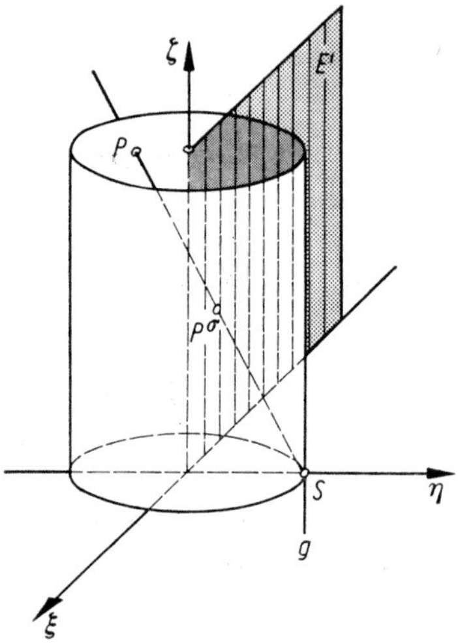

Abb. 13

Ist $\mathbf{H}$ eine ausschneidende Ebene

$$\mathbf{H}\colon \zeta + v\xi - u\eta - w = 0, \quad u, v, w \in \mathbb{R},$$

so gilt nach (4.3)

(4.4) $$[\mathbf{H} \cap (\mathbf{Z} - g)]^\sigma = \left\{(x, y) \mid y - \frac{u+w}{2} x^2 + vx + \frac{u-w}{2} = 0\right\}.$$

Da $\mathbf{H} \cap g = \{(0, 1, u + w)\}$ ist, so haben wir offenbar eine eineindeutige Abbildung von $\mathbf{Z}$ auf die Menge der isotropen Punkte $\mathbf{E}' \cup \mathbb{R}$, die die ebenen Schnitte in isotrope Kreise überführt, wenn wir (4.2) ergänzen durch

(4.5) $$(0, 1, \zeta) \to -\frac{1}{2}\zeta \equiv (0, 1, \zeta)^\sigma.$$

Satz 4.1. *Die Abbildung σ ist eine eineindeutige Abbildung von* $\mathbf{Z}$ *auf* $\mathbf{E}' \cup \mathbb{R}$. *Das σ-Bild eines ebenen Schnittes (dieser definiert nach Abschnitt 3) ist ein isotroper Kreis. Das σ-Urbild eines isotropen Kreises ist ein ebener Schnitt von* $\mathbf{Z}$.

Beweis. Es verbleibt zu zeigen, daß das Urbild von (4.1) ein ebener Schnitt ist. Das Urbild ist aber $\mathbf{Z} \cap \mathbf{H}$ mit (s. (4.4))

(4.6) $$\mathbf{H}\colon \zeta + \beta\xi + (\alpha - \gamma)\,\eta + (\alpha + \gamma) = 0. \quad \square$$

Die Blaschke-Abbildung φ koppelnd mit der Abbildung σ haben wir

$$(4.7)\qquad (\alpha_0, \alpha_1, \alpha_2, 1)^{\varphi\sigma} = \begin{cases} \left(\dfrac{\alpha_2}{\alpha_1 - 1}, \dfrac{\alpha_0}{\alpha_1 - 1}\right) & \alpha_1 \neq 1 \\ & \textit{für} \qquad . \\ \dfrac{1}{2}\alpha_0 & \alpha_1 = 1 \end{cases}$$

Geben wir den isotropen Kreis (4.1) durch das geordnete Zahlentripel (α, β, γ) wieder, so ist das $\varphi\sigma$-Bild des Zykels mit den Zykelkoordinaten $(1, u, v, w)$ nach (3.3), (4.4) gegeben durch

$$(4.8)\qquad (1, u, v, w)^{\varphi\sigma} = \left(-\frac{u+w}{2}, v, \frac{u-w}{2}\right).$$

Zwei Punkte, die auf **Z** auf derselben zu **Z** gehörenden Geraden liegen, gehen über in zwei Punkte, die auf derselben y-Parallelen liegen oder aber in zwei uneigentliche isotrope Punkte. Damit haben wir die Parallelitätsrelation für Speere auf der Menge der isotropen Punkte interpretiert. Wir verwenden den Begriff „parallel“ in diesem Sinne auch gelegentlich in der isotropen Ebene. Satz 1.1 gibt eine Charakterisierung (nach Umdeutung) mit Hilfe der isotropen Kreise.

5. Duale Zahlen

Eine *duale Zahl* ist ein geordnetes Paar (a, b) reeller Zahlen. Dabei ist $(a, b) = (a', b')$ gesetzt genau dann, wenn $a = a'$ und $b = b'$. Duale Zahlen werden addiert und multipliziert nach den Vorschriften

$$(5.1)\qquad \begin{aligned} (a, b) + (a', b') &:= (a + a', b + b') \\ (a, b) \cdot (a', b') &:= (aa', ab' + ba'). \end{aligned}$$

Man kann vermöge der Abbildung

$$(5.2)\qquad \tau\colon\ r^\tau = (r, 0) \quad (\textit{für jedes reelle } r)$$

den Körper $\mathbb{R}$ der reellen Zahlen isomorph in die Menge $\mathbb{D}$ der dualen Zahlen einbetten. Diese Formulierung ist eine Abkürzung für die Aussage:

τ ist eine eineindeutige Abbildung von $\mathbb{R}$ in $\mathbb{D}$ mit

$$(r_1 + r_2)^\tau = r_1^\tau + r_2^\tau, \quad (r_1 r_2)^\tau = r_1^\tau r_2^\tau \quad \text{für} \quad r_1, r_2 \in \mathbb{R}.$$

Auf Grund dieses Sachverhaltes können wir eine Bezeichnungsänderung vornehmen: Die duale Zahl $(r, 0)$ wollen wir durch r abkürzen. Die duale Zahl $(0, 1)$ gehört nicht zu $\mathbb{R}^\tau$. Wir wollen sie kurz durch ε wiedergeben. Dann haben wir

$$(a, b) = (a, 0) + (b, 0) \cdot (0, 1) = a + b\varepsilon.$$

Für ε gilt $\varepsilon^2 = 0$.

Für die Herleitung von Rechenregeln ist die folgende isomorphe Einbettung von $\mathbb{D}$ in die Menge der Matrizen

$$\left\{\begin{pmatrix} a_{11} & a_{12} \\ a_{21} & a_{22} \end{pmatrix} \middle| \, a_{\nu\mu} \in \mathbb{R}\right\} \tag{5.3}$$

nützlich:

$$(a, b)^{\varphi} = \begin{pmatrix} a & b \\ 0 & a \end{pmatrix}. \tag{5.4}$$

Ehe wir Rechenregeln für duale Zahlen angeben, beweisen wir

Satz 5.1. *Sei δ eine feste reelle Zahl, sei*

$$\mathbf{R}_\delta := \left\{\begin{pmatrix} a & b \\ \delta b & a \end{pmatrix} \middle| \, a, b \in \mathbb{R}\right\}.$$

Dann ist $\mathbf{R}_\delta$ — unter Zugrundelegung von Matrizenaddition und -multiplikation — ein kommutativer Ring mit Einselement.

An dieser Stelle fügen wir die Definition eines Ringes ein. Eine nichtleere Menge $\mathbf{L}$ von Elementen $\alpha, \beta, \gamma, \ldots$, zusammen mit zwei Abbildungen

$$\begin{aligned} &\mathrm{A}\colon \mathbf{L}\times\mathbf{L} \to \mathbf{L} \ (\textit{Addition}) \\ &\mathrm{M}\colon \mathbf{L}\times\mathbf{L} \to \mathbf{L} \ (\textit{Multiplikation}) \end{aligned} \tag{5.5}$$

von der Menge $\mathbf{L}\times\mathbf{L}$ aller geordneten Paare (α, β), $\alpha, \beta \in \mathbf{L}$, in $\mathbf{L}$, heißt ein *Ring*, wenn gilt (wir benutzen die Schreibweise $(\alpha, \beta)^{\mathrm{A}} =: \alpha + \beta$, $(\alpha, \beta)^{\mathrm{M}} =: \alpha \cdot \beta =: \alpha\beta$):

($\mathscr{A}$) $\mathbf{L}$ mit der Verknüpfung A ist eine abelsche Gruppe; das neutrale Element werde mit 0 bezeichnet.

($\mathscr{M}$) (Assoziatives Gesetz der Multiplikation)

$$(\alpha\beta)\,\gamma = \alpha(\beta\gamma) \ \textit{für alle} \ \alpha, \beta, \gamma \in \mathbf{L}.$$

($\mathscr{D}$) (Distributive Gesetze)

$$\alpha(\beta + \gamma) = (\alpha\beta) + (\alpha\gamma), (\alpha + \beta)\,\gamma = (\alpha\gamma) + (\beta\gamma) \ \textit{für alle} \ \alpha, \beta, \gamma \in \mathbf{L}.$$

Ein Ring $(\mathbf{L}; \mathrm{A}, \mathrm{M})$ heißt ein *kommutativer* Ring, wenn noch das kommutative Gesetz der Multiplikation

$$\alpha\beta = \beta\alpha \ \textit{für alle} \ \alpha, \beta \in \mathbf{L}$$

erfüllt ist. Existiert in einem Ring $\mathbf{L}$ ein Element e mit

$$e\alpha = \alpha e = \alpha \ \textit{für alle} \ \alpha \in \mathbf{L},$$

so heißt e ein *Einselement* von $\mathbf{L}$. Gibt es in einem Ring ein Einselement, so aber auch nur eines. Denn ist $e' \neq e$ ein weiteres Einselement, so gilt ja

$$e = ee' = e'.$$

Sind $\mathbf{L}$, $\mathbf{L}'$ Ringe, ist σ eine Abbildung von $\mathbf{L}$ in $\mathbf{L}'$ (bzw. auf $\mathbf{L}'$) mit

$$(\alpha + \beta)^\sigma = \alpha^\sigma + \beta^\sigma$$

$$(\alpha \cdot \beta)^\sigma = \alpha^\sigma \cdot \beta^\sigma,$$

so heißt σ eine *homomorphe Abbildung* von $\mathbf{L}$ in $\mathbf{L}'$ (von $\mathbf{L}$ auf $\mathbf{L}^\sigma$).

Ist σ zudem bijektiv (d.h. eineindeutig von $\mathbf{L}$ auf $\mathbf{L}'$), so heißt $\mathbf{L}'$ zu $\mathbf{L}$ *isomorph*. Es heißt dann $\mathbf{L}'$ auch ein isomorphes Bild von $\mathbf{L}$, σ ein Isomorphismus von $\mathbf{L}$ auf $\mathbf{L}'$.

Isomorphismen von $\mathbf{L}$ auf $\mathbf{L}$ sind per definitionem die *Automorphismen* von $\mathbf{L}$.

Unter Benutzung von Rechenregeln für Matrizen ist nun der Beweis von Satz 5.1 erbracht, wenn wir beachten

a) $$\begin{pmatrix} a & b \\ \delta b & a \end{pmatrix}\begin{pmatrix} c & d \\ \delta d & c \end{pmatrix} = \begin{pmatrix} ac + \delta bd & ad + bc \\ \delta(ad + bc) & ac + \delta bd \end{pmatrix} \in \mathbf{R}_\delta,$$

b) $$\begin{pmatrix} a & b \\ \delta b & a \end{pmatrix} + \begin{pmatrix} c & d \\ \delta d & c \end{pmatrix} = \begin{pmatrix} a + c & b + d \\ \delta(b + d) & a + c \end{pmatrix} \in \mathbf{R}_\delta,$$

c) $$\begin{pmatrix} a & b \\ \delta b & a \end{pmatrix}\begin{pmatrix} c & d \\ \delta d & c \end{pmatrix} = \begin{pmatrix} c & d \\ \delta d & c \end{pmatrix}\begin{pmatrix} a & b \\ \delta b & a \end{pmatrix},$$

d) $$\begin{pmatrix} 1 & 0 \\ 0 & 1 \end{pmatrix} = \begin{pmatrix} 1 & 0 \\ \delta 0 & 1 \end{pmatrix} \in \mathbf{R}_\delta.$$

Auf Grund der isomorphen Einbettung (5.4) von $\mathbb{D}$ in die Menge der Matrizen (5.3) (diese bildet übrigens einen — nichtkommutativen — Ring mit Einselement unter Zugrundelegung von Matrizenaddition, -multiplikation) ergibt sich — das Bild von $\mathbb{D}$ ist ja gerade $\mathbf{R}_0$—, daß $\mathbb{D}$ ein kommutativer Ring mit dem Einselement 1 ist.

Ist ($\mathbf{L}$, A, M) ein Ring, hat man in $\mathbf{l}$ eine Teilmenge von $\mathbf{L}$ so, daß ($\mathbf{l}$, A′, M′) ein Ring ist, so heißt $\mathbf{l}$ ein *Unterring* von $\mathbf{L}$. Dabei sei A′ (bzw. M′) die Beschränkung von A (bzw. M) auf $\mathbf{l} \times \mathbf{l}$, d.h. der Teil der betreffenden Abbildung in (5.5), der sich auf $\mathbf{l} \times \mathbf{l} \subseteq \mathbf{L} \times \mathbf{L}$ bezieht. Statt $\mathbf{l}$ ist Unterring von $\mathbf{L}$, sagt man auch, daß $\mathbf{L}$ Oberring von $\mathbf{l}$ ist.

Eine Teilmenge $\mathfrak{i}$ des Ringes $\mathbf{L}$ mit den Eigenschaften (1) $\mathfrak{i} \neq \emptyset$, (2) aus $\alpha, \beta \in \mathfrak{i}$ folgt $\alpha - \beta \in \mathfrak{i}$, (3) aus $\zeta \in \mathbf{L}$ und $\alpha \in \mathfrak{i}$ folgt $\zeta\alpha \in \mathfrak{i}$, heißt ein *Linksideal* von $\mathbf{L}$. Wird an Stelle von (3) gefordert (3′) aus $\zeta \in \mathbf{L}$, $\alpha \in \mathfrak{i}$ folgt $\alpha\zeta \in \mathfrak{i}$, so heißt $\mathfrak{i}$ ein *Rechtsideal*. In einem kommutativen Ring fallen die Begriffe Linksideal und Rechtsideal zusammen. Eine Teilmenge $\mathfrak{i}$ von $\mathbf{L}$ mit den Eigenschaften (1), (2), (3), (3′) heißt ein *zweiseitiges Ideal* von $\mathbf{L}$, oder auch kurz ein *Ideal*. Linksideale, Rechtsideale, Ideale von $\mathbf{L}$ sind insbesondere Unterringe von $\mathbf{L}$.

Wir bestimmen die Ideale des Ringes $\mathbb{D}$: Gewiß sind $\mathbb{D}$, $\{0\}$,

$$\mathfrak{N} = \mathbb{R}\varepsilon = \{r\varepsilon \mid r \in \mathbb{R}\}$$

Ideale. Weitere gibt es nicht. Denn ist $\mathfrak{i}$ ein Ideal $\neq \mathbb{D}$, $\{0\}$, so sei $0 \neq a + b\varepsilon \in \mathfrak{i}$. Ist $a \neq 0$, so enthält $\mathfrak{i}$ nach (3) auch

$$\left(\frac{1}{a} - \frac{b}{a^2}\,\varepsilon\right)(a + b\varepsilon) = 1 .$$

Damit umfaßt $\mathfrak{i}$ auch $\mathbb{D} = \{d \cdot 1 \mid d \in \mathbb{D}\}$, was nicht sein sollte. Also kann $\mathfrak{i}$ nur Elemente $r\varepsilon$, $r \in \mathbb{R}$, enthalten. Wegen $\mathfrak{i} \neq \{0\}$ gibt es in $\mathfrak{i}$ ein Element $r_0\varepsilon$, $0 \neq r_0 \in \mathbb{R}$. Damit ist nach (3)

$$\frac{1}{r_0} \cdot r_0\varepsilon = \varepsilon \in \mathfrak{i} .$$

Also ist nach (3) auch $\mathbb{R}\varepsilon \subseteq \mathfrak{i}$; damit gilt $\mathfrak{i} = \mathfrak{N}$. □

Ein kommutativer Ring $\mathbf{L}$ heißt ein *lokaler* Ring, wenn er ein Einselement enthält und außerdem echt ein Ideal $\mathfrak{N}$ so, daß jedes Ideal $\mathfrak{i} \subset \mathbf{L}$ bereits in $\mathfrak{N}$ liegt[11]. Damit ist $\mathbb{D}$ z.B. ein lokaler Ring.

Ein Element $a \neq 0$ eines kommutativen Ringes $\mathbf{L}$ heißt ein *Nullteiler*, wenn es ein $b \neq 0$ in $\mathbf{L}$ gibt mit $ab = 0$. Die Menge der Nullteiler von $\mathbb{D}$ ist gegeben durch $\mathfrak{N} - \{0\}$.

Ist $\mathbf{L}$ ein Ring mit Einselement e, so heißt $a \in \mathbf{L}$ *rechtsregulär* bzw. *linksregulär*, wenn es ein $r \in \mathbf{L}$ bzw. $l \in \mathbf{L}$ gibt mit $ar = e$ bzw. $la = e$. Ein Element a heißt *regulär*, wenn es sowohl rechts- als auch linksregulär ist. In diesem Falle sind r, l eindeutig bestimmt und es ist darüber hinaus $r = l$: Hat man $ar = e = ar'$ und $la = e = l'a$, so gilt

$$l' = l'(ar') = (l'a)\,r' = r' = (la)\,r' = l(ar') = l = l(ar) = (la)\,r = r .$$

Anstatt „*a ist regulär*" sagt man auch, daß a eine *Einheit* des Ringes sei. Die Menge der Einheiten bildet bezüglich der Multiplikation eine Gruppe, die *Einheitengruppe* oder auch der *Regularitätsbereich* des Ringes genannt. Der Regularitätsbereich von $\mathbb{D}$ soll hier mit $\mathfrak{R}$ bezeichnet werden. Es gilt $\mathfrak{R} = \mathbb{D} - \mathfrak{N}$.

Satz 5.2. *Ist $\lambda \neq 0$ eine reelle Zahl, so stellt*

$$a + b\varepsilon \to a + b\lambda\varepsilon, \quad a, b \in \mathbb{R}, \tag{5.6}$$

---

[11] Die Schreibweise $\mathbf{M} \subset \mathbf{N}$, $\mathbf{M}$, $\mathbf{N}$ Mengen, behalten wir für den Fall vor, daß $\mathbf{M}$ echte Teilmenge von $\mathbf{N}$ ist. Daneben benutzen wir $\mathbf{M} \subseteq \mathbf{N}$.

einen Automorphismus von $\mathbb{D}$ dar, der $\mathbb{R}$ als Ganzes festläßt. Umgekehrt läßt sich jeder Automorphismus von $\mathbb{D}$, der $\mathbb{R}$ als Ganzes festläßt, mit einem festen $\lambda \neq 0$ aus $\mathbb{R}$ in der Form (5.6) *darstellen.*

Beweis. Wir beweisen nur den zweiten Teil des Satzes, da der erste leicht nachgeprüft werden kann. Sei τ ein Automorphismus von $\mathbb{D}$ mit $\mathbb{R}^\tau = \mathbb{R}$. Sei

$$\varepsilon^\tau = \alpha + \lambda\varepsilon, \quad \alpha, \lambda \in \mathbb{R}.$$

Aus $\varepsilon \cdot \varepsilon = 0$ folgt $\varepsilon^\tau \cdot \varepsilon^\tau = 0$, d.h. $\alpha = 0$. Da aus $\mathbb{R}^\tau = \mathbb{R}$ folgt $r^\tau = r$ für jedes $r \in \mathbb{R}$ (s. § 1, Abschnitt 3, Anmerkung 1), so gilt also

$$(a + b\varepsilon)^\tau = a^\tau + b^\tau \varepsilon^\tau = a + b\lambda\varepsilon \text{ für } a, b \in \mathbb{R}.$$

Wäre $\lambda = 0$, so wäre $0^\tau = 0 = \varepsilon^\tau$, was nicht geht, da τ eine eineindeutige Abbildung ist. ▯

Hintereinanderschaltung zweier Automorphismen eines Ringes als Verknüpfung auf der Menge aller Automorphismen dieses Ringes genommen, bildet diese Menge eine Gruppe, die *Automorphismengruppe* des Ringes. Die Menge der Automorphismen eines Ringes, die einen Unterring als Ganzes festlassen, bildet eine Untergruppe der Automorphismengruppe des Ringes; wir schreiben sie

$$\mathscr{A}(\mathbf{L}, \mathbf{l}), \tag{5.7}$$

wenn $\mathbf{l}$ der Unterring des Ringes $\mathbf{L}$ ist. — Die Gruppe $\mathscr{A}(\mathbb{D}, \mathbb{R})$ ist isomorph zur multiplikativen Gruppe des Körpers der reellen Zahlen. $\mathscr{A}(\mathbb{D}, \mathbb{R})$ enthält genau eine *Involution* τ, d.h. genau ein τ mit $\tau \neq$ Identität und $\tau^2 =$ Identität, nämlich den Automorphismus

$$a + b\varepsilon \to a - b\varepsilon := \overline{a + b\varepsilon}. \tag{5.8}$$

Anmerkung. In einem Ring $\mathbf{L}$ mit Einselement e braucht für ein rechtsreguläres Element a, sei $as = e$, das Element s nicht eindeutig bestimmt zu sein. Sei $\mathbf{g}$ eine abelsche, additiv geschriebene, Gruppe, die wenigstens zwei verschiedene Elemente enthält. Wir konstruieren zu $\mathbf{g}$ die abelsche Gruppe $\mathbf{G}$, deren Elemente

$$(g_1, g_2, g_3, \ldots)$$

die Folgen von Elementen $g_i \in \mathbf{g}$ seien. Wir setzen

$$(g_1, g_2, \ldots) = (h_1, h_2, \ldots)$$

genau dann, wenn $g_i = h_i$, $i = 1, 2, 3, \ldots$, ist.

Wir definieren

$$G + H = (g_1 + h_1, g_2 + h_2, \ldots),$$

wenn $G = (g_1, g_2, \ldots)$ und $H = (h_1, h_2, \ldots)$ ist, wobei $g_i + h_i$ die Summe der Elemente $g_i, h_i \in \mathbf{g}$ in $\mathbf{g}$ bezeichne. Wir definieren jetzt den sogenannten *Endomorphismenring* $\mathbf{L} \equiv \mathrm{Hom}(\mathbf{G}, \mathbf{G})$ der (abelschen) Gruppe $\mathbf{G}$: Die Elemente von $\mathbf{L}$ seien die eindeutigen Abbildungen ℓ von $\mathbf{G}$ in $\mathbf{G}$,

$$\ell\colon\ \mathbf{G} \to \mathbf{G},$$

die der Bedingung

$$(*) \qquad \ell(G + H) = \ell(G) + \ell(H)$$

für je zwei Elemente $G, H \in \mathbf{G}$ genügen[12]. Unter $\ell_1 + \ell_2$, $\ell_1 \ell_2$ werden die Abbildungen

$$(\ell_1 + \ell_2)\, G := \ell_1(G) + \ell_2(G),$$

$$(\ell_1 \ell_2)\, G := \ell_1[\ell_2(G)]$$

verstanden, die — wie man sich überzeugt — ebenfalls zu $\mathbf{L}$ gehören. Es bildet $\mathbf{L}$ mit den genannten Verknüpfungen einen Ring mit der identischen Abbildung von $\mathbf{G}$ auf sich als Eins-Element e. Die Bezeichnung $\mathrm{Hom}(\mathbf{G}, \mathbf{G})$ für $\mathbf{L}$ erklärt sich daraus, daß ja gerade $\mathbf{L}$ die Gruppenhomomorphismen (*) von $\mathbf{G}$ zusammenfaßt. Wir betrachten jetzt die speziellen Elemente a, s, s' aus $\mathbf{L}$ (es sei 0 das neutrale Element von $\mathbf{g}$):

$$a(g_1, g_2, g_3, \ldots) := (g_2, g_4, g_6, \ldots),$$

$$s(g_1, g_2, g_3, \ldots) := (0, g_1, 0, g_2, 0, g_3, \ldots),$$

$$s'(g_1, g_2, g_3, \ldots) := (g_1, g_1, g_2, g_2, g_3, g_3, \ldots).$$

Offenbar gilt $s \neq s'$ wegen $|\mathbf{g}| \geq 2$ und weiterhin

$$as = e, \quad as' = e.$$

Also kann es zu einem rechtsregulären Element a verschiedene Elemente s, s' geben mit $as = e = as'$. Damit braucht ein rechtsreguläres Element — hier a — auch nicht linksregulär zu sein, da ja sonst — wie gezeigt — $s = s'$ sein müßte. Es ist übrigens s linksregulär, aber nicht rechtsregulär: Denn $s\ell = e$ mit einem $\ell \in \mathbf{L}$ würde $a = \ell$ bedeuten und somit auf die Linksregularität von a führen.

6. Duale Zahlen in der Laguerregeometrie

Wir ordnen dem isotropen Punkt (x, y) aus $\mathbf{E}'$ die duale Zahl $z = x + y\varepsilon$ zu. Die Parabel bzw. Gerade

$$(6.1) \qquad y + \alpha x^2 + \beta x + \gamma = 0$$

---

[12] Wir schreiben hier $\ell(G)$ anstatt G^{ℓ} für das Bild von G gegenüber ℓ.

gewinnt dadurch die Darstellung

$$(6.2)\qquad \frac{1}{2}(z-\bar z)+\alpha\varepsilon z\bar z+\beta\varepsilon\cdot\frac{1}{2}(z+\bar z)+\gamma\varepsilon=0,$$

nach vorheriger Multiplikation von (6.1) mit ε. Wir führen die projektive *Gerade* $\mathbb{P}(\mathbb{D})$ über dem Ring $\mathbb{D}$ der dualen Zahlen ein: Ist (z_1, z_2) ein geordnetes Paar dualer Zahlen, so wollen wir es einen *Punkt* der projektiven Geraden $\mathbb{P}(\mathbb{D})$ über $\mathbb{D}$ nennen, wenn nicht beide Zahlen z_1, z_2 zu $\mathfrak{N}$ gehören; außerdem sollen zwei Paare (z_1, z_2), (z_1', z_2') der eben genannten Art identifiziert werden (d.h. denselben Punkt darstellen), wenn sie sich nur um einen regulären Faktor r unterscheiden, d.h. wenn $z_\nu'=rz_\nu$, $\nu=1, 2$, gilt. Wir können also einen Punkt von $\mathbb{P}(\mathbb{D})$ genau wiedergeben durch eine Paarmenge $\mathfrak{R}(z_1, z_2)=\{(rz_1, rz_2)\mid r\in\mathfrak{R}\}$. Die Punkte (x, y) von $\mathbf{E}'$ betten wir in der Form

$$(6.3)\qquad \psi\colon (x, y)\to(x+y\varepsilon, 1)$$

in $\mathbb{P}(\mathbb{D})$ ein. Damit sind die Punkte (z_1, z_2) mit $z_2\notin\mathfrak{N}$ von $\mathbb{P}(\mathbb{D})$ umkehrbar eindeutig auf die Punkte von $\mathbf{E}'$ bezogen. Es verbleiben die Punkte (z_1, z_2) mit $z_2\in\mathfrak{N}$, d.h. — da es auf einen regulären Faktor nicht ankommt und $z_1\notin\mathfrak{N}$ gilt wegen $z_2\in\mathfrak{N}$ — die Punkte

$$(6.4)\qquad (1, \delta\varepsilon),\quad \delta\in\mathbb{R}.$$

Schreiben wir (6.2) in homogenen Koordinaten, d.h. ersetzen wir z durch $(z, 1)$ bzw. durch (z_1, z_2), $z_2\notin\mathfrak{N}$, $\left(\text{es ist also } z=\frac{z_1}{z_2}\right)$, so erhalten wir

$$(6.5)\qquad \alpha\varepsilon z_1\bar z_1+\frac{1+\beta\varepsilon}{2}z_1\bar z_2-\frac{1-\beta\varepsilon}{2}\bar z_1 z_2+\gamma\varepsilon z_2\bar z_2=0.$$

Welche Punkte der Form (6.3) genügen formal der Gleichung (6.4)? Nun offenbar genau der Punkt $(1, \alpha\varepsilon)$. Damit erfaßt (6.4), wenn man alle Lösungen aus $\mathbb{P}(\mathbb{D})$ zuläßt, genau alle eigentlichen isotropen Punkte des isotropen Kreises

$$(6.6)\qquad \{(x, y)\mid y+\alpha x^2+\beta x+\gamma=0\}\cup\{\alpha\}$$

und außerdem den Punkt $(1, \alpha\varepsilon)$ von $\mathbb{P}(\mathbb{D})$. Ordnen wir nun dem uneigentlich isotropen Punkt α den Punkt $(1, \alpha\varepsilon)$ zu,

$$(6.7)\qquad \psi\colon\ \alpha\to(1, \alpha\varepsilon),$$

so ist die Menge der isotropen Punkte $\mathbf{E}'\cup\mathbb{R}$ eineindeutig auf $\mathbb{P}(\mathbb{D})$ bezogen. Der isotrope Kreis (6.5) wird dabei durch die Menge aller Punkte aus $\mathbb{P}(\mathbb{D})$ wiedergegeben, die — wir benutzen Matrizenschreibweise — der Gleichung genügen

$$(6.8)\qquad (z_1\, z_2)\begin{pmatrix}\alpha\varepsilon & \dfrac{1+\beta\varepsilon}{2}\\ -\dfrac{1-\beta\varepsilon}{2} & \gamma\varepsilon\end{pmatrix}\begin{pmatrix}\bar z_1\\ \bar z_2\end{pmatrix}=0.$$

Satz 6.1. *Das Lösungsgebilde (in* $\mathbb{P}(\mathbb{D})$*) von*

(6.9) $$(z_1 z_2)\begin{pmatrix} m_{11} & m_{12} \\ m_{21} & m_{22} \end{pmatrix}\begin{pmatrix} \bar{z}_1 \\ \bar{z}_2 \end{pmatrix} = 0,$$

$m_{\nu\mu} \in \mathbb{D}$, *ist ein isotroper Kreis, wenn* $\overline{\mathfrak{M}}^{\mathsf{T}} + \mathfrak{M} = 0$ *und* $|\mathfrak{M}| \notin \mathfrak{N}$ *für die Matrix* $\mathfrak{M} = (m_{\nu\mu})$ *gilt. Umgekehrt besitzt jeder isotrope Kreis eine solche Darstellung.*

Beweis. Aus $\bar{m}_{11} + m_{11} = 0$ folgt $m_{11} = \alpha'\varepsilon$ mit einem $\alpha' \in \mathbb{R}$. Genauso hat man $m_{22} = \gamma'\varepsilon$, $\gamma' \in \mathbb{R}$. Weiterhin ist $m_{21} = -\bar{m}_{12}$. Wegen $|\mathfrak{M}| \notin \mathfrak{N}$ ist $m_{12} \notin \mathfrak{N}$. Also können wir schreiben

$$m_{12} = \varrho\,\frac{1+\beta'\varepsilon}{2} \quad \text{mit passendem reellen } \varrho \neq 0, \beta'.$$

Multiplizieren wir jetzt (6.9) mit $\frac{1}{\varrho}$ durch, so erhalten wir (6.8), wenn wir $\alpha = \varrho^{-1}\alpha'$, $\gamma = \varrho^{-1}\gamma'$, $\beta = \beta'$ setzen. □

Zum Abschluß dieses Abschnitts 6 koppeln wir die Abbildungen φ, σ, ψ. Mit (4.7), (6.2), (6.6) haben wir

(6.9) $$(\alpha_0, \alpha_1, \alpha_2, 1)^{\varphi\sigma\psi} = \begin{cases} (\alpha_2 + \alpha_0\varepsilon, \alpha_1 - 1) & \text{für } \alpha_1 \neq 1 \\ \left(1, \frac{1}{2}\alpha_0\varepsilon\right) & \phantom{\text{für }} \alpha_1 = 1 \end{cases},$$

d.h.

(6.10) $$(a_0, a_1, a_2, a_3) \to \begin{cases} (a_2 + a_0\varepsilon, a_1 - a_3) & \text{für } a_1 \neq a_3 \\ (2a_3, a_0\varepsilon) & \phantom{\text{für }} a_1 = a_3 \end{cases}.$$

Wir behalten dabei im Auge, daß im Falle $a_1 = a_3$ ja doch $a_2 = 0$ ist wegen $a_1^2 + a_2^2 = a_3^2$.

Die Umkehrabbildung von (6.10) lautet

(6.11) $$\left.\begin{matrix} (\alpha + \beta\varepsilon, 1) \\ (1, \alpha\varepsilon) \end{matrix}\right\} \to \begin{cases} \left(\beta, \frac{1-\alpha^2}{2}, \alpha, -\frac{1+\alpha^2}{2}\right) \\ (2\alpha, 1, 0, 1) \end{cases}.$$

Wir identifizieren im folgenden die Begriffe Speer, Zylinderpunkt, isotroper Punkt usf., soweit sie durch unsere Abbildungen aufeinander bezogen sind.

7. Die Gruppe $\Gamma(\mathbb{D})$

Die Abbildungen

(7.1) $$\mathfrak{R}(z_1' z_2') = \mathfrak{R}(z_1 z_2)\begin{pmatrix} a_{11} & a_{12} \\ a_{21} & a_{22} \end{pmatrix}$$

mit $a_{\nu\mu} \in \mathbb{D}$ und $\|a_{\nu\mu}\| := a_{11}a_{22} - a_{12}a_{21} \in \mathfrak{N}$ bilden $\mathbb{P}(\mathbb{D})$ eineindeutig auf sich ab. Tatsächlich können dabei nicht z_1', z_2' beide in $\mathfrak{N}$ liegen, wenn

(z_1, z_2) ein Punkt ist, da anschließende Anwendung der inversen Abbildung

$$(7.2) \qquad \mathfrak{N}(z_1\, z_2) = \mathfrak{N}(z_1'\, z_2')\, \|a_{\nu\mu}\|^{-1} \begin{pmatrix} a_{22} & -a_{12} \\ -a_{21} & a_{11} \end{pmatrix}$$

zum Widerspruch führen würde, daß auch z_1, z_2 beide im Ideal $\mathfrak{N}$ liegen. Die Gesamtheit der Abbildungen (7.1) bildet mit Hintereinanderschaltung als Verknüpfung eine Gruppe, die *projektive* Gruppe $\Gamma(\mathbb{D})$ von $\mathbb{P}(\mathbb{D})$.

Satz 7.1. *Die Gruppe $\Gamma(\mathbb{D})$ enthält nur Kreisverwandtschaften, d.h. eineindeutige Abbildungen von $\mathbb{P}(\mathbb{D})$ auf sich, die isotrope Kreise in isotrope Kreise überführen.*

Beweis. Der Kreis $(z_1\, z_2)\, \mathfrak{M} \begin{pmatrix} \bar{z}_1 \\ \bar{z}_2 \end{pmatrix} = 0$ geht vermöge (7.1) in das $\mathbb{P}(\mathbb{D})$-Lösungsgebilde von (sei $\mathfrak{A} := (a_{\nu\mu})$)

$$(7.3) \qquad (z_1'\, z_2')\, \mathfrak{A}^{-1} \mathfrak{M} (\overline{\mathfrak{A}^{-1}})^{\mathsf{T}} \begin{pmatrix} \bar{z}_1' \\ \bar{z}_2' \end{pmatrix} = 0$$

über. Mit $\overline{\mathfrak{M}}^{\mathsf{T}} + \mathfrak{M} = 0$ folgt

$$\overline{\mathfrak{A}^{-1}\mathfrak{M}\overline{\mathfrak{A}^{-1}}^{\mathsf{T}}}^{\mathsf{T}} + \mathfrak{A}^{-1}\mathfrak{M}\overline{\mathfrak{A}^{-1}}^{\mathsf{T}} = \mathfrak{A}^{-1}(\overline{\mathfrak{M}}^{\mathsf{T}} + \mathfrak{M})\, \overline{\mathfrak{A}^{-1}}^{\mathsf{T}} = 0 .$$

Weiterhin gilt $|\mathfrak{A}^{-1}\mathfrak{M}\overline{\mathfrak{A}^{-1}}^{\mathsf{T}}| = |\mathfrak{A}^{-1}|\, |\overline{\mathfrak{A}^{-1}}|\, |\mathfrak{M}| \in \mathfrak{N}$. Damit liegt nach Satz 6.1 in (7.3) die Gleichung eines isotropen Kreises vor. □

Nach einem später in allgemeinerem Rahmen zu beweisenden Satz (Kapitel II, § 1, Satz 3.1) hat die Gruppe $\Gamma(\mathbb{D})$ die Eigenschaft, je drei paarweise nicht parallele Punkte in je drei andere dieser Art überführen zu können. Da jeder isotrope Kreis wenigstens drei paarweise nicht parallele Punkte enthält, und durch je drei paarweise nicht parallele Punkte genau ein isotroper Kreis geht (dies sieht man sofort im Zylindermodell), gilt somit

Satz 7.2. *Die Gruppe $\Gamma(\mathbb{D})$ ist transitiv auf der Menge der isotropen Kreise.*

Die projektive Gerade $\mathbb{P}(\mathbb{R})$ über dem Körper $\mathbb{R}$ der reellen Zahlen kann als Teilmenge von $\mathbb{P}(\mathbb{D})$ aufgefaßt werden. Da sie Lösungsgebilde von

$$(z_1\, z_2) \begin{pmatrix} 0 & \frac{1}{2} \\ -\frac{1}{2} & 0 \end{pmatrix} \begin{pmatrix} \bar{z}_1 \\ \bar{z}_2 \end{pmatrix} = 0$$

ist, stellt sie einen isotropen Kreis dar. Daraus folgt mit Hilfe der Sätze 7.1, 7.2

Satz 7.3. *Alle Punktmengen*

(7.4) $$[\mathbb{P}(\mathbb{R})]^{\gamma}, \quad \gamma \in \Gamma(\mathbb{D}),$$

sind isotrope Kreise, und alle isotropen Kreise können in dieser Gestalt geschrieben werden.

Satz 7.4. *Die Punkte* $A(a_1, a_2)$, $B(b_1, b_2)$ *sind genau dann parallel, wenn*

(7.5) $$\begin{vmatrix} a_1 & a_2 \\ b_1 & b_2 \end{vmatrix} \in \mathfrak{N}$$

gilt.

Beweis. Ohne Beschränkung der Allgemeinheit können wir uns auf die Diskussion der drei Fälle a) A, B eigentlich, b) A eigentlich, B uneigentlich, c) A, B uneigentlich, beschränken.

Im Falle a) schreiben wir $A(a, 1)$, $B(b, 1)$. Dann ist (7.5), d.h. $a - b \in \mathfrak{N}$, tatsächlich gleichwertig damit, daß A, B auf derselben y-Parallelen liegen. Im Falle b) liegt keine Parallelität von A, B vor und hier ist auch (sei $A = (a, 1)$, $B = (1, \beta\varepsilon)$, $\beta \in \mathbb{R}$)

$$\begin{vmatrix} a & 1 \\ 1 & \beta\varepsilon \end{vmatrix} = a\beta\varepsilon - 1 \notin \mathfrak{N}.$$

Im Falle c) sind A, B parallel und hier ist auch

$$\begin{vmatrix} 1 & \alpha\varepsilon \\ 1 & \beta\varepsilon \end{vmatrix} \in \mathfrak{N} \text{ mit } A = (1, \alpha\varepsilon),\ B = (1, \beta\varepsilon). \quad \square$$

8. Tangentialdistanzen

Sind k, l Zykel, die genau die beiden verschiedenen Speere S, T gemeinsam haben, so erklären wir die *Tangentialdistanz* $(kl; T)$ (s. Abb. 14): Ist B_k bzw. B_l der Berührpunkt von T mit k bzw. l, und ist $\mathfrak{t}$ ein Einheitsvektor in Richtung von T, so sei

(8.1) $$(kl; T) = \lambda,$$

wenn $\overrightarrow{B_k B_l} = \lambda\mathfrak{t}$ ist. Die Tangentialdistanz $(kl; T)$ ist also der mit Vorzeichen gemessene Abstand der Punkte B_k, B_l. Es gilt $(lk; T) = -(kl; T)$ und $(kl; T) = (lk; S)$.

Ist $u + v\varepsilon$, $u, v \in \mathbb{R}$, eine duale Zahl aus $\mathfrak{R}$, d.h. mit $u \neq 0$, so erklären wir das *Argument* von $u + v\varepsilon$ durch

(8.2) $$\arg(u + v\varepsilon) := \frac{v}{u}.$$

Diese Definition ist so motiviert: Setzen wir formal

$$e^{\alpha+\beta\varepsilon} := \sum_{\nu=0}^{\infty} \frac{(\alpha+\beta\varepsilon)^\nu}{\nu!},$$

dann hat man $u + v\varepsilon = u e^{\frac{v}{u}\varepsilon}$.

Den später in allgemeinerem Rahmen (Kapitel II, § 1, Abschnitt 4) eingeführten Doppelverhältnisbegriff für $\mathbb{P}(\mathbb{D})$ vorwegnehmend, gilt

Satz 8.1. *Sind k, l Zykel mit $|k \cap l| = |\{S, T\}| = 2$, sind A, B Speere mit $A \in k - l$, $B \in l - k$, so ist*

$$\arg \begin{bmatrix} S & T \\ B & A \end{bmatrix} = (kl; T).$$

Beweis. a) Ist k durch die Zykelkoordinaten $(1, m_1, m_2, r)$ gegeben und l durch $(1, \mu_1, \mu_2, \varrho)$ und schließlich T durch $(\tau_0, \tau_1, \tau_2, 1)$ so ist

$$(8.3) \qquad (kl; T) = \overrightarrow{PQ} \cdot \mathfrak{t},$$

wo $\mathfrak{t}$ ein Einheitsvektor in Richtung von T sei und wo — es kommt auf die Reihenfolge an — P bzw. Q der Mittelpunkt von k bzw. l ist (s. Abb. 15).

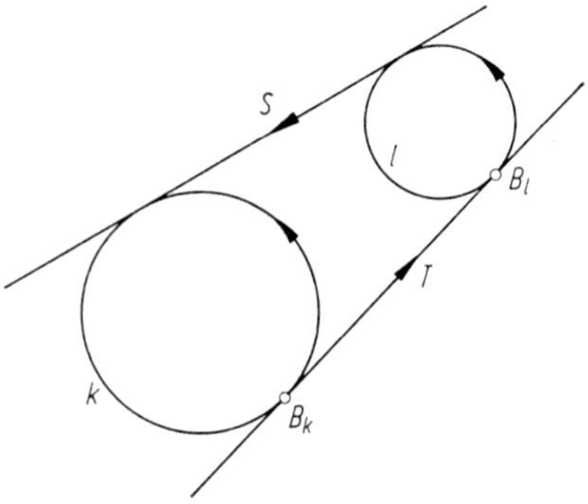

Abb. 14

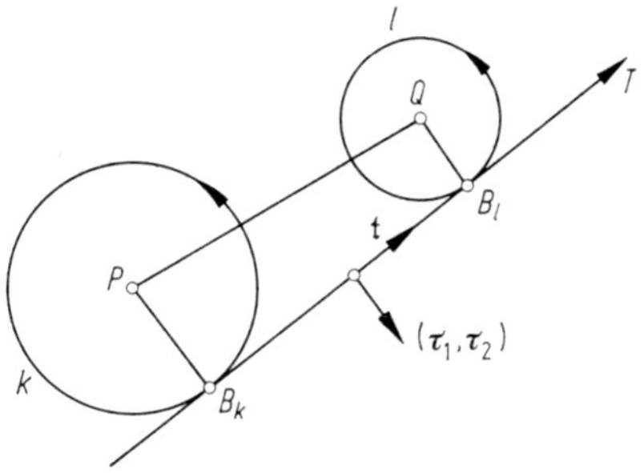

Abb. 15

Da $((\tau_1, \tau_2), \mathfrak{t})$ ein Rechtssystem ist, gilt

$$\mathfrak{t} = (-\tau_2, \tau_1).$$

Also ist nach (8.3)

$$(8.4) \qquad (kl; T) = -\tau_2(\mu_1 - m_1) + \tau_1(\mu_2 - m_2).$$

b) Sind A', B' Speere mit $A' \in k - l$, $B' \in l - k$, so gilt (s. Kapitel II, § 1, Satz 4.1. c)

$$\begin{bmatrix} S & T \\ B' & A' \end{bmatrix} = \begin{bmatrix} S & T \\ B' & B \end{bmatrix} \begin{bmatrix} S & T \\ B & A \end{bmatrix} \begin{bmatrix} S & T \\ A & A' \end{bmatrix}.$$

und damit

$$\arg\begin{bmatrix} S & T \\ B' & A' \end{bmatrix} = \arg\begin{bmatrix} S & T \\ B & A \end{bmatrix},$$

wenn wir beachten — was später allgemeiner gezeigt wird (Kapitel II, § 2, Satz 2.2) —

$$\begin{bmatrix} S & T \\ A & A' \end{bmatrix}, \begin{bmatrix} S & T \\ B' & B \end{bmatrix} \in \mathbb{R} - \{0\},$$

da die Quadrupel S, T, A', A und S, T, B', B jeweils demselben Zykel angehören.

c) Aus $\begin{bmatrix} T & S \\ B & A \end{bmatrix} = \dfrac{1}{\begin{bmatrix} S & T \\ B & A \end{bmatrix}}$ (s. Kapitel II, § 1, Satz 4.1, b) folgt

$$\arg\begin{bmatrix} T & S \\ B & A \end{bmatrix} = -\arg\begin{bmatrix} S & T \\ B & A \end{bmatrix}.$$

d) Nennen wir einen Speer, der zur positiven y-Achse parallel ist, einen Ausnahmespeer, so genügt es, Satz 8.1 nur für den Fall zu beweisen, daß T kein Ausnahmespeer ist. Im anderen Falle ist jedenfalls S kein Ausnahmespeer und alles ist gezeigt mit Hilfe von c), wenn wir

$$\arg\begin{bmatrix} T & S \\ B & A \end{bmatrix} = (kl; S)$$

nachgeprüft haben (und dies wird sich der späteren Erörterung unterordnen), da

$$\arg\begin{bmatrix} S & T \\ B & A \end{bmatrix} = -\arg\begin{bmatrix} T & S \\ B & A \end{bmatrix} = -(kl; S) = (kl; T)$$

ist.

e) Da zu jedem Speer V und zu jedem Zykel z (genau) ein zu V paralleler Speer auf z liegt, so können wir mit den Betrachtungen b) und d) uns auf die Diskussion der beiden folgenden Fälle beschränken:

(α): T, S keine Ausnahmespeere, A, B Ausnahmespeere.

(β): T kein Ausnahmespeer, S Ausnahmespeer, A, B keine Ausnahmespeere.

Im Falle (α) sei

$$T = (\tau = \hat{\tau}\varepsilon, 1), S = (\sigma + \hat{\sigma}\varepsilon, 1), A = (1, \alpha\varepsilon), B = (1, \beta\varepsilon). \tag{8.5}$$

Dann gilt

$$\arg\begin{bmatrix} S & T \\ B & A \end{bmatrix} = (\tau - \sigma)(\alpha - \beta). \tag{8.6}$$

Im Falle (β) sei

$$(8.7)\qquad T = (\tau + \hat{\tau}\varepsilon, 1), S = (1, \sigma\varepsilon), A = (\alpha + \hat{\alpha}\varepsilon, 1), B = (\beta + \hat{\beta}\varepsilon, 1).$$

Hier ist

$$(8.8)\qquad \arg\begin{bmatrix} S & T \\ B & A \end{bmatrix} = \sigma(\beta - \alpha) + \frac{\hat{\tau} - \hat{\beta}}{\tau - \beta} - \frac{\hat{\tau} - \hat{\alpha}}{\tau - \alpha}.$$

Da zwei verschiedene Speere eines Zykels nicht parallel sein können, ergibt dabei Satz 7.4 noch $\tau \neq \beta$, $\tau \neq \alpha$ und $\tau \neq \sigma$.

Unter Benutzung von (6.11) rechnen wir (8.5), (8.7) noch in Speerkoordinaten um:

$$(8.5)^*\qquad T = \left(\hat{\tau}, \frac{1 - \tau^2}{2}, \tau, -\frac{1 + \tau^2}{2}\right), \quad S = \left(\hat{\sigma}, \frac{1 - \sigma^2}{2}, \sigma, -\frac{1 + \sigma^2}{2}\right),$$

$$A = (2\alpha, 1, 0, 1), \quad B = (2\beta, 1, 0, 1);$$

$$(8.7)^*\qquad T = \left(\hat{\tau}, \frac{1 - \tau^2}{2}, \tau, -\frac{1 + \tau^2}{2}\right), \quad S = (2\sigma, 1, 0, 1)$$

$$A = \left(\hat{\alpha}, \frac{1 - \alpha^2}{2}, \alpha, -\frac{1 + \alpha^2}{2}\right), \quad B = \left(\hat{\beta}, \frac{1 - \beta^2}{2}, \beta, -\frac{1 + \beta^2}{2}\right).$$

f) *Hilfssatz.* Gegeben seien die Speere

$$T = \left(\hat{\tau}, \frac{1 - \tau^2}{2}, \tau, -\frac{1 + \tau^2}{2}\right), X = \left(\hat{\xi}, \frac{1 - \xi^2}{2}, \xi, -\frac{1 + \xi^2}{2}\right), L = (2\lambda, 1, 0, 1)$$

mit $\tau \neq \xi$. Der durch die drei dann paarweise nicht parallelen Speere T, X, L gehende Zykel hat die Zykelkoordinaten $(1, p_1, p_2, p_3)$ mit

$$p_1 = -\hat{\tau} + \tau\frac{\hat{\tau} - \hat{\xi}}{\tau - \xi} + \lambda(\tau\xi - 1), \quad p_2 = -\frac{\hat{\tau} - \hat{\xi}}{\tau - \xi} - \lambda(\tau + \xi),$$

$$p_3 = -2\lambda - p_1.$$

Zum *Beweis* hat man wegen Satz 1.3 lediglich zu verifizieren, daß die Koordinaten von T resp. X resp. L der Gleichung

$$x_0 + x_1p_1 + x_2p_2 + x_3p_3 = 0$$

genügen.

g) Wenden wir im Falle (α) Hilfssatz f) an auf T, $X = S$, $L = A$, so haben wir:

$$m_1 = -\hat{\tau} + \tau\frac{\hat{\tau} - \hat{\sigma}}{\tau - \sigma} + \alpha(\tau\alpha - 1), \quad m_2 = -\frac{\hat{\tau} - \hat{\sigma}}{\tau - \sigma} - \alpha(\tau + \sigma).$$

Für T, $X = S$, $L = B$ liefert f):

$$\mu_1 = -\hat{\tau} + \tau\frac{\hat{\tau} - \hat{\sigma}}{\tau - \sigma} + \beta(\tau\sigma - 1), \quad \mu_2 = -\frac{\hat{\tau} - \hat{\sigma}}{\tau - \sigma} - \beta(\tau + \sigma).$$

Damit ergibt (8.4), wenn wir dort

$$\tau_1 = \frac{\tau^2 - 1}{\tau^2 + 1}, \quad \tau_2 = -\frac{2\tau}{\tau^2 + 1}$$

beachten,

$$(kl;\, T) = (\alpha - \beta)\,(\tau - \sigma)\,.$$

Mit (8.6) ist somit im Falle (α) der Satz bewiesen.

Im Falle (β) — hier liegt also (8.7)* zugrunde — wenden wir f) wiederum zweimal an, und zwar auf

$$T,\, X = A,\, L = S \quad \text{und} \quad T,\, X = B,\, L = S\,.$$

Wir erhalten

$$m_1 = -\hat{\tau} + \tau\frac{\hat{\tau} - \hat{\alpha}}{\tau - \alpha} + \sigma(\tau\alpha - 1), \quad m_2 = -\frac{\hat{\tau} - \hat{\alpha}}{\tau - \alpha} - \sigma(\tau + \alpha)\,,$$

$$\mu_1 = -\hat{\tau} + \tau\frac{\hat{\tau} - \hat{\beta}}{\tau - \beta} + \sigma(\tau\beta - 1), \quad \mu_2 = -\frac{\hat{\tau} - \hat{\beta}}{\tau - \beta} - \sigma(\tau + \beta)\,.$$

Hiermit ergibt (8.4)

$$(kl;\, T) = \sigma(\beta - \alpha) + \frac{\hat{\tau} - \hat{\beta}}{\tau - \beta} - \frac{\hat{\tau} - \hat{\alpha}}{\tau - \alpha}\,.$$

Also ist bei Vergleich mit (8.8) auch im Falle (β) der Satz bewiesen. ▯

Aus Satz 8.1 und dem später allgemein gezeigten Satz über die Invarianz des Doppelverhältnisses gegenüber Abbildungen aus $\Gamma(\mathbb{D})$ (Kapitel II, § 1, Satz 4.2a) ergibt sich

Satz 8.2. *Die Gruppe $\Gamma(\mathbb{D})$ enthält nur tangentialdistanztreue Zykelverwandtschaften, d.h. ist $\gamma \in \Gamma(\mathbb{D})$ und sind k, l Zykel mit $|k \cap l| = 2$, $T \in k \cap l$, so gilt $(kl;\, T) = (k^\gamma l^\gamma;\, T^\gamma)$.*

Da sich durch Spezialisierung eines späteren Satzes (Kapitel II, § 6, Satz 3.1) zeigen wird, daß die Gruppe aller Zykelverwandtschaften (die *Laguerregruppe*) gegeben ist durch die Menge der Abbildungen

$$\mathfrak{R}(z_1'\, z_2') = \mathfrak{R}(z_1^\tau\, z_2^\tau)\begin{pmatrix} a_{11} & a_{12} \\ a_{21} & a_{22} \end{pmatrix}, \tag{8.9}$$

wo $a_{\mu\nu} \in \mathbb{D}$ und $\|a_{\mu\nu}\| \in \mathfrak{R}$ ist, und wo τ ein Automorphismus von $\mathbb{D}$ ist, der $\mathbb{R}$ als Ganzes festläßt, so haben wir

Satz 8.3. *Eine Zykelverwandtschaft ist genau dann tangentialdistanztreu, wenn sie zu $\Gamma(\mathbb{D})$ gehört.*

Beweis. Gäbe es außerhalb von $\Gamma(\mathbb{D})$ eine tangentialdistanztreue Zykelverwandtschaft, so gäbe es nach (8.9), Satz 8.2 und Satz 5.2 ein reelles $\lambda \neq 0, 1$ so, daß

$$\varrho\colon\; (z_1\, z_2) \to (z_1^\tau\, z_2^\tau), \qquad \tau\colon a + b\varepsilon \to a + b\lambda\varepsilon\,,$$

tangentialdistanztreu wäre. Hat man aber die Ausgangssituation von Satz 8.1, so ist jedenfalls

$$(8.10)\qquad \arg\begin{bmatrix} S^\varrho & T^\varrho \\ B^\varrho & A^\varrho \end{bmatrix} = \arg\begin{bmatrix} S & T \\ B & A \end{bmatrix}^\tau = \lambda \cdot \arg\begin{bmatrix} S & T \\ B & A \end{bmatrix}.$$

Die angenommene Tangentialdistanztreue von ϱ ist hiermit nicht vereinbar. ▯

Die Formel (8.10) ergibt noch

Satz 8.4. *Die Zykelverwandtschaft* (8.9) *ver-λ-facht Tangentialdistanzen, wenn ihr der Automorphismus*

$$\tau\colon\ a + b\varepsilon \to a + b\lambda\varepsilon$$

zugrunde liegt.

9. Isotrope Winkel

Sind k, l isotrope Kreise mit $|k \cap l| = 2$, $T \in k \cap l$, so erklären wir den *isotropen Winkel* $[kl; T]$: Ist T ein eigentlicher isotroper Punkt, so sei

$$(9.1)\qquad [kl; T] = \operatorname{tg}\widehat{\beta} - \operatorname{tg}\widehat{\alpha},$$

wo $\operatorname{tg}\widehat{\alpha}$ bzw. $\operatorname{tg}\widehat{\beta}$ die euklidische Steigung der k bzw. l zugrunde liegenden Parabel oder Geraden im Punkte T darstellt (s. Abb. 16). Im Falle, daß T uneigentlich ist (dann ist der zweite den isotropen Kreisen k, l gemeinsame Punkt S jedenfalls eigentlich) definieren wir $[kl; T]$ durch

$$(9.2)\qquad [kl; T] := [lk; S].$$

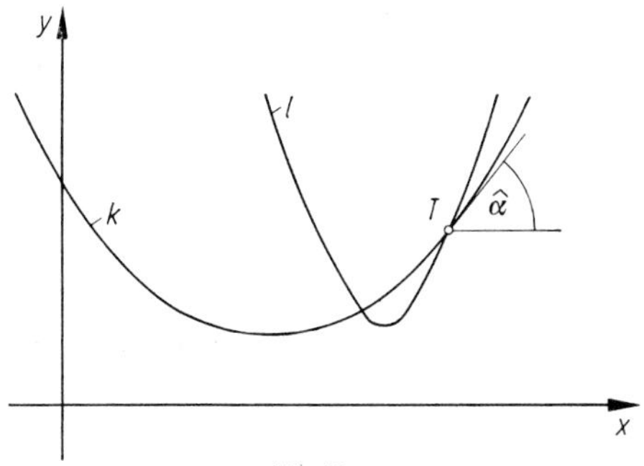

Abb. 16

Satz 9.1. *Es gilt* $(kl; T) = [kl; T]$ *für je zwei Zykel (bzw. die entsprechenden isotropen Kreise) k, l mit* $|k \cap l| = |\{S, T\}| = 2$.

Beweis. Wir brauchen nur den Fall zu beweisen, daß T eigentlich ist, da der verbleibende Teil hierauf zurückgeführt werden kann, vermöge $[kl; T] = [lk; S]$. Ist $T = \tau + \hat{\tau}\varepsilon$ und liegt k bzw. l zugrunde

$$(9.3) \qquad \begin{cases} y + \alpha x^2 + \beta x + \gamma = 0 \text{ bzw.} \\ y + \alpha' x^2 + \beta' x + \gamma' = 0, \end{cases}$$

so ist also

$$(9.4) \qquad [kl; T] = 2\tau(\alpha - \alpha') + (\beta - \beta').$$

Die Zykelkoordinaten von k bzw. l sind nach (4.8)

$$(1, \gamma - \alpha, \beta, -(\gamma + \alpha)) \text{ bzw. } (1, \gamma' - \alpha', \beta', -(\gamma' + \alpha')).$$

Mit $T = \left(\hat{\tau}, \frac{1-\tau^2}{2}, \tau, -\frac{1+\tau^2}{2}\right)$ ist also nach (8.4)

$$(9.5) \qquad (kl; T) = \frac{2\tau}{1+\tau^2}((\gamma' - \alpha') - (\gamma - \alpha)) - \frac{1-\tau^2}{1+\tau^2}(\beta' - \beta).$$

Da $(\tau, \hat{\tau})$ auf beiden Kurven (9.3) liegt, gilt

$$\tau^2(\alpha' - \alpha) + \tau(\beta' - \beta) + (\gamma' - \gamma) = 0.$$

Hiermit reduziert sich (9.5) auf

$$(9.6) \qquad (kl; T) = 2\tau(\alpha - \alpha') + (\beta - \beta').$$

Vergleich mit (9.4) führt auf die zu beweisende Aussage. □

10. Laguerregeometrie

Zur Laguerregruppe gehört im Sinne des Kleinschen Erlanger Programms die *Laguerregeometrie,* zur Gruppe $\Gamma(\mathbb{D})$ die *Laguerregeometrie im engeren Sinne.* Während zum Beispiel das Verhältnis zweier Tangentialdistanzen invariant gegenüber allen Zykelverwandtschaften ist (Satz 8.4), also eine Invariante der Laguerregeometrie darstellt, gehört die Tangentialdistanz selbst in die engere Laguerregeometrie.

§ 3. Liegeometrie

1. Liezykel

Eng verwandt mit der Laguerregeometrie ist die Liegeometrie. Um den jetzt zu definierenden Begriff des Liezykels vom bisherigen Zykelbegriff unterscheiden zu können, nennen wir, wo es nötig ist, die früher betrachteten Zykel auch Laguerrezykel. Unter einem Liezykel in einer reellen euklidischen Ebene versteht man nun einen Laguerrezykel, einen Speer oder aber das Symbol ∞. Der zweite wichtige Begriff in der Liegeometrie ist der der *Berührung* zweier Liezykel. Sind x, y zwei Liezykel, so legen wir die Relation *x berührt y*, in Zeichen $x - y$, fest über die Fallunterscheidungen:

a) $x - y$ im Falle, daß x, y Laguerrezykel sind, genau dann, wenn diese beiden Laguerrezykel zusammenfallen oder aber genau einen Speer gemeinsam haben (s. Abb. 17).

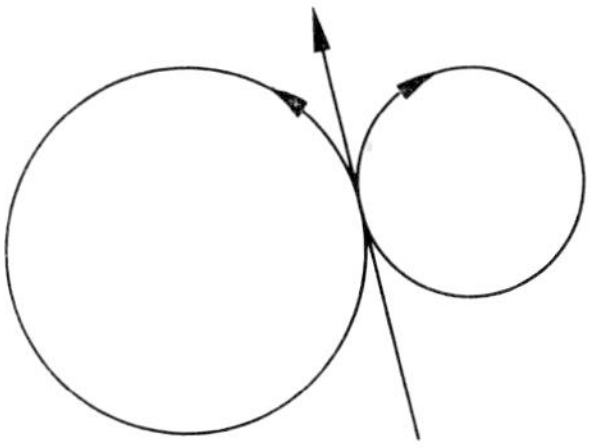
Abb. 17

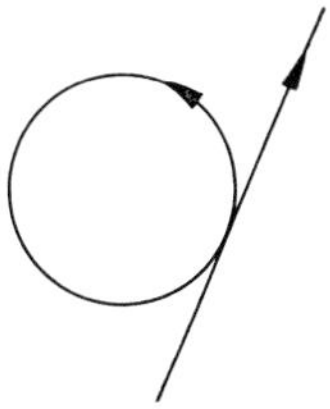
Abb. 18

b) $x - y$ im Falle, daß x ein Laguerrezykel und y ein Speer ist (oder umgekehrt), genau dann, wenn dieser Laguerrezykel den genannten Speer enthält (s. Abb. 18).

c) $x \not- \infty$ und $\infty \not- x$ im Falle, daß x ein Laguerrezykel ist. Dabei bedeutet $x \not- y$ die Negation von $x - y$.

d) $x - y$ im Falle x, y Speere genau dann, wenn x, y parallele Speere sind.

e) $x - y$ stets im Falle, daß einer der Liezykel x, y ein Speer, der andere aber gleich ∞ ist.

f) $\infty - \infty$.

Wir fassen die reflexive und symmetrische (aber nicht transitive) Relation $x - y$ in der Abb. 19 zusammen.

Verlegen wir den Schauplatz auf die Oberfläche **K** einer Kugel mit Hilfe der stereographischen Projektion von § 1, Abschnitt 4 (der jetzige Liezykel ∞ sei der dortige unendlich ferne Punkt), so werden die vorgetragenen Begriffe der Liegeometrie noch natürlicher: Ein Liezykel ist dann ein orientierter Kreis von **K** oder aber ein Punkt von **K**. Die Berührrelation liegt auf der Hand: Gleichsinniges Tangieren oder Inzidenz.

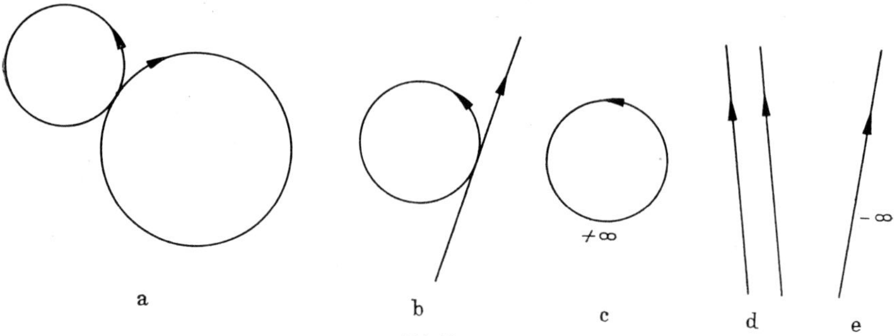

Abb. 19

2. Pentazyklische Koordinaten

Wir wollen die Menge der Liezykel in den vierdimensionalen reellen projektiven Raum

$$\mathbb{P}^4(x_0, x_1, x_2, x_3, x_4),$$

hier sei $x_0 = 0$ die Gleichung der Fernhyperebene, abbilden: Liegt der Speer S mit den Speerkoordinaten (a_0, a_1, a_2, a_3) vor (s. § 2, Abschnitt 1), so sei ihm der Punkt

(2.1) $$(-a_0, a_0, a_1, a_2, a_3)$$

zugeordnet. Offenbar liegt dieser Punkt auf der Quadrik mit der Gleichung

(2.2) $$-x_0^2 + x_1^2 + x_2^2 + x_3^2 - x_4^2 = 0,$$

wenn wir Formel (1.8) von § 2 beachten. Ziel der folgenden Betrachtung ist es, die Menge $\mathfrak{L}$ der Liezykel so eineindeutig in die Menge $\mathbf{Q}$ der Punkte, die der Gleichung (2.2) genügen, abzubilden (die Abbildung (2.1) fortsetzend), daß aus $S - z$, S ein Speer und z ein Laguerrezykel oder gleich ∞, die Konjugiertheit der Bildpunkte von S und z bezüglich der durch (2.2) gegebenen Quadrik folgt. Setzen wir zunächst voraus, daß eine solche Abbildung χ überhaupt existiert: Ist

$$\infty^\chi = (u_0, u_1, u_2, u_3, u_4),$$

so muß also für alle Speere $S(a_0, a_1, a_2, a_3)$ mit (2.1)

$$-(-a_0)\, u_0 + a_0 u_1 + a_1 u_2 + a_2 u_3 - a_3 u_4 = 0$$

gelten. Dies bedeutet

$$u_0 + u_1 = 0,\; u_2 = u_3 = u_4 = 0.$$

Damit ist

(2.3) $$\infty^\chi = (-1, 1, 0, 0, 0), \quad \infty^\chi \in \mathbf{Q}.$$

Ist z ein Laguerrezykel mit den Zykelkoordinaten (s. § 2, (1.10)) $(1, m_1, m_2, r)$ und gilt

$$z^\chi = (v_0, v_1, v_2, v_3, v_4),$$

so muß also aus $S - z$, d.h. (s. § 2, Satz 1.3)

(2.4) $$a_0 + a_1 m_1 + a_2 m_2 + a_3 r = 0,$$

die Gleichung

(2.5) $$-(-a_0)\, v_0 + a_0 v_1 + a_1 v_2 + a_2 v_3 - a_3 v_4 = 0$$

folgen. Nun genügen die beiden Speere

(2.6) $$(m_1 \pm r, -1, 0, \mp 1)$$

der Gleichung (2.4). Also ergibt (2.5) die beiden Gleichungen

$$(m_1 \pm r)\,(v_0 + v_1) = v_2 \mp v_4,$$

was auf

(2.7) $$v_2 = m_1(v_0 + v_1), \quad v_4 = -r(v_0 + v_1)$$

führt. An Stelle der Speere (2.6) die Speere

$$(m_2 \pm r, 0, -1, \mp 1)$$

genommen, ergibt $(m_2 \pm r)\,(v_0 + v_1) = v_3 \mp v_4$, und hiermit

(2.8) $$v_3 = m_2(v_0 + v_1), \quad v_4 = -r(v_0 + v_1).$$

Wegen der geforderten Eineindeutigkeit von χ ist jedenfalls $v_0 + v_1 \neq 0$, da sonst mit (2.7) und (2.8) $z = \infty$ folgte. Stellen wir den projektiven Punkt (v_i) in der Gestalt (v_i'), $v_i' = \frac{v_i}{v_0 + v_1}$, $i = 0, 1, 2, 3, 4$ dar, so haben wir

(2.9) $$v_0' + v_1' = 1$$

und (2.7), (2.8) ergeben

(2.10) $$v_2' = m_1, \quad v_3' = m_2, \quad v_4' = -r.$$

Beachten wir, da z^χ in $\mathbf{Q}$ liegen soll, mit (2.2) noch

$$-v_0'^2 + v_1'^2 + v_2'^2 + v_3'^2 - v_4'^2 = 0,$$

so ist nach (2.9), (2.10)

(2.11) $$\begin{cases} 2v_0' = 1 + (m_1^2 + m_2^2 - r^2), \\ 2v_1' = 1 - (m_1^2 + m_2^2 - r^2). \end{cases}$$

insgesamt also

$$(2.12)\qquad z^\chi = \left(\frac{1+N}{2}, \frac{1-N}{2}, m_1, m_2, -r\right), \qquad N := m_1^2 + m_2^2 - r^2.$$

Wenn es also überhaupt eine beschriebene Abbildung χ gibt, so muß diese eindeutig bestimmt sein. Der folgende Satz behauptet mehr als nur die Existenz von χ:

Satz 2.1. *Die Abbildung χ (gegeben durch* (2.1), (2.3), (2.12)) *ist eine eineindeutige Abbildung von $\mathfrak{L}$ auf $\mathbf{Q}$ so, daß $z_1 — z_2$ für je zwei Liezykel z_1, z_2 gleichwertig ist mit der Konjugiertheit von z_1^χ, z_2^χ bezüglich der durch* (2.2) *gegebenen Quadrik.*

Wir überlassen die Durchrechnung dem Leser als Übung.

Die Koordinaten des Punktes z^χ heißen auch die *pentazyklischen Koordinaten* des Liezykels z.

3. Liefiguren. Die Automorphismengruppe

Es bezeichne

$$(3.1)\qquad \mathfrak{Q} = (q_{ik}), \quad i, k = 0, \ldots, 4,$$

die durch

$$(3.2)\qquad q_{00} = q_{44} = -1, \quad q_{ik} = \delta_{ik} \text{ sonst},$$

beschriebene (5,5)-Matrix, wobei $\delta_{ik} = 0$ für $i \neq k$, $\delta_{ik} = 1$ für $i = k$ gesetzt sei. Unter Zugrundelegung der pentazyklischen Koordinaten der Liezykel

$$(3.3)\qquad z(\xi_0, \xi_1, \xi_2, \xi_3, \xi_4)$$

können wir gemäß Satz 2.1 die Liegeometrie im projektiven 4-dimensionalen Raum beschreiben: Zykel sind die Punkte des $\mathbb{P}^4(\mathbb{R})$, die — wir verwenden Matrizenschreibweise — der Gleichung

$$(3.4)\qquad (\xi_0\,\xi_1\,\xi_2\,\xi_3\,\xi_4)\,\mathfrak{Q}\begin{pmatrix}\xi_0\\ \vdots\\ \xi_4\end{pmatrix} = 0$$

genügen. Zwei Zykel $(\xi_0, \ldots, \xi_4)$, $(\eta_0, \ldots, \eta_4)$ berühren sich genau dann, wenn

$$(3.5)\qquad (\xi_0 \cdots \xi_4)\,\mathfrak{Q}\begin{pmatrix}\eta_0\\ \vdots\\ \eta_4\end{pmatrix} = 0$$

erfüllt ist.

Ist $\mathfrak{A}$ eine (5,5)-Matrix, die der Gleichung

$$\mathfrak{A}\mathfrak{Q}\mathfrak{A}^{\mathsf{T}} = \mathfrak{Q} \tag{3.6}$$

genügt, so stellt die lineare Transformation

$$\lambda_{\mathfrak{A}}\colon\ (\xi_0, \xi_1, \xi_2, \xi_3, \xi_4) \to (\xi_0, \xi_1, \xi_2, \xi_3, \xi_4)\,\mathfrak{A} \tag{3.7}$$

bei Beschränkung auf die Menge der Zykel einen Automorphismus der Liegeometrie dar. Dabei verstehen wir unter einem *Automorphismus* der Liegeometrie oder einer *Lietransformation* eine eineindeutige Abbildung der Menge aller Zykel auf sich, die sich berührende Zykelpaare jeweils wieder in sich berührende Zykelpaare und sich nicht berührende Zykel wieder in sich nicht berührende Zykel überführt. Erklärt man Hintereinanderschaltung zweier Lietransformationen als ihr Produkt, so erhalten wir eine Gruppe, die (volle) *Automorphismengruppe* der Liegeometrie, auch *Liegruppe* genannt.

Um das Transitivitätsverhalten der Liegruppe bequemer beschreiben zu können, definieren wir zuvor noch den Begriff der *Liefigur*: So heiße jedes geordnete Zykel-6-tupel $\langle a_1, a_2, a_3; b_1, b_2, b_3\rangle$, das den beiden Bedingungen

a) a_1, a_2, a_3 und ebenso b_1, b_2, b_3 berühren sich paarweise nicht,

b) a_i berührt b_k, für $(i, k) \neq (3, 3)$,

genügt (s. Abb. 20).

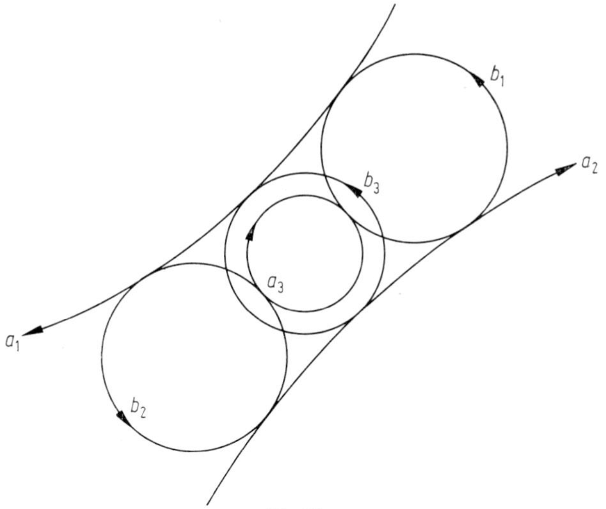

Abb. 20

Die sechs Zykel einer Liefigur $\langle a_1, a_2, a_3; b_1, b_2, b_3\rangle$ sind stets paarweise verschieden: Aus a) folgt, daß a_1, a_2, a_3 und ebenso b_1, b_2, b_3 paarweise verschieden sind. Da wegen b) jeder Zykel a_i, $i \in \{1, 2, 3\}$ wenigstens zwei Zykel aus $\{b_1, b_2, b_3\}$ berührt, muß weiterhin $a_i \notin \{b_1, b_2, b_3\}$, d.h. $\{a_1, a_2, a_3\} \cap \{b_1, b_2, b_3\} = \emptyset$ gelten.

Der Fundamentalsatz der Liegeometrie besagt:

Satz 3.1. *Sind* $\Lambda = \langle a_1, a_2, a_3; b_1, b_2, b_3\rangle$, $\Lambda' = \langle a_1', a_2', a_3'; b_1', b_2', b_3'\rangle$ *Liefiguren, so gibt es genau eine Lietransformation* $\lambda_{\mathfrak{A}} := \lambda$ *der Form* (3.6), (3.7), *die für* $i \in \{1, 2, 3\}$ $a_i^\lambda = a_i'$ *und* $b_i^\lambda = b_i'$ *genügt.*

Die vorstehende Aussage wird später für beliebige kommutative Körper $\mathfrak{K}$ mit von 2 verschiedener Charakteristik bewiesen (s. Kapitel III, § 3, Satz 1.1). Beachtet man, daß der Körper der reellen Zahlen gemäß § 1, Anmerkung 1 nur den identischen Körperautomorphismus gestattet, so gilt darüber hinaus (s. Kapitel III, § 3, Satz 3.1)

Satz 3.2. *Jede Lietransformation ist von der Form* (3.6), (3.7).

Die Liegruppe ist somit auf den Liefiguren *minimal transitiv,* d.h. sind Λ und Λ' Liefiguren, so gibt es genau eine Lietransformation, die das geordnete Zykel-6-tupel Λ in das geordnete Zykel-6-tupel Λ' überführt.

4. Liegeometrie

Die zur Gruppe der Lietransformationen gehörende Geometrie ist die *Liegeometrie.*

§ 4. Pseudo-euklidische (Minkowskische) Geometrie

1. Pseudo-euklidischer Abstand. Pseudo-euklidische Kreise

Gegeben sei eine auf ein kartesisches Koordinatensystem bezogene Ebene $\mathbf{E}$. Unter dem *pseudo-euklidischen Abstand* der Punkte $P(x, y)$, $P'(x', y')$ verstehen wir den Ausdruck

(1.1) $$d(P, P') = (x' - x)^2 - (y' - y)^2.$$

Unter dem *pseudo-euklidischen Kreis* mit dem Mittelpunkt $M(m_1, m_2)$ und dem Radius $r \neq 0$ sei dann die Punktmenge

(1.2) $$\{X \in \mathbf{E} \mid d(M, X) = r\}$$

verstanden. An Stelle von (1.2) können wir auch schreiben

(1.3) $$\{(x, y) \mid (x^2 - y^2) + b'x + c'y + d' = 0\}$$

mit $b' := -2m_1$, $c' := 2m_2$, $d' := -r + m_1^2 - m_2^2$. Die Bedingung $r \neq 0$ ist dabei gleichwertig mit

(1.4) $$b'^2 - c'^2 \neq 4d'.$$

Umgekehrt ist jede Punktmenge (1.3), wenn nur (1.4) gilt, ein pseudo-euklidischer Kreis, und zwar der mit Mittelpunkt

$$M\left(-\frac{b'}{2}, \frac{c'}{2}\right) \text{ und dem Radius } r = \frac{b'^2 - c'^2}{4} - d' \neq 0.$$

Ist $a \neq 0$ eine reelle Zahl, so wollen wir an Stelle von (1.3) schreiben

$$\{(x, y) \mid a(x^2 - y^2) + bx + cy + d = 0\}, \tag{1.5}$$

wo also

$$b' =: \frac{b}{a}, \quad c' =: \frac{c}{a}, \quad d' =: \frac{d}{a}$$

gesetzt ist. Die Bedingung (1.4) nimmt dann die Form

$$b^2 - c^2 \neq 4ad \tag{1.6}$$

an.

Wir erweitern den Begriff des pseudo-euklidischen Kreises, indem wir jede Punktmenge (1.5) als einen solchen Kreis ansprechen — jetzt ist also auch $a = 0$ zugelassen —, wenn nur (1.6) erfüllt ist. Es ist sofort zu sehen, daß die neu hereinkommenden pseudo-euklidischen Kreise die euklidischen Geraden von **E** sind mit einer Steigung $\neq \pm 1$.

Im folgenden heiße jeder Punkt (x, y) ein *eigentlicher pseudo-euklidischer Punkt.* Um den pseudo-euklidischen uneigentlichen Abschluß von **E** vorzubereiten, ist es empfehlenswert, für die euklidischen Geraden der Steigung ± 1 einen Namen zu haben: Wir wollen sie *Medianen* nennen.

Das Symbol ∞ heiße *uneigentlicher pseudo-euklidischer* Punkt von **E**, und ferner heiße jede Mediane ein *uneigentlicher pseudo-euklidischer Punkt* von **E**.

Wir legen fest, daß ∞ genau auf den pseudo-euklidischen Kreisen (1.5) liegen soll, bei denen $a = 0$ ist, und daß die Mediane P genau dann auf dem pseudo-euklidischen Kreis (1.5) liegen soll, wenn $a \neq 0$ und außerdem P Asymptote an die Hyperbel (1.5) ist.

2. Anormal-komplexe Zahlen

Ein geordnetes Paar reeller Zahlen heiße eine *anormal-komplexe Zahl.* Wir setzen $(a, b) = (a', b')$ genau dann, wenn $a = a'$ und $b = b'$ gilt. Anormal-komplexe Zahlen werden addiert und multipliziert nach den Vorschriften

$$\begin{aligned}(a, b) + (a', b') &= (a + a', b + b')\\ (a, b) \cdot (a', b') &= (aa' + bb', ab' + ba').\end{aligned} \tag{2.1}$$

Vermöge der Abbildung

$$\tau\colon r^\tau = (r, 0), \quad r \in \mathbb{R}, \tag{2.2}$$

betten wir $\mathbb{R}$ isomorph in die Menge $\mathbb{A}$ der anormal-komplexen Zahlen ein. Schreiben wir nun an Stelle von $(r, 0)$ auch r, so haben wir

$$(a, b) = a + bj, \tag{2.3}$$

wo $j = (0, 1)$ gesetzt ist. Für j gilt $j^2 = 1$. Mit Hilfe der Identifikation

$$(a, b) \leftrightarrow \begin{pmatrix} a & b \\ b & a \end{pmatrix}$$

zeigt Satz 5.1 von § 2, daß $\mathbb{A}$ ein kommutativer Ring mit Einselement ist. Eine leichte Überlegung zeigt, daß $\mathbb{A}$ neben den Idealen $\{0\}$, $\mathbb{A}$ noch genau die Ideale

$$\mathfrak{J}_+ := \mathbb{R}(1 + j) = \{r(1 + j) \mid r \in \mathbb{R}\}, \quad \mathfrak{J}_- := \mathbb{R}(1 - j) \tag{2.4}$$

enthält. Es gilt

$$\mathfrak{J}_+ \cap \mathfrak{J}_- = \{0\}. \tag{2.5}$$

Weiterhin ist stets

$$xy = 0 \quad \text{für } x \in \mathfrak{J}_+, y \in \mathfrak{J}_-. \tag{2.6}$$

Der Regularitätsbereich $\mathfrak{R}$ von $\mathbb{A}$ ist durch

$$\mathfrak{R} = \mathbb{A} - (\mathfrak{J}_+ \cup \mathfrak{J}_-) \tag{2.7}$$

gegeben. Wir beachten $j \in \mathfrak{R}$.

Satz 2.1. *$\mathbb{A}$ besitzt genau zwei Automorphismen σ mit der Eigenschaft $\mathbb{R}^\sigma = \mathbb{R}$, nämlich den identischen Automorphismus und den involutorischen Automorphismus*

$$a + bj \to \overline{a + bj} := a - bj.$$

Beweis. Ist σ ein Automorphismus von $\mathbb{A}$ mit $\mathbb{R}^\sigma = \mathbb{R}$, so sei gesetzt $j^\sigma = r + sj$, $r, s \in \mathbb{R}$. Da aus $j \cdot j = 1$ offenbar $j^\sigma \cdot j^\sigma = 1$ folgt, hat man $j^\sigma \in \{1, -1, j, -j\}$. Wegen $\mathbb{R}^\sigma = \mathbb{R}$ würde aus $j^\sigma \in \mathbb{R}$ jedenfalls

$$(a + bj)^\sigma = a^\sigma + b^\sigma j^\sigma \in \mathbb{R},$$

d.h. $\mathbb{A}^\sigma \subseteq \mathbb{R}$ folgen. Damit ist $j^\sigma \in \{j, -j\}$. Da $\mathbb{R}^\sigma = \mathbb{R}$ auf $r^\sigma = r$ für alle $r \in \mathbb{R}$ führt, so bedeutet $j^\sigma = j$, daß σ der identische Automorphismus ist. Im Falle $j^\sigma = -j$ ist

$$(a + bj)^\sigma = a^\sigma + b^\sigma j^\sigma = a + bj^\sigma = \overline{a + bj}. \quad \square$$

3. Anormal-komplexe Zahlen in der pseudo-euklidischen Geometrie

Wir ordnen dem eigentlich pseudo-euklidischen Punkt (x, y) die Zahl $z = x + yj$ zu. Dadurch gewinnt die Punktmenge (1.5) die Form

$$\left\{z \mid az\bar{z} + \frac{b+cj}{2} z + \frac{b-cj}{2} \bar{z} + d = 0\right\}. \tag{3.1}$$

Wir führen die *projektive Gerade* $\mathbb{P}(\mathbb{A})$ über dem Ring $\mathbb{A}$ der anormal-komplexen Zahlen ein: Das geordnete Paar (z_1, z_2), $z_1, z_2 \in \mathbb{A}$, heiße ein Punkt von $\mathbb{P}(\mathbb{A})$, wenn das einzige Ideal von $\mathbb{A}$, das beide Elemente z_1, z_2 enthält, $\mathbb{A}$ selbst ist. Ist (z_1, z_2) ein Punkt, so auch (rz_1, rz_2), wo r ein reguläres Element von $\mathbb{A}$ darstellt, und wir wollen die Punkte (z_1, z_2), (z_1', z_2') genau dann gleich nennen, wenn es ein $r \in \mathfrak{R}$ gibt mit $z_\nu' = rz_\nu$, $\nu = 1, 2$. Ein Punkt kann also auch wiedergegeben werden durch eine Paarmenge

$$\mathfrak{R}(z_1, z_2) = \{(rz_1, rz_2) \mid r \in \mathfrak{R}\}.$$

Die Punkte (x, y) von $\mathbf{E}$ betten wir in der Form

$$\mathfrak{R}(x + yj, 1)$$

in $\mathbb{P}(\mathbb{A})$ ein. Die noch verbleibenden Punkte $\mathfrak{R}(z_1, z_2)$ von $\mathbb{P}(\mathbb{A})$ sind damit von der Gestalt

$$\mathfrak{R}(1, 0), \tag{3.2}$$

$$\mathfrak{R}(z_1, 1 + j) \quad \textit{mit} \quad z_1 \notin \mathfrak{I}_+, \tag{3.3}$$

$$\mathfrak{R}(z_1, 1 - j) \quad \textit{mit} \quad z_1 \notin \mathfrak{I}_-. \tag{3.4}$$

Es entspreche nun ∞ dem Punkt (3.2) und die durch die Gleichung

$$x \pm y = v$$

gegebene Mediane dem Punkt

$$\mathfrak{R}((v + 1) \pm (v - 1)\, j, 1 \pm j),$$

wobei überall, wo $\pm$ steht, dasselbe Zeichen zu nehmen ist.

Um zu zeigen, daß damit eine eineindeutige Abbildung der Menge aller uneigentlichen Punkte auf die Menge der Punkte (3.2), (3.3), (3.4) vorliegt, beweisen wir etwa:

Lemma 3.1. *Zu $z_1 \notin \mathfrak{I}_+$ gibt es genau ein $v \in \mathbb{R}$ mit*

$$\mathfrak{R}(z_1, 1 + j) = \mathfrak{R}((v + 1) + (v - 1)\, j, 1 + j).$$

Beweis. Sei $z_1 = x + yj,\ x, y \in \mathbb{R}$. Wegen $z_1 \notin \mathfrak{I}_+$, ist $x \neq y$. Mit $\alpha = \frac{1}{2} + \frac{1}{x-y} \mp \frac{1}{2}$, $\beta = 1 - \alpha$ und $v = \frac{x+y}{2}$ gilt

$$(\alpha + \beta j)(x + yj) = (v + 1) + (v - 1)\,j,$$

$$(\alpha + \beta j)(1 + j) = 1 + j,$$

$$\alpha + \beta j \in \mathfrak{R}.$$

Dies bedeutet

$$\mathfrak{R}(z_1, 1 + j) = \mathfrak{R}((v + 1) + (v - 1)\,j, 1 + j).$$

Weiterhin führt

$$r((v + 1) + (v - 1)\,j) = (v' + 1) + (v' - 1)\,j, \qquad v' \in \mathbb{R},$$

$$r(1 + j) = 1 + j,$$

$$r \in \mathfrak{R}$$

auf $v' = v$. ▯

Mit $z = \frac{z_1}{z_2}$, $z_2 \in \mathfrak{R}$, gewinnt die in (3.1) angegebene Gleichung die Form

$$az_1\bar{z}_1 + \frac{b + cj}{2} z_1\bar{z}_2 + \frac{b - cj}{2} \bar{z}_1 z_2 + dz_2\bar{z}_2 = 0. \tag{3.5}$$

Fragen wir uns, welche uneigentlichen Punkte[13] der Gleichung (3.5) genügen: Offenbar ist (1, 0) eine Lösung genau dann, wenn $a = 0$ ist. Weiterhin haben wir

Lemma 3.2. *Im Falle $a \neq 0$ gibt es genau zwei uneigentliche Punkte, die (3.5) genügen, nämlich*

$$\mathfrak{R}\left(\left(\frac{c-b}{2a} + 1\right) + \left(\frac{c-b}{2a} - 1\right)j,\ \ 1 + j\right),$$

$$\mathfrak{R}\left(\left(-\frac{c+b}{2a} + 1\right) - \left(-\frac{c+b}{2a} - 1\right)j,\ \ 1 - j\right),$$

d.h. also die Asymptoten an die zugrunde liegende Hyperbel (3.5).

Wir überlassen den einfachen Beweis dieses Lemmas dem Leser.

Es ist uns also gelungen, durch die Einführung der projektiven Geraden $\mathbb{P}(\mathbb{A})$, Gleichungen der pseudo-euklidischen Kreise anzugeben, der genau alle Punkte — mit Einschluß der uneigentlichen — dieses Kreises genügen. Wir haben damit

---

[13] Wir identifizieren im folgenden in der angegebenen Weise die pseudo-euklidischen Punkte mit den Punkten von $\mathbb{P}(\mathbb{A})$.

Satz 3.1. *Sind a, b, c, d reelle Zahlen mit $b^2 - c^2 \neq 4ad$, so ist die Menge der Punkte (z_1, z_2) von $\mathbb{P}(\mathbb{A})$, die der Gleichung*

$$(z_1 \, z_2) \begin{pmatrix} a & \frac{b+cj}{2} \\ \frac{b-cj}{2} & d \end{pmatrix} \begin{pmatrix} \bar{z}_1 \\ \bar{z}_2 \end{pmatrix} = 0$$

genügen, genau die Menge der Punkte (mit Einschluß der uneigentlichen) des Kreises

$$a(x^2 - y^2) + bx + cy + d = 0.$$

Ergänzend schreiben wir auf

Satz 3.2. *Sei $\mathfrak{M}$ eine nichtsinguläre Matrix vom Typ $(2, 2)$ über $\mathbb{A}$ mit $\mathfrak{M} = \overline{\mathfrak{M}}^{\mathsf{T}}$. Dann stellt das Lösungsgebilde von*

$$(z_1 \, z_2) \, \mathfrak{M} \begin{pmatrix} \bar{z}_1 \\ \bar{z}_2 \end{pmatrix} = 0$$

einen pseudo-euklidischen Kreis dar.

Beweis. Sei $\mathfrak{M} = \begin{pmatrix} m_{11} & m_{12} \\ m_{21} & m_{22} \end{pmatrix}$. Aus $\mathfrak{M} = \overline{\mathfrak{M}}^{\mathsf{T}}$ folgt $m_{11} = \bar{m}_{11}$, $m_{22} = \bar{m}_{22}$. d.h. $a := m_{11} \in \mathbb{R}$, $d := m_{22} \in \mathbb{R}$. Setzen wir $m_{12} = \frac{b+cj}{2}$ mit $b, c \in \mathbb{R}$, so ist also

$$m_{21} = \bar{m}_{12} = \frac{b-cj}{2}.$$

Wegen $|\mathfrak{M}| \neq 0$ folgt weiterhin

$$ad - \frac{b^2 - c^2}{4} \neq 0.$$

Damit liegt aber tatsächlich ein pseudo-euklidischer Kreis vor. ▯

4. Die Gruppe $\Gamma(\mathbb{A})$

Wir betrachten die Menge aller Substitutionen (man zeige, daß tatsächlich bijektive Abbildungen der Menge aller Punkte von $\mathbb{P}(\mathbb{A})$ vorliegen!)

$$\mathfrak{R}(z_1' \, z_2') = \mathfrak{R}(z_1 \, z_2) \begin{pmatrix} a_{11} & a_{12} \\ a_{21} & a_{22} \end{pmatrix}, \tag{4.1}$$

wo $a_{\nu\mu}$ anormal-komplexe Zahlen mit

$$\begin{vmatrix} a_{11} & a_{12} \\ a_{21} & a_{22} \end{vmatrix} \in \mathfrak{R}$$

sind. Diese Menge bildet die Gruppe $\Gamma(\mathbb{A})$, die *projektive Gruppe* von $\mathbb{P}(\mathbb{A})$, wenn die Hintereinanderschaltung zweier solcher Substitutionen als ihr Produkt erklärt wird.

Ähnlich wie in § 1, Satz 2.1, haben wir hier

Satz 4.1. *Die Gruppe $\Gamma(\mathbb{A})$ enthält nur Kreisverwandtschaften, d.h. eineindeutige Abbildungen von $\mathbb{P}(\mathbb{A})$ auf sich, die peudo-euklidische Kreise in pseudo-euklidische Kreise überführen.*

Die projektive Gerade $\mathbb{P}(\mathbb{R})$ über dem Körper $\mathbb{R}$ kann als Teilmenge von $\mathbb{P}(\mathbb{A})$ aufgefaßt werden. Da sie Lösungsgebilde von

$$(z_1\, z_2)\begin{pmatrix} 0 & \frac{1}{2}j \\ -\frac{1}{2}j & 0 \end{pmatrix}\begin{pmatrix} \bar{z}_1 \\ \bar{z}_2 \end{pmatrix} = 0$$

ist, stellt sie einen Kreis dar. Mit Satz 4.1 sind damit alle Punktmengen

$$[\mathbb{P}(\mathbb{R})]^\gamma, \quad \gamma \in \Gamma(\mathbb{A}),$$

Kreise. Darüber hinaus haben wir

Satz 4.2. *Alle Punktmengen*

$$[\mathbb{P}(\mathbb{R})]^\gamma, \quad \gamma \in \Gamma(\mathbb{A}), \tag{4.2}$$

sind Kreise und alle Kreise können in dieser Gestalt geschrieben werden.

Beweis. Ist

$$\mathfrak{z}\mathfrak{M}\bar{\mathfrak{z}}^{\mathsf{T}} = 0, \quad \mathfrak{z} := (z_1\, z_2), \quad \mathfrak{M} := \begin{pmatrix} a & \frac{b+cj}{2} \\ \frac{b-cj}{2} & d \end{pmatrix},$$

ein Kreis, so geht er durch die $\Gamma(\mathbb{A})$-Abbildung

$$\mathfrak{x} \to \mathfrak{z} = \mathfrak{x}\mathfrak{B}$$

aus

$$\mathfrak{x}\begin{pmatrix} 0 & \frac{1}{2}j \\ -\frac{1}{2}j & 0 \end{pmatrix}\bar{\mathfrak{x}}^{\mathsf{T}} = 0$$

hervor, wenn $|\mathfrak{B}| \in \mathfrak{R}$ und $\mathfrak{B}\mathfrak{M}\bar{\mathfrak{B}}^{\mathsf{T}} = \varrho\mathfrak{M}_0$,

$$\mathfrak{M}_0 = \begin{pmatrix} 0 & \frac{1}{2}j \\ -\frac{1}{2}j & 0 \end{pmatrix}, \quad \varrho \in \mathfrak{R},$$

gilt.

1. Fall. $a = 0$. Seien (ξ_1, η_1), (ξ_2, η_2) verschiedene Punkte der Geraden $bx + cy + d = 0$. Dann gilt $(\xi_2 - \xi_1) + (\eta_3 - \eta_1)\,j \in \mathfrak{R}$, da sonst $(\xi_2 - \xi_1)^2 = (\eta_2 - \eta_1)^2$ wäre, was mit $b(\xi_2 - \xi_1) + c(\eta_2 - \eta_1) = 0$ auf $b^2 - c^2 = 0$ führt, was $b^2 - c^2 \neq 4ad = 0$ widerspricht.

Wir betrachten die Matrix

$$\mathfrak{B} = \begin{pmatrix} (\xi_2 - \xi_1) + (\eta_2 - \eta_1)j & 0 \\ \xi_1 + \eta_1 j & 1 \end{pmatrix},$$

die das Gewünschte leistet.

2. Fall. $a \neq 0$. Die $\Gamma(\mathbb{A})$-Abbildung

$$\varphi\colon \mathfrak{z} \to \mathfrak{y}$$

mit

$$\mathfrak{y} := \mathfrak{z} \begin{pmatrix} \left(\frac{c-b}{2a} + 1\right) + \left(\frac{c-b}{2a} - 1\right)j & 1 + j \\ \alpha & 1 \end{pmatrix}^{-1},$$

wobei

$$\alpha := \begin{cases} 1 - j & \text{falls} \quad b \neq c \\ 1 + j & \phantom{\text{falls}} \quad b = c \end{cases},$$

überführt den Kreis

$$k\colon a(x^2 - y^2) + bx + cy + d = 0$$

in einen Kreis

$$g\colon a'(x^2 - y^2) + b'x + c'y + d' = 0$$

mit $a' = 0$, da

$$\left(\left(\frac{c-b}{2a} + 1\right) + \left(\frac{c-b}{2a} - 1\right)j,\ 1 + j\right) \in k$$

n (1, 0) übergeht.

Auf Grund des Falles 1 geht g durch eine $\Gamma(\mathbb{A})$-Abbildung ψ aus $\Gamma(\mathbb{R})$ hervor. Also ist $k^{\varphi} = g$, $g = [\mathbb{P}(\mathbb{R})]^{\psi}$, was $k = [\mathbb{P}(\mathbb{R})]^{\chi}$, mit $\chi = \psi\varphi^{-1} \in \Gamma(\mathbb{A})$ ergibt. $\square$

5. Die ebenen Schnitte eines Hyperboloids

Im dreidimensionalen reellen projektiven Raum betrachten wir — bezogen auf ein projektives Koordinatensystem (x, y, z, t) ($t = 0$ sei die Gleichung der Fernebene) — das einschalige Hyperboloid

$$\mathfrak{Q} = \{(x, y, z, t) \mid x^2 - y^2 + z^2 = t^2\}.$$

Lemma 5.1. *Genau dann ist die Ebene*

$$\mathbf{E}: ax + by + cz + dt = 0$$

Tangentialebene an $\mathbf{Q}$ *(d.h. Polare eines Quadrikpunktes,) wenn* $a^2 - b^2 + c^2 = d^2$ *ist.*

Beweis. Sei $a^2 - b^2 + c^2 = d^2$. Dann ist $(a, -b, c, -d) \in \mathbf{Q} \cap \mathbf{E}$. Die Tangentialebene in diesem Punkt an $\mathbf{Q}$ ist aber gerade die Ebene $\mathbf{E}$. Sei umgekehrt $\mathbf{E}$ eine Tangentialebene an $\mathbf{Q}$ und sei $\mathbf{E}$ die Polare von (p, q, r, s). Dann hat $\mathbf{E}$ die Darstellung

$$px - qy + rz = st.$$

Es gilt $(p, -q, r, -s) = \lambda(a, b, c, d)$ mit einem $\lambda \neq 0$ aus $\mathbb{R}$. Wegen $(p, q, r, s) \in \mathbf{Q}$, d.h. wegen $p^2 - q^2 + r^2 = s^2$, folgt dann aber

$$a^2 - b^2 + c^2 = d^2.$$

Es sei nun $\mathfrak{p}$ der Punkt $(0, 0, 1, 1)$ und $\mathbf{P}$ die Polare von $\mathfrak{p}$. Wegen

$$\mathbf{P}: z = t$$

ist $\mathbf{P} \cap \mathbf{Q}$ die Menge aller Punkte (x, y, z, t) mit $x^2 - y^2 = 0$ und $z = t$. Es besteht also $\boldsymbol{\alpha} := \mathbf{P} \cap \mathbf{Q}$ aus den beiden Geraden

$$\boldsymbol{\alpha}_- := \{(x, y, z, t) \neq 0 \mid x = y, z = t\},$$

$$\boldsymbol{\alpha}_+ := \{(x, y, z, t) \neq 0 \mid x = -y, z = t\}.$$

Wir führen eine stereographische Projektion σ durch: Dem Punkt $\mathfrak{x} \in \mathbf{Q} - \boldsymbol{\alpha}$ ordnen wir den Schnittpunkt der Geraden durch $\mathfrak{p}$, $\mathfrak{x}$ mit der Ebene $\mathbf{E}: z = 0$ zu. Bezeichnet $\mathbf{u}$ die uneigentliche Gerade von $\mathbf{E}$, so gilt

Lemma 5.2. *Es ist* σ *eine eineindeutige Abbildung von* $\mathbf{Q} - \boldsymbol{\alpha}$ *auf* $\mathbf{E} - \mathbf{u}$.

Beweis. Wegen $\mathfrak{p} \notin \mathbf{E}$ ist σ eine eindeutige Abbildung von $\mathbf{Q} - \boldsymbol{\alpha}$ in $\mathbf{E}$. Wegen $\mathfrak{x} \in \mathbf{Q}$, $\mathfrak{x} \notin \mathbf{P}$ und $\mathbf{P} \cap \mathbf{E} = \mathbf{u}$ ist σ eine eindeutige Abbildung von $\mathbf{Q} - \boldsymbol{\alpha}$ in $\mathbf{E} - \mathbf{u}$. Jeder Punkt aus $\mathbf{E} - \mathbf{u}$ tritt genau einmal als Bild auf: Sei dieser Punkt durch $(\xi, \eta, 0, 1)$ gegeben. Für ein eventuell vorhandenes Urbild (x, y, z, t) in $\mathbf{Q} - \boldsymbol{\alpha}$ muß gelten:

$$(x, y, z, t) = \lambda(\xi, \eta, 0, 1) + \mu(0, 0, 1, 1), \ \lambda, \mu \in \mathbb{R}, \ \lambda \neq 0$$

und $x^2 - y^2 + z^2 = t^2$.

Dies führt auf: $\lambda^2(\xi^2 - \eta^2) + \mu^2 = (\lambda + \mu)^2$, d.h. auf $\frac{\mu}{\lambda} = \frac{\xi^2 - \eta^2 - 1}{2}$.
Es gibt also höchstens ein Urbild, nämlich

$$(\xi, \eta, 0, 1) + \frac{\xi^2 - \eta^2 - 1}{2}(0, 0, 1, 1);$$

dieser Punkt ist aber offenbar auch ein Urbild aus $\mathbf{Q} - \boldsymbol{\alpha}$. □

Wir wollen jetzt die Abbildung σ fortsetzen zu einer eineindeutigen Abbildung $\bar{\sigma}$ von $\mathbf{Q}$ auf die Menge der pseudo-euklidischen Punkte (hier mit Einschluß der uneigentlichen): Der Punkt $\mathfrak{p}$ soll dem uneigentlichen Punkt ∞ entsprechen. Abgesehen von $\mathfrak{p}$ gehören zu $\mathfrak{a}$ noch die Punkte $(1, 1, k, k)$, $k \in \mathbb{R}$, und $(1, -1, k, k)$ $k \in \mathbb{R}$. Wir ordnen zu

$$\bar{\sigma}\colon (1, \quad 1, k, k) \to \xi - \eta = k,$$

$$\bar{\sigma}\colon (1, -1, k, k) \to \xi + \eta = k.$$

Man verifiziert in der Tat leicht das

Lemma 5.3. *Es ist $\bar{\sigma}$ eine eineindeutige Abbildung von $\mathbf{Q}$ auf die Menge der pseudo-euklidischen Punkte (mit Einschluß der uneigentlichen).*

Wir nennen die Punktmenge $\mathbf{H} \cap \mathbf{Q}$ einen *ebenen Schnitt,* wenn die sonst beliebige Ebene $\mathbf{H}$ keine Tangentialebene an $\mathbf{Q}$ ist. Dann gilt

Lemma 5.4. *Das $\bar{\sigma}$-Bild eines jeden ebenen Schnittes ist ein pseudo-euklidischer Kreis. Umgekehrt ist das Urbild eines pseudo-euklidischen Kreises ein ebener Schnitt.*

Beweis. Sei $\mathbf{H} \cap \mathbf{Q}$ ein ebener Schnitt. Ist $\mathbf{H}$ durch

$$ax + by + cz + dt = 0$$

gegeben, so gilt nach Lemma 3.1: $a^2 - b^2 + c^2 \neq d^2$. Es ist

$$(\mathbf{H} \cap (\mathbf{Q} - \mathfrak{a}))^{\bar{\sigma}} = (\mathbf{H} \cap (\mathbf{Q} - \mathfrak{a}))^{\sigma}$$

gegeben genau durch die Menge der Punkte $(\xi, \eta, 0, 1)$ mit

$$(5.1) \qquad (c + d)(\xi^2 - \eta^2) + 2a\xi + 2b\eta + (-c + d) = 0,$$

wenn man beachtet

$$\varrho x = \xi,$$

$$\varrho y = \eta,$$

$$\varrho z = \frac{\xi^2 - \eta^2 - 1}{2},$$

$$\varrho t = \frac{\xi^2 - \eta^2 + 1}{2}$$

mit einem reellen $\varrho \neq 0$.

Wegen $a^2 - b^2 + c^2 \neq d^2$, d.h. wegen

$$(c + d)(-c + d) - \frac{(2a)^2 - (2b)^2}{4} \neq 0,$$

hat man in $(\mathbf{H} \cap (\mathbf{Q} - \boldsymbol{\alpha}))^{\bar{\sigma}}$ den eigentlichen Teil eines pseudo-euklidischen Kreises. Wir bestimmen noch $(\mathbf{H} \cap \boldsymbol{\alpha})^{\bar{\sigma}}$; es wird sich herausstellen, daß es sich gerade um den uneigentlichen Teil des pseudo-euklidischen Kreises (5.1) handelt: Sei $c + d = 0$. Dann ist $\mathbf{H} \cap \boldsymbol{\alpha} = \mathfrak{p}$. (Läge noch ein Punkt $(1, 1, k, k)$ oder ein Punkt $(1, -1, k, k)$ auf $\mathbf{H}$, so erhielte man in Verbindung mit $c + d = 0$ die Gleichung $a + b = 0$ bzw. $a - b = 0$, woraus $0 = a^2 - b^2 = a^2 - b^2 + c^2 - d^2$ folgen würde.) Im Falle $c + d = 0$ besitzt also (5.1) den einzigen uneigentlichen Punkt ∞, der gleich $\mathfrak{p}^{\bar{\sigma}} = (\mathbf{H} \cap \boldsymbol{\alpha})^{\bar{\sigma}}$ ist.

Sei $c + d \neq 0$. Dann ist $\mathfrak{p} \notin \mathbf{H} \cap \boldsymbol{\alpha}$ und

$$\mathbf{H} \cap \boldsymbol{\alpha} = \left(1, 1, -\frac{a+b}{c+d}, -\frac{a+b}{c+d}\right),$$

$$\mathbf{H} \cap \boldsymbol{\alpha}_{+} = \left(1, -1, -\frac{a-b}{c+d}, -\frac{a-b}{c+d}\right).$$

Es gilt $(\mathbf{H} \cap \boldsymbol{\alpha}_{-})^{\bar{\sigma}} = \left\{\eta - \xi = \frac{a+b}{c+d}\right\}$, $(\mathbf{H} \cap \boldsymbol{\alpha}_{+})^{\bar{\sigma}} = \left\{\eta + \xi = \frac{b-a}{c+d}\right\}$; dies sind aber die beiden Asymptoten von (5.1).

Ist umgekehrt der pseudo-euklidische Kreis

$$\alpha(\xi^2 - \eta^2) + \beta\xi + \gamma\eta + \delta = 0, \quad \alpha\delta - \frac{\beta^2 - \gamma^2}{4} \neq 0, \tag{5.2}$$

gegeben, so ist mit dem Vorstehenden sofort zu sehen, daß das Urbild durch den ebenen Schnitt

$$\mathbf{H} \cap \mathbf{Q}, \quad \mathbf{H}\colon \beta x + \gamma y + (\alpha - \delta)\, z + (\alpha + \delta)\, t = 0,$$

gegeben ist.

Wir fassen zusammen:

Satz 5.1. *Die Gesamtheit der Punkte und der ebenen Schnitte von $\mathbf{Q}$, die projektive Inzidenzrelation übernommen, bildet ein Modell der pseudo-euklidischen Geometrie.*

6. Punktparallelität

In Abschnitt 3 identifizierten wir die pseudo-euklidischen Punkte mit den Punkten von $\mathbb{P}(\mathbb{A})$ in dort angegebener Weise. Wir wollen in diese Identifikation jetzt auch die Punkte des Hyperboloids

$$\mathbf{Q} = \{(x, y, z, t) \mid x^2 - y^2 + z^2 = t^2\} \tag{6.1}$$

mit einbeziehen, wobei der Punkt $P \in \mathbf{Q}$ mit dem pseudo-euklidischen Punkt identifiziert werden soll, der ihm vermöge der stereographischen Projektion zugeordnet ist.

Es sei φ eine reelle Zahl mit $0 \leq \varphi < 2\pi$. Dann seien P_φ, P_φ^+, P_φ^- die folgenden Punkte

$$(6.2)\qquad \begin{cases} P_\varphi := (\cos\varphi,\, 0,\, \sin\varphi,\, 1)\,, \\ P_\varphi^+ := (-\sin\varphi,\, 1,\, \cos\varphi,\, 0)\,, \\ P_\varphi^- := (-\sin\varphi,\, -1,\, \cos\varphi,\, 0)\,, \end{cases}$$

die alle auf $\mathbf{Q}$ liegen. Auch die Geraden $\mathbf{g}_\varphi^+$, $\mathbf{g}_\varphi^-$, wo $\mathbf{g}_\varphi^+$ bzw. $\mathbf{g}_\varphi^-$ das Punktepaar P_φ, P_φ^+ bzw. P_φ, P_φ^- verbindet, liegen ganz auf $\mathbf{Q}$. In

$$\mathfrak{E}^+ = \{\mathbf{g}_\varphi^+ \mid \varphi \in [0, 2\pi)\}^{14},$$

$$\mathfrak{E}^- = \{\mathbf{g}_\varphi^- \mid \varphi \in [0, 2\pi)\}$$

haben wir die beiden Erzeugendenscharen von $\mathbf{Q}$ vor uns. Wir nennen die Punkte $A, B \in \mathbf{Q}$ parallel, in Zeichen $A \parallel B$, wenn es eine ganz auf $\mathbf{Q}$ gelegene Gerade $\mathbf{g}$ gibt, die A, B enthält. Genauer nennen wir A *p-parallel* (*plus-parallel*) zu B, in Zeichen $A \parallel_+ B$, wenn es eine Gerade $\mathbf{g}$ mit

$$A, B \in \mathbf{g} \in \mathfrak{E}^+$$

gibt, und wir nennen A *m-parallel* (*minus-parallel*) zu B, in Zeichen $A \parallel_- B$, wenn es eine Gerade $\mathbf{g}$ mit

$$A, B \in \mathbf{g} \in \mathfrak{E}^-$$

gibt. Da durch jeden Punkt Q von $\mathbf{Q}$ genau zwei ganz auf $\mathbf{Q}$ gelegene Geraden gehen, eine von diesen gehört zu $\mathfrak{E}^+$, die andere zu $\mathfrak{E}^-$, so gilt $Q \parallel Q$, $Q \parallel_+ Q$, $Q \parallel_- Q$.

Zieht man die Abbildungsgleichungen

$$(\xi + \eta j, 1) \leftrightarrow \left(\xi, \eta, \frac{\xi^2 - \eta^2 - 1}{2}, \frac{\xi^2 - \eta^2 + 1}{2}\right),$$

$$((v + 1) + \varepsilon(v - 1)\, j, 1 + \varepsilon j) \leftrightarrow (1, -\varepsilon, v, v),\ \varepsilon \in \{+1, -1\},$$

$$(1, 0) \leftrightarrow (0, 0, 1, 1),$$

heran, so ergibt sich leicht der folgende

Satz 6.1. a) *Die Punkte* $A = \Re(a_1, a_2)$, $B = \Re(b_1, b_2)$ *von* $\mathbb{P}(\mathbb{A})$ *sind genau dann p-parallel (bzw. m-parallel), wenn*

$$\begin{vmatrix} a_1 & a_2 \\ b_1 & b_2 \end{vmatrix}$$

ein Element von $\mathfrak{F}_+$ *(bzw.* $\mathfrak{F}_-$*) ist.*

---

[14] $[0, 2\pi)$ bezeichne das halboffene Intervall aller reellen Zahlen φ mit $0 \leq \varphi < 2\pi$.

b) *Die Punkte A, B sind genau dann parallel, wenn*

$$\begin{vmatrix} a_1 & a_2 \\ b_1 & b_2 \end{vmatrix} \notin \Re$$

gilt.

Wir wollen nun noch eine Deutung des Parallelitätsbegriffes im Hyperbelmodell der pseudo-euklidischen Geometrie geben. Dazu nennen wir die Medianen der Gleichung $y = x + k$ *p-Punkte* und die der Gleichung $y = -x + k$ *m-Punkte*. Dann gilt

Satz 6.2. a) *Der Punkt* ∞ *ist zu keinem eigentlichen Punkt parallel. Er ist p-parallel genau zu den m-Punkten und zu* ∞ *und m-parallel genau zu den p-Punkten und zu* ∞.

b) *Seien A, B zwei untereinander und von* ∞ *verschiedene Punkte. Sind A, B eigentlich, so sind sie p-parallel (bzw. m-parallel) genau dann, wenn ihre euklidische Verbindungsgerade ein p-Punkt (bzw. ein m-Punkt) ist. Sind A, B uneigentlich, so sind sie p-parallel (bzw. m-parallel) genau dann, wenn sie beide m-Punkte (bzw. beide p-Punkte) sind. Ist A eigentlich und ist B uneigentlich, so ist A ∥ $_+$B (bzw. A ∥ $_-$B) genau dann, wenn B ein p-Punkt (bzw. ein m-Punkt) ist, der als euklidische Gerade betrachtet mit A inzidiert.*

Aus der Definition der Parallelität folgt noch unmittelbar:

Satz 6.3. *Zwei verschiedene Punkte sind genau dann nicht parallel, wenn sie gemeinsam auf einem pseudo-euklidischen Kreis liegen.*

7. Winkel

Für den Zusammenhang Steigungswinkel, Steigung in der euklidischen Geometrie ist die Tangensfunktion von Bedeutung,

$$\text{tg}: [0, 2\pi) \to \mathbb{R}.$$

In der pseudo-euklidischen Geometrie wird diese Rolle der *tangens hyperbolicus* übernehmen,

$$\mathfrak{Tg}: \mathbb{R} \to (-1, 1).$$

Bekanntlich ist dabei gesetzt (s. Abb. 21)

(7.1) $$\mathfrak{Tg}\, x := \frac{e^x - e^{-x}}{e^x + e^{-x}} \; \text{für } x \in \mathbb{R}.$$

Wir benutzen im folgenden auch die Funktionen

(7.2) $$\mathfrak{Sin}\, x := \frac{e^x - e^{-x}}{2}, \quad \mathfrak{Cof}\, x := \frac{e^x + e^{-x}}{2},$$

die auf $\mathbb{R}$ definiert sind (s. Abb. 22), und Beziehungen wie

$$\mathfrak{Tg}\, x = \frac{\mathfrak{Sin}\, x}{\mathfrak{Cos}\, x}, \tag{7.3}$$

$$\mathfrak{Cos}^2 x - \mathfrak{Sin}^2 x = 1 \text{ u.a.} \tag{7.4}$$

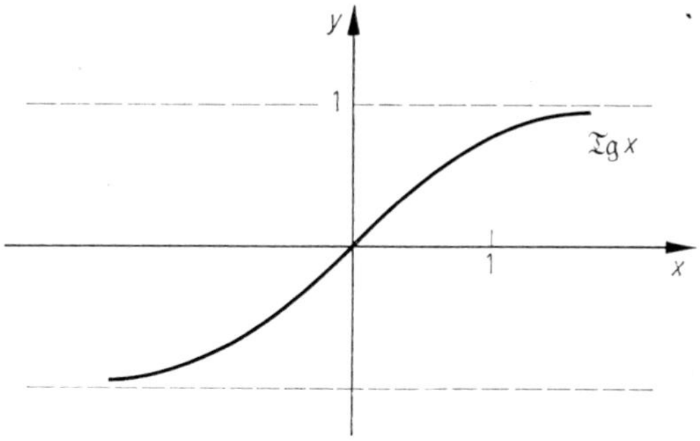

Abb. 21

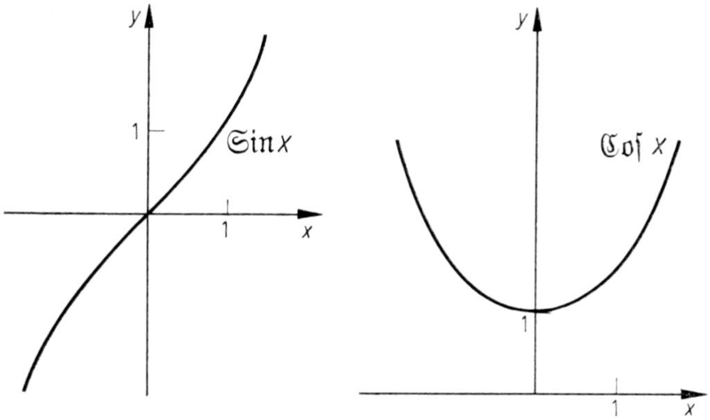

Abb. 22

Es ist $\mathfrak{Tg}$ eine bijektive Abbildung von $\mathbb{R}$ auf das offene Intervall $(-1, +1)$, und es ist $\mathfrak{Sin}$ eine bijektive Abbildung von $\mathbb{R}$ auf sich. Schließlich gilt $\mathfrak{Cos}\,(-x) = \mathfrak{Cos}\, x$ für alle $x \in \mathbb{R}$, und es ist also $\mathfrak{Cos}$ eine (nicht eineindeutige) Abbildung von $\mathbb{R}$ auf $\{\varrho \in \mathbb{R} \mid \varrho \geq 1\}$; der Wert $\varrho = 1$ wird genau einmal angenommen, jeder Wert $\varrho > 1$ genau zweimal.

Die Zahlen, die in der euklidischen Geometrie zum Messen von Winkeln herangezogen werden, können dem Intervall $[0, 2\pi)$ entnommen werden (oder dem Intervall $[0, \pi)$, falls man modulo π rechnet). Für die pseudo-euklidische Geometrie wollen wir alle reellen Zahlen zum Messen heranziehen, genau genommen jede reelle Zahl zweimal. Wir führen die

Gruppe $\mathfrak{W}$ ein: Ihre Elemente seien alle geordneten Paare (ϱ, σ), wo $\varrho \in \mathbb{R}$ und $\sigma \in \{+1, -1\}$ sei. Es stehe $(\varrho, \sigma) = (\varrho', \sigma')$ für $\varrho = \varrho'$ und $\sigma = \sigma'$, und es sei gesetzt

$$(\varrho_1, \sigma_1) + (\varrho_2, \sigma_2) := (\varrho_1 + \varrho_2, \sigma_1 \cdot \sigma_2). \tag{7.5}$$

Die entstehende abelsche Gruppe (sie ist das direkte Produkt der additiven Gruppe von $\mathbb{R}$ mit der symmetrischen Gruppe auf 2 Gegenständen) werde mit $\mathfrak{W}$ bezeichnet. Identifiziert man $(\varrho, \sigma) \in \mathfrak{W}$ mit $\sigma e^{\varrho} \in \mathbb{R}^{\times}$, so erhält man offenbar $\mathfrak{W} \simeq \mathbb{R}^{\times}$, so daß also $\mathfrak{W}$ isomorph zur multiplikativen Gruppe von $\mathbb{R}$ ist.

Wir wollen jetzt im Hyperbelmodell der pseudo-euklidischen Geometrie arbeiten. Zunächst seien nur die eigentlichen pseudo-euklidischen Punkte als Punkte zugelassen. Unter einer pseudo-euklidischen Geraden verstehen wir die Menge aller eigentlichen Punkte eines pseudo-euklidischen Kreises durch ∞. Benutzen wir wieder die in Abschnitt 1 dieses Paragraphen eingeführte Koordinatendarstellung, so haben also die pseudo-euklidischen Geraden eine Gleichung der Form (siehe (1.5))

$$bx + cy + d = 0 \tag{7.6}$$

mit (siehe (1.6))

$$b^2 - c^2 \neq 0. \tag{7.7}$$

Wir schreiben statt (7.6)

$$\begin{cases} y = \left(-\frac{b}{c}\right) x + \left(-\frac{d}{c}\right) & \text{für } c^2 > b^2, \\ x = \left(-\frac{c}{b}\right) y + \left(-\frac{d}{b}\right) & \text{für } b^2 > c^2. \end{cases} \tag{7.8}$$

Aus $c^2 > b^2$ (bzw. $b^2 > c^2$) folgt nämlich $c \neq 0$ (bzw. $b \neq 0$) und

$$-1 < -\frac{b}{c} < 1 \quad \left(\text{bzw. } -1 < -\frac{c}{b} < 1\right).$$

Also gibt es ein eindeutig bestimmtes $\xi \in \mathbb{R}$ mit

$$\mathfrak{Tg}\,\xi = \begin{cases} -\frac{b}{c} & \text{für} \quad c^2 > b^2 \\ -\frac{c}{b} & \phantom{\text{für}} \quad b^2 > c^2 \end{cases}. \tag{7.9}$$

Damit erhalten wir aus (7.8) mit jeweils passendem $r \in \mathbb{R}$

$$\begin{cases} y = x\,\mathfrak{Tg}\,\xi + r & \text{für} \quad c^2 > b^2 \\ x = y\,\mathfrak{Tg}\,\xi + r & \phantom{\text{für}} \quad b^2 > c^2 \end{cases}. \tag{7.10}$$

Nennen wir jedes geordnete Tripel $(gh; P)$ einen *Winkel*, wenn g, h pseudo-euklidische Geraden durch den Punkt P sind, so wollen wir

$$(\xi, +1) \in \mathfrak{W}$$

die *Größe des Winkels*

$$(g_0 h_0; P_0)$$

nennen, wenn g_0 die Gerade $y = 0$, h_0 die erste Gerade von (7.10) und P der Punkt

$$\begin{cases} \left(-\dfrac{r}{\mathfrak{Tg}\,\xi}, 0\right) & \text{für} \quad \mathfrak{Sin}\,\xi \neq 0 \\ (0, 0) & \phantom{\text{für}} \quad \mathfrak{Sin}\,\xi = 0 \end{cases}$$

ist. Es sei ferner $(\xi, -1)$ definiert als die Größe des Winkels $(g_0 h_1; P)$, wo h_1 die zweite Gerade von (7.10) und P den Punkt $(r, 0)$ bezeichnet. Wir nennen $(g_0 h_0; P)$ bzw. $(g_0 h_1; P)$ auch den *Steigungswinkel* der Geraden h_0 bzw. h_1.

Sei nun ein beliebiger Winkel

$$(gh; P)$$

gegeben.

Bezeichnet $\omega(g)$ bzw. $\omega(h)$ die Größe des Steigungswinkels von g bzw. h, so definieren wir als Größe von $(gh; P)$ die Differenz

$$\omega(h) - \omega(g), \tag{7.11}$$

gebildet in der Gruppe $\mathfrak{W}$.

Wir wollen jetzt eine Gerade l betrachten durch $(0, 0)$, deren Steigungswinkel die Größe $\omega(l) = (\xi, +1)$ habe. Dann hat also l die Gleichung

$$y = x\,\mathfrak{Tg}\,\xi.$$

Die folgende Betrachtung gibt eine euklidische Veranschaulichung der Größe ξ. Wir betrachten den pseudo-euklidischen Kreis der Gleichung

$$x^2 - y^2 = 1$$

(s. Abb. 23). Es sei $\mathcal{F}$ der euklidische Flächeninhalt desjenigen Gebietes, das begrenzt wird durch die Kurvenstücke

$$\mathfrak{C}_1: \{(t, 0) \mid 0 \le t \le 1\},$$

$$\mathfrak{C}_2: \{(t, \sqrt{t^2 - 1}) \mid 1 \le t \le \mathfrak{Cof}\,\xi\},$$

$$\mathfrak{C}_3: \{(t, t\,\mathfrak{Tg}\,\xi) \mid \mathfrak{Cof}\,\xi \ge t \ge 0\}.$$

Offenbar gilt

$$\mathscr{F} = \frac{\mathfrak{Cos}\,\xi \cdot \mathfrak{Sin}\,\xi}{2} - \varepsilon_\xi \int_1^{\mathfrak{Cos}\,\xi} \sqrt{x^2 - 1}\, dx,$$

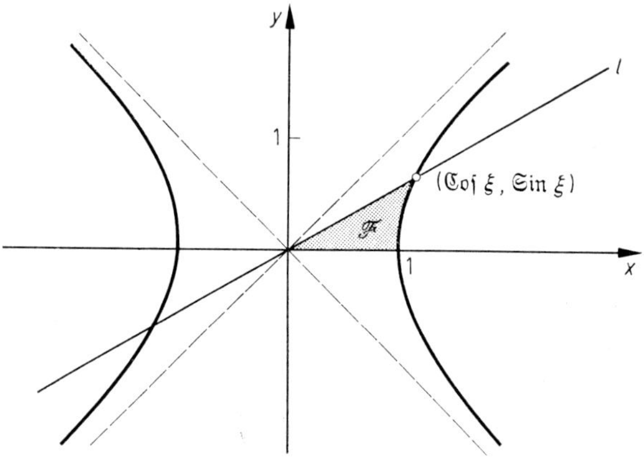

Abb. 23

wo $\varepsilon_\xi := \operatorname{sgn} \xi$ ist für $\xi \neq 0$ und sonst gleich 0. Mit $x = \mathfrak{Cos}\,\tau$ erhalten wir

$$\varepsilon_\xi \int_1^{\mathfrak{Cos}\,\xi} \sqrt{x^2 - 1}\, dx = \int_0^\xi \mathfrak{Sin}^2\,\tau\, d\tau = -\frac{\xi}{2} + \frac{\mathfrak{Cos}\,\xi\;\mathfrak{Sin}\,\xi}{2}.$$

Damit gilt

$$\mathscr{F} = \frac{1}{2}\,\xi.$$

Gehen wir von einer Geraden l durch $(0, 0)$ mit

$$\omega(l) = (\xi, -1),$$

d.h. von der Geraden der Gleichung

$$x = y\,\mathfrak{Tg}\,\xi$$

(s. Abb. 24) aus, so erhalten wir bei Heranziehung des pseudo-euklidischen Kreises der Gleichung

$$y^2 - x^2 = 1$$

für das analog eingezeichnete $\mathscr{F}$ jedenfalls

$$|\mathscr{F}| = \frac{1}{2}\,|\xi|.$$

Abgesehen von den Vorzeichen bei Flächen und Winkeln stellt der schraffierte Flächeninhalt in Abb. 25 die Größe des Winkels $(gh; P)$ dar.

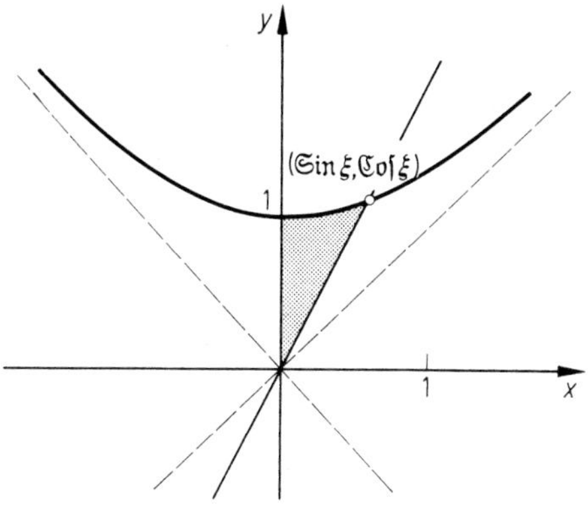

Abb. 24

Mit diesen letzteren Betrachtungen haben wir eine Veranschaulichung der Winkelgrößen gewonnen, die an die Seite der Veranschaulichung euklidischer Winkelgrößen durch Bogenlängen bzw. Flächeninhalte tritt (s. Abb. 26).

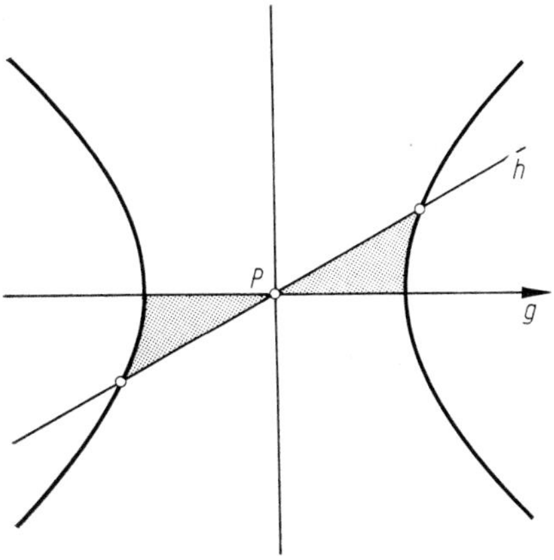

Abb. 25

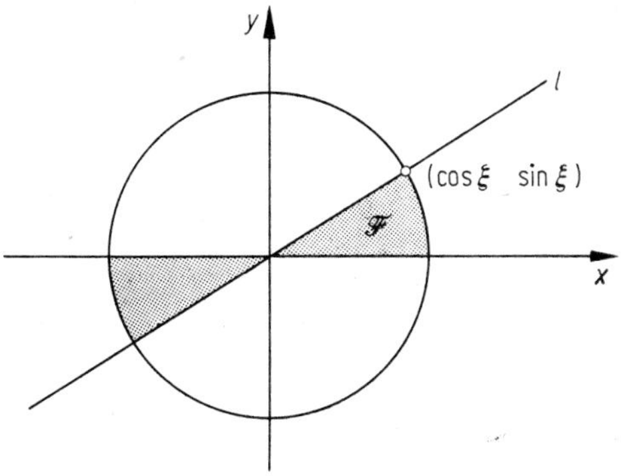

Abb. 26

Der folgende Satz gibt einen Zusammenhang zwischen Winkelgrößen und Lorentztransformationen der speziellen Relativitätstheorie Einsteins:

Satz 7.1. *Die Gesamtheit der Winkelgrößen* $(\xi, +1)$, $\xi \in \mathbb{R}$, *bildet eine Untergruppe* $\mathfrak{H}$ *der Gruppe* $\mathfrak{W}$, *die isomorph ist zur Gruppe der Lorentztransformationen*

(7.12) $$x' = \frac{x - vt}{\sqrt{1 - \frac{v^2}{c^2}}}, \quad t' = \frac{t - \frac{v}{c^2}x}{\sqrt{1 - \frac{v^2}{c^2}}}$$ [15]

der zweidimensionalen Raum-Zeit-Welt.

Beweis. Sei ξ die eindeutig bestimmte reelle Zahl mit

$$\mathfrak{Tg}\,\xi = -\frac{v}{c},$$

wobei wir $-1 < -\frac{v}{c} < 1$ beachten. Setzen wir

$$z = x + ctj,$$

$$w = x' + ct'j,$$

unter Benutzung anormal-komplexer Zahlen, so gewinnt (7.12) die Form

$$w = (\mathfrak{Cof}\,\xi + j\,\mathfrak{Sin}\,\xi) \cdot (x + ctj),$$

d.h.

(7.13) $$w = e^{j\xi} \cdot z,$$

wenn wir

(7.14) $$e^{j\xi} := \mathfrak{Cof}\,\xi + j\,\mathfrak{Sin}\,\xi$$ [16]

setzen. Mit

(7.15) $$e^{j(\alpha+\beta)} = e^{j\alpha} \cdot e^{j\beta}, \quad \alpha, \beta \in \mathbb{R},$$

ist zu sehen, daß die Gruppe $\mathfrak{T}$ aller Lorentztransformationen $w = e^{j\xi} \cdot z$ isomorph ist zur additiven Gruppe $\mathbb{R}^+$ des Körpers der reellen Zahlen,

---

[15] Geschrieben in üblichen Bezeichnungen: c bedeutet die Lichtgeschwindigkeit, $v \in (-c, +c)$ eine konstante Geschwindigkeit, usf.

[16] Für unsere Zwecke genügt es, $e^{j\xi}$ vermöge (7.14) zu definieren. Unter Heranziehung eines geeigneten Konvergenzbegriffes für Folgen anormal-komplexer Zahlen kann man $e^{j\xi}$ auch über eine unendliche Reihe einführen und (7.14) dann beweisen.

wenn wir zuordnen

$$\mathbb{R} \ni \xi \to (z \to w = e^{j\xi} \cdot z) \in \mathfrak{T}. \quad \square$$

Die Lorentzgruppe ist eine Gruppe *pseudo-euklidischer Drehungen* um (0, 0). Dabei ist das „Ereignis" (x, t) mit dem pseudo-euklidischen Punkt $x + ctj$ identifiziert.

Wir kommen jetzt zum Winkelbegriff im Bereich der pseudo-euklidischen Kreise. Die uneigentlichen pseudo-euklidischen Punkte sind bei den folgenden Betrachtungen wieder zugelassen. Seien a, b pseudo-euklidische Kreise, die wenigstens zwei verschiedene Punkte gemeinsam haben. Ist $P \in a \cap b$, so heiße das geordnete Tripel $(ab; P)$ ein *Winkel*. Wir ordnen dem Winkel $(ab; P)$ eine *Größe* zu:

1. Fall. P ist eigentlich.

a' bzw. b' seien die euklidischen Tangenten in P an a bzw. b. Dann sei als Größe von $(ab; P)$ die Größe von $(a'b'; P)$ verstanden. Wir beachten dabei, daß a', b' keine Medianen sein können.

2. Fall. P ist uneigentlich.

Ist $a = b$, so sei das Nullelement (0, 1) von $\mathfrak{W}$ die Größe von $(ab; P)$. Sei nun $|a \cap b| = 2$. Ist $P = \infty$, so sind $\underline{a} := a - \{P\}$, $\underline{b} := b - \{P\}$ euklidische Geraden. Als Größe von $(ab; P)$ werde festgelegt die Größe von $(ba; Q)$, wo $\{P, Q\} = a \cap b$ ist. Bevor wir die weiteren Fälle diskutieren, erinnern wir an Satz 6.3, der uns im Vorliegenden $P \nparallel Q$ liefert. Ist also $P \neq \infty$ (jedoch nach Voraussetzung P uneigentlich), so muß auch $Q \neq \infty$ sein. Haben wir in Q einen eigentlichen Punkt vor uns, so sei die schon definierte Größe von $(ba; Q)$ (1. Fall) auch die Größe von $(ab; P)$. Haben wir in Q einen uneigentlichen Punkt vor uns, so folgt mit $P \nparallel Q$, daß P, Q Medianen sind, die sich — euklidisch gesprochen — senkrecht schneiden. Also sind a, b — euklidisch gesprochen — Hyperbeln, deren Asymptoten P, Q darstellen. In diesem Falle sei $(0, -1) \in \mathfrak{W}$[17] die Größe von $(ab; P)$.

Wir erklären das *Argument* einer regulären anormal-komplexen Zahl $u + vj$: Durch (0, 0), $(u + vj, 1)$ geht genau eine pseudo-euklidische Gerade. Nennen wir diese g, so sei

$$\arg(u + vj)$$

[17] $(0, -1)$ ist die einzige Involution von $\mathfrak{W}$, d.h. das einzige Element von $\mathfrak{W}$ der Ordnung 2. Ist die Größe von $(ab; P)$ gleich $(0, -1)$, so schreiben wir $a \perp b$ und sagen, daß a auf b senkrecht steht.

definiert als Größe des Steigungswinkels von g, d.h. wir setzen (s. Abb. 27)

$$\arg(u + vj) = \omega(g). \tag{7.16}$$

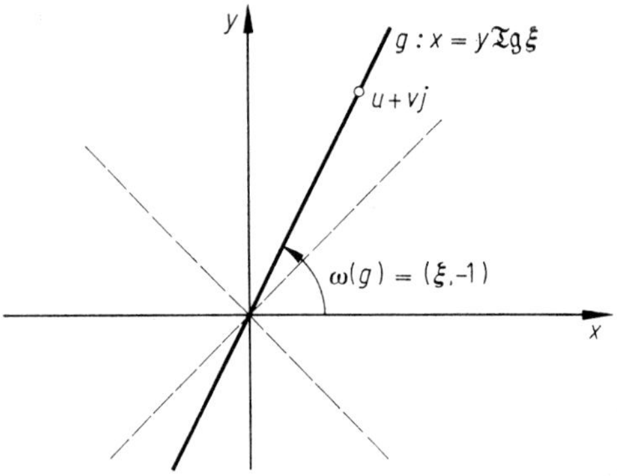

Abb. 27

Sind r, s Elemente von $\mathfrak{R}$, so gilt $\arg(rs) = \arg r + \arg s$. Für $r \in \mathbb{R}^\times$ ist $\arg r = (0, 1)$. Aus $s \in \mathfrak{R}$ folgt $\arg s + \arg \bar{s} = (0, 1)$, d.h. $\arg \bar{s} = -\arg s$.

Den später in allgemeinerem Rahmen (Kapitel II, § 1, Abschnitt 4) eingeführten Doppelverhältnisbegriff für $\mathbb{P}(\mathbb{A})$ vorwegnehmend, gilt

Satz 7.2. *Sind k, l pseudo-euklidische Kreise mit $|k \cap l| = 2$, $|k \cap l| = \{S, T\}$, sind A, B Punkte mit $A \in k - l$, $B \in l - k$, so ist*

$$\arg \begin{bmatrix} S & T \\ B & A \end{bmatrix} = (kl; T)^{18}. \tag{7.17}$$

Wir können den Beweis, der nach den vorausgegangenen Erörterungen keine prinzipiellen Schwierigkeiten mehr enthält, dem Leser überlassen.

Da das Doppelverhältnis $\begin{bmatrix} P & Q \\ S & R \end{bmatrix}$, $P \nparallel S$, $Q \nparallel R$, bei Abbildungen der Gruppe $\Gamma(\mathbb{A})$ ungeändert bleibt (s. Kapitel II, § 1, Satz 4.2a), haben wir mit Hilfe von Satz 7.2 den

[18] Ohne Mißverständnisse befürchten zu müssen, wollen wir die Größe des Winkels $(kl; T)$ auch kurz durch $(kl; T)$ bezeichnen.

Satz 7.3. *Die Gruppe $\Gamma(\mathbb{A})$ enthält nur* w i n k e l t r e u e *Kreisverwandtschaften, d.h. ist $\gamma \in \Gamma(\mathbb{A})$ und sind k, l Kreise mit $|k \cap l| = 2$, $T \in k \cap l$, so gilt $(kl;\, T) = (k^\gamma l^\gamma;\, T^\gamma)$.*

Ein später zu beweisender Satz (Satz 4.1 von Kapitel II, § 6), spezialisiert auf den vorliegenden Fall, wird ergeben, daß die Gruppe aller Kreisverwandtschaften — wir nennen sie die pseudo-euklidische Gruppe — gegeben ist durch die Menge der Abbildungen

$$\Re(z_1' z_2') = \Re(z_1^\tau z_2^\tau)\begin{pmatrix} a_{11} & a_{12} \\ a_{21} & a_{22} \end{pmatrix}, \tag{7.18}$$

wo $a_{\mu\nu} \in \mathbb{A}$ mit $\begin{vmatrix} a_{11} & a_{12} \\ a_{21} & a_{22} \end{vmatrix} \in \Re$ ist, und wo τ einen Automorphismus von $\mathbb{A}$ darstellt, der $\mathbb{R}$ als Ganzes festläßt; d. h. τ genügt

$$\mathbb{R}^\tau = \mathbb{R}. \tag{7.19}$$

Wegen Satz 2.1 besitzt $\mathbb{A}$ genau zwei Automorphismen τ mit $\mathbb{R}^\tau = \mathbb{R}$.

Mit dieser Bemerkung und der Kenntnis aller Kreisverwandtschaften ergibt sich

Satz 7.4. *Eine Kreisverwandtschaft ist genau dann winkeltreu, wenn sie zu $\Gamma(\mathbb{A})$ gehört.*

Beweis. Auf Grund von Satz 7.3 verbleibt noch zu zeigen, daß eine winkeltreue Kreisverwandtschaft zu $\Gamma(\mathbb{A})$ gehört. Wäre dies nicht der Fall, so müßte

$$\varrho\colon (z_1, z_2) \to (\bar{z}_1, \bar{z}_2)$$

eine winkeltreue Kreisverwandtschaft sein. Das ist aber nicht der Fall, da allgemein gilt (es liege die Ausgangssituation von Satz 7.2 vor)

$$\arg\begin{bmatrix} S^\varrho & T^\varrho \\ B^\varrho & A^\varrho \end{bmatrix} = \arg\overline{\begin{bmatrix} S & T \\ B & A \end{bmatrix}} = -\arg\begin{bmatrix} S & T \\ B & A \end{bmatrix}.$$

8. Beck-Abbildung.
Ein gruppentheoretisches Modell der pseudo-euklidischen Geometrie

Es sei $\mathbf{M}$ die projektive Gerade $\mathbb{P}(\mathbb{R})$ über dem Körper $\mathbb{R}$ der reellen Zahlen, und es bezeichne $\mathfrak{G}$ die projektive Gruppe $\Gamma(\mathbb{R})$ von $\mathbf{M}$. Unter der Menge $\mathbf{P}$ der pseudo-euklidischen Punkte verstehen wir die Menge $\mathbf{M} \times \mathbf{M}$ aller geordneten Paare von Elementen aus $\mathbf{M}$. Sind

$$P := (P_1, P_2), \quad Q := (Q_1, Q_2)$$

pseudo-euklidische Punkte, also Elemente aus $\mathbf{P}$, so sei

$$P \parallel_+ Q \quad (\text{bzw. } P \parallel_- Q)$$

gesetzt genau dann, wenn

$$P_2 = Q_2 \quad (\text{bzw. } P_1 = Q_1)$$

ist. Offenbar sind $\|_+$, $\|_-$ Äquivalenzrelationen auf **P**. Wir nennen die Elemente von $\mathfrak{G}$ pseudo-euklidische Kreise; es werde gesagt, daß $P = (P_1, P_2)$ auf $\gamma \in \mathfrak{G}$ liegt genau dann, wenn P_2 das Bild von P_1 gegenüber γ ist.

Es ist ein Ziel dieses Abschnittes zu zeigen, daß mit den vorstehenden Begriffen bis auf Isomorphie die in früheren Abschnitten betrachteten Begriffe der pseudo-euklidischen Geometrie vorliegen. Dies könnte verhältnismäßig rasch dem Hyperbelmodell entnommen werden. Jedoch wollen wir bei Gelegenheit des Beweises dieses Sachverhaltes die Beck-Abbildung mit wichtigen ihrer Eigenschaften vorstellen, die übrigens zur Entdeckung des gruppentheoretischen Modells führte, und außerdem Erörterungen bereitstellen, die noch einmal in Abschnitt 9 zur Sprache kommen.

Wir wollen eine bijektive Abbildung von $\mathbf{M} = \mathbb{P}(\mathbb{R})$ auf das halboffene Intervall $[0, \pi)$ angeben: Ist $(x_1, x_2) \in \mathbf{M}$, so habe (x_1, x_2) im Falle $x_2 = 0$ das Bild $\frac{\pi}{2}$ und im Falle $x_2 \neq 0$ als Bild die eindeutig bestimmte Größe $\alpha \in [0, \pi)$ mit $\operatorname{tg} \alpha = \frac{x_1}{x_2}$. Ist in dieser Weise $(x_1, x_2) \in \mathbf{M}$ auf $\alpha \in [0, \pi)$ bezogen, so wollen wir statt (x_1, x_2) als normierte Darstellung gelegentlich $(\sin \alpha, \cos \alpha)$ benutzen und meist diesen Punkt von $\mathbb{P}(\mathbb{R})$ kurz mit α bezeichnen.

Satz 8.1. *Die Abbildung (wir nennen sie Beck-Abbildung)*

$$\sigma\colon \ (\alpha, \beta) \to (\cos(\alpha + \beta), \ -\cos(\alpha - \beta), \ \sin(\alpha + \beta), \ \sin(\alpha - \beta))$$

ist bijektiv von $\mathbf{M} \times \mathbf{M}$ *auf die Quadrik*

$$\mathbf{Q} := \{(x, y, z, t) \in \mathbb{P}^4(\mathbb{R}) \mid x^2 - y^2 + z^2 = t^2\}.$$

Wir übergehen den elementaren Beweis. Mit Satz 8.1 haben wir die Menge der pseudo-euklidischen Punkte des vorliegenden Abschnittes bijektiv auf **Q** bezogen. Um für das Folgende die Ausdrucksweise zu vereinfachen, wollen wir die Punkte $(\alpha, \beta) \in \mathbf{P}$, $(\alpha, \beta)^\sigma \in \mathbf{Q}$ nicht unterscheiden. Unter Zugrundelegung dieser Vereinbarung gilt

Satz 8.2. *Die im vorliegenden Abschnitt definierten Parallelitätsrelationen fallen mit den in Abschnitt 6 definierten zusammen.*

Beweis. Gegeben seien die verschiedenen Punkte $P(\alpha, \beta), P'(\alpha', \beta') \in \mathbf{P}$. Wir haben zu zeigen, daß sie genau dann p-parallel (bzw. m-parallel) im Sinne von Abschnitt 6 sind, wenn $\beta = \beta'$ (bzw. $\alpha = \alpha'$) gilt.

Es mögen die Punkte

$$(8.1)\quad \begin{cases} P(\cos(\alpha+\beta), -\cos(\alpha-\beta), \sin(\alpha+\beta), \sin(\alpha-\beta)) \\ P'(\cos(\alpha'+\beta'), -\cos(\alpha'-\beta'), \sin(\alpha'+\beta'), \sin(\alpha'-\beta')) \end{cases}$$

auf $\mathbf{g}_\varphi^+$ (bzw. $\mathbf{g}_\varphi^-$) liegen (s. Abschnitt 6, (6.2)). Die Fälle $\mathbf{g}_\varphi^+$, $\mathbf{g}_\varphi^-$ zusammengefaßt, haben unsere Punkte also die Gestalt

$$(u\cos\varphi - v\sin\varphi, \pm v, u\sin\varphi + v\cos\varphi, u)$$

mit passenden $u, v \in \mathbb{R}$, $u^2 + v^2 \neq 0$. Also gilt

$$(8.2)\quad \begin{cases} P(\sin(\alpha-\beta\pm\varphi), -\cos(\alpha-\beta), \mp\cos(\alpha-\beta\pm\varphi), \sin(\alpha-\beta)), \\ P'(\sin(\alpha'-\beta'\pm\varphi), -\cos(\alpha'-\beta'), \mp\cos(\alpha'-\beta'\pm\varphi), \sin(\alpha'-\beta')). \end{cases}$$

Vergleichen wir (8.5) mit (8.6), so haben wir

$$(8.3)\quad \begin{cases} \cos(\alpha+\beta) = \sin(\alpha-\beta+\varphi), \\ \cos(\alpha'+\beta') = \sin(\alpha'-\beta'+\varphi), \\ \sin(\alpha+\beta) = -\cos(\alpha-\beta+\varphi), \\ \sin(\alpha'+\beta') = -\cos(\alpha'-\beta'+\varphi) \end{cases}$$

bzw.

$$(8.4)\quad \begin{cases} \cos(\alpha+\beta) = \sin(\alpha-\beta-\varphi), \\ \cos(\alpha'+\beta') = \sin(\alpha'-\beta'-\varphi), \\ \sin(\alpha+\beta) = \cos(\alpha-\beta-\varphi), \\ \sin(\alpha'+\beta') = \cos(\alpha'-\beta'-\varphi). \end{cases}$$

In (8.3) geht es darum, ausgehend von

$$(8.5)\quad \begin{cases} \cos\xi = \sin\eta \\ \sin\xi = -\cos\eta \end{cases}$$

auf den Zusammenhang von ξ, η zu schließen. Arbeiten wir an Stelle von (8.5) mit

$$\cos(-\xi) = \sin\eta = \cos\left(\frac{\pi}{2} - \eta\right),$$

$$\sin(-\xi) = \cos\eta = \sin\left(\frac{\pi}{2} - \eta\right),$$

so haben wir sofort

$$(8.6)\quad -\xi \equiv \frac{\pi}{2} - \eta \pmod{2\pi},$$

was eine Abkürzung für

$$-\xi - \left(\frac{\pi}{2} - \eta\right) \in \{0, \pm 2\pi, \pm 4\pi, \ldots\}$$

ist. Mit

$$\xi = \alpha + \beta, \quad \eta = \alpha - \beta + \varphi$$

ergibt (8.6)

$$\varphi \equiv 2\beta + \frac{\pi}{2} \pmod{2\pi}. \tag{8.7}$$

Arbeiten wir mit den gestrichenen Größen α', β', so ist

$$\varphi \equiv 2\beta' + \frac{\pi}{2} \pmod{2\pi} \tag{8.8}$$

das Ergebnis. Aus (8.7), (8.8), $\beta, \beta' \in [0, \pi)$, $\varphi \in [0, 2\pi)$ folgt aber $\beta = \beta'$.

Die Behandlung von (8.4) führt entsprechend auf

$$\begin{cases} \varphi \equiv 2\alpha - \frac{\pi}{2} \pmod{2\pi}, \\ \varphi \equiv 2\alpha' - \frac{\pi}{2} \pmod{2\pi}, \end{cases} \tag{8.9}$$

was $\alpha = \alpha'$ ergibt.

Es führt also p-Parallelität (bzw. m-Parallelität) im Sinne von Abschnitt 6 auf $\beta = \beta'$ (bzw. $\alpha = \alpha'$). Umgekehrt bedeutet $\beta = \beta'$ offenbar p-Parallelität für die Punkte $P(\alpha, \beta)$, $P'(\alpha', \beta')$, wenn man $P, P' \in \mathbf{g}_\varphi^+$ beachtet, wo $\varphi \in [0, 2\pi)$ gemäß (8.7) bestimmt sei. Entsprechend stellt $\alpha = \alpha'$ m-Parallelität dar; es ist $P, P' \in \mathbf{g}_\varphi^-$, wenn $\varphi \in [0, 2\pi)$ gemäß (8.9) bestimmt wird. ▯

Im folgenden Satz wollen wir eine bijektive Abbildung zwischen $\mathfrak{G} \equiv \Gamma(\mathbb{R})$ und der Menge der ebenen Schnitte von $\mathbf{Q}$ herstellen. Ist

$$\gamma\colon (x_1 x_2) \to (x_1 x_2) \begin{pmatrix} A & C \\ B & D \end{pmatrix}, \tag{8.10}$$

wobei $A, B, C, D \in \mathbb{R}$ mit $AD - BC \neq 0$ gelte, ein Element von $\mathfrak{G}$, so sei ihm die *Ebene* $\mathbf{E}(\gamma)$ mit der Gleichung

$$(B + C)\, x + (C - B)\, y + (A - D)\, z + (A + D)\, t = 0 \tag{8.11}$$

des $\mathbb{P}^4(\mathbb{R})$ zugeordnet. Wegen

$$(B + C)^2 - (C - B)^2 + (A - D)^2 - (A + D)^2 = 4(BC - AD) \neq 0$$

ist (8.11) die Gleichung der ausschneidenden Ebene eines ebenen Schnittes von $\mathbf{Q}$ (s. Abschnitt 5).

Satz 8.3. *Es ist*

$$\tau\colon \gamma \to \mathbf{E}(\gamma) \cap \mathbf{Q}$$

eine bijektive Abbildung von $\mathfrak{G} \equiv \Gamma(\mathbb{R})$ *auf die Menge der ebenen Schnitte von* $\mathbf{Q}$, *d.h. auf die Menge der pseudo-euklidischen Kreise.*

Beweis. Ist

$$ax + by + cz + dt = 0$$

die Gleichung der Ebene eines ebenen Schnittes, d.h. gilt

$$a^2 - b^2 + c^2 - d^2 \neq 0,$$

so haben wir in

$$\begin{pmatrix} c+d & a+b \\ a-b & -c+d \end{pmatrix}$$

ein (und zwar das einzige) Urbild vor uns. ▯

Mit dem nun folgenden Satz beenden wir den Beweis des zu Beginn des vorliegenden Abschnittes angekündigten Isomorphietheorems, nämlich der Aussage der Isomorphie unserer gruppentheoretisch definierten pseudo-euklidischen Geometrie mit der früher definierten.

Satz 8.4. *Ist* $P(\alpha, \beta) \in \mathbf{P}$ *und* $\gamma \in \mathfrak{G}$, *so ist die Aussage*

$$\alpha^\gamma = \beta$$

gleichwertig mit

$$P \in \mathbf{E}(\gamma) \cap \mathbf{Q}.$$

Beweis. Es sei γ (s. (8.10)) durch

(8.12) $$\begin{pmatrix} A & C \\ B & D \end{pmatrix}$$

gegeben, und damit $\mathbf{E}(\gamma)$ also durch

(8.13) $$(B + C)\,x + (C - B)\,y + (A - D)\,z + (A + D)\,t = 0.$$

Wir benutzen nun noch die vor Satz 8.1 eingeführten normierten Darstellungen

(8.14) $$(\sin\alpha, \cos\alpha), \quad (\sin\beta, \cos\beta)$$

von $\alpha, \beta \in \mathbb{P}(\mathbb{R})$ und außerdem den in Satz 8.1 eingeführten Punkt

(8.15) $$P(\cos(\alpha+\beta), -\cos(\alpha-\beta), \sin(\alpha+\beta), \sin(\alpha-\beta)).$$

Ist nun $\alpha^\gamma = \beta$, so haben wir (s. (8.10))

(8.16) $$\begin{cases} \varrho \sin\beta = A\sin\alpha + B\cos\alpha, \\ \varrho\cos\beta = C\sin\alpha + D\cos\alpha \end{cases}$$

mit einem $\varrho \in \mathbb{R} - \{0\}$. Dies bedeutet aber, daß (8.15) ein Punkt von (8.13) ist:

$$(B + C)\cos(\alpha + \beta) + (B - C)\cos(\alpha - \beta) + (A - D)\sin(\alpha + \beta)$$
$$+ (A + D)\sin(\alpha - \beta)$$
$$= 2\cos\beta\,(A\sin\alpha + B\cos\alpha) - 2\sin\beta\,(C\sin\alpha + D\cos\alpha) = 0.$$

Sei nun umgekehrt $P \in \mathbf{E}(\gamma) \cap \mathbf{Q}$ erfüllt. Die zuletzt durchgeführte Rechnung ergibt dann

$$\cos\beta\,(A\sin\alpha + B\cos\alpha) = \sin\beta\,(C\sin\alpha + D\cos\alpha).$$

Dies bedeutet, wenn wir

$$\alpha^\gamma =: \xi$$

setzen,

$$\cos\beta\sin\xi = \sin\beta\cos\xi,$$

d.h. $\sin(\beta - \xi) = 0$. Wegen $\beta, \xi \in [0, \pi)$ folgt hieraus $\xi = \beta$, d.h. $\alpha^\gamma = \beta$. □

9. Das Beck-Modell

Der Schauplatz des von H. Beck herrührenden Modells der pseudoeuklidischen Geometrie ist die ebene, hyperbolische Geometrie. Wir beziehen die reelle euklidische Ebene **E** auf ein kartesisches Koordinatensystem x, y. Es sei

(9.1) $$\mathbf{K} := \{(x, y) \mid x^2 + y^2 = 1\}$$

der Einheitskreis. Mit Cayley-Klein wollen wir die *ebene hyperbolische* Geometrie so zugrunde legen: Jeder Punkt im Inneren unseres Kreises und nur diese seien die *hyperbolischen Punkte*; es handelt sich also um die euklidischen Punkte (x, y) mit (s. Abb. 28)

(9.2) $$x^2 + y^2 < 1.$$

Die euklidischen Sehnen des Kreises seien die *hyperbolischen Geraden*. Betten wir **E** in elementarer Weise in die projektive Ebene $\mathbb{P}^2(\mathbb{R})$ ein, so haben wir in der Gruppe aller Kollineationen von $\mathbb{P}^2(\mathbb{R})$, die **K** in sich überführen, die Gruppe der *hyperbolischen Bewegungen* vor uns. Alle diese Kollineationen, die auch automorphe Kollineationen von **K** oder kurz nur automorphe Kollineationen genannt werden, bilden natürlich das Innere **H** des Einheitskreises auf sich ab; denn die Punkte $P \in \mathbf{H}$ sind gekennzeichnet als diejenigen von $\mathbb{P}^2(\mathbb{R})$, von denen aus keine Tangente an **K** existiert.

Wir wollen bei der Herleitung des Beck-Modelles die Betrachtungen von Abschnitt 8 benutzen. Unter Verwendung von Polarkoordinaten

r, φ in **E** schreiben wir den Punkt $(x, y) \in \mathbf{K}$ in der Form $(\cos\varphi, \sin\varphi)$, $0 \leq \varphi < 2\pi$. Wir ordnen nun diesem Punkt den Punkt $\alpha = \frac{\varphi}{2}$ (normierte Darstellung $(\sin\alpha, \cos\alpha)$) von $\mathbf{M} = \mathbb{P}(\mathbb{R})$ (s. Abschnitt 8 vor Satz 8.1) zu. Den Punkt $(\alpha, \beta) \in \mathbf{P} = \mathbf{M} \times \mathbf{M}$ identifizieren wir dann mit der orientierten hyperbolischen Geraden, deren Anfangsrandpunkt α und deren

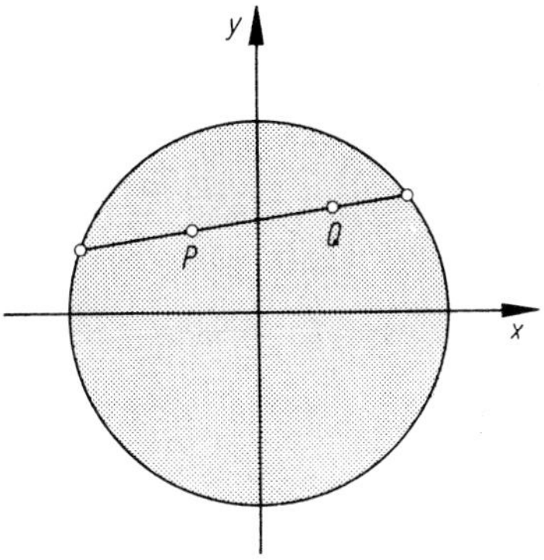

Abb. 28

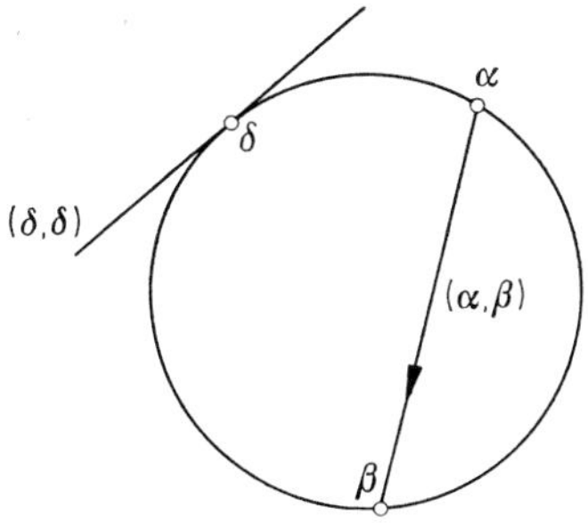

Abb. 29

Endrandpunkt β ist. Nur im Falle $\alpha = \beta$ finden wir eine solche orientierte hyperbolische Gerade nicht. Wir stellen uns in diesem Fall die nichtorientierte euklidische Tangente in α an **K** als (α, α) zugrunde liegendes geometrisches Objekt vor (s. Abb. 29). Nennen wir allgemein (α, β) einen (hyperbolischen) *Speer*, so liefert die Abbildung σ von Satz 8.1 eine bijektive Abbildung der Menge der Speere auf **Q**. Ist **E** ein ebener Schnitt von **Q**, so wollen wir das Urbild von **E** gegenüber σ einen (hyperbolischen) *Zykel* nennen. Es geht uns in diesem Abschnitt um eine geometrische Veranschaulichung der hyperbolischen Zykel.

Satz 9.1. *Ist $\gamma \in \Gamma(\mathbb{R})$, so ist*

$$\{(\alpha, \alpha^\gamma) \mid \alpha \in \mathbf{M}\} \tag{9.3}$$

ein hyperbolischer Zykel, und umgekehrt kann jeder hyperbolische Zykel in dieser Form geschrieben werden.

Beweis. Ist $\mathbf{E}(\gamma) \cap \mathbf{Q}$ der gemäß Satz 8.3 der Abbildung γ zugeordnete ebene Schnitt, so gilt ja nach Satz 8.4 $P(\alpha, \beta) \in \mathbf{E}(\gamma) \cap \mathbf{Q}$ genau dann, wenn $\beta = \alpha^\gamma$ ist. Haben wir auf der anderen Seite einen Zykel z, der zugrunde liegende ebene Schnitt sei $\mathbf{E} \cap \mathbf{Q}$, so nehmen wir dasjenige $\gamma \in \Gamma(\mathbb{R})$ her (s. Satz 8.3), dessen τ-Bild $\mathbf{E} \cap \mathbf{Q}$ ist. Damit ist

$$\mathbf{E} \cap \mathbf{Q} = \{(\alpha, \alpha^\gamma) \mid \alpha \in \mathbf{M}\},$$

wiederum unter Benutzung der in Abschnitt 8 angegebenen Identifikation $(\alpha, \beta) \leftrightarrow (\alpha, \beta)^\sigma$. ▯

Es ist ein elementares Unternehmen, die automorphen Kollineationen des Einheitskreises zu bestimmen. Wir benutzen die zu x, y gehörigen homogenen Koordinaten

$$\frac{x_1}{x_3} = x, \quad \frac{x_2}{x_3} = y, \quad x_3 \neq 0. \tag{9.4}$$

Für $x_3 = 0$ hat man dann in (x_1, x_2, x_3), $x_1^2 + x_2^2 \neq 0$, die uneigentlichen projektiven Punkte von $\mathbb{P}^2(\mathbb{R})$ vor sich. Die Gleichung von **K** lautet

$$x_1^2 + x_2^2 = x_3^2. \tag{9.5}$$

Sind nun a, b, c, d reelle Zahlen mit

$$a^2 - b^2 + c^2 - d^2 \neq 0, \tag{9.6}$$

so stellt

$$\begin{cases} \varrho x_1' = (a^2 + b^2 - c^2 - d)\, x_1 + 2(ac - bd)\, x_2 - 2(ab - cd)\, x_3, \\ \varrho x_2' = 2(ac + bd)\, x_1 - (a^2 - b^2 - c^2 + d^2)\, x_2 - 2(ad + bc)\, x_3, \\ \varrho x_3' = 2(ab + cd)\, x_1 - 2(ad - bc)\, x_2 - (a^2 + b^2 + c^2 + d^2)\, x_3 \end{cases} \tag{9.7}$$

eine automorphe Kollineation dar. Außerdem können alle automorphen Kollineationen von **K** so geschrieben werden.

Wir interessieren uns für die Wirkung einer automorphen Kollineation (9.7), sie heiße Σ, auf **K**, d.h. wir interessieren uns für die Restriktion $\Sigma \mid K$. Den Punkt α von **K** (d.h. von **M**), seine kartesischen Koordinaten sind

$$(\cos 2\alpha, \sin 2\alpha), \tag{9.8}$$

geben wir unter Benutzung der normierten Darstellung (in **M**)

$$(\sin \alpha; \cos \alpha) \tag{9.9}$$

in der Form

$$(\lambda_1, \lambda_2) \tag{9.10}$$

mit

$$\lambda_1 : \lambda_2 = \sin \alpha : \cos \alpha$$

an. Damit ist mit (9.8)

$$x = \cos 2\alpha = \frac{\lambda_2^2 - \lambda_1^2}{\lambda_2^2 + \lambda_1^2}, \tag{9.11}$$

$$y = \sin 2\alpha = \frac{2\lambda_2\lambda_1}{\lambda_2^2 + \lambda_1^2}. \tag{9.12}$$

Der Bildpunkt (x_1', x_2', x_3') von (x, y) hat die kartesischen Koordinaten

$$x' = \frac{x_1'}{x_3'}, \quad y' = \frac{x_2'}{x_3'}.$$

Wir beachten dabei $x_3' \neq 0$, da **K** keinen unendlich fernen projektiven Punkt trägt.

Mit (9.7), diese Abbildung sei die Abbildung Σ, haben wir

$$\frac{\lambda_2'^2 - \lambda_1'^2}{\lambda_2'^2 + \lambda_1'^2} = x' = \frac{(a^2 + b^2 - c^2 - d^2)(\lambda_2^2 - \lambda_1^2) + 4(ac - bd)\lambda_2\lambda_1 - 2(ab - cd)(\lambda_2^2 + \lambda_1^2)}{N},$$

$$\frac{2\lambda_2'\lambda_1'}{\lambda_2'^2 + \lambda_1'^2} = y' = \frac{2(ac + bd)(\lambda_2^2 - \lambda_1^2) - 2(a^2 - b^2 - c^2 + d^2)\lambda_2\lambda_1 - 2(ad + bc)(\lambda_2^2 + \lambda_1^2)}{N},$$

wobei (man beachte $x_3' \neq 0$)

$$0 \neq N \equiv 2(ab + cd)(\lambda_2^2 - \lambda_1^2) - 4(ad - bc)\lambda_2\lambda_1 - (a^2 + b^2 + c^2 + d^2)(\lambda_2^2 + \lambda_1^2)$$

gesetzt wurde. Offenbar ergibt eine leichte Umformung hieraus

$$\text{(9.13)} \qquad \frac{\lambda_2'^2}{\lambda_2'^2 + \lambda_1'^2} = \frac{x' + 1}{2} = -\frac{[\lambda_1(a + b) + \lambda_2(d - c)]^2}{N},$$

$$\text{(9.14)} \qquad \frac{\lambda_2'\lambda_1'}{\lambda_2'^2 + \lambda_1'^2} = -\frac{[\lambda_1(a + b) + \lambda_2(d - c)][\lambda_1(c + d) + \lambda_2(a - b)]}{N}.$$

Wir beachten, daß es kein

$$(\lambda_1, \lambda_2) \in \mathbb{P}(\mathbb{R})$$

gibt derart, daß gleichzeitig gilt

$$\lambda_1(a + b) + \lambda_2(d - c) = 0,$$
$$\lambda_1(c + d) + \lambda_2(a - b) = 0.$$

Dies deshalb, da

$$\begin{vmatrix} a + b & d - c \\ c + d & a - b \end{vmatrix} = a^2 - b^2 + c^2 - d^2 \neq 0$$

ist (s. (9.6)). Weiterhin beachten wir — dies folgt aus (9.13) —

$$\lambda_2' = 0$$

gilt genau dann, wenn

$$\lambda_1(a + b) + \lambda_2(d - c) = 0$$

ist. Aus diesen beiden Bemerkungen folgt die Darstellung

$$\text{(9.15)} \qquad \begin{aligned} \varrho\lambda_1' &= (c + d)\lambda_1 + (a - b)\lambda_2, \\ \varrho\lambda_2' &= (a + b)\lambda_1 + (d - c)\lambda_2, \quad \varrho \neq 0, \end{aligned}$$

für den Fall $\lambda_2' = 0$. Im Falle $\lambda_2' \neq 0$ gilt aber (9.15) auf Grund von (9.13), (9.14), wenn wir

$$\varrho := \frac{N\lambda_2'}{(\lambda_2'^2 + \lambda_1'^2)\,(\lambda_1(a+b) + \lambda_2(d-c))} \neq 0$$

setzen. Mit

(9.16) $$\begin{cases} A := c + d, & B := a - b, \\ C := a + b, & D := d - c, \end{cases}$$

nimmt (9.15) die Form

(9.17) $$\mathbb{R}^\times(\lambda_1', \lambda_2') = \mathbb{R}^\times(\lambda_1, \lambda_2)\begin{pmatrix} A & C \\ B & D \end{pmatrix}$$

an, wobei mit (9.6)

(9.18) $$\begin{vmatrix} A & C \\ B & D \end{vmatrix} \neq 0$$

ist. Gehen wir von einem beliebigen γ (9.17) (es gelte (9.18)) aus, so zeigt (9.16), mit

$$a := \frac{B+C}{2}, \qquad b := \frac{C-B}{2},$$

$$c := \frac{A-D}{2}, \qquad d := \frac{A+D}{2},$$

$$a^2 - b^2 + c^2 - d^2 = (BC - AD) \neq 0,$$

daß γ als Beschränkung $\Sigma \mid \mathbf{K}$ geschrieben werden kann.

Wenn wir nun die Klassifikation der hyperbolischen Zykel nach der hyperbolischen Gruppe vornehmen, so beachten wir insbesondere:

1. Die Zykel können mit Hilfe von $\mathbf{K}$ und $\Gamma(\mathbb{R})$ beschrieben werden (s. Satz 9.1).

2. Die die Zykel gemäß Satz 9.1 definierende Gruppe beschreibt die Wirkung der hyperbolischen Gruppe auf $\mathbf{K}$.

Unterwerfen wir den Zykel (9.3)

$$\{(\alpha, \alpha^\gamma) \mid \alpha \in \mathbf{M}\}$$

der hyperbolischen Bewegung η, so geht er über in

$$\{(\alpha^\eta, \alpha^{\gamma\eta}) \mid \alpha \in \mathbf{M}\} = \{(\alpha^\eta, \alpha^{\eta\cdot\eta^{-1}\gamma\eta}) \mid \alpha \in \mathbf{M}\},$$

d.h. in den Zykel

$$\{(\beta, \beta^{\eta^{-1}\gamma\eta}) \mid \beta \in \mathbf{M}\}.$$

Da hierbei nur die Wirkung von η auf **K** benötigt wird, haben wir nach bereits Bewiesenem $\eta \in \Gamma(\mathbb{R})$[19]. Das Klassifikationsvorhaben führt also auf die Aufgabe: Gesucht sind alle Ähnlichkeitsklassen der Gruppe $\Gamma(\mathbb{R})$. Dabei heißen die Elemente s, t einer Gruppe $\mathfrak{D}$ genau dann zueinander *ähnlich*, $s \sim t$, wenn es ein $d \in \mathfrak{D}$ mit

$$t = d^{-1} s\, d$$

gibt. Diese Ähnlichkeitsrelation ist eine Äquivalenzrelation auf $\mathfrak{D}$, ihre Äquivalenzklassen sind per definitionem die *Ähnlichkeitsklassen.*

Satz 9.2. *Die Abbildungen (aus $\Gamma(\mathbb{R})$)*

$$\begin{aligned}
&\Phi_2(\varkappa), \quad -1 \leq \varkappa < 1, \quad \varkappa \neq 0,\\
&\Phi_1, \Phi_0,\\
&\Phi_0(\varkappa), \quad 0 < \varkappa,\\
&\textit{Identität}
\end{aligned}$$

sind paarweise nicht ähnlich; jedes $\gamma \in \Gamma(\mathbb{R})$ ist zu einer der genannten Abbildungen ähnlich. Dabei ist gesetzt $(0 \neq \varrho \in \mathbb{R})$

$$\Phi_2(\varkappa): \begin{cases} \varrho\lambda_1' = \varkappa\lambda_1, \\ \varrho\lambda_2' = \lambda_2; \end{cases}$$

$$\Phi_1: \begin{cases} \varrho\lambda_1' = \lambda_1 + 2\lambda_2, \\ \varrho\lambda_2' = \lambda_2; \end{cases}$$

$$\Phi_0: \begin{cases} \varrho\lambda_1' = \lambda_2, \\ \varrho\lambda_2' = -\lambda_1; \end{cases}$$

$$\Phi_0(\varkappa): \begin{cases} \varrho\lambda_1' = \lambda_1 + \varkappa\lambda_2, \\ \varrho\lambda_2' = -\varkappa\lambda_1 + \lambda_2. \end{cases}$$

Beweis. Die Abbildungen $\Phi_2(\varkappa)$, $-1 \leq \varkappa < 1$, $\varkappa \neq 0$, haben genau 2 Fixpunkte, nämlich (1, 0), (0, 1). Es hat Φ_1 genau einen Fixpunkt, nämlich (1, 0). Die Abbildung Φ_0 und die Abbildungen $\Phi_0(\varkappa)$, $\varkappa > 0$, sind fixpunktfrei. Da γ und $\eta^{-1}\gamma\eta$ die gleiche Anzahl von Fixpunkten haben, könnte höchstens

$$\Phi_2(\varkappa) \sim \Phi_2(\varkappa') \tag{9.19}$$

mit $-1 \leq \varkappa, \varkappa' < 1$, $\varkappa\varkappa' \neq 0$, gelten, bzw. höchstens

$$\Phi_0(\varkappa) \sim \Phi_0(\varkappa') \tag{9.20}$$

---

[19] Eigentlich $\eta \mid \mathbf{K} \in \Gamma(\mathbb{R})$. Aber wir brauchen η, $\eta \mid \mathbf{K}$ nicht zu unterscheiden, da keine Mißverständnisse zu befürchten sind.

mit $0 < \varkappa, \varkappa'$, wenn wir noch beachten, daß Φ_0 Involution ist (was sich auf jede Abbildung $\eta^{-1}\Phi_0\eta$ überträgt), hingegen $\Phi_0(\varkappa)$, $\varkappa > 0$, nicht. —

Gilt (9.19) für $\varkappa \neq \varkappa'$, $-1 \leq \varkappa, \varkappa' < 1$, $\varkappa\varkappa' \neq 0$, so finden wir eine Abbildung

$$(\mu_1, \mu_2) \to (\mu_1, \mu_2)\begin{pmatrix} a & b \\ c & d \end{pmatrix},$$

$ad - bc \neq 0$, mit

$$\begin{pmatrix} a & b \\ c & d \end{pmatrix}^{-1}\begin{pmatrix} \varkappa & 0 \\ 0 & 1 \end{pmatrix}\begin{pmatrix} a & b \\ c & d \end{pmatrix} = \sigma\begin{pmatrix} \varkappa' & 0 \\ 0 & 1 \end{pmatrix},$$

wo $0 \neq \sigma \in \mathbb{R}$ ist. Hieraus folgt

$$\varkappa + 1 = \sigma\varkappa' + \sigma$$

(Invarianz der Spur), und

$$\varkappa = \sigma^2\varkappa'$$

(Invarianz des Determinantenwertes). Also gilt

$$\frac{(\varkappa + 1)^2}{\varkappa} = \frac{(\varkappa' + 1)^2}{\varkappa'}, \quad \text{d.h. } \varkappa\varkappa' = 1,$$

was nicht möglich ist. — Gilt (9.20) für $\varkappa \neq \varkappa'$, $0 < \varkappa, \varkappa'$, so liefert die Invarianz der Spur

$$2 = 2\sigma, \quad \text{d.h. } \sigma = 1,$$

und die Invarianz des Determinantenwertes

$$1 + \varkappa^2 = \sigma^2(1 + \varkappa'^2);$$

wir erhalten demnach $\varkappa^2 = \varkappa'^2$, d.h. wegen $0 < \varkappa, \varkappa'$ den Widerspruch $\varkappa = \varkappa'$.

Wir kommen zum Beweis des zweiten Teiles des Satzes, daß nämlich jedes $\gamma \in \Gamma(\mathbb{R})$ zu einer der genannten Abbildungen ähnlich ist. Sei $\gamma \neq$ *Identität.*

Fall 1. Es besitze γ die v e r s c h i e d e n e n F i x p u n k t e P, Q. Wir nehmen[20] ein $\eta \in \Gamma(\mathbb{R})$ mit

$$P^\eta = (1, 0), \quad Q^\eta = (0, 1).$$

Dann hat $\eta^{-1}\gamma\eta$ die Punkte (1, 0), (0, 1) als Fixpunkte und somit die Gestalt

$$\varrho\lambda_1' = \varkappa\lambda_1,$$

$$\varrho\lambda_2' = \lambda_2,$$

[20] Wir benutzen gelegentlich Satz 3.1 von Kapitel II, § 1, für $\mathfrak{L} = \mathbb{R}$.

wo $\varkappa \neq 0$ ist. Im Falle $-1 \leq \varkappa < 1$ gilt also $\gamma \sim \Phi_2(\varkappa)$, im Falle $|\varkappa| > 1$ ist $\gamma \sim \Phi_2\left(\frac{1}{\varkappa}\right)$.

Fall 2. Es besitze γ genau einen Fixpunkt P. Sei $A \neq P$ ein Punkt aus **M**. Sei $\eta \in \Gamma(\mathbb{R})$ eine Abbildung mit $P^\eta = (1, 0)$, $A^\eta = (0, 1)$, $A^{\gamma\eta} = (2, 1)$. Dabei beachten wir $|\{P, A, A^\gamma\}| = 3$: Es würde $A = A^\gamma$ einen weiteren Fixpunkt bedeuten; $P = A^\gamma$ würde auf $P = P^{\gamma^{-1}} = A$ führen. — Nun hat $\eta^{-1}\gamma\eta$ die Gestalt $((1, 0) \to (1, 0), (0, 1) \to (2, 1))$

$$\begin{cases} \varrho\lambda_1' = a\lambda_1 + 2\lambda_2, \ a \neq 0, \\ \varrho\lambda_2' = \lambda_2. \end{cases}$$

Da γ und damit $\eta^{-1}\gamma\eta$ genau einen Fixpunkt besitzt, gilt $a = 1$, d.h. $\gamma \sim \Phi_1$.

Fall 3. γ besitzt keinen Fixpunkt, ist aber Involution. Sei A ein beliebiger Punkt. Dann ist $B \equiv A^\gamma \neq A$. Wir nehmen ein $\eta \in \Gamma(\mathbb{R})$ mit

$$A^\eta = (1, 0), \quad B^\eta = (0, 1).$$

Dann hat $\eta^{-1}\gamma\eta$ die Gestalt $((1, 0) \to (0, 1) \to (1, 0))$

$$\varrho\lambda_1' = a\lambda_2,$$
$$\varrho\lambda_2' = \lambda_1,$$

mit $a < 0$, da kein Fixpunkt vorhanden ist. — Ist χ die Abbildung

$$\varrho\lambda_1' = \sqrt{-a}\,\lambda_2,$$
$$\varrho\lambda_2' = \lambda_1,$$

so hat

$$\chi^{-1}(\eta^{-1}\gamma\eta)\,\chi = (\eta\chi)^{-1}\gamma(\eta\chi)$$

die Gestalt Φ_0.

Fall 4. γ ist fixpunktfrei und keine Involution. Es sei P ein beliebiger Punkt. Dann sind P, P^γ, P^{γ^2} drei verschiedene Punkte: $P = P^\gamma$ und auch $(P^\gamma) = (P^\gamma)^\gamma$ würde die Existenz eines Fixpunktes bedeuten. Wäre $P = P^{\gamma^2}$, so würden wir ein $\eta \in \Gamma(\mathbb{R})$ nehmen mit $P^\eta = (1, 0)$, $(P^\gamma)^\eta = (0, 1)$. Dann würde $\eta^{-1}\gamma\eta$ die Punkte $(1, 0)$, $(0, 1)$ vertauschen, wäre also von der Gestalt

$$\varrho\lambda_1' = a\lambda_2,$$
$$\varrho\lambda_2' = \lambda_1, \quad a \neq 0,$$

d.h. Involution. Dann müßte aber auch γ Involution sein, was nach Voraussetzung nicht zutrifft. Sei nun $\zeta \in \Gamma(\mathbb{R})$ die Abbildung mit $P^\zeta = (1, 1)$,

$(P^\gamma)^\zeta = (1, 0)$, $(P^{\gamma^2})^\zeta = (-1, 1)$. Dann überführt $\zeta^{-1}\gamma\zeta$ den Punkt $(1, 1)$ in $(1, 0)$ und $(1, 0)$ in $(-1, 1)$. Damit hat $\zeta^{-1}\gamma\zeta$ die Gestalt

$$\varrho\lambda_1' = \lambda_1 + a\lambda_2,$$
$$\varrho\lambda_2' = -\lambda_1 + \lambda_2,$$

mit $a > 0$, da kein Fixpunkt vorhanden sein darf. Ist ψ die Abbildung

$$\varrho\lambda_1' = \lambda_1$$
$$\varrho\lambda_2' = \sqrt{a}\,\lambda_2,$$

so hat $\psi^{-1}(\zeta^{-1}\gamma\zeta)\,\psi$ die Gestalt $\Phi_0(\sqrt{a})$. ☐

Mit Satz 9.2 genügt es, die hyperbolischen Zykel

$$\Pi_2(\varkappa) = \{(\alpha, \alpha^{\Phi_2(\varkappa)}) \mid \alpha \in \mathbf{M}\}, \quad -1 \leq \varkappa < 1, \varkappa \neq 0,$$

ferner die Zykel

$$\Pi_1;\ \Pi_0;\ \Pi_0(\varkappa),\ 0 < \varkappa,$$

denen die Abbildungen Φ_1, Φ_0, $\Phi_0(\varkappa)$ zugrunde liegen, zu studieren. Die weiteren hyperbolischen Zykel ergeben sich dann mit Hilfe hyperbolischer Bewegungen aus den vorgenannten Zykeln.

Wir schreiben $\Phi_2(\varkappa)$ in kartesischen Koordinaten auf, und zwar für die Punkte von $\mathbf{K}$: Mit $\lambda = \frac{\lambda_1}{\lambda_2}$, $\lambda' = \frac{\lambda_1'}{\lambda_2'}$ (es bleibt ja doch $(1, 0) \in \mathbf{M}$ fest; dies ist der Punkt $\alpha = \frac{\pi}{2}$, d.h. der Punkt $x = -1$, $y = 0$ in kartesischen Koordinaten) ergibt (9.11)

$$x' = \frac{1 - \lambda'^2}{1 + \lambda'^2}, \quad x = \frac{1 - \lambda^2}{1 + \lambda^2},$$

d.h.

$$x' = \frac{(1 - \varkappa^2) + (1 + \varkappa^2)\,x}{(1 + \varkappa^2) + (1 - \varkappa^2)\,x} \tag{9.21}$$

mit $\lambda' = \varkappa\lambda$. Weiterhin hat man wegen (9.12)

$$y' = \frac{2\varkappa y}{(1 + \varkappa^2) + (1 - \varkappa^2)\,x}. \tag{9.22}$$

Fall. $\varkappa = -1$.

Spiegelung an der x-Achse. Wir wollen $\Pi_2(-1)$ einen *unzugänglichen Punktzykel* nennen. Alle Trägergeraden der Speere von $\Pi_2(-1)$ gehen durch den Pol der x-Achse (s. Abb. 30). Durch hyperbolische Bewegungen gehen aus $\Pi_2(-1)$ alle unzugänglichen Punktzykel hervor: Ist g eine hyperbolische Gerade, so nehme man alle Speere, deren Trägergeraden (hyperbolisch) senkrecht[21] auf g stehen. Hinzu kommen die Tangenten in den Randpunkten P, Q von g (s. Abb. 31). Daß tatsächlich ein Zykel vorliegt, liegt auf der Hand: Er kann über $\eta^{-1}\Phi_2(-1)\,\eta$ definiert werden, wo $\eta \in \Gamma(\mathbb{R})$ ist mit $(1, 0) \to P$, $(0, 1) \to Q$.

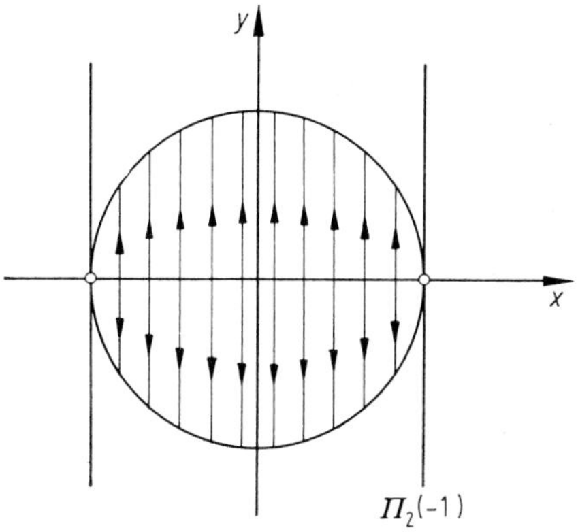

Abb. 30

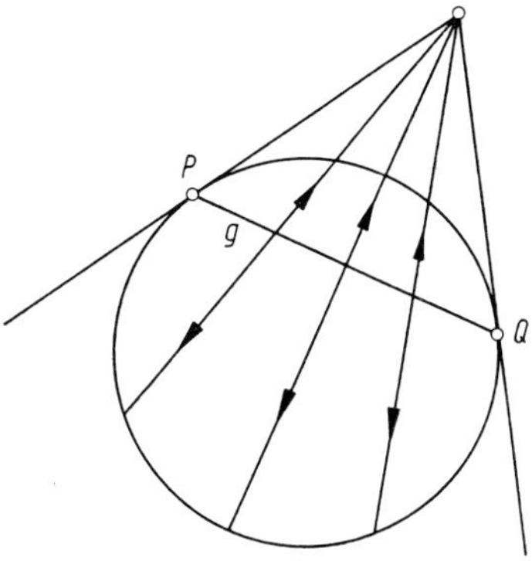

Abb. 31

Fall. $-1 < \varkappa < 1$, $\varkappa \neq 0$.

Verbinden wir den Punkt mit den kartesischen Koordinaten x_0, y_0 von $\mathbf{K}$ mit seinem Bildpunkt (9.21), (9.22) (wir lassen die Punkte $x_0 = \pm 1$, $y_0 = 0$ zunächst außer Betracht), so haben wir als Gleichung der entstehenden Geraden

$$[(1-\varkappa) + (1+\varkappa)\,x_0]\,x + [(1+\varkappa)\,y_0]\,y = [(1+\varkappa) + (1-\varkappa)\,x_0].$$

Alle diese Geraden stellen sich aber als Tangenten an den Kegelschnitt

$$x^2 + \operatorname{sgn}\varkappa\,\frac{y^2}{a^2} = 1 \tag{9.23}$$

heraus, wo

$$a = \frac{2\sqrt{|\varkappa|}}{1+\varkappa} \tag{9.24}$$

ist. Auch die Tangenten an $\mathbf{K}$ in den Fixpunkten $(1, 0)$, $(0, 1)$ sind Tangenten an diesen Kegelschnitt. Für $0 < \varkappa < 1$ haben wir in (9.23) die Gleichung eines von Gauß benannten *Hyperzykels* vor uns[22] (s. Abb. 32.)

[21] g heißt *hyperbolisch senkrecht* zu h, wenn g, h bezüglich $\mathbf{K}$ konjugiert sind, d.h., wenn h den Pol von g enthält (bzw. gleichwertig g den Pol von h). Der Pol von g veranschaulicht den unzugänglichen Punktzykel.

[22] Auch *Abstandslinie* genannt. Zur weiteren Information über Abstandslinien ziehe man etwa das Bändchen „Nichteuklidische Geometrie" von R. Baldus und F. Löbell (4. Aufl. Berlin: de Gruyter 1964) zu Rate, und zwar Abschnitt 4.

Ausgehend von einer hyperbolischen Geraden g ist ein Hyperzykel der geometrische Ort aller hyperbolischen Punkte, die von g einen festen hyperbolischen Abstand[23] haben. Ein beliebiger Hyperzykel kann vermöge einer hyperbolischen Bewegung in einen Hyperzykel der Gleichung

$$x^2 + \frac{y^2}{a^2} = 1$$

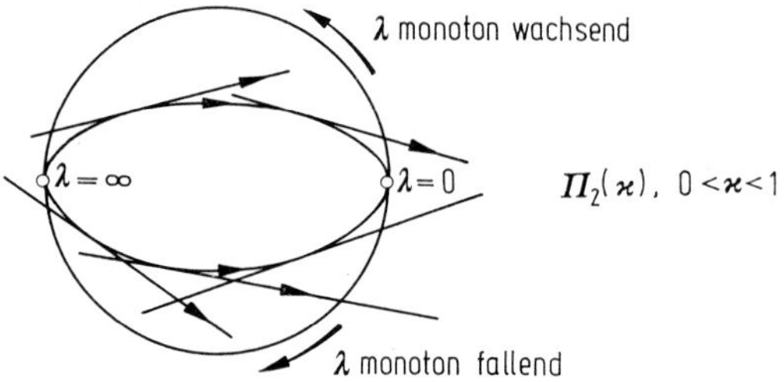

Abb. 32

überführt werden. Dies gelingt sofort durch Überführung des einen Randpunktepaares in das andere. Bei den hyperbolischen Zykeln $\Pi_2(\varkappa)$, $0 < \varkappa < 1$, beachte man die sich in den Randpunkten ändernde Orientierung.

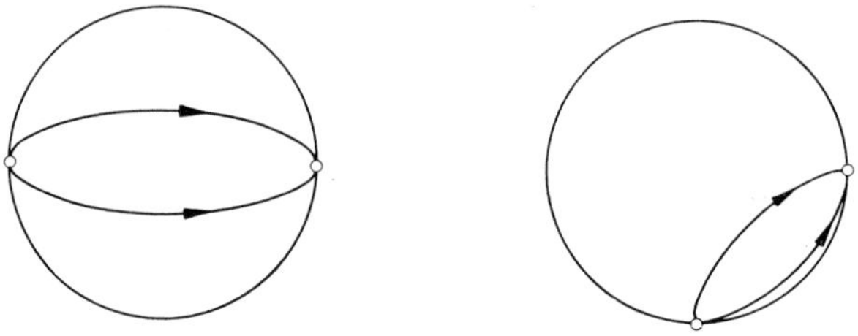

Abb. 33

Im Falle $-1 < \varkappa < 0$ werde die Hyperbel (9.23) ein *unzugänglicher Hyperzykel* genannt.

Für die Überlegung der Orientierung der Hyperbel beachte man, daß $x_0 = \frac{\varkappa + 1}{\varkappa - 1}$ in $x_0' = -\frac{\varkappa + 1}{\varkappa - 1}$ übergeht. Damit liegt die Orientierung der Asymptoten fest. Nennt man jede Hyperbel, deren beide Äste **K** berühren, einen unzugänglichen Hyperzykel, so kann ein solcher durch geeig-

[23] Etwa Abstand $(P, Q) := \left|\ln\begin{bmatrix} U & V \\ Q & P\end{bmatrix}\right|$, wo U, V die Randpunkte der Geraden P, Q sind, $P \neq Q$ vorausgesetzt.

nete Zuordnung der Randpunkte in einen der Gleichung

$$x^2 - \frac{y^2}{a^2} = 1$$

überführt werden.

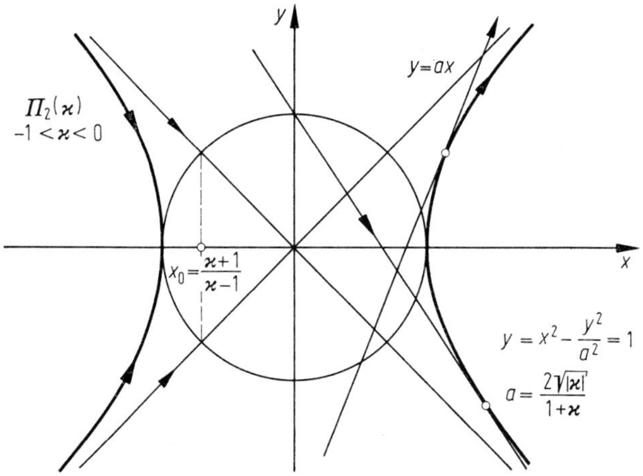

Abb. 34

Fall. Φ_1.

Der hyperbolische Zykel Π_1 besteht aus den orientierten Tangenten des orientierten *Grenzkreises*[24] (*Parazykels*) der Gleichung (in kartesischen Koordinaten)

$$(2x + 1)^2 + 2y^2 = 1 .$$

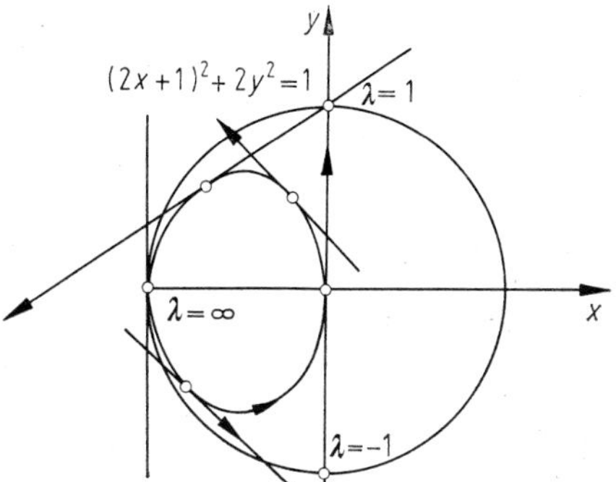

Abb. 35

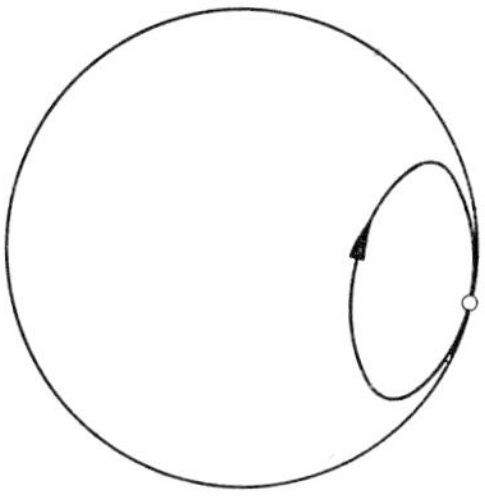

Abb. 36

[24] Siehe Baldus, Löbell loc. cit.

Die zugehörige Ähnlichkeitsklasse

$$\{\eta \Phi_1 \eta^{-1} \mid \eta \in \Gamma(\mathbb{R})\}$$

wird veranschaulicht durch die orientierten Grenzkreise (s. Abb. 36).

Fall. Φ_0.

Zugänglicher Punktzykel (s. Abb. 37). Die Ähnlichkeitsklasse besteht aus allen zugänglichen Punktzykeln (s. Abb. 38).

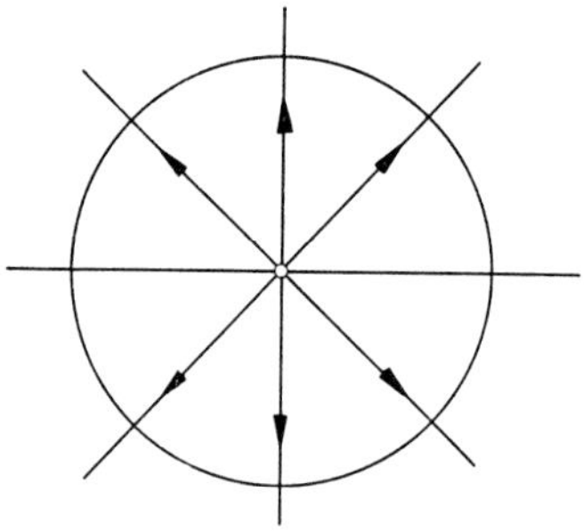

Abb. 37

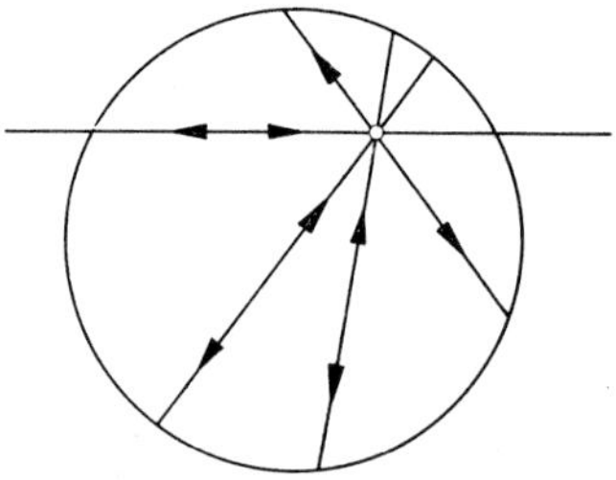

Abb. 38

Fall. $\Phi_0(\varkappa)$, $0 < \varkappa$.

Wir bestimmen ω aus $\operatorname{tg} \omega = \varkappa$ mit $0 < \omega < \frac{\pi}{2}$. Dann geht $\alpha \in \mathbf{M}$ in $\alpha + \omega$ über. Es ist $\Pi_0(\varkappa)$ die Menge der Speere eines orientierten *hyperbolischen Kreises* (sogar eines euklidischen Kreises, da der Mittelpunkt mit dem Mittelpunkt des Einheitskreises zusammenfällt). Die Ähnlichkeitsklasse wird durch alle orientierten hyperbolischen Kreise veranschaulicht.

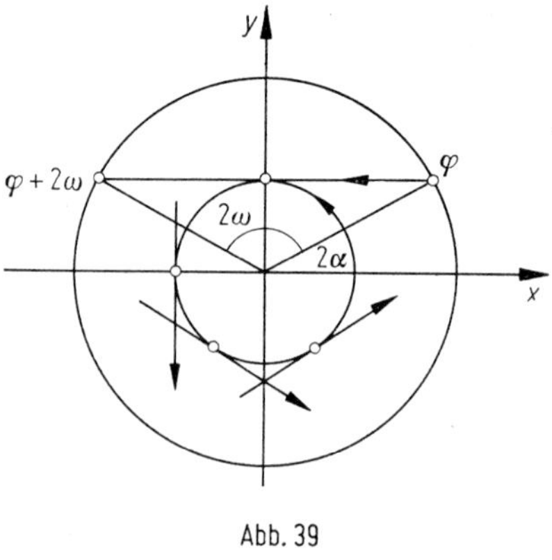

Abb. 39

Fall. *Identität.*

Es handelt sich also um den Zykel

$$\{(\alpha, \alpha) \mid \alpha \in \mathbf{M}\}.$$

Dieser kann durch den Randkreis veranschaulicht werden.

10. Pseudo-euklidische Geometrie

Die zur pseudo-euklidischen Gruppe gehörende Geometrie im Sinne des Kleinschen Erlanger Programms ist die *pseudo-euklidische Geometrie*. Die pseudo-euklidische Gruppe (s. Abschnitt 7) ist dabei die Gruppe der Abbildungen (7.18). Statt pseudo-euklidische Geometrie wird auch gelegentlich *Minkowskigeometrie* gesagt.

Kapitel II

Ketten

In dem vorliegenden Kapitel streben wir eine weitgehende gemeinsame Behandlung von Möbius-, Laguerre- und Minkowskigeometrie an. In dem jetzt vorzuführenden Rahmen werden als Spezialfälle auch die entsprechenden Körpergeometrien, welche Verallgemeinerungen der Geometrien von Möbius, Laguerre, Minkowski sind, mit enthalten sein. Aber auch weitere, in jüngster Zeit von verschiedenen Autoren studierte Geometrien werden innerhalb dieses Rahmens zum Vortrag gelangen.

Wenn in den folgenden Kapiteln von einem Ring $\mathfrak{L}$ die Rede ist, ist — wenn nicht ausdrücklich anders vermerkt — immer ein kommutativer Ring mit Einselement, das wir in der Form 1 anschreiben, gemeint. Der Ring, der nur aus dem Nullelement besteht, ist auch ein kommutativer Ring mit Einselement. Er gelte in allen unseren Erörterungen als ausgeschlossen. Dann ist also stets $1 \neq 0$.

§ 1. Projektive Gerade über einem Ring

1. Zulässige Paare. Punkte. Parallelität

Es sei $\mathfrak{L}$ ein Ring, und es bezeichne $\mathfrak{R}$ die Einheitengruppe (den Regularitätsbereich) von $\mathfrak{L}$. Unter einem *zulässigen Paar über* $\mathfrak{L}$, kurz auch *zulässiges Paar* genannt, verstehen wir ein geordnetes Paar (x_1, x_2) mit $x_1, x_2 \in \mathfrak{L}$, wenn es kein echt in $\mathfrak{L}$ gelegenes Ideal $\mathfrak{J}$ gibt, das beide Elemente x_1, x_2 enthält.

Ist M eine Teilmenge von $\mathfrak{L}$, so versteht man unter dem von M erzeugten Ideal, in Zeichen $\langle M \rangle$, den Durchschnitt aller Ideale von $\mathfrak{L}$, die M umfassen. Da insbesondere $\mathfrak{L}$ ein Ideal von $\mathfrak{L}$ ist, das M umfaßt, so ist $\langle M \rangle$ eine wohldefinierte Teilmenge von $\mathfrak{L}$, die als Durchschnitt von Idealen selbst ein Ideal sein muß. Man nennt $\langle M \rangle$ auch das kleinste Ideal über M. Ist $l \in \mathfrak{L}$, so gilt beispielsweise[25]

$$\langle l \rangle = l\mathfrak{L} = \{l\lambda \mid \lambda \in \mathfrak{L}\}.$$

[25] Statt $\langle \{l\} \rangle$ schreiben wir kurz $\langle l \rangle$.

Denn wegen $l \in \langle L \rangle$ gilt $l\mathfrak{L} \subseteq \langle l \rangle$. Da auf der anderen Seite $l\mathfrak{L}$ ein Ideal ist mit $\{l\} \subseteq l\mathfrak{L}$, hat man auch $\langle l \rangle \subseteq l\mathfrak{L}$. Man prüft leicht nach, daß $\langle l \rangle = \mathfrak{L}$ genau dann gilt, wenn l regulär ist.

Lemma 1.1. *Die folgenden Aussagen sind gleichwertig (sei $x_1, x_2 \in \mathfrak{L}$):*

a) (x_1, x_2) *ist zulässig,*
b) $\langle x_1, x_2 \rangle = \mathfrak{L}$,
c) *Es gibt Elemente* $\alpha_1, \alpha_2 \in \mathfrak{L}$ *mit* $\alpha_1 x_1 + \alpha_2 x_2 = 1$.

Beweis. Ist (x_1, x_2) zulässig, so gibt es also kein echt in $\mathfrak{L}$ gelegenes Ideal, das beide Elemente x_1, x_2 enthält. Wegen

$$\langle x_1, x_2 \rangle = \bigcap_{\substack{\mathfrak{J} \text{ Ideal} \\ x_1, x_2 \in \mathfrak{J}}} \mathfrak{J}$$

gilt also b). Aus b) folgt c): Da für $l_1, l_2 \in \mathfrak{L}$

$$\langle l_1, l_2 \rangle = \{l_1 \lambda_1 + l_2 \lambda_2 \mid \lambda_1, \lambda_2 \in \mathfrak{L}\}$$

gilt, folgt aus $1 \in \mathfrak{L} = \langle x_1, x_2 \rangle$ jedenfalls c). Aus c) folgt schließlich a): Ein Ideal $\mathfrak{J}$, das x_1, x_2 enthält, umfaßt also auch $1 = \alpha_1 x_1 + \alpha_2 x_2$. Aus $1 \in \mathfrak{J}$ folgt aber $\mathfrak{L} = 1\mathfrak{L} \subseteq \mathfrak{J}$, d.h. $\mathfrak{J} = \mathfrak{L}$. ▯

Zwei zulässige Paare (x_1, x_2), (x_1', x_2') über $\mathfrak{L}$ nennen wir *äquivalent*, in Zeichen

$$(x_1, x_2) \sim (x_1', x_2'),$$

wenn es eine Einheit r gibt mit $x_i' = r x_i$, $i = 1, 2$. Es liegt eine Äquivalenzrelation auf der Menge der zulässigen Paare über $\mathfrak{L}$ vor:

Reflexives Gesetz: Für das zulässige Paar (x_1, x_2) gilt $(x_1, x_2) \sim (x_1, x_2)$, da $x_i = 1 x_i$, $i = 1, 2$, ist.

Symmetrisches Gesetz: Sind (x_1, x_2), (x_1', x_2') zulässige Paare mit

$$(x_1, x_2) \sim (x_1', x_2'),$$

so gibt es also eine Einheit $r \in \mathfrak{R}$ mit $x_i' = r x_i$, $i = 1, 2$. Da die Menge der Einheiten von $\mathfrak{L}$ gegenüber der Multiplikation von $\mathfrak{L}$ eine Gruppe bildet, existiert r^{-1} und ist ebenfalls Einheit. Dann hat man also $x_i = r^{-1} x_i'$, $i = 1, 2$, d.h.

$$(x_1', x_2') \sim (x_1, x_2).$$

Transitives Gesetz: Sind (x_1, x_2), (x_1', x_2'), $(\tilde{x}_1, \tilde{x}_2)$ zulässige Paare mit

$$(x_1, x_2) \sim (x_1', x_2'),\ (x_1', x_2') \sim (\tilde{x}_1, \tilde{x}_2),$$

so gibt es also Einheiten r, s mit $x_i' = r x_i$, $\tilde{x}_i = s x_i'$, $i = 1, 2$; also gilt $\tilde{x}_i = (sr)\, x_i$, $i = 1, 2$, d.h.

$$(x_1, x_2) \sim (\tilde{x}_1, \tilde{x}_2)$$

wegen $sr \in \mathfrak{R}$. Die Äquivalenzklassen zulässiger Paare (x_1, x_2)

$$\mathfrak{R}(x_1, x_2) := \{(rx_1, rx_2) \mid r \in \mathfrak{R}\}$$

heißen *Punkte*. Dabei verifizieren wir, daß mit (x_1, x_2) auch (rx_1, rx_2), $r \in \mathfrak{R}$, zulässig ist, da

$$\langle rx_1, rx_2 \rangle = r\langle x_1, x_2 \rangle = r\mathfrak{L} = \mathfrak{L}$$

gilt. Unter der *projektiven Geraden* $\mathbb{P}(\mathfrak{L})$ über $\mathfrak{L}$ verstehen wir die Menge aller soeben definierten Punkte über $\mathfrak{L}$. Zwei Punkte

$$P = \mathfrak{R}(p_1, p_2), \quad Q = \mathfrak{R}(q_1, q_2)$$

nennen wir *parallel*, in Zeichen $P \parallel Q$, wenn

$$p_1 q_2 - q_2 p_1 = \begin{vmatrix} p_1 & p_2 \\ q_1 & q_2 \end{vmatrix} \notin \mathfrak{R}$$

ist. Diese Definition ist unabhängig von den gewählten Repräsentanten (p_1, p_2), (q_1, q_2) der Punkte P, Q. In der Tat: Sind (rp_1, rp_2), (sq_1, sq_2), $r, s \in \mathfrak{R}$ irgendwelche andere Repräsentanten von P, Q, so gilt

$$\begin{vmatrix} rp_1 & rp_2 \\ sq_1 & sq_2 \end{vmatrix} = rs \begin{vmatrix} p_1 & p_2 \\ q_1 & q_2 \end{vmatrix} \notin \mathfrak{R}$$

genau dann, wenn $\begin{vmatrix} p_1 & p_2 \\ q_1 & q_2 \end{vmatrix} \notin \mathfrak{R}$ ist.

Satz 1.1. *Die Parallelitätsrelation ist reflexiv und symmetrisch. Sie ist transitiv genau dann, wenn $\mathfrak{L}$ ein lokaler Ring ist.*

Beweis. Sei $\mathfrak{L}$ ein lokaler Ring[26]. Dann ist $\mathfrak{L} - \mathfrak{R}$ ein Ideal in $\mathfrak{L}$, das alle von $\mathfrak{L}$ verschiedenen Ideale von $\mathfrak{L}$ umfaßt: Denn ist $\mathfrak{N} \subset \mathfrak{L}$ ein Ideal, das alle von $\mathfrak{L}$ verschiedenen Ideale umfaßt, so gilt für jede Nichteinheit $n \in \mathfrak{L}$ ja doch $\langle n \rangle = n\mathfrak{L} \subset \mathfrak{L}$, d.h. also $n \in \langle n \rangle \subseteq \mathfrak{N}$, was $\mathfrak{L} - \mathfrak{R} \subseteq \mathfrak{N}$ bedeutet. Da $\mathfrak{N}$ keine Einheit r enthalten kann, sonst wäre nämlich

$$\mathfrak{L} = r\mathfrak{L} \subseteq \mathfrak{N}, \text{ d.h. } \mathfrak{L} = \mathfrak{N},$$

so gilt insgesamt $\mathfrak{L} - \mathfrak{R} = \mathfrak{N}$.

Gelte nun $A \parallel B$, $B \parallel C$ für die Punkte $A = \mathfrak{R}(a_1, a_2)$, $B = \mathfrak{R}(b_1, b_2)$, $C = \mathfrak{R}(c_1, c_2)$. Wegen $\langle b_1, b_2 \rangle = \mathfrak{L}$ muß $\{b_1, b_2\} \cap \mathfrak{R} \neq \emptyset$ gelten, da sonst doch b_1, b_2 im Ideal $\mathfrak{L} - \mathfrak{R}$ liegen würden. Sei $b_{i_0} \in \mathfrak{R}$.

---

[26] s. Definition in Kapitel I, § 2, Abschnitt 5.

Aus

$$\begin{vmatrix} a_{i_0} & a_1 & a_2 \\ b_{i_0} & b_1 & b_2 \\ c_{i_0} & c_1 & c_2 \end{vmatrix} = 0^{27}$$

folgt durch Entwicklung nach der ersten Spalte

$$\begin{vmatrix} a_1 & a_2 \\ c_1 & c_2 \end{vmatrix} = \frac{c_{i_0}}{b_{i_0}} \begin{vmatrix} a_1 & a_2 \\ b_1 & b_2 \end{vmatrix} + \frac{a_{i_0}}{b_{i_0}} \begin{vmatrix} b_1 & b_2 \\ c_1 & c_2 \end{vmatrix}.$$

Da die beiden Determinanten der rechten Seite dieser Gleichung zu $\mathfrak{L} - \mathfrak{R}$ gehören, gilt wegen des Idealcharakters von $\mathfrak{L} - \mathfrak{R}$ auch

$$\begin{vmatrix} a_1 & a_2 \\ c_1 & c_2 \end{vmatrix} \in \mathfrak{L} - \mathfrak{R}, \text{ d.h. } A \parallel C.$$

Sei nun umgekehrt die Parallelitätsrelation transitiv. Um zu zeigen, daß $\mathfrak{L}$ ein lokaler Ring ist, genügt der Nachweis, daß mit $a, b \in \mathfrak{L} - \mathfrak{R}$ auch $a - b$ zu $\mathfrak{L} - \mathfrak{R}$ gehört: Wegen $0 \notin \mathfrak{R}$ ist $\mathfrak{L} - \mathfrak{R} \neq \emptyset$; aus $\varrho \in \mathfrak{L}$ und $\alpha \in \mathfrak{L} - \mathfrak{R}$ folgt $\varrho\alpha \in \mathfrak{L} - \mathfrak{R}$, da sonst

$$\mathfrak{L} = (\varrho\alpha)\, \mathfrak{L} \subseteq \alpha\mathfrak{L}, \text{ d.h. } \alpha\mathfrak{L} = \mathfrak{L},$$

d.h. $\alpha \in \mathfrak{R}$ sein müßte. Sei nun $a, b \in \mathfrak{L} - \mathfrak{R}$. Wir betrachten die Punkte $A = \mathfrak{R}(a, 1)$, $B = \mathfrak{R}(b, 1)$, $C = \mathfrak{R}(0, 1)$. Da $A \parallel C$, $B \parallel C$ gilt, hat man $A \parallel B$ und damit $a - b \in \mathfrak{L} - \mathfrak{R}$. ▯

Satz 1.2. *Die Parallelitätsrelation ist genau dann die Gleichheitsrelation, wenn $\mathfrak{L}$ ein Körper ist.*

Beweis. Seien zunächst für jedes Punktepaar P, Q die Aussagen $P \parallel Q$ und $P = Q$ gleichwertig. Wir haben $\mathfrak{L} - \mathfrak{R} = \{0\}$ zu zeigen, da dann jedes von 0 verschiedene Element von $\mathfrak{L}$ ein Inverses besitzt gegenüber der Multiplikation, und somit $\mathfrak{L}$ Körper sein muß. Sei also $a \in \mathfrak{L} - \mathfrak{R}$. Dann sind die Punkte

$$\mathfrak{R}(a, 1),\ \mathfrak{R}(0, 1)$$

parallel. Also gilt $\mathfrak{R}(a, 1) = \mathfrak{R}(0, 1)$, was mit einem geeigneten $r \in \mathfrak{R}$ auf

$$a = r \cdot 0 = 0$$

führt. Sei umgekehrt $\mathfrak{L}$ ein Körper. In jedem Falle folgt, da die Parallelitätsrelation reflexiv ist, $P \parallel Q$ aus $P = Q$. Sei nun $P \parallel Q$ für $P = \mathfrak{R}(p_1, p_2)$,

---

[27] Zur Definition dieser Determinante (mit Elementen aus einem Ring) übernehme man die übliche Definition, wie man sie etwa vom Bereich der reellen Zahlen her kennt, etwa über das Sarrus-Schema. Daß eine solche Determinante mit zwei gleichen Spalten verschwindet, ist leicht zu sehen.

$Q = \mathfrak{R}(q_1, q_2)$. Aus $\begin{vmatrix} p_1 & p_2 \\ q_1 & q_2 \end{vmatrix} \notin \mathfrak{R}$ folgt wegen $\mathfrak{L} - \mathfrak{R} = \{0\}$ dann $\begin{vmatrix} p_1 & p_2 \\ q_1 & q_2 \end{vmatrix} = 0$. Im Falle $q_1 \neq 0$ (bzw. $q_2 \neq 0$) ist also $p_i = \frac{p_1}{q_1} q_i$ (bzw. $p_i = \frac{p_2}{q_2} q_i$), $i = 1, 2$. Im Falle $q_1 \neq 0$ (bzw. $q_2 \neq 0$) ist weiterhin $p_1 \neq 0$ (bzw. $p_2 \neq 0$); also gilt $P = Q$.

2. Die projektive Gruppe $\Gamma(\mathfrak{L})$

Ausgehend von einem Ring $\mathfrak{L}$ betrachten wir den Ring $\mathrm{MR}^2_{\mathfrak{L}}$ aller Matrizen

$$\begin{pmatrix} a_{11} & a_{12} \\ a_{21} & a_{22} \end{pmatrix}$$

mit $a_{ij} \in \mathfrak{L}$, wo Matrizenaddition, -multiplikation als Verknüpfungen des Ringes zugrunde gelegt sind.

Lemma 2.1. *Gegeben sei die Matrix* $\mathfrak{A} = \begin{pmatrix} a_{11} & a_{12} \\ a_{21} & a_{22} \end{pmatrix}$. *Dann sind die folgenden Aussagen gleichwertig:*

a) $\mathfrak{A}$ *ist regulär in* $\mathrm{MR}^2_{\mathfrak{L}}$.
b) $\mathfrak{A}$ *ist rechtsregulär oder linksregulär in* $\mathrm{MR}^2_{\mathfrak{L}}$.
c) $|\mathfrak{A}| = \begin{vmatrix} a_{11} & a_{12} \\ a_{21} & a_{22} \end{vmatrix}$ *ist regulär in* $\mathfrak{L}$.

Beweis. Aus a) folgt trivialerweise b). Gelte b): Aus $\mathfrak{A}\mathfrak{B} = \begin{pmatrix} 1 & 0 \\ 0 & 1 \end{pmatrix}$ oder $\mathfrak{C}\mathfrak{A} = \begin{pmatrix} 1 & 0 \\ 0 & 1 \end{pmatrix}$ folgt $1 = |\mathfrak{A}\mathfrak{B}| = |\mathfrak{A}|\,|\mathfrak{B}|$ oder $1 = |\mathfrak{C}\mathfrak{A}| = |\mathfrak{C}|\,|\mathfrak{A}|$, d.h. $|\mathfrak{A}| \in \mathfrak{R}$, d.h. c). Gelte c): Sei $r = |\mathfrak{A}|$. Dann ist mit

$$\mathfrak{B} = \frac{1}{r} \begin{pmatrix} a_{22} & -a_{12} \\ -a_{21} & a_{11} \end{pmatrix} \tag{2.1}$$

offenbar $\mathfrak{B}\mathfrak{A} = \begin{pmatrix} 1 & 0 \\ 0 & 1 \end{pmatrix} = \mathfrak{A}\mathfrak{B}$. Damit gilt a). □

Es bezeichne $\mathrm{GL}(2, \mathfrak{L})$ die Einheitengruppevon $\mathrm{MR}^2_{\mathfrak{L}}$. Mit $\mathfrak{A} \in \mathrm{GL}(2, \mathfrak{L})$ betrachten wir die Abbildung (sei $\mathfrak{A} = (a_{ij})$)

$$\mathfrak{R}(x_1, x_2) \to \mathfrak{R}(x_1', x_2') = \mathfrak{R}(x_1 a_{11} + x_2 a_{21}, x_1 a_{12} + x_2 a_{22}), \tag{2.2}$$

die wir auch in der Form

$$\mathfrak{R}(x_1', x_2') = \mathfrak{R}(x_1, x_2)\, \mathfrak{A} \tag{2.3}$$

aufschreiben.

Satz 2.1. *Die Substitutionen* (2.2) *sind eineindeutige Abbildungen der Menge der Punkte von* $\mathbb{P}(\mathfrak{L})$ *auf sich, die die Parallelitätsrelation in beiden Richtungen erhalten; Hintereinanderschaltung als Verknüpfung genommen, bildet die Gesamtheit der Abbildungen* (2.2) *eine Gruppe, die wir mit* $\Gamma(\mathfrak{L})$ *bezeichnen und die projektive Gruppe von* $\mathbb{P}(\mathfrak{L})$ *nennen. Es ist* $\Gamma(\mathfrak{L})$ *homomorphes Bild der Einheitengruppe von* $\mathrm{MR}^2_{\mathfrak{L}}$. *Genauer gilt*

$$\Gamma(\mathfrak{L}) \cong \mathrm{GL}(2, \mathfrak{L}) \Big/ \mathrm{Z}[\mathrm{GL}(2, \mathfrak{L})],$$

wo $\mathrm{Z}[\mathrm{GL}(2, \mathfrak{L})]$ *das Zentrum der Gruppe* $\mathrm{GL}(2, \mathfrak{L})$ *bezeichnet. Es ist*

$$\mathrm{Z}[\mathrm{GL}(2, \mathfrak{L})] = \left\{ \begin{pmatrix} r & 0 \\ 0 & r \end{pmatrix} \middle| \, r \in \mathfrak{R} \right\}.$$

Beweis. Wir stellen zunächst fest, daß eine Abbildung (2.2) in eindeutiger Weise Punkte in Punkte überführt: Denn einmal folgt aus $\mathfrak{R}(x_1, x_2) = \mathfrak{R}(\xi_1, \xi_2)$ auch $\mathfrak{R}(x_1', x_2') = \mathfrak{R}(\xi_1', \xi_2')$, da $x_i = r\xi_i$, $i = 1, 2$, mit einem $r \in \mathfrak{R}$ gelten muß. Zum anderen folgt aus der Zulässigkeit des Paares (x_1, x_2) auch die Zulässigkeit von (x_1', x_2'); würden nämlich

$$x_1 a_{11} + x_2 a_{21},\ x_1 a_{12} + x_2 a_{22}$$

zum gleichen Ideal $\mathfrak{J} \subset \mathfrak{L}$ gehören,

$$x_1 a_{11} + x_2 a_{21} \equiv n_1 \in \mathfrak{J},$$

$$x_1 a_{11} + x_2 a_{22} \equiv n_2 \in \mathfrak{J},$$

so würde — wir beachten die Regularität von $\mathfrak{A}$ — die Auflösung nach x_1, x_2 auf $x_1, x_2 \in \mathfrak{J}$ führen, was nicht geht, da doch $\langle x_1, x_2 \rangle = \mathfrak{L}$ ist.

Die Substitutionen (2.2) sind eineindeutige Abbildungen von $\mathbb{P}(\mathfrak{L})$ auf sich: Man rechnet leicht nach, daß aus $\mathfrak{R}(x_1, x_2) \neq \mathfrak{R}(y_1, y_2)$ auch $\mathfrak{R}(x_1', x_2') \neq \mathfrak{R}(y_1', y_2')$ folgt; ferner findet man zu $\mathfrak{R}(\xi_1, \xi_2) \in \mathbb{P}(\mathfrak{L})$ gewiß ein Urbild, nämlich

$$\mathfrak{R}(x_1, x_2) = \mathfrak{R}(\xi_1, \xi_2)\, \mathfrak{A}^{-1}.$$

Wir zeigen, daß die Parallelitätsrelation in beiden Richtungen erhalten bleibt: Sei $\mathfrak{R}(x_1, x_2) \parallel \mathfrak{R}(y_1, y_2)$; wegen

$$\begin{vmatrix} x_1 a_{11} + x_2 a_{21} & x_1 a_{12} + x_2 a_{22} \\ y_1 a_{11} + y_2 a_{21} & y_2 a_{12} + y_2 a_{22} \end{vmatrix} = \begin{vmatrix} x_1 & x_2 \\ y_1 & y_2 \end{vmatrix} |\mathfrak{A}|$$

und $|\mathfrak{A}| \in \mathfrak{R}$ liegt unsere Behauptung auf der Hand.

Für den Nachweis, daß $\Gamma(\mathfrak{L})$ homomorphes Bild von $\mathrm{GL}(2, \mathfrak{L})$ ist, ordnen wir

$$\mathfrak{A} \in \mathrm{GL}(2, \mathfrak{L})$$

die Abbildung $\tilde{\mathfrak{A}} \in \Gamma(\mathfrak{L})$ zu mit

$$\tilde{\mathfrak{A}}: \mathfrak{R}(x_1, x_2) \to \mathfrak{R}(x_1, x_2)\,\mathfrak{A}.$$

Nach der Definition von $\Gamma(\mathfrak{L})$ ist

$$\mathfrak{A} \to \tilde{\mathfrak{A}} \tag{2.4}$$

eine eindeutige Abbildung von GL(2, $\mathfrak{L}$) auf $\Gamma(\mathfrak{L})$. Es gilt $\widetilde{\mathfrak{A}\mathfrak{B}} = \tilde{\mathfrak{A}}\tilde{\mathfrak{B}}$ für $\mathfrak{A}, \mathfrak{B} \in \mathrm{GL}(2, \mathfrak{L})$: $\mathfrak{R}(x_1, x_2)\,(\mathfrak{A}\mathfrak{B}) = [\mathfrak{R}(x_1, x_2)\,\mathfrak{A}]\,\mathfrak{B}$ ist in der Tat erfüllt, da die Hintereinanderschaltung in $\Gamma(\mathfrak{L})$ als Verknüpfung definiert war. Wir bestimmen den Kern des Homomorphismus (2.4), d. h. die Menge der $\mathfrak{A} \in \mathrm{GL}(2, \mathfrak{L})$, für die $\tilde{\mathfrak{A}}$ die Identität von $\Gamma(\mathfrak{L})$ ist:

Aus $\mathfrak{R}(x_1, x_2) = \mathfrak{R}(x_1, x_2)\,\mathfrak{A}$ folgt, wenn wir (x_1, x_2) die Menge $\{(1, 0), (0, 1), (1, 1)\}$ durchlaufen lassen, $\mathfrak{A} = \begin{pmatrix} r & 0 \\ 0 & r \end{pmatrix}$ mit $r \in \mathfrak{R}$. Umgekehrt ist das $\Gamma(\mathfrak{L})$-Bild für ein $\begin{pmatrix} s & 0 \\ 0 & s \end{pmatrix}$, $s \in \mathfrak{R}$, gewiß die Identität.

Bestimmen wir das Zentrum der Gruppe GL(2, $\mathfrak{L}$). Dabei ist das *Zentrum* einer Gruppe G die Menge aller $g \in \mathrm{G}$, für die $gh = hg$ gilt für alle $h \in \mathrm{G}$. Alle Matrizen $\begin{pmatrix} r & 0 \\ 0 & r \end{pmatrix}$, $r \in \mathfrak{R}$, gehören sicherlich zum Zentrum von GL(2, $\mathfrak{L}$). Liegt auf der anderen Seite das Element $\mathfrak{A} \in \mathrm{GL}(2, \mathfrak{L})$ in Z[GL(2, $\mathfrak{L}$)], so folgt aus

$$\mathfrak{A}\begin{pmatrix} 0 & 1 \\ 1 & 0 \end{pmatrix} = \begin{pmatrix} 0 & 1 \\ 1 & 0 \end{pmatrix}\mathfrak{A}, \quad \mathfrak{A}\begin{pmatrix} 1 & 1 \\ 1 & 0 \end{pmatrix} = \begin{pmatrix} 1 & 1 \\ 1 & 0 \end{pmatrix}\mathfrak{A}$$

bereits $\mathfrak{A} = \begin{pmatrix} a_{11} & 0 \\ 0 & a_{11} \end{pmatrix}$. Wegen $\mathfrak{A} \in \mathrm{GL}(2, \mathfrak{L})$ ist $\mathfrak{A}$ regulär in $\mathrm{MR}^2_{\mathfrak{L}}$; also gilt $a_{11} \in \mathfrak{R}$. ▯

3. Transitivitätseigenschaften von $\Gamma(\mathfrak{L})$

Satz 3.1. *Sind A, B, C paarweise nicht parallele Punkte, und ebenso A', B', C', so gibt es genau ein $\gamma \in \Gamma(\mathfrak{L})$ mit $A^\gamma = A'$, $B^\gamma = B'$, $C^\gamma = C'$.*

Beweis. Seien A, A', B, B', C, C' sukzessive gegeben durch $\mathfrak{R}(a_1, a_2)$, $\mathfrak{R}(a_1', a_2')$ usf. Kürzen wir

$$\begin{vmatrix} a_1 & a_2 \\ b_1 & b_2 \end{vmatrix} \quad \text{durch } [a, b]$$

ab usf., so gilt also

$$[a, b],\ [b, c],\ [c, a],\ [a', b'],\ [b', c'],\ [c', a'] \in \mathfrak{R}.$$

Sei γ_0 die Abbildung

$$\mathfrak{R}(x_1', x_2') = \mathfrak{R}(x_1, x_2)\,\mathfrak{A}$$

mit

$$\mathfrak{A} = \begin{pmatrix} b_2 & a_2 \\ -b_1 & -a_1 \end{pmatrix} \begin{pmatrix} \frac{[b', c']}{[b, c]} & 0 \\ 0 & -\frac{[c', a']}{[c, a]} \end{pmatrix} \begin{pmatrix} a_1' & a_2' \\ b_1' & b_2' \end{pmatrix},$$

die wegen

$$|\mathfrak{A}| = [a, b]\,\frac{[b', c']\,[c', a']}{[b, c]\,[c, a]}\,[a', b'] \in \mathfrak{R}$$

zu $\Gamma(\mathfrak{L})$ gehört. Es gilt $A^{\gamma_0} = A'$, $B^{\gamma_0} = B'$, $C^{\gamma_0} = C'$. Wir kommen zur Eindeutigkeit der Abbildung: Seien τ, σ Elemente aus $\Gamma(\mathfrak{L})$ mit $A^\tau = A' = A^\sigma$, $B^\tau = B' = B^\sigma$, $C^\tau = C' = C^\sigma$. Sei $\alpha \in \Gamma(\mathfrak{L})$ eine auf Grund des schon bewiesenen Teiles des Satzes 3.1 vorhandene Abbildung mit

$$[\mathfrak{R}(1, 0)]^\alpha = A,\ [\mathfrak{R}(0, 1)]^\alpha = B,\ [\mathfrak{R}(1, 1)]^\alpha = C.$$

Dann sind $\mathfrak{R}(1, 0)$, $\mathfrak{R}(0, 1)$, $\mathfrak{R}(1, 1)$ Fixpunkte der Abbildung

$$\varrho = \alpha\tau\sigma^{-1}\alpha^{-1}.$$

Ist ϱ gegeben durch

$$\mathfrak{R}(x_1', x_2') = \mathfrak{R}(x_1 c_{11} + x_2 c_{21}, x_1 c_{12} + x_2 c_{22}),$$

so hat man also $c_{12} = 0 = c_{21}$, $c_{11} = c_{22}$. Es ist demnach ϱ die Identität, was $\tau = \sigma$ ergibt. ▯

Satz 3.2. *Jede Abbildung $\gamma \in \Gamma(\mathfrak{L})$, die zwei nicht parallele Punkte vertauscht, ist involutorisch.*

Beweis. Es vertausche $\gamma \in \Gamma(\mathfrak{L})$ die nicht parallelen Punkte A, B. Mit der durch

$$\mathfrak{R}(x_1', x_2') = \mathfrak{R}(x_1, x_2) \begin{pmatrix} a_1 & a_2 \\ b_1 & b_2 \end{pmatrix}$$

definierten Abbildung $\sigma \in \Gamma(\mathfrak{L})$, die $\mathfrak{R}(1, 0)$ in A und $\mathfrak{R}(0, 1)$ in B überführt, gilt jedenfalls für

$$\sigma\gamma\sigma^{-1}\colon \mathfrak{R}(1, 0) \to \mathfrak{R}(0, 1) \to \mathfrak{R}(1, 0).$$

Somit kann $\sigma\gamma\sigma^{-1}$ in der Form

$$\mathfrak{R}(x_1, x_2)^{\sigma\gamma\sigma^{-1}} = \mathfrak{R}(x_1, x_2) \begin{pmatrix} 0 & r_1 \\ r_2 & 0 \end{pmatrix}, \quad r_1, r_2 \in \mathfrak{R},$$

aufgeschrieben werden, was auf

$$\mathfrak{R}(x_1, x_2)^{(\sigma\gamma\sigma^{-1})(\sigma\gamma\sigma^{-1})} = \mathfrak{R}(x_1, x_2)\begin{pmatrix} r_1 r_2 & 0 \\ 0 & r_1 r_2 \end{pmatrix}$$

führt. Es stimmt also $\sigma\gamma^2\sigma^{-1}$ und damit auch γ^2 mit der Identität aus $\Gamma(\mathfrak{L})$ überein. ▯

4. Doppelverhältnisse

Sind $P = \mathfrak{R}(p_1, p_2)$, $Q = \mathfrak{R}(q_1, q_2)$, $R = \mathfrak{R}(r_1, r_2)$, $S = \mathfrak{R}(s_1, s_2)$, Punkte mit

$$P \nparallel S \quad \text{und} \quad Q \nparallel R,$$

so erklären wir das dem geordneten Punktequadrupel P, Q, R, S zugeordnete *Doppelverhältnis*

$$\begin{bmatrix} P & Q \\ S & R \end{bmatrix} = \frac{\begin{vmatrix} p_1 & p_2 \\ r_1 & r_2 \end{vmatrix}}{\begin{vmatrix} p_1 & p_2 \\ s_1 & s_2 \end{vmatrix}} \cdot \frac{\begin{vmatrix} q_1 & q_2 \\ s_1 & s_2 \end{vmatrix}}{\begin{vmatrix} q_1 & q_2 \\ r_1 & r_2 \end{vmatrix}}. \tag{4.1}$$

Man beachte, daß wegen $P \nparallel S$, $Q \nparallel R$ die Nenner Einheiten sind, und daß somit $\begin{bmatrix} P & Q \\ S & R \end{bmatrix}$ als Element von $\mathfrak{L}$ wohldefiniert ist. Weiterhin beachte man, daß $\begin{bmatrix} P & Q \\ S & R \end{bmatrix}$ nicht von den gewählten Repräsentanten (p_1, p_2), (q_1, q_2), (r_1, r_2), (s_1, s_2) der Punkte P, Q, R, S abhängt. In der Tat: Geht man von den Repräsentanten (pp_1, pp_2), (qq_1, qq_2), (rr_1, rr_2), (ss_1, ss_2) der Punkte P, Q, R, S aus, $p, q, r, s \in \mathfrak{R}$, so stimmt der mit diesen Repräsentanten gebildete Zahlenwert (4.1) mit (4.1) überein, da p, q, r, s sich herauskürzen.

Man liest unmittelbar aus (4.1) den

Satz 4.1. a) *Seien P, Q, R, S Punkte mit $P \nparallel S$, $Q \nparallel R$. Dann ist*

$$\begin{bmatrix} P & Q \\ S & R \end{bmatrix} = \begin{bmatrix} S & R \\ P & Q \end{bmatrix} = \begin{bmatrix} R & S \\ Q & P \end{bmatrix} = \begin{bmatrix} Q & P \\ S & R \end{bmatrix}.$$

(Das Doppelverhältnis ist invariant gegenüber Vertauschung der Zeilen oder der Spalten.)

b) *Seien P, Q, R, S Punkte mit $P \nparallel S$, $Q \nparallel R$, $P \nparallel R$, $Q \nparallel S$. Dann ist*

$$\begin{bmatrix} Q & P \\ S & R \end{bmatrix} = \begin{bmatrix} P & Q \\ S & R \end{bmatrix}^{-1}.$$

c) *Seien P, Q, R, S, T Punkte mit $P \nparallel S$, $Q \nparallel R$, $P \nparallel T$, $Q \nparallel S$. Dann gilt*

$$\begin{bmatrix} P & Q \\ T & S \end{bmatrix} \begin{bmatrix} P & Q \\ S & R \end{bmatrix} = \begin{bmatrix} P & Q \\ T & R \end{bmatrix}.$$

d) *Sind W, A, B, C paarweise nicht parallele Punkte, so gilt*

$$\begin{bmatrix} W & A \\ C & B \end{bmatrix} \begin{bmatrix} W & B \\ A & C \end{bmatrix} \begin{bmatrix} W & C \\ B & A \end{bmatrix} = -1.$$

e) *Sind A, B, C, D, E, F, G, H Punkte mit*[28]

$$A \nparallel D \nparallel E \nparallel H \nparallel A$$

$$B \nparallel C \nparallel F \nparallel G \nparallel B,$$

so gilt

$$\begin{bmatrix} A & B \\ D & C \end{bmatrix} \begin{bmatrix} E & F \\ H & G \end{bmatrix} = \begin{bmatrix} A & E \\ D & H \end{bmatrix} \begin{bmatrix} F & B \\ G & C \end{bmatrix} \begin{bmatrix} A & F \\ H & C \end{bmatrix} \begin{bmatrix} E & B \\ D & G \end{bmatrix}.$$

Während Satz 4.1 aus (4.1) unmittelbar durch Wegkürzen oder Vergleichen von Determinanten der Art, wie sie in (4.1) aufgeschrieben sind, folgt, greift der Beweis des jetzt folgenden Satzes 4.2 geringfügig in den Bau dieser Determinanten ein.

Satz 4.2. a) *Sind P, Q, R, S Punkte mit $P \nparallel S$, $Q \nparallel R$ und ist $\gamma \in \Gamma(\mathfrak{L})$, so gilt*

$$\begin{bmatrix} P^\gamma & Q^\gamma \\ S^\gamma & R^\gamma \end{bmatrix} = \begin{bmatrix} P & Q \\ S & R \end{bmatrix}.$$

b) *Sind P, Q, R, S Punkte mit $P \nparallel S$, $Q \nparallel R$, so gilt*

$$\begin{bmatrix} P & R \\ S & Q \end{bmatrix} = 1 - \begin{bmatrix} P & Q \\ S & R \end{bmatrix}.$$

Beweis. Wegen Satz 2.1 folgt

$$P^\gamma \nparallel S^\gamma,\ Q^\gamma \nparallel R^\gamma$$

aus $P \nparallel S$, $Q \nparallel R$. Also ist $\begin{bmatrix} P^\gamma & Q^\gamma \\ S^\gamma & R^\gamma \end{bmatrix}$ erklärt. Hat γ die Gestalt

$$\mathfrak{R}(x_1', x_2') = \mathfrak{R}(x_1, x_2)\,\mathfrak{A},$$

so hat man mit passenden Einheiten p, q, r, s (wenn $P^\gamma = \mathfrak{R}(p_1', p_2')$ usf. ist).

$$\begin{pmatrix} pp_1' & pp_2' \\ rr_1' & rr_2' \end{pmatrix} = \begin{pmatrix} p_1 & p_2 \\ r_1 & r_2 \end{pmatrix} \mathfrak{A},$$

---

[28] $P_1 \nparallel P_2 \nparallel P_3$ z.B. sei lediglich eine Abkürzung für $P_1 \nparallel P_2$ und $P_2 \nparallel P_3$.

was auf

$$pr \begin{vmatrix} p_1' & p_2' \\ r_1' & r_2' \end{vmatrix} = \begin{vmatrix} p_1 & p_2 \\ r_1 & r_2 \end{vmatrix} |\mathfrak{A}|$$

führt. Entsprechendes für die anderen benötigten Determinanten aufgeschrieben, führt sofort auf die Behauptung a).

Zu b): Wegen $P \nparallel S$ ist

$$\begin{vmatrix} p_1 & p_2 \\ s_1 & s_2 \end{vmatrix} \in \mathfrak{R},$$

wo $P = \mathfrak{R}(p_1, p_2)$, $S = \mathfrak{R}(s_1, s_2)$ gesetzt sei. Also ist

$$\mathfrak{A} = \begin{pmatrix} p_1 & p_2 \\ s_1 & s_2 \end{pmatrix} \in \mathrm{GL}(2, \mathfrak{L}).$$

Für die zu $\mathfrak{A}$ gehörende Abbildung $\gamma \in \Gamma(\mathfrak{L})$ gilt (sei $W = \mathfrak{R}(1, 0)$, $U = \mathfrak{R}(0, 1)$)

$$W^\gamma = P, \; U^\gamma = S.$$

Sei

$$R^{\gamma^{-1}} = A = \mathfrak{R}(a_1, a_2), \quad Q^{\gamma^{-1}} = B = \mathfrak{R}(b_1, b_2).$$

Dann ist $A \nparallel B$ wegen $R \nparallel Q$ und es gilt mit a)

$$\begin{bmatrix} P & R \\ S & Q \end{bmatrix} = \begin{bmatrix} W^\gamma & A^\gamma \\ U^\gamma & B^\gamma \end{bmatrix} = \begin{bmatrix} W & A \\ U & B \end{bmatrix} = \frac{b_2 a_1}{a_1 b_2 - b_1 a_2} = 1 - \frac{a_2 b_1}{b_1 a_2 - a_1 b_2}$$

$$= 1 - \begin{bmatrix} W & B \\ U & A \end{bmatrix} = 1 - \begin{bmatrix} W^\gamma & B^\gamma \\ U^\gamma & A^\gamma \end{bmatrix} = 1 - \begin{bmatrix} P & Q \\ S & R \end{bmatrix}. \qquad \square$$

Satz 4.3. *Sind P, Q, R paarweise nicht parallele Punkte, ist $a \in \mathfrak{L}$, so gibt es genau einen Punkt $X \nparallel P$ mit $\begin{bmatrix} P & Q \\ X & R \end{bmatrix} = a$.*

Beweis. Sei $W = \mathfrak{R}(1, 0)$, $U = \mathfrak{R}(0, 1)$, $V = \mathfrak{R}(1, 1)$ gesetzt und mit $\sigma \in \Gamma(\mathfrak{L})$ die Abbildung bezeichnet mit

$$P^\sigma = W, \quad Q^\sigma = U, \quad R^\sigma = V.$$

Aus Satz 4.2 a) folgt für jede Lösung $X \nparallel P$ von $\begin{bmatrix} P & Q \\ X & R \end{bmatrix} = a$ offenbar $a = \begin{bmatrix} P & Q \\ X & R \end{bmatrix} = \begin{bmatrix} W & U \\ X^\sigma & V \end{bmatrix}$. Ist $X^\sigma = \mathfrak{R}(y_1, y_2)$, so folgt aus $X \nparallel P$ jedenfalls $X^\sigma \nparallel W$, d.h. $y_2 \in \mathfrak{R}$. Mit $y_1 \cdot y_2^{-1} = y$ schreiben wir $X^\sigma = \mathfrak{R}(y, 1)$. Also gilt

$$a = \begin{bmatrix} W & U \\ \mathfrak{R}(y, 1) & V \end{bmatrix} = y.$$

Damit kann es höchstens eine gesuchte Lösung geben. Auf der anderen Seite ist aber $[\mathfrak{R}(a, 1)]^{\sigma^{-1}}$ eine gesuchte Lösung. ▯

§ 2. Ketten. Eine Berührrelation Harmonische Punktequadrupel

1. Die Kettengeometrie $\Sigma(\mathfrak{K}, \mathfrak{L})$

Es sei $\mathfrak{L}$ also wieder ein kommutativer Ring mit Einselement 1, der wenigstens zwei verschiedene Elemente enthält. Wir setzen voraus, daß $\mathfrak{L}$ echter Oberring eines Körpers $\mathfrak{K}$ sei derart, daß Körpereins und Ringeins übereinstimmen[29]. In anderen Worten können wir diese, für alle unsere Erörterungen, grundlegende Struktur $\mathfrak{K} \subset \mathfrak{L}$ gleichwertig so schildern: Gegeben sei eine Algebra $\mathfrak{L}$, kommutativ mit Einselement $1_{\mathfrak{L}}$, über dem kommutativen Körper $\mathfrak{K}$, wobei man sich $\mathfrak{K}$ in der Form

$$\mathfrak{K} \cdot 1_{\mathfrak{L}} = \{k \cdot 1_{\mathfrak{L}} \mid k \in \mathfrak{K}\}$$

in $\mathfrak{L}$ eingebettet denke und $\mathfrak{K} \cdot 1_{\mathfrak{L}} \neq \mathfrak{L}$ voraussetze. Eine *Algebra* über $\mathfrak{K}$ ist dabei ein Vektorraum über $\mathfrak{K}$, der außerdem Ring ist so, daß Ringaddition und Vektorraumaddition zusammenfallen und zudem

$$k(l_1 l_2) = (kl_1)\, l_2 = l_1(kl_2)$$

für alle $k \in \mathfrak{K}$ und alle $l_1, l_2 \in \mathfrak{L}$ erfüllt ist. $\mathfrak{L}$ ist dabei Vektorraum über $\mathfrak{K}$ mit den folgenden Definitionen: Die dem Vektorraum zugrunde liegende abelsche Gruppe ist die additive Gruppe $(\mathfrak{L}, \mathrm{A})$ von $\mathfrak{L}$. Das benötigte Produkt $k \cdot l$ für $k \in \mathfrak{K}$, $l \in \mathfrak{L}$ ist das Produkt kl der beiden Elemente k, l aus $\mathfrak{L}$.

Wir betten die projektive Gerade $\mathbb{P}(\mathfrak{K})$ in die projektive Gerade $\mathbb{P}(\mathfrak{L})$ ein: Die Einheitengruppe von $\mathfrak{K}$ ist die multiplikative Gruppe $\mathfrak{K}^{\times}$ von $\mathfrak{K}$. Das Paar (k_1, k_2), $k_1, k_2 \in \mathfrak{K}$, ist zulässig über $\mathfrak{K}$ genau dann, wenn es zulässig über $\mathfrak{L}$ ist. Denn Nichtzulässigkeit über $\mathfrak{K}$ bedeutet $k_1 = 0 = k_2$. Nichtzulässigkeit über $\mathfrak{L}$ führt auf ein Ideal $\mathfrak{J} \subset \mathfrak{L}$, das k_1, k_2 enthält; wären dann nicht beide Elemente k_1, k_2 Null, so enthielte $\mathfrak{J}$ ein reguläres Element, da die 1 von $\mathfrak{K}$ Ringeins ist, was $\mathfrak{J} = \mathfrak{L}$ ergäbe.

Wir identifizieren jetzt den $\mathbb{P}(\mathfrak{K})$-Punkt $\mathfrak{K}^{\times}(k_1, k_2)$ mit dem $\mathbb{P}(\mathfrak{L})$-Punkt $\mathfrak{R}(k_1, k_2)$. Diese Identifikation stellt eine eineindeutige Abbildung von $\mathbb{P}(\mathfrak{K})$ in $\mathbb{P}(\mathfrak{L})$ dar. Da $\mathfrak{K}$ echt in $\mathfrak{L}$ liegt, ist auch $\mathbb{P}(\mathfrak{K}) \subset \mathbb{P}(\mathfrak{L})$.

---

[29] Dies ist nicht von selbst erfüllt: Ist beispielsweise $\mathfrak{L}$ der Ring aller geordneten Paare reeller Zahlen mit komponentenweiser Addition, Multiplikation, so ist $\mathfrak{L}$ echter Oberring des Körpers

$$\mathfrak{K} = \{(x, 0) \mid x \in \mathbb{R}\}.$$

Hingegen stimmen Ringeins (1,1) und Körpereins (1,0) nicht überein.

Wir wollen nun die Gruppe $\mathbb{P}(\mathfrak{K})$ in kanonischer Weise als Untergruppe in $\Gamma(\mathfrak{L})$ einbetten: Liegt nämlich die $\Gamma(\mathfrak{K})$-Substitution

$$\mathfrak{K}^\times(x_1', x_2') = \mathfrak{K}^\times(x_1, x_2)\,\mathfrak{A},$$

$$\mathfrak{A} = \begin{pmatrix} a_{11} & a_{12} \\ a_{21} & a_{22} \end{pmatrix}, \quad a_{ij} \in \mathfrak{K}, \quad |\mathfrak{A}| \neq 0,$$

vor, die also eine eineindeutige Abbildung δ von $\mathbb{P}(\mathfrak{K})$ auf sich ist, so läßt sich diese wegen $a_{ij} \in \mathfrak{K} \subset \mathfrak{L}$ und $|\mathfrak{A}| \in \mathfrak{K}^\times \subseteq \mathfrak{R}$ auch als $\Gamma(\mathfrak{L})$-Substitution auffassen,

$$\mathfrak{R}(x_1', x_2') = \mathfrak{R}(x_1, x_2)\,\mathfrak{A},$$

also als eine eineindeutige Abbildung $\gamma \in \Gamma(\mathfrak{L})$ von $\mathbb{P}(\mathfrak{L})$ auf sich; die Beschränkung von γ auf $\mathbb{P}(\mathfrak{K})$ ist gerade die Abbildung δ, in Zeichen $\gamma \mid \mathbb{P}(\mathfrak{K}) = \delta$.

Lemma 1.1. *Ist $\gamma \in \Gamma(\mathfrak{L})$ eine Abbildung, zu der es drei verschiedene Punkte $A, B, C \in \mathbb{P}(\mathfrak{K})$ gibt, die in die Punkte $A_1, B_1, C_1 \in \mathbb{P}(\mathfrak{K})$ übergehen, so ist bereits $\gamma \in \Gamma(\mathfrak{K})$.*

Beweis. Da γ bijektiv, ist, d.h. eine eineindeutige Abbildung von $\mathbb{P}(\mathfrak{L})$ auf $\mathbb{P}(\mathfrak{L})$, sind die Punkte A_1, B_1, C_1 verschieden. Verschiedenheit zweier Punkte $P, Q \in \mathbb{P}(\mathfrak{K})$ bedeutet $P \nparallel Q$ wegen $\mathfrak{K}^\times \subseteq \mathfrak{R}$. Nach Satz 3.1 ist γ die einzige Abbildung aus $\Gamma(\mathfrak{L})$ mit

$$A \to A_1, \; B \to B_1, \; C \to C_1.$$

Wegen $A, B, C, A_1, B_1, C_1 \in \mathbb{P}(\mathfrak{K})$ liegt γ nach Satz 3.1, verwendet für den Ring $\mathfrak{K}$, aber schon in $\Gamma(\mathfrak{K})$. ▯

Die Punkte von $\mathbb{P}(\mathfrak{L})$ nennen wir *Punkte* der Kettengeometrie $\Sigma(\mathfrak{K}, \mathfrak{L})$, und die Bilder

$$[\mathbb{P}(\mathfrak{K})]^\gamma, \quad \gamma \in \Gamma(\mathfrak{L}),$$

von $\mathbb{P}(\mathfrak{K})$ heißen *Ketten* der Kettengeometrie $\Sigma(\mathfrak{K}, \mathfrak{L})$. Liegt der Punkt P in der Kette

$$\mathbf{k} = [\mathbb{P}(\mathfrak{K})]^\gamma,$$

so sagen wir auch, daß P mit $\mathbf{k}$ inzidiere oder auch, daß $\mathbf{k}$ durch P gehe, oder daß P auf $\mathbf{k}$ liege. Die Punktmenge

$$\{P, Q, \ldots\}$$

heißt von *konzyklischer Lage*, wenn es eine Kette $\mathbf{k}$ gibt mit $\mathbf{k} \supseteq \{P, Q, \ldots\}$. Die Menge aller Punkte von $\Sigma(\mathfrak{K}, \mathfrak{L})$ sei auch mit $\mathbf{P}$ bezeichnet, die Menge aller Ketten mit $\mathbf{K}$. Schließlich bezeichne $\mathbf{p}$ die Menge der Punkte von $\mathbb{P}(\mathfrak{K})$. In $\Sigma(\mathfrak{K}, \mathfrak{L})$ gilt:

Satz 1.1. a) *Jede höchstens dreielementige Menge paarweise nicht paralleler Punkte ist konzyklisch. — Durch drei paarweise nicht parallele Punkte geht genau eine Kette*[30].

b) *Zwei verschiedene Punkte einer Kette sind nicht parallel.*

c) *Jede Kette enthält wenigstens drei verschiedene Punkte. — Es gibt vier verschiedene Punkte, die nicht gemeinsam einer Kette angehören.*

Beweis. a) Wir zeigen zunächst, daß man zu jedem Punkt A einen Punkt $B \nparallel A$ und weiterhin zu jedem nicht-parallelen Punktepaar A, B einen Punkt C finden kann, der weder zu A noch zu B parallel ist. Mit dem Nachweis, daß durch drei paarweise nicht parallele Punkte genau eine Kette geht, ist Teil a) des Satzes dann bewiesen: Ist $A = \mathfrak{R}(a_1, a_2)$ ein Punkt, so gibt es nach Lemma 1.1c von § 1 Elemente $\beta_1, \beta_2 \in \mathfrak{L}$ mit $\beta_1 a_1 + \beta_2 a_2 = 1$. Nach demselben Lemma ist dann $B := (-\beta_1, \beta_2)$ ein Punkt, der wegen $\begin{vmatrix} a_1 & a_2 \\ -\beta_2 & \beta_1 \end{vmatrix} = 1 \in \mathfrak{R}$ nicht zu A parallel ist. — Sind $A = \mathfrak{R}(a_1, a_2)$, $B = \mathfrak{R}(b_1, b_2)$ zwei nicht parallele Punkte, so gilt

$$\begin{vmatrix} a_1 & a_2 \\ a_1 + b_1 & a_2 + b_2 \end{vmatrix} = \begin{vmatrix} a_1 & a_2 \\ b_1 & b_2 \end{vmatrix} \in \mathfrak{R},$$

$$\begin{vmatrix} b_1 & b_2 \\ a_1 + b_1 & a_2 + b_2 \end{vmatrix} = \begin{vmatrix} b_1 & b_2 \\ a_1 & a_2 \end{vmatrix} \in \mathfrak{R}$$

und wegen

$$\langle a_1 + b_1, a_2 + b_2 \rangle \ni \begin{vmatrix} a_1 & a_2 \\ a_1 + b_1 & a_2 + b_2 \end{vmatrix} \in \mathfrak{R}$$

auch

$$\langle a_1 + b_1, a_2 + b_2 \rangle = \mathfrak{L}.$$

Die letzte Eigenschaft besagt laut Teil b) des erwähnten Lemmas, daß $\mathfrak{R}(a_1 + b_1, a_2 + b_2)$ ein Punkt ist; dieser Punkt ist (wie gezeigt) weder zu A noch zu B parallel. — Im folgenden seien die Punkte $\mathfrak{R}(1, 0)$, $\mathfrak{R}(0, 1)$, $\mathfrak{R}(1, 1)$ in der aufgeschriebenen Reihenfolge mit W, U, V bezeichnet.

Seien A, B, C paarweise nicht parallele Punkte. Sei $\gamma \in \Gamma$ die nach Satz 3.1 von § 1 vorhandene Abbildung mit $(W, U, V)^\gamma = (A, B, C)$[31]. Dann geht offenbar durch A, B, C die Kette $\mathbf{p}^\gamma$. Sei $\mathbf{p}^\delta$, $\delta \in \Gamma(\mathfrak{L})$, eine weitere Kette durch A, B, C. Die Punkte $A^{\delta^{-1}}$, $B^{\delta^{-1}}$, $C^{\delta^{-1}}$ sind nach Satz 2.1 von § 1 paarweise nicht parallel; sie liegen ferner in $\mathbf{p}$. Sei α aus $\Gamma(\mathfrak{L})$ die Abbildung mit $(W, U, V)^\alpha = (A^{\delta^{-1}}, B^{\delta^{-1}}, C^{\delta^{-1}})$. Nach Lemma 1.1

[30] Sind A, B, C paarweise nicht parallele Punkte, so bezeichnen wir die Kette durch A, B, C auch mit (ABC).

[31] Dies sei eine Abkürzung für $W^\gamma = A$, $U^\gamma = B$, $V^\gamma = C$.

ist $\alpha \in \Gamma(\mathfrak{K})$. Nun gilt $\alpha\delta = \gamma$ und $\mathbf{p}^\gamma = \mathbf{p}^{(\alpha\delta)} = (\mathbf{p}^\alpha)^\delta = \mathbf{p}^\delta$, letzteres wegen $\alpha \in \Gamma(\mathfrak{K})$.

b) Seien A, B verschiedene Punkte der Kette $\mathbf{p}^\gamma$. Dann sind $A^{\gamma^{-1}}$, $B^{\gamma^{-1}}$ verschiedene Punkte auf $\mathbf{p}$ und also nicht parallel. Dies bedeutet $A \nparallel B$ wegen Satz 2.1 von § 1.

c) Die Kette $\mathbf{p}^\gamma$ enthält z.B. die verschiedenen Punkte W^γ, U^γ, V^γ. — Sei $l \in \mathfrak{L} - \mathfrak{K}$. Offenbar ist $L = \mathfrak{R}(l, 1)$ ein Punkt $\notin \mathbf{p}$. Die Punkte W, U, V, L sind verschieden. Lägen sie gemeinsam auf einer Kette, so wäre diese nach a) jedenfalls $\mathbf{p}$, wo aber doch $L \notin \mathbf{p}$ gilt. ▯

Wir können den zweiten Teil der Aussage c) in Satz 1.1 nicht allgemein verschärfen zu

($\mathbf{R}_1$) *Es gibt vier paarweise nicht parallele Punkte, die nicht gemeinsam einer Kette angehören.*

Wir zeigen ($\mathbf{R}_1$) charakterisierend zunächst

Lemma 1.2. *In $\Sigma(\mathfrak{K}, \mathfrak{L})$ gilt ($\mathbf{R}_1$) genau dann, wenn ein $l \in \mathfrak{L} - \mathfrak{K}$ existiert mit $l, l - 1 \in \mathfrak{R}$.*

Beweis. Haben wir ein solches l, dann sind W, U, V, L (s. Beweis von c) in Satz 1.1) gewünschte Punkte, da $W \nparallel L$, $U \nparallel L$, $V \nparallel L$ nacheinander aus $1, l, l - 1 \in \mathfrak{R}$ folgt.

Seien umgekehrt P, Q, R, S vier paarweise nicht parallele Punkte, die nicht konzyklisch liegen. Wir betrachten das $\gamma \in \Gamma(\mathfrak{L})$ mit $(P, Q, R)^\gamma = (W, U, V)$. Sei $L \equiv S^\gamma$, $L = \mathfrak{R}(l_1, l_2)$. Aus $L \nparallel W$ folgt $l_2 \in \mathfrak{R}$, und wir können mit $l = \frac{l_1}{l_2}$ schreiben $L = \mathfrak{R}(l, 1)$. Aus $L \nparallel U, V$ folgt nun $l, l - 1 \in \mathfrak{R}$. Da W, U, V, L nicht konzyklisch liegen (im anderen Falle wäre ja $P, Q, R, S \in \mathbf{p}^{\gamma^{-1}}$), ist $L \notin \mathbf{p}$, d.h. $l \in \mathfrak{L} - \mathfrak{K}$. ▯

Ist $\mathfrak{K}$ nun ein beliebiger kommutativer Körper, ist $\mathfrak{L} = \mathfrak{K}[x]$ der Polynomring (s.u.) in einer Unbestimmten über $\mathfrak{K}$, so gilt ($\mathbf{R}_1$) in $\Sigma(\mathfrak{K}, \mathfrak{L})$ nicht: In diesen Beispielen ist nämlich $\mathfrak{K}^\times = \mathfrak{R}$.

Zur Definition von $\mathfrak{K}[x]$[32]: Jede Folge

$$(k_0, k_1, k_2, \ldots)$$

von Elementen $k_i \in \mathfrak{K}$ heiße ein *Polynom* in einer Unbestimmten über $\mathfrak{K}$, wenn höchstens endlich viele der k_i von Null verschieden sind. Zwei Polynome

$$(k_0, k_1, \ldots), (t_0, t_1, \ldots)$$

werden genau dann gleich genannt, wenn

$$k_i = t_i$$

[32] Für diese Definition braucht $\mathfrak{K}$ nur ein kommutativer Ring mit Einselement $1 \neq 0$ zu sein.

für alle $i = 0, 1, 2, \ldots$ gilt. Auf der Menge der Polynome über $\mathfrak{K}$ werden Verknüpfungen Addition, Multiplikation eingeführt:

$$(k_0, \ldots, k_i, \ldots) + (t_0, \ldots, t_i, \ldots) = (k_0 + t_0, \ldots, k_i + t_i, \ldots)$$

$$(k_0, \ldots, k_i, \ldots) \cdot (t_0, \ldots, t_i, \ldots) = (k_0 t_0, \ldots, k_0 t_i + k_1 t_{i-1} + \cdots + k_i t_0, \ldots).$$

Dann bildet die Menge der Polynome über $\mathfrak{K}$ einen kommutativen Ring mit Einselement $(1, 0, 0, \ldots)$ und Nullelement $(0, 0, 0, \ldots)$ (Nullpolynom!) der mit $\mathfrak{K}[x]$ bezeichnet wird. Schreiben wir an Stelle von

$$(k_0, 0, 0, \ldots, k_i = 0, \ldots), \quad i = 1, 2, \ldots,$$

kurz k_0[33] und setzen wir

$$x = (0, 1, \ldots, k_i = 0, \ldots), \quad i = 2, 3, \ldots,$$

so ist

$$(k_0, k_1, \ldots, k_n, 0, \ldots, k_i = 0, \ldots), \quad i = n+1, n+2, \ldots, k_n \neq 0,$$

gleich

$$k_0 + k_1 x + k_2 x^2 + \cdots + k_n x^n.$$

Es heißt n der Grad dieses Polynoms.

Es ist $\mathfrak{K}[x]$ ein Integritätsbereich, wenn $\mathfrak{K}$ ein Integritätsbereich ist. Dabei heißt ein Ring $\mathfrak{K}$ ein *Integritätsbereich*, wenn er kommutativ ist und wenn aus $ab = 0$ mit $a, b \in \mathfrak{R}$ stets $0 \in \{a, b\}$ folgt[34].

2. Kettenverwandtschaften

Unter einer *Kettenverwandtschaft* σ von $\Sigma(\mathfrak{K}, \mathfrak{L})$ verstehen wir eine eineindeutige Abbildung σ der Menge $\mathbf{P}$ der Punkte von $\Sigma(\mathfrak{K}, \mathfrak{L})$ auf sich so, daß zu jeder Kette $\mathbf{k}$ auch $\mathbf{k}^\sigma$ und $\mathbf{k}^{\sigma^{-1}}$ Ketten sind. Hintereinanderschaltung als Verknüpfung genommen, bildet die Menge der Kettenverwandtschaften von $\Sigma(\mathfrak{K}, \mathfrak{L})$ eine Gruppe $\mathrm{M}(\mathfrak{K}, \mathfrak{L})$, die sogenannte *Automorphismengruppe* von $\Sigma(\mathfrak{K}, \mathfrak{L})$.

Satz 2.1. a) *$\Gamma(\mathfrak{L})$ ist eine Untergruppe von $\mathrm{M}(\mathfrak{K}, \mathfrak{L})$.*

b) *Ist $\sigma \in \mathrm{M}(\mathfrak{K}, \mathfrak{L})$, sind P, Q parallele Punkte, so gilt auch $P^\sigma \parallel Q^\sigma$ und $P^{\sigma^{-1}} \parallel Q^{\sigma^{-1}}$.*

Beweis. Die Aussage a) folgt unmittelbar aus der Definition des Begriffes der Kette.

---

[33] Dies ist eine isomorphe Einbettung von $\mathfrak{K}$ in $\mathfrak{K}[x]$, weshalb $\mathfrak{K}$ als Unterring von $\mathfrak{K}[x]$ betrachtet werden kann.

[34] Ein Integritätsbereich ist also ein kommutativer und nullteilerfreier Ring.

Zu b): Wäre $P^\sigma \nparallel Q^\sigma$, so gäbe es nach Satz 1.1a eine Kette $\mathbf{k} \ni P^\sigma, Q^\sigma$. Dann enthielte die Kette $\mathbf{k}^{\sigma^{-1}}$ die Punkte P, Q, was nach Satz 1.1b) $P \nparallel Q$ bedeutete, da $P \neq Q$ ist wegen $P^\sigma \nparallel Q^\sigma$. Da σ^{-1} auch zu $\mathbb{M}(\mathfrak{K}, \mathfrak{L})$ gehört, so folgt $P^{\sigma^{-1}} \parallel Q^{\sigma^{-1}}$ aus $P \parallel Q$ nach dem eben Bewiesenen. ▯

Nach Satz 1.1 geht durch drei paarweise nicht parallele Punkte genau eine Kette. Wir wollen eine explizite Darstellung für die Kette durch A, B, C geben:

Satz 2.2. a) *Sind A, B, C paarweise nicht parallele Punkte, so gilt*

$$(ABC) = \{A\} \cup \left\{X \nparallel A\,,\ \begin{bmatrix} A & B \\ X & C \end{bmatrix} \in \mathfrak{K}\right\}.$$

b) *Sind A, B, C paarweise nicht parallele Punkte und ist $Q \nparallel C$ ein Punkt mit $\begin{bmatrix} A & Q \\ B & C \end{bmatrix} \in \mathfrak{K}$, so liegt das Quadrupel A, B, C, Q konzyklisch. Es sind also insbesondere A, B, C, Q paarweise nicht parallel, wenn sie verschieden sind.*

Beweis. a) Es stelle $\mathbf{p}^\gamma$, $\gamma \in \Gamma(\mathfrak{L})$, die Kette durch A, B, C dar. Wir können — sei wieder $W = \mathfrak{R}(1, 0)$, $U = \mathfrak{R}(0, 1)$, $V = \mathfrak{R}(1, 1)$ gesetzt — $W^\gamma = A$, $U^\gamma = B$, $V^\gamma = C$ annehmen. Für einen von A verschiedenen Punkt X der Kette $\mathbf{p}^\gamma$ muß $X^{\gamma^{-1}} \neq A^{\gamma^{-1}} = W$, $X^{\gamma^{-1}} \in \mathbf{p}$ gelten. $X^{\gamma^{-1}}$ kann daher in der Form $\mathfrak{R}(x, 1)$, $x \in \mathfrak{K}$, aufgeschrieben werden. Nach Satz 1.1b gilt ferner $X \nparallel A$. Damit ist $\begin{bmatrix} A & B \\ X & C \end{bmatrix}$ erklärt und nach Satz 4.2a von § 1 gilt

$$\begin{bmatrix} A & B \\ X & C \end{bmatrix} = \begin{bmatrix} W & U \\ X^{\gamma^{-1}} & V \end{bmatrix} = x \in \mathfrak{K}\,.$$

Ist umgekehrt $X \nparallel A$ ein Punkt mit $\begin{bmatrix} A & B \\ X & C \end{bmatrix} \in \mathfrak{K}$, so gilt

$$\mathfrak{K} \ni \begin{bmatrix} A & B \\ X & C \end{bmatrix} = \begin{bmatrix} W & U \\ X^{\gamma^{-1}} & V \end{bmatrix}, \quad \text{d.h.} \quad X^{\gamma^{-1}} \in \mathbf{p},$$

d.h. $X \in \mathbf{p}^\gamma = (ABC)$.

Zu b) Das Doppelverhältnis $\begin{bmatrix} A & Q \\ B & C \end{bmatrix}$ ist erklärt wegen $Q \nparallel C$ und $A \nparallel B$. Nach Satz 4.1a und Satz 4.2b des § 1 liegt mit $\begin{bmatrix} A & Q \\ B & C \end{bmatrix}$ auch

$$\begin{bmatrix} C & A \\ Q & B \end{bmatrix} = \begin{bmatrix} A & C \\ B & Q \end{bmatrix} = 1 - \begin{bmatrix} A & Q \\ B & C \end{bmatrix} \text{ in } \mathfrak{K}\,.$$

Q liegt somit wegen des schon bewiesenen Teiles a) in (CAB). Im Falle $Q \notin \{A, B, C\}$ liegen vier verschiedene Punkte der Kette (ABC) vor, die nach Satz 1.1b paarweise nicht parallel sind. ▯

Satz 2.3. *Es sei τ ein Automorphismus von $\mathfrak{L}$ mit $\mathfrak{K}^\tau = \mathfrak{K}$. Definieren wir die Abbildung*

$$\varrho: \mathfrak{R}(x_1, x_2) \to \mathfrak{R}(x_1^\tau, x_2^\tau), \tag{2.1}$$

so liegt eine Kettenverwandtschaft von $\Sigma(\mathfrak{K}, \mathfrak{L})$ vor.

Beweis. Es gilt $\mathfrak{R}^\tau = \mathfrak{R}$. Ist nämlich $r \in \mathfrak{R}$, d.h. gibt es ein $s \in \mathfrak{L}$ mit $rs = 1$, so folgt $r^\tau s^\tau = 1$, d.h. $r^\tau \in \mathfrak{R}$. Also gilt $\mathfrak{R}^\tau \subseteq \mathfrak{R}$. Da τ^{-1} ebenfalls ein Automorphismus von $\mathfrak{L}$ ist, haben wir auch $\mathfrak{R}^{\tau^{-1}} \subseteq \mathfrak{R}$, d.h. $\mathfrak{R} \subseteq \mathfrak{R}^\tau$. Mit der Bemerkung $\mathfrak{R}^\tau = \mathfrak{R}$ wissen wir zunächst, daß (2.1) in eindeutiger Weise, jedem $P \in \mathbf{P}$ wieder einen Punkt zuordnet. Denn (sei $r \in \mathfrak{R}$) es gilt $[\mathfrak{R}(rx_1, rx_2)]^\varrho = \mathfrak{R}((rx_1)^\tau, (rx_2)^\tau) = \mathfrak{R}(x_1^\tau, x_2^\tau)$. Aus Lemma 1.1c von § 1, folgt zudem, daß mit $\mathfrak{R}(x_1, x_2)$ auch $\mathfrak{R}(x_1^\tau, x_2^\tau)$ ein Punkt ist. Weiterhin ist die Abbildung (2.1) eineindeutig: Wäre $\mathfrak{R}(x_1, x_2) \neq \mathfrak{R}(y_1, y_2)$, aber $\mathfrak{R}(x_1^\tau, x_2^\tau) = \mathfrak{R}(y_1^\tau, y_2^\tau)$, so hätten wir mit einem $r \in \mathfrak{R}$ jedenfalls

$$x_i^\tau = r y_i^\tau, \quad i = 1, 2,$$

d.h. $x_i = (r^{\tau^{-1}})\, y_i$, $i = 1, 2$, d.h. doch $\mathfrak{R}(x_1, x_2) = \mathfrak{R}(y_1, y_2)$. Schließlich gibt es zu dem Punkt $\mathfrak{R}(z_1, z_2)$ ein Urbild, nämlich $\mathfrak{R}(z_1^{\tau^{-1}}, z_2^{\tau^{-1}})$.

Sei nun die Kette $\mathbf{p}^\gamma$, $\gamma \in \Gamma(\mathfrak{L})$, gegeben, wo

$$\gamma: \mathfrak{R}(x_1, x_2) \to \mathfrak{R}(x_1, x_2)\,\mathfrak{A}, \quad \mathfrak{A} = \begin{pmatrix} a_{11} & a_{12} \\ a_{21} & a_{22} \end{pmatrix},$$

ist. Dann gilt

$$\mathbf{p}^\gamma = \{\mathfrak{R}(k_1 a_{11} + k_2 a_{21}, k_1 a_{12} + k_2 a_{22}) \mid \mathfrak{R}(k_1, k_2) \in \mathbf{p}\}.$$

Wegen $\mathfrak{K}^\tau = \mathfrak{K}$ ist dann $(\mathbf{p}^\gamma)^\varrho = \mathbf{p}^\sigma$, wo σ die Matrix $\begin{pmatrix} a_{11}^\tau & a_{12}^\tau \\ a_{21}^\tau & a_{22}^\tau \end{pmatrix}$ ist, deren Determinante den Wert $|\mathfrak{A}|^\tau$ hat. Also ist $(\mathbf{p}^\gamma)^\varrho$ ebenfalls eine Kette. Dieselbe Betrachtung für den Automorphismus τ^{-1} durchgeführt, sieht man, daß auch $(\mathbf{p}^\gamma)^{\varrho^{-1}}$ eine Kette ist. Der letzte Teil unseres Beweises, der sich auf Ketten bezieht, hätte auch leicht über Satz 2.2a erschlossen werden können. ▯

Als Korollar zu den Sätzen 2.1a, 2.3 folgt

Satz 2.4. *Ist τ ein Automorphismus von $\mathfrak{L}$ mit $\mathfrak{K}^\tau = \mathfrak{K}$, ist $\mathfrak{A} \in \mathrm{GL}(2, \mathfrak{L})$, so stellt auch*

$$\mathfrak{R}(x_1, x_2) \to \mathfrak{R}(x_1^\tau, x_2^\tau)\,\mathfrak{A}$$

eine Kettenverwandtschaft von $\Sigma(\mathfrak{K}, \mathfrak{L})$ dar.

Es kann in einer Kettengeometrie $\Sigma(\mathfrak{K}, \mathfrak{L})$ durchaus noch Kettenverwandtschaften geben, die nicht von der in Satz 2.4 angegebenen Gestalt sind. Beispielsweise ist bei der Kettengeometrie

$$\Sigma(\mathrm{GF}(2), \mathrm{GF}(8)) \text{ jede Permutation von } \mathbb{P}(\mathrm{GF}(8))$$

eine Kettenverwandtschaft. Also gibt es hier 9! Kettenverwandtschaften. Hingegen gibt es bei diesem Beispiel, wie eine grobe Abschätzung zeigt, höchstens $3 \cdot 8^4 < 9!$ Abbildungen der in Satz 2.4 angegebenen Gestalt: Einmal besitzt GF(8) genau drei Automorphismen, nämlich $a \to a$, $a \to a^2$, $a \to a^4$. Zum anderen gibt es 8^4 Matrizen $\begin{pmatrix} a_{11} & a_{12} \\ a_{21} & a_{22} \end{pmatrix}$ mit $a_{ij} \in \mathrm{GF}(8)$, da GF(8) genau 8 Elemente enthält. Dabei sind sogar noch die nicht regulären Matrizen mitgezählt, auch wurde nicht berücksichtigt, daß verschiedene Matrizen zur gleichen $\Gamma(\mathrm{GF}(8))$-Abbildung führen können[35].

Eine wichtige Aufgabe wird es später sein, Klassen von Kettengeometrien $\Sigma(\mathfrak{K}, \mathfrak{L})$ anzugeben, wo jede Kettenverwandtschaft von der in Satz 2.4 angegebenen Gestalt ist.

Für die Kettengeometrie $\Sigma(\mathfrak{K}, \mathfrak{L})$ bezeichne $\mathscr{A}(\mathfrak{L}, \mathfrak{K})$ die Gruppe derjenigen Automorphismen τ des Ringes $\mathfrak{L}$, für die $\mathfrak{K}^\tau = \mathfrak{K}$ gilt. Wir halten fest

Satz 2.5. *Die Gesamtheit der in Satz 2.4 angegebenen Kettenverwandtschaften von* $\Sigma(\mathfrak{K}, \mathfrak{L})$

$$\mathfrak{R}(x_1, x_2) \to \mathfrak{R}(x_1^\tau, x_2^\tau)\,\mathfrak{A}$$

bildet eine Untergruppe der Gruppe $\mathbb{M}(\mathfrak{K}, \mathfrak{L})$. *Diese Untergruppe* $\mathbb{M}_0(\mathfrak{K}, \mathfrak{L})$ *läßt sich als treues Produkt der Gruppen* $\mathscr{A}(\mathfrak{L}, \mathfrak{K})$, $\Gamma(\mathfrak{L})$ *schreiben, wenn wir dabei die Elemente von* $\mathscr{A}(\mathfrak{L}, \mathfrak{K})$ *mit den nach* (2.1) *definierten zugehörigen Kettenverwandtschaften identifizieren,*

$$\mathbb{M}_0(\mathfrak{K}, \mathfrak{L}) = \mathscr{A}(\mathfrak{L}, \mathfrak{K}) \cdot \Gamma(\mathfrak{L})^{36}.$$

Beweis. Haben wir Abbildungen

$$\alpha\colon X \to X^{\tau\gamma},$$

$$\beta\colon X \to X^{\tau'\gamma'},$$

mit $\tau, \tau' \in \mathscr{A}(\mathfrak{L}, \mathfrak{K})$, $\gamma, \gamma' \in \Gamma(\mathfrak{L})$, so ist

$$\alpha\beta\colon X \to (X^{\tau\gamma})^{\tau'\gamma'} = (X^{\tau\tau'})^{\gamma(\tau')\gamma'},$$

---

[35] Mit Satz 3.1 von § 1 läßt sich zeigen, daß es genau $3 \cdot 7 \cdot 8 \cdot 9$ Abbildungen der in Satz 2.4 angegebenen Gestalt für $\Sigma(\mathrm{GF}(2), \mathrm{GF}(8))$ gibt.

[36] Sind $\mathbf{g}$, $\mathbf{h}$ Untergruppen der Gruppe $\mathbf{N}$, so bezeichne $\mathbf{g} \cdot \mathbf{h}$ die Menge aller Elemente $g \cdot h$ mit $g \in \mathbf{g}$ und $h \in \mathbf{h}$. Dabei heiße $\mathbf{g} \cdot \mathbf{h}$ *treu*, wenn aus $g_1 \cdot h_1 = g_2 \cdot h_2$ die Relationen $g_1 = g_2$ und $h_1 = h_2$ folgen.

wo die zu $\gamma(\tau')$ gehörende Matrix die Gestalt

$$\begin{pmatrix} a_{11}^{\tau'} & a_{12}^{\tau'} \\ a_{21}^{\tau'} & a_{22}^{\tau'} \end{pmatrix}$$

hat, wenn $\begin{pmatrix} a_{11} & a_{12} \\ a_{21} & a_{22} \end{pmatrix}$ zu γ gehörte. Weiterhin ist

$$\alpha^{-1}\colon X \to (X^{\tau^{-1}})^{[\gamma(\tau^{-1})]^{-1}}.$$

Gilt schließlich $\tau_1\gamma_1 = \tau_2\gamma_2$, so muß $\varepsilon := \tau_2^{-1}\tau_1 = \gamma_2\gamma_1^{-1}$ in $\mathscr{A}(\mathfrak{L}, \mathfrak{K}) \cap \Gamma(\mathfrak{L})$ liegen. Da ε die drei paarweise nicht parallelen Punkte $\mathfrak{R}(1, 0)$, $\mathfrak{R}(0, 1)$ und $\mathfrak{R}(1, 1)$ festläßt, muß es wegen Satz 3.1 von § 1 mit der Identität übereinstimmen, was auf $\tau_1 = \tau_2$ und $\gamma_1 = \gamma_2$ führt. ▯

Die Kettengeometrien $\Sigma(\mathfrak{K}, \mathfrak{L})$, $\Sigma'(\mathfrak{K}', \mathfrak{L}')$ heißen *isomorph*, in Zeichen

$$\Sigma(\mathfrak{K}, \mathfrak{L}) \cong \Sigma'(\mathfrak{K}', \mathfrak{L}'),$$

wenn es eine eineindeutige Abbildung σ der Menge $\mathbf{P}$ der Puntke von $\Sigma(\mathfrak{K}, \mathfrak{L})$ auf die Menge $\mathbf{P}'$ der Punkte von $\Sigma'(\mathfrak{K}', \mathfrak{L}')$ gibt so, daß zu jeder Kette $\mathbf{k}$ aus Σ auch $\mathbf{k}^\sigma$ eine Kette von Σ' und zu jeder Kette $\mathbf{k}'$ aus Σ' auch $(\mathbf{k}')^{\sigma^{-1}}$ eine Kette aus Σ ist. (Es heißt dann σ auch eine isomorphe Abbildung von Σ auf Σ'. Die isomorphen Abbildungen von Σ auf Σ sind dann also genau die Kettenverwandtschaften.) — Die definierte Isomorphierelation ist reflexiv, symmetrisch und transitiv. Mutatis mutandis zu Satz 2.1b hat man

Satz 2.6. *Sei $\sigma\colon \Sigma \to \Sigma'$ eine isomorphe Abbildung der Kettengeometrie $\Sigma(\mathfrak{K}, \mathfrak{L})$ auf die Kettengeometrie $\Sigma'(\mathfrak{K}', \mathfrak{L}')$. Sind P, Q parallele Punkte aus Σ, so gilt auch $P^\sigma \parallel Q^\sigma$ in Σ'. Sind P', Q' parallele Punkte aus Σ', so gilt auch $(P')^{\sigma^{-1}} \parallel (Q')^{\sigma^{-1}}$.*

3. Die zu $\Sigma(\mathfrak{K}, \mathfrak{L})$ gehörende affine Geometrie $\mathbb{A}(\mathfrak{K}, \mathfrak{L})$

Genau die Elemente des Ringes $\mathfrak{L}$ wollen wir *affine Punkte* nennen, oder auch kurz nur Punkte, wenn keine Verwechslungen zu befürchten sind. Es seien nun in diesem Sinne P, Q Punkte mit $P \neq Q$[37]. Dann heiße

$$(P, Q) \equiv \{\alpha P + (1 - \alpha) Q \mid \alpha \in \mathfrak{K}\} \tag{3.1}$$

eine Gerade. Geometrische Sprechweisen verwendend, haben wir

Lemma 3.1. *Durch zwei verschiedene Punkte geht genau eine Gerade.*

---

[37] Zwei affine Punkte sollen genau dann gleich heißen, wenn sie als Elemente von $\mathfrak{L}$ übereinstimmen.

Beweis. Sei $P \neq Q$. Dann gilt $P, Q \in (P, Q)$. Gilt nun noch $P, Q \in (A, B)$ wo A, B verschiedene Punkte sind, so haben wir mit geeigneten $\alpha, \beta \in \mathfrak{K}$

$$\left\{\begin{array}{l} P = \alpha A + (1-\alpha)\,B, \\ Q = \beta A + (1-\beta)\,B. \end{array}\right. \tag{3.2}$$

Hieraus folgt für jedes $\gamma \in \mathfrak{K}$ jedenfalls

$$\gamma P + (1-\gamma)\,Q = [\gamma\alpha + (1-\gamma)\,\beta]\,A + [\gamma(1-\alpha) + (1-\gamma)\,(1-\beta)]\,B,$$

d.h. $(P, Q) \subseteq (A, B)$ wegen

$$[\gamma\alpha + (1-\gamma)\,\beta] + [\gamma(1-\alpha) + (1-\gamma)\,(1-\beta)] = 1.$$

Da in (3.2) $\alpha \neq \beta$ ist wegen $P \neq Q$, so folgt aus (3.2)

$$\left\{\begin{array}{l} A = \dfrac{1-\beta}{\alpha-\beta}\,P + \dfrac{\alpha-1}{\alpha-\beta}\,Q, \\[2ex] B = -\dfrac{\beta}{\alpha-\beta}\,P + \dfrac{\alpha}{\alpha-\beta}\,Q, \end{array}\right. \tag{3.3}$$

d.h. $A, B \in (P, Q)$, d.h. $(A, B) \subseteq (P, Q)$. Damit gilt insgesamt

$$(P, Q) = (A, B). \quad \square$$

Die Geraden (A, B), (C, D) heißen *parallel*, wenn es ein $\alpha \in \mathfrak{K}$ gibt mit

$$D - C = \alpha(B - A).$$

Diese Definition ist unabhängig von der speziellen Darstellung der Geraden (A, B) bzw. (C, D):

Gilt $(A', B') = (A, B)$, so gibt es Zahlen $\alpha', \beta' \in \mathfrak{K}$, $\alpha' \neq \beta'$, mit $A' = \alpha' A + (1-\alpha')\,B$, $B' = \beta' A + (1-\beta')\,B$ bzw.

$$B' - A' = (\alpha' - \beta')\,(B - A).$$

Analog erhält man im Fall $(C', D') = (C, D)$ die Beziehung

$$(D' - C') = (\gamma' - \delta')\,(D - C),$$

was auf $D' - C' = (\gamma' - \delta')\,\alpha(\alpha' - \beta')^{-1}\,(B' - A')$ führt.

Gilt $D - C = \alpha(B - A)$, so ist $\alpha \neq 0$ wegen $C \neq D$ und wir erhalten

$$B - A = \alpha^{-1}(D - C).$$

Damit ist die Parallelitätsrelation $\|$ auf der Menge der Geraden eine symmetrische Relation. Sie ist offenbar auch reflexiv und transitiv. Es gilt

Lemma 3.2 (*Euklidisches Parallelenaxiom*). *Ist (A, B) eine Gerade, ist P ein Punkt, so gibt es genau eine Gerade* **g** *durch P, die zu (A, B) parallel ist.*

Beweis. Es gilt $P \neq P + (B - A)$ und $(P, P + B - A) \parallel (A, B)$. Ist andererseits (P, X) eine beliebige zu (A, B) parallele Gerade durch P, so gilt also $X - P = \alpha(B - A)$, d.h.

$$X = (1 - \alpha)\, P + \alpha(P + B + A),$$

d.h. $X \in (P, P + B - A)$, was wegen Lemma 3.1 auf

$$(P, X) = (P, P + B - A)$$

zu schließen gestattet. ▯

Wie in § 2, Abschnitt 1 ausgeführt wurde, kann $\mathfrak{L}$ als Vektorraum über $\mathfrak{K}$ betrachtet werden. Die bisher definierten Begriffe Punkt, Gerade, Parallelität von Geraden sind dann genau die entsprechenden Begriffe der affinen Geometrie $\mathbb{A}(\mathfrak{K}, \mathfrak{L})$ des Vektorraumes $\mathfrak{L}$ über $\mathfrak{K}$.

Später werden wir noch den Begriff der Ebene in $\mathbb{A}(\mathfrak{K}, \mathfrak{L})$ benötigen. Dazu seien P, Q, R verschiedene Punkte, die nicht kollinear sind, d.h. nicht gemeinsam einer Geraden angehören. Dann ist

$$\{P + \lambda(Q - P) + \mu(R - P) \mid \lambda, \mu \in \mathfrak{K}\}$$

eine *Ebene*. Wir verzichten auf die Angabe üblicher Eigenschaften von Ebenen.

Nicht ein Begriff der affinen Geometrie eines Vektorraumes über $\mathfrak{K}$ ist die nun folgende Definition der Parallelität von Punkten: Die Punkte P, Q heißen *parallel*, in Zeichen $P \parallel Q$, wenn $Q - P \notin \mathfrak{N}$ gilt. Diese Relation ist reflexiv und symmetrisch. Sie ist, wie man leicht nachprüft, transitiv genau dann, wenn $\mathfrak{L}$ ein lokaler Ring ist. Sie stimmt schließlich mit der Gleichheitsrelation überein genau dann, wenn $\mathfrak{L}$ ein Körper ist.

Lemma 3.3. *Sei* $\mathbf{g}$ *eine Gerade. Dann sind die folgenden Aussagen gleichwertig*

a) *Es gibt Punkte* $P, Q \in \mathbf{g}$ *mit* $P \neq Q$ *und* $P \parallel Q$.
b) *Für jedes Punktepaar* $A, B \in \mathbf{g}$ *gilt* $A \parallel B$.

Beweis. Aus b) folgt gewiß a), da ja jede Gerade wenigstens zwei verschiedene Punkte enthält.

Aus a) folgt b): Seien A, B Punkte auf $\mathbf{g} = (P, Q)$. Dann gilt mit geeigneten Elementen $\alpha, \beta \in \mathfrak{K}$

$$A = \alpha P + (1 - \alpha)\, Q,$$

$$B = \beta P + (1 - \beta)\, Q.$$

Hiermit folgt aber

$$B - A = (\alpha - \beta)\,(Q - P) \notin \mathfrak{N}.$$ ▯

Eine Gerade, die zwei verschiedene Punkte P, Q mit $P \parallel Q$ enthält, wollen wir eine *singuläre Gerade* nennen, die anderen Geraden *reguläre Geraden*. Sind also P, Q verschiedene Punkte auf einer regulären Geraden, so gilt $P \nparallel Q$, und besitzt umgekehrt eine Gerade ein solches Punktepaar, so muß sie regulär sein nach Lemma 3.3. Parallele Geraden sind nach Lemma 3.3 beide regulär oder beide singulär.

Betrachten wir nun die Kettengeometrie $\Sigma(\mathfrak{K}, \mathfrak{L})$. Sei M ein fester Punkt aus der Menge $\mathbf{P}$ der Punkte von $\Sigma(\mathfrak{K}, \mathfrak{L})$. Ein beliebiger Punkt $P \in \mathbf{P}$ heiße nun *eigentlich* (bzw. *uneigentlich*) bezüglich M, wenn $P \nparallel M$, (bzw. $P \parallel M$) gilt. Zur leichteren formelmäßigen Behandlung nehmen wir für M den Punkt $W = \mathfrak{R}(1, 0)$. Statt eigentlich bezüglich W wollen wir nur kurz eigentlich sagen. Der Punkt $X = \mathfrak{R}(x_1, x_2)$ ist eigentlich genau dann, wenn $x_2 \in \mathfrak{R}$ gilt: Denn $X \nparallel W$ ist gleichwertig mit

$$\begin{vmatrix} 1 & 0 \\ x_1 & x_2 \end{vmatrix} \in \mathfrak{R}, \text{ d.h. mit } x_2 \in \mathfrak{R}.$$

Für einen eigentlichen Punkt $\mathfrak{R}(x_1, x_2)$ ist also

$$\mathfrak{R}(x_1, x_2) = \mathfrak{R}\left(x = \frac{x_1}{x_2}, 1\right)$$

zu schreiben möglich. Er ist eindeutig durch $x = \frac{x_1}{x_2}$ gegeben. Damit haben wir eine eineindeutige Beziehung σ der Menge der eigentlichen Punkte von $\Sigma(\mathfrak{K}, \mathfrak{L})$ auf die Menge der affinen Punkte,

$$\sigma: \mathfrak{R}(x_1, x_2) \to \frac{x_1}{x_2} \in \mathfrak{L},$$

wobei wir beachten, daß zu $l \in \mathfrak{L}$ ein Urbild, nämlich $\mathfrak{R}(l, 1)$ existiert, das tatsächlich eigentlich ist. Wir identifizieren den eigentlichen Punkt P mit dem affinen Punkt P^{σ}.

Satz 3.1. *Ist* $\mathbf{k}$ *eine Kette durch* W, *so ist* $\mathbf{k} - \{W\}$ *eine reguläre Gerade. Ist umgekehrt* $\mathbf{g}$ *eine reguläre Gerade, so ist* $\mathbf{g} \cup \{W\}$ *eine Kette durch* W.

Beweis. Ist $\mathbf{k}$ eine Kette durch W, so gilt für einen beliebigen Punkt $P \in \mathbf{k}$, der von W verschieden ist, nach Satz 1.1b jedenfalls $P \nparallel W$. Damit enthält $\mathbf{k}$ abgesehen von W nur eigentliche Punkte. Sind P, Q, W (nach Satz 1.1c vorhandene) verschiedene Punkte[38] auf $\mathbf{k}$, so gilt nach Satz 2.2a für $X \in \mathbf{k} - \{W\}$

$$\mathfrak{K} \ni \begin{bmatrix} W & P \\ X & Q \end{bmatrix} = \frac{P - X}{P - Q}, \quad \text{d.h.} \quad X \in (P, Q).$$

[38] Wir denken uns P, Q schon als Elemente von $\mathfrak{L}$ geschrieben, $P = \mathfrak{R}(P, 1)$. Dabei bezeichnet P auf der linken Seite den Punkt, und P auf der rechten Seite das zugeordnete Element aus $\mathfrak{L}$.

Dabei beachten wir $P - Q \in \mathfrak{R}$, da $P \nparallel Q$ in $\Sigma(\mathfrak{K}, \mathfrak{L})$ gilt, und damit auch in $\mathrm{A}(\mathfrak{K}, \mathfrak{L})$, da P, Q eigentlich sind. Ist auf der anderen Seite $X \in (P, Q)$, so gilt

$$\mathfrak{K} \ni \frac{P - X}{P - Q} = \begin{bmatrix} W & P \\ X & Q \end{bmatrix}, \quad \text{d.h.} \quad X \in \mathbf{k} - \{W\}.$$

Die Gerade (P, Q) ist dabei wegen $P \nparallel Q$ regulär. — Gegeben sei jetzt umgekehrt eine reguläre Gerade (A, B). Also ist $A \nparallel B$ und weiterhin $A \nparallel W \nparallel B$, da A, B eigentlich sind. Nun ist (WAB) eine Kette durch W, für die nach dem vorher Bewiesenen

$$(WAB) - \{W\} = (A, B)$$

gilt. ▯

In bezug auf $\mathrm{A}(\mathfrak{K}, \mathfrak{L})$ beweisen wir noch

Satz 3.2. *Es stellt*

$$z \to w = az + b, \quad a \in \mathfrak{R}, \quad b \in \mathfrak{L}, \tag{3.4}$$

eine eineindeutige Abbildung der Menge der Punkte von $\mathrm{A}(\mathfrak{K}, \mathfrak{L})$ *auf sich dar, die zwei parallele Punkte in zwei parallele Punkte, nichtparallele in nichtparallele, überführt. Weiterhin überführt sie Geraden in Geraden, reguläre in reguläre, singuläre in singuläre. Zwei parallele Geraden gehen in zwei parallele Geraden über, nichtparallele in nichtparallele. Die Menge der Abbildungen* (3.4) *bildet eine Gruppe, Hintereinanderschaltung als Verknüpfung genommen.*

Beweis. Die Abbildung (3.4) ist die Beschränkung auf die Menge $\mathbf{E}$ der eigentlichen Punkte der Abbildung $\gamma \in \Gamma(\mathfrak{L})$

$$\gamma: \mathfrak{R}(x_1', x_2') = \mathfrak{R}(x_1, x_2) \begin{pmatrix} a & 0 \\ b & 1 \end{pmatrix}.$$

Diese Abbildung γ läßt W fest. Da aus $P \nparallel W$ nach Satz 2.1 von § 1 auch $P^\gamma \nparallel W^\gamma = W$ folgt, und ebenfalls auch $P^{\gamma^{-1}} \nparallel W$, so ist $\gamma \mid \mathbf{E}$ eine eineindeutige Abbildung von $\mathbf{E}$ auf sich, die zwei parallele Punkte aus $\mathbf{E}$ in zwei parallele, nichtparallele in nichtparallele, überführt. Da γ eine Kettenverwandtschaft ist, bildet $\gamma \mid \mathbf{E}$ reguläre Geraden in reguläre Geraden ab. Daß die Menge der Abbildungen (3.4) eine Gruppe bildet, liegt auf der Hand. Die Gerade (P, Q), $P \neq Q$, geht in die Gerade

$$(aP + b, aQ + b)$$

über. Damit gehen singuläre Geraden in singuläre Geraden über. Ist $(A, B) \parallel (C, D)$, d.h. $B - A = \alpha(D - C)$ mit einem $\alpha \in \mathfrak{K}$, so gilt

$$(aB + b) - (aA + b) = a(B - A) = \alpha a(D - C) = \alpha[(aD + b) - (aC + b)].$$

Also folgt

$$(aA + b, aB + b) \parallel (aC + b, aD + b).$$

Gilt $(A, B) \nparallel (C, D)$, so sind die Bildgeraden ebenfalls nicht parallel, da wir sonst — die Bildgeraden der Umkehrabbildung von (3.4) unterwerfend — auf $(A, B) \parallel (C, D)$ schließen könnten nach dem vorweg Bewiesenen. ▯

Wir schauen uns noch die klassischen Fälle $\mathfrak{K} = \mathbb{R}$, $\mathfrak{L} =$ bzw. $\mathbb{C}$, $\mathbb{D}$, $\mathbb{A}$ an. In allen drei Fällen ist $\mathbb{A}(\mathfrak{K}, \mathfrak{L})$ die reelle affine Ebene. Für $\mathfrak{L} = \mathbb{C}$ gibt es keine singuläre Gerade. Im Falle $\mathfrak{L} = \mathbb{D}$ gibt es eine Parallelschar singulärer Geraden, im Falle $\mathfrak{L} = \mathbb{A}$ zwei Parallelscharen (s. Abb. 40).

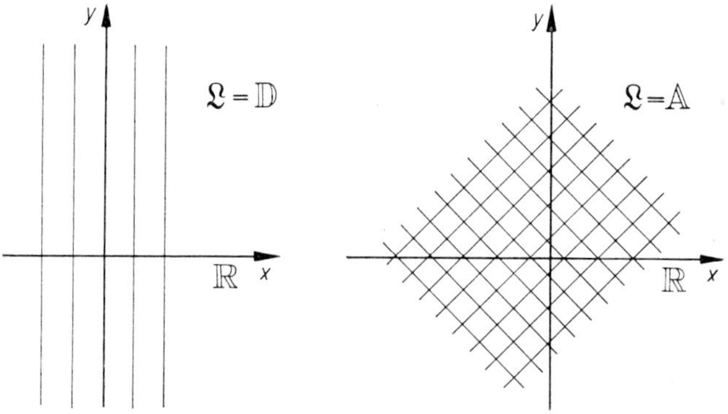

Abb. 40

In einem späteren Kapitel werden wir fünf anschauliche räumliche Kettengeometrien $\Sigma(\mathbb{R}, \mathfrak{L})$ kennenlernen, wo $\mathbb{A}(\mathbb{R}, \mathfrak{L})$ also der dreidimensionale reelle affine Raum ist.

4. Eine Berührrelation. Der Berührsatz. Invarianz der Berührrelation

Es sei, wie in Abschnitt 3, W der Punkt $\mathfrak{R}(1, 0)$. Seien nun $\mathbf{a}$, $\mathbf{b}$ Ketten durch den Punkt P. Wir sagen, daß die Kette $\mathbf{a}$ die Kette $\mathbf{b}$ im Punkt P *berührt*, in Zeichen $\mathbf{a}P\mathbf{b}$, wenn es ein $\gamma \in \Gamma(\mathfrak{L})$ gibt so, daß $P^\gamma = W$ ist, und daß weiterhin die Geraden $\mathbf{a}^\gamma - \{W\}$, $\mathbf{b}^\gamma - \{W\}$ parallel sind[39].

Lemma 4.1. *Gilt* $\mathbf{a}P\mathbf{b}$, *ist* $\delta \in \Gamma(\mathfrak{L})$ *eine Abbildung, die* P *in* W *überführt, so gilt* $\mathbf{a}^\delta - \{W\} \parallel \mathbf{b}^\delta - \{W\}$.

Beweis. Wegen $\mathbf{a}P\mathbf{b}$ gibt es ein $\gamma \in \Gamma(\mathfrak{L})$ mit $P^\gamma = W$ und

$$\mathbf{a}^\gamma - \{W\} \parallel \mathbf{b}^\gamma - \{W\}.$$

[39] Da $\mathbf{a}^\gamma$ eine Kette durch W ist, stellt $\mathbf{a}^\gamma - \{W\}$ nach Satz 3.1 eine Gerade dar.

$\gamma^{-1}\,\delta$ läßt W fest. Ist

$$\gamma^{-1}\,\delta\colon \mathfrak{R}(x_1', x_2') = \mathfrak{R}(x_1, x_2)\begin{pmatrix} a_{11} & a_{12} \\ a_{21} & a_{22} \end{pmatrix},$$

so gilt also $a_{12} = 0$. Wegen

$$a_{11}a_{22} = \begin{vmatrix} a_{11} & 0 \\ a_{21} & a_{22} \end{vmatrix} \in \mathfrak{R}$$

ist $a_{11}, a_{22} \in \mathfrak{R}$[40]. Wir setzen $r := a_{11}a_{22}^{-1}$, $s := a_{21}a_{22}^{-1}$. Dann kann $\gamma^{-1}\,\delta$ auch durch die Matrix $\begin{pmatrix} r & 0 \\ s & 1 \end{pmatrix}$ wiedergegeben werden. Nun überführt (s. Satz 3.2) $\gamma^{-1}\,\delta \mid \mathbf{E}$ zwei parallele Geraden in zwei parallele Geraden. Also folgt aus $\mathbf{a}^\gamma - \{W\} \parallel \mathbf{b}^\gamma - \{W\}$ auch

$$\mathbf{a}^\delta - \{W\} = (\mathbf{a}^\gamma)^{\gamma^{-1}\delta} - \{W\} \parallel (\mathbf{b}^\gamma)^{\gamma^{-1}\delta} - \{W\} = \mathbf{b}^\delta - \{W\}. \quad \square$$

Satz 4.1. *Aus* $\mathbf{a}P\mathbf{b}$, $\mathbf{a} \neq \mathbf{b}$, *folgt* $\mathbf{a} \cap \mathbf{b} = \{P\}$. *Es gilt ferner*

a) *Aus* $P \in \mathbf{a}$ *folgt* $\mathbf{a}P\mathbf{a}$.

b) *Aus* $\mathbf{a}P\mathbf{b}$ *folgt* $\mathbf{b}P\mathbf{a}$.

c) *Aus* $\mathbf{a}P\mathbf{b}$, $\mathbf{b}P\mathbf{c}$ *folgt* $\mathbf{a}P\mathbf{c}$.

d) (*Berührsatz*). *Ist* $\mathbf{k}$ *eine Kette, sind* P, Q *Punkte mit* $P \in \mathbf{k}$, $Q \notin \mathbf{k}$, $P \nparallel Q$, *so gibt es genau eine Kette* $\mathbf{k}'$ *durch* P, Q *mit* $\mathbf{k}'P\mathbf{k}$.

Beweis. Sei γ eine Abbildung aus $\Gamma(\mathfrak{L})$, die P in $W = \mathfrak{R}(1, 0)$ überführt. Ist $\mathbf{k}$ eine Kette durch W, so wollen wir $\mathbf{k}^\gamma - \{W\}$ kurz durch $\mathbf{k}_0$ bezeichnen. Gilt nun $\mathbf{a}P\mathbf{b}$, so ist also $\mathbf{a}_0 \parallel \mathbf{b}_0$ nach Lemma 4.1. Gäbe es einen gemeinsamen Punkt von $\mathbf{a}_0, \mathbf{b}_0$, so wäre auf Grund des euklidischen Parallelenaxioms und der Reflexivität der Parallelitätsrelation für Geraden $\mathbf{a}_0 = \mathbf{b}_0$, d.h. $\mathbf{a} = \mathbf{b}$.

Zu a): Folgt aus $\mathbf{a}_0 \parallel \mathbf{a}_0$.

Zu b): Mit $\mathbf{a}_0 \parallel \mathbf{b}_0$ gilt auch $\mathbf{b}_0 \parallel \mathbf{a}_0$.

Zu c): Folgt aus der Transitivität der Parallelitätsrelation auf der Menge der Geraden.

Zu d): Wegen $P \nparallel Q$ gilt $W = P^\gamma \nparallel Q^\gamma$. Also ist Q^γ ein eigentlicher Punkt. Auf Grund des euklidischen Parallelaxioms gibt es genau eine Gerade $\mathbf{g}$ durch Q^γ, die zu $\mathbf{k}_0$ parallel ist. Nach Lemma 3.3 ist mit $\mathbf{k}_0$ auch $\mathbf{g}$ regulär. Damit ist $\mathbf{k}' = (\mathbf{g} \cup \{W\})^{\gamma^{-1}}$ eindeutig bestimmt als Kette durch P, Q, die $\mathbf{k}$ in P berührt. $\square$

Lemma 4.2. *Gilt* $\mathbf{a}P\mathbf{b}$ *und ist* $\alpha \in \Gamma(\mathfrak{L})$, *so folgt* $\mathbf{a}^\alpha P^\alpha \mathbf{b}^\alpha$.

---

[40] Da es doch ein $s \in \mathfrak{L}$ mit $(a_{11}\,a_{22})\,s = 1$ gibt, so folgt also aus $1 = a_{11}(a_{22}s)$ offenbar $a_{11} \in \mathfrak{R}$.

Beweis. Es gibt also ein $\gamma \in \Gamma(\mathfrak{L})$ mit $P^\gamma = \Re(1, 0) \equiv W$ und $\mathbf{a}^\gamma - \{W\} \parallel \mathbf{b}^\gamma - \{W\}$. Sei $\delta = \alpha^{-1}\gamma$. Dann gilt $(P^\alpha)^\delta = W$ und

$$(\mathbf{a}^\alpha)^\delta - \{W\} = \mathbf{a}^\gamma - \{W\} \parallel \mathbf{b}^\gamma - \{W\} = (\mathbf{b}^\alpha)^\delta - \{W\};$$

also gilt $\mathbf{a}^\alpha P^\alpha \mathbf{b}^\alpha$ wegen $\delta \in \Gamma(\mathfrak{L})$. ▯

Bemerkung. In Kapitel III, § 2, Satz 1.3, zeigen wir, daß die im Satz 4.1 und Lemma 4.2 genannten Eigenschaften einer Berührrelation diese kennzeichnen, sofern nur $|\mathfrak{K}| > 2$ ist.

Der Begriff der Kettenverwandtschaft der Geometrie $\Sigma(\mathfrak{K}, \mathfrak{L})$ beruht allein auf dem Begriff der Inzidenz von Punkt und Kette. Betreibt man Kettengeometrie im Sinne des Erlanger Programms bezüglich der Gruppe aller Kettenverwandtschaften $\mathbb{M}(\mathfrak{K}, \mathfrak{L})$, so kann man sich fragen, ob Parallelitätsbegriff auf der Menge der Punkte, und ob Berührbegriff zu dieser Geometrie gehören. Im Falle der Parallelität haben wir mit Satz 2.1b die Frage schon positiv entschieden, indem wir zeigten, daß für jede Kettenverwandtschaft σ

$$P^\sigma \parallel Q^\sigma$$

eine Folge von

$$P \parallel Q$$

ist. (Da σ^{-1} ebenfalls zu $\mathbb{M}(\mathfrak{K}, \mathfrak{L})$ gehört, sind wir dabei sicher, daß umgekehrt aus

$$P^\sigma \parallel Q^\sigma$$

auch

$$P \parallel Q$$

folgt.) Für diesen Beweis der Tatsache, daß die Parallelitätsrelation

$$\parallel = \{(P, Q) \mid P \parallel Q\}^{41}$$

invariant gegenüber $\mathbb{M}(\mathfrak{K}, \mathfrak{L})$ ist,

$$\parallel^\sigma \equiv \{(P^\sigma, Q^\sigma) \mid P \parallel Q\} = \parallel, \sigma \in \mathbb{M}(\mathfrak{K}, \mathfrak{L}),$$

genügt es auch, die Parallelität allein mit Hilfe der Inzidenz auszudrücken: Denn nach Definition von $\mathbb{M}(\mathfrak{K}, \mathfrak{L})$ ist ja die Inzidenzrelation invariant gegenüber dieser Gruppe, was dann sofort auch die Invarianz der Parallelitätsrelation bedeutet. Rückführung der Parallelität auf die Inzidenz ermöglicht aber Satz 1.1a und b: Sind P, Q verschiedene Punkte, so gilt $P \parallel Q$ genau dann, wenn es keine Kette gibt, die beide Punkte P, Q enthält.

Im Falle des Berührbegriffs liegt die Frage, ob er zur Geometrie $\Sigma(\mathfrak{K}, \mathfrak{L})$ gehört, verwickelter. Nehmen wir die Geometrie $\Sigma(\mathrm{GF}(2), \mathrm{GF}(8))$, so sehen wir leicht, daß hier der Berührbegriff keine invariante Relation

---

[41] Hier bezeichne (P, Q) nicht eine Gerade, sondern lediglich das geordnete Paar der Punkte P, Q.

darstellt: Ist (ABC) eine Kette, ist D ein Punkt $\notin (ABC)$, so gibt es also nach Satz 4.1d genau eine Kette $\mathbf{k}'$ durch C, D, die (ABC) in C berührt. Wir beachten dabei, daß nach Satz 1.1 von § 1 für $\Sigma(\mathrm{GF}(2), \mathrm{GF}(8))$ die Parallelitätsrelation durch die Gleichheitsrelation auf der Menge der Punkte gegeben ist. Sei $\mathbf{k}' = (CDE)$. In unserem Beispiel enthält jede Kette genau 3 Punkte. Da weiterhin insgesamt 9 Punkte vorhanden sind, und zudem jede Permutation dieser 9 Punkte eine Kettenverwandtschaft darstellt, so nehme man eine Kettenverwandtschaft σ mit

$$(A, B, C, D, E)^\sigma = (A, B, C, D, F),$$

wo A, B, C, D, E, F verschiedene Punkte sind. Aus $(ABC)\ C(CDE)$ müßte, wäre die Berührrelation invariant, $(ABC)\ C(CDF)$ folgen. Wegen $(CDE) \neq (CDF)$ gäbe es dann aber wenigstens zwei verschiedene Ketten durch C, D, die (ABC) in C berührten, was dem Berührsatz widerspricht.

Wir wollen nun untersuchen, unter welchen Bedingungen der Berührbegriff invariant gegenüber $\mathbb{M}(\mathfrak{K}, \mathfrak{L})$ ist. Dazu eine Definition: Ein geordnetes 6-tupel paarweise verschiedener Punkte $(A_1, A_2; B_1, B_2; P; F)$ heiße *Käferfigur*, wenn gilt (s. Abb. 41):

1. A_1, A_2, P und B_1, B_2, P sind konzyklisch.
2. $(A_1A_2P) \cap (B_1B_2P) = \{P\}$.
3. A_1, B_1, P, F und A_2, B_2, P, F sind konzyklisch.

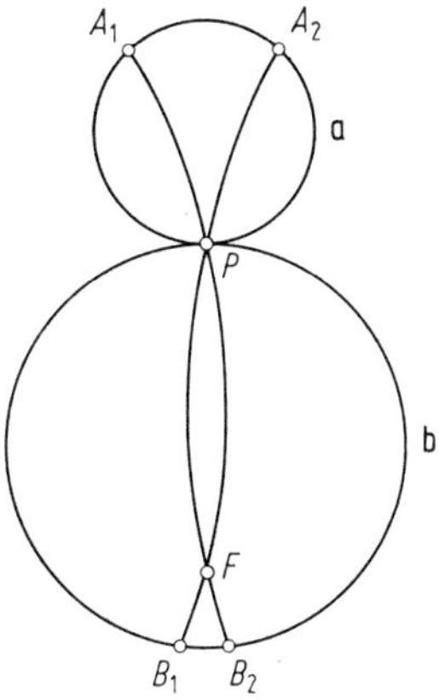

Abb. 41

Satz 4.2. *Ist $(A, A'; B, B'; P; F)$ eine Käferfigur, so gilt*

$$(AA'P)\ P(BB'P).$$

Beweis. Es sei (PAA') mit $\mathbf{a}$ und (PBB') mit $\mathbf{b}$ bezeichnet. Wegen $P, A, A' \in \mathbf{a}$ sind die Punkte P, A, A' paarweise nicht parallel. Sei

$\gamma \in \Gamma(\mathfrak{L})$ die Abbildung mit

$$(P, A, A')^\gamma = (W, U, V),$$

wobei wir wieder die Abkürzungen

$$W = \mathfrak{R}(1, 0), \quad U = \mathfrak{R}(0, 1), \quad V = \mathfrak{R}(1, 1)$$

benutzen. Da $PFAB$, $PFA'B'$ je konzyklisch sind, gilt nach Satz 1.1b $P \nparallel F, A, B, A', B'$. Damit sind die Punkte

$$F^\gamma, A^\gamma, (A')^\gamma, B^\gamma, (B')^\gamma$$

eigentlich. Wir setzen $F^\gamma = \mathfrak{R}(\bar{f}, 1)$, $A^\gamma = \mathfrak{R}(\bar{a}, 1)$ usf.

Der Punkt $(B')^\gamma$ liegt auf der Geraden $(F^\gamma, (A')^\gamma)$. Dies ergibt, wenn man noch $F^\gamma \in (A^\gamma, B^\gamma)$ berücksichtigt,

(1) $$\bar{f} = \lambda \bar{b}, \; \lambda \in \mathfrak{K} - \{0, 1\},$$

(2) $$\bar{b}' = \alpha \bar{f} + (1 - \alpha) = (1 - \alpha) + \alpha \lambda \bar{b}, \; \alpha \in \mathfrak{K} - \{0, 1\}.$$

Wir zeigen $\bar{b}' - \bar{b} \in \mathfrak{K}$, was für die Ketten $\mathbf{a}$, $\mathbf{b}$ auf

$$\mathbf{a}^\gamma - \{W\} \parallel \mathbf{b}^\gamma - \{W\},$$

d.h. auf $\mathbf{a}P\mathbf{b}$ führt. Wäre $\bar{b}' - \bar{b} \in \mathfrak{L} - \mathfrak{K}$, so ergäbe (2) zunächst $\alpha\lambda - 1 \neq 0$, was mit

$$\bar{s} \equiv \frac{\alpha\lambda}{\alpha\lambda - 1}\bar{b} - \frac{1}{\alpha\lambda - 1}\bar{b}' - \frac{\alpha - 1}{\alpha\lambda - 1}$$

doch $S \in (B^\gamma, (B')^\gamma) \cap (A^\gamma, (A')^\gamma)$, $S = \mathfrak{R}(\bar{s}, 1)$, bedeutete. Mit

$$S \in \mathbf{a}^\gamma \cap \mathbf{b}^\gamma = \{W\}$$

ist dies aber ein Widerspruch. ▯

Satz 4.3. *Gegeben sei die Kettengeometrie $\Sigma(\mathfrak{K}, \mathfrak{L})$. Wir setzen voraus*

($\mathbf{R}_2$) *Zu jedem $l \in \mathfrak{L}$ gibt es verschiedene Elemente $\mu_1, \mu_2 \in \mathfrak{K}$ mit $l + \mu_i \in \mathfrak{R}$, $i = 1, 2$.*[42]

Sind dann $\mathbf{a}$, $\mathbf{b}$ verschiedene Ketten durch den Punkt P mit $\mathbf{a}P\mathbf{b}$, so gibt es eine Käferfigur $(A, A'; B, B'; P; F)$ mit $A, A' \in \mathbf{a}$; $B, B' \in \mathbf{b}$.

Beweis. Ohne Beschränkung der Allgemeinheit können wir wegen Lemma 4.2, Satz 3.1 von § 1, Satz 1.1c die spezielle Situation $P = W$, $\mathbf{a} = (WUV)$ annehmen. Da $W \in \mathbf{a} \cap \mathbf{b}$ gilt, ist $X = \mathfrak{R}(x_1, x_2) \in \mathbf{a} \cup \mathbf{b} - \{W\}$ nicht zu W parallel. Für diese Punkte X haben wir also $x_2 \in \mathfrak{R}$, weshalb wir sie in der Form $X = \mathfrak{R}(x, 1)$ zugrunde legen wollen. Wegen

[42] Aus ($\mathbf{R}_2$) kann leicht die Existenz eines $a \in \mathfrak{L} - \mathfrak{K}$ erschlossen werden mit a, $a - 1 \in \mathfrak{R}$. Mit Lemma 1.2 ist also ($\mathbf{R}_1$) eine Folge von ($\mathbf{R}_2$). Das läßt sich auch geometrisch verifizieren.

Lemma 4.1 gilt

$$\mathbf{a} - \{P\} \parallel \mathbf{b} - \{P\}.$$

Sei $\mathfrak{R}(l, 1)$ ein Punkt auf $\mathbf{b} - \mathbf{a}$. Wegen der Voraussetzung $(\mathbf{R}_2)$ gibt es Elemente $\mu_1, \mu_2 \in \mathfrak{K}$ mit $\mu_1 \neq \mu_2$ und $l + \mu_i \in \mathfrak{K}$, $i = 1, 2$. Da $|\mathfrak{K}| > 2$ ist (dies folgt aus $(\mathbf{R}_2)$ angewandt auf $l = 0$), gibt es ein

$$\alpha' \in \mathfrak{K} - \{0, \mu_1 - \mu_2\}.$$

Wir setzen

$$A = \mathfrak{R}(0, 1), \qquad A' = \mathfrak{R}(\alpha', 1),$$

$$B = \mathfrak{R}(l + \mu_1, 1), \quad B' = \mathfrak{R}(l + \mu_2 + \alpha', 1),$$

$$F = \mathfrak{R}\left(\frac{\alpha'}{\mu_1 - \mu_2}(l + \mu_1), 1\right).$$

Wir haben $B \neq B'$, da sonst $\mu_1 - \mu_2 = \alpha'$ wäre. Es ist $B, B' \notin \mathbf{a}$ wegen $l \in \mathfrak{L} - \mathfrak{K}$. Da die eindeutig bestimmte Parallele durch $\mathfrak{R}(l, 1)$ zu $\mathbf{a} - \{P\}$ — diese ist $\mathbf{b} - \{P\}$ — aus den Punkten $\mathfrak{R}(l + k, 1)$, $k \in \mathfrak{K}$, besteht, gilt $B, B' \in \mathbf{b}$. Wegen $\alpha' \neq \mu_1 - \mu_2$ ist $F \notin \mathbf{b}$; aus $\alpha' \neq 0$ folgt $F \notin \mathbf{a}$. Die Punkte A, B sind nicht parallel, ebenso die Punkte A', B': Dies folgt aus $l + \mu_i \in \mathfrak{R}$, $i = 1, 2$.

Schließlich liegen die Quadrupel $PFAB$ und $PFA'B'$ beide konzyklisch, da die regulären Geraden $(A, B) = (PAB) - \{P\}$ und $(A', B') = (PA'B') - \{P\}$ mit $\varrho = \frac{\alpha'}{\mu_1 - \mu_2}$ beide den Punkt

$$(1 - \varrho)\, A + \varrho B = F = (1 - \varrho)\, A' + \varrho B'$$

enthalten. ▯

Im Hinblick auf die Frage nach der Invarianz der Berührrelation ergeben nun die Sätze 4.2, 4.3 den

Satz 4.4. *Gegeben sei die Kettengeometrie $\Sigma(\mathfrak{K}, \mathfrak{L})$, die der Bedingung $(\mathbf{R}_2)$ von Satz 4.3 genüge. Dann impliziert jede der Aussagen*

$$\mathbf{a}P\mathbf{b}, \quad \mathbf{a}^\sigma P^\sigma \mathbf{b}^\sigma$$

die andere für jedes $\sigma \in \mathbb{M}(\mathfrak{K}, \mathfrak{L})$.

Beweis. In der Tat: im Falle $\mathbf{a} = \mathbf{b} \ni P$ ist nichts zu beweisen. Sei $\mathbf{a}P\mathbf{b}$, $\mathbf{a} \cap \mathbf{b} = \{P\}$. Wir nehmen Punkte F, A, A', B, B' gemäß Satz 4.3 her. Die Lage der Punkte $F^\sigma, A^\sigma, (A')^\sigma, B^\sigma, (B')^\sigma$ zeigt dann gemäß Satz 4.2 $\mathbf{a}^\sigma P^\sigma \mathbf{b}^\sigma$. Wegen $\sigma^{-1} \in \mathbb{M}(\mathfrak{K}, \mathfrak{L})$ folgt umgekehrt aus $\mathbf{a}^\sigma P^\sigma \mathbf{b}^\sigma$ auch $\mathbf{a}P\mathbf{b}$. ▯

Schauen wir uns noch etwas genauer die Bedingung $(\mathbf{R}_2)$ von Satz 4.3 an:

Lemma 4.3. *Gegeben sei die Kettengeometrie $\Sigma(\mathfrak{K}, \mathfrak{L})$. Der Ring $\mathfrak{L}$ enthalte höchstens n maximale Ideale*[43]*, n eine natürliche Zahl. Besitzt dann $\mathfrak{K}$ wenigstens $n + 2$ Elemente, so gilt die Bedingung* ($\mathbf{R}_2$).

Beweis. Sei $l \in \mathfrak{L}$. Ist dann $\mathfrak{J}$ ein beliebiges, echt in $\mathfrak{L}$ gelegenes, Ideal, so gibt es höchstens ein $\mu \in \mathfrak{K}$ mit $l + \mu \in \mathfrak{J}$: Aus $l + \mu, l + \mu' \in \mathfrak{J}$, $\mu \neq \mu'$, würde nämlich $\mu - \mu' = (l + \mu) - (l + \mu') \in \mathfrak{J}$ folgen; wegen $\mu, \mu' \in \mathfrak{K}$ wäre aber $\mu - \mu'$ regulär und somit $\mathfrak{J} = \mathfrak{L}$. Es seien

$$\mathfrak{J}_1, \mathfrak{J}_2, \ldots, \mathfrak{J}_\nu, \quad \nu \leq n,$$

die maximalen Ideale von $\mathfrak{L}$. Wegen $|\mathfrak{K}| \geq n + 2$ gibt es also Elemente $l + \mu, l + \mu' \notin \mathfrak{J}_1 \cup \mathfrak{J}_2 \cup \cdots \cup \mathfrak{J}_\nu$, $\mu, \mu' \in \mathfrak{K}$, $\mu \neq \mu'$. Betrachten wir das Ideal $\mathfrak{L}(l + \mu)$, so muß dies gleich $\mathfrak{L}$ sein, also $l + \mu$ regulär sein, da es sonst ein maximales Ideal $\mathfrak{J}_j$ mit $\mathfrak{L}(l + \mu) \subseteq \mathfrak{J}_j$ gäbe[44]. ▯

Aus Lemma 4.3 folgt sofort (ein lokaler Ring besitzt genau ein maximales Ideal).

Lemma 4.4. *Ist $\mathfrak{L}$ in $\Sigma(\mathfrak{K}, \mathfrak{L})$ ein lokaler Ring*[46] *und ist $|\mathfrak{K}| > 2$, so gilt die Bedingung* ($\mathbf{R}_2$) *von Satz* 4.3.

In einer Kettengeometrie $\Sigma(\mathfrak{K}, \mathfrak{L})$ mit $|\mathfrak{K}| = 2$ ist ($\mathbf{R}_2$) trivialerweise nicht erfüllt. Aber auch im Falle $|\mathfrak{K}| > 2$ braucht ($\mathbf{R}_2$) nicht zu gelten. Hierzu betrachten wir die bereits in Abschnitt 1 (S. 96) eingeführte Geometrie $\Sigma(\mathfrak{K}, \mathfrak{K}[x])$ mit $|\mathfrak{K}| > 2$. Hier gibt es zu $x \in \mathfrak{K}[x] - \mathfrak{K}$ kein $\mu \in \mathfrak{K}$ mit $x + \mu \in \mathfrak{R}$, weil $\mathfrak{R} = \mathfrak{K}^\times$ ist.

---

[43] Das Ideal $\mathfrak{J}$ des Ringes $\mathfrak{L}$ heißt *maximal*, wenn $\mathfrak{J} \subset \mathfrak{L}$ gilt, und es weiterhin kein Ideal $\mathfrak{N}$ mit $\mathfrak{J} \subset \mathfrak{N} \subset \mathfrak{L}$ gibt.

[44] Ist $\mathfrak{J} \subset \mathfrak{L}$ ein Ideal, so gibt es ein maximales Ideal $\mathfrak{M}$ von $\mathfrak{L}$, das $\mathfrak{J}$ umfaßt. Dies zeigt man mit dem Zornschen Lemma[45]: Ist $\mathfrak{J}$ die Menge aller echt in $\mathfrak{L}$ gelegenen Ideale, die $\mathfrak{J}$ umfassen, so liegt eine nichtleere Halbordnung $\mathfrak{H}$ vor mit der Enthaltenseinsrelation als $\leq$ Relation. Da hier jede nichtleere Ordnung $\mathfrak{O} \subseteq \mathfrak{H}$ eine obere Schranke besitzt, im vorliegenden Falle einfach die Vereinigung aller Ideale $\in \mathfrak{O}$, so enthält $\mathfrak{H}$ wenigstens ein maximales Element $\mathfrak{M}$. (Man beachte hierbei, daß die Vereinigung aller Ideale $\in \mathfrak{O}$ von $\mathfrak{L}$ verschieden ist. Andernfalls müßte nämlich $1 \in \mathfrak{L}$ schon in einem Ideal von $\mathfrak{O}$ enthalten sein, was nicht zutrifft.)

[45] Gegeben sei eine nichtleere *teilweise geordnete* Menge $\mathfrak{H}$ (d.h. auf $\mathfrak{H}$ liege eine zweistellige Relation $\leq$ vor mit den Eigenschaften: $x \leq x$ für alle $x \in \mathfrak{H}$; $x \leq y$ und $y \leq x$ implizieren $x = y$ für $x, y \in \mathfrak{H}$; $x \leq y$ und $y \leq z$ implizieren $x \leq z$ für $x, y, z \in \mathfrak{H}$). Eine nichtleere Teilmenge $\mathfrak{T}$ von $\mathfrak{H}$ heiße *geordnet*, wenn $x \leq y$ oder $y \leq x$ für je zwei Elemente x, y aus $\mathfrak{T}$ gilt. Mit diesen Begriffen kann das *Lemma von Zorn* so formuliert werden: Besitzt jede geordnete Teilmenge $\mathfrak{T}$ von $\mathfrak{H}$ eine *obere Schranke* in $\mathfrak{H}$ (d.h. ein $x \in \mathfrak{H}$ mit $t \leq x$ für alle $t \in \mathfrak{T}$), so enthält $\mathfrak{H}$ wenigstens ein *maximales* Element (d.h. ein $m \in \mathfrak{H}$, für das aus $m \leq y$ und $y \in \mathfrak{H}$ stets $m = y$ folgt).

Für einen Beweis der Gleichwertigkeit des Zornschen Lemmas mit dem Auswahlaxiom, dem Wohlordnungssatz s. z.B. P. R. Halmos: Naive Set Theory, Van Nostrand 1960.

[46] Zum Beispiel ist jeder Körper ein lokaler Ring.

Man könnte vielleicht versucht sein, anzunehmen, daß die Kettengeometrie $\Sigma(\mathfrak{K}, \mathfrak{L})$, $|\mathfrak{K}| > 2$, schon dann der Bedingung $(\mathbf{R}_2)$ genügt, wenn gilt

$(\overline{\mathbf{R}}_2)$ *Zu jedem* $l \in \mathfrak{L}$ *gibt es ein* $\mu \in \mathfrak{K}$ *mit* $l + \mu \in \mathfrak{R}$.

Wir wollen ein Beispiel konstruieren, das zeigt, daß die Annahme falsch ist: Sei $\mathfrak{A}$ der Körper GF(3). Sei $\mathfrak{L}$ die Menge der geordneten Paare von Elementen aus $\mathfrak{A}$ mit komponentenweiser Addition und Multiplikation. Es liegt ein kommutativer Ring $\mathfrak{L}$ mit Einselement (1, 1) vor. Sei $\mathfrak{K}$ der Körper $\{(1, 1), (-1, -1), (0, 0)\}$. In $\Sigma(\mathfrak{K}, \mathfrak{L})$ gilt nun $(\overline{\mathbf{R}}_2)$, aber nicht $(\mathbf{R}_2)$; denn es gehört für $(a, b) \in \mathfrak{L}$, $(\xi, \xi) \in \mathfrak{K}$ die Summe $(a, b) + (\xi, \xi)$ genau dann zu $\mathfrak{R}$, wenn $\xi \notin \{-a, -b\}$ gilt.

Wir wollen nun die Gültigkeit von $(\mathbf{R}_2)$ in $\Sigma(\mathfrak{K}, \mathfrak{L})$ geometrisch charakterisieren.

Satz 4.5. $\Sigma(\mathfrak{K}, \mathfrak{L})$ *genügt genau dann der Bedingung* $(\mathbf{R}_2)$, *wenn zu* $\mathbf{a}, \mathbf{b}, P$ *mit* $\mathbf{a}P\mathbf{b}$ *und* $\mathbf{a} \neq \mathbf{b}$ *stets eine Käferfigur* $(A, A'; B, B'; P; F)$ *mit* $A, A' \in \mathbf{a}$; $B, B' \in \mathbf{b}$ *existiert.*

Beweis. Gilt $(\mathbf{R}_2)$ und ferner $\mathbf{a}P\mathbf{b}$ mit $\mathbf{a} \neq \mathbf{b}$, so existiert nach Satz 4.3 ja doch eine zugehörige Käferfigur. Wir setzen nun umgekehrt voraus, daß zu $\mathbf{a}, \mathbf{b}, P$ mit $\mathbf{a}P\mathbf{b}$ und $\mathbf{a} \neq \mathbf{b}$ stets eine Käferfigur existiert. Sei zunächst $l \in \mathfrak{L} - \mathfrak{K}$. Dann ist

$$\mathbf{b} = \{\mathfrak{R}(l + k, 1) \mid k \in \mathfrak{K}\} \cup \{\mathfrak{R}(1, 0)\}$$

eine Kette, die

$$\mathbf{a} = \{\mathfrak{R}(k, 1) \mid k \in \mathfrak{K}\} \cup \{\mathfrak{R}(1, 0)\}$$

in $P \equiv W = \mathfrak{R}(1, 0)$ berührt mit $\mathbf{a} \neq \mathbf{b}$. Sei $A = \mathfrak{R}(\alpha, 1)$, $A' = \mathfrak{R}(\alpha', 1)$, $B = \mathfrak{R}(\beta, 1)$, $B' = \mathfrak{R}(\beta', 1)$. Da $PFAB$ konzyklisch liegt und $F \neq P = W$ ist, gilt $F \nparallel W$; damit kann $F = \mathfrak{R}(\varrho, 1)$ geschrieben werden. Wiederum ausnutzend, daß $PFAB$ verschiedene Punkte auf einer Kette sind, haben wir $A \nparallel B$ und hiermit $\beta - \alpha \in \mathfrak{R}$. Wegen $B \in \mathbf{b}$, $A \in \mathbf{a}$ ist $\beta = l + k$ mit einem $k \in \mathfrak{K}$ und außerdem $\alpha \in \mathfrak{K}$. Mit $\mu_1 = k - \alpha \in \mathfrak{K}$ ist $l + \mu_1 \in \mathfrak{R}$. Ähnliches für A', B' durchgeführt, ergibt $\beta' - \alpha' \in \mathfrak{R}$, $\beta' = l + k'$ mit $k' \in \mathfrak{K}$, $\alpha' \in \mathfrak{K}$. Also haben wir $l + \mu_2 \in \mathfrak{R}$, wenn $\mu_2 = k' - \alpha'$ gesetzt wird. Wir wollen $\mu_1 = \mu_2$ ausschließen. Im Falle $\mu_1 = \mu_2$ wäre

$$(A, B) \parallel (A', B')$$

und wegen $F \in (A, B) \cap (A', B')$ sogar $(A, B) = (A', B')$ was zum Widerspruch $\mathbf{a} = \mathbf{b}$ führt. Da schließlich die Kette durch P, F, A, B wenigstens 4 verschiedene Punkte enthält, gilt auch noch $|\mathfrak{K}| > 2$. Also ist $(\mathbf{R}_2)$ auch für $l \in \mathfrak{K}$ erfüllt. ∎

Für isomorphe Abbildungen haben wir mutatis mutandis zu Satz 4.4 den

Satz 4.6. *Gegeben seien die Kettengeometrien* $\Sigma(\mathfrak{K}, \mathfrak{L})$, $\Sigma'(\mathfrak{K}', \mathfrak{L}')$, *die beide der Bedingung* ($\mathbf{R}_2$) *genügen. Ist dann* σ *eine isomorphe Abbildung von* Σ *auf* Σ', *so impliziert jede der Aussagen*

$$\mathbf{a}P\mathbf{b}, \quad \mathbf{a}^\sigma P^\sigma \mathbf{b}^\sigma$$

die andere für beliebige Ketten $\mathbf{a}$, $\mathbf{b}$ *und einen Punkt* P *aus* Σ.

5. Berührung und Doppelverhältnisse

Gegeben sei eine Kettengeometrie $\Sigma(\mathfrak{K}, \mathfrak{L})$. Dann gilt

Satz 5.1. *Es seien* $\mathbf{a}$, $\mathbf{b}$ *Ketten durch den Punkt* P. *Die folgenden Aussagen sind gleichwertig:*

1. $\mathbf{a}P\mathbf{b}$.

2. *Für je zwei verschiedene Punkte* $A, A' \in \mathbf{a} - \{P\}$ *und für je zwei verschiedene Punkte* $B, B' \in \mathbf{b} - \{P\}$ *gilt*

$$\begin{bmatrix} P & A \\ B & A' \end{bmatrix} - \begin{bmatrix} P & A \\ B' & A' \end{bmatrix} \in \mathfrak{K}.$$

3. *Es gibt zwei verschiedene Punkte* $A, A' \in \mathbf{a} - \{P\}$ *und zwei verschiedene Punkte* $B, B' \in \mathbf{b} - \{P\}$ *mit*

$$\begin{bmatrix} P & A \\ B & A' \end{bmatrix} - \begin{bmatrix} P & A \\ B' & A' \end{bmatrix} \in \mathfrak{K}.$$

Beweis. Im Falle $\mathbf{a} = \mathbf{b}$ ist nichts zu beweisen. Sei $\mathbf{a} \neq \mathbf{b}$. Aus 1 folgt 2: Wegen Lemma 4.2 und Satz 4.2a aus § 1 können wir die spezielle Situation $P = W = \mathfrak{R}(1, 0)$, $\mathbf{a} = (WUV)$, $U = \mathfrak{R}(0, 1)$, $V = \mathfrak{R}(1, 1)$, annehmen. Dann ist aber

$$\mathbf{b} = \{W\} \cup \{\mathfrak{R}(\beta, 1) \mid \beta = \beta_0 + k, k \in \mathfrak{K}\},$$

wenn

$$B = \mathfrak{R}(\beta_0, 1) \in \mathbf{b} - \{W\}$$

gilt. Ist nun

$$A = \mathfrak{R}(\alpha, 1), A' \in \mathfrak{R}(\alpha', 1)$$

mit verschiedenen $\alpha, \alpha' \in \mathfrak{K}$, ist $B' = \mathfrak{R}(\beta_0 + k)$, $k \neq 0$, $k \in \mathfrak{K}$, ein von B verschiedener Punkt auf $\mathbf{b} - \{W\}$, so gilt in der Tat

$$\begin{bmatrix} P & A \\ B & A' \end{bmatrix} - \begin{bmatrix} P & A \\ B' & A' \end{bmatrix} = \frac{k}{\alpha - \alpha'} \in \mathfrak{K}.$$

Aus 2 folgt 3: Dies ist bewiesen, wenn wir nur über die Existenz von Punkten $A, A' \in \mathbf{a} - \{W\}$, $B, B' \in \mathbf{b} - \{W\}$, $A \neq A'$, $B \neq B'$ verfügen.

Diese existieren aber nach Satz 1.1c. Gelte nun 3: Wir können $P = W$, $A = U$, $A' = V$ annehmen. Da $B, B' \in \mathbf{b} - \{W\}$ gilt, kann geschrieben werden $B = \mathfrak{R}(\beta, 1)$, $B' = \mathfrak{R}(\beta', 1)$. Die vorausgesetzte Doppelverhältnisrelation gibt dann $\beta - \beta' \in \mathfrak{K}$. Da also $(B, B') \parallel (A, A')$ ist, haben wir $\mathbf{a}P\mathbf{b}$. ▯

Als Korollar zu Satz 5.1 erhalten wir

Satz 5.2. *Ist $P \in \mathbf{a}$, $Q \notin \mathbf{a}$, $P \nparallel Q$, so besteht die nach Satz 4.1 eindeutig bestimmte Kette $\mathbf{b}$ durch P, Q mit $\mathbf{a}P\mathbf{b}$ neben P aus allen Punkten $X \nparallel P$ mit*

$$\begin{bmatrix} P & A \\ X & A' \end{bmatrix} - \begin{bmatrix} P & A \\ Q & A' \end{bmatrix} \in \mathfrak{K},$$

wo A, A' verschiedene Punkte auf $\mathbf{a} - \{P\}$ sind:

$$\mathbf{b} = \{P\} \cup \left\{X \nparallel P \;\middle|\; \begin{bmatrix} P & A \\ X & A' \end{bmatrix} - \begin{bmatrix} P & A \\ Q & A' \end{bmatrix} \in \mathfrak{K}\right\}.$$

Beweis. Wegen Satz 5.1 ist nur der Nachweis zu erbringen, daß P, Q, X jeweils konzyklisch liegen, was sich nach Satz 1.1a auf den Nachweis $Q \nparallel X$ oder $Q = X$ reduziert.

Hierfür dürfen wir uns — wie beim Nachweis des vorhergehenden Satzes dargelegt — auf die spezielle Situation $P = W$, $A = U$, $A' = V$ beschränken. X und Q können dann wegen $P \nparallel X$, $P \nparallel Q$ in der speziellen Form $\mathfrak{R}(x, 1)$ bzw. $\mathfrak{R}(q, 1)$ aufgeschrieben werden. Dann folgt aber aus

$$\begin{bmatrix} P & A \\ X & A' \end{bmatrix} - \begin{bmatrix} P & A \\ Q & A' \end{bmatrix} = x - q \in \mathfrak{K}$$

entweder $X = Q$ oder $X \nparallel Q$. ▯

6. Harmonische Punktequadrupel

Ehe wir den Begriff des harmonischen Punktequadrupels erklären, wollen wir den Begriff der Charakteristik eines Körpers definieren.

Sei $\mathfrak{S}$ ein Körper. Wir setzen nicht voraus, daß $\mathfrak{S}$ kommutativ ist. Betrachten wir die Folge der Elemente von $\mathfrak{S}$ (1 sei das Einselement von $\mathfrak{S}$)

$$1,\quad 1+1,\quad 1+1+1,\quad 1+1+1+1, \ldots$$

Sind diese Elemente paarweise verschieden, so sagt man, daß $\mathfrak{S}$ die Charakteristik 0 habe. Dies ist z.B. der Fall beim Körper der rationalen Zahlen oder aber etwa bei den Körpern $\mathbb{R}$, $\mathbb{C}$. Man schreibt in diesem Falle char $\mathfrak{S} = 0$. Sind die Elemente $1,\ 1+1,\ 1+1+1, \ldots$ nicht alle verschieden, so gelte etwa

$$\underbrace{1+\cdots+1}_{n\text{ Summanden}} = \underbrace{1+\cdots+1}_{m\text{ Summanden}}, \quad n \neq m.$$

Sei o.B.d.A. $m > n$. Dann ist

$$\underbrace{1+\cdots+1}_{m-n\text{ Summanden}} = 0.$$

Sei N die kleinste natürliche Zahl, für die

$$\underbrace{1+\cdots+1}_{N\text{ Summanden}} = 0$$

ist. Dann heißt N die *Charakteristik* von $\mathfrak{S}$, in Zeichen char $\mathfrak{S} = N$.

Nicht jede natürliche Zahl kann als Charakteristik eines Körpers auftreten. Wir zeigen:

Ist char $\mathfrak{S} = N > 0$, *so ist N eine Primzahl.*

In der Tat: Wäre $N = \lambda_1\lambda_2$, λ_i natürliche Zahlen > 1, so hätte man (unter Verwendung der Distributivitätsgesetze in $\mathfrak{S}$)

$$0 = \underbrace{1+\cdots+1}_{N} = \underbrace{(1+\cdots+1)}_{\lambda_1} \cdot \underbrace{(1+\cdots+1)}_{\lambda_2}.$$

Da in einem Körper $\mathfrak{S}$ aus $ab = 0$, $a, b \in \mathfrak{S}$, die Aussage $0 \in \{a, b\}$ folgt, so sei o.B.d.A.

$$\underbrace{1+\cdots+1}_{\lambda_1} = 0.$$

Da aber $\lambda_1 < N$ ist, konnte N nicht minimal gewählt sein.

Um auf der anderen Seite zu jeder Primzahl N einen Körper der Charakteristik N anzugeben, betrachten wir das *Galoisfeld* GF(N), N eine Primzahl:

Sei GF$(N) = \{0, 1, 2, \ldots, N-1\}$. Addiert und multipliziert man jetzt modulo N, so ist offenbar GF(N) ein kommutativer Körper der Charakteristik N.

Zum Begriff des harmonischen Punktequadrupels: Es sei A, B, C, D ein geordnetes Punktequadrupel mit $A \nparallel D$, $B \nparallel C$. Es heißt A, B, C, D — in dieser Reihenfolge — ein *harmonisches Punktequadrupel*, wenn gilt

$$\begin{bmatrix} A & B \\ D & C \end{bmatrix} = -1.$$

Sei nun A, B, C, D ein harmonisches Punktequadrupel. Auf Grund von Satz 1.1d gibt es einen Punkt H so, daß A, D, H paarweise nicht parallel sind. Sei $\gamma \in \Gamma(\mathfrak{L})$ die Abbildung mit

$$(A, D, H)^\gamma = (W, U, V).$$

Sei $B^\gamma = \mathfrak{R}(b_1, b_2)$, $C^\gamma = \mathfrak{R}(c_1, c_2)$. Aus $\begin{bmatrix} W & B^\gamma \\ U & C^\gamma \end{bmatrix} = \begin{bmatrix} A & B \\ D & C \end{bmatrix} = -1$ folgt dann

$$\frac{c_2 b_1}{b_1 c_2 - b_2 c_1} = -1.$$

Dabei beachten wir $b_1 c_2 - b_2 c_1 \in \mathfrak{R}$ wegen $B \nparallel C$, d.h. wegen $B^\gamma \nparallel C^\gamma$. Da $-1 \in \mathfrak{R}$ gilt auf Grund von $(-1)(-1) = 1$, hat man $c_2 c_1 \in \mathfrak{R}$, d.h. $c_2, b_1 \in \mathfrak{R}$. Wir wollen $\frac{c_1}{c_2} := c$ setzen. Dann ist $C^\gamma = \mathfrak{R}(c, 1)$. Aus $\frac{c_2 b_1}{b_1 c_2 - b_2 c_1} = -1$ folgt außerdem $(1 + 1)\, b_1 = b_2 c$. Wir setzen char $\mathfrak{K} \neq 2$ voraus. Dann ist $2 = 1 + 1 \neq 0$ und damit $2 \in \mathfrak{R}$ wegen $1 + 1 \in \mathfrak{K}^\times$. Aus $2 \in \mathfrak{R}$, $b_1 \in \mathfrak{R}$ und $2b_1 = b_2 c$ folgt dann $b_2, c \in \mathfrak{R}$. Wir setzen $\frac{b_1}{b_2} := b$. Es ist $b \in \mathfrak{R}$, $2b = c$ und $B^\gamma = \mathfrak{R}(b, 1)$. Also sind die Punkte A, B, C, D paarweise nicht parallel. Aus $\begin{bmatrix} A & B \\ D & C \end{bmatrix} \in \mathfrak{K}$ folgt dann $D \in (ABC)$: Das Quadrupel liegt also konzyklisch. Wir halten fest

Lemma 6.1. *Sei* char $\mathfrak{K} \neq 2$. *Ist dann A, B, C, D ein harmonisches Punktequadrupel, so sind A, B, C, D vier paarweise nicht parallele Punkte, die außerdem konzyklisch liegen.*

Sei für die weiteren Erörterungen dieses Abschnitts char $\mathfrak{K} \neq 2$ vorausgesetzt. Wir wollen harmonische Lage mit Hilfe des Inzidenzbegriffes und mit Hilfe der Berührrelation kennzeichnen.

Satz 6.1. *Für die Kettengeometrie $\Sigma(\mathfrak{K}, \mathfrak{L})$ sei neben* char $\mathfrak{K} \neq 2$ *noch die Bedingung*

($\mathbf{R}_3$) *Es gibt ein $l \in \mathfrak{L} - \mathfrak{K}$ mit $l(l^2 - 1) \in \mathfrak{R}$*

erfüllt. Sind dann A, B, C, D verschiedene Punkte auf einer Kette **k**, *so sind die folgenden Aussagen gleichwertig*

1. $\begin{bmatrix} A & B \\ D & C \end{bmatrix} = -1.$
2. *Es gibt Punkte F, G, H mit* (s. Abb. 42)
   a) *$(A, B; F, G; D; H)$ ist eine Käferfigur,*
   b) $(AGD)\, D(CHD)\, D(BFD)$[47].

Mit dem Beweis von Satz 6.1 wollen wir auch gleich den Beweis des folgenden Satzes 6.2 verbinden, der eine geometrische Charakterisierung der Voraussetzung ($\mathbf{R}_3$) darstellt.

---

[47] Wir verlangen also insbesondere, daß die unter b) aufgeschriebenen Punktetripel jeweils aus paarweise nicht parallelen Punkten bestehen.

Satz 6.2. *Gegeben sei eine Kettengeometrie* $\Sigma(\mathfrak{K}, \mathfrak{L})$ *mit* char $\mathfrak{K} \neq 2$. *Genau dann existiert ein* $l \in \mathfrak{L} - \mathfrak{K}$ *mit* $l(l^2 - 1)$, *wenn es vier verschiedene Punkte* A, B, C, D *gemeinsam auf einer Kette gibt, und zu diesen weitere Punkte* F, G, H *mit den in* 2a), b), *von Satz* 6.1 *genannten Bedingungen.*

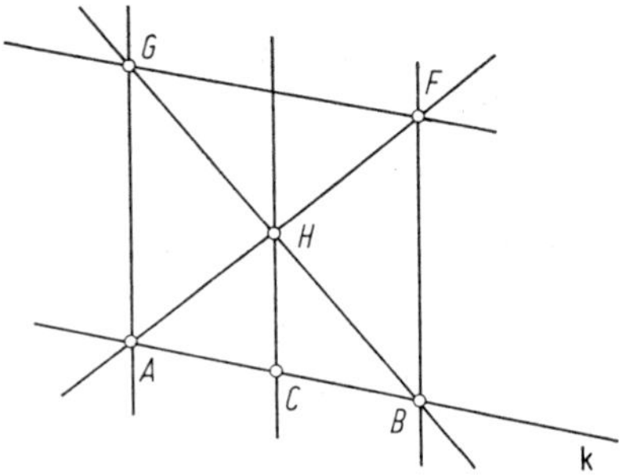

Abb. 42

Zum *Beweis* der Sätze 6.1, 6.2: Da $\Gamma(\mathfrak{L})$ die Berührrelation und die Parallelitätsrelation invariant läßt (Lemma 4.2 und Satz 2.1 von § 1), außerdem nur Kettenverwandtschaften enthält, weiterhin harmonische Lage erhält (da jedes $\gamma \in \Gamma(\mathfrak{L})$ doppelverhältnistreu ist), so können wir die spezielle Situation

$$D = W, \ C = U, \ B = V$$

annehmen.

Gelte nun $\begin{bmatrix} A & B \\ D & C \end{bmatrix} = -1$, und sei weiterhin ein $l \in \mathfrak{L} - \mathfrak{K}$ vorhanden mit $l(l^2 - 1) \in \mathfrak{K}$. Zunächst folgt $A = \mathfrak{R}(-1, 1)$. Wir setzen

$$F = \mathfrak{R}(2l + 1, 1), G = \mathfrak{R}(2l - 1, 1), H = \mathfrak{R}(l, 1).$$

Wegen $l, l + 1, l - 1 \in \mathfrak{R}$ sind die Punkte

$$A, B, D, F, G, H$$

paarweise nicht parallel. Außerdem gilt $C \nparallel H$, und $C \nparallel A, B, D$, da A, B, C, D vier verschiedene Punkte auf einer Kette sind. Damit sind (AGD), (CHD), (BFD) eindeutig bestimmte Ketten. Nach Satz 5.1 ist $(AGD)\ D(CHD)\ D(BFD)$ mit

$$\begin{bmatrix} D & A \\ H & G \end{bmatrix} - \begin{bmatrix} D & A \\ C & G \end{bmatrix} = \alpha \in \mathfrak{K} \text{ und } \begin{bmatrix} D & C \\ F & H \end{bmatrix} - \begin{bmatrix} D & C \\ B & H \end{bmatrix} = \beta \in \mathfrak{K}$$

äquivalent, und man verifiziert leicht, daß $\alpha = \frac{1}{2}$, $\beta = 2$ gilt.

Zum noch ausstehenden Nachweis, daß $(A, B; F, G; D; H)$ eine Käferfigur ist: 1. A, B, D und F, G, D sind als paarweise nicht parallele Punkte konzyklisch. 2. Es ist $\begin{bmatrix} D & A \\ F & B \end{bmatrix} - \begin{bmatrix} D & A \\ G & B \end{bmatrix} = l + 1 - l \in \mathfrak{K}$. Somit gilt nach Satz 5.1 $(ABD)\,D(FGD)$ und nun wegen Satz 4.1 entweder $(ABD) = (FGD)$ oder $(ABD) \cap (FGD) = \{D\}$.

Der erste Fall liegt jedoch nicht vor, da z.B. G wegen $\begin{bmatrix} D & A \\ G & B \end{bmatrix} = l \notin \mathfrak{K}$ nicht zu (ABD) gehört. 3. Die Quadrupel $AFDH$ und $BGDH$ liegen wegen $\begin{bmatrix} A & B \\ H & F \end{bmatrix} = \begin{bmatrix} B & D \\ H & G \end{bmatrix} = 2 \in \mathfrak{K}$ beide konzyklisch.

Mit dieser Erörterung haben wir gezeigt, daß in Satz 6.1 die Aussage 2 aus der Aussage 1 folgt. In bezug auf Satz 6.2 haben wir gezeigt, daß die Existenz eines $l \in \mathfrak{L} - \mathfrak{K}$ mit $l(l^2 - 1) \in \mathfrak{R}$ die Existenz gewünschter Punkte A, B, C, D, F, G, H nach sich zieht, nämlich z.B.

$$A = \mathfrak{R}(-1, 1),\; B = \mathfrak{R}(1, 1),\; C = \mathfrak{R}(0, 1),\; D = \mathfrak{R}(1, 0),$$

$$F = \mathfrak{R}(2l + 1, 1),\; G = \mathfrak{R}(2l - 1, 1),\; H = \mathfrak{R}(l, 1).$$

Für die weitere Eröterung setzen wir für $\Sigma(\mathfrak{K}, \mathfrak{L})$ nur char $\mathfrak{K} \neq 2$ voraus. Es seien dann A, B, C, D verschiedene, gemeinsam auf einer Kette **k** gelegene Punkte, und es seien F, G, H Punkte, die den Bedingungen 2a), b) genügen. Wie zu Beginn des Beweises auseinandergesetzt, können wir $D = W$, $C = U$, $B = V$ annehmen.

Wir wollen nun $A = \mathfrak{R}(-1, 1)$ und damit $\begin{bmatrix} A & B \\ D & C \end{bmatrix} = -1$ zeigen, und weiterhin die Existenz eines $l \in \mathfrak{L} - \mathfrak{K}$ mit $l(l^2 - 1) \in \mathfrak{R}$. Da $H \nparallel D$ ist, ist H von der Form $\mathfrak{R}(x, 1)$. Wir setzen

$$H = \mathfrak{R}(l, 1),$$

womit wir l definiert haben. Wegen $H \notin \mathfrak{K}$ — andernfalls wäre A, B, C, D, H, G, F konzyklisch im Widerspruch zu $(ABD) \cap (FGD) = \{D\}$ — ist $l \in \mathfrak{L} - \mathfrak{K}$. Wegen $A, F, G \nparallel D$ sind auch A, F, G von der Form $\mathfrak{R}(x, 1)$. Wir setzen

$$A = \mathfrak{R}(\alpha, 1), F = \mathfrak{R}(f, 1), G = \mathfrak{R}(g, 1)$$

und beachten $\alpha \in \mathfrak{K}$ wegen $A \in \mathfrak{K}$ und weiterhin $\alpha \neq 1$ wegen $A \neq B$; außerdem beachten wir $f, g \in \mathfrak{L} - \mathfrak{K}$ wegen $F, G \notin \mathfrak{K}$. Da A, F, D, H und B, G, D, H konzyklisch liegen (Käferfigureigenschaft 3!), folgt

$$\text{(I)} \qquad \begin{cases} f = \varrho l + (1 - \varrho)\,\alpha \text{ mit } \varrho \in \mathfrak{K}, \\ g = \sigma l + (1 - \sigma)\,1 \text{ mit } \sigma \in \mathfrak{K}. \end{cases}$$

Laut Satz 4.2 gilt $(ABD)\ D(FGD)$. Hieraus und aus 2b) folgt

$$\text{(II)}\qquad \begin{cases} g - f = \xi(1 - \alpha), \\ g - \alpha = \eta(l - 0), \\ l - 0 = \zeta(f - 1) \text{ mit } \xi, \eta, \zeta \in \mathfrak{K}^{\times}. \end{cases}$$

Also haben wir

$$\xi(1 - \alpha) = g - f = (\sigma - \varrho)\, l + (1 - \sigma) - (1 - \varrho)\, \alpha .$$

Wäre hier $\varrho \neq \sigma$, so würde $l \in \mathfrak{K}$ folgen wegen $\xi, \alpha, \varrho, \sigma \in \mathfrak{K}$. Damit folgt $\varrho = \sigma$ und aus derselben Gleichung

$$\xi(1 - \alpha) = (1 - \varrho)\,(1 - \alpha) \quad \text{bzw.} \quad \xi = 1 - \varrho \quad \text{wegen} \quad \alpha \neq 1 .$$

Setzen wir f, g von (I) in die beiden letzten Gleichungen von (II) ein, so ergibt sich

$$\varrho = \eta, \quad \alpha = 1 - \varrho,$$
$$1 = \zeta\varrho, \quad (1 - \varrho)\,\alpha = 1 .$$

Also ist $\alpha^2 = 1$, was — es liegt α im Körper $\mathfrak{K}$ — mit $0 = 1 - \alpha^2 = (1 - \alpha)\,(1 + \alpha)$ doch $\alpha = -1$ ergibt, da $\alpha = 1$ früher ausgeschlossen wurde. Mit $\alpha = -1$ ist aber $\sigma = \varrho = 2$. Also ist mit (I)

$$f = 2l + 1, \quad g = 2l - 1 .$$

Wir haben $A = \mathfrak{R}(-1, 1)$, d.h. $\begin{bmatrix} A & B \\ D & C \end{bmatrix} = -1$.

Aus 2b) und der Käferfigureigenschaft 3. folgt, daß H, C; F, A und G, B jeweils konzyklisch liegen. Hieraus folgt $H \nparallel C$, $F \nparallel A$, $G \nparallel B$ und somit $l,\ 2l + 2,\ 2l - 2 \in \mathfrak{R}$, d.h. $l,\ l + 1,\ l - 1 \in \mathfrak{R}$ wegen $2 \in \mathfrak{R}$. Also ist $l(l^2 - 1) \in \mathfrak{R}$. Damit sind die Sätze 6.1, 6.2 vollständig bewiesen. ▯

Wir wollen eine hinreichende Bedingung für die Gültigkeit der Bedingung $(\mathbf{R}_3)$ von Satz 6.1 angeben:

Lemma 6.2. *Gegeben sei die Kettengeometrie $\Sigma(\mathfrak{K}, \mathfrak{L})$, char $\mathfrak{K} \neq 2$. Der Ring $\mathfrak{L}$ enthalte höchstens n maximale Ideale, n eine natürliche Zahl. Besitzt dann $\mathfrak{K}$ wenigstens $3n + 1$ Elemente, so gibt es ein $l \in \mathfrak{L} - \mathfrak{K}$ mit*

$$l(l^2 - 1) \in \mathfrak{R} .$$

Beweis. Sei $l' \in \mathfrak{L} - \mathfrak{K}$. Ist $\mathfrak{J}$ ein echt in $\mathfrak{L}$ gelegenes Ideal, so gibt es höchstens ein $\mu \in \mathfrak{K}$ mit $l' + \mu \in \mathfrak{J}$ (s. Beweis von Lemma 4.3). Sind $\mathfrak{J}_1, \ldots, \mathfrak{J}_\nu$, $\nu \leq n$, die maximalen Ideale von $\mathfrak{L}$, so haben wir damit m (jedoch höchstens n) verschiedene Elemente

$$l' + k_1,\ l' + k_2, \ldots, l' + k_m,\ k_i \in \mathfrak{K} ,$$

die in $\bigcup_j \mathfrak{J}_j$ liegen. Da $\mathfrak{K}$ wenigstens $3n + 1$ Elemente enthält, so gibt es ein $k \in \mathfrak{K}$ mit

$$k \notin \{k_1, \ldots, k_m\} \cup \{k_1 + 1, \ldots, k_m + 1\} \cup \{k_1 - 1, \ldots, k_m - 1\}.$$

Also ist

$$k - 1, k, k + 1 \notin \{k_1, \ldots, k_m\}.$$

Damit gehören $l' + k - 1, l' + k, l' + k + 1$ keinem der maximalen Ideale $\mathfrak{J}_1, \ldots, \mathfrak{J}_\nu$ an. Diese Elemente sind also regulär (s. Beweis von Lemma 4.3). Wir setzen $l = l' + k$ und beachten $l \in \mathfrak{L} - \mathfrak{K}$ wegen $l' \in \mathfrak{L} - \mathfrak{K}$ und $k \in \mathfrak{K}$; also sind $l, l + 1, l - 1$ regulär, was $l(l^2 - 1) \in \mathfrak{R}$ ergibt. ▯

Aus Lemma 6.2 folgt, da ein lokaler Ring genau ein maximales Ideal enthält,

Lemma 6.3. *Ist* $\mathfrak{L}$ *in* $\Sigma(\mathfrak{K}, \mathfrak{L})$, char $\mathfrak{K} \neq 2$, *ein lokaler Ring mit* $|\mathfrak{K}| > 3$, *so gibt es ein* $l \in \mathfrak{L} - \mathfrak{K}$ *mit* $l(l^2 - 1) \in \mathfrak{R}$.

Wir wollen ein Beispiel einer Geometrie $\Sigma(\mathfrak{K}, \mathfrak{L})$, char $\mathfrak{K} \neq 2$, angeben, wo $\mathfrak{L}$ lokaler Ring und $|\mathfrak{K}| = 3$ ist, wo aber kein $l \in \mathfrak{L} - \mathfrak{K}$ mit $l(l^2 - 1) \in \mathfrak{R}$ existiert. Jedoch gilt $(\mathbf{R}_2)$ nach Lemma 4.4. Sei $\mathfrak{K} = \mathrm{GF}(3)$, sei $\mathfrak{L}$ der Ring der dualen Zahlen (a, b), $a, b \in \mathfrak{K}$, über $\mathfrak{K}$. Addiert wird komponentenweise, multipliziert wird (s. Kapitel I, § 2, Abschnitt 5) nach der Vorschrift

$$(a, b) \cdot (a', b') = (aa', ab' + ba').$$

Schließlich sei $\mathfrak{K}$ in $\mathfrak{L}$ eingebettet vermöge

$$k \to (k, 0).$$

Für jedes $l \in \mathfrak{L}$ gilt hier $l(l^2 - 1) \notin \mathfrak{R}$.

Zum Abschluß dieses Abschnittes fragen wir uns, ob der Begriff des harmonischen Punktequadrupels zur Geometrie $\Sigma(\mathfrak{K}, \mathfrak{L})$ gehört, ob also jede Kettenverwandtschaft von $\Sigma(\mathfrak{K}, \mathfrak{L})$ jedes harmonische Punktequadrupel wieder in ein harmonisches Punktequadrupel überführt.

Satz 6.3. *Für die Kettengeometrie* $\Sigma(\mathfrak{K}, \mathfrak{L})$, char $\mathfrak{K} \neq 2$, *gelte*

$(\mathbf{R}_2)$ *Zu jedem* $l \in \mathfrak{L}$ *gibt es verschiedene Elemente* $\mu_1, \mu_2 \in \mathfrak{K}$ *mit* $l + \mu_i \in \mathfrak{K}$, $i = 1, 2$.

$(\mathbf{R}_3)$ *Es gibt ein* $l_0 \in \mathfrak{L} - \mathfrak{K}$ *mit* $l_0(l_0^2 - 1) \in \mathfrak{R}$.

Dann überführt jede Kettenverwandtschaft von $\Sigma(\mathfrak{K}, \mathfrak{L})$ *harmonische Punktequadrupel wieder in harmonische Punktequadrupel.*

Beweis. Sei A, B, C, D ein harmonisches Puktequadrupel, sei $\sigma \in \mathbb{M}(\mathfrak{K}, \mathfrak{L})$ eine beliebige Kettenverwandtschaft von $\Sigma(\mathfrak{K}, \mathfrak{L})$. Wegen der Voraussetzung ($\mathbf{R}_3$) gibt es nach Satz 6.1 Punkte F, G, H mit den Bedingungen 2a), b) von Satz 6.1. Betrachten wir nun die Punkte $A^\sigma, B^\sigma, C^\sigma, D^\sigma, F^\sigma, G^\sigma, H^\sigma$, so gelten für diese Punkte wiederum die Bedingungen von 2 von Satz 6.1, und außerdem liegt $A^\sigma, B^\sigma, C^\sigma, D^\sigma$ konzyklisch (auf der Kette $\mathbf{k}^\sigma$, wenn $\mathbf{k} = (ABC)$ ist), da σ als Kettenverwandtschaft Ketten in Ketten überführt, die Parallelitätsrelation erhält (Satz 2.1) und außerdem die Berührrelation nach Satz 4.4. Dabei beachten wir unsere Voraussetzung ($\mathbf{R}_3$) für die Anwendung von Satz 4.4 und $|\mathfrak{R}| > 2$, da char $\mathfrak{R} = 2$ wäre im Falle $|\mathfrak{R}| = 2$. Wenn wir aber für die Punkte $A^\sigma, \ldots, H^\sigma$ die Bedingungen 2 von Satz 6.1 haben, so gilt nach Satz 6.1 $\begin{bmatrix} A^\sigma & B^\sigma \\ D^\sigma & C^\sigma \end{bmatrix} = -1$. □

Sei $\Sigma(\mathfrak{R}, \mathfrak{L})$ eine Kettengeometrie mit $|\mathfrak{R}| = 3$. Dann ist offenbar char $\mathfrak{R} = 3 \neq 2$. Hier enthält jede Kette genau vier verschiedene Punkte. Ganz gleich, in welcher Reihenfolge man solche vier verschiedenen Punkte A, B, C, D einer Kette nimmt, immer liegt ein harmonisches Punktequadrupel vor, da

$$\begin{bmatrix} A & B \\ D & C \end{bmatrix} \in \mathfrak{R} - \{0, 1\}$$

ja doch auf $\begin{bmatrix} A & B \\ D & C \end{bmatrix} = -1$ führt für $\mathfrak{R} = \{0, 1, -1\}$. Aus trivialen Gründen gilt also

Satz 6.4. *Ist $|\mathfrak{R}| = 3$ für $\Sigma(\mathfrak{R}, \mathfrak{L})$, so überführt jedes $\sigma \in \mathbb{M}(\mathfrak{R}, \mathfrak{L})$ harmonische Punktequadrupel in harmonische Punktequadrupel.*

Satz 6.5. *Ist $\mathfrak{L}$ in $\Sigma(\mathfrak{R}, \mathfrak{L})$ ein lokaler Ring, gilt* char $\mathfrak{R} \neq 2$, *so überführt jedes $\sigma \in \mathbb{M}(\mathfrak{R}, \mathfrak{L})$ harmonische Punktequadrupel in harmonische Punktequadrupel.*

Beweis. Im Falle $|\mathfrak{R}| = 3$ folgt die Behauptung aus Satz 6.4. Im Falle $|\mathfrak{R}| > 3$ folgt die Behauptung aus Satz 6.3 in Verbindung mit Lemma 4.4, Lemma 6.3.

Für isomorphe Abbildungen haben wir mutatis mutandis zu den Sätzen 6.3, 6.4 den

Satz 6.6. *Gegeben seien die Kettengeometrien $\Sigma(\mathfrak{R}, \mathfrak{L})$, $\Sigma'(\mathfrak{R}', \mathfrak{L}')$ und eine isomorphe Abbildung*

$$\sigma : \Sigma \to \Sigma' .$$

Gilt dann eine der untenstehenden Bedingungen a), b), *so überführt σ harmonische Punktequadrupel aus Σ in harmonische Punktequadrupel aus Σ' (und damit natürlich σ^{-1} harmonische Punktequadrupel aus Σ' in harmonische Punktequadrupel aus Σ).*

a) *Σ, Σ' genügen beide* ($\mathbf{R}_2$) *und* ($\mathbf{R}_3$).

b) $|\mathfrak{K}| = 3$ (*und damit* $|\mathfrak{K}'| = 3$, *da die Zahl der Punkte auf einer Kette gleich* 4 *ist*).

Analog zu Satz 6.5 gilt

Satz 6.7. *Sind* $\mathfrak{L}, \mathfrak{L}'$ *in* $\Sigma(\mathfrak{K}, \mathfrak{L}), \Sigma'(\mathfrak{K}', \mathfrak{L}')$ *lokale Ringe, gilt* char $\mathfrak{K} \neq 2$, char $\mathfrak{K}' \neq 2$, *so überführt jede isomorphe Abbildung*

$$\sigma: \Sigma \to \Sigma'$$

harmonische Punktequadrupel in harmonische Punktequadrupel.

§ 3. Winkel

Wir fahren fort in der Untersuchung der Geometrie von $\Sigma(\mathfrak{K}, \mathfrak{L})$. Neben den schon in § 2 eingeführten Begriffen der Berührung und des harmonischen Punktequadrupels wird in diesem Paragraphen der Begriff Winkel behandelt. Spezialisiert auf $\Sigma(\mathbb{R}, \mathbb{C})$ sind unsere Winkel von $\Sigma(\mathfrak{K}, \mathfrak{L})$ die gewöhnlichen Kreiswinkel, spezialisiert auf $\Sigma(\mathbb{R}, \mathbb{D})$ die Tangentialdistanzen, spezialisiert auf $\Sigma(\mathbb{R}, \mathbb{A})$ die pseudo-euklidischen Winkel.

1. Winkel in $\Sigma(\mathfrak{K}, \mathfrak{L})$

Es seien $\mathbf{a}, \mathbf{b}$ Ketten durch den Punkt P. Im Falle $\mathbf{a} \cap \mathbf{b} = \{P\}$ sei $\mathbf{a}P\mathbf{b}$ vorausgesetzt. Es liegt also ein Kettenpaar $\mathbf{a}, \mathbf{b}$ durch P vor, für das entweder $|\mathbf{a} \cap \mathbf{b}| = 2$ oder aber $\mathbf{a}P\mathbf{b}$ gilt; denn ist $|\mathbf{a} \cap \mathbf{b}| \neq 2$, so haben wir im Falle $|\mathbf{a} \cap \mathbf{b}| \geq 3$ doch $\mathbf{a} = \mathbf{b} \ni P$, d.h. $\mathbf{a}P\mathbf{b}$, und im Falle $|\mathbf{a} \cap \mathbf{b}| = 1$ nach Voraussetzung $\mathbf{a}P\mathbf{b}$. Das geordnete Tripel $(\mathbf{ab}; P)$ heiße ein *Winkel*. Sind in diesem Sinne $(\mathbf{ab}; P)$, $(\mathbf{a}'\mathbf{b}'; P')$ Winkel, so wollen wir sie gleich nennen, in Zeichen

$$(\mathbf{ab}; P) = (\mathbf{a}'\mathbf{b}'; P),$$

im Falle $|\mathbf{a} \cap \mathbf{b}| = 2$ genau dann, wenn es ein $\gamma \in \Gamma(\mathfrak{L})$ gibt mit

$$\mathbf{a}^\gamma = \mathbf{a}', \mathbf{b}^\gamma = \mathbf{b}', P^\gamma = P',$$

und im Falle $\mathbf{a}P\mathbf{b}$ genau dann, wenn $\mathbf{a}'P'\mathbf{b}'$ gilt.

Aus der Definition der Gleichheit von Winkeln folgt sofort, daß die Gleichheitsrelation eine Äquivalenzrelation ist: Die Reflexivität folgt aus der Existenz der Identität in $\Gamma(\mathfrak{L})$, die Symmetrie aus der Existenz von γ^{-1} in $\Gamma(\mathfrak{L})$ zu $\gamma \in \Gamma(\mathfrak{L})$, die Transitivität aus $\gamma\delta \in \Gamma(\mathfrak{L})$ für $\gamma, \delta \in \Gamma(\mathfrak{L})$. Die Äquivalenzklassen gleicher Winkel wollen wir gelegentlich auch *freie*

Winkel nennen. Ist φ ein freier Winkel, ist $(\mathbf{ab}; P) \in \varphi$, so wollen wir auch $[\mathbf{ab}; P] = \varphi$ schreiben.

Satz 1.1. (*Eigenschaft der Abtragbarkeit von Winkeln*). *Gegeben sei der Winkel* $(\mathbf{ab}; P)$. *Gegeben seien weiterhin eine Kette* $\mathbf{c}$ *und ein Punkt* $Q \in \mathbf{c}$. *Dann gibt es eine Kette* $\mathbf{d}$ *durch* Q *mit* $(\mathbf{ab}; P) = (\mathbf{cd}; Q)$. *Weiterhin hat man für je zwei Ketten* $\mathbf{d}, \mathbf{d}'$ *durch* Q, *falls* $(\mathbf{ab}; P) = (\mathbf{cd}; Q) = (\mathbf{cd}'; Q)$ *gilt, die Berühraussage* $\mathbf{d}Q\mathbf{d}'$.

Beweis. Ist $\mathbf{a}P\mathbf{b}$ erfüllt, so ist $\mathbf{d} = \mathbf{c}$ wegen $\mathbf{c}Q\mathbf{c}$ eine Lösung. Da außerdem in diesem Falle $(\mathbf{ab}; P) = (\mathbf{cd}'; Q)$ genau dann gilt nach Definition wenn $\mathbf{c}Q\mathbf{d}'$ zutrifft, so ist wegen Satz 4.1 von § 2 im Fall $\mathbf{a}P\mathbf{b}$ alles bewiesen. Sei nun $|\mathbf{a} \cap \mathbf{b}| = 2$, $\mathbf{a} \cap \mathbf{b} = \{P, P_1\}$. Wegen Satz 1.1 von § 2 gibt es Punkte Q_1, C auf $\mathbf{c}$ derart, daß Q, Q_1, C drei paarweise nicht parallele Punkte sind. Desgleichen nehmen wir einen Punkt $A \in \mathbf{a} - \mathbf{b}$.

Wegen Satz 3.1 von § 1 gibt es ein $\gamma \in \Gamma(\mathfrak{L})$ mit $P^\gamma = Q$, $P_1^\gamma = Q_1$, $A^\gamma = C$. Also gilt mit $\mathbf{d} = \mathbf{b}^\gamma$ jedenfalls $(\mathbf{ab}; P) = (\mathbf{cd}; Q)$. Sei nun $(\mathbf{ab}; P) = (\mathbf{cd}; Q) = (\mathbf{cd}'; Q)$ für die Ketten $\mathbf{d}, \mathbf{d}' \ni Q$ erfüllt. Wegen $|\mathbf{a} \cap \mathbf{b}| = 2$ ist also ebenfalls $|\mathbf{c} \cap \mathbf{d}| = 2$ und es gibt ein $\tau \in \Gamma(\mathfrak{L})$ mit $\mathbf{c}^\tau = \mathbf{c}$, $\mathbf{d}^\tau = \mathbf{d}'$, $Q^\tau = Q$. Daß nun $\mathbf{d}'Q\mathbf{d}$ gilt, folgt aus

Satz 1.2. *Sind* $\mathbf{c}, \mathbf{d}$ *Ketten durch den Punkt* Q *und ist* $\tau \in \Gamma(\mathfrak{L})$ *eine Abbildung mit* $\mathbf{c}^\tau = \mathbf{c}$, $Q^\tau = Q$, *so ist* $\mathbf{d}^\tau Q\mathbf{d}$ *erfüllt.*

Beweis. O.B.d.A. nehmen wir $Q = W$[48] an, $\mathbf{c} = (WUV)$. Die Abbildung τ hat, bei Beschränkung auf den affinen Teil (s. Abschnitt 3), das Aussehen

$$w = az + b, \quad a \in \mathfrak{N}, \quad b \in \mathfrak{L}.$$

Aus $U^\tau, V^\tau \in \mathbf{c}^\tau = \mathbf{c}$ folgt $a, b \in \mathfrak{K}$. Es seien M, N verschiedene Punkte auf $\mathbf{d} - \{W\}$, und M^τ, N^τ verschiedene Punkte auf $\mathbf{d}^\tau - \{W\}$. Wegen

$$M^\tau - N^\tau = a(M - N), \quad a \in \mathfrak{K},$$

folgt

$$\mathbf{d} - \{W\} \parallel \mathbf{d}^\tau - \{W\}, \quad \text{d.h.} \quad \mathbf{d}^\tau W\mathbf{d}. \quad \square$$

Mit Hilfe von Satz 1.2 beweisen wir nun

Satz 1.3. (*Axiom von Süss*). *Haben zwei Ketten* $\mathbf{c}, \mathbf{d}$ *einen Punkt* Q *gemeinsam, und liegt der Punkt* $D \neq Q$ *auf* $\mathbf{d}$, *so führt jede Abbildung* $\tau \in \Gamma(\mathfrak{L})$, *welche* $\mathbf{c}$ *in sich selbst überführt und dabei die Punkte* Q *und* D *einzeln festläßt, auch* $\mathbf{d}$ *in sich selbst über.*

Beweis. Aus $\mathbf{c}, \mathbf{d} \ni Q$ und $\mathbf{c}^\tau = \mathbf{c}$, $Q^\tau = Q$ folgt $\mathbf{d}^\tau Q\mathbf{d}$ nach Satz 1.2. Wegen $D = D^\tau \ni \mathbf{d}^\tau \cap \mathbf{d} \in Q = Q^\tau$ und Satz 4.1 von § 2 gilt damit $\mathbf{d}^\tau = \mathbf{d}$. $\square$

[48] $W = \mathfrak{R}(1, 0)$, $U = \mathfrak{R}(0, 1)$, $V = \mathfrak{R}(1, 1)$.

In Ergänzung von Satz 1.1 beweisen wir

Satz 1.4. a) *Sind* $\mathbf{c}, \mathbf{d}$ *Ketten durch einen Punkt* Q *mit* $|\mathbf{c} \cap \mathbf{d}| = 2$, *ist* $T \neq Q$ *ein Punkt auf* $\mathbf{c}$, *ist ferner* $\mathbf{e}$ *die eindeutig bestimmte Kette mit*

$$T \in \mathbf{e},\ \mathbf{e}Q\mathbf{d},$$

so folgt $(\mathbf{cd}; Q) = (\mathbf{ce}; Q)$.

b) *Es seien vorgegeben ein Winkel* $(\mathbf{ab}; P)$, *eine Kette* $\mathbf{c}$, *verschiedene Punkte* Q, T *auf* $\mathbf{c}$. *Dann gibt es genau eine Kette* $\mathbf{d} \ni Q, T$ *mit*

$$(\mathbf{ab}; P) = (\mathbf{cd}; Q).$$

Beweis. Ist $(\mathbf{pq}; S)$ ein Winkel, ist $\varrho \in \Gamma(\mathfrak{L})$, so gilt

$$(\mathbf{pq}; S) = (\mathbf{p}^\varrho \mathbf{q}^\varrho; S^\varrho),$$

was sofort aus der Definition der Gleichheit von Winkeln folgt. (Man beachte noch Lemma 4.2 von § 2.) Somit ist die Winkelgleichheit ein $\Gamma(\mathfrak{L})$-invarianter Begriff. Für den Beweis von a) können wir deshalb o.B.d.A. $\mathbf{c} \cap \mathbf{d} = \{W, U\}$, $\mathbf{c} = (WUV)$, $Q = W$ annehmen. Sei $T = \mathfrak{R}(t, 1)$, also $T \in \mathfrak{K}$ wegen $T \in \mathbf{c}$.

Wir betrachten die Abbildung

$$\gamma\colon \mathfrak{R}(x_1' x_2') = \mathfrak{R}(x_1 x_2) \begin{pmatrix} 1 & 0 \\ t & 1 \end{pmatrix},$$

deren Beschränkung auf den affinen Teil so lautet

$$w = z + t.$$

Wir haben

$$\mathbf{c}^\gamma = \mathbf{c}, \quad Q^\gamma = Q, \quad \mathbf{d}^\gamma = \mathbf{e},$$

letztere Gleichung, weil $\mathbf{d} - \{W\} \parallel \mathbf{e} - \{W\}$ ist. Also gilt in der Tat $(\mathbf{cd}; Q) = (\mathbf{ce}; Q)$. Zum Beweis von b): Wegen Satz 1.1 gibt es eine Kette $\delta \ni Q$ mit $(\mathbf{ab}; P) = (\mathbf{c}\delta; Q)$. Ist nun ε die Kette durch Q, T (nach Satz 1.1 von § 2 sind diese Punkte nicht parallel), die δ in Q berührt (Satz 4.1 von § 2), so gilt $(\mathbf{c}\delta; Q) = \mathbf{c}\varepsilon; Q)$: Im Falle $|\mathbf{c} \cap \delta| = 2$ folgt dies aus dem schon bewiesenen Teil a) des vorliegenden Satzes. Im Falle $\delta Q \mathbf{c}$ hat man mit $\varepsilon Q \delta$ jedenfalls (Satz 4.1 von § 2) $\mathbf{c} Q \varepsilon$, was die Aussage beweist. Aus $(\mathbf{ab}; P) = (\mathbf{c}\delta; Q) = (\mathbf{c}\varepsilon; Q)$ folgt die Existenz einer gesuchten Kette $\mathbf{d}$; setze nämlich $\varepsilon = \mathbf{d}$. Hat man eine zweite Kette $\mathbf{d}' \ni Q, T$ mit $(\mathbf{ab}; P) = (\mathbf{cd}'; Q)$, so folgt nach Satz 1.1 gewiß $\mathbf{d}Q\mathbf{d}'$. Wegen $Q \neq T \in \mathbf{d} \cap \mathbf{d}'$ ist aber dann $\mathbf{d} = \mathbf{d}'$ nach Satz 4.1 von § 2. ▯

Satz 1.5. *Sind* $\mathbf{a}, \mathbf{b}$ *Ketten mit* $P, Q \in \mathbf{a} \cap \mathbf{b}$, $P \neq Q$, *so gilt*

$$(\mathbf{ab}; P) = (\mathbf{ba}; Q).$$

Beweis. Sei $A \in \mathbf{a} - \{P, Q\}$, $B \in \mathbf{b} - \{P, Q\}$. Es sind also P, Q, A paarweise nicht parallele Punkte und ebenso P, Q, B. Ist $\gamma \in \Gamma(\mathfrak{L})$ die Abbildung mit $P^\gamma = Q$, $Q^\gamma = P$, $A^\gamma = B$, so gilt nach Satz 3.2 von § 1 jedenfalls $B^\gamma = A$. Dies bedeutet

$$(\mathbf{ab}; P) = (\mathbf{a}^\gamma \mathbf{b}^\gamma; P^\gamma) = (\mathbf{ba}; Q).$$

2. Die Gruppe der freien Winkel

Auf der Menge der freien Winkel wollen wir eine Addition einführen. Es seien φ, ψ freie Winkel und es seien $(\mathbf{ab}; P)$, $(\mathbf{cd}; Q)$ Winkel mit

$$(\mathbf{ab}; P) \in \psi, \quad (\mathbf{cd}; Q) \in \varphi.$$

Im Falle $\mathbf{a}P\mathbf{b}$ definieren wir $\varphi + \psi = \varphi$. Dies hängt nicht von den Repräsentanten $(\mathbf{ab}; P) \in \psi$, $(\mathbf{cd}; Q) \in \varphi$ ab. Sei $|\mathbf{a} \cap \mathbf{b}| = 2$ und $\mathbf{a} \cap \mathbf{b} = \{P, S\}$. Wegen Satz 1.4b gibt es eine eindeutig bestimmte Kette $\mathbf{k} \ni P, S$ mit $(\mathbf{cd}; Q) = (\mathbf{bk}; P)$. Dann sei gesetzt $\varphi + \psi = [\mathbf{ak}; P]$. Wir haben zu zeigen, daß auch im Falle $|\mathbf{a} \cap \mathbf{b}| = 2$ die Definition von $\varphi + \psi$ nicht von den gewählten Repräsentanten abhängt. In der Tat: Gegeben seien Winkel $(\mathbf{a}'\mathbf{b}'; P') = (\mathbf{ab}; P)$, $(\mathbf{c}'\mathbf{d}'; Q') = (\mathbf{cd}; Q)$. Aus $|\mathbf{a} \cap \mathbf{b}| = 2$ folgt $|\mathbf{a}' \cap \mathbf{b}'| = 2$. Sei $\mathbf{a}' \cap \mathbf{b}' = \{P', S'\}$. Wir haben zu betrachten die eindeutig bestimmte Kette $\mathbf{k}' \ni P', S'$ mit $(\mathbf{c}'\mathbf{d}'; Q') = (\mathbf{b}'\mathbf{k}'; P')$. Dann gilt also $(\mathbf{bk}; P) = (\mathbf{b}'\mathbf{k}'; P')$. Seien Punkte

$$A \in \mathbf{a} - \{P, S\}, \quad A' \in \mathbf{a}' - \{P', S'\}$$

hergenommen und $\varrho \in \Gamma(\mathfrak{L})$ mit $A^\varrho = A'$, $P^\varrho = P'$, $S^\varrho = S'$. Also ist $(\mathbf{ab}; P) = (\mathbf{a}^\varrho\mathbf{b}^\varrho; P') = (\mathbf{a}'\mathbf{b}^\varrho; P')$, was zusammen mit $(\mathbf{ab}; P) = (\mathbf{a}'\mathbf{b}'; P')$ und $\mathbf{b}^\varrho \ni P', S'$, $\mathbf{b}' \ni P', S'$ auf $\mathbf{b}^\varrho = \mathbf{b}'$ führt nach Satz 1.4b. Aus

$$(\mathbf{b}'\mathbf{k}'; P') = (\mathbf{bk}; P) = (\mathbf{b}^\varrho\mathbf{k}^\varrho; P^\varrho) = (\mathbf{b}'\mathbf{k}^\varrho; P')$$

und $\mathbf{k}' \ni P', S'$, $\mathbf{k}^\varrho \ni P', S'$ folgt $\mathbf{k}^\varrho = \mathbf{k}'$. Also ist $(\mathbf{ak}; P) = (\mathbf{a}'\mathbf{k}'; P')$, was tatsächlich die Unabhängigkeit von den gewählten Repräsentanten beweist.

Satz 2.1. *Die Menge $\mathfrak{W}$ der freien Winkel bildet gegenüber der Addition eine abelsche Gruppe.*

Beweis. Der freie Winkel, der aus allen Winkeln $(\mathbf{ab}; P)$ mit $\mathbf{a}P\mathbf{b}$ besteht, sei mit 0 bezeichnet. Nach Definition ist also $\varphi + 0 = \varphi$ und damit insbesondere $0 + 0 = 0$. Wir betrachten $0 + \psi$, $\psi \neq 0$: Ist $\psi = [\mathbf{ab}; P]$, $|\mathbf{a} \cap \mathbf{b}| = 2$, so haben wir mit $(\mathbf{bb}; P) \in 0$ also

$$0 + \psi = [\mathbf{ab}; P] = \psi.$$

Zum assoziativen Gesetz: Gegeben seien $\varphi, \psi, \omega \in \mathfrak{W}$. Im Falle $\omega = 0$ ist

$$(\varphi + \psi) + \omega = \varphi + \psi = \varphi + (\psi + \omega).$$

Im Falle $\psi = 0$ gilt

$$(\varphi + \psi) + \omega = \varphi + \omega = \varphi + (\psi + \omega).$$

Sei nun $0 \notin \{\psi, \omega\}$. Wir betrachten $\omega = [\mathbf{ab}; P]$ mit $\mathbf{a} \cap \mathbf{b} = \{P, S\}$, $P \neq S$, und $\psi = [\mathbf{bc}; P]$, $\mathbf{b} \cap \mathbf{c} = \{P, S\}$. Weiterhin sei $\varphi = [\mathbf{cd}; P]$, $P, S \in \mathbf{d}$. Es ist dann $(\varphi + \psi) + \omega = [\mathbf{bd}; P] + [\mathbf{ab}; P] = [\mathbf{ad}; P]$ und $\varphi + (\psi + \omega) = \varphi + [\mathbf{ac}; P]$. Dieser letztere Ausdruck ist $[\mathbf{ad}; P]$ für $[\mathbf{ac}; P] \neq 0$ und φ für $[\mathbf{ac}; P] = 0$. Im Falle $[\mathbf{ac}; P] = 0$ haben wir aber $\mathbf{a}P\mathbf{c}$, was mit $\mathbf{a} \ni P, S$, $\mathbf{c} \ni P, S$ auf $\mathbf{a} = \mathbf{c}$ und damit auf

$$\varphi = [\mathbf{cd}; P] = [\mathbf{ad}; P]$$

führt. Also gilt stets $(\varphi + \psi) + \omega = \varphi + (\psi + \omega)$. Zur Existenz des inversen Elementes: Ist $\varphi = 0$, so gilt $\varphi + \varphi = 0$. Sei $\varphi \neq 0, \varphi = [\mathbf{ab}; P]$, $|\mathbf{a} \cap \mathbf{b}| = 2$. Dann ist $\varphi + [\mathbf{ba}; P] = [\mathbf{bb}; P] = 0 = [\mathbf{ba}; P] + \varphi$. Wie bei additiv geschriebenen Gruppen üblich, bezeichnen wir das inverse Element von φ mit $-\varphi$.

Zum kommutativen Gesetz: Gegeben seien freie Winkel φ, ψ. Im Falle $0 \in \{\varphi, \psi\}$ ist nichts mehr zu beweisen. Sei $0 \notin \{\varphi, \psi\}$. Wir betrachten $\varphi = [\mathbf{bc}; P]$, $\psi = [\mathbf{ab}; P]$, $\mathbf{b} \cap \mathbf{c} = \{P, Q\}$, $P \neq Q$, $\mathbf{a} \cap \mathbf{b} = \{P, Q\}$. Mit Hilfe von Satz 5.1 gilt

$$\varphi + \psi = [\mathbf{ac}; P] = [\mathbf{ca}; Q] = [\mathbf{ba}; Q] + [\mathbf{cb}; Q] = \psi + \varphi. \quad \square$$

In den klassischen Fällen $\mathfrak{K} = \mathbb{R}$ und $\mathfrak{L} =$ resp. $\mathbb{C}, \mathbb{D}, \mathbb{A}$ läßt sich unmittelbar bestätigen. Sind r, s reguläre Elemente in $\mathfrak{L}$, so gilt

$$\arg r = \arg s \quad (\text{hier mod } \pi \text{ im Falle } \mathfrak{L} = \mathbb{C})$$

genau dann, wenn die Restklassen $r\mathfrak{K}^\times$, $s\mathfrak{K}^\times$, wo $\mathfrak{K}^\times$ die multiplikative Gruppe von $\mathfrak{K}$ bezeichnet, der Faktorgruppe $\mathfrak{R}/\mathfrak{K}^\times$ übereinstimmen. Diese Beobachtung ermöglicht die nun folgende gemeinsame Behandlung auf der Grundlage der Kettengeometrien $\Sigma(\mathfrak{K}, \mathfrak{L})$.

Wir führen den Begriff „*Größe eines Winkels*" ein: Gegeben sei der Winkel $(\mathbf{ab}; P)$. Im Falle $\mathbf{a}P\mathbf{b}$ definieren wir

$$\sphericalangle\, (\mathbf{ab}; P) = \mathfrak{K}^\times \in \mathfrak{R}/\mathfrak{K}^\times.$$

Im Falle $\mathbf{a} \cap \mathbf{b} = \{P, Q\}$, $P \neq Q$, definieren wir

$$\sphericalangle\, (\mathbf{ab}; P) = \begin{bmatrix} Q & P \\ B & A \end{bmatrix} \mathfrak{K}^\times \in \mathfrak{R}/\mathfrak{K}^\times,$$

wo A ein Punkt in $\mathbf{a} - \{P, Q\}$ und B ein Punkt in $\mathbf{b} - \{P, Q\}$ sei. Wegen $Q \nparallel A, B$ und $P \nparallel A, B$ ist zunächst $\begin{bmatrix} Q & P \\ B & A \end{bmatrix}$ eine Einheit in $\mathfrak{L}$ und damit tatsächlich $\begin{bmatrix} Q & P \\ B & A \end{bmatrix} \mathfrak{K}^\times \in \mathfrak{R}/\mathfrak{K}^\times$. Um zu einer sinnvollen Definition zu kommen, müssen wir außerdem noch $\begin{bmatrix} Q & P \\ B' & A' \end{bmatrix} \in \begin{bmatrix} Q & P \\ B & A \end{bmatrix} \mathfrak{K}^\times$ zeigen für $A' \in \mathbf{a} - \{P, Q\}$ und $B' \in \mathbf{b} - \{P, Q\}$. Wegen Satz 4.1c von § 1 gilt aber

$$\begin{bmatrix} Q & P \\ B' & A' \end{bmatrix} = \begin{bmatrix} Q & P \\ B' & A \end{bmatrix} \cdot \begin{bmatrix} Q & P \\ A & A' \end{bmatrix} = \begin{bmatrix} Q & P \\ B' & B \end{bmatrix} \cdot \begin{bmatrix} Q & P \\ B & A \end{bmatrix} \begin{bmatrix} Q & P \\ A & A' \end{bmatrix}.$$

Aus Satz 2.2a von § 2 folgt

$$\begin{bmatrix} Q & P \\ A & A' \end{bmatrix}, \begin{bmatrix} Q & P \\ B' & B \end{bmatrix} \in \mathfrak{K}.$$

Da diese beiden Doppelverhältnisse außerdem Einheiten sind, gilt tatsächlich

$$\begin{bmatrix} Q & P \\ B' & A' \end{bmatrix} \in \begin{bmatrix} Q & P \\ B & A \end{bmatrix} \mathfrak{K}^\times.$$

Satz 2.2. *Zwei Winkel sind genau dann gleich, wenn sie von gleicher Größe sind.*

Beweis. Gegeben seien die Winkel $(\mathbf{ab}; P)$, $(\mathbf{cd}; S)$. Sei $(\mathbf{ab}; P) = (\mathbf{cd}; S)$. Im Falle $\mathbf{a}P\mathbf{b}$ gilt $\mathbf{c}S\mathbf{d}$ und damit $\sphericalangle(\mathbf{ab}; P) = \mathfrak{K}^\times = \sphericalangle(\mathbf{cd}; S)$. Im Falle $|\mathbf{a} \cap \mathbf{b}| = 2$ ist $|\mathbf{c} \cap \mathbf{d}| = 2$. Sei $\mathbf{a} \cap \mathbf{b} = \{P, Q\}$ und $\mathbf{c} \cap \mathbf{d} = \{S, T\}$. Wegen der Gleichheit der in Rede stehenden Winkel gibt es ein $\varrho \in \Gamma(\mathfrak{L})$ mit $\mathbf{a}^\varrho = \mathbf{c}$, $\mathbf{b}^\varrho = \mathbf{d}$, $P^\varrho = S$. Also ist $(\mathbf{a} \cap \mathbf{b})^\varrho = \mathbf{a}^\varrho \cap \mathbf{b}^\varrho$, d.h. $Q^\varrho = T$. Ist $A \in \mathbf{a} - \{P, Q\}$, $B \in \mathbf{b} - \{P, Q\}$, so folgt mit Satz 4.2a von § 1

$$\sphericalangle(\mathbf{ab}; P) = \begin{bmatrix} Q & P \\ B & A \end{bmatrix} \cdot \mathfrak{K}^\times = \begin{bmatrix} Q^\varrho & P^\varrho \\ B^\varrho & A^\varrho \end{bmatrix} \cdot \mathfrak{K}^\times$$

$$= \begin{bmatrix} T & S \\ B^\varrho & A^\varrho \end{bmatrix} \cdot \mathfrak{K}^\times = \sphericalangle(\mathbf{cd}; S)$$

wegen $A^\varrho \in \mathbf{a}^\varrho - \{P^\varrho, Q^\varrho\} = \mathbf{c} - \{S, T\}$, $B^\varrho \in \mathbf{d} - \{S, T\}$.

Gelte nun umgekehrt $\sphericalangle(\mathbf{ab}; P) = \sphericalangle(\mathbf{cd}; S)$. Zunächst nehmen wir an $\sphericalangle(\mathbf{ab}; P) = \mathfrak{K}^\times = \sphericalangle(\mathbf{cd}; S)$ und zeigen $\mathbf{a}P\mathbf{b}$, $\mathbf{c}S\mathbf{d}$: Wäre $\mathbf{a} \cap \mathbf{b} = \{P, Q\}$, $P \neq Q$, so hätte man

$$\sphericalangle(\mathbf{ab}; P) = \begin{bmatrix} Q & P \\ B & A \end{bmatrix} \cdot \mathfrak{K}^\times$$

mit Punkten $A \in \mathbf{a} - \{P, Q\}$, $B \in \mathbf{b} - \{P, Q\}$ und damit $\begin{bmatrix} Q & P \\ B & A \end{bmatrix} \in \mathfrak{K}^{\times}$, was mit Satz 2.2a von § 2 doch $B \in (QPA) = \mathbf{a}$ bedeutete, d.h. $B \in \mathbf{a} \wedge \mathbf{b} = \{P, Q\}$. — Damit ist also tatsächlich $\mathbf{a}P\mathbf{b}$ und mutatis mutandis $\mathbf{c}S\mathbf{d}$. Sei nun $\sphericalangle(\mathbf{ab}; P) = \sphericalangle(\mathbf{cd}; S) \neq \mathfrak{K}^{\times}$. Damit gilt $\mathbf{a} \wedge \mathbf{b} = \{P, Q\}$, $P \neq Q$, $\mathbf{c} \wedge \mathbf{d} = \{S, T\}$, $S \neq T$, und

$$\begin{bmatrix} Q & P \\ B & A \end{bmatrix} \in \begin{bmatrix} T & S \\ D & C \end{bmatrix} \mathfrak{K}^{\times}$$

mit Punkten $A \in \mathbf{a} - \{P, Q\}$, $B \in \mathbf{b} - \{P, Q\}$, $C \in \mathbf{c} - \{S, T\}$, $D \in \mathbf{d} - \{S, T\}$. Setzen wir

$$\begin{bmatrix} Q & P \\ B & A \end{bmatrix} = \begin{bmatrix} T & S \\ D & C \end{bmatrix} \cdot k, \quad k \in \mathfrak{K}^{\times},$$

so betrachten wir die Gleichung $\begin{bmatrix} T & S \\ D' & D \end{bmatrix} = k$, $D' \nparallel T$, in D', die nach Satz 4.3 von § 1 genau eine Lösung hat. Wegen Satz 2.2a von § 2 ist $D' \in (TSD) = \mathbf{d}$. Wegen $k \neq 0$ ist $D' \neq S$ und damit nach Satz 4.1c von § 1

$$\begin{bmatrix} Q & P \\ B & A \end{bmatrix} = \begin{bmatrix} T & S \\ D & C \end{bmatrix} \cdot k = \begin{bmatrix} T & S \\ D & C \end{bmatrix} \begin{bmatrix} T & S \\ D' & D \end{bmatrix} = \begin{bmatrix} T & S \\ D' & C \end{bmatrix} \text{ mit } D' \in \mathbf{d} - \{T, S\}.$$

Ist $\varrho \in \Gamma(\mathfrak{L})$ die Abbildung mit $Q^\varrho = T$, $P^\varrho = S$, $A^\varrho = C$, so gilt mit Satz 4.2a von § 1

$$\begin{bmatrix} T & S \\ D' & C \end{bmatrix} = \begin{bmatrix} Q & P \\ B & A \end{bmatrix} = \begin{bmatrix} T & S \\ B^\varrho & C \end{bmatrix}, \quad \text{d.h.} \quad B^\varrho = D'$$

nach Satz 4.3 von § 1. Damit ist $(\mathbf{ab}; P) = (\mathbf{a}^\varrho \mathbf{b}^\varrho; P^\varrho) = (\mathbf{cd}; S)$ was zu beweisen war. ▯

Auf Grund von Satz 2.2 können wir in der folgenden Weise auch jedem freien Winkel eine Größe zuordnen:

$$\sphericalangle[\mathbf{ab}; P] = \sphericalangle(\mathbf{ab}; P),$$

die nicht von dem Repräsentanten des freien Winkels $\varphi = [\mathbf{ab}; P]$ abhängt. Eine Folge von Satz 2.2 ist außerdem: Aus $\sphericalangle\varphi = \sphericalangle\psi$ folgt $\varphi = \psi$.

Satz 2.3. *Die Abbildung $\varphi \to \sphericalangle\varphi$ ist eine isomorphe Abbildung von $\mathfrak{W}$ auf $\mathfrak{R}/\mathfrak{K}^{\times}$.*

Beweis. Wie schon oben gezeigt, liegt eine eineindeutige Abbildung von $\mathfrak{W}$ in $\mathfrak{R}/\mathfrak{K}^{\times}$ vor. Die Abbildung ist surjektiv: Ist $r \in \mathfrak{R}$, so gilt

$\sphericalangle((WUV)(WUR); U) = r\mathfrak{K}^\times$, wenn gesetzt wird $W = \mathfrak{R}(1, 0)$, $U = \mathfrak{R}(0, 1)$, $V = \mathfrak{R}(1, 1)$, $R = \mathfrak{R}(r, 1)$. Es liegt eine isomorphe Abbildung vor: Wir haben zu zeigen $\sphericalangle(\varphi + \psi) = \sphericalangle\varphi \cdot \sphericalangle\psi$. Dies ist klar für $0 \in \{\varphi, \psi\}$. Sei also $0 \notin \{\varphi, \psi\}$ und $\varphi = [\mathbf{bc}; P]$, $\psi = [\mathbf{ab}; P]$ mit $\mathbf{b} \cap \mathbf{c} = \mathbf{a} \cap \mathbf{b} = \{P, Q\}$, $P \neq Q$. Wir betrachten $A \in \mathbf{a} - \{P, Q\}$, $B \in \mathbf{b} - \{P, Q\}$, $C \in \mathbf{c} - \{P, Q\}$. Es ist

$$\sphericalangle(\varphi + \psi) = \sphericalangle[\mathbf{ac}; P] = \begin{bmatrix} Q & P \\ C & A \end{bmatrix} \mathfrak{K}^\times$$

und

$$\sphericalangle\varphi \cdot \sphericalangle\psi = \begin{bmatrix} Q & P \\ C & B \end{bmatrix} \mathfrak{K}^\times \cdot \begin{bmatrix} Q & P \\ B & A \end{bmatrix} \mathfrak{K}^\times = \begin{bmatrix} Q & P \\ C & A \end{bmatrix} \mathfrak{K}^\times. \quad \square$$

3. Winkelsätze. $(8_3, 6_4)$-Konfigurationen

Wir beginnen mit dem Satz, der in der Möbiusgeometrie Satz über den Sehnentangentenwinkel heißt:

Satz 3.1. *Sind A, B, C, D paarweise nicht parallele Punkte, so gilt*

$$((ABC)(ABD); B) = ((DCB)(DCA); C)$$

(s. Abb. 43).

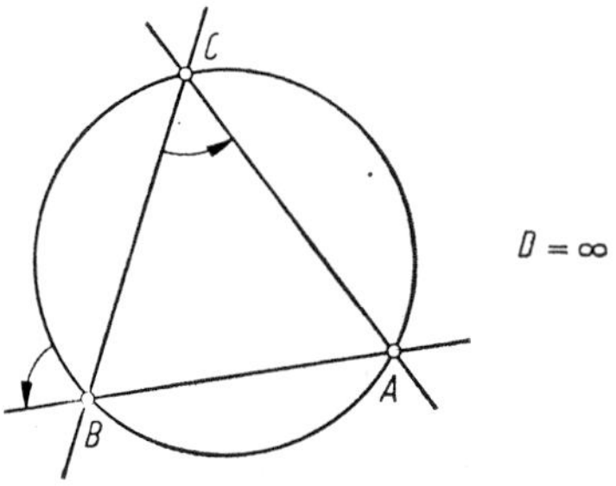

Abb. 43

Beweis. Wegen $\begin{bmatrix} A & B \\ D & C \end{bmatrix} = \begin{bmatrix} D & C \\ A & B \end{bmatrix}$ nach Satz 4.1a von § 1 haben beide Winkel die gleiche Größe. $\square$

Satz 3.2. *Es seien A, B, P, Q verschiedene Punkte auf einer Kette* $\mathbf{z}$. *Es sei $W \notin$* $\mathbf{z}$ *ein Punkt, der zu keinem der Punkte A, B, P, Q parallel ist.*

Dann gilt

$$((WPA)(WPB); P) = ((WQA)(WQB); Q)$$

(s. Abb. 44).

Beweis. Man wende Satz 3.1 zweimal an. ∎

Satz 3.2 ist in der Möbiusgeometrie als *Peripheriewinkelsatz* bekannt. Der nun folgende Satz 3.3 ist im klassischen Fall der Satz über die Summe der Winkel im Kreisdreieck:

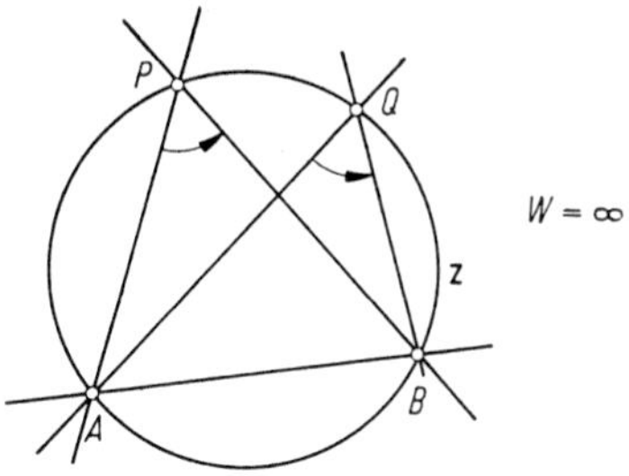

Abb. 44

Satz 3.3. *Es seien W, A, B, C paarweise nicht parallele Punkte, nicht gemeinsam auf einer Kette. Dann gilt* (s. Abb. 45)

$$[(WAB)\,(WAC); A] + [(WBC)\,(WBA); B] + [(WCA)\,(WCB); \mathrm{C}) = 0.$$

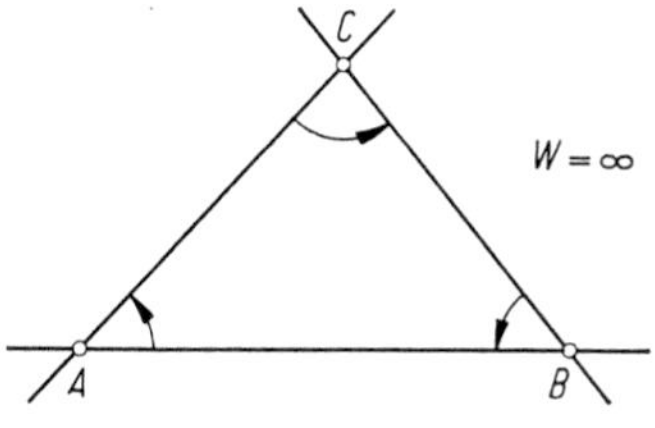

Abb. 45

Beweis. Der Beweis folgt aus der Formel (Satz 4.1d von § 1)

$$\begin{bmatrix} W & A \\ C & B \end{bmatrix} \begin{bmatrix} W & B \\ A & C \end{bmatrix} \begin{bmatrix} W & C \\ B & A \end{bmatrix} = -1 \in \mathfrak{K}^{\times}. \quad ∎$$

Als Spezialfall eines Winkelsatzes werden wir bald den folgenden *Satz von Miquel* erkennen:

Satz 3.4. *Lassen sich acht paarweise nicht parallele Punkte so den Eckpunkten eines Würfels zuordnen, daß es fünfmal vorkommt, daß den Eckpunkten einer Seitenebene des Würfels vier konzyklische Punkte entsprechen, so ist dies auch bei den Eckpunkten der sechsten Seitenebene der Fall* (s. Abb. 46).

Beweis.

Der Beweis folgt sofort aus der Identität (Satz 4.1e von § 1)

$$\begin{bmatrix} A & B \\ D & C \end{bmatrix} \begin{bmatrix} E & F \\ H & G \end{bmatrix} = \begin{bmatrix} A & E \\ D & H \end{bmatrix} \begin{bmatrix} F & B \\ G & C \end{bmatrix} \begin{bmatrix} A & F \\ H & C \end{bmatrix} \begin{bmatrix} E & B \\ D & G \end{bmatrix}.$$

(Diese Identität wird auch Peczar-Identität genannt). ▯

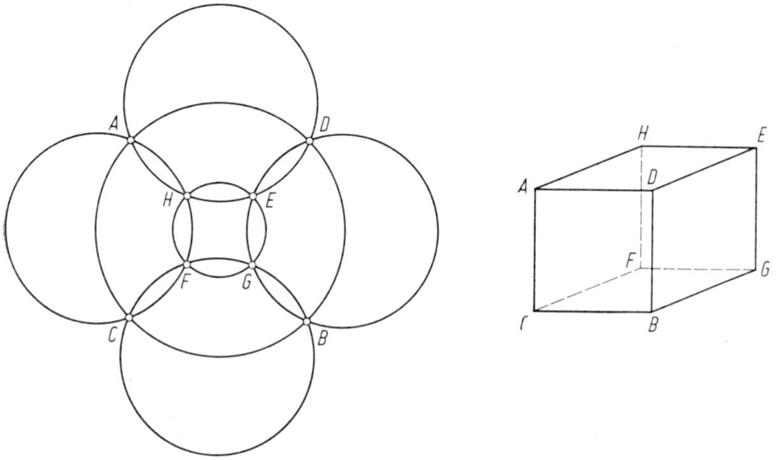

Abb. 46

Wir fragen uns, ob an der Voraussetzung, daß alle Punkte paarweise nicht parallel sind, festgehalten werden muß, um die Aussage aufrecht zu erhalten. Nun, der Beweis zeigt, daß folgende Abschwächung noch hinreicht: Bis auf eine oder mehrere der Bedingungen

$$A \parallel G, \quad B \parallel H, \quad C \parallel E, \quad D \parallel F$$

sind die Punkte $A, \ldots, H$ paarweise nicht parallel.

Das folgende Beispiel in der Laguerregeometrie zeigt, daß die Aussage (bei Verwendung etwa einer anderen Beweisidee) nicht aufrechterhalten werden kann unter den folgenden Voraussetzungen: Gegeben seien acht verschiedene Punkte $A, \ldots, H$, die höchstens bis auf $E \parallel F$, $H \parallel G$ als paarweise nicht parallel vorausgesetzt sind, für die die Quadrupel $ABCD$, $AEHD$, $FBCG$, $AFCH$, $EBGD$ konzyklisch sind. Es kann dann in der Tat nicht auf $E \nparallel F$, $H \nparallel G$ geschlossen werden und a fortiori nicht auf die konzyklische Lage von $EFGH$:

Sei $A = \Re(a, 1), \ldots, H = \Re(h, 1)$ gesetzt mit $a = -\frac{5}{7} + \frac{27}{49}\varepsilon$, $b = 5 - \varepsilon$, $c = 4 + \varepsilon$, $d = -1$, $e = 1 + \varepsilon$, $f = 1 - \varepsilon$, $g = 2 + \varepsilon$, $h = 2 - \varepsilon$.

Der Satz von Miquel wird eine $(8_3, 6_4)$-Konfiguration genannt, weil er, außer in Entartungen, zu einer Figur führt, die aus 8 Punkten und 6 Ketten aufgebaut ist, jeder Punkt liegt auf 3 der beteiligten Ketten, jede Kette geht durch 4 der beteiligten Punkte.

Die Peczar-Identität kann dazu benutzt werden, Winkelsätze aufzustellen, die den Satz von Miquel als Spezialfall enthalten. Wir geben nur den folgenden derartigen Winkelsatz an, der, wie gesagt, sofort eine Konsequenz der Peczar-Identität ist:

Satz 3.5. *Es seien acht paarweise nicht parallele Punkte $A, \ldots, H$ gegeben. Liegen dann die Quadrupel $AEHD$, $FBCG$, $AFCH$, $EBGD$ konzyklisch, so gilt*

$$((ABC)\,(ABD);\,B) = ((EFH)\,(EFG);\,F)$$

(s. Abb. 47).

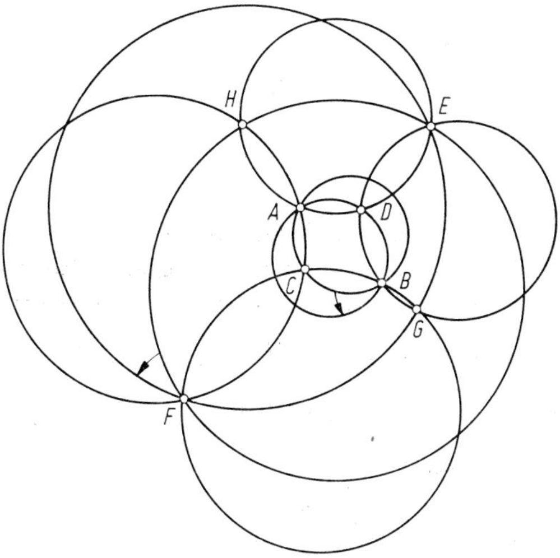

Abb. 47

Eine weitere $(8_3, 6_4)$-Konfiguration ist der *Büschelsatz*. Er lautet: *Gegeben seien vier Paare von insgesamt acht paarweise nicht parallelen Punkten. Aus den vier Punktepaaren kann man durch Zusammenstellung je zweier verschiedener Paare sechs Punktequadrupel herstellen. Kommt es dann vor, daß fünf dieser Punktequadrupel konzyklisch sind auf insgesamt mindestens vier verschiedenen Ketten, so ist auch das letzte Punktequadrupel konzyklisch* (s. Abb. 48).

Gleichwertig kann der Büschelsatz auch so formuliert werden: *Es seien $A, B, C_1, C_2, A', B', C_1', C_2'$ acht paarweise nicht parallele Punkte.*

Es seien $AA'BB'$, $AA'C_1C_1'$, $AA'C_2C_2'$, $BB'C_1C_1'$, $BB'C_2C_2'$ konzyklische Punktequadrupel, nicht aber $AA'BC_1$, $AA'BC_2$. Dann ist auch das Punktequadrupel $C_1C_1'C_2C_2'$ konzyklisch.

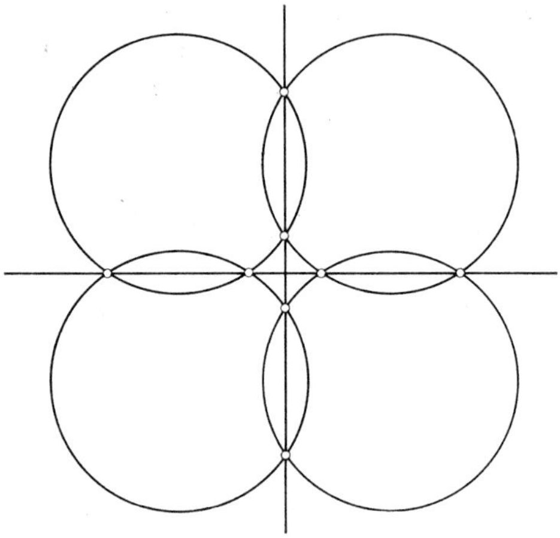

Abb. 48

Der Büschelsatz ist nicht in jeder Kettengeometrie $\Sigma(\mathfrak{K}, \mathfrak{L})$ gültig, so wie der Satz von Miquel. Dies lehrt das folgende Beispiel: Sei $\mathfrak{K} = \mathbb{Q}$ der Körper der rationalen Zahlen, sei $\mathfrak{L} = \mathbb{R}$ der Körper der reellen Zahlen. Sei $A = \mathfrak{R}(a, 1), \ldots, C_2' = \mathfrak{R}(c_2', 1)$ gesetzt mit: $a = 0$, $b = \frac{1}{2}$, $c_1 = \frac{1}{7}(2 + 3\sqrt{2})$, $c_2 = \frac{1}{2}(1 + \sqrt{3})$, $a' = -1$, $b' = 2$, $c_1' = \frac{1}{7}(2 - 3\sqrt{2})$, $c_2' = \frac{1}{23}(4 - 6\sqrt{3})$. Dann gilt

$$\begin{bmatrix} A & A' \\ C_1 & B \end{bmatrix}, \begin{bmatrix} A & A' \\ C_2 & B \end{bmatrix} \notin \mathbb{Q},$$

fernerhin

$$\begin{bmatrix} A & A' \\ B' & B \end{bmatrix} = \frac{1}{2}, \quad \begin{bmatrix} A & A' \\ C_1' & C_1 \end{bmatrix} = -1, \quad \begin{bmatrix} A & A' \\ C_2' & C_2 \end{bmatrix} = -\frac{3}{2},$$

$$\begin{bmatrix} B & B' \\ C_1' & C_1 \end{bmatrix} = -1, \quad \begin{bmatrix} B & B' \\ C_2' & C_2 \end{bmatrix} = -4.$$

Hingegen ist $C_1C_1'C_2C_2'$ nicht konzyklisch wegen

$$\begin{bmatrix} C_1 & C_1' \\ C_2' & C_2 \end{bmatrix} = -49 + 20\sqrt{6} \notin \mathbb{Q}.$$

Der Leser überlege sich, daß der Büschelsatz immer dann gültig ist, wenn $(\mathfrak{L}:\mathfrak{K}) = 2$ ist (d.h., wenn der Vektorraum $\mathfrak{L}$ über dem Körper $\mathfrak{K}$ die Dimension 2 hat). Daß der Büschelsatz auch gelten kann, wenn $(\mathfrak{L}:\mathfrak{K}) \neq 2$ ist, zeigt das folgende Beispiel, wo $(\mathfrak{L}:\mathfrak{K}) = 4$ ist: Sei $\mathfrak{K}$ der Quotientenkörper (s. Kapitel III, § 2, Abschnitt 2) des Polynomringes in zwei Unbestimmten x, y über dem Galoisfeld $\{0, 1\}$. Es sind x, y Nichtquadrate über $\mathfrak{K}$. Sei dann $\mathfrak{L}$ der Körper, der aus $\mathfrak{K}$ durch Adjunktion von μ, ν entsteht mit $\mu^2 = x, \nu^2 = y$. In $\Sigma(\mathfrak{K}, \mathfrak{L})$ gilt durchweg der Büschelsatz.

Anmerkung: Ist $\nu \in \mathfrak{R} - \mathfrak{K}$ quadratisch über $\mathfrak{K}$, so bezeichne $N(\nu)$ die Norm von ν bezüglich der Algebra $\mathfrak{K}(\nu)$ über $\mathfrak{K}$. Wir nennen $\mathfrak{L}$ fastquadratisch über $\mathfrak{K}$, wenn gilt: Sind $\nu_1, \nu_2 \in \mathfrak{R} - \mathfrak{K}$ quadratisch über $\mathfrak{K}$, gilt $\nu_1 \cdot \nu_2 \notin \mathfrak{K}$, so ist auch $\nu_1 \cdot \nu_2$ quadratisch über $\mathfrak{K}$ mit

$$N(\nu_1 \cdot \nu_2) = N(\nu_1) \cdot N(\nu_2).$$

In W. Benz [29] wird gezeigt, daß in $\Sigma(\mathfrak{K}, \mathfrak{L})$ durchweg der Büschelsatz gilt, wenn $\mathfrak{L}$ fastquadratisch über $\mathfrak{K}$ ist.
Die früher gemachten Bemerkungen hinsichtlich Gültigkeit des Büschelsatzes ordnen sich diesem Satz unter. Darüber hinaus sind beispielsweise auch die Algebren $\mathfrak{L}$ von Laguerregeometrien $\Sigma(\mathfrak{K}, \mathfrak{L})$ (s. § 4, Satz 1.1) mit $\mathfrak{R}^2 = 0$ ($\mathfrak{R}$ das maximale Ideal von $\mathfrak{L}$) fastquadratisch über $\mathfrak{K}$.

Wir beweisen in diesem Abschnitt noch den sogenannten vollen Satz von Miquel, von dem Satz 3.4 eine Konsequenz ist:

Satz 3.6. *Es seien $W, A_1, A_2, A_3, P_1, P_2, P_3$ verschiedene Punkte mit*

1. $W \nparallel A_1, A_2, A_3, P_1, P_2, P_3$,
2. A_1, A_2, A_3 *sind paarweise nicht parallel,*
3. P_1, P_2, P_3 *sind paarweise nicht parallel,*
4. $A_i \nparallel P_j$ *für $i \neq j$ und $i, j \in \{1, 2, 3\}$.*

Es seien $\mathbf{a}_1, \mathbf{a}_2, \mathbf{a}_3, \mathbf{p}_1, \mathbf{p}_2, \mathbf{p}_3$ Ketten mit

$$P_i \in \mathbf{a}_i \equiv (W A_{i+1} A_{i+2}),$$
$$\mathbf{p}_i \equiv (A_i P_{i+1} P_{i+2}),$$

wobei die Indizes — modulo 3 genommen — über 1, 2, 3 laufen. Gilt dann $\mathbf{p}_2 \cap \mathbf{p}_3 = \{P_1, Q\}$ und im Falle $P_1 = Q$ darüber hinaus $\mathbf{p}_2 P_1 \mathbf{p}_3$, so folgt $Q \in \mathbf{p}_1$.

Beweis. 1. Fall: $Q \neq P_1$. Dann ist nichts zu zeigen, falls $Q = P_2$ gilt, da ja $\mathbf{p}_1 = (A_1 P_2 P_3)$ ist. Es sei also $P_1 \neq Q \neq P_2$ vorausgesetzt. Wegen $P_1, P_2, Q \in \mathbf{p}_3$ ist dann Q weder zu P_1 noch zu P_2 parallel. Damit sind alle Doppelverhältnisse in der Identität

$$(*) \qquad \begin{bmatrix} P_2 & P_3 \\ Q & A_1 \end{bmatrix} = \begin{bmatrix} P_1 & P_3 \\ Q & A_2 \end{bmatrix} \begin{bmatrix} P_2 & P_1 \\ Q & A_3 \end{bmatrix} \begin{bmatrix} W & P_1 \\ A_3 & A_2 \end{bmatrix} \begin{bmatrix} W & P_2 \\ A_1 & A_3 \end{bmatrix} \begin{bmatrix} W & P_3 \\ A_2 & A_1 \end{bmatrix}$$

erklärt. Es sind sogar in jedem der Quadrupel $P_2P_3A_1Q$, $P_1P_3A_2Q$, $P_2P_1A_3Q$, $WP_1A_2A_3$, $WP_2A_3A_1$, $WP_3A_1A_2$ die ersten drei Punkte paarweise nicht parallel und der letzte Punkt ist jeweils nicht zum ersten parallel. Nach Satz 2.2a von § 2 liegt der vierte Punkt also jeweils genau dann auf der durch die drei ersten Punkte bestimmten Kette, wenn das Doppelverhältnis des Quadrupels in $\mathfrak{K}$ liegt. Da hier bis auf das erste Quadrupel alle anderen bereits nach Voraussetzung konzyklisch liegen, liefert die Identität (*) noch

$$\begin{bmatrix} P_2 & P_3 \\ Q & A_1 \end{bmatrix} \in \mathfrak{K} \quad \text{oder} \quad Q \in (P_2P_3A_1) = \mathfrak{p}_1 .$$

2. Fall: $Q = P_1$ und damit $\mathfrak{p}_2 P_1 \mathfrak{p}_3$. Wir haben $\mathfrak{p}_2 \cap \mathfrak{p}_3 = \{P_1\}$. Da P_3, A_2 verschiedene Punkte auf $\mathfrak{p}_2 - \{P_1\} = \mathfrak{p}_2 - \mathfrak{p}_3$ sind, und P_2, A_3 verschiedene Punkte auf $\mathfrak{p}_3 - \{P_1\} = \mathfrak{p}_3 - \mathfrak{p}_2$, so ergibt Satz 5.1 von § 2

$$\begin{bmatrix} P_1 & P_3 \\ A_3 & A_2 \end{bmatrix} - \begin{bmatrix} P_1 & P_3 \\ P_2 & A_2 \end{bmatrix} \in \mathfrak{K} .$$

Die Identität

$$\begin{bmatrix} P_2 & P_3 \\ P_1 & A_1 \end{bmatrix} = \left(\begin{bmatrix} P_1 & P_3 \\ A_3 & A_2 \end{bmatrix} - \begin{bmatrix} P_1 & P_3 \\ P_2 & A_2 \end{bmatrix} \right) \begin{bmatrix} W & P_1 \\ A_3 & A_2 \end{bmatrix} \begin{bmatrix} W & P_2 \\ A_1 & A_3 \end{bmatrix} \begin{bmatrix} W & P_3 \\ A_2 & A_1 \end{bmatrix}$$

führt damit und mit Satz 2.2a von § 2 auf

$$\begin{bmatrix} P_2 & P_3 \\ P_1 & A_1 \end{bmatrix} \in \mathfrak{K} \quad \text{bzw.} \quad P_1 \in (P_2P_3A_1) = \mathfrak{p}_1 . \quad \square$$

4. Eine allgemeine Ähnlichkeitsgeometrie

Ist W ein Punkt der Kettengeometrie $\Sigma(\mathfrak{K}, \mathfrak{L})$, so kann man alle Punkte P mit $P \nparallel W$ betrachten und alle Ketten durch W, aus denen man den Punkt W entferne. Die Winkeltheorie von $\Sigma(\mathfrak{K}, \mathfrak{L})$ induziert offenbar eine Winkeltheorie auf dieser Geometrie von Punkten und Geraden (läßt man zweckmäßigerweise W den Punkt $\mathfrak{R}(1, 0)$ sein, so hat man die Punkte und regulären Geraden der Geometrie $\mathbb{A}(\mathfrak{K}, \mathfrak{L})$ von § 2, Abschnitt 3, vor sich).

Wir wollen in diesem Abschnitt 4 eine allgemeine Winkeltheorie (mehr noch eine Ähnlichkeitsgeometrie) vortragen, die die Winkeltheorie von $\mathbb{A}(\mathfrak{K}, \mathfrak{L})$ als Spezialfall enthält, zudem aber auch noch andere Spezialfälle, wie die „Geometrie der Wirklichkeit" von Hjelmslev, oder die sogenannte Ω-Geometrie, Geometrien, die wir bald — im Zuge unserer Betrachtungen — definieren können.

Gegeben sei eine Gruppe $\mathfrak{G}$ von Elementen $a, a', a_1, \ldots,$ die additiv geschrieben werde, die aber nicht abelsch zu sein braucht. Es sei Π eine

Untergruppe der Automorphismengruppe von $\mathfrak{G}$ und $\mathfrak{S}$ eine Untergruppe von $\mathfrak{G}$ derart, daß

$$\pi = \{\alpha \in \Pi \mid \mathfrak{S}^\alpha = \mathfrak{S}\}$$

ein Normalteiler von Π ist.

Dieser Struktur $(\mathfrak{G}, \mathfrak{S}, \Pi)$ ordnen wir eine Geometrie zu: Als *Punkte* sprechen wir die Elemente von $\mathfrak{G}$ an, als *Geraden* alle Linksnebenklassen $\mathfrak{S}^\alpha + a$ der Untergruppen $\mathfrak{S}^\alpha$, $\alpha \in \Pi$, von $\mathfrak{G}$. Die Geraden

$$\mathfrak{S}^\alpha + a, \ \mathfrak{S}^\beta + b$$

heißen *parallel*, in Zeichen $\mathfrak{S}^\alpha + a \parallel \mathfrak{S}^\beta + b$, genau dann, wenn $\mathfrak{S}^\alpha = \mathfrak{S}^\beta$ ist. Offenbar gibt es keine Schwierigkeiten bei dieser Definition: Aus

$$\mathfrak{S}^{\alpha'} + a' = \mathfrak{S}^\alpha + a, \qquad \mathfrak{S}^{\beta'} + b' = \mathfrak{S}^\beta + b, \qquad \mathfrak{S}^\alpha = \mathfrak{S}^\beta$$

folgt in der Tat

$$\mathfrak{S}^{\alpha'} = \mathfrak{S}^{\beta'};$$

$a' = s^\alpha + a$ für ein passendes $s \in \mathfrak{S}$ führt nämlich auf

$$\mathfrak{S}^{\alpha'} + s^\alpha + a = \mathfrak{S}^\alpha + a,$$

d.h. auf $\mathfrak{S}^{\alpha'} = \mathfrak{S}^\alpha + (-s)^\alpha = \mathfrak{S}^\alpha$. Offenbar ist $\parallel$ eine Äquivalenzrelation auf der Menge der Geraden. Es gilt weiterhin das *Parallelenpostulat*: Gegeben seien ein Punkt p und eine Gerade $\mathfrak{S}^\alpha + a$. Dann gibt es genau eine Gerade, nämlich $\mathfrak{S}^\alpha + p$, durch p, die zu $\mathfrak{S}^\alpha + a$ parallel ist.

Jedes geordnete Geradenpaar, das wenigstens einen gemeinsamen Punkt enthält, heiße Winkel.

Ein Winkel $(\mathfrak{S}^\alpha + a, \mathfrak{S}^\beta + b)$ kann immer in der Form

$$(\mathfrak{S}^\alpha + p, \mathfrak{S}^\beta + p)$$

angeschrieben werden, da

$$(\mathfrak{S}^\alpha + a) \cap (\mathfrak{S}^\beta + b) \neq \emptyset$$

ist — sei etwa $p \in (\mathfrak{S}^\alpha + a) \cap (\mathfrak{S}^\beta + p)$ — und da $p \in \mathfrak{S}^\alpha + a$ doch $\mathfrak{S}^\alpha + a = \mathfrak{S}^\alpha + p$ zur Folge hat.

Unter der *Größe des Winkels*

$$(\mathfrak{S}^\alpha + a, \mathfrak{S}^\beta + b)$$

verstehen wir die Restklasse $\beta\alpha^{-1}\pi$ von Π/π, in Zeichen

$$\sphericalangle(\mathfrak{S}^\alpha + a, \mathfrak{S}^\beta + b) = \beta\alpha^{-1}\pi.$$

Wir haben zu zeigen, daß diese Definition von der Wahl der Darstellung der Geraden nicht abhängt: Sei

$$\mathfrak{S}^{\alpha'} + a' = \mathfrak{S}^\alpha + a, \quad \mathfrak{S}^{\beta'} + b' = \mathfrak{S}^\beta + b.$$

Also gilt $\mathfrak{S}^{\alpha'} = \mathfrak{S}^{\alpha}$, $\mathfrak{S}^{\beta'} = \mathfrak{S}^{\beta}$, d.h. $\alpha'\alpha^{-1}, \beta', \beta^{-1} \in \pi$. Damit ist $\alpha' = \sigma\alpha$, $\beta' = \tau\beta$, mit Elementen σ, τ in π. Also gilt

$$\beta' \cdot (\alpha')^{-1}\pi = \beta\alpha^{-1} \cdot (\beta\alpha^{-1})^{-1}\,\tau(\beta\alpha^{-1})\,\sigma^{-1}\pi = \beta\alpha^{-1}\pi,$$

da π Normalteiler in Π ist.

Bevor wir anfangen, Sätze über diesen Winkelbegriff aufzuschreiben, gehen wir auf eine wichtige Beispielklasse ein. Es sei $\mathfrak{V}$ ein kommutativer Ring mit Einselement $1 \neq 0$ und $\mathfrak{U}$ ein Unterring von $\mathfrak{V}$ mit $1 \in \mathfrak{U}$. Es bezeichne $\mathfrak{N}$ die Einheitengruppe von $\mathfrak{V}$. Die additive Gruppe von $\mathfrak{V}$ werde nun $\mathfrak{G}$ genannt, die additive Gruppe von $\mathfrak{U}$ sei $\mathfrak{S}$. Die Gruppe Π sei die Gruppe $\mathfrak{N}$, wobei x^{α}, $\alpha \in \Pi$ durch αx für $x \in \mathfrak{V}$ definiert werde.

Als einzelne Beispiele dieser Beispielklasse zählen wir auf: 1. Ausgehend von der Kettengeometrie $\Sigma(\mathfrak{K}, \mathfrak{L})$ sei $\mathfrak{V} = \mathfrak{L}$ gesetzt und $\mathfrak{U} = \mathfrak{K}$. Wir erhalten die Punkte und regulären Geraden von $\mathbb{A}(\mathfrak{K}, \mathfrak{L})$, also den Punkt-Geraden-Unterbau von $\Sigma(\mathfrak{K}, \mathfrak{L})$ und als Winkel die durch $\Sigma(\mathfrak{K}, \mathfrak{L})$ induzierten Winkel.

2. Sei $\mathfrak{U} = \mathbb{D}$ gesetzt und $\mathfrak{V} = \mathbb{D}(i)$, wo $\mathfrak{V}$ die „komplexen Zahlen" $a + bi$, $a, b \in \mathbb{D}$, über $\mathbb{D}$ zusammenfaßt. In $\mathfrak{V}$ werde gerechnet nach den Regeln

$$(a + bi) + (a' + b'i) = (a + a') + (b + b')\,i$$

$$(a + bi) \cdot (a' + b'i) = (aa' - bb') + (ab' + ba')\,i.$$

Die entstehende Geometrie wurde in anderen Bezeichnungen von Hjelmslev eingeführt und von ihm „Geometrie der Wirklichkeit" genannt.

3. Sei $\mathfrak{U}$ die Menge aller Folgen

$$(r_1, r_2, r_3, \ldots)$$

rationaler Zahlen, wobei

$$(r_1, r_2, \ldots) = (r_1', r_2', \ldots)$$

gesetzt ist genau im Falle $r_\nu = r_\nu'$, $\nu = 1, 2, \ldots$, und wo definiert ist

$$(r_1, r_2, \ldots) + (s_1, s_2, \ldots) = (r_1 + s_1, r_2 + s_2, \ldots),$$

$$(r_1, r_2, \ldots) \cdot (s_1, s_2, \ldots) = (r_1 s_1, r_2 s_2, \ldots).$$

Ferner sei $\mathfrak{V}$ die Menge aller „komplexen Zahlen" $r + si$, $r, s \in \mathfrak{U}$, über $\mathfrak{U}$. Die entstehende Geomtrie heißt *Ω-Geometrie.* Der Ring $\mathfrak{U}$ wurde von Schmieden und Laugwitz zum Unterbau einer neuen Differentialrechnung benutzt.

Satz 4.1. *Gegeben seien ein Winkel* $(S^{\alpha} + a, S^{\beta} + b)$, *eine Gerade* $S^{\gamma} + c$, *ein Punkt* d *auf* $S^{\gamma} + c$. *Dann existiert eine und nur eine Gerade* $\mathfrak{g}$

durch d derart, daß

$$\sphericalangle(\mathfrak{S}^\alpha + a, \mathfrak{S}^\beta + b) = \sphericalangle(\mathfrak{S}^\gamma + c, \mathfrak{g})$$

gilt.

Beweis. Eine Lösung $\mathfrak{g}_0$ ist durch $\mathfrak{S}^{\beta\alpha^{-1}} + d$ gegeben wegen

$$\beta\alpha^{-1}\pi = (\beta\alpha^{-1}\gamma)\,\gamma^{-1}\pi.$$

Für eine weitere Lösung

$$\mathfrak{g} = \mathfrak{S}^\delta + d$$

muß gelten

$$\delta\gamma^{-1}\pi = \beta\alpha^{-1}\pi,$$

d.h. $\delta \in \beta\alpha^{-1}\gamma\pi$, d.h. $\mathfrak{g} = \mathfrak{g}_0$. ▯

Satz 4.2 (*Verallgemeinerung des Satzes über Stufenwinkel*). *Gegeben seien die Geraden* $\mathfrak{S}^\alpha + p$, $\mathfrak{S}^\beta + p$ *und* $\mathfrak{S}^\gamma + q$, $\mathfrak{S}^\delta + q$ *mit* $\mathfrak{S}^\alpha + p \parallel \mathfrak{S}^\gamma + q$. *Dann gilt* $\sphericalangle(\mathfrak{S}^\alpha + p, \mathfrak{S}^\beta + p) = \sphericalangle(\mathfrak{S}^\gamma + q, \mathfrak{S}^\delta + q)$ *genau dann, wenn* $\mathfrak{S}^\beta + p \parallel \mathfrak{S}^\delta + q$ *ist.*

Beweis. Die Winkelidentität erzwingt

$$\beta\alpha^{-1}\pi = \delta\gamma^{-1}\pi,$$

mit $\alpha\gamma^{-1} \in \pi$ auf Grund $\mathfrak{S}^\alpha = \mathfrak{S}^\gamma$. Hieraus folgt $\beta\alpha^{-1}\pi = \delta\alpha^{-1}\pi$, d.h. $\beta\delta^{-1} \in \pi$. Also ist $\mathfrak{S}^\beta = \mathfrak{S}^\delta$. Umgekehrt führt $\mathfrak{S}^\beta = \mathfrak{S}^\delta$ mit $\mathfrak{S}^\alpha = \mathfrak{S}^\gamma$ auf $\beta\alpha^{-1}\pi = \delta\gamma^{-1}\pi$. ▯

Anmerkung. Der Spezialfall $\mathfrak{S}^\alpha + p = \mathfrak{S}^\gamma + q$ heißt auch „Satz über Stufenwinkel".

Die Abbildung

$$x \to x^\alpha + a$$

stellt für festes $\alpha \in \Pi$, $a \in \mathfrak{G}$ eine Permutation von $\mathfrak{G}$ dar. Mit der üblichen Verknüpfung von Permutationen

$$x \underset{\alpha,a}{\longrightarrow} x^\alpha + a \underset{\beta,b}{\longrightarrow} (x^\alpha + a)^\beta + b$$

bildet die Menge der Paare (α, a), $\alpha \in \Pi$, $a \in \mathfrak{G}$, eine Gruppe, die wir mit Δ bezeichnen wollen.

Man verifiziert

$$(\alpha, a) = (\beta, b) \Leftrightarrow \alpha = \beta \quad \text{und} \quad a = b$$

und weiterhin

$$(\alpha, a) \cdot (\beta, b) = (\alpha\beta, a^\beta + b).$$

Über Δ beweisen wir den

Satz 4.3. *Jede Abbildung aus Δ überführt Geraden in Geraden, parallele Geraden in parallele Geraden, Winkel in Winkel. Außerdem folgt*

$$\sphericalangle(\mathfrak{g}, \mathfrak{h}) = \sphericalangle(\mathfrak{g}^\omega, \mathfrak{h}^\omega)$$

für jeden Winkel $(\mathfrak{g}, \mathfrak{h})$ *und jedes* $\omega \in \Delta$.

Beweis. Gegeben sei $\omega \in \Delta$. Außerdem sei $\mathfrak{g} = \mathfrak{S}^\gamma + c$ eine Gerade. Ist $\omega = (\alpha, a)$, so haben wir $\mathfrak{g}^\omega = (\mathfrak{S}^\gamma + c)^\omega = \mathfrak{S}^{\gamma\alpha} + (c^\alpha + a)$. Also ist $\mathfrak{g}^\omega$ wieder eine Gerade. Aus $\mathfrak{g} \parallel \mathfrak{h}$ mit $\mathfrak{h} = \mathfrak{S}^\delta + d$ folgt $\mathfrak{S}^\gamma = \mathfrak{S}^\delta$, d.h. $\mathfrak{S}^{\gamma\alpha} = \mathfrak{S}^{\delta\alpha}$, d.h. $\mathfrak{g}^\omega \parallel \mathfrak{h}^\omega$. Ist $(\mathfrak{g}, \mathfrak{h})$ ein Winkel, d.h. gilt $\mathfrak{g} \cap \mathfrak{h} \neq \emptyset$, so ist auch $\mathfrak{g}^\omega \cap \mathfrak{h}^\omega \neq \emptyset$ und also $(\mathfrak{g}^\omega, \mathfrak{h}^\omega)$ ein Winkel. Schließlich ist

$$\sphericalangle(\mathfrak{g}^\omega, \mathfrak{h}^\omega) = (\delta\alpha)(\gamma\alpha)^{-1}\pi = \delta\gamma^{-1}\pi = \sphericalangle(\mathfrak{g}, \mathfrak{h}). \quad \square$$

Definieren wir $(\mathfrak{g}, \mathfrak{h}) = (\mathfrak{g}', \mathfrak{h}')$ für die Winkel $(\mathfrak{g}, \mathfrak{h})$, $(\mathfrak{g}', \mathfrak{h}')$ genau dann, wenn ein $\omega \in \Delta$ existiert mit $\mathfrak{g}' = \mathfrak{g}^\omega$, $\mathfrak{h}' = \mathfrak{h}^\omega$, so gilt

Satz 4.4. *Zwei Winkel sind genau dann gleich, wenn sie von gleicher Größe sind.*

Beweis. Wegen Satz 4.3 brauchen wir nur noch zu zeigen, daß Winkel gleicher Größe selbst gleich sind.

Sei

$$\sphericalangle(\mathfrak{S}^\alpha + p, \mathfrak{S}^\beta + p) = \sphericalangle(\mathfrak{S}^\gamma + q, \mathfrak{S}^\delta + q).$$

Mit

$$\omega = (\alpha^{-1}\gamma, (-p)^{\alpha^{-1}\gamma} + q)$$

folgt aber

$$(\mathfrak{S}^\alpha + p)^\omega = \mathfrak{S}^\gamma + p^{\alpha^{-1}\gamma} + (-p)^{\alpha^{-1}\gamma} + q = \mathfrak{S}^\gamma + q,$$

$$(\mathfrak{S}^\beta + p)^\omega = \mathfrak{S}^{\beta\alpha^{-1}\gamma} + q = \mathfrak{S}^\delta + q,$$

letzteres wegen $\beta\alpha^{-1}\pi = \delta\gamma^{-1}\pi$. $\square$

Auch in unserem gegenwärtigen allgemeinen Rahmen wollen wir die Äquivalenzklassen gleicher Winkel *freie Winkel* nennen. Wir definieren eine *Addition* auf der Menge $\mathfrak{W}$ der freien Winkel:

Es seien φ, ψ freie Winkel und $(\mathfrak{S}^\alpha + p, \mathfrak{S}^\beta + p) \in \psi$; wegen Satz 4.1 gibt es dann genau eine Gerade $\mathfrak{S}^\gamma + p$ mit $(\mathfrak{S}^\beta + p, \mathfrak{S}^\gamma + p) \in \varphi$. Wir setzen dann $\varphi + \psi$ gleich demjenigen freien Winkel, der den Winkel $(\mathfrak{S}^\alpha + p, \mathfrak{S}^\gamma + p)$ enthält. Es muß noch gezeigt werden, daß die gegebene Definition von $\varphi + \psi$ unabhängig von den gewählten Repräsentanten ist: Gelte

$$(\mathfrak{S}^\alpha + p, \mathfrak{S}^\beta + p) = (\mathfrak{S}^{\alpha'} + p', \mathfrak{S}^{\beta'} + p'),$$

$$(\mathfrak{S}^\beta + p, \mathfrak{S}^\gamma + p) = (\mathfrak{S}^{\beta'} + p', \mathfrak{S}^{\gamma'} + p').$$

Mit Satz 4.4 haben wir dann

$$\beta\alpha^{-1}\pi = \beta'(\alpha')^{-1}\pi, \quad \gamma\beta^{-1}\pi = \gamma'(\beta')^{-1}\pi.$$

Dies ergibt aber

$$\gamma\alpha^{-1}\pi = \gamma'(\alpha')^{-1}\pi,$$

d.h.

$$(\mathfrak{S}^{\alpha} + p, \mathfrak{S}^{\gamma} + p) = (\mathfrak{S}^{\alpha'} + p', \mathfrak{S}^{\gamma'} + p').$$

Satz 4.5. $\mathfrak{W}$ *bildet gegenüber der definierten Addition eine Gruppe, die nicht abelsch zu sein braucht.* $\varphi \to \sphericalangle\varphi$ *(definiert über* $\sphericalangle\varphi = \sphericalangle(\mathfrak{g}, \mathfrak{h})$ *für* $(\mathfrak{g}, \mathfrak{h}) \in \varphi$*) ist eine isomorphe Abbildung von* $\mathfrak{W}$ *auf* Π/π.

Beweis. Wir brauchen nur anzumerken, daß $\mathfrak{W}$ nicht notwendig abelsch ist. In der Tat: ist $\mathfrak{G}$ die additive Gruppe des Körpers der Quaternionen (eine Definition der Quaternionen geben wir im Anschluß an diese Betrachtung), $\mathfrak{S}$ die additive Gruppe von $\mathbb{R}$, Π die multiplikative Gruppe des Körpers der Quaternionen mit der Vereinbarung

$$q^{\alpha} = \alpha q \quad \text{für} \quad q \in \mathfrak{G}, \alpha \in \Pi$$

so ist $\mathfrak{W} \cong \Pi/\pi$, π die multiplikative Gruppe von $\mathbb{R}$, nicht abelsch. ▯

Zur Definition der Quaternionen: Jedes geordnete Paar komplexer Zahlen

$$(x_0 + x_1 i, x_2 + x_3 i), \quad x_\nu \in \mathbb{R},$$

heiße eine Quaternion. Man schreibt

$$a_1 + a_2 j$$

mit $a_1 = x_0 + x_1 i \in \mathbb{C}$, $a_2 = x_2 + x_3 i \in \mathbb{C}$ und definiert

$$a_1 + a_2 j = a_1' + a_2' j$$

genau dann, wenn $a_1 = a_1'$, $a_2 = a_2'$ ist, und außerdem

$$(a_1 + a_2 j) + (b_1 + b_2 j) := (a_1 + b_1) + (a_2 + b_2)\, j,$$

$$(a_1 + a_2 j) \cdot (b_1 + b_2 j) := (a_1 b_1 - a_2 \bar{b}_2) + (a_1 b_2 + a_2 \bar{b}_1)\, j.$$

Dabei haben wir die zu $b := a + bi$ konjugiert komplexe Zahl $a - bi$ (wie üblich) mit $\bar{b}$ bezeichnet. Mit diesen Verknüpfungen bilden die Quaternionen einen nichtkommutativen Ring $\mathfrak{Q}$, der $\mathbb{C}$ enthält, für den $\mathfrak{Q} - \{0\}$ gegenüber der Multiplikation eine Gruppe bildet. Man schreibt auch $ij = k$ und hiermit

$$(x_0 + x_1 i) + (x_2 + x_3 i)\, j = x_0 + x_1 i + x_2 j + x_3 k.$$

Unter einem *Dreieck* (s. Abb. 49) verstehen wir drei verschiedene Punkte a, b, c, zusammen mit drei Geraden $\mathfrak{u}, \mathfrak{v}, \mathfrak{w}$ derart, daß gilt

$a \in \mathfrak{v} \cap \mathfrak{w}$, $b \in \mathfrak{w} \cap \mathfrak{u}$, $c \in \mathfrak{u} \cap \mathfrak{v}$. Das Dreieck heiße *ordinär*, wenn a der einzige Schnittpunkt von $\mathfrak{v}, \mathfrak{w}$ ist, b bzw. c der einzige Schnittpunkt von $\mathfrak{w}, \mathfrak{u}$ bzw. $\mathfrak{u}, \mathfrak{v}$, wenn außerdem $\mathfrak{u}$ die einzige Gerade ist, die b, c enthält, usf. Für beliebige Dreiecke $(a, b, c; \mathfrak{u}, \mathfrak{v}, \mathfrak{w})$ gilt

Satz 4.6. *Die Winkelsumme im Dreieck, die Summe in bestimmter Reihenfolge genommen, ist konstant. Genauer:* $\varphi_1 + \varphi_2 + \varphi_3 = 0 \in \mathfrak{W}$ (0 *das neutrale Element von* $\mathfrak{W}$, *dem in* Π/π *die Untergruppe* π *entspricht*), *wenn gilt* $\varphi_1 \ni (\mathfrak{w}, \mathfrak{v})$, $\varphi_2 \ni (\mathfrak{u}, \mathfrak{w})$, $\varphi_3 \in (\mathfrak{v}, \mathfrak{u})$.

Beweis. Sei $\mathfrak{u} = \mathfrak{S}^\alpha + p_1$, $\mathfrak{v} = \mathfrak{S}^\beta + p_2$, $\mathfrak{w} = \mathfrak{S}^\gamma + p_3$. Dann gilt $\measuredangle(\varphi_1 + \varphi_2 + \varphi_3) = \measuredangle\varphi_1 \cdot \measuredangle\varphi_2 \cdot \measuredangle\varphi_3 = \beta\gamma^{-1}\pi \cdot \gamma\alpha^{-1}\pi \cdot \alpha\beta^{-1}\pi = \pi$. ▯

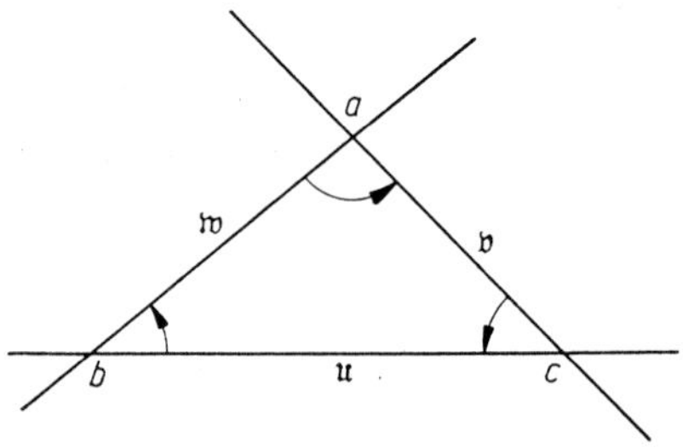

Abb. 49

Jedes geordnete Punktetripel (a, b, c) nennen wir ein Verhältnis. Es sei $(a, b, c) = (a', b', c')$ gesetzt genau dann, wenn ein $\omega \in \Delta$ existiert mit $a^\omega = a'$, $b^\omega = b'$, $c^\omega = c'$. Es gilt

Satz 4.7. *Genau dann gilt* $(a, b, c) = (a', b', c')$, *wenn ein* $\alpha \in \Pi$ *existiert mit* $(b - a)^\alpha = b' - a'$, $(c - a)^\alpha = c' - b'$.

Beweis. Ist $\omega = (\alpha, d) \in \Delta$, so folgt aus $a^\omega = a'$, $b^\omega = b'$, $c^\omega = c'$ gewiß $(b - a)^\alpha = b^\alpha - a^\alpha = (b^\alpha + d) - (a^\alpha + d) = b^\omega - a^\omega = b' - a'$ und $(c - a)^\alpha = c' - a'$. Umgekehrt definiere man

$$\omega = (\alpha, (-a)^\alpha + a'). \quad ▯$$

Jedes geordnete Punktepaar $[a, b]$ heiße eine Strecke. Zwei Strecken $[a, b]$, $[c, d]$ heißen *kommensurabel*, wenn ein $\alpha \in \Pi$ existiert mit

$$(b - a)^\alpha = d - c.$$

Wir nennen zwei Dreiecke $(a, b, c; \mathfrak{u}, \mathfrak{v}, \mathfrak{w})$, $(a', b', c'; \mathfrak{u}', \mathfrak{v}', \mathfrak{w}')$ *ähnlich*, wenn ein $\omega \in \Delta$ existiert mit $a^\omega = a', \ldots, \mathfrak{u}^\omega = \mathfrak{u}', \ldots$

Satz 4.8. *Gegeben seien zwei ordinäre Dreiecke* $(a, b, c; \mathfrak{u}, \mathfrak{v}, \mathfrak{w})$, $(a', b', c'; \mathfrak{u}', \mathfrak{v}', \mathfrak{w}')$ *derart, daß die Strecken* $[a, b]$, $[a', b']$ *kommensurabel sind. Dann sind die folgenden Aussagen gleichwertig:*

1. *Die beiden Dreiecke sind ähnlich.*
2. $(a, b, c) = (a', b', c')$.
3. $(\mathfrak{u}, \mathfrak{w}) = (\mathfrak{u}', \mathfrak{w}')$, $(\mathfrak{v}, \mathfrak{u}) = (\mathfrak{v}', \mathfrak{u}')$.

Beweis. Gewiß folgt Aussage 2 aus 1, wenn man nur die zugrunde liegenden Definitionen beachtet. Daß Aussage 3 aus 2 folgt, ist eine Konsequenz der Tatsache, daß ordinäre Dreiecke zugrunde liegen, und des Satzes 4.3. Aus Aussage 3 folgt 1: Es existiert ein $\delta \in \Pi$ mit $(b - a)^\delta = b' - a'$, da $[a, b]$, $[a', b']$ kommensurabel sind.

Wir betrachten $\omega \equiv (\delta, (-a)^\delta + a') \in \Delta$. Dann gilt

$$a^\omega = a^\delta + (-a)^\delta + a'$$

und

$$b^\omega = b^\delta + (-a)^\delta + a' = (b - a)^\delta + a' = (b' - a') + a' = b'.$$

Es ist $\mathfrak{w}$ die eindeutige Verbindungslinie von a, b. Damit ist $\mathfrak{w}^\omega$ die eindeutige Verbindungslinie von a', b', d.h. $\mathfrak{w}^\omega = \mathfrak{w}'$. Damit gilt

$$(\mathfrak{u}', \mathfrak{w}') = (\mathfrak{u}, \mathfrak{w}) = (\mathfrak{u}^\omega, \mathfrak{w}^\omega) = (\mathfrak{u}^\omega, \mathfrak{w}').$$

Da $\mathfrak{b}' = \mathfrak{b}^\omega$ auf $\mathfrak{u}' \cap \mathfrak{w}'$ und $\mathfrak{u}^\omega \cap \mathfrak{w}'$ liegt, folgt mit Satz 4.1 $\mathfrak{u}^\omega = \mathfrak{u}'$. Weiterhin gilt

$$(\mathfrak{v}', \mathfrak{u}') = (\mathfrak{v}, \mathfrak{u}) = (\mathfrak{v}^\omega, \mathfrak{u}^\omega) = (\mathfrak{v}^\omega, \mathfrak{u}'),$$

d.h. $\mathfrak{v}' = \mathfrak{v}^\omega$, wenn man noch $a^\omega = a' \in \mathfrak{v}' \cap \mathfrak{w}' \cap \mathfrak{v}^\omega$ beachtet. Schließlich ist $\{c\} = \mathfrak{u} \cap \mathfrak{v}$, d.h. $\{c^\omega\} = \mathfrak{u}^\omega \cap \mathfrak{v}^\omega = \mathfrak{u}' \cap \mathfrak{v}' = \{c'\}$. Damit gilt tatsächlich Aussage 1. ▯

In einer Richtung eine Spezialisierung, in einer anderen eine weitergehende Aussage ist der folgende

Satz 4.9 (*Strahlensatz*). *Gegeben seien zwei ordinäre Dreiecke* $(a, b, c;$ $\mathfrak{u}, \mathfrak{v}, \mathfrak{w})$, $(a', b', c'; \mathfrak{u}', \mathfrak{v}', \mathfrak{w}')$ *mit* $a = a'$, $\mathfrak{v} = \mathfrak{v}'$, $\mathfrak{w} = \mathfrak{w}'$. *Überdies seien* $[a, b]$, $[a', b']$ *kommensurable. Dann sind gleichwertig die Aussagen* 1, 2, 3 *von Satz* 4.8 *und*

4. $\mathfrak{u} \parallel \mathfrak{u}'$.

Beweis. Man wende Satz 4.2 an. ▯

§ 4. Möbius-, Laguerre-Fall, pseudo-euklidischer Fall

1. Gabelung auf Grund der Parallelitätsrelation

Gegeben sei eine Kettengeometrie $\Sigma(\mathfrak{K}, \mathfrak{L})$. Wir nennen sie eine *Möbiusgeometrie,* wenn die Parallelitätsrelation auf der Menge der Punkte die Gleichheitsrelation ist. Sie heiße eine *Laguerregeometrie,* wenn die Parallelitätsrelation transitiv auf der Menge der Punkte ist (also damit eine Äquivalenzrelation darstellt) und wenn außerdem zu jedem Punkt P und zu jeder Kette $\mathbf{k}$ ein Punkt $Q(P, \mathbf{k})$ auf $\mathbf{k}$ existiert, der zu P parallel ist. Es heiße $\Sigma(\mathfrak{K}, \mathfrak{L})$ eine *pseudo-euklidische Geometrie,* wenn es zwei Äquivalenzrelationen $\|_+$, $\|_-$ auf $\mathbb{P}(\mathfrak{L})$ gibt mit den Eigenschaften

(i) $\| = \|_+ \cup \|_-$, $\quad (=) = \|_+ \cap \|_-$,

wobei gesetzt ist

$$\| = \{(P, Q) \mid P \text{ ist parallel zu } Q\},$$

$$\|_+ = \{(P, Q) \mid P \|_+ Q\},$$

$$\|_- = \{(P, Q) \mid P \|_- Q\},$$

$$(=) = \{(P, Q) \mid P = Q\};$$

(ii) Zu jedem Punkt P und zu jeder Kette $\mathbf{k}$ gibt es Punkte $Q_+(P, \mathbf{k})$, $Q_-(P, \mathbf{k})$ auf $\mathbf{k}$, so, daß $Q_+ \|_+ P$, $Q_- \|_- P$.

Der folgende Satz kennzeichnet die gerade behandelten Klassen von Kettengeometrien $\Sigma(\mathfrak{K}, \mathfrak{L})$ mit Hilfe algebraischer Eigenschaften von $\mathfrak{K}, \mathfrak{L}$:

Satz 1.1. $\Sigma(\mathfrak{K}, \mathfrak{L})$ *ist genau dann*

a) *Möbiusgeometrie, wenn $\mathfrak{L}$ Körper ist.*

b) *Laguerregeometrie, wenn $\mathfrak{L}$ lokaler Ring ist derart, daß zu jedem $l \in \mathfrak{L}$ ein $a \in \mathfrak{K}$ existiert mit $l - a \in \mathfrak{N}$, wo $\mathfrak{N}$ das Ideal $\mathfrak{L} - \mathfrak{R}$ von $\mathfrak{L}$ bezeichnet.*

c) *pseudo-euklidische Geometrie, wenn $\mathfrak{L}$ der Ring der Doppelzahlen über $\mathfrak{K}$ ist.*

Der Ring der *Doppelzahlen* über $\mathfrak{K}$ werde zunächst eingeführt: Im Falle char $\mathfrak{K} \neq 2$ können wir die Betrachtungen von Kapitel I, § 4, Abschnitt 2, übernehmen, gerade $\mathbb{R}$ durch $\mathfrak{K}$ ersetzend. Der gleiche Weg ist nicht gangbar für char $\mathfrak{K} = 2$. Eine einheitliche Einführung der Doppelzahlen über $\mathfrak{K}$, d.h. eine Einführung, die keine Fallunterscheidung hinsichtlich der Charakteristik von $\mathfrak{K}$ erfordert, kann so vorgenommen werden: Jedes geordnete Paar (a, b) von Elementen $a, b \in \mathfrak{K}$ heiße Doppelzahl über $\mathfrak{K}$. Wir addieren und multiplizieren solche Zahlen (eigentlich

Doppelzahlen) nach den Vorschriften

$$(a, b) + (a', b') := (a + a', b + b')$$

$$(a, b) \cdot (a', b') := (aa', bb').$$

Es liegt auf der Hand, daß diese Zahlen im Falle $\mathfrak{K} = \mathbb{R}$ die loc. cit. eingeführten Zahlen ergeben, wenn man der neuen Zahl (a, b) die Zahl $\frac{a+b}{2} + \frac{a-b}{2} j$ zuordnet. Dies ist nämlich eine isomorphe Abbildung.

Wir bezeichnen die Menge der Doppelzahlen über $\mathfrak{K}$ durch $\mathbb{A}(\mathfrak{K})$. Es ist gewiß $\mathbb{A}(\mathfrak{K})$ ein kommutativer Ring mit 1-Einselement $(1, 1)$, der $\mathfrak{K}$ isomorph enthält (k entspreche (k, k)) derart, daß die 1 von $\mathfrak{K}$ mit der 1 von $\mathbb{A}(\mathfrak{K})$ übereinstimmt. Man kann auch

$$\mathbb{A}(\mathfrak{K}) = \{k_1 + k_2 t \mid k_1, k_2 \in \mathfrak{K}\}$$

schreiben mit $t \notin \mathfrak{K}$ und $t^2 = t$: Man identifiziere (a, a) mit a für $a \in \mathfrak{K}$ und setze $(0, 1) = t$. Dann ist $t \notin \mathfrak{K}$ mit $t^2 = t$; und $(a, b) = a + (b - a)\, t$.

Nun zum Beweis von Satz 1.1: Es folgt a) aus Satz 1.2 des § 1.

Zu b): Gehen wir von einer Laguerregeometrie $\Sigma(\mathfrak{K}, \mathfrak{L})$ aus, so zeigt Satz 1.1 von § 1 zunächst, daß $\mathfrak{L}$ ein lokaler Ring ist. Gegeben sei nun ein $l \in \mathfrak{L}$. Wir wollen die Existenz eines Elementes $a \in \mathfrak{K}$ nachprüfen, für das $l - a$ in $\mathfrak{N}$ liegt. Wir betrachten den Punkt $P = \mathfrak{R}(l, 1)$ und die Kette $\mathbf{k} = \mathbb{P}(\mathfrak{K})$. Nach Voraussetzung gibt es einen Punkt $\mathfrak{R}(a_1, a_2) \in \mathbf{k}$, $a_1, a_2 \in \mathfrak{K}$, mit

$$\begin{vmatrix} a_1 & a_2 \\ l & 1 \end{vmatrix} \in \mathfrak{N}.$$

Wäre $a_2 = 0$, so wäre $a_1 \in \mathfrak{N} \cap \mathfrak{K}$, d.h. $a_1 = 0$. Wir setzen $\mathfrak{R}(a_1, a_2) = \mathfrak{R}(a, 1)$ und haben damit $a \in \mathfrak{K}$ und $l - a \in \mathfrak{N}$.

Umgekehrt nehmen wir jetzt an, daß $\mathfrak{L}$ lokaler Ring ist derart, daß zu jedem $l \in \mathfrak{L}$ ein $a \in \mathfrak{K}$ existiert mit $l - a \in \mathfrak{N} = \mathfrak{L} - \mathfrak{R}$. Wir wollen zeigen, daß $\Sigma(\mathfrak{K}, \mathfrak{L})$ eine Laguerregeometrie ist. Zunächst zeigt Satz 1.1 von § 1, daß die Parallelitätsrelation transitiv auf der Menge der Punkte ist. Gegeben seien nun ein Punkt P und eine Kette $\mathbf{k}$. Wir wollen die Existenz eines Punktes $Q(P, \mathbf{k})$ auf $\mathbf{k}$ nachweisen, der zu P parallel ist. Wegen Satz 3.1 von § 1 sowie den Sätzen 1.1 und 2.1 von § 2 können wir ohne Beschränkung der Allgemeinheit $\mathbf{k} = \mathbb{P}(\mathfrak{K})$ annehmen. Sei $P = \mathfrak{R}(l_1, l_2)$. Im Falle $l_2 \in \mathfrak{N}$ nehme man $Q(P, \mathbf{k}) = \mathfrak{R}(1, 0)$. Im Falle $l_2 \notin \mathfrak{N}$ schreiben wir $P = \mathfrak{R}(l, 1)$. Ist nun $a \in \mathfrak{K}$ ein Element mit $l - a \in \mathfrak{N}$, so setzen wir $Q(P, \mathbf{k}) = \mathfrak{R}(a, 1)$.

Zum Beweis von c): Sei $\Sigma(\mathfrak{K}, \mathfrak{L})$ eine pseudo-euklidische Geometrie. Wir definieren Teilmengen $\mathfrak{J}_+$, $\mathfrak{J}_-$ von $\mathfrak{L} - \mathfrak{R}$: Ist $l \in \mathfrak{L} - \mathfrak{R}$, so gilt $\mathfrak{R}(l, 1) \parallel \mathfrak{R}(0, 1)$. Wegen Eigenschaft (i) der pseudo-euklidischen Geometrie haben wir dann $\mathfrak{R}(l, 1) \parallel_+ \mathfrak{R}(0, 1)$ oder $\mathfrak{R}(l, 1) \parallel_- \mathfrak{R}(0, 1)$. Im ersteren Falle schreiben wir $l \in \mathfrak{J}_+$, im zweiten $l \in \mathfrak{J}_-$. Aus (i) ergibt sich $\mathfrak{J}_+ \cap \mathfrak{J}_- = \{0\}$ und außerdem, daß $\mathfrak{J}_+$, $\mathfrak{J}_-$ Ideale von $\mathfrak{L}$ sind, wenn wir beachten, daß $\|_+$, $\|_-$ Äquivalenzrelationen sind: Sei $p \in \mathfrak{J}_+$, $a \in \mathfrak{L}$. Dann ist also $\mathfrak{N}(p, 1) \|_+ \mathfrak{N}(0, 1)$. Wegen $p \in \mathfrak{J}_+ \subseteq \mathfrak{L} - \mathfrak{N}$ ist $ap \in \mathfrak{L} - \mathfrak{N}$, da andernfalls ein $s \in \mathfrak{L}$ existierte mit $aps = 1 = p(as)$, was $p \in \mathfrak{N}$ ergäbe. Also gilt $\mathfrak{N}(ap, 1) \| \mathfrak{N}(0, 1)$. Mit (i) haben wir dann

$$\mathfrak{N}(ap, 1) \|_+ \mathfrak{N}(0, 1) \text{ oder } \mathfrak{N}(ap, 1) \|_- \mathfrak{N}(0, 1).$$

Im ersteren Falle gilt $ap \in \mathfrak{J}_+$. Bevor wir den zweiten Fall anschauen, beweisen wir das folgende

Lemma 1.1. *Gilt $P \|_+ A, Q \|_- A$ für die Punkte P, Q, A, so gilt $A \in \{P, Q\}$ oder $P \nparallel Q$.*

Beweis. Sei $A \notin \{P, Q\}$. Wäre dann $P \| Q$, so müßte $P \|_+ Q$ oder $P \|_- Q$ nach (i) gelten. Es sind $\|_+$, $\|_-$ Äquivalenzrelationen. Also bedeutete $P \|_+ Q$ mit $P \|_+ A$ doch $Q \|_+ A$, was zusammen mit $Q \|_- A$ auf $Q = A$ führte wegen (i). Entsprechend erledigt sich der Fall $P \|_- Q$. □

Zurück zum Fall $\mathfrak{N}(ap, 1) \|_- \mathfrak{N}(0, 1)$. Zusammen mit

$$\mathfrak{N}(p, 1) \|_+ \mathfrak{N}(0, 1)$$

ergibt das bewiesene Lemma

$$\mathfrak{N}(0, 1) \in \{\mathfrak{N}(p, 1), \mathfrak{N}(ap, 1)\} \text{ oder } \mathfrak{N}(p, 1) \nparallel \mathfrak{N}(ap, 1).$$

Letzteres kann nicht gelten, denn

$$p(1 - a) = \begin{vmatrix} p & 1 \\ ap & 1 \end{vmatrix} \in \mathfrak{N}$$

führte auf ein $s \in \mathfrak{L}$ mit $p(1 - a)\, s = 1$, d.h. auf $p \in \mathfrak{N}$. Im Falle

$$\mathfrak{N}(0, 1) \in \{\mathfrak{N}(p, 1), \mathfrak{N}(ap, 1)\}$$

folgt stets $ap = 0 \in \mathfrak{J}_+$.

Mutatis mutandis ergibt sich $ap \in \mathfrak{J}_-$ für $p \in \mathfrak{J}_-$, $a \in \mathfrak{L}$. Um sicher zu sein, daß $\mathfrak{J}_+$, $\mathfrak{J}_-$ Ideale von $\mathfrak{L}$ sind, verbleibt noch zu zeigen $p + q \in \mathfrak{J}_+$ (bzw. $\mathfrak{J}_-$) für $p, q \in \mathfrak{J}_+$ (bzw. $\mathfrak{J}_-$). Sei also $p, q \in \mathfrak{J}_+$. (Der Fall $\mathfrak{J}_-$ erledigt sich analog zu der jetzt folgenden Betrachtung.) Also gilt

$$\mathfrak{N}(p, 1) \|_+ \mathfrak{N}(0, 1) \|_+ \mathfrak{N}(q, 1).$$

Hieraus folgt $\mathfrak{N}(p + q, 1) \| \mathfrak{N}(p, 1)$ und $\mathfrak{N}(p + q, 1) \| \mathfrak{N}(q, 1)$ wegen $p, q \in \mathfrak{L} - \mathfrak{N}$.

1. Fall. $\mathfrak{N}(p + q, 1) \|_+ \mathfrak{N}(p, 1)$ oder $\mathfrak{N}(p + q, 1) \|_+ \mathfrak{N}(q, 1)$. Wegen der Transitivität der Relation $\|_+$ erhalten wir beidesmal

$$\mathfrak{N}(p + q, 1) \|_+ \mathfrak{N}(0, 1),$$

d.h. $p + q \in \mathfrak{J}_+$.

2. Fall. $\mathfrak{R}(p+q, 1) \parallel_- \mathfrak{R}(p, 1)$ und $\mathfrak{R}(p+q, 1) \parallel_- \mathfrak{R}(q, 1)$. Also haben wir $\mathfrak{R}(q, 1) \parallel_- \mathfrak{R}(p, 1)$ und mit früherem $\mathfrak{R}(0, 1) \parallel_+ \mathfrak{R}(p, 1)$. Unser Lemma 1.1 führt auf $\mathfrak{R}(p, 1) \in \{\mathfrak{R}(0, 1), \mathfrak{R}(q, 1)\}$ oder $\mathfrak{R}(q, 1) \nparallel \mathfrak{R}(0, 1)$. Letzteres gilt nicht, was $p = 0$ pder $p = q$ ergibt. Damit haben wir

$$p + q = 0 + q = q \in \mathfrak{J}_+$$

oder $p + q = (1+1)\, p \in \mathfrak{J}_+$ (wegen $1 + 1 \in \mathfrak{L}$ und $p \in \mathfrak{J}_+$).

Zur weiteren Fortführung des Beweises von Satz 1.1c benutzen wir jetzt die Eigenschaft (ii). Wir wissen also schon, daß $\mathfrak{L} - \mathfrak{R} = \mathfrak{J}_+ \cup \mathfrak{J}_-$ ist mit $\mathfrak{J}_+ \cap \mathfrak{J}_- = \{0\}$, wobei $\mathfrak{J}^+$, $\mathfrak{J}_-$ Ideale von $\mathfrak{L}$ sind. Ist $l \in \mathfrak{L} - \mathfrak{K}$, so gibt es Elemente $k_1, k_2 \in \mathfrak{K}$ mit $l - k_1 \in \mathfrak{J}^+$, $l - k_2 \in \mathfrak{J}_-$: Zu $\mathfrak{R}(l, 1)$ existieren nämlich Punkte $\mathfrak{R}(k, 1), \mathfrak{R}(k', 1)$ auf $\mathbb{P}(\mathfrak{K})$ nach (ii) mit $\mathfrak{R}(k, 1) \parallel_+ \mathfrak{R}(l, 1)$, $\mathfrak{R}(k', 1) \parallel_- \mathfrak{R}(l, 1)$. Also gilt $l - k$, $l - k' \in \mathfrak{L} - \mathfrak{R}$. Es ist $k \neq k'$, da sonst nach (i) $l = k \in \mathfrak{K}$ wäre. Mit $\mathfrak{L} - \mathfrak{R} = \mathfrak{J}_+ \cup \mathfrak{J}_-$ können nun $l - k$, $l - k'$ nicht im gleichen Ideal $\mathfrak{J}^+$ oder $\mathfrak{J}^-$ liegen, da sonst auch $k' - k = (l - k) - (l - k')$ in diesem Ideal läge, wo aber doch $k' - k \in \mathfrak{K}^\times$ regulär ist. — Also gibt es tatsächlich zu $l \in \mathfrak{L} - \mathfrak{K}$ Elemente $k_1, k_2 \in \mathfrak{K}$ mit $l - k_1 \in \mathfrak{J}_+$, $l - k_2 \in \mathfrak{J}_-$.

Hieraus folgt insbesondere $\mathfrak{J}_+ \neq \{0\}$, $\mathfrak{J}_- \neq \{0\}$, da sonst $\mathfrak{L} \subseteq \mathfrak{K}$ wäre. Daß auch $\mathfrak{J}_+ \neq \mathfrak{L}$, $\mathfrak{J}_- \neq \mathfrak{L}$ gilt, folgt aus $1 \notin \mathfrak{L} - \mathfrak{R} = \mathfrak{J}_+ \cup \mathfrak{J}_-$. Sind i_+, i_- Elemente mit $i_+ \in \mathfrak{J}_+ - \{0\}$, $i_- \in \mathfrak{J}_- - \{0\}$, so gilt

$$\mathfrak{J}_+ = \{k i_+ \mid k \in \mathfrak{K}\},$$

$$\mathfrak{J}_- = \{k i_- \mid k \in \mathfrak{K}\}:$$

Angenommen, es gäbe ein Element $i \in \mathfrak{J}_+$, das nicht von der Form $k i_+$, $k \in \mathfrak{K}$, ist. Es ist dann $i \neq 0$ und somit $i \in \mathfrak{L} - \mathfrak{K}$. Damit gibt es ein $k_2 \in \mathfrak{K}$ mit $i - k_2 \in \mathfrak{J}_-$; wir schreiben $i = k_2 + n$, $n \in \mathfrak{J}_-$. Auch i_+ ist $\neq 0$, was $i_+ \in \mathfrak{L} - \mathfrak{K}$ und damit die Existenz eines $k_2' \in \mathfrak{K}$ mit $i_+ = k_2' + n'$, $n' \in \mathfrak{J}_-$, zur Folge hat. Es ist $k_2 \cdot k_2' \neq 0$, da sonst i oder i_+ in $\mathfrak{J}_+ \cap \mathfrak{J}_- = \{0\}$ läge. Nun gilt

$$\mathfrak{J}_+ \ni k_2' i - k_2 i_+ = k_2' n - k_2 n' \in \mathfrak{J}_-.$$

Also ist $k_2' i - k_2 i_+ = 0$, d.h. es ist doch $i = k i_+$ mit einem $k \in \mathfrak{K}$. Mutatis mutandis erhält man die Aussage für $\mathfrak{J}_-$. Wir erhalten jetzt sofort die Aussage, daß $1, i_+$ eine Basis des Vektorraumes $\mathfrak{L}$ über $\mathfrak{K}$ ist: Zu $l \in \mathfrak{L} - \mathfrak{K}$ gibt es doch ein $k_1 \in \mathfrak{K}$ mit $l - k_1 \in \mathfrak{J}_+$, d.h. wir haben

$$l = k_1 + k i_+ \quad \text{mit} \quad k \in \mathfrak{K}.$$

Daß $1, i_+$ linear unabhängig über $\mathfrak{K}$ sind, liegt auf der Hand. Es ist i_+^2 in $\mathfrak{J}_+$ und somit $= k i_+$ mit einem $k \in \mathfrak{K}$. Wäre $k = 0$, so müßte $\mathfrak{L} - \mathfrak{J}_+ = \mathfrak{R}$ sein, was $\mathfrak{J}_- \neq \{0\}$ widerspricht: Jedes $l \in \mathfrak{L} - \mathfrak{J}_+$ wäre von der Form $k_1 + k i_+$ mit $k_1 \neq 0$ und hätte somit ein Inverses, nämlich $\frac{1}{k_1} - \frac{k}{k_1^2} i_+$.

— Wir setzen $t = \frac{1}{k} i_+$ und erhalten $t^2 = t$. Damit ist

$$\mathfrak{L} = \{k_1 + k_2 t \mid k_1, k_2 \in \mathfrak{K};\ t \notin \mathfrak{K},\ t^2 = t\}$$

der Ring der Doppelzahlen über $\mathfrak{K}$. — Den Beweis der Umkehrung von Satz 1.1c, daß nämlich Äquivalenzrelationen $\|_+$, $\|_-$ mit (i), (ii) existieren, wenn $\mathfrak{L} = \mathrm{A}(\mathfrak{K})$ ist, fassen wir kurz: Man gehe von $\mathfrak{J}_+ = \{kt \mid k \in \mathfrak{K}\}$, $t \notin \mathfrak{K}$, $t^2 = t$, und von $\mathfrak{J}_- = \{k(1-t) \mid k \in \mathfrak{K}\}$ aus. Es werde definiert

$$\mathfrak{R}(p_1, p_2) \parallel_+ \mathfrak{R}(q_1, q_2)$$

genau dann, wenn $\begin{vmatrix} p_1 & p_2 \\ q_1 & q_2 \end{vmatrix} \in \mathfrak{J}_+$ ist und

$$\mathfrak{R}(p_1, p_2) \parallel_- \mathfrak{R}(q_1, q_2)$$

genau dann, wenn $\begin{vmatrix} p_1 & p_2 \\ q_1 & q_2 \end{vmatrix} \in \mathfrak{J}_-$ gilt. Es liegen Äquivalenzrelationen vor, die (i) genügen, die zudem invariant sind gegenüber $\Gamma(\mathfrak{L})$. Die letzte Bemerkung erlaubt sofort (ii) zu beweisen, da man von $\mathbf{k} = \mathrm{P}(\mathfrak{K})$ ausgehen kann. ▯

Bisher ist noch nicht die Frage geklärt, ob — ausgehend von einer Kettengeometrie $\Sigma(\mathfrak{K}, \mathfrak{L})$, wo $\mathfrak{L}$ der Ring der Doppelzahlen über $\mathfrak{K}$ ist — die Äquivalenzrelationen $\|_+$, $\|_-$, die den Forderungen (i), (ii) einer pseudo-euklidischen Geometrie genügen, eindeutig bestimmt sein müssen. Gewiß kann man, da $\|_+$, $\|_-$ gleichberechtigt bei den Forderungen (i), (ii) auftreten, ihre Rollen vertauschen. Das ist aber nur eine Bezeichnungsfrage. Ansonsten gilt der

Satz 1.2. *Gegeben sei eine pseudo-euklidische Geometrie $\Sigma(\mathfrak{K}, \mathfrak{L})$ mit den Relationen $\|_+$, $\|_-$. Definiert man dann* (wie beim Beweis von Satz 1.1 geschehen)

$$\mathfrak{J}_+ := \{l \in \mathfrak{L} - \mathfrak{K} \mid \mathfrak{R}(l, 1) \parallel_+ \mathfrak{R}(0, 1)\}$$

$$\mathfrak{J}_- := \{l \in \mathfrak{L} - \mathfrak{K} \mid \mathfrak{R}(l, 1) \parallel_- \mathfrak{R}(0, 1)\},$$

so gilt für Punkte $\mathfrak{R}(p_1, p_2)$, $\mathfrak{R}(q_1, q_2)$

$$\mathfrak{R}(p_1, p_2) \parallel_+ \quad (\textit{bzw.}\ \parallel_-)\ \mathfrak{R}(q_1, q_2)$$

genau dann, wenn $\begin{vmatrix} p_1 & p_2 \\ q_1 & q_2 \end{vmatrix} \in \mathfrak{J}_+$ (bzw. $\mathfrak{J}_-$) *ist.*

Damit sind die Relationen $\|_+$, $\|_-$ eindeutig festgelegt, da $\mathrm{A}(\mathfrak{K})$ genau zwei Ideale $\neq \{0\}$, $\mathrm{A}(\mathfrak{K})$ besitzt.

Beweis. Wir schreiben $P = \mathfrak{R}(p_1, p_2)$, $Q = \mathfrak{R}(q_1, q_2)$, und für den Augenblick

$$\begin{vmatrix} p_1 & p_2 \\ q_1 & q_2 \end{vmatrix} = [p, q];$$

entsprechende Bezeichnungen verwenden wir für andere Punktepaare. Wir brauchen nur zu zeigen: $P \parallel_+ Q$ genau dann, wenn $[p, q] \in \mathfrak{J}_+$ ist. Denn dies vorausgesetzt, können wir so argumentieren: Ist $A \parallel_- B$, so gilt $A \parallel B$ und damit $[a, b] \in \mathfrak{L} - \mathfrak{R} = \mathfrak{J}_+ \cup \mathfrak{J}_-$. Ist $[a, b] \in \mathfrak{J}_+$, so folgt also $A \parallel_+ B$ und damit aus (i) $A = B$. Dies wiederum ergibt $[a, b] = 0 \in \mathfrak{J}_-$. Ist umgekehrt $[a, b] \in \mathfrak{J}_-$, so gilt $[a, b] \in \mathfrak{L} - \mathfrak{R}$. Also ist $A \parallel B$. Im Falle $A \parallel_- B$ sind wir fertig. Gilt $A \parallel_+ B$, so ist also $[a, b] \in \mathfrak{J}_+$ und damit $[a, b] \in \mathfrak{J}_+ \cap \mathfrak{J}_- = \{0\}$, d.h. $[a, b] = 0$. Hier ist, wie eine nähere Analyse von $[a, b] = 0$ im Ring $\mathbb{A}(\mathfrak{K})$ ergibt (man beachte

$$\langle a_1, a_2 \rangle = \mathfrak{L} = \langle b_1, b_2 \rangle),$$

$A = B$, d.h. auch $A \parallel_- B$. Wir halten noch einmal fest, was bewiesen werden muß:

(1) Für die Punkte P, Q gilt $P \parallel_+ Q$ genau dann, wenn $[p, q] \in \mathfrak{J}_+$ ist.

Wir wollen jetzt zeigen, daß (1) aus der folgenden Bedingung (2) folgt:

(2) Für die Punkte A, K mit $K \in \mathbb{P}(\mathfrak{K})$ gilt $A \parallel_+ K$ genau dann, wenn $[a, k]$ in $\mathfrak{J}_+$ liegt.

Seien P, Q Punkte mit $P \parallel_+ Q$. Nach (ii) existiert ein $K \in \mathbb{P}(\mathfrak{K})$ mit $K \parallel_+ P$. Wegen der Transitivität von $\parallel_+$ gilt dann auch $K \parallel_+ Q$. Aus (2) folgt $k_1 p_2 - k_2 p_1 \in \mathfrak{J}_+$, $k_1 q_2 - k_2 q_1 \in \mathfrak{J}_+$. Dies ergibt

$$k_1 [p, q] \in \mathfrak{J}_+ \ni k_2 [p, q];$$

also gilt $[p, q] \in \mathfrak{J}_+$, da nicht beide Elemente $k_1, k_2 \in \mathfrak{K}$ Null sind. Es sei nun umgekehrt für die Punkte P, Q die Bedingung $[p, q] \in \mathfrak{J}_+$ erfüllt. Wir nehmen einen Punkt $K \in \mathbb{P}(\mathfrak{K})$ mit $K \parallel_+ P$. Wegen (2) gilt dann $p_1 k_2 - p_2 k_1 \in \mathfrak{J}_+$. Zusammen mit $p_1 q_2 - p_2 q_1 \in \mathfrak{J}_+$ führt dies auf $p_1(q_1 k_2 - q_2 k_1) \in \mathfrak{J}_+ \ni p_2(q_1 k_2 - q_2 k_1)$. Wäre hier $s \equiv q_1 k_2 - q_2 k_1$ regulär, so folgte $p_1, p_2 \in \mathfrak{J}_+$, was wegen $\langle p_1, p_2 \rangle = \mathfrak{L} \neq \mathfrak{J}_+$ nicht stimmt. Wäre $s \in \mathfrak{J}_- - \mathfrak{J}_+$, so wäre auch $p_1 s \in \mathfrak{J}_- \ni p_2 s$, d.h. $p_1 s = 0 = p_2 s$. Wegen $s \neq 0$ (beachte $s \in \mathfrak{J}_- - \mathfrak{J}_+$) bedeutet dies $p_1, p_2 \in \mathfrak{J}_+$, was $\langle p_1, p_2 \rangle = \mathfrak{L}$ widerspricht. Also gilt $s \in \mathfrak{J}_+$ und damit nach (2) $Q \parallel_+ K$. Mit $K \parallel_+ P$ ergibt dies $P \parallel_+ Q$, was zu zeigen war.

Wir beweisen jetzt

(3) Die Bedingung (2) ist immer dann richtig, wenn gilt

$$A = \mathfrak{R}(a, 1), \ K = \mathfrak{R}(k, 1).$$

Zum Beweis arbeiten wir in der zu $\Sigma(\mathfrak{K}, \mathfrak{L})$ gehörenden affinen Geometrie $\mathbb{A}(\mathfrak{K}, \mathfrak{L})$. Wir legen $\mathfrak{L}$ in der Form $\{k_1 + k_2 t \mid k_1, k_2 \in \mathfrak{K}\}$ zugrunde mit $t^2 = t$ und $\mathfrak{J}_+ = \{\lambda t \mid \lambda \in \mathfrak{K}\}$, $\mathfrak{J}_- = \{\mu(1-t) \mid \mu \in \mathfrak{K}\}$. Wir bestimmen zunächst alle Punkte $P = \mathfrak{R}(p, 1)$ mit $P \parallel K$, wo $K = \mathfrak{R}(k, 1)$ ein fester Punkt auf $\mathbb{P}(\mathfrak{K})$ sei (s. Abb. 50) mit $k \neq 0$. Diese Menge ist gegeben

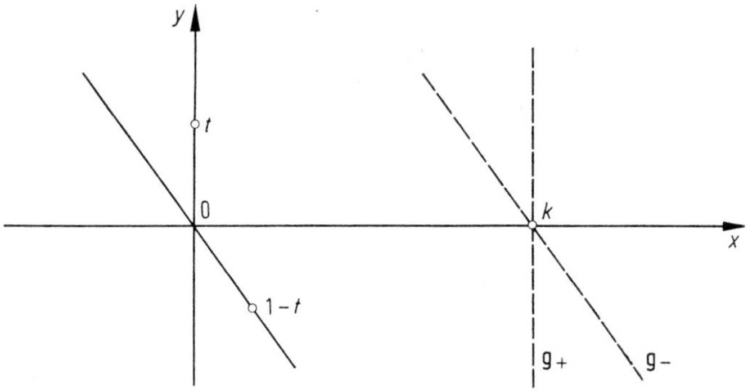

Abb. 50

durch alle $p \in \mathfrak{L}$ mit $p - k \in \mathfrak{J}_+ \cup \mathfrak{J}_-$, d.h. andeutungsweise durch die Punkte der beiden angegebenen singulären Geraden durch K. Wir schreiben

$$\mathbf{g}_+ = \{\mathfrak{R}(p, 1) \mid p - k \in \mathfrak{J}_+\}$$

und

$$\mathbf{g}_- = \{\mathfrak{R}(p, 1) \mid p - k \in \mathfrak{J}_-\}.$$

Der Punkt $S = \mathfrak{R}(k(1-t), 1)$ liegt in $\mathfrak{J}_- \cap \mathbf{g}_+$. Er ist zu K plus-parallel (d.i. $K \parallel_+ S$), da sonst (s. Definition von $\mathfrak{J}_-$) $K \parallel_- S \parallel_- 0$, d.h. $K \parallel_- 0$, d.h. $K = 0$ wäre. (Zwei parallele Punkte einer Kette fallen zusammen!) Es ist aber $k \neq 0$. Gäbe es nun irgendeinen Punkt $P \neq K$ auf $\mathbf{g}_+$, der zu K minus-parallel ist, so hätte man

$$P \parallel_- K, \quad S \parallel_+ K,$$

was nach Lemma 1.1 $K \in \{P, S\}$ ergibt, da $P \nparallel S$ nicht zutreffen kann wegen

$$\begin{vmatrix} p & 1 \\ k(1-t) & 1 \end{vmatrix} = p - k + kt \in \mathfrak{J}_+.$$

$K \in \{P, S\}$ trifft aber auch nicht zu.

Ähnlich zeigt man, daß alle Punkte auf $\mathbf{g}_-$ zu K minus-parallel sind. Diese Betrachtung beweist (3).

Wir beweisen jetzt

(4) Für die Punkte A, K mit $K \in \mathbb{P}(\mathfrak{K}) - \{\mathfrak{R}(1, 0)\}$ und $A = \mathfrak{R}(a_1, a_2)$, $a_2 \in \mathfrak{L} - \mathfrak{R}$, gilt $A \parallel_+ K$ genau dann, wenn $[a, k] \in \mathfrak{J}_+$ ist.

Alle Punkte $\mathfrak{R}(a_1, a_2)$, $a_2 \in \mathfrak{L} - \mathfrak{R}$, sind gegeben durch $\mathfrak{R}(\alpha, t)$, $\mathfrak{R}(\alpha, 1 - t)$ mit $\alpha \in \mathfrak{K}^\times$ und durch $\mathfrak{R}(t, 1 - t)$, $\mathfrak{R}(1 - t, t)$, $\mathfrak{R}(1, 0)$, die zudem alle paarweise verschieden sind. Diejenigen unter diesen Punkten, die parallel sind zu $\mathfrak{R}(k, 1)$, $k \in \mathfrak{K}^\times$, sind $\mathfrak{R}(k, t)$ und $\mathfrak{R}(k, 1 - t)$. Zu $\mathfrak{R}(0, 1)$ sind parallel $\mathfrak{R}(t, 1 - t)$ und $\mathfrak{R}(1 - t, t)$. (4) ist bewiesen, wenn wir zeigen $\mathfrak{R}(k, t) \parallel_- \mathfrak{R}(k, 1) \parallel_+ \mathfrak{R}(k, 1 - t)$ im Falle $k \neq 0$ und

$$\mathfrak{R}(1 - t, t \parallel_- \mathfrak{R}(0, 1) \parallel_+ \mathfrak{R}(t, 1 - t).$$

Da für $k \neq 0$ $\mathfrak{R}(k, t) \nparallel \mathfrak{R}(k, 1 - t)$ ist, müssen in der ersten Formel beide Relationen $\parallel_+$, $\parallel_-$ auftreten; dasselbe kann für die zweite Formel gesagt werden. Wäre $\mathfrak{R}(k, t) \parallel_+ \mathfrak{R}(k, 1)$, so müßte wegen

$$\mathfrak{R}(k, 1) \parallel_+ \mathfrak{R}(k + t, 1)$$

(s. (3)) auch $\mathfrak{R}(k, t) \parallel_+ \mathfrak{R}(k + t, 1)$ sein, wo aber doch sogar

$$\mathfrak{R}(k, t) \nparallel \mathfrak{R}(k + t, 1)$$

ist. — Nehmen wir $\mathfrak{R}(1 - t, t) \parallel_+ \mathfrak{R}(0, 1)$ an, so würde wegen

$$\mathfrak{R}(0, 1) \parallel_+ \mathfrak{R}(t, 1)$$

auch $\mathfrak{R}(1 - t, t) \parallel_+ \mathfrak{R}(t, 1)$ gelten, wo aber doch diese beiden letzten Punkte nicht einmal parallel sind. Satz 1.2 ist bewiesen, wenn wir noch die Richtigkeit der folgenden Bedingung gezeigt haben:

(5) Für die Punkte $A = \mathfrak{R}(a_1, a_2)$, $\mathfrak{R}(1, 0)$ gilt $A \parallel_+ \mathfrak{R}(1, 0)$ genau dann, wenn $a_2 \in \mathfrak{J}_+$ ist.

Die Punkte, die zu $\mathfrak{R}(1, 0)$ parallel sind, sind genau die Punkte $\mathfrak{R}(a_1, a_2)$ mit $a_2 \in \mathfrak{L} - \mathfrak{K}$, also die Punkte $\mathfrak{R}(\alpha, t)$, $\mathfrak{R}(\alpha, 1 - t)$ mit $\alpha \in \mathfrak{K}^\times$ und die Punkte $\mathfrak{R}(t, 1 - t)$, $\mathfrak{R}(1 - t, t)$, $\mathfrak{R}(1, 0)$. Wir zeigen, daß die Punkte $\mathfrak{R}(\alpha, t)$, $\alpha \in \mathfrak{K}^\times$ und $\mathfrak{R}(1 - t, t)$ nicht minus-parallel zu $\mathfrak{R}(1, 0)$ sind, und daß die Punkte $\mathfrak{R}(\alpha, 1 - t)$, $\alpha \in \mathfrak{K}^\times$, und $\mathfrak{R}(t, 1 - t)$ nicht plus-parallel zu $\mathfrak{R}(1, 0)$ sind, womit (5) bewiesen ist: Es ist $\mathfrak{R}(\alpha, t)$, $\alpha \in \mathfrak{K}^\times$ minus-parallel zu $\mathfrak{R}(\alpha, 1)$ (s. (4)). Wäre also $\mathfrak{R}(\alpha, t) \parallel_- \mathfrak{R}(1, 0)$, so folgte

$$\mathfrak{R}(1, 0) \parallel_- \mathfrak{R}(\alpha, 1),$$

was nicht stimmt, da verschiedene Punkte auf einer Kette nicht parallel sind. Für die weiteren Behauptungen beachte man nur noch:

$$\mathfrak{R}(1 - t, t) \parallel_- \mathfrak{R}(0, 1), \mathfrak{R}(\alpha, 1 - t) \parallel_+ \mathfrak{R}(\alpha, 1) \text{ für } \alpha \in \mathfrak{K}^\times,$$

$$\mathfrak{R}(t, 1 - t) \parallel_+ \mathfrak{R}(0, 1).$$

Damit ist Satz 1.2 bewiesen. ∎

2. Laguerregeometrien mit ebenen Ketten. Scharfe Berührrelationen

Sind $\mathfrak{A}$, $\mathfrak{B}$ Ideale des Ringes $\mathfrak{L}$, so werde das Produkt $\mathfrak{A} \cdot \mathfrak{B}$ erklärt. Es bestehe aus allen endlichen Ausdrücken

$$a_1 b_1 + a_2 b_2 + \cdots + a_n b_n$$

mit $a_\nu \in \mathfrak{A}$ und $b_\nu \in \mathfrak{B}$. Offenbar ist $\mathfrak{A} \cdot \mathfrak{B}$ selbst wieder ein Ideal von $\mathfrak{L}$. Man prüft außerdem leicht nach, daß für je drei Ideale $\mathfrak{A}$, $\mathfrak{B}$, $\mathfrak{R}$ von $\mathfrak{L}$

$$(\mathfrak{A}\mathfrak{B})\,\mathfrak{C} = \mathfrak{A}(\mathfrak{B}\mathfrak{C})$$

ist. Induktiv erklären wir Potenzen des Ideals $\mathfrak{A}$ von $\mathfrak{L}$: Es sei $\mathfrak{A}^1 := \mathfrak{A}$ und $\mathfrak{A}^{\nu+1} := (\mathfrak{A}^\nu)\,\mathfrak{A}$ für $\nu = 1, 2, 3, \ldots$ Das Ideal $\{0\}$ von $\mathfrak{L}$ kürzen wir gelegentlich mit 0 ab.

Für das der klassischen Laguerregeometrie zugrunde liegende Ideal $\mathfrak{N} = \mathfrak{L} - \mathfrak{R}$ gilt $\mathfrak{N}^2 = 0$.

Für die nachfolgend definierte Laguerregeometrie $\Sigma(\mathfrak{K}, \mathfrak{L})$ gilt $\mathfrak{N}^3 = 0$, jedoch $\mathfrak{N}^2 \neq 0$:

Es bestehe $\mathfrak{L}$ aus allen Ausdrücken

$$a_0 + a_1\varepsilon + a_2\varepsilon^2,$$

wo a_ν reelle Zahlen sind, $\varepsilon \notin \mathbb{R}$ ein Symbol.

Es sei

$$a_0 + a_1\varepsilon + a_2\varepsilon^2 = a_0' + a_1'\varepsilon + a_2'\varepsilon^2$$

gesetzt genau dann, wenn $a_\nu = a_\nu'$ ist für $\nu = 0, 1, 2$.

Ferner sei definiert

$$(a_0 + a_1\varepsilon + a_2\varepsilon^2) + (b_0 + b_1\varepsilon + b_2\varepsilon^2):$$
$$= (a_0 + b_0) + (a_1 + b_1)\,\varepsilon + (a_2 + b_2)\,\varepsilon^2$$

und

$$(a_0 + a_1\varepsilon + a_2\varepsilon^2)\,(b_0 + b_1\varepsilon + b_2\varepsilon^2):$$
$$= a_0 b_0 + (a_0 b_1 + a_1 b_0)\,\varepsilon + (a_0 b_2 + a_1 b_1 + a_2 b_0)\,\varepsilon^2.$$

Es sei $\mathfrak{K} = \mathbb{R}$, wobei $r \in \mathbb{R}$ in der Form

$$r + 0\varepsilon + 0\varepsilon^2$$

als Element von $\mathfrak{L}$ aufgefaßt werde, so daß $\mathfrak{K} \subset \mathfrak{L}$ ist. Den definierten Ring $\mathfrak{L}$ schreiben wir auch in der Form $\mathbb{D}_3$ auf.

Wir ziehen zu unseren Betrachtungen jetzt den zur Laguerregeometrie $\Sigma(\mathfrak{K}, \mathfrak{L})$ gehörenden affinen Raum $\mathbb{A}(\mathfrak{K}, \mathfrak{L})$ hinzu. Dieser ist die gewöhnliche reelle affine Ebene im Fall der klassischen Laguerregeometrie $\mathfrak{K} = \mathbb{R}$, $\mathfrak{L} = \mathbb{D}$ und der gewöhnliche reelle affine dreidimensionale Raum im Fall der vorstehend definierten Laguerregeometrie $\mathfrak{K} = \mathbb{R}$, $\mathfrak{L} = \mathbb{D}_3$. Wir nennen eine Kette von $\Sigma(\mathfrak{K}, \mathfrak{L})$ *eben*, wenn es eine Ebene von $\mathbb{A}(\mathfrak{K}, \mathfrak{L})$ gibt, in der alle eigentlichen Punkte der Kette liegen. Enthält $\mathfrak{K}$ höchstens drei Elemente, so ist natürlich jede Kette der Laguerregeometrie $\Sigma(\mathfrak{K}, \mathfrak{L})$ eben; denn hier enthält jede Kette höchstens drei eigentliche Punkte. Somit wird sich die weitere Untersuchung der Ebenheit von Ketten auf $|\mathfrak{K}| > 3$ beschränken können. Wir beweisen den

Satz 2.1. *Es sei $\Sigma(\mathfrak{K}, \mathfrak{L})$ eine Laguerregeometrie mit $|\mathfrak{K}| > 3$. Dann sind die folgenden Aussagen gleichwertig:*

(i) *Jede Kette ist eben.*

(ii) *Für jedes $\nu \in \mathfrak{N} = \mathfrak{L} - \mathfrak{R}$ gilt $\nu^2 = 0$.*

Gilt char $\mathfrak{K} \neq 2$, *so ergibt sich als weitere gleichwertige Bedingung*

(iii) $\mathfrak{N}^2 = 0$.

Schließlich folgt im Falle char $\mathfrak{K} = 2$ (i) *aus* (iii), *aber nicht umgekehrt.*

Beweis. Gelte (i). Gegeben sei ein $\nu \neq 0$ aus $\mathfrak{N}$. Dann betrachten wir die Kette $\mathbf{k}$ durch $\mathfrak{R}(0, 1)$, $\mathfrak{R}(1, 1)$, $\mathfrak{R}(1, \nu)$. Dabei ist tatsächlich auch $\mathfrak{R}(1, 1) \nparallel \mathfrak{R}(1, \nu)$, da $\mathfrak{L} - \mathfrak{N} = \mathfrak{R}$ ist. Die Kette enthält als einzigen uneigentlichen Punkt $\mathfrak{R}(1, \nu)$ und ansonsten die eigentlichen Punkte

$$x = 0 \quad \text{und} \quad x = \frac{1}{(1-\lambda) + \lambda\nu}, \ \lambda \neq 1 \quad \text{in} \quad \mathfrak{K},$$

wenn wir die Punkte $\mathfrak{R}(x, 1)$ wieder kurz mit x bezeichnen. Da $\mathbf{k}$ eben ist und zudem die Punkte 0, 1 enthält, so gibt es einen Punkt $p \notin \mathfrak{K}$ derart, daß $\mathbf{k}$ in der Ebene

$$\mathbf{E} = \{\alpha + \beta p \mid \alpha, \beta \in \mathfrak{K}\}$$

liegt. Ist $p = \gamma + \mu$ mit $\gamma \in \mathfrak{K}$, $\mu \in \mathfrak{N}$, so ist zunächst $\mu \neq 0$, da sonst $p \in \mathfrak{K}$ wäre, außerdem $\mu = (-\gamma) + p \in \mathbf{E}$. Deshalb können wir auch schreiben

$$\mathbf{E} = \{\alpha + \beta\mu \mid \alpha, \beta \in \mathfrak{K}\} \quad \text{mit} \quad 0 \neq \mu \in \mathfrak{N}.$$

Wegen $\mathbf{k} \subseteq \mathbf{E}$ gibt es also zu jedem $\lambda \in \mathfrak{K} - \{1\}$ Größen $\alpha, \beta \in \mathfrak{K}$ mit

$$\frac{1}{(1-\lambda) + \lambda\nu} = \alpha + \beta\mu.$$

Hieraus wird

$$\mathfrak{K} \ni 1 - (1-\lambda)\,\alpha = \lambda\alpha\nu + (1-\lambda)\,\beta\mu + \lambda\beta\nu\mu \in \mathfrak{N},$$

d.h.

$$1 = (1-\lambda)\,\alpha$$

$$0 = \lambda\alpha\nu + (1-\lambda)\,\beta\mu + \lambda\beta\nu\mu$$

wegen $\mathfrak{K} \cap \mathfrak{N} = \{0\}$. Hieraus wird, α entfernend,

$$(*) \qquad 0 = \frac{\lambda}{1-\lambda}\nu + (1-\lambda)\beta\mu + \lambda\beta\nu\mu.$$

Wir halten fest: Zu jedem $\lambda \in \mathfrak{K} - \{1\}$ gibt es ein $\beta \in \mathfrak{K}$ derart, daß (*) gilt. Dieses β muß für $\lambda \neq 0$ ebenfalls von Null verschieden sein, was wegen $\nu \neq 0$ aus (*) folgt. Für $\lambda \in \mathfrak{K} - \{0, 1\}$ schreiben wir (*) nun:

$$(**) \qquad \nu\mu = \sigma\nu + \varrho\mu$$

mit $\sigma = \frac{1}{\beta(\lambda - 1)}$, $\varrho = 1 - \frac{1}{\lambda}$.

Wir können dann sagen: Zu jedem $\varrho \in \mathfrak{K} - \{0, 1\}$ existiert ein $\sigma \in \mathfrak{K}$, so daß (**) gilt. Nun ist $|\mathfrak{K}| > 3$. Seien ϱ_1, ϱ_2 verschiedene Elemente aus $\mathfrak{K} - \{0, 1\}$.

Dann gibt es also Größen $\sigma_1, \sigma_2 \in \mathfrak{K}$ mit

$$\nu\mu = \sigma_1\nu + \varrho_1\mu$$

$$\nu\mu = \sigma_2\nu + \varrho_2\mu.$$

Hieraus folgt $\mu = \frac{\sigma_1 - \sigma_2}{\varrho_2 - \varrho_1}\nu = \tau\nu$ mit $\tau + \frac{\sigma_1 - \sigma_2}{\varrho_2 - \varrho_1} \in \mathfrak{K}$. Wäre $\tau = 0$, so wäre $\mu = 0$, was nicht der Fall ist.

Nun haben wir

$$\sigma_1\nu + \varrho_1\tau\nu = \sigma_1\nu + \varrho_1\mu = \nu\mu = \tau\nu^2$$

oder

$$(\dagger) \qquad \nu((\sigma_1 + \varrho_1\tau) - \tau\nu) = 0.$$

Wäre hier $\sigma_1 + \varrho_1\tau \neq 0$, so wäre $(\sigma_1 + \varrho_1\tau) - \tau\nu$ Einheit und somit $\nu = 0$ wegen (†). Also folgt aus (†) $\nu^2 = 0$. Also gilt (ii).

Wir beweisen nun, daß (i) aus (ii) folgt. Da die Menge der Abbildungen (s. (3.4) von § 2)

$$w = az + b, \quad a \in \mathfrak{R}, \quad b \in \mathfrak{L},$$

transitiv ist auf nichtparallelen Punktepaaren von $\mathrm{A}(\mathfrak{K}, \mathfrak{L})$, außerdem Ebenen in Ebenen überführt, können wir ohne Beschränkung der Allgemeinheit annehmen, daß die Kette **k**, von der wir die Ebenheit nachprüfen wollen, die Punkte $\mathfrak{R}(0, 1)$, $\mathfrak{R}(1, 1)$ enthält. Da eine Laguerregeometrie vorliegt, enthält **k** außerdem einen zu $\mathfrak{R}(1, 0)$ parallelen Punkt $\mathfrak{R}(p_1, p_2)$, für den also $p_2 \in \mathfrak{N}$ gilt und damit $p_1 \in \mathfrak{R}$ wegen $\langle p_1, p_2\rangle = \mathfrak{L}$. Wir setzen $\nu = p_1^{-1}p_2$ und haben $\mathfrak{R}(p_1, p_2) = \mathfrak{R}(1, \nu)$ mit $\nu \in \mathfrak{N}$. Nun gilt aber für $\lambda \in \mathfrak{K} - \{1\}$ mit $\nu^2 = 0$ offenbar

$$\frac{1}{(1-\lambda) + \lambda\nu} = \frac{1}{1-\lambda} - \frac{\lambda}{(1-\lambda)^2}\nu,$$

was

$$\mathbf{k} \subseteq \{\alpha + \beta\nu \mid \alpha, \beta \in \mathfrak{K}\}$$

ergibt. Dies ist für $\nu = 0$ eine Gerade, sonst eine Ebene. In jedem Falle ist also $\mathbf{k}$ eben. Dies beweist (i).

Sei nun char $\mathfrak{K} \neq 2$. Dann sind (ii), (iii) gleichwertig: Gilt (iii), so hat man für $\nu \in \mathfrak{N}$

$$\nu \cdot \nu \in \mathfrak{N}^2 = \{0\}, \quad \text{d.h.} \quad \nu^2 = 0.$$

Gilt (ii), so betrachten wir

$$m \cdot n \in \mathfrak{N}^2 \quad \text{für} \quad m, n \in \mathfrak{N}.$$

Es gilt wegen $m, n, m + n \in \mathfrak{N}$ jedenfalls $m^2 = 0$, $n^2 = 0$, $(m + n)^2 = 0$ und damit

$$0 = (m + n)^2 = m^2 + (1 + 1)\, mn + n^2 = (1 + 1)\, mn.$$

Wegen $\mathfrak{K} \ni 1 + 1 \neq 0$ ist also $m \cdot n = 0$. Damit gilt (iii). Im Falle char $\mathfrak{K} = 2$ impliziert (iii) natürlich auch (ii) und damit (i). Aus (ii) (und damit aus (i)) folgt aber nicht (iii): Wir betrachten neben $\mathfrak{K} = \mathrm{GF}(2^2)$ den Ring $\mathfrak{L}$, der durch alle Elemente

$$a_0 + a_1\varepsilon_1 + a_2\varepsilon_2 + a_3\varepsilon_3$$

gegeben ist mit $a_\nu \in \mathfrak{K}$, ε_1, ε_2, ε_3 Symbole.

Es sei gesetzt

$$a_0 + a_1\varepsilon_1 + a_2\varepsilon_2 + a_3\varepsilon_3 = a_0' + a_1'\varepsilon_1 + a_2'\varepsilon_2 + a_3'\varepsilon_3$$

genau dann, wenn $a_\nu = a_\nu'$, $\nu = 0, 1, 2, 3$ ist, und

$$\begin{aligned}(a_0 + a_1\varepsilon_1 + a_2\varepsilon_2 + a_3\varepsilon_3) + (b_0 + b_1\varepsilon_1 + b_2\varepsilon_2 + b_3\varepsilon_3) &:= \\ (a_0 + b_0) + (a_1 + b_1)\,\varepsilon_1 + (a_2 + b_2)\,\varepsilon_2 + (a_3 + b_3)\,\varepsilon_3&,\\ (a_0 + \cdots)(b_0 + \cdots) := a_0b_0 + (a_0b_1 + a_1b_0)\,\varepsilon_1 + (a_0b_2 + a_2b_0)\,\varepsilon_2 &\\ + (a_0b_3 + a_1b_2 + a_2b_1 + a_3b_0)\,\varepsilon_3&.\end{aligned}$$

Hier ist $\mathfrak{N}$ durch

$$\{a_1\varepsilon_1 + a_2\varepsilon_2 + a_3\varepsilon_3 \mid a_\nu \in \mathfrak{K}\}$$

gegeben. Es gilt (ii):

$$(a_1\varepsilon_1 + a_2\varepsilon_2 + a_3\varepsilon_3)^2 = 0$$

(man beachte $1 + 1 = 0$). Es gilt nicht (iii): z.B. ist $\varepsilon_1\varepsilon_2 = \varepsilon_3 \neq 0$. □

Anmerkung. Eine allgemeine Dimensionsformel für Ketten wird in W. Benz [33] bewiesen. Mit Hilfe des Begriffes Kernpunkt p einer Kette

$\varkappa$ (s. loc. cit.) ist

$$\dim_{\mathfrak{K}} \mathfrak{K}\ (p)$$

die Dimension der linearen Hülle des affinen Teiles α von $\varkappa$, wenn gilt $|\alpha| \geqq 2$, $[\mathfrak{L}:\mathfrak{K}] < \infty$ und $|\mathfrak{K}| > m + \dim_{\mathfrak{K}} \mathfrak{K}\ (p)$, wo m die Anzahl der maximalen Ideale von $\mathfrak{L}$ bezeichnet und $\mathfrak{K}\ (p)$ die von $\mathfrak{K}$ und p in $\mathfrak{L}$ erzeugte Algebra.

Uns wieder einer allgemeinen Kettengeometrie $\Sigma(\mathfrak{K}, \mathfrak{L})$ zuwendend, wollen wir jetzt die Frage erörtern, genau wann die Berührrelation von $\Sigma(\mathfrak{K}, \mathfrak{L})$ scharf ist. Dabei heiße die Berührrelation von $\Sigma(\mathfrak{K}, \mathfrak{L})$ *scharf*, wenn für je zwei verschiedene Ketten $\mathbf{a}$, $\mathbf{b}$ durch einen Punkt P, $\mathbf{a}P\mathbf{b}$ schon dann gilt, wenn $\mathbf{a} \cap \mathbf{b} = \{P\}$ ist. (Wir beachten, daß mit Satz 4.1 von § 2 aus $\mathbf{a}P\mathbf{b}$, $\mathbf{a} \neq \mathbf{b}$, stets $\mathbf{a} \cap \mathbf{b} = \{P\}$ folgt.)

Bei der jetzt folgenden Betrachtung schließen wir zunächst den Fall $\mathfrak{R} = \mathfrak{K}^\times$ aus, der z.B. vorliegt, wenn in $\Sigma(\mathfrak{K}, \mathfrak{L})$ $\mathfrak{L} = \mathfrak{K}[x]$, d.h. $\mathfrak{L}$ der Polynomring in einer Unbestimmten x über $\mathfrak{K}$ ist. Es gilt:

Satz 2.2. *Gegeben sei die Kettengeometrie $\Sigma(\mathfrak{K}, \mathfrak{L})$ mit $\mathfrak{K}^\times \subset \mathfrak{R}$. Dann ist die Berührrelation von $\Sigma(\mathfrak{K}, \mathfrak{L})$ scharf genau dann, wenn $(\mathfrak{L}:\mathfrak{K}) = 2$, d.h. wenn der Vektorraum $\mathfrak{L}$ über $\mathfrak{K}$ die Dimension 2 hat,* $\dim_{\mathfrak{K}} \mathfrak{L} = 2$.

Beweis. Sei die Berührrelation von $\Sigma(\mathfrak{K}, \mathfrak{L})$ scharf. Angenommen, $(\mathfrak{L}:\mathfrak{K}) \neq 2$. Wegen $\mathfrak{K} \subset \mathfrak{L}$ ist hiermit die Dimension des Vektorraumes $\mathfrak{L}$ über $\mathfrak{K}$ wenigstens 3. Sei nun $r \in \mathfrak{R} - \mathfrak{K}^\times$. Wegen $\dim_{\mathfrak{K}} \mathfrak{L} > 2$ existiert ein $l \in \mathfrak{L}$ derart, daß $1, r, l$ verschieden und linear unabhängig sind. Wir betrachten die Kette $\mathbf{k}$ durch $W \equiv \mathfrak{R}(1, 0)$, $A \equiv \mathfrak{R}(l, 1)$, $B = \mathfrak{R}(l + r, 1)$. Es gilt

$$\mathbf{k} = \{W\} \cup \{\mathfrak{R}(l + \lambda r, 1) \mid \lambda \in \mathfrak{K}\}.$$

Offenbar ist $\mathbf{k} \cap \mathbb{P}(\mathfrak{K}) = \{W\}$, da sonst ein $\alpha \in \mathfrak{K}$ existierte mit $\alpha = l + \lambda r$ $\lambda \in \mathfrak{K}$, was der linearen Unabhängigkeit von $1, r, l$ widerspricht. Würde nun $\mathbf{k}W\mathbb{P}(\mathfrak{K})$ gelten, so ergäbe Satz 5.1, § 2,

$$\mathfrak{K} \ni \begin{bmatrix} W & \mathfrak{R}(0, 1) \\ B & \mathfrak{R}(1, 1) \end{bmatrix} - \begin{bmatrix} W & \mathfrak{R}(0, 1) \\ A & \mathfrak{R}(1, 1) \end{bmatrix} = (l + r) - l = r,$$

was nicht stimmt. Also führt die Annahme $(\mathfrak{L}:\mathfrak{K}) \neq 2$ zum Widerspruch.

Sei nun umgekehrt $(\mathfrak{L}:\mathfrak{K}) = 2$. Dann ist $\mathbb{A}(\mathfrak{K}, \mathfrak{L})$ die affine Ebene über $\mathfrak{K}$. Daß die Berührrelation jetzt scharf ist, folgt daraus, daß in der Ebene $\mathbb{A}(\mathfrak{K}, \mathfrak{L})$ zwei Geraden genau dann parallel sind, wenn sie zusammenfallen oder aber keinen einzigen Punkt gemeinsam haben (vgl. hierzu die Definition der Berührrelation zu Beginn von Abschnitt 4, § 2). □

Für den Fall $\mathfrak{K}^\times = \mathfrak{R}$ beweisen wir

Satz 2.3. *Gilt für die Kettengeometrie $\Sigma(\mathfrak{K}, \mathfrak{L})$ die Bedingung $\mathfrak{K}^\times = \mathfrak{R}$, so ist ihre Berührrelation stets scharf.*

Beweis. Wir müssen zeigen, daß für die verschiedenen Ketten $\mathbf{a}, \mathbf{b}$ durch P, $\mathbf{a}P\mathbf{b}$ schon dann gilt, wenn $\mathbf{a} \cap \mathbf{b} = \{P\}$ ist. Da $\Gamma(\mathfrak{L})$ die Berührrelation erhält, können wir ohne Beschränkung der Allgemeinheit

$$P = W \equiv \mathfrak{R}(1, 0) \quad \text{und} \quad \mathbf{a} = \mathbb{P}(\mathfrak{K})$$

annehmen. Es gelte nun $\mathbf{a} \cap \mathbf{b} = \{P\}$ und es seien $B_i = \mathfrak{R}(l_i, 1)$, $i = 1, 2$, verschiedene Punkte $\neq W$ auf $\mathbf{b}$. Wegen $B_1 \nparallel B_2$ folgt $l_2 - l_1 \in \mathfrak{R} = \mathfrak{K}^{\times}$. Dann gilt aber $\mathbf{a}P\mathbf{b}$ mit

$$\begin{bmatrix} W & \mathfrak{R}(0, 1) \\ B_2 & \mathfrak{R}(1, 1) \end{bmatrix} - \begin{bmatrix} W & \mathfrak{R}(0, 1) \\ B_1 & \mathfrak{R}(1, 1) \end{bmatrix} = l_2 - l_1 \in \mathfrak{K}$$

und Satz 5.1 von § 2. □

Neben den in § 2 behandelten Reichhaltigkeitsforderungen $(\mathbf{R}_1)$, $(\mathbf{R}_2)$, $(\mathbf{R}_3)$ wollen wir noch eine Reichhaltigkeitsforderung $(\mathbf{R}_0)$ betrachten:

$(\mathbf{R}_0)$ *Es gibt vier verschiedene Punkte A, B, C, D, von denen A, B, C paarweise nicht parallel sind, derart, daß $D \notin (ABC)$ und $A \nparallel D \nparallel B$ gilt.*

Offenbar folgt $(\mathbf{R}_0)$ sofort aus $(\mathbf{R}_1)$. Das Umgekehrte gilt nicht: Sei $\mathfrak{K} = \{0, 1\}$. Sei $\mathfrak{L}$ die Menge aller Ausdrücke

$$f(x) + \varepsilon g(x), \quad f(x), g(x) \in \mathfrak{K}[x].$$

Sei $f(x) + \varepsilon g(x) = f_1(x) + \varepsilon g_1(x)$ gesetzt genau dann, wenn $f(x) = f_1(x)$, $g(x) = g_1(x)$ ist. Weiterhin sei definiert

$$(f(x) + \varepsilon g(x)) + (\varphi(x) + \varepsilon\psi(x)) := (f(x) + \varphi(x)) + \varepsilon(g(x) + \psi(x))$$

und

$$(f(x) + \varepsilon g(x))\,(\varphi(x) + \varepsilon\psi(x)) := f(x)\,\varphi(x) + \varepsilon(f(x)\,\psi(x) + g(x)\,\varphi(x)).$$

Alle Einheiten von $\mathfrak{L}$ sind dann durch

$$1 + \varepsilon g(x), \quad g(x) \in \mathfrak{K}[x],$$

gegeben. Wegen Lemma 1.2 von § 2 gilt nicht $(\mathbf{R}_1)$. Es gilt aber $(\mathbf{R}_0)$ mit den Punkten

$$A = \mathfrak{R}(1, 0), B = \mathfrak{R}(0, 1), C = \mathfrak{R}(1, 1), D = \mathfrak{R}(1 + \varepsilon, 1).$$

Wir halten noch fest, das

Lemma 2.1. *In $\Sigma(\mathfrak{K}, \mathfrak{L})$ gilt $(\mathbf{R}_0)$ genau dann, wenn ein $l \in \mathfrak{L} - \mathfrak{K}$ existiert mit $l \in \mathfrak{R}$. Anders ausgedrückt: $(\mathbf{R}_0)$ gilt genau dann, wenn $\mathfrak{K}^{\times} \neq \mathfrak{R}$ ist.*

Im Falle einer Möbiusgeometrie sagen wir an Stelle von Kette gelegentlich auch *Kreis*. Dasselbe gilt für die pseudo-euklidischen Geometrien. Im Falle einer Laguerregeometrie nennen wir die Ketten auch *Zykel*, die Punkte auch *Speere*.

§ 5. K assen von Algebren

1. Quadratische Erweiterungen

Aus Anlaß der Charakterisierung der Kettengeometrien $\Sigma(\mathfrak{K}, \mathfrak{L})$ mit scharfer Berührrelation sind wir auf die Bedingung $(\mathfrak{L} : \mathfrak{K}) = 2$ gestoßen. Die gleiche Bedingung ist erfüllt bei allen pseudo-euklidischen Geometrien $\Sigma(\mathfrak{K}, \mathfrak{L})$. Sie ist ferner erfüllt bei den in Kapitel I behandelten klassischen Fällen von Möbius und Laguerre. Im vorliegenden Abschnitt interessieren wir uns, ausgehend von einem kommutativen Körper $\mathfrak{K}$, für alle kommutativen Oberringe $\mathfrak{L}$ von $\mathfrak{K}$ (die 1 aus $\mathfrak{K}$ sei Ringeins) mit $(\mathfrak{L} : \mathfrak{K}) = 2$. Bei einem solchen Oberring gibt es also eine Basis $1, \alpha$ von $\mathfrak{L}$ über $\mathfrak{K}$. Wegen $\alpha^2 \in \mathfrak{L}$ gilt

$$\alpha^2 = m\alpha + n$$

mit Elementen $m, n \in \mathfrak{K}$.

Fall 1. Es gibt kein $k \in \mathfrak{K}$ mit $k^2 = mk + n$. Dann muß $\mathfrak{L}$ ein Körper sein (quadratische Körpererweiterung von $\mathfrak{K}$ genannt). Denn ist $a + b\alpha \neq 0$ gegeben mit $a, b \in \mathfrak{K}$, so ist zunächst

$$a^2 + abm - b^2 n \neq 0\,.$$

Dies ist trivial für $b = 0$. Im Falle $b \neq 0$ hätte die Nichtgültigkeit

$$\left(-\frac{a}{b}\right)^2 = m\left(-\frac{a}{b}\right) + n$$

zur Folge, also eine Lösung $k \in \mathfrak{K}$ von

$$k^2 = mk + n\,.$$

Wegen

$$(a + b\alpha) \cdot \left(\frac{a + bm}{a^2 + abm - b^2 n} + \frac{-b}{a^2 + abm - b^2 n}\,\alpha\right) = 1$$

besitzt $a + b\alpha \neq 0$ damit ein Inverses bezüglich der Multiplikation.

Fall 2. Es gibt ein $k \in \mathfrak{K}$ mit $k^2 = mk + n$. Ein solches k sei fest gewählt.

Fall 2.1. $m = 2k$.

Für die neue Basis $1, \varepsilon \equiv k - \alpha$ von $\mathfrak{L}$ über $\mathfrak{K}$ gilt dann

$$\mathfrak{L} = \{a + b\varepsilon \mid a, b \in \mathfrak{K}\}$$

und

$$\varepsilon^2 = 2(k^2 + n) = 0,$$

da

$$k^2 = mk + n = 2k^2 + n$$

ist. Damit ist $\mathfrak{L}$ der sogenannte Ring der dualen Zahlen $\mathbb{D}(\mathfrak{K})$ über $\mathfrak{K}$. (Im Falle $\mathfrak{K} = \mathbb{R}$ ist gewiß $\mathbb{D}(\mathbb{R}) = \mathbb{D}$.) Wir übergehen die einfache Betrachtung, daß umgekehrt, ausgehend von $\mathfrak{K}$, der Ring $\mathbb{D}(\mathfrak{K})$ immer definiert werden kann mit $\mathbb{D}(\mathfrak{K}) = \{a + b\varepsilon \mid a, b \in \mathfrak{K}\}$, $\mathfrak{K} \not\ni \varepsilon$, $\varepsilon^2 = 0$.

Fall 2.2. $m \neq 2k$.

Für die neue Basis $1, t \equiv \frac{k}{2k - m} - \frac{1}{2k - m}\alpha$ von $\mathfrak{L}$ über $\mathfrak{K}$ gilt

$$\mathfrak{L} = \{a + bt \mid a, b \in \mathfrak{K}\}$$

und

$$t^2 = t,$$

so daß der Ring $\mathbb{A}(\mathfrak{K})$ der Doppelzahlen über $\mathfrak{K}$ vorliegt. Die Ringe $\mathbb{D}(\mathfrak{K})$, $\mathbb{A}(\mathfrak{K})$ können nicht isomorph sein: Gäbe es einen Isomorphismus

$$\sigma\colon \mathbb{D}(\mathfrak{K}) \to \mathbb{A}(\mathfrak{K}),$$

so wäre $\varepsilon^\sigma \cdot \varepsilon^\sigma = (\varepsilon \cdot \varepsilon)^\sigma = 0^\sigma = 0$. Wegen $\varepsilon \neq 0$ müßte außerdem $\varepsilon^\sigma \neq 0$ sein. Es gibt aber in $\mathbb{A}(\mathfrak{K})$ kein von Null verschiedenes Element, dessen Quadrat 0 ist.

Hinsichtlich des Falles 1 machen wir noch auf die folgende Aussage aufmerksam: Ist $\mathfrak{K}$ ein kommutativer Körper, sind m, n Elemente von $\mathfrak{K}$ derart, daß

$$k^2 = mk + n$$

keine Lösung $k \in \mathfrak{K}$ besitzt, so gibt es einen Körper

$$\mathfrak{L} = \{a + b\alpha \mid a, b \in \mathfrak{K}\}$$

über $\mathfrak{K}$ mit $\alpha \in \mathfrak{L} - \mathfrak{K}$, $\alpha^2 = m\alpha + n$, und

$$a + b\alpha = a_1 + b_1\alpha \Leftrightarrow a = a_1 \quad \text{und} \quad b = b_1$$ [49]

$$(a + b\alpha) + (a' + b'\alpha) = (a + a') + (b + b')\,\alpha,$$

$$(a + b\alpha) \cdot (a' + b'\alpha) = (aa' + bb'n) + (ab' + ba' + bb'm)\,\alpha.$$

Dies kann man durch Bestätigung der Körperaxiome verifizieren; man erhält das Resultat einfacher, wenn man mit der Abbildung

$$a + b\alpha \to \begin{pmatrix} a & b \\ bn & a + bm \end{pmatrix}$$

die Betrachtung auf den Matrizenbereich verlagert, da sich dabei Addition und Produkt entsprechen.

[49] $\Leftrightarrow$ sei eine Abkürzung für „dann und nur dann“.

Mit den Überlegungen des § 4 können wir sagen, daß Fall 1 die Möbiusgeometrien mit scharfer Berührrelation beschreibt, Fall 2.1 die Laguerregeometrien mit scharfer Berührrelation (selbstverständlich sind hier auch alle Ketten eben) und Fall 2.2 die pseudo-euklidischen Geometrien, für die also stets $(\mathfrak{L}:\mathfrak{K}) = 2$ erfüllt ist.

2. Faktorringe und Quotientenringe

Ist $\mathfrak{J}$ ein Ideal des Ringes $\mathfrak{L}$, so definieren wir den Ring $\mathfrak{L}/\mathfrak{J}$, den sogenannten *Faktorring* von $\mathfrak{L}$ nach $\mathfrak{J}$, auch *Restklassenring* von $\mathfrak{L}$ nach $\mathfrak{J}$ genannt: Da die additive Gruppe von $\mathfrak{L}$ abelsch ist, so ist die additive Gruppe des Unterringes $\mathfrak{J}$ von $\mathfrak{L}$ hierin ein Normalteiler. Auf dieser abelschen Gruppe $\mathfrak{L}/\mathfrak{J}$ führen wir eine Multiplikation ein:

$$(l_1 + \mathfrak{J})\,(l_2 + \mathfrak{J}) := l_1 l_2 + \mathfrak{J}.$$

Diese Multiplikation ist wohldefiniert:

Aus $l_i' \in l_i + \mathfrak{J}$, $i = 1, 2$ folgt

$$l_i' = l_i + \alpha_i, \quad i = 1, 2 \quad \text{mit} \quad \alpha_i \in \mathfrak{J}.$$

Dann ist aber

$$l_1' l_2' + \mathfrak{J} = (l_1 l_2 + l_1 \alpha_2 + l_2 \alpha_1 + \alpha_1 \alpha_2) + \mathfrak{J} = l_1 l_2 + \mathfrak{J},$$

da — man beachte, daß $\mathfrak{J}$ Ideal ist —

$$(l_1 \alpha_2 + l_2 \alpha_1 + \alpha_1 \alpha_2) + \mathfrak{J} = \mathfrak{J}$$

ist. Man verifiziert unmittelbar, daß die abelsche Gruppe $\mathfrak{L}/\mathfrak{J}$ versehen mit der neuen Multiplikation, neben ihrer natürlichen Verknüpfung als Addition, einen Ring bildet mit Nullelement $0 + \mathfrak{J} = \mathfrak{J}$ und Einselement $1 + \mathfrak{J}$. Es ist $1 + \mathfrak{J} \neq 0 + \mathfrak{J} = \mathfrak{J}$ genau dann, wenn $\mathfrak{J}$ echt in $\mathfrak{L}$ enthalten ist. Der entstehende Ring sei ebenfalls mit $\mathfrak{L}/\mathfrak{J}$ bezeichnet.

Lemma 2.1. *$\mathfrak{L}/\mathfrak{J}$ ist ein Körper genau dann, wenn $\mathfrak{J}$ ein maximales Ideal von $\mathfrak{L}$ ist.*

Beweis. Sei $\mathfrak{L}/\mathfrak{J}$ Körper. Angenommen, es gäbe ein Ideal $\mathfrak{J}'$ von $\mathfrak{L}$ mit $\mathfrak{J} \subset \mathfrak{J}' \subset \mathfrak{L}$. Dann sei $a \in \mathfrak{J}' - \mathfrak{J}$. Wegen $a + \mathfrak{J} \neq \mathfrak{J}$ gibt es ein $b + \mathfrak{J} \in \mathfrak{L}/\mathfrak{J}$ mit $1 + \mathfrak{J} = (a + \mathfrak{J})\,(b + \mathfrak{J}) = ab + \mathfrak{J}$. Dies ergibt mit einem passenden $i \in \mathfrak{J}$

$$1 = ab + i \in \mathfrak{J}', \quad \text{d.h.} \quad \mathfrak{J}' = \mathfrak{L},$$

was nicht stimmt.

Sei nun $\mathfrak{J}$ maximal in $\mathfrak{L}$. Wir zeigen, daß ein $a + \mathfrak{J} \neq \mathfrak{J}$ ein Inverses gegenüber der Multiplikation besitzt. Wegen $a \notin \mathfrak{J}$ und $\mathfrak{J}$ maximal, ist das kleinste Ideal von $\mathfrak{L}$, das $\mathfrak{J}$ umfaßt und a enthält, gleich $\mathfrak{L}$. Dieses kleinste Ideal (d.i. das von a und $\mathfrak{J}$ erzeugte Ideal) ist außerdem gegeben durch

$$\{\lambda a + i \mid \lambda \in \mathfrak{L}, i \in \mathfrak{J}\}.$$

Also ist 1 von der Form $\lambda a + i$ mit $\lambda \in \mathfrak{L}$, $i \in \mathfrak{J}$. Dann gilt aber

$$(a + \mathfrak{J})(\lambda + \mathfrak{J}) = 1 + \mathfrak{J}. \quad \square$$

Man bestätigt leicht die folgenden Isomorphieaussagen (sind die Ringe $\mathfrak{L}_1$, $\mathfrak{L}_2$ isomorph, so schreibt man auch $\mathfrak{L}_1 \cong \mathfrak{L}_2$):

$$\mathbb{D}(\mathfrak{K}) \cong \mathfrak{K}[x] \big/ \langle x^2 \rangle, \quad \mathbb{A}(\mathfrak{K}) \cong \mathfrak{K}[x] \big/ \langle x^2 - x \rangle,$$

$$\mathbb{C} \cong \mathbb{R}[x] \big/ \langle x^2 + 1 \rangle, \quad \mathbb{D}_3 \cong \mathbb{R}[x] \big/ \langle x^3 \rangle$$

(s. zur Definition von $\mathbb{D}_3$ § 4, Abschnitt 2).

In § 4, Abschnitt 2 betrachten wir auch den Ring

$$\mathfrak{L} = \{a_0 + a_1\varepsilon_1 + a_2\varepsilon_2 + a_3\varepsilon_3 \mid a_\nu \in \mathrm{GF}(2^2)\}$$

mit $\varepsilon_1^2 = 0 = \varepsilon_2^2$, $\varepsilon_1\varepsilon_2 = \varepsilon_3$. Bis auf Isomorphie ist er gegeben durch

$$\mathrm{GF}(2^2)[x, y, z] \big/ \langle x^2, y^2, xy - z \rangle.$$

Dabei ist $\mathfrak{K}[x, y, z]$ der sogenannte Ring der Polynome in 3 Unbestimmten über $\mathfrak{K}$. Man erhält ihn mit der in § 2, Abschnitt 1 gegebenen Definition des Polynomringes in einer Unbestimmten über einem Ring über

$$\mathfrak{K} \to \mathfrak{K}[x] \to (\mathfrak{K}[x])[y] \equiv \mathfrak{K}[x, y] \to (\mathfrak{K}[x, y])[z] \equiv \mathfrak{K}[x, y, z].$$

Der in § 4, Abschnitt 2 betrachtete Ring aller Ausdrücke $f(x) + \varepsilon g(x)$ mit $f(x), g(x) \in \mathfrak{K}[x]$ ist bis auf Isomorphie gegeben durch (im Beispiel war $\mathfrak{K} = \mathrm{GF}(2)$)

$$\mathfrak{K}[x, y] \big/ \langle y^2 \rangle.$$

Ein Ideal eines Ringes $\mathfrak{L}$ heißt *Hauptideal,* wenn es durch ein einziges Element erzeugt wird. Ein Ring heißt *Hauptidealring,* wenn jedes seiner Ideale Hauptideal ist. Ist $\mathfrak{K}$ ein kommutativer Körper, so ist der Polynomring $\mathfrak{K}[x]$ ein Hauptidealring: Gegeben sei ein Ideal $\mathfrak{J}$ von $\mathfrak{K}[x]$. Im Falle $\mathfrak{J} = \{0\}$ wird $\mathfrak{J}$ von 0 erzeugt. Sei $\mathfrak{J} \neq \{0\}$. Wir betrachten ein Polynom $f(x) \in \mathfrak{J} - \{0\}$ von kleinstmöglichem Grad unter den Polynomen von $\mathfrak{J} - \{0\}$. Zunächst gilt $\langle f(x) \rangle \subseteq \mathfrak{J}$. Wir zeigen $\mathfrak{J} \subseteq \langle f(x) \rangle$: Gegeben sei $g(x)$ aus $\mathfrak{J}$. Dann gibt es Polynome $q(x)$, $r(x) \in \mathfrak{K}[x]$ mit

$$g(x) = q(x)\, f(x) + r(x),$$

wobei entweder $r(x) = 0$ oder $r(x) \neq 0$ und Grad $r(x) <$ Grad $f(x)$ ist. Im Falle $r(x) = 0$ ist $g(x) \in \langle f(x) \rangle$. Im Falle $r(x) \neq 0$ und Grad $r <$ Grad f hat man mit

$$r(x) = g(x) - q(x)\, f(x) \in \mathfrak{J}$$

einen Widerspruch, da der Grad von $f(x)$ kleinstmöglich ausgewählt war.

Ein Polynom $f(x) \neq 0$ aus $\mathfrak{K}[x]$, $\mathfrak{K}$ ein kommutativer Körper, heißt *irreduzibel* über $\mathfrak{K}$, wenn aus

$$f(x) = a(x)\, b(x), \quad a(x), b(x) \in \mathfrak{K}[x],$$

stets Grad $a(x) = 0$ oder Grad $b(x) = 0$ folgt.

Lemma 2.2. *Gegeben sei ein kommutativer Körper $\mathfrak{K}$. Gegeben seien die Polynome $x^2 - mx - n \in \mathfrak{K}[x]$, $x^3 + k_2x^2 + k_1x + k_0 \in \mathfrak{K}[x]$.*

a) *Gibt es kein $k \in \mathfrak{K}$ mit $k^2 = mk + n$, so ist $x^2 - mx - n$ irreduzibel über $\mathfrak{K}$.*

b) *Gibt es kein $k \in \mathfrak{K}$ mit $k^3 + k_2k^2 + k_1k + k_0 = 0$, so ist auch das zweite Polynom irreduzibel über $\mathfrak{K}$.*

Beweis. a) Wäre $x^2 - mx - n$ reduzibel über $\mathfrak{K}$, d.h. nicht irreduzibel über $\mathfrak{K}$, so gäbe es Polynome $a(x)$, $b(x)$ in $\mathfrak{K}[x]$ mit

$$f(x) \equiv x^2 - mx - n = a(x) \cdot b(x)$$

und Grad $a(x) \neq 0$, Grad $b(x) \neq 0$. Wegen

$$\text{Grad}\, f = \text{Grad}\, a + \text{Grad}\, b$$

ist dann Grad $a = 1 =$ Grad b. Sei

$$a(x) = \alpha x + \beta, \quad \alpha \in \mathfrak{K}^\times, \quad \beta \in \mathfrak{K},$$

$$b(x) = \gamma x + \delta, \quad \gamma \in \mathfrak{K}^\times, \quad \delta \in \mathfrak{K}.$$

Dann wäre

$$x^2 - mx - n = (\alpha x + \beta)\,(\gamma x + \delta),$$

d.h.

$$1 = \alpha\gamma, \quad -m = \alpha\delta + \beta\gamma, \quad -n = \beta\delta,$$

d.h.

$$\left(-\frac{\beta}{\alpha}\right)^2 \left(-m - \frac{\beta}{\alpha}\right) - n = \left(\alpha \cdot \left(-\frac{\beta}{\alpha}\right) + \beta\right)\left(\gamma \cdot \left(-\frac{\beta}{\alpha}\right) + \delta\right) = 0.$$

Es sollte aber doch $x^2 - mx - n$ keine Nullstellen besitzen.

b) Wäre $f(x) \equiv x^3 + k_2x^2 + k_1x + k_0$ reduzibel über $\mathfrak{K}$, so existierten $a(x)$, $b(x) \in \mathfrak{K}[x]$ mit Grad $a \neq 0 \neq$ Grad b und

$$f(x) = a(x) \cdot b(x).$$

Wegen Grad f = Grad a + Grad b hat eines der Polynome $a(x)$, $b(x)$, sagen wir $a(x)$, den Grad 1. Ist

$$a(x) = \alpha x + \beta, \quad \alpha \in \mathfrak{K}^\times, \beta \in \mathfrak{K},$$

so wäre

$$\left(-\frac{\beta}{\alpha}\right)^3 + k_2\left(-\frac{\beta}{\alpha}\right)^2 + k_1\left(-\frac{\beta}{\alpha}\right) + k_0 = 0$$

im Widerspruch zur im Lemma gemachten Voraussetzung. ▯

Lemma 2.3. *Gegeben sei das Ideal $\mathfrak{J}$ des Ringes $\mathfrak{K}[x]$, $\mathfrak{K}$ ein kommutativer Körper. Ist $f(x)$ ein erzeugendes Element von $\mathfrak{J}$, so ist $\mathfrak{J}$ maximal (und damit $\mathfrak{K}[x]/\mathfrak{J}$ Körper) dann und nur dann, wenn $f(x)$ irreduzibel über $\mathfrak{K}$ ist.*

Beweis. Sei $\mathfrak{J}$ maximal. Wegen $\{0\} \subset \langle x\rangle \subset \mathfrak{K}[x]$ ist $\mathfrak{J} \neq \{0\}$. Sei $\mathfrak{J} = \langle f(x)\rangle$ und also $f(x) \neq 0$. Wir wollen für eine beliebige Darstellung $f(x) = a(x) \cdot b(x)$ die Eigenschaft $0 \in \{\text{Grad } a, \text{Grad } b\}$ nachweisen:

Ist Grad $a > 0$, so folgt für $0 \neq g(x) \in \langle a(x)\rangle = \{a(x) \cdot h(x) \mid h(x) \in \mathfrak{K}[x]\}$ die Beziehung Grad g = Grad a + Grad $h \geq$ Grad $a > 0$ und damit $1 \cdot x^0 \notin \langle a(x)\rangle$ bzw. $\langle a(x)\rangle \neq \mathfrak{K}[x]$. Zusammen mit $f(x) \in \langle a(x)\rangle \subset \mathfrak{K}[x]$ und der Maximalität von $\langle f(x)\rangle$ ergibt dies $\langle f(x)\rangle = \langle a(x)\rangle$ und damit $a(x) \in \langle f(x)\rangle$ was Grad $a \geq$ Grad f bzw. Grad b = Grad f − Grad $a \leq 0$ impliziert.

Ist umgekehrt das erzeugende Element $f(x)$ von $\mathfrak{J}$ irreduzibel (also insbesondere $f(x) \neq 0$) und $\mathfrak{J}'$ ein Ideal zwischen $\mathfrak{J}$ und $\mathfrak{K}[x]$, das von $g(x)$ erzeugt wird, so folgt aus $\langle f(x)\rangle \subset \langle g(x)\rangle \subset \mathfrak{K}[x]$ zunächst $f(x) = g(x) \cdot q(x)$ für ein $q(x) \in \mathfrak{K}[x]$. Da $f(x)$ irreduzibel ist, gilt nun entweder Grad $g = 0$, d.h. $\mathfrak{J}' = \mathfrak{K}[x]$ oder Grad $q = 0$, d.h. $\mathfrak{J}' = \mathfrak{J}$. ▯

Auf Grund der gerade durchgeführten Betrachtungen schauen wir uns noch einmal Fall 1 von § 5, Abschnitt 1 an: Es gibt kein $k \in \mathfrak{K}$ mit $k^2 = mk + n$. Nach Lemma 2.2 ist $x^2 - mx - n$ irreduzibel über $\mathfrak{K}$. Nach Lemma 2.3 und Lemma 2.1 ist dann

$$\mathfrak{K}[x]\Big/\langle x^2 - mx - n\rangle$$

ein Körper. Dies ist bis auf Isomorphie der Körper, der unter Fall 1, loc. cit., eingeführt wurde.

Die von uns behandelten und zu behandelnden Beispiele von Algebren $\mathfrak{L}$ über dem Körper $\mathfrak{K}$ fallen weitgehend unter das folgende Erzeugungsschema: Sei $\mathfrak{K}$ ein kommutativer Körper, sei $\mathfrak{K}[x_1, x_2, \ldots, x_n]$ der Ring der Polynome in n Unbestimmten über $\mathfrak{K}$, sei schließlich $\mathfrak{J}$ ein echt in $\mathfrak{K}[x_1, \ldots, x_n]$ gelegenes Ideal dieses Ringes. Dann werde definiert:

$$\mathfrak{L} = \mathfrak{K}[x_1, \ldots, x_n]\Big/\mathfrak{J}.$$

Wir betten $\mathfrak{K}$ in $\mathfrak{L}$ ein:

$$\mathfrak{K} \ni k \to k + \mathfrak{I}.$$

Dies ist zunächst eine injektive Abbildung von $\mathfrak{K}$ in $\mathfrak{L}$, d.h. eine eineindeutige Abbildung von $\mathfrak{K}$ in $\mathfrak{L}$: Aus $k_1 + \mathfrak{I} = k_2 + \mathfrak{I}$, $k_1, k_2 \in \mathfrak{K}$, $k_1 \neq k_2$, folgte nämlich $k_2 - k_1 \in \mathfrak{I}$, d.h. $\mathfrak{I} = \mathfrak{K}[x_1, \ldots, x_n]$, da $k_2 - k_1 \neq 0$ eine Einheit in $\mathfrak{K}[x_1, \ldots, x_n]$ ist. Des weiteren haben wir

$$(k_1 + k_2) + \mathfrak{I} = (k_1 + \mathfrak{I}) + (k_2 + \mathfrak{I})$$

und

$$(k_1 k_2) + \mathfrak{I} = (k_1 + \mathfrak{I})\,(k_2 + \mathfrak{I}),$$

so daß tatsächlich eine Einbettung von $\mathfrak{K}$ in $\mathfrak{L}$ vorliegt.

Wir gehen jetzt auf die sogenannten Quotientenringe ein. Sei dazu $\mathfrak{L}$ ein Ring. Eine *multiplikativ abgeschlossene* Teilmenge $\mathfrak{M}$ von $\mathfrak{L}$ ist eine Teilmenge $\mathfrak{M}$ von $\mathfrak{L}$ mit $1 \in \mathfrak{M}$ und $m_1 m_2 \in \mathfrak{M}$ für je zwei Elemente $m_1, m_2 \in \mathfrak{M}$. Auf $\mathfrak{L} \times \mathfrak{M} = \{(l, m) \mid l \in \mathfrak{L}, m \in \mathfrak{M}\}$ definieren wir eine Relation $\sim$: Es sei gesetzt $(l_1, m_1) \sim (l_2, m_2)$ genau dann, wenn ein $\mu \in \mathfrak{M}$ existiert mit $(l_1 m_2 - l_2 m_1)\,\mu = 0$. Diese Relation ist reflexiv und symmetrisch. Sie ist auch transitiv: Sei $(l_1, m_1) \sim (l_2, m_2)$ und $(l_2, m_2) \sim (l_3, m_3)$. Dann existieren also Elemente $\mu, \nu \in \mathfrak{M}$ mit

$$(l_1 m_2 - l_2 m_1)\,\mu = 0,$$

$$(l_2 m_3 - l_3 m_2)\,\nu = 0.$$

Dies führt auf

$$(l_1 m_3 - l_3 m_1)\,m_2 \mu \nu = 0.$$

Da m_2, μ, ν in $\mathfrak{M}$ liegen und $\mathfrak{M}$ multiplikativ abgeschlossen ist, gilt $m_2 \cdot \mu \cdot \nu \in \mathfrak{M}$ und also $(l_1, m_1) \sim (l_3, m_3)$.

Die Äquivalenzklasse, der (l, m) angehört, sei mit $\dfrac{l}{m}$ bezeichnet. Mit nachfolgend definierten Operationen $+$, $\cdot$ bildet die Menge dieser Äquivalenzklassen ein Ring, der mit $\mathfrak{M}^{-1}\mathfrak{L}$ bezeichnet wird:

$$\frac{l_1}{m_1} + \frac{l_2}{m_2} := \frac{l_1 m_2 + l_2 m_1}{m_1 m_2},$$

$$\frac{l_1}{m_1}\,\frac{l_2}{m_2} := \frac{l_1 l_2}{m_1 m_2}.$$

Man überlegt sich ohne Mühe, daß diese Definitionen nicht von den gewählten Repräsentanten der Äquivalenzklassen abhängen, und daß ein kommutativer Ring mit Einselement $\dfrac{1}{1}$ vorliegt. Dieses Einselement $\dfrac{1}{1}$ ist gleich dem Nullelement $\dfrac{0}{1}$ genau dann, wenn $0 \in \mathfrak{M}$ ist. Im Falle, daß $\mathfrak{M}$ keine Nullteiler von $\mathfrak{L}$ enthält, ist

$$\mathfrak{L} \ni l \to \frac{l}{1}$$

eine Einbettung von $\mathfrak{L}$ in $\mathfrak{M}^{-1}\mathfrak{L}$.

Im Falle, daß $\mathfrak{L}$ ein Integritätsbereich ist, und

$$\mathfrak{M} = \mathfrak{L} - \{0\}$$

gesetzt wird, ist $\mathfrak{M}^{-1}\mathfrak{L}$ ein Körper, der sogenannte Quotientenkörper von $\mathfrak{L}$, in dem $\mathfrak{L}$ vermöge $l \to \frac{l}{1}$ eingebettet ist.

3. Bemerkungen über Algebren

Gegeben seien $\mathfrak{K}$, $\mathfrak{L}$ einer Kettengeometrie $\Sigma(\mathfrak{K}, \mathfrak{L})$. Sei die Dimension des Vektorraumes $\mathfrak{L}$ über $\mathfrak{K}$ endlich, $(\mathfrak{L} : \mathfrak{K}) := n + 1$. Wir betrachten eine Basis

$$i_0 = 1, i_1, i_2, \ldots, i_n$$

von $\mathfrak{L}$ über $\mathfrak{K}$. Die Elemente von $\mathfrak{L}$ sind in der Form

$$\sum_{\nu=0}^{n} k_\nu i_\nu, \quad k_\nu \in \mathfrak{K}$$

gegeben mit

$$\sum_{\nu=0}^{n} k_\nu i_\nu = \sum_{\nu=0}^{n} k'_\nu i_\nu$$

genau dann, wenn

$$k_\nu = k'_\nu, \quad \nu = 0, 1, \ldots, n,$$

ist. Es gilt offenbar

$$\sum_{\nu=0}^{n} k_\nu i_\nu + \sum_{\nu=0}^{n} p_\nu i_\nu = \sum_{\nu=0}^{n} (k_\nu + p_\nu)\, i_\nu$$

für $k_\nu, p_\nu \in \mathfrak{K}$.

Wegen $i_\nu i_\mu \in \mathfrak{L}$ gilt

$$i_\nu i_\mu = \sum_{\sigma=0}^{n} \Gamma^\sigma_{\nu\mu} i_\sigma$$

wo σ ebenfalls als Index betrachtet werde (und nicht etwa als Exponent einer Potenz), und

$$\Gamma^\sigma_{\nu\mu} \in \mathfrak{K}$$

Elemente sind, die $i_\nu i_\mu$ zugeordnet sind. Die $(n + 1)^3$ Größen $\Gamma^\sigma_{\nu\mu}$ heißen auch die *Strukturkonstanten* der Algebra $\mathfrak{L}$ über $\mathfrak{K}$. Diese Überlegungen, die von einer vorgelegten Algebra $\mathfrak{L}$ über $\mathfrak{K}$ ausgingen, wollen wir jetzt umkehren. Ausgehend von einem kommutativen Körper $\mathfrak{K}$, wollen wir

Algebren $\mathfrak{L}$ über $\mathfrak{K}$ konstruieren: Sei n eine natürliche Zahl und $\mathfrak{B}^{n+1}(\mathfrak{K})$ der $(n+1)$-dimensionale Vektorraum über $\mathfrak{K}$, der auch mit $\mathfrak{L}$ bezeichnet werde. Wir betrachten eine Basis

$$i_0, i_1, \ldots, i_n$$

von $\mathfrak{B}^{n+1}(\mathfrak{K})$. Seien

$$\Gamma^{\sigma}_{\nu\mu}, \quad \nu, \quad \mu, \sigma \in \{0, 1, \ldots, n\}$$

Elemente aus $\mathfrak{K}$. Für die Elemente der Basis definieren wir ein Produkt durch

$$i_\nu i_\mu = \sum_{\sigma=0}^{n} \Gamma^{\sigma}_{\nu\mu} i_\sigma;$$

für die Elemente

$$l_1 = \sum_{\nu=0}^{n} p_\nu i_\nu, \quad p_\nu \in \mathfrak{K},$$

$$l_2 = \sum_{\nu=0}^{n} q_\nu i_\nu, \quad q_\nu \in \mathfrak{K},$$

definieren wir ein Produkt durch

$$l_1 l_2 = \sum_{\nu=0}^{n} \sum_{\mu=0}^{n} (p_\nu q_\mu)\,(i_\nu i_\mu) \in \mathfrak{B}^{n+1}(\mathfrak{K}).$$

Dann gelten bereits beide Distributivgesetze, als Addition die Addition im Vektorraum $\mathfrak{B}^{n+1}(\mathfrak{K})$ zugrunde gelegt: Seien

$$a = \sum_{\nu=0}^{n} a_\nu i_\nu,\ b = \sum_{\nu=0}^{n} b_\nu i_\nu,\ c = \sum_{\nu=0}^{n} c_\nu i_\nu$$

Elemente aus $\mathfrak{B}^{n+1}(\mathfrak{K})$. Es ist

$$a(b+c) = \sum_{\nu=0}^{n} \sum_{\mu=0}^{n} a_\nu (b_\mu + c_\mu)\,(i_\nu i_\mu)$$

und

$$ab + ac = \sum_{\nu=0}^{n} \sum_{\mu=0}^{n} (a_\nu b_\mu + a_\nu c_\mu)\,(i_\nu i_\mu),$$

also $a(b+c) = ab + ac$. Entsprechend hat man $(a+b)\,c = ac + bc$.

Die Frage, die wir uns jetzt vorlegen, lautet: Unter welchen Voraussetzungen an die „Strukturkonstanten“ $\Gamma^{\sigma}_{\nu\mu}$ liegt ein Fundament $(\mathfrak{K}, \mathfrak{L})$ einer Kettengeometrie $\Sigma(\mathfrak{K}, \mathfrak{L})$ vor? Da wir $i_\nu i_\mu = i_\mu i_\nu$ haben wollen, muß

$$\Gamma^{\sigma}_{\nu\mu} = \Gamma^{\sigma}_{\mu\nu} \tag{3.1}$$

sein für alle ν, μ, σ in $\{0, 1, \ldots, n\}$.

Es ist $i_0 i_\nu = i_\nu$ erfüllt genau dann, wenn

$$\Gamma^{\nu}_{0\nu} = 1 \quad \text{und} \quad \Gamma^{\sigma}_{0\nu} = 0 \tag{3.2}$$

ist für $\sigma \in \{0, 1, \ldots, n\} - \{\nu\}$. Schließlich gilt

$$(i_\alpha i_\beta)\, i_\gamma = i_\alpha(i_\beta i_\gamma) \tag{3.3}$$

für $\alpha, \beta, \gamma \in \{0, 1, \ldots, n\}$ genau dann, wenn (man beachte die Gültigkeit der Distributivgesetze)

$$\sum_{\nu=0}^{n} \Gamma^{\nu}_{\alpha\beta} \Gamma^{\mu}_{\nu\gamma} = \sum_{\nu=0}^{n} \Gamma^{\mu}_{\alpha\nu} \Gamma^{\nu}_{\beta\gamma} \tag{3.4}$$

ist für alle $\alpha, \beta, \gamma, \mu$ aus $\{0, 1, \ldots, n\}$.

Die Forderungen (3.1), (3.2), (3.4) ergeben nun: Es ist $\mathfrak{L}$ ein kommutativer Ring mit Einselement $i_0 \neq 0$, wobei zugrunde gelegt sind als Addition die Addition des Vektorraumes $\mathfrak{L}$, als Multiplikation die vorweg definierte. $\mathfrak{L}$ enthält $\mathfrak{K}$ in der Gestalt

$$\{k i_0 \mid k \in \mathfrak{K}\}.$$

Die Distributivgesetze sind erfüllt, wie bereits gezeigt wurde. Damit folgt das Kommutativgesetz für die Multiplikation aus (3.1), d.h. aus $i_\nu i_\mu = i_\mu i_\nu$ für $\nu, \mu \in \{0, 1, \ldots, n\}$. Mit den Distributivgesetzen folgt das Assoziativgesetz für die Multiplikation aus (3.4), d.h. aus (3.3). Gewiß ist $i_0 \neq 0$ ein Einselement wegen (3.2).

Wir betrachten Beispiele: Gegeben sei der Vektorraum $\mathfrak{V}^2(\mathfrak{K})$. Wir nehmen die Basis $i_0 = (1, 0)$, $i_1 = (0, 1)$ her (s. Abb. 51).

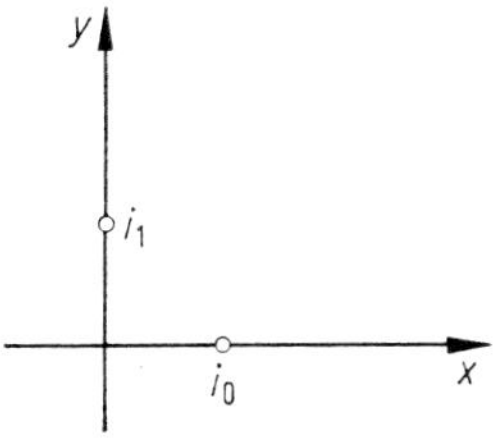

Abb. 51

Als Strukturkonstanten führen wir ein:

1. $i_0 i_0 = i_0$, $i_0 i_1 = i_1$, $i_1 i_0 = i_1$, $i_1 i_1 = i_1$,

d.h. also

$$\Gamma^0_{00} = 1, \quad \Gamma^1_{00} = 0, \quad \Gamma^0_{01} = 0, \quad \Gamma^1_{01} = 1,$$
$$\Gamma^0_{10} = 0, \quad \Gamma^1_{10} = 1, \quad \Gamma^0_{11} = 0, \quad \Gamma^1_{11} = 1.$$

Dies führt zu $\mathfrak{L} = \mathbb{A}(\mathfrak{K})$.

2. $i_0 i_0 = i_0$, $i_0 i_1 = i_1 i_0 = i_1$, $i_1 i_1 = 0 \cdot i_0 + 0 \cdot i_1 = 0$.

Dies führt zu $\mathfrak{L} = \mathbb{D}(\mathfrak{K})$.

Der in § 4, Abschnitt 2 behandelte Ring

$$\{a_0 + a_1\varepsilon_1 + a_2\varepsilon_2 + a_3\varepsilon_3 \mid a_\nu \mid \in \mathrm{GF}(2^2) \equiv \mathfrak{K}\}$$

kann so erhalten werden: Wir gehen aus von $\mathfrak{V}^4(\mathfrak{K})$ und geben die Strukturkonstanten an vermöge (wir schreiben ε_ν an Stelle von i_ν, $\nu = 0, 1, 2, 3$):

$$\varepsilon_0\varepsilon_0 = \varepsilon_0,\ \varepsilon_0\varepsilon_1 = \varepsilon_1\varepsilon_0 = \varepsilon_1,$$
$$\varepsilon_0\varepsilon_2 = \varepsilon_2\varepsilon_0 = \varepsilon_2,\ \varepsilon_0\varepsilon_3 = \varepsilon_3\varepsilon_0 = \varepsilon_3,\ \varepsilon_1\varepsilon_1 = 0,$$
$$\varepsilon_1\varepsilon_2 = \varepsilon_2\varepsilon_1 = \varepsilon_3,\ \varepsilon_1\varepsilon_3 = \varepsilon_3\varepsilon_1 = 0,\ \varepsilon_2\varepsilon_2 = 0,$$
$$\varepsilon_2\varepsilon_3 = \varepsilon_3\varepsilon_2 = 0,\ \varepsilon_3\varepsilon_3 = 0.$$

4. Beispiele von Laguerregeometrien

Nach § 4, Abschnitt 1 sind die Möbiusgeometrien $\Sigma(\mathfrak{K}, \mathfrak{L})$ gegeben dadurch, daß $\mathfrak{L}$ Oberkörper von $\mathfrak{K}$ ist, die pseudo-euklidischen Geometrien $\Sigma(\mathfrak{K}, \mathfrak{L})$ dadurch, daß $\mathfrak{L} = \mathbb{A}(\mathfrak{K})$ ist. Hier ist es nicht schwierig, Beispiele zu finden. Wir wenden uns in diesem Abschnitt Beispielen von Laguerregeometrien $\Sigma(\mathfrak{K}, \mathfrak{L})$ zu. Nach § 4, Abschnitt 1 ist $\Sigma(\mathfrak{K}, \mathfrak{L})$ genau dann eine Laguerregeometrie, wenn $\mathfrak{L}$ lokaler Ring ist derart, daß zu jedem $l \in \mathfrak{L}$ ein $k \in \mathfrak{K}$ existiert mit $l - k \in \mathfrak{N} = \mathfrak{L} - \mathfrak{R}$. An Beispielen haben wir schon kennengelernt die Laguerregeometrien $\Sigma(\mathfrak{K}, \mathbb{D}(\mathfrak{K}))$, wo $\mathfrak{N}^2 = 0$ und $(\mathbb{D}(\mathfrak{K})\colon \mathfrak{K}) = 2$ gilt. Alle Beispiele von Laguerregeometrien $\Sigma(\mathfrak{K}, \mathfrak{L})$ mit $\mathfrak{N}^2 = 0$ können nach H. Mäurer so erhalten werden: Sei $\mathfrak{K}$ ein kommutativer Körper, sei $\mathfrak{V}$ ein Vektorraum der Dimension ≥ 1 über $\mathfrak{K}$. Es sei dann

$$\mathfrak{L} = \{(k, \mathfrak{v}) \mid k \in \mathfrak{K}, v \in \mathfrak{V}\},$$

wobei

$$(k, \mathfrak{v}) = (k', \mathfrak{v}')$$

gesetzt ist genau dann, wenn $k = k'$ und $\mathfrak{v} = \mathfrak{v}'$ ist. An Operationen werde definiert:

$$(k_1, \mathfrak{v}_1) + (k_2, \mathfrak{v}_2) := (k_1 + k_2, \mathfrak{v}_1 + \mathfrak{v}_2),$$
$$(k_1, \mathfrak{v}_1) \cdot (k_2, \mathfrak{v}_2) := (k_1 k_2, k_2\mathfrak{v}_1 + k_1\mathfrak{v}_2).$$

Der Körper $\mathfrak{K}$ ist vermöge

$$k \to (k, 0)$$

in $\mathfrak{L}$ eingebettet. Es ist $\mathfrak{L}$ ein lokaler Ring, Bezeichnung $(\mathfrak{K}, \mathfrak{V})$, mit $\mathfrak{N} = \{(0, \mathfrak{v}) \mid \mathfrak{v} \in \mathfrak{V}\}$ und $\mathfrak{N}^2 = 0$. Außerdem gibt es zu jedem $(k, \mathfrak{v}) \in \mathfrak{L}$ ein $k \in \mathfrak{K}$ mit

$$(k, \mathfrak{v}) - (k, 0) \in \mathfrak{N}.$$

Wir wollen zeigen, daß mit diesem Verfahren bis auf Isomorphie alle Beispiele von Laguerregeometrien $\Sigma(\mathfrak{K}, \mathfrak{L})$ mit $\mathfrak{N}^2 = 0$ gegeben sind:

Wir gehen aus von einer Laguerregeometrie $\Sigma(\mathfrak{K}, \mathfrak{L})$ mit $\mathfrak{N}^2 = 0$. Dann ist $\mathfrak{N}$ ein Vektorraum $\mathfrak{V}$ über $\mathfrak{K}$: Denn erstens ist $\mathfrak{N}$ gegenüber der Addition eine abelsche Gruppe: weiterhin werde $k \cdot \mathfrak{n}$, $k \in \mathfrak{K}$, $\mathfrak{n} \in \mathfrak{N}$ als das Produkt der Elemente $k, \mathfrak{n} \in \mathfrak{L}$ in $\mathfrak{L}$ eingeführt. Wegen $\mathfrak{K} \subset \mathfrak{L}$ ist $\dim \mathfrak{N} \geq 1$.

Ist $l \in \mathfrak{L}$, so ist das Element $k \in \mathfrak{K}$ mit $l - k \in \mathfrak{N}$ eindeutig bestimmt: Aus $l - k$, $l - k_1 \in \mathfrak{N}$, k, k_1 verschiedene Elemente aus $\mathfrak{K}$ folgte nämlich $k_1 - k = (l - k) - (l - k_1) \in \mathfrak{N}$, wo aber doch $\mathfrak{K} \cap \mathfrak{N} = \{0\}$ ist. Wir bezeichnen das zu $l \in \mathfrak{L}$ eindeutig bestimmte Element $k \in \mathfrak{K}$ mit $l - k \in \mathfrak{N}$ auch durch $|l|$. Dann betrachten wir die Zuordnung

$$\mathfrak{L} \ni l \to (|l|, l - |l|) \in (\mathfrak{K}, \mathfrak{N}).$$

Dies ist eine isomorphe Abbildung von $\mathfrak{L}$ auf $(\mathfrak{K}, \mathfrak{N})$, wobei $k \in \mathfrak{K}$ in $(k, 0)$ übergeht; Die Abbildung ist surjektiv (d.h. eine Abbildung auf $(\mathfrak{K}, \mathfrak{N})$), da zu $(k, \mathfrak{n})$ z.B. das Urbild $k + \mathfrak{n} \in \mathfrak{L}$ gehört. Sie ist injektiv, da

$$(|l_1|, l_1 - |l_1|) = (|l_2|, l_2 - |l_2|)$$

auf

$$l_1 = (l_1 - |l_1|) + |l_1| = (l_2 - |l_2|) + |l_2| = l_2$$

führt.

Unter Berücksichtigung, daß $l \to |l|$ eine homomorphe Abbildung von $\mathfrak{L}$ auf $\mathfrak{K}$ ist, erhalten wir schließlich noch

$$l_1 + l_2 \to (|l_1 + l_2|, l_1 + l_2 - |l_1 + l_2|) = (|l_1|, l_1 - |l_1|) + (|l_2|, l_2 - |l_2|),$$

sowie (wir beachten $\mathfrak{N}^2 = 0$)

$$l_1 l_2 \to (|l_1 l_2|, l_1 l_2 - |l_1 l_2|) = (|l_1|, l_1 - |l_1|)\,(|l_2|, l_2 - |l_2|).$$

Satz 4.1. *Haben die Vektorräume $\mathfrak{V}_1$, $\mathfrak{V}_2$ über $\mathfrak{K}$ verschiedene Dimensionen, so können die Ringe $(\mathfrak{K}, \mathfrak{V}_1)$, $(\mathfrak{K}, \mathfrak{V}_2)$ nicht isomorph sein.*

Beweis. Angenommen, es gäbe eine isomorphe Abbildung σ von $(\mathfrak{K}, \mathfrak{V}_1)$ auf $(\mathfrak{K}, \mathfrak{V}_2)$. Wir konstruieren zunächst eine Abbildung τ von $\mathfrak{K}$ auf sich. Es sei definiert für $k \in \mathfrak{K}$

$$k^\tau = |k^\sigma|.$$

Wir zeigen, daß τ ein Automorphismus von $\mathfrak{K}$ ist. Die Abbildung τ ist injektiv. Wären nämlich k_1, k_2 verschiedene Elemente aus $\mathfrak{K}$ mit $k_1^\tau = k_2^\tau$, so wäre $0 = |k_1^\sigma| - |k_2^\sigma| = |k_1^\sigma - k_2^\sigma| = |(k_1 - k_2)^\sigma|$ d.h. $(k_1 - k_2)^\sigma \in \mathfrak{V}_2$, was $k_1 - k_2 \in \mathfrak{V}_1$ bedeutete, da die σ-Urbilder von Nichteinheiten Nichteinheiten sein müssen. $k_1 - k_2 \in \mathfrak{V}_1 \cap \mathfrak{K}$ ergibt aber $k_1 = k_2$. Die Abbildung τ ist surjektiv, da gilt

$$|k^{\sigma^{-1}}|^\tau = k \quad \text{für} \quad k \in \mathfrak{K}.$$

(Wir beachten dabei, was generell gilt: Aus $|l_1| = |l_2|$ folgt $|l_1^\sigma| = |l_2^\sigma|$, da Nichteinheiten gegenüber σ in Nichteinheiten übergehen.) Die Abbildung τ ist ein Automorphismus von $\mathfrak{K}$:

$$(k_1 + k_2)^\tau = |(k_1 + k_2)^\sigma| = |k_1^\sigma + k_2^\sigma| = |k_1^\sigma| + |k_2^\sigma| = k_1^\tau + k_2^\tau,$$

$$(k_1 k_2)^\tau = |(k_1 k_2)^\sigma| = |k_1^\sigma k_2^\sigma| = |k_1^\sigma|\,|k_2^\sigma| = k_1^\tau k_2^\tau.$$

Die Abbildung σ, nur auf $\mathfrak{V}_1$ betrachtet,

$$\sigma\colon \mathfrak{V}_1 \to \mathfrak{V}_2 \tag{4.1}$$

ist ein Isomorphismus der abelschen Gruppen (Addition in $\mathfrak{V}_1$, $\mathfrak{V}_2$ genommen) $\mathfrak{V}_1$, $\mathfrak{V}_2$, da σ-Bilder bzw. σ-Urbilder von Nichteinheiten ebenfalls Nichteinheiten sind. Es gilt ferner

$$(4.2) \qquad (k\mathfrak{v}_1)^\sigma = k^\tau \mathfrak{v}_1^\sigma \quad \text{für} \quad k \in \mathfrak{K},\ \mathfrak{v}_1 \in \mathfrak{V}_1;$$

denn es ist

$$(k\mathfrak{v}_1)^\sigma = k^\sigma \mathfrak{v}_1^\sigma = (|k^\sigma| + (k^\sigma - |k^\sigma|))\,\mathfrak{v}_1^\sigma = |k^\sigma|\,\mathfrak{v}_1^\sigma = k^\tau \mathfrak{v}_1^\sigma,$$

wenn wir $\mathfrak{V}_2^2 = \{0\}$ und $k^\sigma - |k^\sigma|$, $\mathfrak{v}_1^\sigma \in \mathfrak{V}_2$ beachten.

Ist nun B_1 eine Basis des Vektorraumes $\mathfrak{V}_1$, so muß B_1^σ eine Basis von $\mathfrak{V}_2$ sein: Es ist zunächst B_1^σ linear unabhängig. Wäre B_1^σ linear abhängig, so gäbe es endlich viele verschiedene Elemente

$$\mathfrak{b}_1^\sigma, \mathfrak{b}_2^\sigma, \ldots, \mathfrak{b}_r^\sigma$$

aus B_1^σ mit

$$k_1\mathfrak{b}_1^\sigma + \cdots + k_r\mathfrak{b}_r^\sigma = 0,$$

wobei die Koeffizienten

$$k_1, \ldots, k_r \text{ aus } \mathfrak{K}$$

nicht alle Null sind. Dann gilt aber wegen (4.2)

$$k_1^{\tau^{-1}}\mathfrak{b}_1 + \cdots + k_r^{\tau^{-1}}\mathfrak{b}_r = 0$$

mit nicht durchweg verschwindenden Koeffizienten, was die lineare Abhängigkeit von B_1 ergäbe. Ist $\mathfrak{v}_2 \in \mathfrak{V}_2$ gegeben, so gilt, da B_1 Basis von $\mathfrak{V}_1$ ist,

$$\mathfrak{v}_2^{\sigma^{-1}} = \gamma_1\mathfrak{c}_1 + \cdots + \gamma_m\mathfrak{c}_m$$

mit $\gamma_\nu \in \mathfrak{K}$ und $\mathfrak{c}_\nu \in \mathrm{B}_1$. Mit (4.2) folgt

$$\mathfrak{v}_2 = \gamma_1^\tau\mathfrak{c}_1^\sigma + \cdots + \gamma_m^\tau\mathfrak{c}_m^\sigma$$

mit $\gamma_\nu^\tau \in \mathfrak{K}$ und $\mathfrak{c}_\nu^\sigma \in \mathrm{B}_1^\sigma$. Also ist B_1^σ auch Basis von $\mathfrak{V}_2$. Da zwei Vektorräume über $\mathfrak{K}$ nach Definition die gleiche Dimension haben genau dann, wenn es eine bijektive Abbildung einer Basis des ersten Vektorraumes auf eine Basis des zweiten Vektorraumes gibt, so gilt in unserem Zusammenhang $\dim \mathfrak{V}_1 = \dim \mathfrak{V}_2$, denn σ bildet die Basis B_1 bijektiv auf die Basis B_1^σ von $\mathfrak{V}_2$ ab. ▯

Ist in $(\mathfrak{K}, \mathfrak{V})$ die Dimenson von $\mathfrak{V}$ gleich 1, so gilt $\mathbb{D}(\mathfrak{K}) \cong (\mathfrak{K}, \mathfrak{V})$. Nach Satz 2.1 von § 4, sind alle Ketten der Laguerregeometrie $\Sigma(\mathfrak{K}, (\mathfrak{K}, \mathfrak{V}))$ eben. Es gibt aber weitere Kettengeometrien $\Sigma(\mathfrak{K}, \mathfrak{L})$ bei denen alle Ketten eben sind (s. den zitierten Satz 2.1 von § 4); solche sind aber neben den Geometrien $\Sigma(\mathfrak{K}, (\mathfrak{K}, \mathfrak{V}))$ höchstens noch bei char $\mathfrak{K} = 2$ anzutreffen.

Wir geben weitere Beispiele von Laguerregeometrien $\Sigma(\mathfrak{K}, \mathfrak{L})$ an: Ist n eine natürliche Zahl ≥ 2, so sei definiert

$$\mathbb{D}_n(\mathfrak{K}) = \mathfrak{K}[x] / \langle x^n \rangle,$$

ausgehend von dem kommutativen Körper $\mathfrak{K}$. Für das maximale Ideal $\mathfrak{N}$ des lokalen Ringes $\mathbb{D}_n(\mathfrak{K})$ gilt $\mathfrak{N}^n = 0$, jedoch $\mathfrak{N}^{n-1} \neq 0$. Aus diesem Grunde gilt auch

$$\mathbb{D}_n(\mathfrak{K}) \not\cong \mathbb{D}_m(\mathfrak{K}), \quad n \neq m.$$

Alle Laguerregeometrien

$$\Sigma(\mathfrak{K}, \mathbb{D}_n(\mathfrak{K})) \quad \text{mit} \quad n > 2$$

sind solche, bei denen nicht alle Ketten eben sind (nach Satz 2.1 von § 4).

Ein Beispiel, für das $\mathfrak{N}^n \neq 0$ ist für alle $n = 1, 2, 3, 4, \ldots$, erhält man so: Sei $\mathfrak{K}$ ein kommutativer Körper, sei $\mathfrak{K}[[x]]$ der Ring aller sogenannten formalen Potenzreihen

$$\sum_{\nu=0}^{\infty} a_\nu x^\nu, \qquad a_\nu \in \mathfrak{K},$$

über $\mathfrak{K}$ in einer Unbestimmten x. Dabei ist definiert

$$\sum_{\nu=0}^{\infty} a_\nu x^\nu = \sum_{\nu=0}^{\infty} a'_\nu x^\nu$$

genau dann, wenn $a_\nu = a'_\nu$, $\nu = 0, 1, \ldots$, gilt.

Weiterhin ist zugrunde gelegt

$$\sum_{\nu=0}^{\infty} a_\nu x^\nu + \sum_{\nu=0}^{\infty} b_\nu x^\nu := \sum_{\nu=0}^{\infty} (a_\nu + b_\nu)\, x^\nu$$

und

$$\left(\sum_{\nu=0}^{\infty} a_\nu x^\nu\right) \cdot \left(\sum_{\nu=0}^{\infty} b_\nu x^\nu\right) := \sum_{\nu=0}^{\infty} \left(\sum_{\mu=0}^{\nu} a_\mu b_{\nu-\mu}\right) x^\nu.$$

Es ist $\mathfrak{K}[[x]]$ ein lokaler Ring mit $\mathfrak{N}^n \neq 0$ für alle natürlichen Zahlen n; dabei gilt

$$\mathfrak{N} = \left\{ \sum_{\nu=1}^{\infty} a_\nu x^\nu \;\middle|\; a_\nu \in \mathfrak{K} \right\}.$$

Es ist $\Sigma(\mathfrak{K}, \mathfrak{K}[[x]])$ eine Laguerregeometrie. Dabei sei $k \in \mathfrak{K}$ identifiziert mit $k + 0x + 0x^2 + \cdots$.

Der Ring $\mathbb{D}_n(\mathfrak{K}) = \mathfrak{K}[x]/\langle x^n \rangle$, $n = 2, 3, \ldots$, kann auch isomorph in der folgenden Form dargestellt werden: Sei

$$\mathfrak{L}_n = \left\{ \begin{pmatrix} a_1 & a_2 & a_3 & \cdots & a_n \\ & a_1 & a_2 & \cdots & a_{n-1} \\ & & a_1 & \cdots & a_{n-2} \\ 0 & & & \ddots & \vdots \\ & & & & a_1 \end{pmatrix} \;\middle|\; a_\nu \in \mathfrak{K} \right\}.$$

An Operationen sei zugrunde gelegt Matrizenaddition und -multiplikation. Bezeichnet $\mathfrak{E}$ die Einheitsmatrix vom Typ (n, n) (n Zeilen, n Spalten), so werde $k \in \mathfrak{K}$ mit $k\mathfrak{E}$ identifiziert. Bezeichnet $\mathfrak{e}_{ij}$ die Matrix vom Typ (n, n), bei der im Kreuzungspunkt der i. Zeile und j. Spalte eine 1 steht und sonst überall 0, so sei gesetzt

$$\varepsilon_i = \sum_{\mu=1}^{n-i} \mathfrak{e}_{\mu\, i+\mu} \quad \text{für } i = 0, 1, \ldots, n-1.$$

Dann ist

$$\varepsilon_0 = \mathfrak{E}, \varepsilon_1, \varepsilon_2, \ldots, \varepsilon_{n-1}$$

eine Basis von $\mathfrak{L}_n$ über $\mathfrak{K}$. Da noch

$$\varepsilon_1^m = \varepsilon_m \quad \text{für } m = 1, \ldots, n-1$$

gilt, hat man sofort

$$\mathfrak{L}_n \cong \mathfrak{K}[x] / \langle x^n \rangle .$$

Es ist $\mathfrak{L}_2$ eine bequeme Darstellung für $\mathbb{D}(\mathfrak{K})$ (der Fall $\mathfrak{L}_2(\mathbb{R})$ wurde schon in Kapitel I behandelt), $\mathfrak{L}_3(\mathfrak{K})$ für $\mathbb{D}_3(\mathfrak{K})$.

Unter dem Argument von $a \in \mathfrak{N}$, in Zeichen $\arg a$, verstehen wir die Restklasse $a\mathfrak{K}^\times$. Dabei sei eine beliebige Kettengeometrie $\Sigma(\mathfrak{K}, \mathfrak{L})$ zugrunde gelegt. Für eine Laguerregeometrie $\Sigma(\mathfrak{K}, \mathfrak{L})$ haben wir zu $l \in \mathfrak{L}$ schon $|l|$, den Betrag von l, eingeführt. Das Element $a \in \mathfrak{N}$ ist in einer Laguerregeometrie $\Sigma(\mathfrak{K}, \mathfrak{L})$ eindeutig durch $|a|$ und $\arg a$ bestimmt. Wir halten noch fest, daß für eine Laguerregeometrie $\Sigma(\mathfrak{K}, \mathfrak{L})$

$$\mathfrak{L}/\mathfrak{N} \cong \mathfrak{K}$$

gilt unter Zugrundelegung von

$$l + \mathfrak{N} \to |l| .$$

§ 6. Das Automorphismenproblem. Der Fundamentalsatz

Im vorliegenden Paragraphen setzen wir durchweg $\operatorname{char} \mathfrak{K} \neq 2$ für alle vorkommenden Körper voraus, da das wesentliche Hilfsmittel unserer Erörterungen harmonische Punktequadrupel sein werden. Die beiden Fragen, die wir im gegenwärtigen Paragraphen behandeln wollen, lauten:

A (*Automorphismenproblem*). *Kann jede Kettenverwandtschaft der vorgelegten Kettengeometrie* $\Sigma(\mathfrak{K}, \mathfrak{L})$ *in der Gestalt* (s. Satz 2.4 von § 2)

$$\mathfrak{R}(x_1, x_2) \to \mathfrak{R}(x_1^\tau, x_2^\tau)\, \mathfrak{A}$$

aufgeschrieben werden?

F (*Problem des Fundamentalsatzes*). *Gegeben seien die isomorphen Kettengeometrien* $\Sigma(\mathfrak{K}, \mathfrak{L})$, $\Sigma(\mathfrak{K}', \mathfrak{L}')$. *Gibt es dann eine isomorphe Abbildung des Ringes* $\mathfrak{L}$ *auf den Ring* $\mathfrak{L}'$, *die* $\mathfrak{K}$ *auf* $\mathfrak{K}'$ *abbildet?*

In § 2, Abschnitt 2 haben wir eine Kettengeometrie kennengelernt (nämlich $\Sigma(\mathrm{GF}(2), \mathrm{GF}(2^3))$), wo die Antwort auf A „Nein" lautet. — Sei $\mathfrak{K} = \{0, 1\}$, $\mathfrak{L}_1$ der Quotientenkörper des Polynomringes $\mathfrak{K}[x]$,

$$\mathfrak{L}_2 = \bigcup_{\nu=1}^{\infty} \mathrm{GF}(2^\nu).$$

Da $\mathfrak{L}_1$ transzendent über $\mathfrak{K}$ ist, $\mathfrak{L}_2$ jedoch algebraisch, so sind $\mathfrak{L}_1$, $\mathfrak{L}_2$ nicht isomorph. Sie haben jedoch gleiche Mächtigkeit. Hier ist

$$\Sigma(\mathfrak{K}, \mathfrak{L}_1) \cong \Sigma(\mathfrak{K}, \mathfrak{L}_2),$$

so daß die Antwort auf F im vorliegenden Beispiel ebenfalls „Nein" lautet.

1. Harmonische Abbildungen

Seien $\mathfrak{L}$, $\mathfrak{L}'$ Ringe. Wir bezeichnen Null- bzw. Einselement in beiden Ringen mit 0 bzw. 1. Für beide Ringe sei $1 + 1 \neq 0$ erfüllt. Es heiße die bijektive Abbildung

$$\sigma \colon \mathbb{P}(\mathfrak{L}) \to \mathbb{P}(\mathfrak{L})'$$

eine *harmonische Abbildung* von $\mathbb{P}(\mathfrak{L})$ auf $\mathbb{P}(\mathfrak{L}')$, wenn gilt (es bezeichne $\mathfrak{R}'$ die Einheitengruppe von $\mathfrak{L}'$):

$$\text{(i)} \qquad \begin{cases} [\mathfrak{R}(1, 0)]^\sigma = \mathfrak{R}'(1, 0), \\ [\mathfrak{R}(0, 1)]^\sigma = \mathfrak{R}'(0, 1), \\ [\mathfrak{R}(1, 1)]^\sigma = \mathfrak{R}'(1, 1). \end{cases}$$

(ii) Harmonische Quadrupel gehen in harmonische Quadrupel über.

Dabei ist ein harmonisches Quadruqel (s. Abschn. 6 von § 2) ein geordnetes Punktequadrupel A, B, C, D bestehend aus vier verschiedenen, paarweise nicht parallelen Punkten mit

$$\begin{bmatrix} A & B \\ D & C \end{bmatrix} = -1.$$

Wir betrachten jetzt den Fall, daß $\mathfrak{L}$, $\mathfrak{L}'$ Körper $\mathfrak{K}$, $\mathfrak{K}'$ sind. Hier notieren wir die Punkte (etwa für den Fall $\mathfrak{K}$) kurz durch $k = \mathfrak{K}^\times(k, 1)$ bzw. $\infty = \mathfrak{K}^\times(1, 0)$. Wir beweisen

Satz 1.1. *Ist σ eine harmonische Abbildung von $\mathbb{P}(\mathfrak{K})$ auf $\mathbb{P}(\mathfrak{K}')$, so ist*

$$\sigma \colon \mathfrak{K} \to \mathfrak{K}' \quad (\sigma \text{ eingeschränkt auf } \mathfrak{K})$$

eine isomorphe Abbildung von $\mathfrak{K}$ auf $\mathfrak{K}'$.

Beweis. An Stelle von P^σ, $P \in \mathbb{P}(\mathfrak{K})$, schreiben wir kurz P'. Dann ist also $\infty' = \infty$, $0' = 0$, $1' = 1$. Sind x, y verschiedene Elemente aus $\mathfrak{K}$, so sind

$$x, y, \frac{x+y}{2}, \infty$$

vier verschiedene Punkte. Wegen

$$\begin{bmatrix} x & y \\ \infty & \frac{x+y}{2} \end{bmatrix} = -1$$

liegt ein harmonisches Quadrupel vor. Also gilt

$$\begin{bmatrix} x' & y' \\ \infty & \left(\frac{x+y}{2}\right)' \end{bmatrix} = -1,$$

d.h.

$$(1.1) \qquad 2\left(\frac{x+y}{2}\right)' = x' + y'.$$

(1.1) ist trivialerweise auch für $x = y$ richtig.

Für $x = k$, $y = 0$ ergibt (1.1) mit $0' = 0$ offenbar

$$(1.2) \qquad 2\left(\frac{k}{2}\right)' = k'.$$

Für $k = x + y$ ergibt (1.2) zusammen mit (1.1)

$$(1.3) \qquad (x + y)' = x' + y' \text{ für alle } x, y \in \mathfrak{K}.$$

Für $y = -x$ ergibt (1.3) offenbar $(-x)' = -x'$.

Für $x \in \mathfrak{K} - \{0, 1, -1\}$ sind

$$x^2, 1, -x, x$$

vier verschiedene Punkte. Wegen

$$\begin{bmatrix} x^2 & 1 \\ x & -x \end{bmatrix} = -1$$

liegt ein harmonisches Quadrupel vor. Also gilt

$$\begin{bmatrix} (x^2)' & 1 \\ x' & (-x)' \end{bmatrix} = -1,$$

d.h.

$$(1.4) \qquad (x^2)' = (x')^2.$$

Formel (1.4) gilt trivialerweise auch für $x \in \{0, 1, -1\}$. Setzen wir $x = a + b$ mit $a, b \in \mathfrak{K}$ in (1.4) ein, so erhalten wir mit (1.3)

$$(a^2 + ab + ab + b^2)' = a'^2 + a'b' + a'b' + b'^2,$$

d.h. mit (1.3) und (1.4)

$$(1.5) \qquad (ab)' = a'b' \quad \text{für alle} \quad a, b \in \mathfrak{K}.$$

Die Formeln (1.3) und (1.5) beweisen dann Satz 1.1. ▯

2. Automorphismenproblem und Fundamentalsatz für die Möbiusgeometrien

Satz 2.1. A. *Gegeben sei die Möbiusgeometrie* $\Sigma(\mathfrak{K}, \mathfrak{L})$, char $\mathfrak{K} \neq 2$. *Dann kann jede Kettenverwandtschaft von* $\Sigma(\mathfrak{K}, \mathfrak{L})$ *in der Gestalt* (s. Satz 2.4 von § 2)

$$\Re(x_1, x_2) \to \Re(x_1^\tau, x_2^\tau)\,\mathfrak{A}$$

aufgeschrieben werden.

F. *Gegeben seien die Möbiusgeometrien* $\Sigma(\mathfrak{K}, \mathfrak{L})$, $\Sigma'(\mathfrak{K}', \mathfrak{L}')$ *mit* char $\mathfrak{K} \neq 2$, char $\mathfrak{K}' \neq 2$. *Gibt es dann eine isomorphe Abbildung* $\sigma\colon \Sigma \to \Sigma'$, *so sind die Körper* $\mathfrak{L}, \mathfrak{L}'$ *isomorph unter einem Isomorphismus, der* $\mathfrak{K}$ *auf* $\mathfrak{K}'$ *abbildet.*

Beweis. Zunächst wenden wir uns der Aussage F zu. Wir bezeichnen wieder Null- und Einselement von $\mathfrak{K}$, $\mathfrak{K}'$ in derselben Weise mit 0, 1. Auch sei wieder identifiziert $\infty = \Re(1, 0)$, $l = \Re(l, 1)$ für $l \in \mathfrak{L}$ (entsprechend für $\mathfrak{L}'$). Sei $\zeta \in \Gamma(\mathfrak{L}')$ hergenommen mit

$$(\infty^\sigma)^\zeta = \infty, \quad (0^\sigma)^\zeta = 0, \quad (1^\sigma)^\zeta = 1.$$

Da sowohl für $\Sigma(\mathfrak{K}, \mathfrak{L})$ als auch für $\Sigma(\mathfrak{K}', \mathfrak{L}')$ die Reichhaltigkeitsforderungen $(\mathbf{R}_2)$, $(\mathbf{R}_3)$ trivialerweise gelten. (Ist $l \in \mathfrak{L} - \{0\}$, so gilt $l \neq 0$, $l + 1 \in \Re = \mathfrak{L}^\times$; für jedes $l_0 \in \mathfrak{L} - \mathfrak{K}$ ist $l_0(l_0^2 - 1) \in \Re$), so ergibt Satz 6.6 von § 2, zusammen mit Satz 1.1, diesen auf die Körper $\mathfrak{L}, \mathfrak{L}'$ angewendet, daß

$$\sigma\zeta\colon \mathfrak{L} \to \mathfrak{L}' \ (\sigma\zeta \text{ eingeschränkt auf } \mathfrak{L})$$

eine isomorphe Abbildung von $\mathfrak{L}$ auf $\mathfrak{L}'$ ist; also gilt $\mathfrak{L} \cong \mathfrak{L}'$. Wegen $\infty^{\sigma\zeta} = \infty$, $0^{\sigma\zeta} = 0$, $1^{\sigma\zeta} = 1$ führt $\sigma\zeta$ die Kette $\{k \mid k \in \mathfrak{K}\} \cup \infty$ in die Kette $\{k' \mid k' \in \mathfrak{K}'\} \cup \infty$ über und bildet also $\mathfrak{K}$ auf $\mathfrak{K}'$ ab.

Zu A: Wir verwenden die Erörterungen unter F, wobei wir nur mit $\mathfrak{K} = \mathfrak{K}'$, $\mathfrak{L} = \mathfrak{L}'$ arbeiten. Ist σ eine Kettenverwandtschaft, so ist also $\tau \equiv \sigma\zeta$ auf $\mathfrak{L}$ ein Automorphismus mit $\mathfrak{K}^\tau = \mathfrak{K}$. Es gilt für $l_1, l_2 \in \mathfrak{L}$, $l_2 \neq 0$:

$$[\Re(l_1, l_2)]^\tau = \left[\Re\left(\frac{l_1}{l_2}, 1\right)\right]^\tau = \Re\left(\frac{l_1^\tau}{l_2^\tau}, 1\right) = \Re(l_1^\tau, l_2^\tau).$$

Da $\sigma = \tau\zeta^{-1}$ mit $\zeta^{-1} \in \Gamma(\mathfrak{L})$ gilt, so gilt auch A, wobei wir noch

$$[\Re(1, 0)]^\tau = \Re(1, 0) = \Re(1^\tau, 0^\tau)$$

beachten. ☐

Wir gehen noch auf eine geometrische Interpretation der Galoisgruppen ein, die sich mit Hilfe von Satz 2.1 ergibt. Dazu die folgenden Definitionen: Gegeben sei ein Kreis **z** der Möbiusgeometrie $\Sigma(\mathfrak{K}, \mathfrak{L})$, char $\mathfrak{K} \neq 2$.

Dann heiße eine Kreisverwandtschaft (dies sei eine gelegentlich benutzte Bezeichnung für Kettenverwandtschaft im Falle einer Möbiusgeometrie) λ eine Inversion an $\mathbf{z}$, wenn jeder Punkt von $\mathbf{z}$ unter λ festbleibt. Die Menge aller Inversionen an $\mathbf{z}$ bildet eine Untergruppe der Gruppe aller Kreisverwandtschaften, die sogenannte Inversionsgruppe $\mathfrak{I}(\mathbf{z})$ von $\mathbf{z}$. Sind $\mathbf{z}_1$, $\mathbf{z}_2$ Kreise, ist α eine existierende Abbildung aus $\Gamma(\mathfrak{L})$ mit $\mathbf{z}_1^\alpha = \mathbf{z}_2$, so gilt

$$\mathfrak{I}(\mathbf{z}_1) = \alpha \mathfrak{I}(\mathbf{z}_2)\, \alpha^{-1}.$$

Also sind alle Gruppen $\mathfrak{I}(\mathbf{z})$ zueinander isomorph. Wir nennen sie die Inversionsgruppe $\mathfrak{I}$ von $\Sigma(\mathfrak{K}, \mathfrak{L})$. Wir bestimmen $\mathfrak{I}(\mathrm{P}(\mathfrak{K}))$, wobei wir Satz 2.1 A benutzen: Zu $\mathfrak{I}(\mathrm{P}(\mathfrak{K}))$ gehören genau alle Automorphismen τ von $\mathfrak{L}$ (durch $\infty^\tau = \infty$ ergänzt), die $\mathrm{P}(\mathfrak{K})$, d. h. den Körper $\mathfrak{K}$ elementweise festlassen. Bezeichnen wir die genannte Gruppe von Automorphismen mit $\mathfrak{G}(\mathfrak{K}, \mathfrak{L})$, so gilt also

$$\mathfrak{I} \cong \mathfrak{G}(\mathfrak{K}, \mathfrak{L}).$$

Im Falle, daß $\mathfrak{L}$ eine endliche, separable, normale Erweiterung von $\mathfrak{K}$ ist, heißt $\mathfrak{G}(\mathfrak{K}, \mathfrak{L})$ die *Galoisgruppe* von $\mathfrak{L}$ über $\mathfrak{K}$. Diese Galoisgruppen stellen sich also bis auf Isomorphie als Inversionsgruppen gewisser Möbiusgeometrien dar. Ist beispielsweise $\mathfrak{L}$ der Zerfällungskörper des Polynoms $x^3 - 2$ über dem Körper $\mathfrak{K} = \mathrm{Q}$ der rationalen Zahlen, so ist hier $\mathfrak{I}$ isomorph zur Permutationsgruppe $\mathfrak{S}_3$ auf 3 Gegenständen; es gilt $|\mathfrak{I}| = 6$.

3. Automorphismenproblem und Fundamentalsatz für die Laguerregeometrien

Wir beweisen den folgenden

Satz 3.1. A. *Gegeben sei die Laguerregeometrie* $\Sigma(\mathfrak{K}, \mathfrak{L})$, char $\mathfrak{K} \neq 2$. *Dann kann jede Kettenverwandtschaft in* $\Sigma(\mathfrak{K}, \mathfrak{L})$ *in der Gestalt* (s. Satz 2.4 von § 2)

$$\mathfrak{R}(x_1, x_2) \rightarrow \mathfrak{R}(x_1^\tau, x_2^\tau)\, \mathfrak{A}$$

aufgeschrieben werden.

F. *Gegeben seien die Laguerregeometrien* $\Sigma(\mathfrak{K}, \mathfrak{L})$, $\Sigma'(\mathfrak{K}', \mathfrak{L}')$, *mit* char $\mathfrak{K} \neq 2$, char $\mathfrak{K}' \neq 2$. *Gibt es dann eine isomorphe Abbildung* $\sigma: \Sigma \rightarrow \Sigma'$, *so sind die Körper* $\mathfrak{K}, \mathfrak{K}'$ *isomorph und ebenfalls die Ringe* $\mathfrak{L}, \mathfrak{L}'$, *letztere Isomorphie die erste fortsetzend.*

Beweis. Zum Beweis von F: Sei ζ eine Abbildung aus $\Gamma(\mathfrak{L}')$ mit

$$[\mathfrak{R}(1, 0)]^{\sigma\zeta} = \mathfrak{R}'(1, 0), \quad [\mathfrak{R}(0, 1)]^{\sigma\zeta} = \mathfrak{R}'(0, 1), \quad [\mathfrak{R}(1, 1)]^{\sigma\zeta} = \mathfrak{R}'(1, 1).$$

Wir beachten dabei, daß σ nichtparallele Punkte in nichtparallele Punkte überführt nach Satz 2.6 von § 2. Nach Satz 6.7 von § 2, überführt dann die isomorphe Abbildung

$$\tau \equiv \sigma\zeta : \Sigma \to \Sigma'$$

harmonische Punktequadrupel in harmonische Punktequadrupel. Da offenbar

$$[\mathbb{P}(\mathfrak{K})]^\tau = \mathbb{P}(\mathfrak{K}')$$

gilt, so folgt nach Satz 1.1, daß die Einschränkung von τ auf $\mathfrak{K}$, d.h. die nur für die Elemente aus $\mathfrak{K}$ betrachtete Abbildung τ, einen Isomorphismus von $\mathfrak{K}$ auf $\mathfrak{K}'$ darstellt. Die Elemente l aus $\mathfrak{L}$ (bzw. l' aus $\mathfrak{L}'$) identifizieren wir kurz mit den Punkten $\mathfrak{R}(l, 1)$ (bzw. $\mathfrak{R}'(l', 1)$). Sind nun x, y nichtparallele Punkte aus $\mathfrak{L}$ (eigentlich aus $\{\mathfrak{R}(l, 1) \mid l \in \mathfrak{L}\}$), so sind auch die Punkte

$$x, y, \frac{x+y}{2}, \quad \mathfrak{R}(1, 0) = \infty$$

paarweise nicht parallel. Wegen

$$\begin{bmatrix} x & y \\ \infty & \frac{x+y}{2} \end{bmatrix} = -1 \tag{3.1}$$

liegt ein harmonisches Quadrupel vor. Also gilt (es sei l^τ kurz durch l' bezeichnet)

$$\begin{bmatrix} x' & y' \\ \infty & \left(\frac{x+y}{2}\right)' \end{bmatrix} = -1. \tag{3.2}$$

Wir beachten dabei, daß aus $\mathfrak{R}(x, 1) \nparallel \mathfrak{R}(1, 0)$ auch

$$\mathfrak{R}'(\xi_1, \xi_2) \equiv [\mathfrak{R}(x, 1)]^\tau \nparallel [\mathfrak{R}(1, 0)]^\tau = \mathfrak{R}'(1, 0)$$

folgt, d.h. $\xi_2 \notin \mathfrak{N}'$, so daß $\mathfrak{R}'(\xi_1, \xi_2) = \mathfrak{R}'(x', 1)$ geschrieben werden kann; entsprechendes gilt für die anderen Punkte. Somit ist die Einschränkung von τ auf $\mathfrak{L}$ erklärt,

$$\tau : \mathfrak{L} \to \mathfrak{L}',$$

und bijektiv.

Nun haben wir nach (3.2)

$$2\left(\frac{x+y}{2}\right)' = x' + y' \quad \text{für alle } x, y \in \mathfrak{L} \tag{3.3}$$

mit $x \nparallel y$, d.h. mit $y - x \notin \mathfrak{N}$.

Wir zeigen nun zunächst das Lemma: Gilt $\mathfrak{L} \ni z = |z| + \delta$, $\delta \in \mathfrak{N}$, so folgt $z' = |z|' + \delta'$ mit $\delta' \in \mathfrak{N}'$ und $|z|' = |z'|$. Zum Beweis beachten wir, daß doch

$$\tau : \mathfrak{K} \to \mathfrak{K}'$$

schon als Isomorphismus von $\mathfrak{K}$ auf $\mathfrak{K}'$ nachgewiesen ist. Damit folgt $z' \parallel |z|'$ aus $z \parallel |z|$. Da auch noch $z' \parallel |z'|$ gilt, so hat man $|z'| \parallel |z|'$, d.h.

$|z'| = |z|'$, da beide Elemente in $\mathfrak{K}$ liegen. Aus

$$(\{\infty\} \cup \{\delta + k \mid k \in \mathfrak{K}\}) \infty \mathrm{P}(\mathfrak{K})$$

folgt

$$(\{\infty\} \cup \{(\delta + k)' \mid k \in \mathfrak{K}\}) \infty \mathrm{P}(\mathfrak{K}')$$

nach Satz 4.6 von § 2. Nun gilt aber auch

$$(\{\infty\} \cup \{\delta' + g' \mid g' \in \mathfrak{K}'\}) \infty \mathrm{P}(\mathfrak{K}'),$$

so daß

$$\{(\delta + k)' \mid k \in \mathfrak{K}\} = \{\delta' + g' \mid g' \in \mathfrak{K}'\}$$

sein muß. Also haben wir

$$z' = (|z| + \delta)' = g' + \delta'$$

mit einem passenden $g' \in \mathfrak{K}'$. Damit folgt $g' = |z'|$, wenn wir $\delta' \in \mathfrak{N}'$ beachten (es folgt doch $\delta' \parallel 0$ aus $\delta \parallel 0$). Damit ist tatsächlich $z' = |z|' + \delta'$ mit $\delta' \in \mathfrak{N}'$ und $|z|' = |z'|$, was das Lemma beweist.

Gegeben seien nun die Punkte $x \parallel y$. Hieraus folgt $|x| = |y|$. Sei $x = |x| + \delta,\ y = |x| + \varepsilon;\ \delta, \varepsilon \in \mathfrak{N}$. Dann gilt

$$(3.4)\qquad \left(\frac{x+y}{2}\right)' = \left(|x| + \frac{\delta+\varepsilon}{2}\right)' = |x|' + \left(\frac{\delta+\varepsilon}{2}\right)',$$

wenn wir das bewiesene Lemma auf

$$z = |x| + \frac{\delta + \varepsilon}{2}$$

anwenden. Es ist $1 + \delta \nparallel -1 + \varepsilon$.

Also haben wir mit (3.3)

$$2\left(\frac{\delta+\varepsilon}{2}\right)' = 2\left(\frac{(1+\delta)+(-1+\varepsilon)}{2}\right)' = (1+\delta)' + (-1+\varepsilon)',$$

was mit dem bewiesenen Lemma auf

$$(3.5)\qquad 2\left(\frac{\delta+\varepsilon}{2}\right)' = (1+\delta') + (-1+\varepsilon') = \delta' + \varepsilon'$$

führt. Dabei ist $(-1)' = -1$, da $\tau\colon \mathfrak{K} \to \mathfrak{K}'$ ein Automorphismus ist. (3.4) und (3.5) ergeben

$$\left(\frac{x+y}{2}\right)' = |x|' + \frac{\delta'+\varepsilon'}{2} = \frac{(|x|'+\delta') + (|x|'+\varepsilon')}{2} = \frac{x'+y'}{2},$$

wobei wir noch zweimal unser Lemma anwenden.

Damit gilt (3.3) für alle $x, y \in \mathfrak{L}$. Setzen wir dort $x = l$, $y = 0$, so folgt

$$2\left(\frac{l}{2}\right)' = l',$$

und hiermit aus (3.3)

$$(3.6)\qquad (x + y)' = x' + y' \text{ für alle } x, y \in \mathfrak{L}.$$

Wir betrachten jetzt einen Punkt $x \in \mathfrak{L}$ mit $|x| \notin \{0, 1, -1\}$. Wegen $|x^2| = |x|^2$, $|-x| = -|x|$, $|1| = 1$ sind die Punkte $x^2, 1, -x, x$ paarweise nicht parallel. Wegen

$$\begin{bmatrix} x^2 & 1 \\ x & -x \end{bmatrix} = -1$$

ist $x^2, 1, -x, x$ ein harmonisches Quadrupel. Also gilt

$$\begin{bmatrix} (x^2)' & 1 \\ x' & -x' \end{bmatrix} = -1,$$

wenn wir $(-x)' = -x'$ beachten (setze in (3.6) $y = -x$). Damit haben wir

$$(x^2)' = (x')^2 \text{ für alle } x \in \mathfrak{L} \tag{3.7}$$

mit $|x| \notin \{0, 1, -1\}$. Wir setzen nun zunächst $|\mathfrak{K}| > 3$ voraus. (Übrigens besagt (3.7) nichts im Falle $|\mathfrak{K}| = 3$, da es dann keinen Punkt $x \in \mathfrak{L}$ mit $|x| \notin \{0, 1, -1\}$ gibt.) Sei $k \in \mathfrak{K} - \{0, 1, -1\}$ und sei $\nu \in \mathfrak{N}$. Dann gilt wegen (3.7)

$$[(k + \nu)^2]' = [(k + \nu)']^2,$$

d.h. mit (3.6) und $(k^2)' = (k')^2$ wegen (3.7) jedenfalls

$$(k\nu)' + (k\nu)' + (\nu^2)' = k'\nu' + k'\nu' + (\nu')^2. \tag{3.8}$$

Da ebenfalls $-k \in \mathfrak{K} - \{0, 1, -1\}$ gilt, so haben wir, in (3.8) k durch $-k$ ersetzend, auch (man beachte noch (3.6), d.h. $(-l)' = -l'$)

$$(-k\nu)' + (-k\nu)' + (\nu^2)' = -k'\nu' - k'\nu' + (\nu^2)'. \tag{3.9}$$

(3.8) und (3.9) ergeben

$$(\nu^2)' = (\nu')^2 \text{ für alle } \nu \in \mathfrak{N}. \tag{3.10}$$

Damit gilt (3.7) sogar für alle $x \in \mathfrak{L}$ mit $|x| \notin \{1, -1\}$. Nun ist mit $a \in \{1, -1\}$ aber auch noch (sei $\nu \in \mathfrak{N}$)

$$[(a + \nu)^2]' = (a^2)' + (a\nu)' + (a\nu)' + (\nu^2)' = (a' + \nu')^2,$$

wenn wir (3.10) und fernerhin

$$a^2 = 1, \quad a\nu \in \{\nu, -\nu\}$$

beachten, Also gilt (3.7) für alle x aus $\mathfrak{L}$; hierbei ist $|\mathfrak{K}| > 3$ vorausgesetzt. Um auch den Fall $|\mathfrak{K}| = 3$ mit einbeziehen zu können, bestimmen wir zunächst für beliebiges $\mathfrak{K}$ (allerdings sei char $\mathfrak{K} \neq 2$)

$$[\mathfrak{R}(1, \nu)]' \text{ für } \nu \in \mathfrak{N}.$$

Aus $\mathfrak{R}(1, \nu) \parallel \infty$ folgt $[\mathfrak{R}(1, \nu)]' \parallel \infty$. Also ist

$$[\mathfrak{R}(1, \nu)]' = \mathfrak{R}'(1, \mu')$$

mit einem passenden $\mu' \in \mathfrak{N}'$. Die Speere (= Punkte)

$$\mathfrak{R}(1, \nu),\ \nu,\ -1,\ 1$$

bilden ein harmonisches Quadrupel, also auch die Speere

$$\mathfrak{R}'(1, \mu'), \nu', -1, 1.$$

Dies führt auf $\mu' = \nu'$, so daß

$$[\mathfrak{R}(1, \nu)]' = \mathfrak{R}'(1, \nu') \text{ für alle } \nu \in \mathfrak{N} \tag{3.11}$$

gilt.

Sei nun $|\mathfrak{K}| = 3$. Das Speerquadrupel (sei $\nu \in \mathfrak{N}$)

$$\mathfrak{R}(1, \nu), \nu, 1 - \nu, -1 + \nu + \nu^2$$

(es liegen paarweise nicht parallele Speere vor) ist harmonisch. Man beachte char $\mathfrak{K} = 3$, d.h. $2 = -1$. Also ist auch (man berücksichtige (3.11) und (3.6))

$$\mathfrak{R}'(1, \nu'), \nu', 1 - \nu', -1 + \nu' + (\nu^2)'$$

harmonisch, was auf

$$((\nu^2)' - (\nu')^2)\,(1 + \nu') = 0$$

führt, d.h. auf

$$(\nu^2)' = (\nu')^2, \tag{3.12}$$

da $1 + \nu'$ regulär ist. Wegen $|\mathfrak{K}| = 3$ sind alle Elemente aus $\mathfrak{L}$ von der Gestalt ν, $1 + \nu$, $-1 + \nu$ mit $\nu \in \mathfrak{N}$. Mit $a \in \{+1, -1\}$ folgt

$$[(a + \nu)^2]' = (a^2)' - (a\nu)' + (\nu^2)' = (a' + \nu')^2,$$

wenn wir (3.6), (3.12) und $a\nu \in \{\nu, -\nu\}$ beachten. Damit gilt nun (3.7) für alle $x \in \mathfrak{L}$ und für alle Körper $\mathfrak{K}$, char $\mathfrak{K} \neq 2$. Setzen wir nun in (3.7) $x = l_1 + l_2$ mit $l_1, l_2 \in \mathfrak{L}$, so folgt mit (3.6) und (3.7)

$$(l_1 l_2)' = l_1' l_2'. \tag{3.13}$$

Mit (3.6) und (3.13) ist damit

$$\tau: \mathfrak{L} \to \mathfrak{L}'$$

ein Isomorphismus von $\mathfrak{L}$ auf $\mathfrak{L}'$. Dies beweist dann insgesamt F. Um nun A zu beweisen, gehen wir von den vorstehenden Erörterungen aus. Dabei sei die vorgelegte Kettenverwandtschaft σ als Automorphismus von $\Sigma(\mathfrak{K}, \mathfrak{L})$ auf $\Sigma'(\mathfrak{K}', \mathfrak{L}') = \Sigma(\mathfrak{K}, \mathfrak{L})$ interpretiert. Wir zeigen

$$[\mathfrak{R}(x_1, x_2)]^\tau = \mathfrak{R}'(x_1', x_2').$$

Ist $\mathfrak{R}(x_1, x_2) \nparallel \mathfrak{R}(1, 0)$, so gilt $x_2 \notin \mathfrak{N}$. Damit können wir schreiben

$$[\mathfrak{R}(x_1, x_2)]^\tau = \left[\mathfrak{R}\left(\frac{x_1}{x_2}, 1\right)\right]^\tau = \mathfrak{R}'\left(\frac{x_1'}{x_2'}, 1\right) = \mathfrak{R}'(x_1', x_2'),$$

da $l \to l' = l^\tau$ ein Automorphismus von $\mathfrak{L} = \mathfrak{L}'$ ist und ein Automorphismus Einheiten in Einheiten überführt. Gilt $\mathfrak{R}(x_1, x_2) \parallel \mathfrak{R}(1, 0)$, so ist $x_2 \in \mathfrak{N}$ und also, da $\mathfrak{L}$ lokaler Ring ist, $x_1 \notin \mathfrak{N}$. Wir können dann schreiben mit (3.11)

$$[\mathfrak{R}(x_1, x_2)]^\tau = \left[\mathfrak{R}\left(1, \frac{x_2}{x_1}\right)\right]^\tau = \mathfrak{R}'\left(1, \frac{x_2'}{x_1'}\right) = \mathfrak{R}'(x_1', x_2').$$

Zu Beginn des Beweises von Satz 3.1 haben wir

$$\tau = \sigma\zeta$$

gesetzt. Also gilt

$$\sigma = \tau\zeta^{-1}, \zeta^{-1} \in \Gamma(\mathfrak{L}),$$

so daß tatsächlich

$$[\mathfrak{R}(x_1, x_2)]^\sigma = [\mathfrak{R}(x_1^\tau, x_2^\tau)]^{\zeta^{-1}} = \mathfrak{R}(x_1^\tau, x_2^\tau) \cdot \mathfrak{A}$$

ist mit einer $\zeta^{-1} \in \Gamma(\mathfrak{L})$ zugeordneten Matrix $\mathfrak{A}$. Damit ist auch A bewiesen. ▯

4. Automorphismenproblem und Fundamentalsatz für die pseudo-euklidischen Geometrien

Satz 4.1. A. *Im Falle einer pseudo-euklidischen Geometrie* $\Sigma(\mathfrak{K}, \mathfrak{L})$ char $\mathfrak{K} \neq 2$, *ist das Automorphismenproblem bejahend zu beantworten.*

F. *Im Falle zweier pseudo-euklidischer Geometrien* $\Sigma(\mathfrak{K}, \mathfrak{L}), \Sigma'(\mathfrak{K}', \mathfrak{L}')$, char $\mathfrak{K} \neq 2$, char $\mathfrak{K}' \neq 2$, *gilt der Fundamentalsatz.*

Beweis. Fall F. Wir legen $\mathfrak{L}$ in der Form

$$\{a + bt \mid a, b \in \mathfrak{K}\},\ t \notin \mathfrak{K},\ t^2 = t,$$

zugrunde. Sei

$$\sigma\colon \Sigma \to \Sigma'$$

eine isomorphe Abbildung. Wir betrachten $\zeta \in \Gamma(\mathfrak{L}')$ mit

$$[\mathfrak{R}(1, 0)]^{\sigma\zeta} = \mathfrak{R}'(1, 0), \quad [\mathfrak{R}(0, 1)]^{\sigma\zeta} = \mathfrak{R}'(0, 1), \quad [\mathfrak{R}(1, 1)]^{\sigma\zeta} = \mathfrak{R}'(1, 1).$$

Wir setzen $\tau = \sigma\zeta$ und haben also $\infty^\tau = \infty$, $0^\tau = 0$, $1^\tau = 1$. Aus $0 \parallel_+ t$, $1 \parallel_- t$ folgt jedenfalls $0 \parallel t^\tau$, $1 \parallel t^\tau$, d.h. $\alpha \parallel_+ t^\tau$, $\beta \parallel_- t^\tau$ mit $\{\alpha, \beta\} = \{0, 1\}$, da $0 \parallel_\varphi t^\tau$, $1 \parallel_\varphi t^\tau$ auf $0 \parallel_\varphi 1$ führte für φ eines der Zeichen $+$ oder $-$. In

$$\mathfrak{L}' = \{u + vs \mid u, v \in \mathfrak{K}';\ s^2 = s \notin \mathfrak{K}'\}$$

gibt es genau zwei Elemente l' mit

$$\alpha \parallel_+ l',\ \beta \parallel_- l',\ \{\alpha, \beta\} = \{0, 1\},$$

nämlich s und $1 - s$. Im Falle $t^\tau = s$ setzen wir $\omega = \tau$, im Falle $t^\tau = 1 - s$ sei $\omega = \tau\iota$ gesetzt, wo ι die Kettenverwandtschaft

$$\mathfrak{R}'(y_1, y_3) \to \mathfrak{R}'(\overline{y_1}, \overline{y_2})$$

bezeichnet unter Zugrundelegung des $\mathfrak{L}'$-Automorphismus

$$\overline{u + vs} = u + v(1 - s).$$

Wir haben für die isomorphe Abbildung $\omega\colon \Sigma \to \Sigma'$ dann $\infty^\omega = \infty$, $0^\omega = 0$, $1^\omega = 1$ und $t^\omega = s$.

Im Falle $|\mathfrak{K}| > 3$ gilt $|\mathfrak{K}| \geq 5$, da char $\mathfrak{K} \neq 2$ ist. Da $\mathbb{A}(\mathfrak{K}) = \mathfrak{L}$ genau zwei maximale Ideale, nämlich $\mathfrak{J}_+$, $\mathfrak{J}_-$, enthält, gilt $(\mathbf{R}_2)$ für $|\mathfrak{K}| > 3$ nach Lemma 4.3 von § 2. Nach Lemma 6.2 von § 2 gilt auch $(\mathbf{R}_3)$ für alle $\Sigma(\mathfrak{K}, \mathbb{A}(\mathfrak{K}))$ mit $|\mathfrak{K}| \geq 7$. Es gibt nur einen Körper $\mathfrak{K}$, char $\mathfrak{K} \neq 2$, mit $3 < |\mathfrak{K}| < 7$; dies ist GF(5). Hier gilt auch $(\mathbf{R}_3)$, da (man beachte char $\mathfrak{K} = 5$)

$$(t + 2)\left((t + 2)^2 - 1\right) = 1 - 2t$$

regulär ist. — Da man Entsprechendes für $\Sigma(\mathfrak{K}', \mathbb{A}(\mathfrak{K}'))$ hat und $|\mathfrak{K}| = |\mathfrak{K}'|$ gilt, überführt ω harmonische Punktequadrupel in harmonische Punktequadrupel nach Satz 6.6 von § 2. Wegen $[\mathbb{P}(\mathfrak{K})]^\omega = \mathbb{P}(\mathfrak{K}')$ gilt also nach nach Satz 1.1, daß die Einschränkung von ω auf $\mathfrak{K}$ einen Isomorphismus von $\mathfrak{K}$ auf $\mathfrak{K}'$ darstellt. Es gilt nun

(4.1) $$(ct)^\omega = c^\omega s \text{ für alle } c \in \mathfrak{K}:$$

Dies ist richtig für $c = 0$ oder 1. Sei $c \neq 0$. Aus $t \parallel_+ ct \parallel_+ 0$ folgt $(ct)^\omega \parallel t^\omega = s$, $(ct)^\omega \parallel 0$. Nun gibt es kein $l' \in \mathfrak{L} - \{0\}$ mit $l' \parallel_- 0$ und $l' \parallel s$. Also gilt $(ct)^\omega \parallel_+ 0$. Aus $ct \parallel_- c$ folgt $(ct)^\omega \parallel c^\omega$. Wäre $(ct)^\omega \parallel_+ c^\omega$, so hätte man $c^\omega \parallel_+ 0$, d.h. $c = 0$. Also gilt $(ct)^\omega \parallel_- c^\omega$, was mit $(ct)^\omega \parallel_+ 0$ auf (4.1) führt. Für $a, b \in \mathfrak{K}$ gilt

(4.2) $$a^\omega \parallel_+ (a + bt)^\omega, \quad a^\omega + b^\omega \parallel_- (a + bt)^\omega.$$

Dies ist richtig für $b = 0$ und auch für $a = 0$, wenn wir (4.1) beachten. Sei $a \cdot b \neq 0$: Aus $a \parallel_+ a + bt$, $a + b \parallel_- a + bt$ folgt jedenfalls $a^\omega \parallel (a + bt)^\omega$, $a^\omega + b^\omega = (a + b)^\omega \parallel (a + bt)^\omega$. Wäre $a^\omega \parallel_- (a + bt)^\omega$, so hätten wir $(at)^\omega = a^\omega s \parallel_- a^\omega \parallel_- (a + bt)^\omega$, d.h. $at \parallel a + bt$, d.h. $a - (a - b)\, t \notin \mathfrak{R}$, was nicht stimmt wegen $a \cdot b \neq 0$. Also gilt die erste Aussage von (4.2). Wäre nun $a^\omega + b^\omega \parallel_+ (a + bt)^\omega$, so hätte man $a^\omega \parallel_+ a^\omega + b^\omega$, d.h. $b = 0$ entgegen $b \neq 0$. Damit gilt (4.2). Aus (4.2) folgt sofort

(4.3) $$(a + bt)^\omega = a^\omega + b^\omega s.$$

Damit ist die Einschränkung

$$\omega : \mathfrak{L} \to \mathfrak{L}'$$

ein Isomorphismus von $\mathfrak{L}$ auf $\mathfrak{L}'$.

Fall A. Wir verwenden die vorstehenden Erörterungen zum Fall F, wobei jetzt allerdings der Spezialfall $\mathfrak{K} = \mathfrak{K}'$, $\mathfrak{L} = \mathfrak{L}'$ und $t = s$ vorliegt. Also ist ω ein Automorphismus von $\mathfrak{L}$, der $\mathfrak{K}$ als Ganzes festläßt. Nun gilt $\sigma = \omega\zeta^{-1}$ oder $\omega\iota\zeta^{-1}$ für die Kettenverwandtschaft, von der wir unter F ausgingen (dort allerdings noch allgemein isomorphe Abbildung von Σ auf Σ' genannt). Wenn wir

$$[\mathfrak{R}(y_1, y_2)]^\omega = \mathfrak{R}(y_1^\omega, y_2^\omega) \tag{4.4}$$

für alle Punkte nachgewiesen haben, ist A bewiesen, da dann $\omega\zeta^{-1}$ oder $(\omega\iota)\zeta^{-1}$ von der gewünschten Gestalt sind (man beachte dabei, daß auch $\omega\iota$ wieder ein Automorphismus von $\mathfrak{L}$ ist, der $\mathfrak{K}$ als Ganzes festläßt). Zum Beweis von (4.4): Er liegt auf der Hand für $y_2 \in \mathfrak{R}$ oder für den Punkt $\mathfrak{R}(1, 0)$. Die verbleibenden Punkte sind $\mathfrak{R}(\alpha, t)$, $\mathfrak{R}(\alpha, 1 - t)$ mit $\alpha \in \mathfrak{K}^\times$ und $\mathfrak{R}(t, 1 - t)$, $\mathfrak{R}(1 - t, t)$. Aus $\mathfrak{R}(1, 0) \parallel_+ \mathfrak{R}(\alpha, t) \parallel_- \mathfrak{R}(\alpha, 1)$ folgt jedenfalls $\mathfrak{R}(1, 0) \parallel [\mathfrak{R}(\alpha, t)]^\omega \parallel \mathfrak{R}(\alpha^\omega, 1)$. Wegen $\mathfrak{R}(1, 0) \nparallel \mathfrak{R}(\alpha^\omega, 1)$ müssen beide Relationen $\parallel_+$, $\parallel_-$ in der Formel auftreten. Wäre

$$\mathfrak{R}(1, 0) \parallel_- [\mathfrak{R}(\alpha, t)]^\omega \parallel_+ \mathfrak{R}(\alpha^\omega, 1),$$

so hätte man $[\mathfrak{R}(\alpha, t)]^\omega = \mathfrak{R}(\alpha^\omega, 1 - t)$. Aus $\mathfrak{R}(\alpha, t) \parallel \mathfrak{R}(\alpha t, 1)$ (der letztere Punkt sei Hilfspunkt genannt) folgte dann aber $\mathfrak{R}(\alpha^\omega, 1 - t) \parallel \mathfrak{R}(\alpha^\omega,)$, was wegen $\alpha \neq 0$ nicht stimmt. Also gilt $\mathfrak{R}(1, 0) \parallel_+ [\mathfrak{R}(\alpha, t)]^\omega \parallel_- \mathfrak{R}(\alpha^\omega, 1)$, was auf $[\mathfrak{R}(\alpha, t)]^\omega = \mathfrak{R}(\alpha^\omega, t)$ führt, allgemeiner auf

$$[\mathfrak{R}(r\alpha, rt)]^\omega = [\mathfrak{R}(\alpha, t)]^\omega = \mathfrak{R}(\alpha^\omega, t) = \mathfrak{R}((r\alpha)^\omega, (rt)^\omega)$$

mit $r \in \mathfrak{R}$ (ω überführt Einheiten von $\mathfrak{L}$ in Einheiten). Ähnlich erledigt man die anderen Fälle mit

$$\mathfrak{R}(1, 0) \parallel_- \mathfrak{R}(\alpha, 1 - t) \parallel_+ \mathfrak{R}(\alpha, 1),$$

$$\mathfrak{R}(1, 0) \parallel_+ \mathfrak{R}(1 - t, t) \parallel_- \mathfrak{R}(0, 1),$$

$$\mathfrak{R}(1, 0) \parallel_- \mathfrak{R}(t, 1 - t) \parallel_+ \mathfrak{R}(0, 1);$$

dabei arbeite man nacheinander mit den Hilfspunkten $\mathfrak{R}(\alpha(1 - t), 1)$, $\mathfrak{R}(1, t)$, $\mathfrak{R}(1, 1 - t)$. ▯

Kapitel III

Kreise und Zykel

§ 1. Ein abstrakter Doppelverhältniskalkül

1. Quaternare

Es seien $\mathfrak{P} = \{A, B, C, \ldots\}$ und $\theta = \{t, \ldots\}$ Mengen mit $|\mathfrak{P}| \geq 4$ und $|\theta| \geq 1$. Die Elemente von $\mathfrak{P}$ nennen wir *Punkte*, die Elemente von θ *Werte*. Ein Punkte-n-tupel $A_1, A_2, \ldots, A_n$, n eine natürliche Zahl, heiße eigentlich, wenn $|\{A_1, \ldots, A_n\}| = n$ ist. Es sei σ eine eindeutige Abbildung der Menge der geordneten eigentlichen Punktequadrupel auf θ. Ist t das Bild von $ABCD$ bei der Abbildung σ, so schreiben wir $\sigma(ABCD) = t$, kurz meistens nur $(ABCD) = t$. Eigentliche geordnete Quadrupel mit dem gleichen Bild gegenüber σ werden gleich genannt, in Zeichen

$$(ABCD) = (A'B'C'D').$$

Diese Relation „=" ist eine Äquivalenzrelation auf der Menge $\mathbf{E}$ aller geordneten eigentlichen Punktequadrupel über $\mathfrak{P}$. Ist $(ABCD) = t$ für $ABCD \in \mathbf{E}$, so heiße t auch das *Doppelverhältnis* von $ABCD$.

Wir nennen die Struktur $(\mathfrak{P}, \theta, \sigma)$ ein *Quaternar*, wenn die folgenden Eigenschaften erfüllt sind:

Q 0. Ist A, B, C ein eigentliches Punktetripel und ist t ein Element aus θ, so besitzt

$$(ABCX) = t$$

genau eine Lösung $X \in \mathfrak{P} - \{A, B, C\}$.

Q 1. Sind $ABCDE$ und $A'B'C'D'E'$ eigentliche Punktequintupel, so folgt aus

$$(ABCD) = (A'B'C'D'), \; (ABDE) = (A'B'D'E')$$

die weitere Gleichung $(ABCE) = (A'B'C'E')$.

Im folgenden wollen wir Quaternare betrachten, in denen eine oder mehrere der folgenden Eigenschaften erfüllt sind:

α) Aus $ABCD$, $A'B'C'D' \in \mathbf{E}$ mit $(ABCD) = (A'B'C'D')$ folgt $(BACD) = (B'A'C'D')$.

β) Aus $ABCD$, $A'B'C'D' \in \mathbf{E}$ mit $(ABCD) = (A'B'C'D')$ folgt $(ABCD) = (A'C'B'D')$.

γ) Aus $ABCD$, $A'B'C'D' \in \mathbf{E}$ mit $(ABCD) = (A'B'C'D')$ folgt $(ABDC) = (A'B'D'C')$.

π) Aus $ABCD \in \mathbf{E}$ folgt $(ABCD) = (DCBA)$.

π^*) Aus $ABCD \in \mathbf{E}$ folgt $(ABCD) = (BADC)$.

Gilt in einem Quaternar die Eigenschaft α, so sprechen wir von einem *α-Quaternar*; entsprechend sind *$\gamma\pi^*$-Quaternare* usw. erklärt.

Ein Beispiel eines $\alpha\beta\gamma\pi\pi^*$-Quaternars ist gegeben durch:

$$\mathfrak{P} = \{1, 2, 3, 4, 5\}, \qquad \Theta = \{+1, -1\}, \ \sigma(ABCD) = \operatorname{sgn}\begin{pmatrix} 1\,2\,3\,4\,5 \\ ABCDE \end{pmatrix},$$

wo $\{A, B, C, D, E\} = \mathfrak{P}$ sei.

An Abhängigkeiten, Unabhängigkeiten zwischen den Eigenschaften $\alpha, \ldots, \pi^*$ stellen wir zusammen:

Satz 1.1. a) *Jedes $\gamma\pi^*$-Quaternar ist $\alpha\gamma\pi^*$-Quaternar.*

b) *In einem $\gamma\pi^*$-Quaternar gilt nicht notwendig eine der Eigenschaften β oder π.*

c) *In einem $\beta\gamma$-Quaternar gilt nicht notwendig eine der Eigenschaften α, π, π^*.*

d) *Jedes $\beta\pi^*$-Quaternar ist π-Quaternar.*

e) *Jedes $\gamma\pi$-Quaternar ist $\alpha\gamma\pi\pi^*$-Quaternar.*

Beweis. a) Sei $ABCD$, $A'B'C'D' \in \mathbf{E}$ mit $(ABCD) = (A'B'C'D')$. Mit π^* gilt: $(BADC) = (ABCD) = (A'B'C'D') = (B'A'D'C')$. Also folgt mit γ $(BACD) = (B'A'C'D')$, d.h. α.

b) Sei $\mathfrak{P} = \mathbb{P}(\mathbb{R})$ die projektive Gerade über dem Körper $\mathbb{R}$ der reellen Zahlen, sei $\theta = \mathbb{R} - \{0, 1\}$. Es sei $f(x) = x$ für $\mathbb{R} \ni x \geq 0$ und $f(x) = 2x$ für $x \leq 0$. Hiermit werde für $ABCD \in \mathbf{E}$

$$\sigma(ABCD) = \frac{f(A-C)}{f(B-C)} \cdot \frac{f(B-D)}{f(A-D)}$$

gesetzt. (Tritt hier ∞ unter den Punkten A, B, C, D auf, etwa $B = \infty$, so ersetze man die Ausdrücke $f(P - Q)$ mit $\infty \in \{P, Q\}$ durch 1; also etwa

$$\sigma(A \infty CD) = \frac{f(A-C)}{f(A-D)}.)$$

Es liegt ein $\gamma\pi^*$-Quaternar vor. Wegen

$$(0\ 2\ -2\ 1) = -\frac{1}{4} \neq -1 = (1\ -2\ 2\ 0)$$

gilt nicht π. Würde β gelten, so hätten wir einen Widerspruch zur weiter unten zu beweisenden Aussage d).

c) Ist $\mathfrak{Q}$ der (nicht kommutative) Körper der Quaternionen, so sei $\mathfrak{P} = \mathfrak{Q} \cup \{\infty\}$ gesetzt und $\Theta = \mathfrak{Q} - \{0, 1\}$. Für $ABCD \in \mathbf{E}$ sei

$$\sigma(ABCD) = (A - C)\,(B - C)^{-1}\,(B - D)\,(A - D)^{-1}$$

definiert. Tritt ∞ unter den Punkten A, B, C, D auf, so ersetze man in der angegebenen Formel die Differenzen, die formal ∞ enthielten, durch 1. Es liegt ein $\beta\gamma$-Quaternar vor, in dem nicht α (also nach a)) auch nicht π^* und nach e) auch nicht π gilt. Daß α nicht gilt, zeigt

$$(i\ \infty\ 0\ i - j) = -k = (i\ j\ 0\ \infty),$$

$$(\infty\ i\ 0\ i - j) = -k \neq k = (j\ i\ 0\ \infty).$$

d) Sei $ABCD \in \mathbf{E}$. Wegen π^* gilt $(ABCD) = (BADC)$. Also ergeben β, π^*: $(ACBD) = (BDAC) = (DBCA)$. Aus β folgt dann: $(ABCD) = (DCBA)$, das heißt Eigenschaft π.

e) Wegen a) brauchen wir nur π^* nachzuweisen. Für ein $ABCD \in \mathbf{E}$ gilt nach π jedenfalls $(ABCD) = (DCBA)$. Mit γ und π folgt hieraus $(ABDC) = (DCAB) = (BACD)$. Also erzwingt γ $(ABCD) = (BADC)$, das heißt Eigenschaft π^*. ▯

2. γ-Quaternare

Wir betrachten jetzt ein γ-Quaternar. In diesem Falle erweitern wir Θ um ein weiteres Element 1, Einselement genannt, und schreiben $\Theta_1 := \Theta \cup \{1\}$. Wir erweitern die Abbildung σ durch

$$\sigma(AACD) := 1 =: \sigma(ABCC)$$

für eigentliche Tripel A, C, D oder A, B, C.

Auf θ_1 führen wir eine Multiplikation ein: Ist $t, s \in \theta_1$, so bestimmen wir — ausgehend von den verschiedenen Punkten A, B, C — Punkte T, S vermöge

$$(ABCT) = t,\ (ABTS) = s.$$

Im Falle $t \neq 1$ ist $T \notin \{A, B, C\}$ nach Q 0, im Falle $t = 1$ ist $T = C$. Im Falle $s \neq 1$ gilt nach Q 0 $S \notin \{A, B, T\}$, im Falle $s = 1$ gilt $S = T$. Nun definieren wir

$$(ABCS) = ts.$$

Aus Q 1, γ, Q 0 folgt, daß die angegebene Multiplikation nicht von den Ausgangspunkten abhängt: Hat man (seien A', B', C' verschiedene Punkte) $(ABCT) = t = (A'B'C'T')$, $(ABTS) = s = (A'B'T'S')$, so folgt $(ABCS) = (A'B'C'S')$ im Falle, daß A, B, C, T, S verschiedene Punkte sind nach Q 1. In $\{A', B', C', T', S'\}$ könnten jedenfalls höchstens die Punkte S' und C' zusammenfallen. Wäre $S' = C'$, so folgte nach γ $(ABST) = (A'B'C'T') = (ABCT)$, d.h. $(ABTS) = (ABTC)$ d.h. $S = C$ nach Q 0. Sofort ergibt sich die Unabhängigkeit der Multiplikation von den Ausgangspunkten in den Fällen $T = C$, $T = S$ oder $S = C$.

Es bildet θ_1 mit der angegebenen Multiplikation eine Gruppe mit Einselement 1 als Gruppen-Einselement. Außerdem gilt die sogenannte *Möbiusrelation*

$$(ABCD) \cdot (ABDE) = (ABCE)$$

im Falle, daß A, B, C verschiedene Punkte sind und $D \notin \{A, B\}$, $E \notin \{A, B\}$ gilt. Für $E = C$ erhalten wir $(ABCD)^{-1} = (ABDC)$.

Satz 2.1. *Die Gruppe Θ_1 eines $\gamma\pi^*$-Quaternars ist abelsch.*

Beweis. Für $t, s \in \Theta_1$ gilt $ts = st$. Dies ist klar für $1 \in \{t, s, ts\}$, weshalb diese Fälle jetzt ausgeschlossen seien. Seien A, B, C verschiedene Punkte und T, S Punkte mit $t = (ABCT)$, $s = (ABTS)$. Dann gilt mit π^*

$$st = (BAST)(BATC) = (BASC)$$

und $$ts = (ABCT)(ABTS) = (ABCS) = (BASC). \quad \square$$

Gegeben sei ein $\gamma\pi$-Quaternar. Für $ABCD \in \mathbf{E}$ gilt dann

$$(ABCD) = (BADC) = (DCBA) = (CDAB).$$

Dies folgt sofort mit Hilfe von Satz 1.1e.

3. $\beta\gamma\pi$-Quaternare

Definieren wir jetzt für $ABCD \in \mathbf{E}$

$$[ABCD] := (ABCD)(ACDB)(ADBC),$$

so gilt

Satz 3.1. *Aus $ABCD$, $A'B'C'D' \in \mathbf{E}$ folgt in einem $\beta\gamma\pi$-Quaternar*

$$[ABCD] = [A'B'C'D'] \textit{ und } [ABCD]^2 = 1.$$

Beweis. $X \notin \{A, B, C\}$ sei der Punkt mit

$$(ABCX) = (A'B'C'D').$$

Mit β, γ folgt hieraus

$$[A'B'C'D'] = [ABCX].$$

Nun gilt

$$(ABCX)\,(ACXB)\,(AXBC)$$
$$= (ABCD)\,(ABDX) \cdot (ACXD)\,(ACDB) \cdot (CBXA).$$

Beachten wir nun $(CBXA) = (CBXD)\,(CBDA) = (XDCB)\,(ADBC)$, so gilt

$$[ABCX] = [ABCD] \cdot (XDBA)\,(XDAC)\,(XDCB) = [ABCD],$$

was tatsächlich auf $[A'B'C'D'] = [ABCX] = [ABCD]$ führt.

Insbesondere haben wir hieraus

$$[ABCD] = [ABDC],$$

was $[ABCD]^2 = 1$ ergibt. ▯

In einem $\beta\gamma\pi$-Quaternar hängt also das Element $[ABCD] \in \Theta_1$ nicht von den Punkten A, B, C, D ab, wenn nur $ABCD \in \mathbf{E}$ ist. Wir definieren

$$-1 := [ABCD]$$

und haben nach Satz 3.1

$$(-1)^2 = 1.$$

Wir fügen zu Θ_1 ein neues Element 0, das wir Nullelement nennen, hinzu und setzen

$$\mathfrak{K} := \Theta_1 \cup \{0\}$$

und weiterhin

$$0 \cdot t := t \cdot 0 := 0 \quad \text{für alle} \quad t \in \Theta_1.$$

Es sei ferner definiert

$$\sigma(ABCB) := 0 =: \sigma(ABAD)$$

für die eigentlichen Punktetripel ABC, ABD.

In einem $\beta\gamma\pi$-Quaternar führen wir auf $\mathfrak{K}$ eine Addition ein: Zunächst sei gesetzt $0 + k = k$ für alle $k \in \mathfrak{K}$. Sind A, B, C verschiedene Punkte, ist $k \in \mathfrak{K}$ und K der eindeutig bestimmte Punkt mit $k = (ABCK)$ (beachte $K = B$ für $k = 0$ und $K = C$ für $k = 1$), so sei definiert $1 - k := (ACBK)$. Wir verifizieren sofort, daß $1 - k$ nicht von den Anfangspunkten A, B, C abhängt. Es gilt $1 - 0 = 1$ und $1 - 1 = 0$; weiterhin $1 - (1 - k) = k$. Für die Elemente $a, b \in \mathfrak{K}$, $a \neq 0$, sei dann definiert

$$a + b := a(1 - [(-1)\, a^{-1} b]).$$

Satz 3.2. *In einem $\beta\gamma\pi$-Quaternar ist $(\mathfrak{K}, +, \cdot)$ ein kommutativer Körper.*

Beweis. 1. Für $a \in \mathfrak{K} - \{0\}$ gilt

$$a + 0 = a(1 - [(-1)\, a^{-1}\, 0]) = a(1 - 0) = a \cdot 1 = a,$$

so daß mit der Definition $0 + k := k$ für alle $k \in \mathfrak{K}$ offenbar

$$a + 0 = a = 0 + a$$

für alle $a \in \mathfrak{K}$ erfüllt ist.

2. Für $a, b, c \in \mathfrak{K}$ gilt $a(b + c) = ab + ac$: Dies ist richtig für $0 \in \{a, b, c\}$. Sei $0 \notin \{a, b, c\}$. Dann gilt $ab \neq 0$ (wegen $a, b \in \Theta_1$ ist auch $ab \in \Theta_1$) und

$$ab + ac = ab(1 - [(-1)\, (ab)^{-1}ac]) = ab(1 - [(-1)\, b^{-1}c]) = a \cdot (b + c).$$

3. Für $a, b \in \mathfrak{K}$ gilt $ab = ba$: Dies ist richtig für $0 \in \{a, b\}$. Für $0 \notin \{a, b\}$ folgt es aus Satz 2.1, da in einem $\gamma\pi$-Quaternar auch π^* erfüllt ist nach Satz 1.1e.

4. Aus 2 und 3 folgt $(a + b)\, c = ac + bc$ für $a, b, c, \in \mathfrak{K}$.

5. $a + [(-1)\, a] = 0 = [(-1)\, a] + a$ für $a \in \mathfrak{K}$: Sei $a \neq 0$. Wegen 4 brauchen wir nur $1 + (-1) = 0 = (-1) + 1$ nachzuweisen. Es gilt mit $(-1)\,(-1) = 1$ (nach Satz 3.1) $1 + (-1) = 1(1 - [(-1)\,(-1)] = 1 - 1 = 0$ und $(-1) + 1 = (-1)\,(1 - [(-1)\,(-1)^{-1}\,1]) = (-1)\,(1 - 1) = 0$.

6. Es gilt $(1 - \beta) + \beta = 1$ für alle $\beta \in \mathfrak{K}$: Dies ist richtig für $\beta \in \{0, 1\}$. Sei $\beta \notin \{0, 1\}$. Seien A, B, C verschiedene Punkte und $D \notin \{A, B, C\}$ der Punkt mit $(ABCD) = \beta$. Dann gilt

$$(1 - \beta) + \beta = (ACBD)\,(1 - [(-1)\,(ACDB)\,(ABCD)]).$$

Schreiben wir hier $(-1) = [ABDC]$, so folgt

$$(1 - \beta) + \beta = (ACBD)\,(1 - (ADCB)) = (ACBD)\,(ACDB) = 1.$$

7. $(1 - \beta) + \beta\gamma = 1 - \beta(1 - \gamma)$ für alle $\beta, \gamma \in \mathfrak{K}$: Dies ist richtig für $\beta \in \{0, 1\}$, auch für $\gamma = 0$. Aus 6 folgt die Richtigkeit für $\gamma = 1$. Sei $\beta \notin \{0, 1\}$ und $\gamma \notin \{0, 1\}$. Seien A, B, C verschiedene Punkte und $P \notin \{A, B, C\}$ der Punkt mit $\gamma = (ABCP)$. Sei $Q \notin \{A, C, P\}$ der Punkt mit $\beta = (ACPQ)$. Dann gilt

$$1 - \beta(1 - \gamma) = 1 - (ACPQ)\,(ACBP) = 1 - (ACBQ) = (ABCQ).$$

Weiterhin haben wir

$$(1 - \beta) + \beta\gamma = (APCQ)\,(1 - [(-1)\,(APQC)\,(ACPQ)\,(ABCP)]).$$

Setzen wir hier $(-1) = [APCQ]$, so folgt

$$(1 - \beta) + \beta\gamma = (APCQ)\,(1 - (AQPC)\,(ABCP)).$$

Mit

$$(AQPC)\,(ABCP) = (PCAQ)\,(PCBA) = (PCBQ) = (CPQB)$$

folgt dann

$$(1 - \beta) + \beta\gamma = (CQAP)\,(CQPB) = (CQAB) = (ABCQ).$$

8. $(a + b) + c = a + (b + c)$ für alle $a, b, c \in \mathfrak{K}$: Dies ist richtig für $0 \in \{a, b, c\}$. Sei $0 \notin \{a, b, c\}$. Dann setzen wir $\beta = (-1)\,a^{-1}b$ und $\gamma = (-1)\,b^{-1}c$. Zunächst beachten wir für jedes $k \in \mathfrak{K}$

$$1 + ((-1)\,k) = 1 - [(-1)\,1^{-1}(-1)\,k] = 1 - k.$$

Dann gilt

$$(a + b) + c = (a + [(-1)\,a\beta]) + (a\beta\gamma) = a((1 - \beta) + \beta\gamma)$$

und

$$a + (b + c) = a + ([a\,(-1)\,\beta] + (a\beta\gamma)) = a(1 + ((-1)\,\beta + \beta\gamma))$$
$$= a(1 + (-1)\,\beta(1 + (-1)\,\gamma)) = a(1 - \beta(1 - \gamma)).$$

Aus 7 folgt dann 8.

9. Es gilt $a + b = b + a$ für alle $a, b \in \mathfrak{K}$: Es gilt jedenfalls

$$a + a + b + b = a(1 + 1) + b(1 + 1) = (a + b)\,(1 + 1) =$$
$$= (a + b) + (a + b) = a + b + a + b.$$

Da $\mathfrak{K}$ gegenüber $+$ schon als Gruppe nachgewiesen ist, folgt damit 9.

Damit ist Satz 3.2 bewiesen. ▯

Arbeitend mit einem $\beta\gamma\pi$-Quaternar fügen wir jetzt zu $\mathfrak{K}$ ein weiteres Element, ∞, hinzu und setzen

$$\sigma(ABCA) = \infty = \sigma(ABBC)$$

für das eigentliche Tripel ABC.

Sind A, B, C verschiedene Punkte, so stellt

$$P \to (ABCP) \in \mathfrak{K} \cup \{\infty\}$$

eine bijektive Abbildung von $\mathfrak{P}$ auf $\mathfrak{K} \cup \{\infty\}$ dar.

Außerdem gilt für $PQRS \in \mathbf{E}$

$$(PQRS) = \frac{(ABCP) - (ABCR)}{(ABCP) - (ABCS)} \cdot \frac{(ABCQ) - (ABCS)}{(ABCQ) - (ABCR)}$$

mit der üblichen Vereinbarung, daß die Differenzen $(ABCU) - (ABCV)$, die ∞ enthalten, durch 1 zu ersetzen sind.

Um die angeschriebene Gleichung zu beweisen, betrachten wir verschiedene Fälle:

Fall 1. $P = A$ (und damit $AQRS \in \mathbf{E}$).

Fall 1.1. $Q = B$. Hier gilt $ABRS \in \mathbf{E}$ und

$$(PQRS) = (ABRS) = \frac{(ABCS)}{(ABCR)},$$

d.h. die Behauptung.

Fall 1.2. $Q \neq B$. Dann gilt

$$\begin{aligned}(PQRS) &= (AQRS)\\ &= \frac{(AQBS)}{(AQBR)}\\ &= \frac{1-(ABQS)}{1-(ABQR)}\\ &= \frac{(ABCQ)-(ABCQ)\,(ABQS)}{(ABCQ)-(ABCQ)\,(ABQR)}\\ &= \frac{(ABCQ)-(ABCS)}{(ABCQ)-(ABCR)}.\end{aligned}$$

Fall 2. $P \neq A$.

Fall 2.1. $Q = A$. Wir haben

$$(PQRS) = (QPSR) = (APSR),$$

was unter Verwendung der unter Fall 1 bewiesenen Formel sofort die Behauptung ergibt.

Fall 2.2. $R = A$. Wir haben nach Fall 1 mit

$$(PQRS) = (RSPQ) = (ASPQ)$$

die Behauptung.

Fall 2.3. $S = A$. Alles folgt aus

$$(PQRS) = (SRQP) = (ARQP).$$

Fall 3. $A \notin \{P, Q, R, S\}$. Wir haben

$$(PQRS) = (SRQP) = (SRQA)\,(SRAP) = (AQRS)\,(APSR),$$

was nach Fall 1 die Behauptung ergibt.

Damit gilt — das bisher Bewiesene zusammenfassend — auch

Satz 3.3. *Identifiziert man bei einem Quaternar* $(\mathfrak{P}, \theta, \sigma)$ *nach Auswahl dreier verschiedener Punkte* $\infty, 0, 1 \in \mathfrak{P}$ *den Punkt* $X \in \mathfrak{P} - \{\infty, 0, 1\}$ *mit* $(\infty\, 0\, 1\, X) \in \theta$, *so fällt* $\mathfrak{P} - \{\infty, 0, 1\}$ *mit* θ *zusammen. Falls ein* $\beta\gamma\pi$*-Quaternar vorliegt, lassen sich auf* $\mathfrak{K} \equiv \mathfrak{P} - \{\infty\} \equiv \theta \cup \{0, 1\}$ *weiterhin zwei Operationen* $(+, \cdot)$ *einführen derart, daß gilt:*

1. $(\mathfrak{K}, +, \cdot)$ *ist ein kommutativer Körper mit* 0 *als Nullelement und* 1 *als Einselement.*

2. *Für* $ABCD \in \mathbf{E}$ *fällt das* σ*-Bild* $(ABCD) \in \theta \equiv \mathfrak{K} - \{0, 1\}$ *mit dem Doppelverhältnis von* $ABCD$ *zusammen:*

$$(ABCD) = \frac{A - C}{B - C} \cdot \frac{B - D}{A - D} \cdot$$

Hierbei sind im Falle $\infty \in \{A, B, C, D\}$ *alle Differenzen* $X - Y$, *in denen formal* ∞ *vorkommt, durch* 1 *zu ersetzen.*

§ 2. Möbiusgeometrien

1. H-Kreisebenen. v. Staudt-Petkantschin-Gruppen. Berührstrukturen. Büschelgruppen

Eine Menge $\mathfrak{P} = \{A, B, C, \ldots\}$, in der gewisse Teilmengen, $\mathbf{a}, \mathbf{b}, \mathbf{c}, \ldots$ — genannt *Ketten* — ausgezeichnet sind, heiße *Kettenstruktur*. Die Elemente $A, B, C, \ldots$ von $\mathfrak{P}$ werden *Punkte* genannt. Die Ketten $\mathbf{a}, \mathbf{b}$ heißen gleich bzw. verschieden, wenn die Teilmengen $\mathbf{a}, \mathbf{b}$ gleich bzw. verschieden sind. Die Kette $\mathbf{a}$ schneidet die Kette $\mathbf{b}$, wenn $\mathbf{a} \cap \mathbf{b} \neq \emptyset$ ist. Für $P \in \mathbf{a}$ werden die Sprechweisen benutzt: die Kette $\mathbf{a}$ geht durch den Punkt P, die Kette $\mathbf{a}$ enthält den Punkt P, der Punkt P liegt auf (oder inzidiert mit) der Kette $\mathbf{a}$ usw. — Die Punktmenge $\{P, Q, R, \ldots\}$ heißt *konzyklisch*, wenn sie insgesamt einer Kette angehört. Wir nennen die verschiedenen Punkte P, Q parallel, in Zeichen $P \parallel Q$, wenn $\{P, Q\}$ nicht konzyklisch ist. Außerdem wird $P \parallel P$ gesetzt für jeden Punkt $P \in \mathfrak{P}$. Die Parallelitätsrelation auf der Menge der Punkte ist also reflexiv und symmetrisch. Eine Kettenstruktur Σ wird *ausgeartet* genannt, wenn sie keine Kette besitzt, oder wenn die leere Menge Kette ist.

Sind Σ, Σ' nicht ausgeartete Kettenstrukturen, so heißt jede bijektive Abbildung der Menge $\mathfrak{P}$ der Punkte von Σ auf die Menge $\mathfrak{P}'$ der Punkte von Σ', die konzyklische Punktmengen in konzyklische und nicht konzyklische Punktmengen in nicht konzyklische überführt, eine *Kettenverwandtschaft* von Σ auf Σ'. Die Menge der Kettenverwandtschaften von Σ auf Σ' werde mit $\mathbb{M}(\Sigma, \Sigma')$ bezeichnet. Ist $\mathbb{M}(\Sigma, \Sigma') \neq \emptyset$, so heißt Σ zu Σ' *isomorph*, in Zeichen $\Sigma \cong \Sigma'$. Das ist eine Äquivalenzrelation auf jeder Menge von Kettenstrukturen. Ist Σ eine nichtausgeartete Kettenstruktur, so bildet $\mathbb{M}(\Sigma, \Sigma) \equiv \mathbb{M}(\Sigma)$ eine Gruppe, die Automorphismengruppe von Σ, wenn man die Hintereinanderschaltung zweier Kettenverwandtschaften von Σ auf Σ als ihr Produkt erklärt. Ihre Elemente werden Kettenverwandtschaften (von Σ) genannt.

Unter einer H-Kreis*ebene* verstehen wir eine Kettenstruktur (statt Kette sagen wir jetzt Kreis) mit den Eigenschaften[50]:

(H 1) *Durch drei verschiedene Punkte geht genau ein Kreis.*

(H 2) *Es gibt 4 verschiedene Punkte, die nicht gemeinsam einem Kreis angehören. Jeder Kreis enthält wenigstens drei verschiedene Punkte.*

Gegeben sei eine H-Kreisebene Σ. Unter einer *v. Staudt-Petkantschin-Gruppe* (kurz SP-Gruppe) von Σ verstehen wir eine Untergruppe Γ von $\mathbb{M}(\Sigma)$ mit den Eigenschaften:

(SP 1) *Γ ist minimal dreifach transitiv auf der Menge $\mathfrak{P}$ der Punkte von Σ, d.h. zu je drei verschiedenen Punkten A, B, C und zu je drei weiteren verschiedenen Punkten A', B', C', die nicht von den vorhergehenden Punkten verschieden zu sein brauchen, gibt es genau ein $\gamma \in \Gamma$ mit $A^\gamma = A'$, $B^\gamma = B'$, $C^\gamma = C'$.*

(SP 2) *Zu vier verschiedenen Punkten, A, B, C, D, sei $\gamma \in \Gamma$ die nach (SP 1) eindeutig existierende Abbildung mit $A^\gamma = B$, $B^\gamma = A$, $C^\gamma = D$. Dann gilt $D^\gamma = C$.*

Eine H-Kreisebene Σ, die eine SP-Gruppe besitzt, nennen wir auch eine HSP-*Kreisebene* (oder kurz HSP-Ebene). Ist Γ eine SP-Gruppe der H-Ebene Σ, so sprechen wir auch von der HSP-Kreisebene (Σ, Γ). Jede Möbiusgeometrie $\Sigma(\mathfrak{K}, \mathfrak{L})$ ist eine HSP-Kreisebene; dabei ist $\Gamma(\mathfrak{L})$ eine SP-Gruppe von Σ: Zunächst beachten wir, daß in einer Kettengeometrie $\Sigma(\mathfrak{K}, \mathfrak{L})$, die Möbiusgeometrie ist, die Parallelitätsrelation nach § 4, Kapitel II, die Gleichheitsrelation ist. Dann folgt unsere Aussage aus Satz 1.1a, c von Kapitel II, § 2 und aus den Sätzen 3.1, 3.2 von Kapitel II, § 1.

Es gibt HSP-Kreisebenen (Σ, Γ), für die keine Möbiusgeometrie $\Sigma(\mathfrak{K}, \mathfrak{L})$ existiert mit $\Sigma \cong \Sigma(\mathfrak{K}, \mathfrak{L})$ und $\Gamma \cong \Gamma(\mathfrak{L})$: Es sei $\mathfrak{P} = \mathbb{P}(\mathbb{C})$, $\Gamma = \Gamma(\mathbb{C})$. Genau die dreielementigen Teilmengen von $\mathfrak{P}$ seien Kreise genannt. Gewiß liegt dann eine HSP-Kreisebene vor. Wäre sie zu einer Möbiusgeometrie $\Sigma(\mathfrak{K}, \mathfrak{L})$ isomorph mit $\Gamma \cong \Gamma(\mathfrak{L})$, so müßte $|\mathfrak{K}| = 2$ und damit $\operatorname{char} \mathfrak{L} = \operatorname{char} \mathfrak{K} = 2$ sein. Dann kann aber nicht $\Gamma(\mathfrak{L}) \cong \Gamma(\mathbb{C})$ sein. (Alle Abbildungen $\neq 1$ aus $\Gamma(\mathfrak{L})$, die mit der Involution[51] $w = z^{-1}$ vertauschbar sind, sind involutorisch. Eine solche Aussage gilt für keine Involution aus $\Gamma(\mathbb{C})$.)

Wir beweisen:

Satz 1.1. *Gegeben sei eine* HSP-*Ebene* (Σ, Γ), *die der Eigenschaft* (*) *genügt:*

---

[50] Im Falle einer H-Kreisebene Σ nennen wir die Automorphismengruppe $\mathbb{M}(\Sigma)$ auch die *Möbiusgruppe* von Σ.

[51] $\gamma \in \Gamma$ heißt Involution (oder involutorisches Element), wenn $\gamma \neq 1$, $\gamma^2 = 1$ gilt. Alle Involutionen von $\Gamma(\mathbb{C})$ sind übrigens paarweise zueinander konjugiert: Zu den Involutionen γ_1, γ_2 gibt es ein $\alpha \in \Gamma(\mathbb{C})$ mit $\gamma_2 = \alpha\gamma_1\alpha^{-1}$.

(*) *Eine Involution $\gamma \in \Gamma$ mit zwei verschiedenen Fixpunkten besitzt wenigstens einen Kreis durch diese beiden Punkte, der unter γ als Ganzes festbleibt.*

Dann gibt es eine Möbiusgeometrie $\Sigma(\mathfrak{K}, \mathfrak{L})$ mit $\Sigma \cong \Sigma(\mathfrak{K}, \mathfrak{L})$ und $\Gamma \cong \Gamma(\mathfrak{L})$. — Umgekehrt genügt jede HSP-*Ebene* $(\Sigma(\mathfrak{K}, \mathfrak{L}), \Gamma(\mathfrak{L}))$ *der Eigenschaft* (*).

Beweis. Sei $\mathfrak{P}$ die Menge der Punkte von (Σ, Γ). Es sei $\mathbf{E}$ die Menge aller eigentlichen geordneten Punktequadrupel (s. § 1) über $\mathfrak{P}$. Für $ABCD$, $A'B'C'D' \in \mathbf{E}$ setzen wir

$$(ABCD) = (A'B'C'D')$$

genau dann, wenn es ein $\gamma \in \Gamma$ gibt mit

$$A^\gamma = A', \quad B^\gamma = B', \quad C^\gamma = C', \quad D^\gamma = D'.$$

Diese Relation „=" ist eine Äquivalenzrelation auf $\mathbf{E}$. Die Menge der Äquivalenzklassen werde mit Θ bezeichnet. Ist $t \in \Theta$ und $(ABCD) \in t$, so schreiben wir kurz $(ABCD) = t$ oder $\sigma(ABCD) = t$, so daß $\sigma\colon \mathbf{E} \to \Theta$ die Abbildung von $\mathbf{E}$ auf Θ ist, die jedem Quadrupel aus $\mathbf{E}$ die Äquivalenzklasse t zuordnet, der das in Frage stehende Quadrupel angehört. Da Γ eine SP-Gruppe ist, hat man sofort, daß $(\mathfrak{P}, \theta; \sigma)$ ein $\beta\gamma\pi$-Quaternar ist. Nach Satz 3.2 von § 1 ist $\mathfrak{L} \equiv \theta \cup \{0, 1\}$ ein kommutativer Körper. Sei $\mathbf{p}$ ein fester Kreis aus Σ, bezeichne $\mathfrak{P}_0$ die Menge der Punkte des Kreises $\mathbf{p}$. Wir zeichnen drei verschiedene Punkte $A, B, C \in \mathbf{p}$ aus. Wir legen fernerhin die Abbildung

$$\mathfrak{P} \ni X \to (ABCX) \in \theta \cup \{\infty, 0, 1\}$$

zugrunde, so daß

$$A \to \infty, \quad B \to 0, \quad C \to 1$$

gilt. Im weiteren Verlauf des Beweises wollen wir den Punkt X und das Element $(ABCX)$ nicht unterscheiden. Enthält $\mathbf{p}$ genau drei Punkte, so sei $\mathfrak{K} = GF(2)$ gesetzt. Ist $|\mathbf{p}| > 3$, so sei $\mathbf{E}_0$ die Menge aller eigentlichen geordneten Punktequadrupel über $\mathfrak{P}_0$. Führen wir nun auch eine Relation „=" mit Hilfe von Γ auf $\mathbf{E}_0$ ein, die Menge der Äquivalenzklassen sei mit θ_0 bezeichnet, so ist $(\mathfrak{P}_0, \theta_0; \sigma_0)$, wo

$$\sigma_0\colon \mathbf{E}_0 \to \theta_0$$

die Einschränkung von σ auf $\mathbf{E}_0$ darstellt, ebenfalls ein $\beta\gamma\pi$-Quaternar, und es ist nach Satz 3.2, § 1,

$$\mathfrak{K} := \theta_0 \cup \{0, 1\}$$

ein kommutativer Körper mit $|\mathfrak{K}| > 2$. Somit haben wir in beiden Fällen $|\mathbf{p}| = 3$ oder $|\mathbf{p}| > 3$ einen Körper $\mathfrak{K}$ erhalten. Es ist $\mathfrak{K}$ ein Unterkörper von $\mathfrak{L}$, wenn wir uns θ_0 in offenkundiger Weise in θ eingebettet denken: Im Falle $|\mathbf{p}| > 3$ ist doch die Multiplikation in $\mathfrak{K}$ gemäß Konstruktion auch die Multiplikation in $\mathfrak{L}$. Daß auch die Additionen übereinstimmen, folgt aus der Tatsache, daß die Operationen $x \to 1 - x$ und ebenso die Elemente $-1 \in \theta_0$ und $-1 \in \theta$ zusammenfallen. (Nach Satz 3.1 von § 1 ist $-1 = [PQRS]$ für $PQRS \in \mathbf{E}$; wegen $|\mathbf{p}| > 3$ können diese Punkte aus $\mathfrak{P}_0$ genommen werden.) Im Falle $|\mathbf{p}| = 3$ müssen wir $\operatorname{char} \mathfrak{L} = 2$ nachweisen, um sicher zu sein, daß $\mathfrak{K} = \mathrm{GF}(2)$ ein Unterkörper von $\mathfrak{L}$ ist. — Zunächst zeigen wir für beide Fälle $|\mathbf{p}| = 3$ oder $|\mathbf{p}| > 3$, daß $\Gamma \cong \Gamma(\mathfrak{L})$ ist. Ist $\gamma \in \Gamma$, so sei γ die Abbildung $\gamma' \in \Gamma(\mathfrak{L})$ zugeordnet mit

$$\infty^{\gamma'} = \infty^{\gamma}, \quad 0^{\gamma'} = 0^{\gamma}, \quad 1^{\gamma'} = 1^{\gamma}.$$

Dies ist eine bijektive Abbildung von Γ auf $\Gamma(\mathfrak{L})$.

Die Abbildungen γ, γ' bewirken auf $\mathfrak{P}$ dasselbe: Gemäß Satz 3.3 von § 1 ist $(PQRS)$ das klassische Doppelverhältnis. Also gilt nach Satz 4.2a von Kapitel II, § 1,

$$(\infty^{\gamma'}\, 0^{\gamma'}\, 1^{\gamma'}\, X^{\gamma'}) = (\infty\; 0\; 1\; X)\,.$$

Da nach Definition der Relation „=" auf $\mathbf{E}$ auch

$$(\infty\; 0\; 1\; X) = (\infty^{\gamma}\, 0^{\gamma}\, 1^{\gamma}\, X^{\gamma}) = (\infty^{\gamma'}\, 0^{\gamma'}\, 1^{\gamma'}\, X^{\gamma})$$

gilt, haben wir insgesamt nach Eigenschaft Q 0 eines Quaternars

$$X^{\gamma'} = X^{\gamma} \text{ für alle } X \in \mathfrak{P}.$$

Also ist $\Gamma \cong \Gamma(\mathfrak{L})$, da in beiden Gruppen als Verknüpfung die Hintereinanderschaltung von Permutationen zugrunde liegt.

Zurück zur Aussage $\operatorname{char} \mathfrak{L} = 2$ im Falle $|\mathbf{p}| = 3$: Die Abbildung (sei $\operatorname{char} \mathfrak{L} \neq 2$ vorausgesetzt)

$$\tau\colon w = -z$$

aus $\Gamma(\mathfrak{L}) \cong \Gamma$ ist eine Involution mit $\infty^{\tau} = \infty$, $0^{\tau} = 0$. Nach (*) gibt es also einen Kreis $\mathbf{a}$ durch ∞, 0, der gegenüber τ als Ganzes festbleibt. Wegen $|\mathbf{p}| = 3$ enthält jeder Kreis von Σ genau drei verschiedene Punkte (Γ ist transitiv auf der Menge der Kreise). Also wäre auch der dritte Punkt neben ∞, 0 von $\mathbf{a}$ fest gegenüber τ. Dann müßte aber $\tau = 1$ sein, entgegen $\tau^2 = 1$, $\tau \neq 1$.

Der Kreis in Σ durch die verschiedenen Punkte P, Q, R ist gegeben durch

$$(PQR) = \{X \in \mathfrak{P} \mid (PQRX) \in \mathfrak{K} \cup \{\infty\}\},$$

da die abstrakten Doppelverhältnisse nach Definition invariant gegenüber Γ sind. Also ist $\Sigma \cong \Sigma(\mathfrak{K}, \mathfrak{L})$.

Es verbleibt die weitere Behauptung von Satz 1.1 zu zeigen, daß jede HSP-Kreisebene $(\Sigma(\mathfrak{K}, \mathfrak{L}), \Gamma(\mathfrak{L}))$ der Eigenschaft (*) genügt: Im Falle char $\mathfrak{L} = 2$ gibt es keine Involution in $\Gamma(\mathfrak{L})$ mit zwei verschiedenen Fixpunkten. Im Falle char $\mathfrak{L} \neq 2$ können wir ohne Beschränkung der Allgemeinheit annehmen (man betrachte die minimale dreifache Transitivität von $\Gamma(\mathfrak{L})$ auf der Menge der Punkte), daß ∞, 0 die beiden Fixpunkte der Involution γ sind. Dann gilt explizit

$$\gamma: w = -z.$$

Hier ist aber $\mathbb{P}(\mathfrak{K})$ ein Kreis durch ∞, 0, der gegenüber γ als Ganzes festbleibt. ▯

Der Beweis zu Satz 1.1 enthält auch den Beweis zu

Satz 1.2. *Gegeben sei eine HSP-Ebene (Σ, Γ), die der Eigenschaft (**) genügt:*

(**) *Σ enthält einen Kreis, auf dem wenigstens vier verschiedene Punkte liegen.*

Dann gibt es eine Möbiusgeometrie $\Sigma(\mathfrak{K}, \mathfrak{L})$ mit $\Sigma \cong \Sigma(\mathfrak{K}, \mathfrak{L})$ und $\Gamma \cong \Gamma(\mathfrak{L})$.

Wir definieren den allgemeinen Begriff einer Berührstruktur: Gegeben sei eine Kettenstruktur Σ, gegeben sei fernerhin eine Teilmenge $\mathfrak{B}$ aller geordneten Tripel $(\mathbf{a}, P, \mathbf{b})$, wo P ein Punkt und wo $\mathbf{a}, \mathbf{b} \ni P$ Ketten von Σ sind. An Stelle von $(\mathbf{a}, P, \mathbf{b}) \in \mathfrak{B}$ schreiben wir auch $\mathbf{a}P\mathbf{b}$ und sagen, **a** *berührt* **b** in P. Es heiße $(\Sigma, \mathfrak{B})$ eine *Berührstruktur*, wenn gilt:

(B 1) *Durch drei paarweise nicht parallele Punkte geht genau eine Kette.*

(B 2) *Jede Kette enthält wenigstens drei verschiedene Punkte. Es gibt eine Kette* **k** *und einen Punkt P mit $P \notin \mathbf{k}$.*

(B 3) a) *Aus $\mathbf{a}P\mathbf{b}$, $\mathbf{a} \neq \mathbf{b}$, folgt $\{P\} = \mathbf{a} \cap \mathbf{b}$.*
b) *$P \in \mathbf{a}$ impliziert $\mathbf{a}P\mathbf{a}$.*
c) *$\mathbf{a}P\mathbf{b}$ impliziert $\mathbf{b}P\mathbf{a}$.*
d) *$\mathbf{a}P\mathbf{b}$, $\mathbf{b}P\mathbf{c}$ implizieren $\mathbf{a}P\mathbf{c}$.*
e) *Ist* **k** *eine Kette, sind P, Q Punkte mit $P \in \mathbf{k}$, $Q \notin \mathbf{k}$, $P \nparallel Q$, so gibt es genau*[52] *eine Kette $\mathbf{k}'$ durch P, Q mit $\mathbf{k}P\mathbf{k}'$.*

Eine Berührstruktur heiße eine *Möbiussche Berührstruktur*, wenn durch zwei verschiedene Punkte stets mindestens eine Kette geht, d.h. gleichwertig, wenn die Parallelitätsrelation auf der Menge der Punkte die Gleichheitsrelation ist. Eine Berührstruktur heiße eine *Laguerresche Berührstruktur*, wenn die Parallelitätsrelation auf der Menge der Punkte transitiv ist und wenn außerdem gilt

[52] „genau" kann durch „wenigstens" ersetzt werden. „genau" ist dann ableitbar: Hätte man verschiedene Ketten $\mathbf{k}'$, $\mathbf{k}''$ durch P, Q mit $\mathbf{k}P\mathbf{k}'$, $\mathbf{k}P\mathbf{k}''$, so folgte mit c), d) jedenfalls $\mathbf{k}'P\mathbf{k}''$. Dann ergäbe a) aber $\mathbf{k}' \cap \mathbf{k}'' = \{P\}$.

(LB) *Ist* $\mathbf{k}$ *eine Kette, ist* $P \notin \mathbf{k}$ *ein Punkt, so gibt es wenigstens*[53] *einen Punkt* $Q \in \mathbf{k}$ *mit* $P \parallel Q$.

Kettengeometrien $\Sigma(\mathfrak{K}, \mathfrak{L})$ sind Beispiele von Berührstrukturen, wenn man die in Kapitel II, § 2, Abschnitt 4, definierte Berührrelation zugrunde legt. Möbiusgeometrien $\Sigma(\mathfrak{K}, \mathfrak{L})$ sind Beispiele Möbiusscher Berührstrukturen, Laguerregeometrien $\Sigma(\mathfrak{K}, \mathfrak{L})$ sind Beispiele Laguerrescher Berührstrukturen. — Natürlich ist jede Möbiussche Berührstruktur eine H-Kreisebene.

Als Vorbereitung eines kennzeichnenden Satzes im Zusammenhang Möbiusscher Berührstrukturen beweisen wir

Satz 1.3. *Gegeben sei eine allgemeine Kettengeometrie* $\Sigma(\mathfrak{K}, \mathfrak{L})$ *mit* $|\mathfrak{K}| > 2$. $\mathfrak{B}_0$ *bezeichne die in Kapitel II, § 2, Abschnitt 4, definierte Berührrelation von* $\Sigma(\mathfrak{K}, \mathfrak{L})$. *Ist dann* $\mathfrak{B}$ *eine beliebige Berührrelation von* $\Sigma(\mathfrak{K}, \mathfrak{L})$, *die den Eigenschaften* (B 3) *einer Berührrelation genügt, ist außerdem* $\mathfrak{B}$ *invariant gegenüber* $\Gamma(\mathfrak{L})$ (*d.h. für jedes* $\gamma \in \Gamma(\mathfrak{L})$ *gilt* $(\mathbf{a}, P, \mathbf{b}) \in \mathfrak{B}$ *genau dann, wenn* $(\mathbf{a}^\gamma, P^\gamma, \mathbf{b}^\gamma) \in \mathfrak{B}$ ist[54], *so folgt* $\mathfrak{B} = \mathfrak{B}_0$.

Beweis. Sei $A \nparallel W = \mathfrak{R}(1, 0)$ ein Punkt nicht auf $\mathbb{P}(\mathfrak{K})$. Nach (B 3) e) gibt es dann genau eine Kette $\mathbf{a} \in A, W$ mit

$$(\mathbf{a}, W, \mathbb{P}(\mathfrak{K})) \in \mathfrak{B}. \tag{1.1}$$

Damit ist $\underline{\mathbf{a}} := \mathbf{a} - \{W\}$ eine reguläre Gerade von $\mathbb{A}(\mathfrak{K}, \mathfrak{L})$. Es sei

$$\underline{\mathbf{a}} = \{A + \lambda v \mid \lambda \in \mathfrak{K}\},$$

wo $v \in \mathfrak{R}$ ist. Wir schreiben kürzer $\underline{a} = A + \mathfrak{K}v$. Sei $k \in \mathfrak{K} - \{0, 1\}$. Ist τ die Abbildung

$$\tau : \mathfrak{R}(x_1', x_2') = \mathfrak{R}(x_1, x_2)\begin{pmatrix} k & 0 \\ 0 & 1 \end{pmatrix},$$

so gilt wegen der Γ-Invarianz von $\mathfrak{B}$ und (1.1)

$$(W \cup (kA + \mathfrak{K}v), W, \mathbb{P}(\mathfrak{K})) \in \mathfrak{B}, \tag{1.2}$$

wenn wir A mit $\mathfrak{R}(A, 1)$ identifizieren. Mit

$$\zeta : \mathfrak{R}(x_1', x_2') = \mathfrak{R}(x_1, x_2)\begin{pmatrix} 1-k & 0 \\ kA & 1 \end{pmatrix}$$

folgt aus (1.1) ebenso

$$(\mathbf{a}, W, W \cup (kA + \mathfrak{K})) \in \mathfrak{B}. \tag{1.3}$$

---

[53] Hier kann „wenigstens" durch „genau" ersetzt werden, da $P \parallel Q$, $P \parallel Q'$ auf $Q \parallel Q'$ führt, was mit $Q, Q' \in \mathbf{k}$ auf $Q = Q'$ führt.

[54] Da $\Gamma(\mathfrak{L})$ mit γ auch γ^{-1} enthält, genügt es zu fordern, daß für alle $\gamma \in \Gamma(\mathfrak{L})$ aus $(\mathbf{a}, P, \mathbf{b}) \in \mathfrak{B}$ auch $(\mathbf{a}^\gamma, P^\gamma, \mathbf{b}^\gamma) \in \mathfrak{B}$ folgt.

Mit (B 3), c), d) und (1.1), (1.2), (1.3) folgt dann

$$(W \cup (kA + \mathfrak{K}v), W, W \cup (kA + \mathfrak{K})) \in \mathfrak{B}. \tag{1.4}$$

Wäre nun

$$W \cup (kA + \mathfrak{K}v) \neq W \cup (kA + \mathfrak{K})$$

so ergäbe (B 3) a)

$$(kA + \mathfrak{K}v) \cap (kA + \mathfrak{K}) = \emptyset,$$

wo aber doch kA ein gemeinsamer Punkt dieses Durchschnittes ist. Also haben wir

$$kA + \mathfrak{K}v = kA + \mathfrak{K},$$

d.h. $\mathfrak{K}v = \mathfrak{K}$, d.h. $v \in \mathfrak{K}$. Damit ist in der Notation von $\mathrm{A}(\mathfrak{K}, \mathfrak{L})$ die Gerade $\underline{\mathbf{a}}$ parallel zur Geraden $\mathrm{P}(\mathfrak{K}) - \{W\}$. Also ist

$$(\mathbf{a}, W, \mathrm{P}(\mathfrak{K})) \in \mathfrak{B}_0.$$

Sei nun

$$\mathbf{K} := \{\mathbf{a} \neq \mathrm{P}(\mathfrak{K}) \mid \mathbf{a}\, W \mathrm{P}(\mathfrak{K}) \in \mathfrak{B}\},$$

$$\mathbf{K}_0 := \{\mathbf{a}_0 \neq \mathrm{P}(\mathfrak{K}) \mid \mathbf{a}_0 W \mathrm{P}(\mathfrak{K}) \in \mathfrak{B}_0\}.$$

Wir wollen $\mathbf{K}_0 = \mathbf{K}$ nachweisen: Da zu jedem $\mathbf{a} \in \mathbf{K}_{\mathfrak{B}}$ ein Punkt $W \nparallel A \in \mathbf{a}$ existiert, folgt aus dem bereits gezeigten $\mathbf{K} \subset \mathbf{K}_0$. Sei nun umgekehrt $\mathbf{a}_0 \in \mathbf{K}_0$ und sei $W \nparallel A \in \mathbf{a}_0$. Dann gibt es genau ein $\mathbf{a} \in \mathbf{K}$ mit $\mathbf{a} \in A$. Wegen $\mathbf{K} \subset \mathbf{K}_0$ und der auch für $\mathfrak{B}_0$ geltenden Eigenschaften (B 3) c), d), a) gilt $\mathbf{a}_0 W \mathbf{a}$ mit $\mathbf{a}_0 \cap \mathbf{a} = \{W, A\}$, was auf $\mathbf{a}_0 = \mathbf{a} \in \mathbf{K}$ zu schließen gestattet. Wegen der $\Gamma(\mathfrak{L})$-Invarianz von $\mathfrak{B}$, $\mathfrak{B}_0$ und der Transitivität von $\Gamma(\mathfrak{L})$ auf der Menge aller inzidenten Punkt-Ketten-Paare $(P, \mathbf{b})$ gilt schließlich

$$\mathfrak{B} = \{\mathbf{a}^\gamma W^\gamma [\mathrm{P}(\mathfrak{K})]^\gamma \mid \mathbf{a} \in \mathbf{K} \cup \mathrm{P}(\mathfrak{K})\} = \mathfrak{B}_0. \quad \square$$

Unter Benutzung dieses die Berührrelation $\mathfrak{B}_0$ im Falle $|\mathfrak{K}| > 2$ kennzeichnenden Satzes beweisen wir

Satz 1.4. *Gegeben sei eine Möbiussche Berührstruktur* $(\Sigma, \mathfrak{B})$. *Zugleich sei eine* SP-*Gruppe* Γ *der H-Kreisebene* Σ *gegeben, die* $\mathfrak{B}$ *invariant läßt. Dann gilt* $\Sigma \cong \Sigma(\mathfrak{K}, \mathfrak{L})$, *wo* $\Sigma(\mathfrak{K}, \mathfrak{L})$ *eine Möbiusgeometrie ist, mit* $\Gamma \cong \Gamma(\mathfrak{L})$. *Außerdem geht* $\mathfrak{B}$ *im Falle* $|\mathfrak{K}| > 2$ *in die Berührrelation von* $\Sigma(\mathfrak{K}, \mathfrak{L})$ *über unter der isomorphen Abbildung* $\Sigma \to \Sigma(\mathfrak{K}, \mathfrak{L})$, *die* $\Sigma \cong \Sigma(\mathfrak{K}, \mathfrak{L})$ *zugrunde liegt.*

Beweis. Es ist Σ eine HSP-Ebene. Also kommen wir zu Körpern $\mathfrak{K}$, $\mathfrak{L}$, wie beim Beweis von Satz 1.1 beschrieben. Enthält ein Kreis mehr als drei verschiedene Punkte, so beweisen die Sätze 1.2, 1.3 den gegenwärtigen Satz 1.4, da nach der im Beweis von Satz 1.1 angegebenen Abbildung $\Gamma \to \Gamma(\mathfrak{L})$ eine Abbildung aus Γ und die ihr zugeordnete aus $\Gamma(\mathfrak{L})$ dasselbe auf der Menge der Punkte bewirken. Es verbleibt der Fall $|\mathfrak{K}| = 2$. Der Beweis von Satz 1.1 zeigt dann jedenfalls auch $\Gamma \cong \Gamma(\mathfrak{L})$. Wir müssen zeigen, daß $\operatorname{char} \mathfrak{L} = 2$ gilt. Angenommen, es wäre $\operatorname{char} \mathfrak{L} \neq 2$. Dann betrachten wir die folgende Abbildung $\tau \in \Gamma(\mathfrak{L})$, die ∞ und 0 festläßt,

$$\tau\colon\ w = -z.$$

Sei $\boldsymbol{\alpha} := (\infty\, 0\, 1) = \mathbb{P}(\mathfrak{K})$. Sei $\boldsymbol{\gamma}$ (man benutze (B 3) e)) der Kreis durch 0, der $\boldsymbol{\beta} := (\infty\, 1\, -1)$ in ∞ berührt. Wegen $0 \in \boldsymbol{\gamma}$ und $\boldsymbol{\gamma} \infty \boldsymbol{\beta}$ ist $0 = 0^\tau \in \boldsymbol{\gamma}^\tau$ und $\boldsymbol{\gamma}^\tau \infty \boldsymbol{\beta}$ unter Benutzung von $\infty^\tau = \infty$, $\boldsymbol{\beta}^\tau = (\infty\, -1\, 1) = \boldsymbol{\beta}$. Also gilt $\boldsymbol{\gamma} = \boldsymbol{\gamma}^\tau$ wegen (B 3) e). Da $\boldsymbol{\gamma}$ genau 3 Punkte enthält, besitzt also τ drei verschiedene Fixpunkte, was auf $\tau = 1$ führte. $\square$

Gegeben sei eine H-Kreisebene Σ. Sind P, Q verschiedene Punkte von Σ, so heißt die Menge aller Kreise durch P, Q ein *elliptisches Kreisbüschel*. Ist Σ eine Möbiusgeometrie $\Sigma(\mathfrak{K}, \mathfrak{L})$, so kann jedes elliptische Kreisbüschel von Σ zu einer Gruppe gemacht werden, die geometrische Bedeutung hat: Ist R ein von P, Q verschiedener Punkt, so ordne man dem Kreis $\mathbf{a}$ durch P, Q die Restklasse

$$\begin{bmatrix} P & Q \\ A & R \end{bmatrix} \cdot \mathfrak{K}^\times, \quad A \in \mathbf{a} - \{P, Q\},$$

von $\mathfrak{L}^\times/\mathfrak{K}^\times$ zu. Dies ist eine bijektive Abbildung des elliptischen Kreisbüschels durch P, Q auf $\mathfrak{W} := \mathfrak{L}^\times/\mathfrak{K}^\times$. Unterscheiden wir auf Grund dieser Bijektion nicht die Kreise des Büschels von den zugeordneten Restklassen, so gilt offenbar für die Kreise $\mathbf{a}, \mathbf{b}$ durch P, Q

$$\sphericalangle\, (\mathbf{ab}; Q) = \mathbf{ba}^{-1}.$$

Bei dieser Beziehung ist der gewählte Hilfspunkt R bedeutungslos. Von Bedeutung ist jedoch die Bevorzugung einer der Punkte P, Q, der in unserem Falle der Punkt Q ist; es mißt $\mathbf{ba}^{-1}$ den freien Winkel, dem der Winkel $(\mathbf{ab}; Q)$ angehört.

Diese Beobachtung führt zur Definition der Büschelgruppe einer H-Kreisebene Σ: Die beliebige Gruppe $\mathfrak{G}$ heißt eine *Büschelgruppe* von Σ, wenn jedem geordneten Punktepaar $P, Q \neq P$ von Σ eine eineindeutige Abbildung, geschrieben $|PQ|$, der Menge aller Kreise durch P, Q auf $\mathfrak{G}$ zugeordnet ist mit

$$(\mathfrak{G})\quad (AB; CD) = (CD; AB)$$

für je vier nicht gemeinsam einem Kreise angehörende Punkte A, B, C, D. — Allgemein werde das Bild des Kreises $\mathbf{a} := (P\, Q\, R)$ gegenüber $|PQ|$

durch $\binom{PQ}{R}$ oder $\mathbf{a}_{|PQ|}$ bezeichnet; unter $(PQ; RS)$ — es sei $PQRS$ ein geordnetes Punktequadrupel bestehend aus vier verschiedenen Punkten — wird dann das $\mathfrak{G}$-Element $\binom{PQ}{S}\binom{PQ}{R}^{-1}$ verstanden[55].

Sind **c**, **d** Kreise, die die verschiedenen Punkte A, B gemeinsam haben, so heiße das geordnete Tripel $(\mathbf{cd}; B)$ (bzw. $(\mathbf{cd}; A)$, $(\mathbf{dc}; B)$, $(\mathbf{dc}; A)$) ein *Winkel*. Unter der *Größe des Winkels* $(\mathbf{cd}; B)$ sei $(AB; CD)$, wo $C \in \mathbf{c} - \{A, B\}$, $D \in \mathbf{d} - \{A, B\}$ ist, verstanden; zwei Winkel gleicher Größe sollen gleich heißen. Gegenüber dieser Interpretation stellt die Forderung $(\mathfrak{G})$ die Gültigkeit des Satzes über den Sehnentangentenwinkel

$$((ABC)\,(ABD); B) = ((CDA)\,(CDB); D)$$

dar.

Wir geben ein einfaches Beispiel einer H-Kreisebene Σ mit Büschelgruppe an derart, daß Σ zu keiner Möbiusgeometrie $\Sigma(\mathfrak{K}, \mathfrak{L})$ isomorph ist: Sei $\mathfrak{P}: = \{A, B, C, D\}$, $|\mathfrak{P}| = 4$. Jede dreielementige Teilmenge von $\mathfrak{P}$ heiße Kreis. Dies ist eine H-Kreisebene Σ. Wäre Σ isomorph zu einer Möbiusgeometrie $\Sigma(\mathfrak{K}, \mathfrak{L})$, so müßte $|\mathfrak{K}| = 2$, $|\mathfrak{L}| = 3$ sein, weshalb $\mathfrak{K}$ kein Unterkörper von $\mathfrak{L}$ sein kann. Sei $\mathfrak{G} = \{1, \alpha\}$, $\alpha \neq 1 = \alpha^2$. Die Zuordnung der beiden Elemente $1, \alpha$ auf die beiden Kreise durch das geordnete Punktepaar $P, Q \neq P$ (d.h. also die Herstellung der Zuordnung $|PQ|$) kann beliebig vorgenommen werden. Immer gilt $(\mathfrak{G})$: Sind P, Q, R, S die vier Elemente von $\mathfrak{P}$ in irgendeiner Reihenfolge, so gilt jedenfalls stets $\binom{PQ}{S}\binom{PQ}{R}^{-1} = \alpha$, ganz gleich ob $\binom{PQ}{S} = 1$ (und damit $\binom{PQ}{R} = \alpha$) oder ob $\binom{PQ}{S} = \alpha$ (und damit $\binom{PQ}{R} = 1$) gesetzt wird. Damit ist $\mathfrak{G}$ eine Büschelgruppe der H-Kreisebene Σ, die übrigens das Minimalmodell einer H-Kreisebene darstellt (s. Abb. 52).

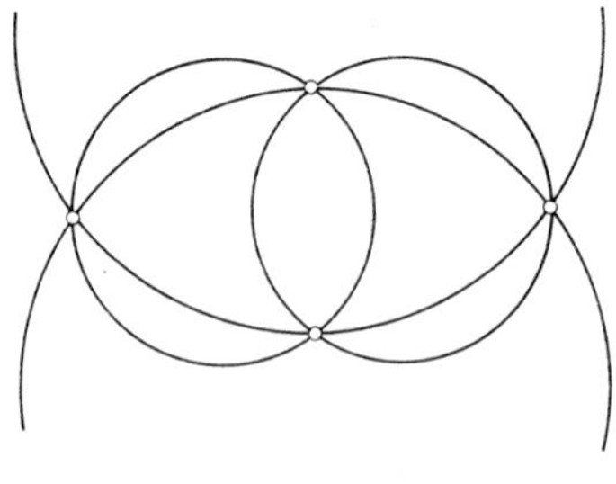

Abb. 52

[55] Damit gilt $(\mathfrak{G})$ trivialerweise auch für je vier verschiedene Punkte, die gemeinsam auf einem Kreis liegen.

Satz.1 5. *Gegeben sei eine* H-*Kreisebene* Σ *mit Büschelgruppe* $\mathfrak{G}$. *Dann gilt*

a) *Sind* A, B, C, D *vier verschiedene Punkte von* Σ, *so ist* $\{A, B, C, D\}$ *konzyklisch genau dann, wenn* $(A\,B;\,C\,D) = 1$ (1-*Element von* $\mathfrak{G}$) *ist.*

b) $\mathfrak{G}$ *ist abelsch.*

c) *In* Σ *gilt der Satz von Miquel: Es seien* A, B, C, D, E, F, G, H *acht verschiedene Punkte. Sind dann fünf der Quadrupel* $AEHD$, $FBCG$, $AFCH$, $EBGD$, $EFHG$, $ABCD$ *konzyklisch, so auch das sechste.*

Beweis. a) Sind A, B, C, D konzyklisch, so gilt $\begin{pmatrix} A\,B \\ C \end{pmatrix} = \begin{pmatrix} A\,B \\ D \end{pmatrix}$, d.h. $(AB;\,CD) = 1$. Genau so leicht folgt die Umkehrung.

b) Für vier verschiedene Punkte A, B, C, D gilt

$$(AB;\,CD) = (BA;\,DC):$$

Mit ($\mathfrak{G}$) gilt

$$(AB;CD) = \begin{pmatrix} A\,B \\ D \end{pmatrix} \begin{pmatrix} A\,B \\ C \end{pmatrix}^{-1} = \left[\begin{pmatrix} A\,B \\ C \end{pmatrix} \begin{pmatrix} A\,B \\ D \end{pmatrix}^{-1}\right]^{-1} = (AB;\,DC)^{-1} =$$

$$(DC;\,AB)^{-1} = (DC;\,BA) = (BA;\,DC).$$

Seien nun α, β Elemente aus $\mathfrak{G}$. Wir wollen $\alpha\beta = \beta\alpha$ nachweisen. Hierzu können wir $1 \notin \{\alpha, \beta, \alpha\beta\}$ annehmen. Seien P, Q, R verschiedene Punkte. Es sei $\mathbf{s}$ der Kreis durch P, Q mit $\mathbf{s}_{|PQ|} = \alpha \cdot \begin{pmatrix} P\,Q \\ R \end{pmatrix}$. Sei $S \in \mathbf{s} - \{P, Q\}$. Wegen $\alpha \neq 1$ ist $S \neq R$. Es gilt $\alpha = \begin{pmatrix} P\,Q \\ S \end{pmatrix} \begin{pmatrix} P\,Q \\ R \end{pmatrix}^{-1} = (PQ;\,RS)$. Sei $\mathbf{t}$ der Kreis durch P, Q mit $\mathbf{t}_{|PQ|} = \beta \cdot \begin{pmatrix} P\,Q \\ S \end{pmatrix}$. Sei $T \in \mathbf{t} - \{P, Q\}$. Wegen $\beta \neq 1$ ist $T \neq S$. Es gilt $\beta = \begin{pmatrix} P\,Q \\ T \end{pmatrix}\begin{pmatrix} P\,Q \\ S \end{pmatrix}^{-1} = (PQ;\,ST)$. Mit der bewiesenen Hilfsformel folgt $\alpha = (QP;\,SR)$, $\beta = (QP;\,TS)$. Also hat man $\alpha\beta = \begin{pmatrix} Q\,P \\ R \end{pmatrix} \begin{pmatrix} Q\,P \\ T \end{pmatrix}^{-1}$. Wegen $\alpha\beta \neq 1$ ist $R \neq T$. Damit ist

$$\alpha\beta = (QP;\,TR) = (PQ;\,RT).$$

Weiterhin gilt

$$\beta\alpha = (PQ;\,ST) \cdot (PQ;\,RS) = (PQ;\,RT) = \alpha\beta.$$

c) Mit ($\mathfrak{G}$) und der bewiesenen Hilfsformel gilt

$$\begin{aligned}
&(HG; EF) \cdot (AF; GC) \cdot (AF; CH)\\
&= (HG; EF) \cdot (AF; GH)\\
&= (HG; EF) \cdot (HG; FA)\\
&= (HG; EA)\\
&= (AE; GH)\\
&= (AE; GD) \cdot (AE; DH).
\end{aligned}$$

Hieraus und mit Hilfe von b) folgt:

$$\begin{aligned}
&(HG; EF) \cdot (AF; CH) \cdot (AE; HD)\\
&= (AE; GD) \cdot (AF; CG)\\
&= (DG; EA) \cdot (GC; FA).
\end{aligned}$$

Damit ist

$$\begin{aligned}
&(AE; HD) \cdot (FB; CG) \cdot (AF; CH) \cdot (EB; GD) \cdot (EF; HG)\\
&= (GC; BF) \cdot (DG; BE) \cdot (DG; EA) \cdot (GC; FA)\\
&= (GC; BA) \cdot (DG; BA)\\
&= (AB; CD).
\end{aligned}$$

Nun folgt sofort c): Sind fünf der Elemente

$$(AE; HD), (FB; CG), (AF; CH), (EB; GD), (EF; HG), (AB; CD)$$

gleich 1, so auch das sechste. ▯

Gegeben sei jetzt eine Möbiussche Berührstruktur $(\Sigma, \mathfrak{B})$ mit Büschelgruppe $\mathfrak{G}$. Wir nennen $\mathfrak{G}$ mit $\mathfrak{B}$ verträglich, wenn die folgende Eigenschaft erfüllt ist: Sind **a**, **b** verschiedene, sich im Punkt P berührende Kreise, sind A, A' verschiedene Punkte auf $\mathbf{a} - \mathbf{b}$ und B, B' verschiedene Punkte auf $\mathbf{b} - \mathbf{a}$, so gilt

$$(AP; BA') = (BP; AB')$$

(s. Abb. 53).

Es gilt

Satz 1.6. *Gegeben sei eine Möbiussche Berührstruktur* $(\Sigma, \mathfrak{B})$ *mit Büschelgruppe* $\mathfrak{G}$, *die mit* $\mathfrak{B}$ *verträglich sei. Sind dann* P, A, B, C *verschiedene Punkte, so gilt* $(PA; BC) \cdot (PB; CA) \cdot (PC; AB) = 1$. (Gemäß der Winkeldeutung stellt dies den Satz über die Winkelsumme im Kreisdreieck dar.)

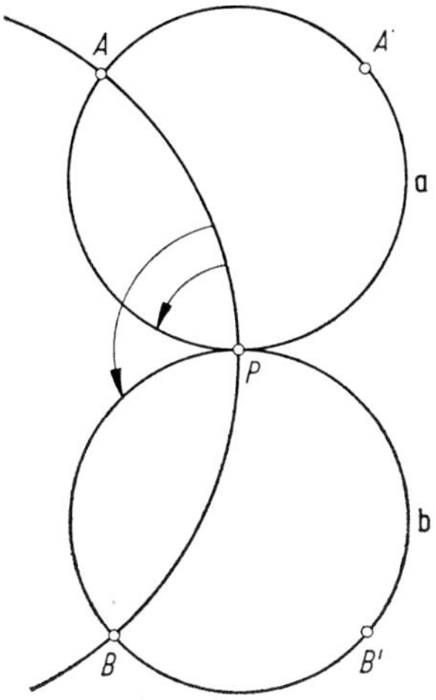

Abb. 53

Beweis. Ist $\{P, A, B, C\}$ konzyklisch, so ist nichts zu beweisen. Sei nun $\{P, A, B, C\}$ nicht konzyklisch. Es sei $\mathbf{a}$ der Kreis durch P, A der $\mathbf{b} \equiv (P\,B\,C)$ in P berührt, und A' ein Punkt auf $\mathbf{a} - \{P, A\}$ (s. Abb. 54). Da $\mathfrak{G}$ mit $\mathfrak{B}$ verträglich ist, gelten die beiden Beziehungen (wir beachten $\mathbf{a} \neq \mathbf{b}$ wegen $A \notin (P\,B\,C) = \mathbf{b}$) $(AP; BA') = (BP; AC)$, $(AP; CA') = (CP; AB)$. Nun gilt trivialerweise $(AP; CB) \cdot (AP; BA') \cdot (AP; A'C) = 1$, wobei wir beachten, daß $\mathfrak{G}$ abelsch ist. Also haben wir insgesamt

$$(PA; BC) \cdot (PB; CA) \cdot (PC; AB) = 1. \quad \square$$

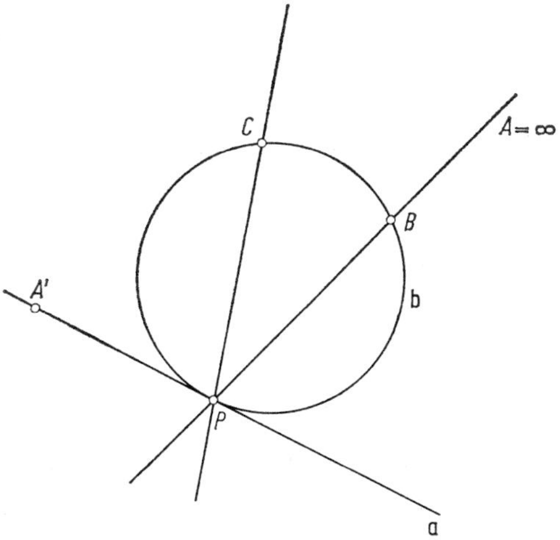

Abb. 54

Wir beweisen nun

Satz 1.7. *Gegeben sei eine Möbiussche Berührstruktur* $(\Sigma, \mathfrak{B})$ *mit Büschelgruppe* $\mathfrak{G}$, *die mit* $\mathfrak{B}$ *verträglich sei. Dann gilt in* Σ *der volle Satz von Miquel.*[56]

Beweis. Der Beweis erfolgt in drei Schritten.

1. Eine Möbiussche Berührstruktur ist gewiß H-Ebene. Somit gilt nach Satz 1.5 in Σ der Satz von Miquel.

2. Sind A, B, C, D, E, F, G verschiedene Punkte, so gilt

$$(*)\quad (GA;EF) = (EA;DF)\cdot(AF;CE)\cdot(BA;CD)\cdot(BE;DG)\cdot(BF;GC).$$

Um diese Gleichung zu beweisen, schreiben wir zunächst auf:

$$\begin{aligned}&(GE;AF)\cdot(BA;GC)\\ &= (AF;GE)\cdot(CG;AB)\\ &= (AF;GC)\cdot(AF;CE)\cdot(CG;AB)\\ &= (CG;FA)\cdot(AF;CE)\cdot(CG;AB)\\ &= (CG;FB)\cdot(AF;CE)\\ &= (BF;GC)\cdot(AF;CE).\end{aligned}$$

Aus Satz 1.6 folgt $(GA;EF)\cdot(GE;FA)\cdot(GF;AE) = 1$. Damit ist

$$(GA;EF)\cdot(GE;FA) = (GF;EA) = (EA;GF) = (EA;GD)\cdot(EA;DF).$$

Hieraus folgt

$$\begin{aligned}&(GA;EF)\cdot(GE;FA)\cdot(EA;FD)\\ &= (EA;GD)\\ &= (DG;AE)\\ &= (DG;AB)\cdot(DG;BE)\\ &= (BA;GD)\cdot(BE;DG)\\ &= (BA;GC)\cdot(BA;CD)\cdot(BE;DG).\end{aligned}$$

---

[56] Zur Formulierung des vollen Satzes von Miquel verweisen wir auf Seite 135.

Also gilt

$$(GA\,;EF) = (GE\,;AF)\cdot(BA\,;GC)\cdot(BA\,;CD)\cdot(BE\,;DG)\cdot(EA\,;DF).$$

Dies ergibt die Behauptung, wenn wir $(GE\,;AF)\cdot(BA\,;GC)$ vermöge der zuerst aufgestellten Gleichung zum Beweise von (*) durch $(BF;GC)\cdot(AF;CE)$ ersetzen.

3. Auf Grund von 1 verbleibt zum Nachweis des vollen Satzes von Miquel noch zu zeigen: Sind A, B, C, D, E, F, G verschiedene Punkte, liegen die Quadrupel $BACD$, $BEDG$, $BFGC$ konzyklisch und berührt der Kreis (ACF) den Kreis (ADE), so liegt auch das Quadrupel $GAEF$ konzyklisch.[57] — Wir weisen $(EA\,;DF) = (FA\,;CE)$ nach. Dann folgt 3 aus (*). Ist $(ACF) = (ADE)$, so ist nichts zu beweisen. Sei $(A\;C\;F) \neq (A\;D\;E)$. Da diese beiden Kreise sich berühren nach Annahme, und da $A \in (ACF) \cap (ADE)$ gilt, haben wir also $(ACF)\;A(ADE)$. Da $\mathfrak{G}$ mit $\mathfrak{B}$ verträglich ist, folgt hieraus $(EA\,;FD) = (FA\,;EC)$, d.h. $(EA\,;DF) = (FA\,;CE)$, was zu beweisen war. ▯

2. Möbiusebenen. Miquelsche Möbiusebenen

Eine Kettenstruktur (statt Kette sagen wir allerdings in diesem Zusammenhang wieder Kreis) Σ heißt *Möbiusebene im engeren Sinn*, wenn die folgenden Eigenschaften erfüllt sind:

(M I′) *Durch drei verschiedene Punkte geht genau ein Kreis.*

(M II) *Berührsatz: Ist* $\mathbf{k}$ *ein Kreis, sind* P, Q *Punkte mit* $P \in \mathbf{k}$, $Q \notin \mathbf{k}$, *so gibt es genau einen Kreis* $\mathbf{k}'$ *durch* P, Q *mit* $\mathbf{k} \cap \mathbf{k}' = \{P\}$.

(M III) *Jeder Kreis enthält mindestens einen Punkt. Es gibt vier verschiedene Punkte, die nicht gemeinsam auf einem Kreis liegen.*

Unter einer *Möbiusebene* versteht man eine Kettenebene, in der neben (M II), (M III) die nachstehende Forderung (M I) erfüllt ist:

(M I) *Durch drei verschiedene Punkte geht mindestens ein Kreis. Sind* $\mathbf{a}, \mathbf{b}, \mathbf{c}$ *verschiedene Kreise mit* $|\mathbf{a} \cap \mathbf{b} \cap \mathbf{c}| \geq 2$, *so gilt* $\mathbf{a} \cap \mathbf{b} = \mathbf{b} \cap \mathbf{c} = \mathbf{c} \cap \mathbf{a}$.

Jede Möbiusebene im engeren Sinn ist eine Möbiusebene. Umgekehrt ist nicht jede Möbiusebene eine Möbiusebene im engeren Sinn. Möbiusebenen wurden eingeführt (Benz [2]), um auch Schiefkörpergeometrien in der Form der Geometrie ebener Schnitte von Semiquadriken behandeln zu können. — Für das folgende sei vereinbart, daß Möbiusebene immer Möbiusebene im engeren Sinn bedeuten soll, da nur solche in unseren Betrachtungen vorkommen werden.

Man überlegt sich leicht, daß jede Möbiusebene eine H-Kreisebene ist, d.h. also daß jeder Kreis einer Möbiusebene wenigstens drei verschiedene

[57] Vgl. hierzu S. 218.

Punkte enthält. Ist Σ eine Möbiusebene, so sei definiert

$$\mathfrak{B} := \{(\mathbf{a}, P, \mathbf{b}) \mid \mathbf{a} = \mathbf{b} \ni P \text{ oder } \mathbf{a} \cap \mathbf{b} = \{P\}\}.$$

Dann ist $(\Sigma, \mathfrak{B})$ eine Möbiussche Berührstruktur, die wir auch kurz nur mit Σ bezeichnen, da $\mathfrak{B}$ durch Σ gegeben ist. Umgekehrt ist jede Möbiussche Berührstruktur mit scharfer Berührrelation (aus $\mathbf{a} \cap \mathbf{b} = \{P\}$ folgt stets $\mathbf{a}P\mathbf{b}$) eine Möbiusebene.

Ist W ein Punkt einer Möbusebene Σ, so läßt sich W eine affine Ebene $\mathbb{A}(\Sigma, W)$ zuordnen: Ihre *Punkte* sind alle Punkte $\neq W$ von Σ, ihre *Geraden* sind die Kreise durch W, aus denen man jeweils noch den Punkt W entferne. Man sieht sofort, daß genau dann zwei Geraden $\mathbf{a}, \mathbf{b}$ aus $\mathbb{A}(\Sigma, W)$ parallel sind (d.h. nach Definition zusammenfallen oder aber keinen Schnittpunkt gemeinsam haben), wenn $(\mathbf{a} \cup \{W\})\, W (\mathbf{b} \cup \{W\})$ gilt.

Eine Möbiusebene heißt *miquelsch*, wenn sie zusätzlich dem vollen Satz von Miquel (VM) (man vergleiche die Aussage des Satzes 3.6 von Kapitel II, § 3) genügt:

(VM) *Es seien $W, A_1, A_2, A_3, P_1, P_2, P_3$ sieben verschiedene Punkte und $\mathbf{a}_1, \mathbf{a}_2, \mathbf{a}_3, \mathbf{p}_1, \mathbf{p}_2, \mathbf{p}_3$ Kreise mit*

$$P_i \in \mathbf{a}_i \equiv (WA_{i+1}A_{i+2}), \quad \mathbf{p}_i \equiv (A_iP_{i+1}P_{i+2}),$$

wobei die Indizes — modulo 3 *genommen* — über 1, 2, 3 *laufen. Gilt dann $\mathbf{p}_2 \cap \mathbf{p}_3 = \{P_1, Q\}$ mit $Q \neq P_2, P_3$, so folgt $Q \in \mathbf{p}_1$* (s. Abb. 55).

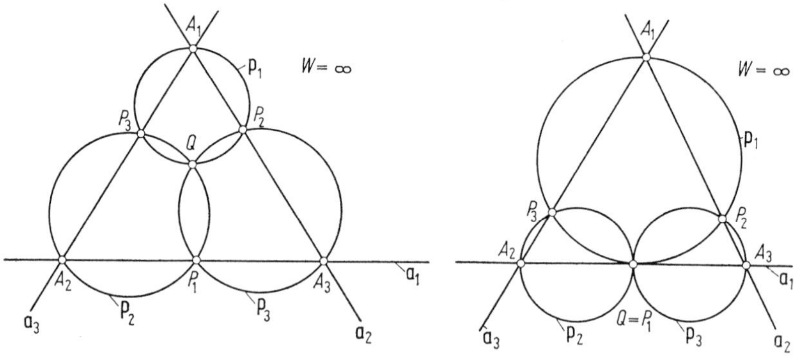

Abb. 55

Wir wollen jetzt den Satz von van der Waerden und Smid beweisen:

Satz 2.1. *Gegeben sei eine miquelsche Möbiusebene Σ. Dann gibt es einen kommuativen Körper $\mathfrak{K}$ und eine quadratische Form*

$$\mathfrak{Q}(x, y) = px^2 + rxy + qy^2 \in \mathfrak{K}[x, y],$$

für die $\mathfrak{Q}(\alpha, \beta) = 0$, $\alpha, \beta \in \mathfrak{K}$, *nur die Lösung* $\alpha = 0 = \beta$ *besitzt, derart, daß die Menge* $\mathfrak{P}$ *der Punkte von* Σ *sich zusammensetzt aus dem Symbol* ∞ *und aus der Menge* $\mathfrak{P}(\mathbb{A}(\mathfrak{K}))$ *der Punkte der affinen Ebene* $\mathbb{A}(\mathfrak{K})$ *über* $\mathfrak{K}$, *und daß neben* $\mathbf{g} \cup \{\infty\}$, $\mathbf{g}$ *Gerade von* $\mathbb{A}(\mathfrak{K})$, *die Punktmengen (sei* $a, b, c \in \mathfrak{K}$*)*

$$\mathscr{K}(a, b, c) = \{(x, y) \in \mathfrak{P}(\mathbb{A}(\mathfrak{K})) \mid \mathfrak{Q}(x, y) + ax + by + c = 0\},$$

sofern $|\mathscr{K}(a, b, c)| \geq 3$ *ist, die Kreise sind.*

Beweis. Der Beweis erfolgt in mehreren Schritten:

a) Bei allen weiteren Erörterungen des Beweises sei ein fester Punkt W zugrunde gelegt. Die affine Ebene $\mathbb{A}(\Sigma, W)$ sei kurz mit $\mathbb{A}$ bezeichnet; sie heiße bei den weiteren Betrachtungen die (Σ zugrunde liegende) affine Ebene $\mathbb{A}$. Alle Kreise von Σ, die nicht durch W gehen, sollen gelegentlich euklidische Kreise, kurz e-Kreise, heißen, die Punkte $\neq W$ von Σ, also die Punkte von $\mathbb{A}$, seien gelegentlich e-Punkte genannt. — In einer miquelschen Möbiusebene kann (VM) verallgemeinert werden: Die Forderung $Q \neq P_2, P_3$ in der Formulierung von (VM) kann weggelassen werden. Trotzdem bleibt trivialerweise die Konklusion $Q \in \mathbf{p}_1$ bestehen. Außerdem gilt im Falle $Q = P_2$ (entsprechendes im Falle $Q = P_3$) die Berühraussage $\mathbf{p}_3 P_2 \mathbf{p}_1$, wie eine Anwendung von (VM) zeigt: Ist nämlich $\{P_2, Q'\} = \mathbf{p}_3 \cap \mathbf{p}_1$, so hat man mit (VM) $Q' \in \mathbf{p}_2$. Also ist dann

$$\{P_2, P_3\} = \mathbf{p}_2 \cap \mathbf{p}_1 \ni Q' \in \mathbf{p}_2 \cap \mathbf{p}_3 = \{P_2, P_1\},$$

d.h. $Q' = P_2$. Man beachte hierbei noch, daß $\mathbf{p}_1 \neq \mathbf{p}_2$ gelten muß. Es sind sogar alle vorkommenden Ketten $\mathbf{a}_1, \mathbf{a}_2, \mathbf{a}_3, \mathbf{p}_1, \mathbf{p}_2, \mathbf{p}_3$ paarweise verschieden, da jede der Annahmen

$$\mathbf{a}_i = \mathbf{a}_k; \quad \mathbf{p}_i = \mathbf{p}_k; \quad \mathbf{a}_i = \mathbf{p}_j; \quad i, j, k \in \{1, 2, 3\}; \; i \neq k$$

zur Folge hätte, daß $\{P_1, P_2, P_3, A_1, A_2, A_3, W\}$ konzyklisch liegt, womit jedenfalls $\mathbf{p}_2 = \mathbf{p}_3$ bzw. $|\mathbf{p}_2 \cap \mathbf{p}_3| \geq 3$ wäre. Allgemeiner hat man anstelle von (VM) sogar

$(\overline{\text{VM}})$ Gegeben seien Kreise $\mathbf{a}_1, \mathbf{a}_2, \mathbf{a}_3$ durch W mit $\{W, A_i\} = \mathbf{a}_{i+1} \cap \mathbf{a}_{i+2}$ (es gelte dieselbe Konvention hinsichtlich der Indizes wie bei der Formulierung von (VM)), wobei A_1, A_2, A_3 paarweise verschiedene Punkte seien. Gegeben seien ferner Punkte P_1, P_2, P_3 mit $|\{W, P_1, P_2, P_3\}| = 4$ und Kreise $\mathbf{p}_1, \mathbf{p}_2, \mathbf{p}_3$ mit $\mathbf{p}_i \cap \mathbf{a}_j = \{A_i, P_j\}$, $i \neq j$. Dann gehen $\mathbf{p}_1, \mathbf{p}_2, \mathbf{p}_3$ durch einen Punkt Q derart, daß $\{P_i, Q\} = \mathbf{p}_{i+1} \cap \mathbf{p}_{i+2}$ ist.

Nach unseren bisherigen Erörterungen ist $(\overline{\text{VM}})$ schon gesichert, wenn zusätzlich gilt

(α) $\quad |\{W, A_1, A_2, A_3\}| = 4,$

(β) $\quad |\{A_1, A_2, A_3, P_1, P_2, P_3\}| = 6.$

Die Voraussetzungen von $(\overline{\mathrm{VM}})$ erzwingen, daß $\mathbf{a}_1, \mathbf{a}_2, \mathbf{a}_3, \mathbf{p}_1, \mathbf{p}_2, \mathbf{p}_3$ bis höchstens auf die Fälle $\mathbf{a}_i = \mathbf{p}_i, i \in \{1, 2, 3\}$ paarweise verschiedene Kreise sind: Wegen $\{W, A_i\} = \mathbf{a}_{i+1} \cap \mathbf{a}_{i+2}$ gilt $\mathbf{a}_{i+1} \neq \mathbf{a}_{i+2}$, $i = 1, 2, 3$. Aus $\mathbf{p}_i \cap \mathbf{a}_j = \{A_i, P_j\}$ für $i \neq j$ folgt $\mathbf{p}_i \neq \mathbf{a}_j$ für $i \neq j$. Wäre schließlich etwa $\mathbf{p}_1 = \mathbf{p}_2$, so folgte aus $\mathbf{p}_1 \cap \mathbf{a}_3 = \{A_1, P_3\}$, $\mathbf{p}_2 \cap \mathbf{a}_3 = \{A_2, P_3\}$ doch $A_1 = A_2$, was nicht stimmt.

Wir beweisen jetzt die Hilfsaussage: Gilt $(\overline{\mathrm{VM}})$ für eine Figur W, $\mathbf{a}_1, \mathbf{a}_2, \mathbf{a}_3$ mit zwei bestimmten Punkten P_1 und P_2 und für jeden Punkt P_3, der neben den Bedingungen von $(\overline{\mathrm{VM}})$ noch der Forderung $P_3 \neq A_1, A_2$ genügt, so gilt $(\overline{\mathrm{VM}})$ für jene Figur und jene Punkte P_1, P_2 auch in den Fällen $P_3 \in \{A_1, A_2\}$, sofern P_3 die Voraussetzungen von $(\overline{\mathrm{VM}})$ erfüllt.

Sei etwa $P_3 = A_1$. Dann ist $P_2 \neq A_1 = P_3$ und $A_1 \notin \mathbf{p}_3$, da sonst $A_1 \in \mathbf{p}_3 \cap \mathbf{a}_2 = \{A_3, P_2\}$ wäre.

Es sei $\mathbf{p}_2 \cap \mathbf{p}_3 = \{P_1, Q\}$. Dann gilt $Q \notin \{A_1, A_2, A_3\}$: Im Falle $Q = A_1$ läge A_1 auf $\mathbf{p}_3$. Im Falle $Q = A_2$ hätte man $Q = A_2 = P_1$, da die Annahme $A_2 \neq P_1$ zum Widerspruch führt: Jedenfalls gilt $\mathbf{p}_3 \supseteq \{P_1, P_2, A_3, A_2\}$. Im Falle $A_2 \neq P_1 \neq A_3$ wäre $\mathbf{p}_3 = (P_1 A_2 A_3) = \mathbf{a}_1$, was nicht möglich ist; und im Fall $A_2 \neq P_1 = A_3$ wäre $\mathbf{p}_3 \cap \mathbf{a}_1 = \{A_3 = P_1\}$, wo aber doch nach Voraussetzung $A_2 \neq A_3$ ebenfalls zu $\mathbf{p}_3 \cap \mathbf{a}_1$ gehören soll. Es wäre also $A_2 = P_1$ und damit $\mathbf{p}_2 A_2 \mathbf{p}_3$ und $\mathbf{a}_1 A_2 \mathbf{p}_2$, d.h. $\mathbf{a}_1 A_2 \mathbf{p}_3$, was nicht stimmt. — Ähnlich erledigt sich der Fall $Q = A_3$.

Gilt $\mathbf{p}_1 \cap \mathbf{p}_3 \neq (P_2, Q)$, so betrachten wir den Kreis $\mathbf{p}_1' \ni A_1, P_2, Q$ mit $\mathbf{p}_1' \cap \mathbf{p}_3 = \{P_2, Q\}$. Wegen $A_1 \notin \mathbf{p}_3$, wie bereits gezeigt wurde, ist $\mathbf{p}_1'$ eindeutig bestimmt. Es kann nicht $\mathbf{p}_1' = \mathbf{a}_3$ gelten, da sonst $\mathbf{a}_3 = (P_3 = A_1 P_2 W) = \mathbf{a}_2$ wäre. Sei also $\{A_1, P_3'\} := \mathbf{p}_1' \cap \mathbf{a}_3$. Wir wollen $P_3' \notin \{A_2, A_1 = P_3, P_2, P_1, W\}$ verifizieren: Die Annahme $P_3' = A_2$ führt auf $\mathbf{p}_1' = (A_1 = P_3 A_2 = P_3' Q) = \mathbf{p}_2$ und nun wegen $\mathbf{p}_1' \cap \mathbf{p}_3 = \{P_2, Q\} = \mathbf{p}_2 \cap \mathbf{p}_3 = \{P_1, Q\}$ zum Widerspruch $P_1 = Q = P_2$. — Im Falle $P_3' = A_1 = P_3$ wäre $\mathbf{p}_1'$ eindeutig durch $\mathbf{p}_1' A_1 \mathbf{a}_3$ mit $\mathbf{p}_1' \ni P_2 \neq A_1$ bestimmt. Da $\mathbf{p}_1$ ebenfalls diesen Bedingungen genügt, müßte $\mathbf{p}_1' = \mathbf{p}_1$ gelten, im Widerspruch zur Annahme $\mathbf{p}_1' \cap \mathbf{p}_3 = \{P_2, Q\} \neq \mathbf{p}_1 \cap \mathbf{p}_3$. — $P_3' = P_2$ hätte $\mathbf{a}_3 = (A_1 = P_3 P_2 = P_3' W) = \mathbf{a}_2$ zur Folge. — $P_3' = P_1$ führt im Falle $A_2 \neq W$ auf $\mathbf{a}_3 = (P_1 = P_3' A_2 W) = \mathbf{a}_1$ und im Falle $A_2 = W$ auf $\mathbf{a}_3 = (P_3' = P_1 P_3 W = A_2) = \mathbf{p}_2$. — Auch die Annahme $P_3' = W$ läßt sich nicht aufrechterhalten, da sonst $\mathbf{p}_1' = (A_1 = P_3 P_2 P_3' = W) = \mathbf{a}_2$ resp. $\{P_2, Q\} = \mathbf{p}_1' \cap \mathbf{p}_3 = \mathbf{a}_2 \cap \mathbf{p}_3 = \{P_2, A_3\}$ resp. $Q = A_3$ gelten müßte, wo aber doch bereits $Q \neq A_3$ nachgewiesen wurde. Damit ist

$$P_3' \notin \{P_3 = A_1, A_2, P_1, P_2, W\}$$

vollständig nachgewiesen. Hieraus folgt insbesondere $P_3' \notin \mathbf{a}_1$, da andernfalls $P_3' \in \{W, A_2\} = \mathbf{a}_1 \cap \mathbf{a}_3$ gelten müßte. Ist $\mathbf{p}_2'$ der wegen $P_3' \notin \mathbf{a}_1$ eindeutig bestimmte Kreis durch A_2, P_1, P_3' mit $\mathbf{p}_2' \cap \mathbf{a}_1 = \{A_2, P_1\}$, so sind bei Ersetzung von P_3, $\mathfrak{p}_1$, $\mathfrak{p}_2$ durch P'_3, $\mathfrak{p}'_1$, $\mathfrak{p}'_2$ alle Voraussetzungen von $\overline{(\mathrm{VM})}$ erfüllt, bis höchstens auf $\mathfrak{p}'_1 \cap \mathfrak{a}_2 = \{A_1, P_2\}$ und $\mathfrak{p}'_2 \cap \mathfrak{a}_3 = \{A_2, P'_3\}$. Es genügt jedoch $\mathfrak{p}'_1 \neq \mathfrak{a}_2$ und $\mathfrak{p}'_2 \neq \mathfrak{a}_3$ nachzuweisen, da aus den gemachten Voraussetzungen bzw. dem bisher Bewiesenen bereits $\mathfrak{p}'_1 \cap \mathfrak{a}_2 \supseteq \{A_1, P_2\}$, $\mathfrak{p}'_2 \cap \mathfrak{a}_3 \supseteq \{A_2, P'_3\}$ sowie $P_3 = A_1 \neq P_2$ und $P'_3 \neq A_2$ folgt. $\mathfrak{p}'_1 = \mathfrak{a}_2$ führt zum Widerspruch $\mathfrak{a}_2 = (A_1 = P_3 W P'_3) = \mathfrak{a}_3$ und $\mathfrak{p}'_2 = \mathfrak{a}_3$ würde auf $\mathfrak{p}'_2 \cap \mathfrak{a}_1 = \{A_2, P_1\} = \mathfrak{a}_3 \cap \mathfrak{a}_1 = \{A_2, W\}$ bzw. $P_1 = W$ zu schließen gestatten. Anwendung von $\overline{(\mathrm{VM})}$ liefert nun $\mathfrak{p}'_2 \cap \mathfrak{p}_3 = \{P_1, Q\} = \mathfrak{p}_2 \cap \mathfrak{p}_3$. Hieraus folgt $\mathfrak{p}_2 = \mathfrak{p}'_2$. (Im Fall $P_1 \neq Q$ gilt $\mathfrak{p}_2 = (P_1 Q A_2) = \mathfrak{p}'_2$, wenn A_2 von P_1 verschieden ist und $\mathfrak{p}_2 A_2 \mathfrak{a}_1$, $\mathfrak{p}'_2 A_2 \mathfrak{a}_1$ mit $\mathfrak{p}_2 \ni Q \in \mathfrak{p}'_2$, $Q \neq A_2$, wenn $A_2 = P_1$ gilt. — Im Fall $P_1 = Q$ sind $\mathfrak{p}_2$ und $\mathfrak{p}'_2$ eindeutig bestimmt durch $\mathfrak{p}_2 Q \mathfrak{p}_3$, $\mathfrak{p}'_2 Q \mathfrak{p}_3$ mit $\mathfrak{p}_2 \ni A_2 \in \mathfrak{p}'_2$, $A_2 \neq Q$.) Somit müßte mit $P'_3 \in \mathfrak{p}'_2$ auch $P'_3 \in \mathfrak{p}_2$ gelten, was jedoch auf $\mathfrak{p}_2 = (P'_3 A_1 A_2) = \mathfrak{a}_3$ zu schließen gestattete. Die Annahme $\mathfrak{p}_1 \cap \mathfrak{p}_3 \neq \{P_2, Q\}$ ist damit zum Widerspruch geführt. Also folgt

$$\mathfrak{p}_1 \cap \mathfrak{p}_3 = \{P_2, Q\}.$$

Wegen $\mathfrak{p}_1 \cap \mathfrak{a}_3 = \{A_1\}$ und $\mathfrak{p}_2 \cap \mathfrak{a}_3 = \{A_1, A_2\}$ gilt $\mathfrak{p}_1 \neq \mathfrak{p}_2$; wegen $Q \neq P_3 = A_1$ und $P_3, Q \in \mathfrak{p}_1 \cap \mathfrak{p}_2$ ist außerdem

$$\mathfrak{p}_1 \cap \mathfrak{p}_2 = \{P_3, Q\}$$

erfüllt.

Setzen wir schon voraus, was unten bewiesen werden soll, daß $\overline{(\mathrm{VM})}$ gilt bei Streichung der Forderung (α), jedoch bei Voraussetzung von (β), so zeigt eine dreimalige Anwendung der bewiesenen Hilfsaussage, daß $\overline{(\mathrm{VM})}$ allgemein gilt: Ausgehend von $|\{A_1, A_2, A_3, P_1, P_2\}| = 5$ kann man zunächst die Einschränkung für P_3 beseitigen (man beachte, daß $A_i = P_i$, $i \in \{1, 2, 3\}$ nicht gelten kann, sonst wäre einmal

$$A_i = P_i \in \mathfrak{a}_{i+1} \cap \mathfrak{a}_i = \{A_{i+2}, W\}$$

und zum anderen $A_i = P_i \neq W$ sowie $P_i = A_i \neq A_{i+2}$). Eine zweite Anwendung der Hilfsaussage bei eingeschränktem P_1 und allgemeinem P_3 (man vertausche die Indizes 2, 3) beseitigt die Einschränkung für P_2 usf.

Nun also zum Beweis von $\overline{(\mathrm{VM})}$, wenn (α) nicht gilt, jedoch aber (β). Sei etwa $A_1 = W$. Auch hier berücksichtigen wir wieder, daß die Kreise $\mathfrak{a}_1$, $\mathfrak{a}_2$, $\mathfrak{a}_3$, $\mathfrak{p}_1$, $\mathfrak{p}_2$, $\mathfrak{p}_3$ bis höchstens auf $\mathfrak{a}_i = \mathfrak{p}_i$ paarweise verschieden sind. Sei $\mathfrak{p}_2 \cap \mathfrak{p}_3 = \{P_1, Q\}$. Dann gilt $Q \notin \{A_1, A_2, A_3\}$: Im Falle $Q = A_1$ wäre $\mathfrak{p}_2 = \mathfrak{a}_3$, im Falle $Q = A_2$ hätten wir $\mathfrak{p}_3 = \mathfrak{a}_1$, im Falle $Q = A_3$ schließlich $\mathfrak{p}_2 = \mathfrak{a}_1$. Wir wollen die Annahme $Q \notin \mathfrak{p}_1$ zum Widerspruch führen: Ist $Q \notin \mathfrak{p}_1$, so gilt $|\{P_2, P_3, Q\}| = 3$. Sei dann $\mathfrak{p}'_1$ der Kreis durch P_2, P_3, Q. Im Falle etwa $\mathfrak{p}'_1 = \mathfrak{p}_2$ wäre $P_2 \in \mathfrak{p}_2$, d.h. $P_2 \in \mathfrak{p}_2 \cap \mathfrak{p}_3 = \{P_1, Q\}$, was nicht stimmt. Es gilt $\mathbf{p}_1' \neq \mathbf{p}_1$. Es ist auch $\mathbf{p}_1' \neq \mathbf{a}_2$, da sonst

$$P_3 \in \mathbf{a}_3 \cap \mathbf{a}_2 = \{W, A_1\}$$

wäre. Wir setzen $\mathbf{p}_1' \cap \mathbf{a}_2 = \{A_1', P_2\}$. Es gilt $A_1' \neq A_1 = W$ und $A_1' \neq A_3, A_2$. Der Kreis $\mathbf{a}_3'$ durch W, A_1', A_2 ist von $\mathbf{p}_1'$ verschieden wegen $A_2 \notin \mathbf{p}_1'$. Sei $\mathbf{a}_3' \cap \mathbf{p}_1' = \{A_1', P_3'\}$. Dann gilt $P_3' \notin \{P_1, P_2, W\}$. Zum Fall $P_3' \neq P_2$: Ist $P_3' = P_2$, so muß $\mathbf{a}_2 = \mathbf{a}_3'$ sein im Falle $P_3' \neq A_1'$; also gilt $P_3' = A_1'$. Also hätten wir $\mathbf{p}_1' P_2 \mathbf{a}_2$, $\mathbf{a}_3' P_2 \mathbf{p}_1'$, d.h. $\mathbf{a}_2 P_2 \mathbf{a}_3'$, was wegen $P_2 \neq W$ doch auch $\mathbf{a}_2 = \mathbf{a}_3'$ ergäbe. Sei nun $\mathbf{p}_2' \ni A_2, P_1, P_3'$ der Kreis, der $\mathbf{a}_3'$ genau in A_2, P_3' schneidet. (Sind A_2, P_1, P_3' verschiedene Punkte, d.h. im vorliegenden Falle gleichwertig, ist $P_3' \neq A_2$, so ist $\mathbf{p}_2'$ eindeutig bestimmt; gewiß gilt $\mathbf{p}_2' \cap \mathbf{a}_3' = \{A_2, P_3'\}$, da $\mathbf{p}_2' \ni P_1 \notin \mathbf{a}_3'$ ist. Gilt $P_3' = A_2$, so ist $\mathbf{p}_2'$ eindeutig bestimmt als Kreis durch P_1, der $\mathbf{a}_3'$ in A_2 berührt.) Für die Figur W, $\mathbf{a}_1$, $\mathbf{a}_2$, $\mathbf{a}_3'$ usf. gilt (α), also $\overline{(\mathrm{VM})}$ nach der bewiesenen Hilfsaussage. Damit ist $\mathbf{p}_2' \cap \mathbf{p}_3 = \{P_1, Q\}$, $\mathbf{p}_2' \cap \mathbf{p}_1' = \{P_3', Q\}$. Da nun $\mathbf{c} \cap \mathbf{a}_1 = \{A_2, P_1\}$, $\mathbf{c} \cap \mathbf{p}_3 = \{P_1, Q\}$ für $\mathbf{c} \in \{\mathbf{p}_2', \mathbf{p}_2\}$ gilt, folgt $\mathbf{p}_2' = \mathbf{p}_2$. Aus

$$\{P_3, Q\} = \mathbf{p}_1' \cap \mathbf{p}_2 = \mathbf{p}_1' \cap \mathbf{p}_2' = \{P_3', Q\}$$

folgt $P_3' = P_3$. Also sind W, A_2, P_3' verschiedene Punkte, was $\mathbf{a}_3' = (WA_2P_3') = (WA_2P_3) = \mathbf{a}_3$ ergibt. Dies führt auf $A_1' \in \mathbf{a}_3$, was $A_1' \in \mathbf{a}_2 \cap \mathbf{a}_3 = \{W\}$, also einen Widerspruch ergibt. Unsere Ausgangsannahme $Q \notin \mathbf{p}_1$ läßt sich damit nicht halten. Wir haben also $Q \in \mathbf{p}_1$ und außerdem $\{P_i, Q\} = \mathbf{p}_{i+1} \cap \mathbf{p}_{i+2}$ für $i = 1, 2, 3$: Die Gleichung im Falle $i = 1$ ist richtig nach Konstruktion. Die Fälle $i = 2, 3$ sind richtig für $Q \notin \{P_2, P_3\}$, da $\mathbf{p}_1, \mathbf{p}_2, \mathbf{p}_3$ verschiedene Kreise sind. Hat man etwa $Q = P_2$ (und damit $Q \neq P_3$), so ist nur $\{P_2\} = \mathbf{p}_3 \cap \mathbf{p}_1$ zu bestätigen. Wäre $\mathbf{p}_3 \cap \mathbf{p}_1 = \{P_2, Q'\}$ mit $Q' \neq P_2$, so müßte auch $Q' \neq P_1$ sein. In diesem Falle würden wir leicht abgeändert unsere Betrachtung nochmals durchführen mit $\mathbf{p}_1' \ni P_2, P_3$ und $\mathbf{p}_1' \cap \mathbf{p}_3 = \{P_2\}$. Hier ist $\mathbf{p}_1' \cap \mathbf{p}_2 = \{P_3, P_2\}$, ferner $\mathbf{p}_1' \neq \mathbf{p}_1$, $\mathbf{p}_1' \neq \mathbf{a}_2$ erfüllt. Wiederum würde A_1' gemäß $\mathbf{p}_1' \cap \mathbf{a}_2 = \{A_1', P_2\}$ betrachtet usf. Der Widerspruch, der sich dann gleichfalls ergibt, führt auf $Q' = P_2$, d.h. tatsächlich auf $\{P_2\} = \mathbf{p}_3 \cap \mathbf{p}_1$. Damit gilt allgemein $\overline{(\mathrm{VM})}$.

b) Ein wichtiger Hilfsbegriff ist der des Sehnenvierseits. Gegeben sei ein geordnetes Quadrupel, bestehend aus vier Geraden $\mathbf{a}, \mathbf{b}, \mathbf{c}, \mathbf{d}$ von $\mathfrak{A}$. Schneiden sich dann je zwei aufeinanderfolgende dieser Geraden (auch $\mathbf{d}$ und $\mathbf{a}$) in genau einem e-Punkt, so heiße $\mathbf{abcd}$ ein *Sehnenvierseit*, wenn die Punkte (wir identifizieren $\{P\}$ und P) $\mathbf{a} \cap \mathbf{b}$, $\mathbf{b} \cap \mathbf{c}$, $\mathbf{c} \cap \mathbf{d}$, $\mathbf{d} \cap \mathbf{a}$ auf einem e-Kreis $\mathbf{k}$ liegen mit

$$\mathbf{k} \cap \mathbf{a} = (\mathbf{a} \cap \mathbf{b}) \cup (\mathbf{d} \cap \mathbf{a}),$$
$$\mathbf{k} \cap \mathbf{b} = (\mathbf{b} \cap \mathbf{c}) \cup (\mathbf{a} \cap \mathbf{b}),$$
$$\mathbf{k} \cap \mathbf{c} = (\mathbf{c} \cap \mathbf{d}) \cup (\mathbf{b} \cap \mathbf{c}),$$
$$\mathbf{k} \cap \mathbf{d} = (\mathbf{d} \cap \mathbf{a}) \cup (\mathbf{c} \cap \mathbf{d}) \text{ (s. Abb. 56).}$$

Man bestätigt sofort

(S_1) Gegeben seien die Geraden **a**, **b**, **c** derart, daß $\{P\} = \mathbf{a} \cap \mathbf{b}$, $\{Q\} = \mathbf{b} \cap \mathbf{c}$ ist mit e-Punkten P, Q. Ist dann $R \neq P$ ein e-Punkt auf **c**, so gibt es genau eine Gerade $\mathbf{d} \ni R$ derart, daß **abcd** ein Sehnenvierseit ist.

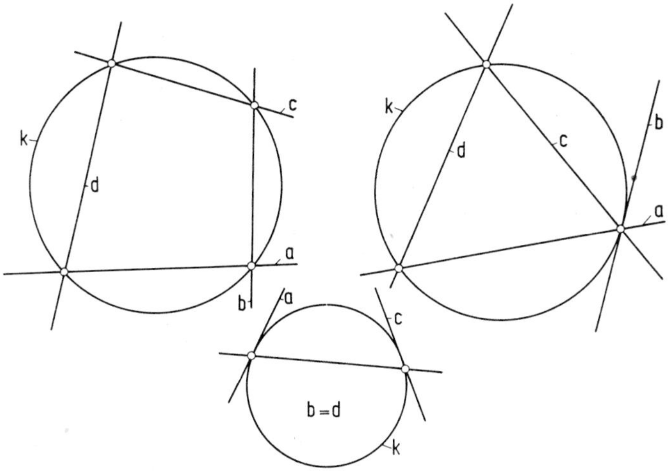

Abb. 56

Mit Hilfe von $\overline{(\text{VM})}$ beweisen wir jetzt

(S_2) Ist **abcd** ein Sehnenvierseit, ist **d**′ parallel zu **d**, und gehen **a**, **b**, **c**, **d**′ nicht gemeinsam durch einen Punkt, so ist auch **abcd**′ ein Sehnenvierseit.

Beweis. Um den Anschluß an die Bezeichnungen von $\overline{(\text{VM})}$ zu erhalten, setzen wir: (Ist **g** Gerade, so sei $\bar{\mathbf{g}} := \mathbf{g} \cup \{W\}$.) $\mathbf{a}_1 := \bar{\mathbf{d}}$, $\mathbf{a}_2 := \bar{\mathbf{a}}$, $\mathbf{a}_3 := \bar{\mathbf{d}}'$, $\mathbf{p}_2 := \bar{\mathbf{c}}$, $\mathbf{p}_3 :=$ der zum Sehnenvierseit **abcd** gehörende Kreis, $A_1 := \mathbf{a} \cap \mathbf{d}'$ (da $|\mathbf{a} \cap \mathbf{d}| = 1$ ist, folgt auch $|\mathbf{a} \cap \mathbf{d}'| = 1$ wegen **d**′ parallel **d**), $A_2 := W$, $A_3 := \mathbf{a} \cap \mathbf{d}$, $P_1 := \mathbf{c} \cap \mathbf{d}$, $P_2 := \mathbf{a} \cap \mathbf{b}$, $P_3 := \mathbf{c} \cap \mathbf{d}'$, $Q := \mathbf{b} \cap \mathbf{c}$, $\mathbf{p}_1 \ni A_1, P_2, P_3$ derart, daß $\mathbf{p}_1 \cap \mathbf{a}_i = \{A_1, P_i\}$ ist für $i = 2, 3$ (s. Abb. 57). Zur Definition von $\mathbf{p}_1$ bemerken wir, daß $\mathbf{p}_1$ im Falle $|\{A_1, P_2, P_3\}| = 3$ eindeutig bestimmt ist als Kreis durch diese 3 Punkte. Es gilt $W \notin \mathbf{p}_1$, da sonst $\mathbf{a}_2 = \mathbf{p}_1 = \mathbf{a}_3$ wäre, d.h. $\mathbf{d}' = \mathbf{a}$, d.h. $\mathbf{d} \parallel \mathbf{a}$ wegen $\mathbf{d}' \parallel \mathbf{d}$, was $|\mathbf{d} \cap \mathbf{a}| = 1$ widerspricht. $\mathbf{p}_1 \cap \mathbf{a}_i = \{A_1, P_i\}$ für $i = 2, 3$ ist dann von selbst erfüllt. Im Falle $|\{A_1, P_2, P_3\}| < 3$ ist jedenfalls $P_2 \neq P_3$: Für $P_2 = P_3$ gingen **a**, **b**, **c**, **d**′ alle durch einen Punkt, nämlich P_2, was verboten war. Liegt P_2 auf $\mathbf{a}_3$, so ist $P_2 \in \mathbf{a} \cap \mathbf{d}' = \{A_1\}$ und im Fall $P_3 \in \mathbf{a}_2$ ist $P_3 \in \mathbf{a} \cap \mathbf{d}' = \{A_1\}$. Es sind somit nur die Fälle

$P_2 = A_1$ und $A_1 \neq P_3 \notin \mathbf{a}_2$ bzw. $P_3 = A_1$ und $A_1 \neq P_2 \notin \mathbf{a}_3$ möglich. Gilt etwa $P_2 = A_1$, $A_1 \neq P_3 \notin \mathbf{a}_2$, so erfüllt der eindeutig bestimmte Berührkreis an $\mathbf{a}_2$ im Punkt P_2, der durch P_3 geht, die an $\mathbf{p}_1$ gestellten Forderungen: Es ist zunächst $\mathbf{p}_1 \cap \mathbf{a}_2 = \{A_1 = P_2\}$. Somit kann $\mathbf{p}_1$ nicht

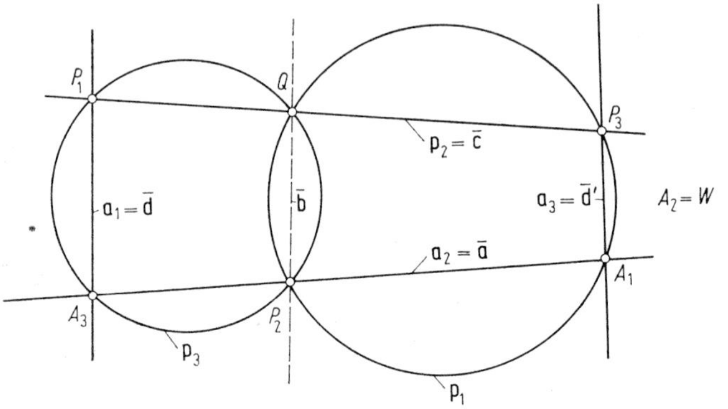

Abb. 57

durch W gehen, da $\mathbf{a}_2 \ni W \neq P_2$ gilt und es ist wegen $\mathbf{p}_1 \not\ni W \in \mathbf{a}_3$ weiterhin $\mathbf{p}_1 \neq \mathbf{a}_3$, d.h. $\mathbf{p}_1 \cap \mathbf{a}_3 = \{A_1, P_3\}$. Im Falle $\mathbf{d} = \mathbf{d}'$ ist von vornherein nichts zu beweisen. Also sei $\mathbf{d} \neq \mathbf{d}'$, d.h. $\mathbf{d} \cap \mathbf{d}' = \emptyset$ wegen $\mathbf{d} \parallel \mathbf{d}'$. Damit sind A_1, A_2, A_3 drei verschiedene Punkte. Es gilt $\{W, A_i\} = \mathbf{a}_{i+1} \cap \mathbf{a}_{i+2}$ für $i = 1, 2, 3$. Es gilt $|\{W, P_1, P_2, P_3\}| = 4$: Da P_1, P_2, P_3 e-Punkte sind, gilt $W \notin \{P_1, P_2, P_3\}$. Wir verfügen schon über $P_2 \neq P_3$. Wäre $P_1 = P_2$, so wäre **abcd** kein Sehnenvierseit, da alle 4 Geraden durch P_1 gingen. Es ist $P_1 \neq P_3$ wegen $\mathbf{d} \cap \mathbf{d}' = \emptyset$. Schließlich gilt

$$\mathbf{p}_i \cap \mathbf{a}_j = \{A_i, P_j\}$$

für $i \neq j$. Damit gehen nach $\overline{\text{(VM)}}$ $\mathbf{p}_1, \mathbf{p}_2, \mathbf{p}_3$ durch einen Punkt Q' (wegen $\{Q', P_1\} = \mathbf{p}_2 \cap \mathbf{p}_3 = \{Q, P_1\}$ gilt $Q' = Q$) derart, daß $\{P_i, Q\} = \mathbf{p}_{+1} \cap \mathbf{p}_{i+2}$ ist für $i = 1, 2, 3$. Damit ist **abcd**$'$ tatsächlich wieder ein Sehnenvierseit: Aus $\{P_2, Q\} = \mathbf{b} \cap \mathbf{p}_3 = \mathbf{p}_3 \cap \mathbf{p}_1$ folgt nämlich noch $\{P_2, Q\} = \mathbf{b} \cap \mathbf{p}_1$ mit $\bar{\mathbf{b}} \neq \mathbf{p}_1$ wegen $W \notin \mathbf{p}_1$. ▯

(S_3) Ist **abcd** ein Sehnenvierseit, sind $\mathbf{a}', \mathbf{b}', \mathbf{c}', \mathbf{d}'$ Geraden, die nicht gemeinsam durch einen Punkt gehen, mit $\mathbf{a}' \parallel \mathbf{a}$, $\mathbf{b}' \parallel \mathbf{b}$, $\mathbf{c}' \parallel \mathbf{c}$, $\mathbf{d}' \parallel \mathbf{d}$, so ist auch $\mathbf{a}'\mathbf{b}'\mathbf{c}'\mathbf{d}'$ ein Sehnenvierseit.

Beweis. Man wende (S_2) mehrfach an, indem man — ausgehend von **abcd** — je eine Seite $\mathbf{x}$ durch $\mathbf{x}'$ ersetzt für $\mathbf{x} \in \{\mathbf{a}, \mathbf{b}, \mathbf{c}, \mathbf{d}\}$. Tut man dies nötigenfalls in geeigneter Reihenfolge, so kann man i.w. den Fall, daß vier Geraden durch einen Punkt gehen, vermeiden. ▯

Unter Berücksichtigung von (S_1) und (S_3) erhalten wir auch

(S_4). Sind **abcd**, **a′b′c′d′** Sehnenvierseite, gilt $\mathbf{a} \parallel \mathbf{a}'$, $\mathbf{b} \parallel \mathbf{b}'$, $\mathbf{c} \parallel \mathbf{c}'$, so gilt auch $\mathbf{d} \parallel \mathbf{d}'$.

c) Wir beweisen jetzt, daß $\mathbb{A}$ dem affin-spezialisierten Satz von Pappus genügt:

(AP) Gegeben seien die verschiedenen Geraden **a**, **b**. Gegeben seien ferner e-Punkte $A_1, A_2, A_3 \in \mathbf{a} - \mathbf{b}$ und e-Punkte $B_1, B_2, B_3 \in \mathbf{b} - \mathbf{a}$ derart, daß

$$A_1B_2 \parallel A_2B_1,$$

$$A_2B_3 \parallel A_3B_2$$

gilt. Dann folgt

$$A_3B_1 \parallel A_1B_3.$$

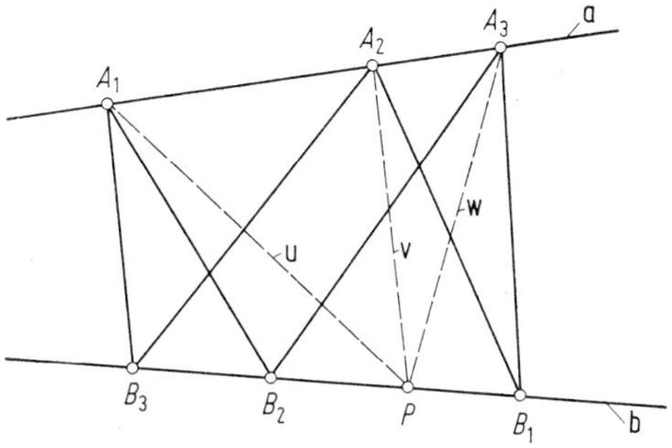

Abb. 58

Beweis. In den Fällen $|\{A_1, A_2, A_3\}| < 3$ oder $|\{B_1, B_2, B_3\}| < 3$ ist nichts zu beweisen. Seien also $A_1, A_2, A_3, B_1, B_2, B_3$ sechs verschiedene Punkte. Durch A_2 nehmen wir die Gerade **v** derart, daß $\mathbf{bva}A_3B_1$ ein Sehnenvierseit ist (s. (S_1)). Da $|\mathbf{b} \cap \mathbf{v}| = 1$ gilt, sei $P := \mathbf{b} \cap \mathbf{v}$ gesetzt. Wegen $|\mathbf{v} \cap \mathbf{a}| = 1$ ist $P \notin \mathbf{a}$ und $\mathbf{v} \nparallel \mathbf{a}$. Sei $\mathbf{u} := A_1P$, $\mathbf{w} := A_3P$ gesetzt. Da $\mathbf{bva}A_3B_1$ ein Sehnenvierseit ist, gilt dies auch für $\mathbf{bwa}A_2B_1$, da dieses Sehnenvierseit die gleichen Ecken wie das Vorhergehende hat usf. Wegen $A_1B_2 \parallel A_2B_1$ ist dann aber auch $\mathbf{bwa}A_1B_2$ ein Sehnenvierseit (s. (S_2)). Dies impliziert, daß $\mathbf{bua}A_3B_2$ ein Sehnenvierseit ist, da es mit den gleichen Ecken wie das Vorhergehende ausgestattet ist. Wegen $A_3B_2 \parallel A_2B_3$ ist damit $\mathbf{bua}A_2B_3$ ein Sehnenvierseit, damit schließlich $\mathbf{bva}A_1B_3$ (beachte die gleichen Ecken). Da $\mathbf{bva}A_3B_1$ und $\mathbf{bva}A_1B_3$ Sehnenvierseite sind, folgt nach (S_4) $A_1B_3 \parallel A_3B_1$. □

Aus den Grundlagen der Geometrie (s. etwa G. Pickert: Projektive Ebenen, Berlin 1955) entnehmen wir, daß wegen (AP) in $\mathbb{A}$ der Satz von Pappus gilt, und daß damit $\mathbb{A}$ isomorph ist zur affinen Ebene über einem kommutativen Körper $\mathfrak{K}$, $\mathbb{A} \cong \mathbb{A}(\mathfrak{K})$. Schreiben wir gelegentlich $W = \infty$, so haben wir bereits, daß die Menge $\mathfrak{P}$ der Punkte der Möbiusebene Σ gegeben ist durch $\mathfrak{P} = \mathfrak{P}(\mathbb{A}(\mathfrak{K})) \cup \{\infty\}$, wobei wir die Punkte von $\mathbb{A}$ mit denen von $\mathbb{A}(\mathfrak{K})$ identifiziert denken. Außerdem sind die Kreise durch ∞ nunmehr als die Geraden von $\mathbb{A}(\mathfrak{K})$ gegeben, jede sei durch ∞ ergänzt.

d) Es bezeichne $\mathbf{G}$ die Menge aller Geraden durch den Punkt $(0, 0)$ von $\mathbb{A}(\mathfrak{K})$. Wir schreiben diese Geraden mit Hilfe der Gleichungen

$$\alpha x + \beta y = 0$$

auf, wo $\alpha, \beta \in \mathfrak{K}$ nicht beide verschwinden. Gelegentlich sei eine solche Gerade auch nur kurz durch $[\alpha, \beta]$ bezeichnet. Mit Hilfe des Begriffs des Sehnenvierseits studieren wir nun bestimmte bijektive Abbildungen von $\mathbf{G}$ auf sich. Gegeben seien zwei Geraden $\mathbf{a}, \mathbf{b} \in \mathbf{G}$, die auch zusammenfallen dürfen. Wir definieren die Abbildung $\mathbf{a} \to \mathbf{b}$ von $\mathbf{G}$ in $\mathbf{G}$: Diese überführe zunächst $\mathbf{a}$ nach $\mathbf{b}$ und $\mathbf{b}$ nach $\mathbf{a}$. Sei $\mathbf{c} \in \mathbf{G} - \{\mathbf{a}, \mathbf{b}\}$. Wir nehmen dann einen e-Kreis $\mathbf{k}$ und einen e-Punkt $P \in \mathbf{k}$ her und definieren (s. Abb. 59) Geraden $\mathbf{a}', \mathbf{b}', \mathbf{c}', \mathbf{d}'$:

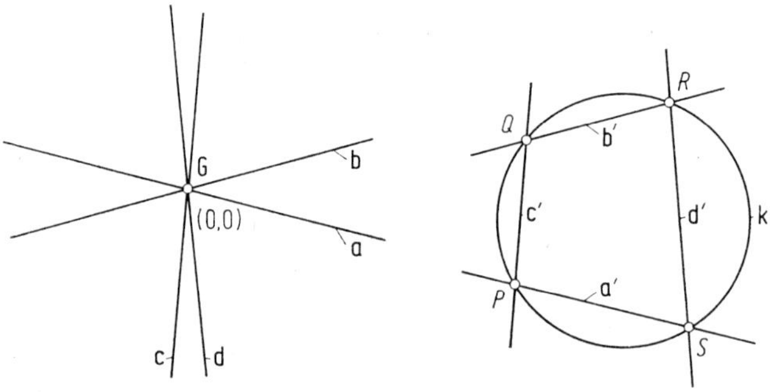

Abb. 59

$\mathbf{a}'$ sei die zu $\mathbf{a}$ parallele Gerade durch P; sei $\mathbf{a}' \cap \mathbf{k} = \{P, S\}$. $\mathbf{c}'$ sei die zu $\mathbf{c}$ parallele Gerade durch P; sei $\mathbf{c}' \cap \mathbf{k} = \{P, Q\}$. $\mathbf{b}'$ sei die zu $\mathbf{b}$ parallele Gerade durch Q; sei $\mathbf{b}' \cap \mathbf{k} = \{Q, R\}$. $\mathbf{d}'$ sei diejenige Gerade, für die $\mathbf{d}' \cap \mathbf{k} = \{R, S\}$ gilt. Es kann natürlich vorkommen, daß $P = Q$ resp. $Q = R$ resp. $R = S$ resp. $S = P$ gilt. Wir zeigen, daß $\mathbf{a}', \mathbf{c}', \mathbf{b}', \mathbf{d}'$ ein Sehnenvierseit ist: Da $\mathbf{c}$ von $\mathbf{a}$ und $\mathbf{b}$ verschieden sein soll, gilt jedenfalls $\mathbf{a} \nparallel \mathbf{c} \nparallel \mathbf{b}$ und somit $\mathbf{a}' \nparallel \mathbf{c}' \nparallel \mathbf{b}'$ d.h. $\mathbf{a}' \neq \mathbf{c}' \neq \mathbf{b}'$. Die Annahme $\mathbf{b}' = \mathbf{d}'$ führt auf $\mathbf{b}' \cap \mathbf{k} = \{Q, R\} = \mathbf{d}' \cap \mathbf{k} = \{S, R\}$, damit auf $Q = S$ und somit zum Widerspruch $\mathbf{a}' = \mathbf{c}'$. Entsprechend führt $\mathbf{d}' = \mathbf{a}'$ auf $\mathbf{d}' \cap \mathbf{k} = \{R, S\} = \mathbf{a}' \cap \mathbf{k} = \{P, S\}$, d.h. auf $R = P$; d.h. auf $\mathbf{b}' = \mathbf{c}'$. Wegen $\mathbf{a}' \neq \mathbf{c}' \neq \mathbf{b}' \neq \mathbf{d}' \neq \mathbf{a}'$ muß $\mathbf{a}'\mathbf{c}'\mathbf{b}'\mathbf{d}'$ dann ein Sehnenvierseit sein. Ist nun **d** die zu **d'** parallele Gerade durch (0, 0), so definieren wir **d** als das Bild von **c** gegenüber **a** → **b**. Die Eigenschaft (S_4) besagt, daß **d** eindeutig bestimmt ist und nicht von der Wahl von **k** und $P \in \mathbf{k}$ abhängt. Übrigens liefert diese Konstruktionsvorschrift auch für $\mathbf{b} \in \{\mathbf{a}, \mathbf{c}\}$ das gewünschte Bild, wie man sofort verifiziert. Wir bestätigen außerdem, daß $\mathbf{d} \notin \{\mathbf{a}, \mathbf{b}\}$ gilt, da **a'c'b'd'** Sehnenvierseit ist und somit

$$|\mathbf{b}' \cap \mathbf{d}'| = 1 = |\mathbf{d}' \cap \mathbf{a}'|$$

gilt, d.h. $\mathbf{d} \neq \mathbf{b}$ wegen $\mathbf{b}' \nparallel \mathbf{d}'$ und $\mathbf{d} \neq \mathbf{a}$ wegen $\mathbf{d}' \nparallel \mathbf{a}'$.

Wir wollen nun das Bild **q** von $\mathbf{p} \in \mathbf{G} - \{\mathbf{a}, \mathbf{b}, \mathbf{c}\}$ gegenüber **a** → **b** formelmäßig darstellen. Sei dazu gesetzt

$$\mathbf{a} = [\alpha_1, \alpha_2], \mathbf{b} = [\beta_1, \beta_2], \mathbf{c} = [\gamma_1, \gamma_2], \mathbf{d} = [\delta_1, \delta_2], \mathbf{p} = [\xi_1, \xi_2], \mathbf{q} = [\eta_1, \eta_2].$$

Sei $B \neq (0, 0)$ ein e-Punkt auf **p**. Sei **b'** bzw. **d'** die zu **b** bzw. **d** parallele Gerade durch B (s. Abb. 60).

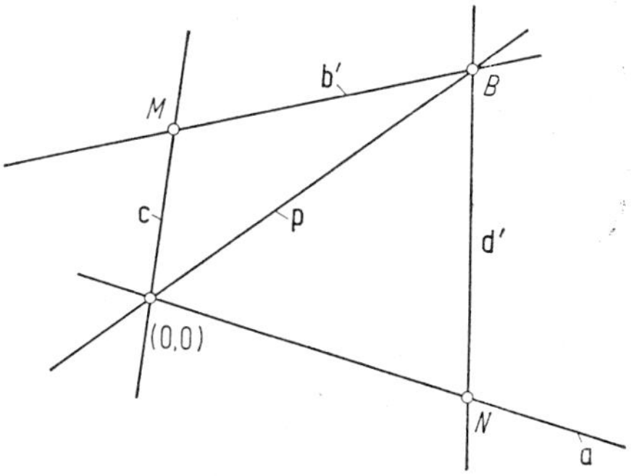

Abb 60

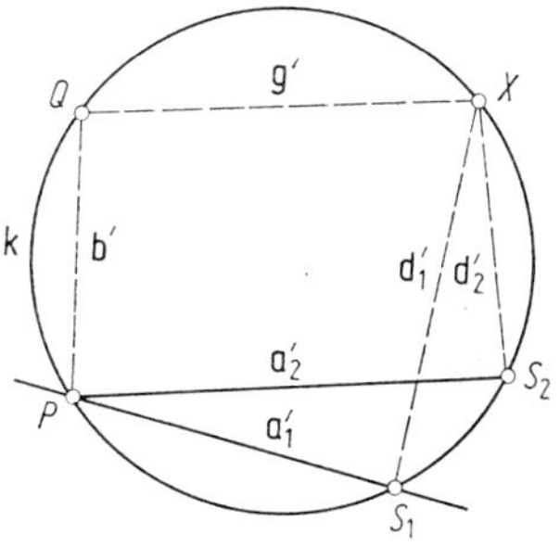

Abb. 61

Die Geraden **a**, **c**, **b'**, **d'** gehen nicht gemeinsam durch einen Punkt da sonst dieser Punkt $\mathbf{a} \cap \mathbf{c} = (0, 0)$ wäre; es gilt aber $(0, 0) \notin \mathbf{b}'$ wegen $\mathbf{b}' \neq \mathbf{p}$. Es ist also **acb'd'** ein Sehnenvierseit nach (S_3) und damit auch **apb'**MN, wo $M = \mathbf{c} \cap \mathbf{b}'$, $N = \mathbf{d}' \cap \mathbf{a}$ gesetzt ist, da **apb'**MN dieselben Ecken hat wie **acb'd'**. Also ist **q** die zu MN parallele Gerade durch (0, 0). Für die Koordinaten $[\eta_1, \eta_2]$ von **q** liefert dies:

$$(\mathrm{F}) \begin{cases} \zeta\eta_1 = \left(\frac{\alpha_1\delta_2}{\varphi} - \frac{\gamma_1\beta_2}{\psi}\right)\xi_1 + \left(\frac{\beta_1\gamma_1}{\psi} - \frac{\delta_1\alpha_1}{\varphi}\right)\xi_2 \\ \zeta\eta_2 = \left(\frac{\alpha_2\delta_2}{\varphi} - \frac{\beta_2\gamma_2}{\psi}\right)\xi_1 + \left(\frac{\beta_1\gamma_2}{\psi} - \frac{\delta_1\alpha_2}{\varphi}\right)\xi_2 \end{cases}$$

mit $\zeta \in \mathfrak{K}^\times$ und $\varphi \equiv \delta_1\alpha_2 - \delta_2\alpha_1 \neq 0$ wegen $\mathbf{d} \neq \mathbf{a}$, $\psi \equiv \beta_1\gamma_2 - \beta_2\gamma_1 \neq 0$ wegen $\mathbf{c} \neq \mathbf{b}$. Die Determinante ist

$$\frac{(\gamma_1\alpha_2 - \gamma_2\alpha_1)(\delta_1\beta_2 - \delta_2\beta_1)}{\varphi\psi} \neq 0$$

wegen $\mathbf{c} \neq \mathbf{a}$ und $\mathbf{d} \neq \mathbf{b}$. Die Abbildung $\mathbf{a} \to \mathbf{b}$ ist also eine eineindeutige Abbildung von $\mathbf{G}$ auf sich, die übrigens mit der formelmäßig gegebenen Abbildung auch in den Fällen $[\xi_1, \xi_2] \in \{\mathbf{a}, \mathbf{b}, \mathbf{c}\}$ übereinstimmt. Wegen

$$\frac{\alpha_1\delta_2}{\varphi} - \frac{\gamma_1\beta_2}{\psi} = -\left(\frac{\beta_1\gamma_2}{\psi} - \frac{\delta_1\alpha_2}{\varphi}\right)$$

ist sie zudem involutorisch, was sich auch aus der geometrischen Konstruktion von $\mathbf{q}$ ablesen läßt. Die Abbildung

$$\mathbf{a} \to \mathbf{b}: \quad \mathbf{G} \to \mathbf{G}$$

läßt sich also in der Form

$$\mathbf{q} = \mathbf{p}^{\lambda} \text{ für alle } \mathbf{p} \in \mathbf{G}$$

mit einem geeigneten involutorischen $\lambda \in \mathrm{PGL}(2, \mathfrak{K})$ aufschreiben.

Wir wollen diese Aussage jetzt für eine formelmäßige Darstellung der e-Kreise benutzen. Es seien aus $\mathbf{G}$ drei paarweise verschiedene Geraden $\mathbf{a}_1, \mathbf{a}_2, \mathbf{g}$ fest gewählt. Ist nun $\mathbf{k}$ ein beliebiger e-Kreis und $P \in \mathbf{k}$, so gilt für die zu $\mathbf{a}_1$ bzw. $\mathbf{a}_2$ parallelen Geraden $\mathbf{a}_1', \mathbf{a}_2'$ durch P mit $\mathbf{a}_\nu' \cap \mathbf{k} =: \{P, S_\nu\}$, $\nu = 1, 2$, jedenfalls $S_1 \neq S_2$. Andernfalls müßte nämlich wegen $\mathbf{a}_1' \cap \mathbf{a}_2' = \{P\}$ ($\mathbf{a}_1'$ und $\mathbf{a}_2'$ sind nicht parallel) sogar $S_1 = S_2 = P$ gelten; d.h. $\mathbf{a}_1' \cup \{W\}$ und $\mathbf{a}_2' \cup \{W\}$ müßten beide Berührkreise an $\mathbf{k}$ im Punkt P sein, was auf $\mathbf{a}_1' = \mathbf{a}_2'$ zu schließen gestattete im Widerspruch zu $\mathbf{a}_1' \nparallel \mathbf{a}_2'$.

Ist nun $X = (x, y) \in \mathbf{k}$, so sei gesetzt (s. Abb. 61) $\mathbf{d}_\nu'$, $\nu = 1, 2$, gleich derjenigen Geraden durch X, S_ν, für die im Falle $X = S_\nu$ der Kreis $\mathbf{d}_\nu' \cup \{W\}$ den Kreis $\mathbf{k}$ in S_ν berührt. Es sei $\mathbf{g}'$ die zu $\mathbf{g}$ parallele Gerade durch X und Q der Punkt mit $\mathbf{g}' \cap \mathbf{k} = \{X, Q\}$. Schließlich sei $\mathbf{b}'$ die Gerade durch P, Q, für die im Falle $P = Q$ der Kreis $\mathbf{b}' \cup \{W\}$ den Kreis $\mathbf{k}$ in P berührt. Unter $\mathbf{b}, \mathbf{d}_1, \mathbf{d}_2$ verstehen wir die Geraden durch $(0, 0)$ mit $\mathbf{b} \parallel \mathbf{b}'$, $\mathbf{d}_1 \parallel \mathbf{d}_1'$, $\mathbf{d}_2 \parallel \mathbf{d}_2'$. Mit λ_ν bezeichnen wir die involutorische Abbildung aus $\mathrm{PGL}(2, \mathfrak{K})$, die $\mathbf{g} \to \mathbf{a}_\nu$, $\nu = 1, 2$, beschreibt. Da $\mathbf{g}, \mathbf{a}_\nu$ unabhängig von X festliegen, ist λ_ν, $\nu = 1, 2$, von X unabhängig. Es gilt nun

$$\mathbf{d}_\nu = \mathbf{b}^{\lambda_\nu}, \quad \nu = 1, 2,$$

d.h.

$$\mathbf{d}_2 = (\mathbf{d}_1)^{(\lambda_1\lambda_2)} = \mathbf{d}_1^{\lambda}$$

mit

$$\lambda = \lambda_1\lambda_2 \in \mathrm{PGL}(2, \mathfrak{K}).$$

Damit ist mit einem von X unabhängigen $\lambda \in \mathrm{PGL}(2, \mathfrak{K})$ ein Zusammenhang zwischen den Geraden $\mathbf{d}_1', \mathbf{d}_2'$ hergestellt. Sei λ die Abbildung

$$\zeta\eta_1 = \alpha_{11}\xi_1 + \alpha_{12}\xi_2$$

$$\zeta\eta_2 = \alpha_{21}\xi_1 + \alpha_{22}\xi_2$$

und sei $S_\nu = (\sigma_{\nu 1}, \sigma_{\nu 2})$, $\nu = 1, 2$, gesetzt. Aus $\mathbf{d}_2 = \mathbf{d}_1^\lambda$, $\mathbf{d}_1' \cap \mathbf{d}_2' = X$ folgt dann mit $\mathbf{d}_1 = [\xi_1, \xi_2]$, daß $X = (x, y)$ den Gleichungen genügt:

$$\xi_1(x - \sigma_{11}) + \xi_2(y - \sigma_{12}) = 0,$$

$$(\alpha_{11}\xi_1 + \alpha_{12}\xi_2)(x - \sigma_{21}) + (\alpha_{21}\xi_1 + \alpha_{22}\xi_2)(y - \sigma_{22}) = 0.$$

Da hier $[\xi_1, \xi_2] \neq [0, 0]$ ist — $[0, 0]$ ist keine Gerade —, so hat man

$$\begin{vmatrix} x - \sigma_{11} & y - \sigma_{12} \\ \alpha_{11}(x - \sigma_{21}) + \alpha_{21}(y - \sigma_{22}) & \alpha_{12}(x - \sigma_{21}) + \alpha_{22}(y - \sigma_{22}) \end{vmatrix} = 0.$$

Es ist dann $\mathbf{k}$ die Menge aller $X = (x, y)$, die dieser Gleichung

$$\alpha_{12}x^2 + (\alpha_{22} - \alpha_{11})\,xy + (-\alpha_{21})\,y^2 + \cdots = 0$$

genügen, denn ausgehend von einer Lösung X dieser Gleichung findet man $[\xi_1, \xi_2]$. Diese Gerade sei $\mathbf{d}_1$ genannt. Man gehe zu $\mathbf{d}_1'$ über usf. und findet $X \in \mathbf{k}$.

Die Abbildung λ kann kein Fixelement besitzen. Wäre nämlich $\mathbf{d}_2 = \mathbf{d}_1^\lambda = \mathbf{d}_1$, so hätte man $\mathbf{d}_1' \| \mathbf{d}_2'$. Hier ist aber nur im Falle $\mathbf{d}_1' = \mathbf{d}_2'$ ein nichtleerer Schnitt $\mathbf{d}_1' \cap \mathbf{d}_2'$ vorhanden. Ist aber $\mathbf{d}_1' = S_1S_2$, so muß doch $\mathbf{d}_2' \cup \{W\}$ Berührkreis an $\mathbf{k}$ sein, was sich mit $\mathbf{d}_2' = \mathbf{d}_1' = S_1S_2$ nicht vereinbaren läßt. — Es besitzt also

$$\begin{vmatrix} \alpha_{11} - \zeta & \alpha_{12} \\ \alpha_{21} & \alpha_{22} - \zeta \end{vmatrix} = 0,$$

d.h.

(E) $$\zeta^2 - (\alpha_{11} + \alpha_{22})\,\zeta + (\alpha_{11}\alpha_{22} - \alpha_{12}\alpha_{21}) = 0$$

keine Lösung $\zeta \in \mathfrak{K}^\times$, es ist natürlich $\zeta = 0$ auch keine Lösung von (E). Dann gibt es aber auch kein $(\alpha, \beta) \neq (0, 0)$ mit $\alpha, \beta \in \mathfrak{K}$ und

$$\alpha_{12}\alpha^2 + (\alpha_{22} - \alpha_{11})\,\alpha\beta + (-\alpha_{21})\,\beta^2 = 0:$$

Angenommen, doch! Zunächst ist $\alpha_{21} \neq 0$, da sonst $\zeta = \alpha_{11}$ eine Lösung von (E) wäre. Also ist $\alpha \neq 0$. Dann wäre aber ζ mit $\alpha\zeta = \alpha_{11}\alpha + \alpha_{21}\beta$ eine Lösung von (E). Wir haben damit die Aussage gewonnen, daß jeder e-Kreis $\mathbf{k}$ genau das Nullstellengebilde einer quadratischen Form

$$px^2 + rxy + qy^2 + ax + by + c$$

ist, wo $p = \alpha_{12}$, $r = \alpha_{22} - \alpha_{11}$, $q = (-\alpha_{12})$ und die von $\mathbf{k}$ abhängenden Koeffizienten a, b, c in $\mathfrak{K}$ liegen, jedoch so, daß

$$p\alpha^2 + r\alpha\beta + q\beta^2 = 0$$

keine Lösung $(\alpha, \beta) \neq (0, 0)$ in $\mathfrak{K}$ besitzt. Insbesondere ist $p \neq 0$ (sonst wäre $\alpha = 1, \beta = 0$ Lösung) und $q \neq 0$ (sonst wäre $\alpha = 0, \beta = 1$ Lösung).

Damit ist der Satz von van der Waerden-Smid bewiesen, wenn wir noch beachten, daß auch jede Punktmenge (sei $a, b, c \in \mathfrak{K}$)

$$\mathcal{K}(a, b, c) := \{(x, y) \mid px^2 + rxy + qy^2 + ax + by + c = 0\}$$

ein Kreis ist, sofern nur $|\mathcal{K}(a, b, c)| \geq 3$ ist: Durch drei verschiedene Punkte aus $\mathcal{K}(a, b, c)$ (sie liegen nicht gemeinsam auf einer Geraden) geht genau ein e-Kreis, der mit dem Anfangsstück $px^2 + rxy + qy^2$ geschrieben werden kann, und der damit mit $\mathcal{K}(a, b, c)$ zusammenfällt. ▯

In der Forderung (VM) des vollen Satzes von Miquel steckt ein Entartungsfall, nämlich der Fall $Q = P_1$. Genauer formuliert, zerfällt (VM) auf der Basis einer Möbiusebene gleichwertig in die beiden Forderungen:

(M) *Es seien A, B, C, D, E, F, G, H acht verschiedene Punkte. Sind dann die Quadrupel $ABCD$, $ACFH$, $ADEH$, $BCFG$, $BDEG$ konzyklisch, so auch das Quadrupel $EFGH$.*

(EM) *Es seien A, B, C, D, E, F, G sieben verschiedene Punkte. Sind dann die Quadrupel $ABCD$, $BCFG$, $BDEG$ konzyklisch und berührt der Kreis (ACF) den Kreis (ADE), so ist auch das Quadrupel $AEFG$ konzyklisch.*

Gelte also zunächst (VM). Wir bestätigen (M): Gilt $(ACFH) = (BCFG)$[58], so liegen alle acht Punkte auf einem einzigen Kreis. Hier ist also $EFGH$ konzyklisch. Gilt $(ACFH) \neq (BCFG)$, so ist $(ACFH) \cap (BCFG) = \{C, F\}$. Setzen wir $W := D$, $A_1 := E$, $A_2 := A$, $A_3 := B$, $P_1 := C$, $P_2 := G$, $P_3 := H$, $Q := F$, so ergibt (VM) die Gültigkeit von (M). Wir bestätigen den Entartungsfall (EM): Gilt $(ACF) = (ADE)$, so liegen alle sieben Punkte auf einem einzigen Kreis. Hier ist $AEFG$ konzyklisch. Gilt $(ACF) \neq (ADE)$, so folgt $(ACF) \cap (ADE) = \{A\}$, da (ACF), (ADE) sich berühren. Setzen wir $W := B$, $A_1 := G$, $A_2 := C$, $A_3 := D$, $P_1 := Q = A$, $P_2 := E$, $P_3 := F$, so ergibt (VM) die Gültigkeit von (EM).

Seien nun umgekehrt die Eigenschaften (M) und (EM) erfüllt. Wir wollen (VM) nachweisen. Sei $Q \neq P_1$. Im Falle $Q = A_1$ ist nichts zu beweisen. Sei also auch $Q \neq A_1$. Dann sind $W, A_1, A_2, A_3, P_1, P_2, P_3, Q$ acht verschiedene Punkte: Wir haben $Q \notin \{W, A_2, A_3\}$ nachzuweisen. Wäre $Q = W$, so wäre $\mathbf{p}_2 = (A_3P_3P_1Q) = \mathbf{a}_1 = (P_1A_3Q) = \mathbf{p}_3$, wo aber doch $|\mathbf{p}_2 \cap \mathbf{p}_3| = 2$ ist. Im Falle $Q = A_2$ bzw. $Q = A_3$ wäre $\mathbf{p}_3 = \mathbf{a}_1$ bzw. $\mathbf{p}_2 = \mathbf{a}_1$. Dann wäre aber $P_2 \in \mathbf{a}_1$ bzw. $P_3 \in \mathbf{a}_1$, was in beiden Fällen auf $\mathbf{a}_1 = \mathbf{a}_2 = \mathbf{a}_3$ führte und damit auf $\mathbf{p}_2 = \mathbf{p}_3$. Jetzt setze man $A := A_2$, $B := A_3$, $C := P_1$, $D := W$, $E := A_1$, $F := Q$, $G := P_2$, $H := P_3$. Dann zeigt (M) die Gültigkeit von (VM). Sei nun zweitens $Q = P_1$. Man setze $A := P_1 = Q$, $B := W$, $C := A_2$, $D := A_3$, $E := P_2$,

---

[58] Sind $A_1, A_2, \ldots, A_i$, $i \geq 3$, i paarweise verschiedene Punkte auf einem gemeinsamen Kreis $\mathbf{k}$, so sei auch $\mathbf{k} = (A_1A_2 \cdots A_i)$ geschrieben.

$F := P_3$, $G := A_1$. Dann zeigt (EM) die Gültigkeit von (VM) für diesen Fall.

Wir zeigen nun den Satz von Yi Chen, daß nämlich in einer Möbiusebene der volle Satz von Miquel (VM) bereits dann gilt, wenn der Satz von Miquel (M) erfüllt ist:

Satz 2.2. *Gilt in einer Möbiusebene* (M), *so auch* (EM).

Beweis. a) Wir zeigen zunächst: Lassen sich acht verschiedene Punkte der Möbiusebene so den acht Eckpunkten eines Würfels zuordnen, daß es fünfmal vorkommt, daß den vier Eckpunkten einer Seitenfläche des Würfels vier konzyklische Punkte entsprechen, so entsprechen auch den vier Eckpunkten der letzten Seitenfläche vier konzyklische Punkte. — Zum Beweise dieser Aussage bezeichnen wir die vier Eckpunkte der letzten Seitenfläche des Würfels mit E, F, G, H (wir unterscheiden dabei in der Bezeichnung nicht die Würfeleckpunkte von den ihnen zugeordneten Punkten der Möbiusebene). Dann ergibt sich die Aussage bei geeigneter weiterer Bezeichnung der Punkte (s. Abb. 62) aus (M).

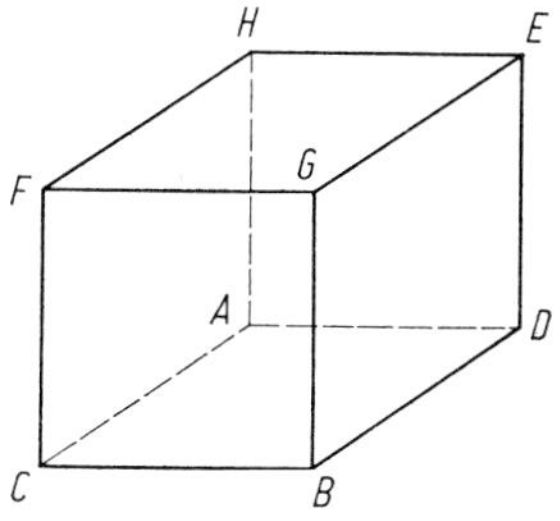

Abb. 62

b) Wir zeigen: (*) Es seien A, B, C, D, E, F, G sieben verschiedene Punkte. Sind dann die Quadrupel $ABCD$, $AEFG$, $BDEG$ konzyklisch und berührt der Kreis (ACF) den Kreis (ADE), so ist auch das Quadrupel $BCFG$ konzyklisch. — Sind wenigstens zwei der Kreise $(ABCD)$, $(AEFG)$, $(BDEG)$, (ACF), (ADE), (BFG) gleich, so gilt (*): Dies gilt offenbar für $(ABCD) = (AEFG)$. Im Falle $(ABCD) = (BDEG)$ ist auch

$$(ABCD) = (AEG) = (AEFG).$$

Im Falle $(ABCD) = (ACF)$ ist $ABCDEF$ konzyklisch, da sich (ACF), (ADE) berühren. Dann gilt aber $(ABCD) = (AEF) = (AEFG)$. Genau so erledigt sich $(ABCD) = (ADE)$. Im Falle $(ABCD) = (BFG)$ ist nichts zu beweisen. Gilt $(AEFG) = (BDEG)$, so ist $(ABCD) = (AEFG)$. Im Falle $(AEFG) = (ACF)$ ist $(ACF) = (ADE)$ wegen $(ACF)\,A\,(ADE)$. Dann ist aber $ACDEFG$ konzyklisch, was $(ABCD) = (AEFG)$ ergibt.

Gilt $(AEFG) = (ADE)$, so wäre $ACDEFG$ konzyklisch, was

$$(AEFG) = (ACF)$$

ergibt. Im Falle $(AEFG) = (BFG)$ ist $(AEFG) = (BEG) = (BDEG)$. Im Falle $(BDEG) = (ACF)$ ist nichts zu beweisen. $(BDEG) = (ADE)$ führt auf $(ABCD) = (ABD) = (ADE)$.
Gilt $(BDEG) = (BFG)$, so ist $(AEFG) = (EFG) = (BFG)$. Im Falle $(ACF) = (ADE)$ ist $(AEFG) = (AEF) = (ACF)$. Ist $(ACF) = (BFG)$, so ist $(AEFG) = (AFG) = (BFG)$. Ist schließlich $(ADE) = (BFG)$, so ist $(AEFG) = (BFG)$.

Wegen dieser Betrachtung können wir voraussetzen, daß die Kreise $(ABCD)$, $(AEFG)$, $(BDEG)$, (ACF), (ADE), (BFG) paarweise verschieden sind. Insbesondere gilt also $(ACF) \cap (ADE) = \{A\}$. — Wir betrachten nun den Fall $(ABC)\, B(BFG)$. Es ist $(ABC) \cap (BFG) = \{B\}$ wegen $(ABCD) \neq (BFG)$. Wäre $(ADE)\, A(ABF)$, so würde $(ABF)\, A(ACF)$ gelten wegen $(ACF)\, A(ADE)$, also $(ABF) = (ACF)$, also

$$(ABCD) = (ABC) = (ACF),$$

was nicht stimmt. Damit gilt $|(ADE) \cap (ABF)| = 2$. Sei

$$\{A, H\} := (ADE) \cap (ABF).$$

Wegen $\{B, C, F, G\} \cap (ADE) = \emptyset$ gilt $H \notin \{B, C, F, G\}$. Aus $H = D$ würde $(BFH) = (ABCD)$ folgen, d.h. $(ABCD) = (ACF)$. Aus $H = E$ würde $(ABFH) = (AFE) = (AEFG)$, d.h. $(AEFG) = (BGF)$ folgen. Damit ist $|\{A, B, C, D, E, F, G, H\}| = 8$. Wäre $(BFG)\, B(BDH)$, so würde $(ABC)\, B(BDH)$ wegen $(ABC)\, B(BFG)$ folgen; mit $B, D \in (ABC) \cap (BDH)$ ergäbe dies $(ABC) = (BDH)$, d.h. $H \in (ABC) \cap (ADE) = \{A, D\}$. Damit ist $|(BFG) \cap (BDH)| = 2$. Sei $\{B, I\} := (BFG) \cap (BDH)$. Im Falle $I = C$ ist (*) bewiesen. Sei also $I \neq C$: Da A, D, E, H nicht auf (BFG) liegen, gilt $I \notin \{A, D, E, H\}$. Aus $I = F$ würde $(BDH) = (HBFA)$, d.h. $(BDH) = (ABD)$ folgen. $I = G$ ergäbe $(BDH) = (DGB)$, d.h. $H \in \{D, E\}$. Damit sind A, B, D, E, F, G, H, I acht verschiedene Punkte. Wegen a) ergibt sich nun die konzyklische Lage von $AFHI$ (s. Abb. 63).

Dies bedeutete wegen $B \in (AFH)$ doch $(BGF) = (BIF) = (AFH)$, d.h. $(BGF) = (AGF)$, was nicht stimmt. — Damit ist der Fall

$$(ABC)\, B(BFG)$$

behandelt. Der verbleibende Fall ist $|(ABC) \cap (BFG)| = 2$. Sei $(ABC) \cap (BFG) =: \{B, C^*\}$, $B \neq C^*$. Im Falle $C^* = C$ ist (*) bewiesen. Sei also $C^* \neq C$: Es gilt $C^* \neq F$, da sonst $F \in (ABC) = (ABCD)$, d.h. $(ABCD) = (ACF)$ wäre. Es gilt auch $C^* \notin \{D, E, G, A\}$. $C^* = A$ ergäbe $(AGF) = (BGF)$, $C^* = E$ ergäbe $(BGF) = (BEG)$, $C^* = G$ ergäbe $G \in (ABCD)$, d.h. $(DBG) = (ABC)$, $C^* = D$ ergäbe $(DBG) = (BGF)$. Damit sind A, B, C^*, D, E, F, G sieben verschiedene Punkte. Gilt

$(ADE)\,A(AFC^*)$, so folgt $(AFC^*)\,A(AFC)$ wegen $(AFC)\,A(ADE)$. Also ist dann $(AFC^*) = (AFC)$. Wegen

$$C^* \in (AFC^*) \cap (ABC) = (AFC) \cap (ABC) = \{A, C\}$$

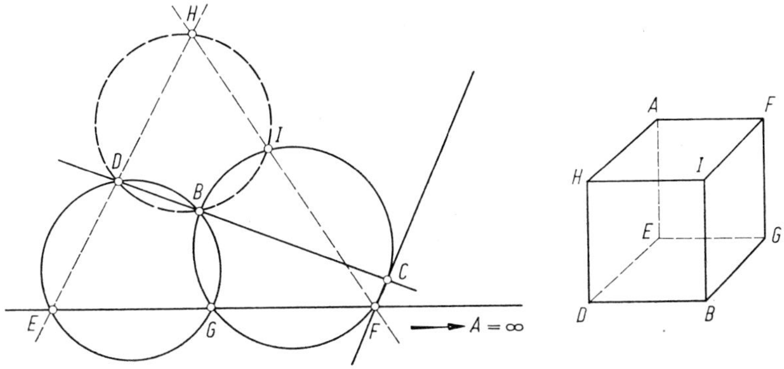

Abb. 63

kann dies nicht stimmen. Also haben wir $|(ADE) \cap (AFC^*)| = 2$. Sei $(ADE) \cap (AFC^*) =: \{A, J\}$, $A \neq J$. Es gilt $J \notin \{A, B, C^*, D, E, F, G\}$: Da B, F, G nicht auf (ADE) liegen, ist $J \neq B, F, G$. Wäre $J = C^*$, so wäre ebenfalls $(ABC^*CD) = (ADE)$. Wäre $J = D$, so wäre

$$F \in (AC^*D) = (ACD),$$

d.h. $(ABCD) = (ACF)$. Wäre $J = E$, so wäre AFC^*E konzyklisch, d.h. es wäre $C^* \in (AFE)$, d.h. $(BGF) = (C^*GF) = (AFE)$. Damit sind also A, B, C^*, D, E, F, G, J acht verschiedene Punkte. Aus a) folgt, daß die Punkte B, C^*, D, J konzyklisch sind (s. Abb. 64).

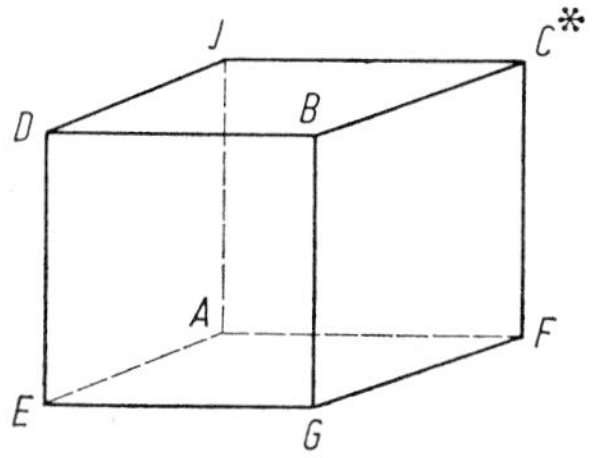

Abb. 64

Also wäre $(ABCD) = (ABCC^*D) = (BC^*D) = (BC^*DJ)$. Hieraus folgt aber der Widerspruch $(ADE) = (ADEJ) = (ABCD)$. Damit ist b) bewiesen.

c) Wir zeigen nun (EM). Die Kreise (s. Abb. 65) $(ABCD)$, (AFG), $(BDEG)$, (ACF), (ADE), $(BCFG)$ können als paarweise verschieden angesehen werden, da sonst (EM) auf der Hand liegt. —

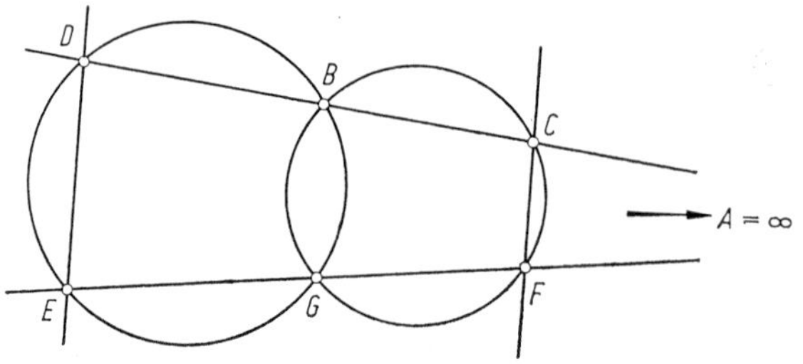

Abb. 65

Wir gehen jetzt davon aus, daß $AEGF$ nicht konzyklisch ist. Wegen $(ADE)\,A\,(ACF)$ kann nicht $(AFG)\,A\,(ADE)$ gelten, da sonst $(AFG)\,A\,(ACF)$ wäre, d.h. $(AFG) = (ACF)$. Also ist $(AFG) \cap (ADE) =: \{A, H\}$ mit $H \neq A$. Im Falle $H = E$ ist $AFGE$ konzyklisch, was ausgeschlossen war. Also gilt $H \neq E$. Es gilt $H \notin \{B, C, F, G\}$, weil keiner der letzteren vier Punkte auf (ADE) liegt. Wir wollen $H = D$ nachweisen. Wäre $H \neq D$, so wäre $DBGH$ konzyklisch nach (*): Man schreibe die Punkte von (*) in der Form $A', B', \ldots$ und setze: $A' := A$, $B' := G$, $C' := H$, $D' := F$, $E' := C$, $F' := D$, $G' := B$. Aus $DBGH$ konzyklisch folgte aber $H \in (ADE) \cap (DBG) = \{D, E\}$. — Also gilt $H = D$ und damit ist nach Definition von H offenbar

(i) $ADFG$ konzyklisch.

Wegen $(ADE)\,A\,(ACF)$ gilt $|(ACF) \cap (ABE)| = 2$. Sei

$$(ACF) \cap (ABE) = \{A, K\},$$

$A \neq K$. Da keiner der Punkte B, D, E, G auf (ACF) liegt, gilt

$$K \notin \{B, D, E, G\}.$$

Es gilt $K = F$. Wäre $K \neq F$, so ergäbe (*) unter Beachtung von (i) (man setze $A' = A$, $B' = B$, $C' = K$, $D' = E$, $E' = D$, $F' = F$, $G' = G$), daß $BFGK$ konzyklisch wäre. Dies ergäbe

$$K \in (BFG) \cap (ACF) = \{C, F\},$$

d.h. $C = K \in (ABE)$, d.h. $E \in (ABC)$. — Also gilt $K = F$ und hiermit, daß

(ii) $ABEF$ konzyklisch ist.

Es ist $A \notin (BDG)$. Sei $\mathbf{t} \ni A, D$ der Kreis mit $\mathbf{t}D(BDG)$. Wegen $(ADE)\,A\,(ACF)$ gilt $|\mathbf{t} \cap (ACF)| = 2$. Sei $\mathbf{t} \cap (ACF) = \{A, L\}$, $A \neq L$. Da keiner der Punkte B, D, E, G auf (ACF) liegt, gilt $L \notin \{B, D, E, G\}$. Wäre $L = C$, so wäre $\mathbf{t} = (ADL) = (ACD)$ und damit $B, D \in \mathbf{t} \cap (BDG)$. Wäre $L = F$, so ergäbe (i) $\mathbf{t} = (ADFG)$, d.h. $D, G \in \mathbf{t} \cap (BDG)$. Es sind also A, B, C, D, E, F, G, L acht verschiedene Punkte. Es gilt

(iii) $\mathbf{t}L(FGL)$.

Denn angenommen, $|(FGL) \cap \mathbf{t}| = 2$: Sei $\{I, L\} := (FGL) \cap \mathbf{t}$, $I \neq L$. Keiner der Punkte B, C, F, G liegt auf $\mathbf{t}$, weshalb $I \notin \{B, C, F, G\}$ gilt. Aus $I = D$ bzw. $I = A$ würde wegen (i) folgen

$$(ADFG) = (IFG) = (FGL),$$

d.h. $G \in (AFL) = (AFC)$. Damit sind A, B, C, D, F, G, L, I acht verschiedene Punkte. Nach a) wären jetzt $BDGI$ konzyklisch (s. Abb. 66). Damit wäre $D, I \in \mathbf{t} \cap (BDG)$ was nicht stimmt. Damit ist (iii) bewiesen.

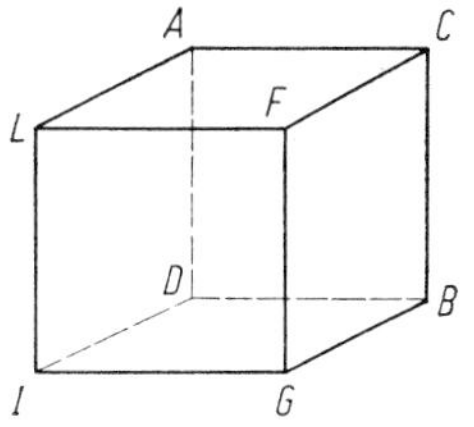

Abb. 66

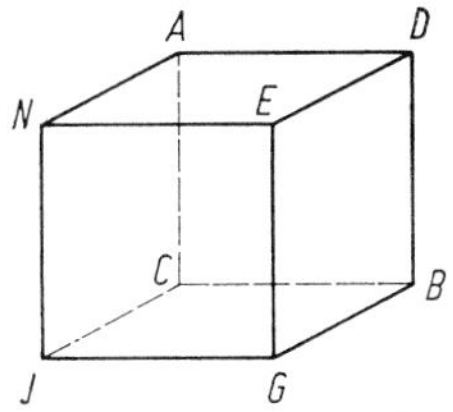

Abb. 67

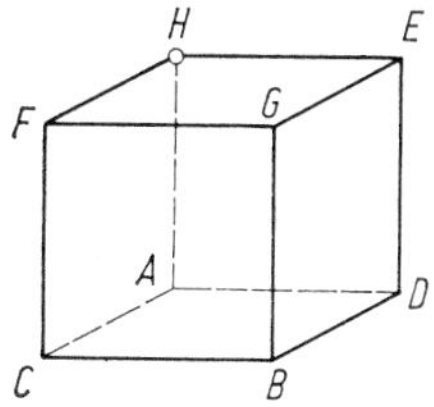

Abb. 68

Es ist $BDGL$ nicht konzyklisch, da sonst $D, L \in \mathbf{t} \cap (BDG)$ wäre. Wir setzen $\bar{A} := L$, $\bar{B} := C$, $\bar{C} := F$, $\bar{D} := A$, $\bar{E} := D$, $\bar{F} := G$, $\bar{G} := B$. Benutzt man für diese Punkte $\bar{P}$ die Anfangsbetrachtung von c) bis hin zu (i), (ii) (man hat alle nötigen Voraussetzungen: $\bar{A}\bar{B}\bar{C}\bar{D}$, $\bar{B}\bar{C}\bar{F}\bar{G}$, $\bar{B}\bar{D}\bar{E}\bar{G}$, je konzyklisch; $(\bar{A}\bar{C}\bar{F})\,\bar{A}(\bar{A}\bar{D}\bar{E})$; $\bar{A}\bar{E}\bar{G}\bar{F}$ nicht konzyklisch; die Kreise $(\bar{A}\bar{B}\bar{C}\bar{D})$, $(\bar{A}\bar{F}\bar{G})$, $(\bar{B}\bar{D}\bar{E}\bar{G})$, $(\bar{A}\bar{C}\bar{F})$, $(\bar{A}\bar{D}\bar{E})$, $(\bar{B}\bar{C}\bar{F}\bar{G})$ sind paarweise verschieden), so hat man

($\bar{\text{i}}$) $\bar{A}\bar{D}\bar{F}\bar{G}$, d.h. also $LAGB$ konzyklisch,

($\overline{\text{ii}}$) $\bar{A}\bar{B}\bar{E}\bar{F}$, d.h. also $LCDG$ konzyklisch.

Es ist $A \notin (BCG)$. Sei $\mathbf{s} \ni A, C$ der Kreis mit $\mathbf{s}C(BCG)$. Wegen $(ACF)\,A(ADE)$ gilt $|\mathbf{s} \cap (ADE)| = 2$. Sei $\mathbf{s} \cap (ADE) = \{A, N\}$, $A \neq N$. Da keiner der Punkte B, C, G, F auf (ADE) liegt, gilt $N \notin \{B, C, G, F\}$. Wäre $N = D$, so wäre $\mathbf{s} = (ACD) = (ABC)$ und damit $B, C \in \mathbf{s} \cap (BCG)$. Wir nehmen jetzt an, daß $N = E$ wäre: Wir setzen $\bar{A} := A$, $\bar{B} := B$, $\bar{C} := D$, $\bar{D} := C$, $\bar{E} := F$, $\bar{F} := E$, $\bar{G} := G$. Benutzt man für diese Punkte $\bar{P}$ die Anfangsbetrachtung von c) bis hin zu (i) (man hat alle nötigen Voraussetzungen), so hat man für (i) $\bar{A}\bar{D}\bar{F}\bar{G}$, d.h. also

(i′) $ACEG$ konzyklisch.

Die Annahme $N = E$ führte dann zu $\mathbf{s} = (ACN) = (ACE) = (ACEG)$, d.h. zu $C, G \in \mathbf{s} \cap (BCG)$. Es sind also A, B, C, D, E, F, G, N acht verschiedene Punkte. Es gilt

(iv) $\mathbf{s}N(EGN)$.

Denn angenommen, $|(EGN) \cap \mathbf{s}| = 2$. Sei $\{J, N\} := (EGN) \cap \mathbf{s}$, $J \neq N$. Keiner der Punkte B, D, E, G liegt auf $\mathbf{s}$, weshalb $J \in \{B, D, E, G\}$ gilt. Aus $J = C$ bzw. $J = A$ würde wegen (i') folgen

$$(ACEG) = (JEG) = (EGN),$$

d.h. $G \in (AEN) = (AED)$. Damit sind A, B, D, C, E, G, N, J acht verschiedene Punkte. Nach a) wären jetzt $BCGJ$ konzyklisch (s. Abb. 67). Damit wäre $C, J \in \mathbf{s} \cap (BCG)$, was nicht stimmt. Damit ist (iv) bewiesen.

Es ist $BCGN$ nicht konzyklisch, da sonst $C, N \in \mathbf{s} \cap (BCG)$ wäre. Wir setzen $\bar{A} := N, \bar{B} := D, \bar{C} := E, \bar{D} := A, \bar{E} := C, \bar{F} := G, \bar{G} := B$. Benutzt man für diese Punkte $\bar{P}$ die Anfangsbetrachtungen von c) bis hin zu (i), (ii), (man hat alle nötigen Voraussetzungen), so hat man

$(\tilde{\text{i}})$ $\bar{A}\bar{D}\bar{F}\bar{G}$, d.h. also $NAGB$ konzyklisch,

$(\tilde{\text{ii}})$ $\bar{A}\bar{B}\bar{E}\bar{F}$, d.h. also $NDCG$ konzyklisch.

Wegen $A \notin (BCG)$ gilt $(AGB) \neq (DCG)$. Wegen $(\bar{\text{i}})$, $(\bar{\text{ii}})$, $(\tilde{\text{i}})$, $(\tilde{\text{ii}})$ gilt $\{L, N, G\} \subseteq (AGB) \cap (DCG)$. Also ist $|\{L, N, G\}| \leq 2$. Wegen $G \neq L, N$ folgt also $N = L$. Mit $A \neq N = L$ folgte dann der *Widerspruch*

$$N = L \in [(ADE) \cap (ACF)] - \{A\} = \emptyset.$$

Damit ist c), d.h. (EM) bewiesen. Damit ist Satz 2.2 bewiesen. □

Es empfiehlt sich (M) unter Zuhilfenahme des Würfelbegriffs übersichtlicher zu formulieren (s. Abb. 68):

(M) *Lassen sich acht verschiedene Punkte der Möbiusebene so den acht Eckpunkten eines Würfels zuordnen, daß es fünfmal vorkommt, daß den vier Eckpunkten einer Seitenfläche des Würfels vier konzyklische Punkte entsprechen, so entsprechen auch den vier Eckpunkten der letzten Seitenfläche vier konzyklische Punkte.*

Das wesentliche Resultat von Yi Chen (Satz 2.2) zeigt, daß eine Möbiusebene bereits dann miquelsch (und damit algebraisierbar nach Satz 1.1) ist, wenn sie der Eigenschaft (M) genügt.

Ein weiteres Resultat von Yi Chen besagt — wir übergehen den längeren Beweis — daß eine Möbiusebene sogar dann schon miquelsch ist, wenn ein Punkt W existiert mit der folgenden Eigenschaft: Sind A, B, C, D, E, F, G, H acht verschiedene Punkte, unter denen der Punkt W vorkommt, derart, daß fünf der Quadrupel $ABCD$, $ACFH$, $ADEH$, $BCFG$, $BDEG$, $EFGH$ konzyklisch sind, so ist auch das letzte dieser Quadrupel konzyklisch.

3. Miquelsche Möbiusebenen als Geometrien $\Sigma(\mathfrak{K}, \mathfrak{Q})$

Es sei $\mathfrak{K}$ ein kommutativer Körper und es sei

$$\mathfrak{Q}(x, y) = px^2 + rxy + qy^2 \tag{3.1}$$

eine quadratische Form mit $p, r, q \in \mathfrak{K}$. Über $\mathfrak{Q}(x, y)$ setzen wir voraus: Sind α, β Elemente aus $\mathfrak{K}$ mit

$$p\alpha^2 + r\alpha\beta + q\beta^2 = 0,$$

so folgt $\alpha = 0 = \beta$[59]. — Dem Paar $(\mathfrak{K}, \mathfrak{Q}(x, y))$ ordnen wir eine Kettenstruktur $\Sigma(\mathfrak{K}, \mathfrak{Q}(x, y))$ zu (s. § 2, Abschnitt 1; statt Kette sagen wir in diesem Zusammenhang wieder Kreis): *Punkte* seien neben dem Symbol ∞ („der unendlich ferne Punkt") noch genau die Punkte der affinen Ebene $A^2(\mathfrak{K})$ über $\mathfrak{K}$. Die Menge der Punkte werde mit $\mathfrak{P}$ bezeichnet. Wir kommen zum Begriff des *Kreises*: Ist $\mathbf{g}$ eine Gerade von $A^2(\mathfrak{K})$, so heiße die Punktmenge $\mathbf{g} \cup \{\infty\}$ ein Kreis. Ferner sollen die Punktmengen (sei $a, b, c \in \mathfrak{K}$)

$$\mathscr{K}(a, b, c) := \{(x_1, x_2) \mid x_1, x_2 \in \mathfrak{K} \quad \text{mit} \quad \mathfrak{Q}(x_1, x_2) + ax_1 + bx_2 + c = 0\}$$

Kreise heißen, sofern $|\mathscr{K}(a, b, c)| > 1$ gilt[60]. Gehen wir von $\mathfrak{Q}(x, y) = x^2 + y^2$ aus, so liegt offenbar der Fall der Kreise in der vollständigen komplexen Zahlenebene vor. Satz 2.1 von § 2 zeigt, daß jede miquelsche Möbiusebene bis auf Isomorphie eine Kettenstruktur $\Sigma(\mathfrak{K}, \mathfrak{Q}(x, y))$ ist.

Anmerkungen:

1. Ist $\mathfrak{Q}(x, y) = px^2 + rxy + qy^2 \in \mathfrak{K}[x, y]$ elliptisch über $\mathfrak{K}$, so ist $p \cdot q \neq 0$. Im Falle etwa $p = 0$ hätte man $\mathfrak{Q}(1, 0) = 0$.

2. Nicht über jedem kommutativen Körper $\mathfrak{K}$ gibt es elliptische Formen $px^2 + rxy + qy^2$. Beispielsweise gestattet der Körper $\mathbb{C}$ der komplexen Zahlen keine solche Form. Denn ist bei gegebener elliptischer Form $\mathfrak{Q}(x, y)$ ξ eine komplexe Zahl mit (man beachte $p \neq 0$)

$$p\xi^2 + r\xi + q = 0,$$

so wäre doch $\mathfrak{Q}(\xi, 1) = 0$.

---

[59] Genau dann existiert eine Polynomidentität

$$px^2 + rxy + qy^2 = (vx + v'y)(wx + w'y)$$

im Polynomring $\mathfrak{K}[x, y]$ (alle Koeffizienten p, r, q, v, v', w, w' sollen also in $\mathfrak{K}$ liegen), wenn $p\alpha^2 + r\alpha\beta + q\beta^2 = 0$ in nicht gleichzeitig verschwindenden $\alpha, \beta \in \mathfrak{K}$ lösbar ist. Die Formen $\mathfrak{Q}(x, y) \in \mathfrak{K}[x, y]$, an denen wir interessiert sind, sollen also in diesem Sinne „irreduzibel über $\mathfrak{K}$" sein. Wir wollen

$$\mathfrak{Q}(x, y) = px^2 + rxy + qy^2 \in \mathfrak{K}[x, y]$$

auch *elliptisch* nennen, wenn $p\alpha^2 + r\alpha\beta + q\beta^2 = 0$, $\alpha, \beta \in \mathfrak{K}$, nur für $\alpha = 0 = \beta$ möglich ist.

[60] Es wird sich ergeben, daß sogar $|\mathscr{K}(a, b, c)| \geq 3$ ist.

3. $\mathfrak{Q}(x, y) = x^2 + xy + y^2$ ist elliptisch über GF(2). Schreiben wir an Stelle $\mathcal{K}(a, b, c)$ kurz $\mathcal{K}_{a,b,c}$ und weiterhin

$$g'_{a,b,c} := \{(x_1, x_2) \mid x_1, x_2 \in \mathfrak{K} \quad \text{mit} \quad ax_1 + bx_2 + c = 0\} \cup \infty$$

für $a, b, c \in \mathfrak{K}$ und $(a, b) \neq (0, 0)$, so ist die Kettenstruktur

$$\Sigma(\mathrm{GF}(2), \mathfrak{Q}(x, y))$$

durch die folgende Inzidenztafel gegeben ($P \in \mathbf{g}'$ resp. $\notin \mathbf{g}'$ werde durch 1 resp. 0 notiert)

$\in$	$g'_{1,0,0}$	$g'_{1,0,1}$	$g'_{0,1,0}$	$g'_{0,1,1}$	$g'_{1,1,0}$	$g'_{1,1,1}$	$\mathcal{K}_{0,0,1}$	$\mathcal{K}_{0,1,0}$	$\mathcal{K}_{1,0,0}$	$\mathcal{K}_{1,1,0}$
∞	1	1	1	1	1	1	0	0	0	0
(0, 0)	1	0	1	0	1	0	0	1	1	1
(1, 0)	0	1	1	0	0	1	1	0	1	1
(0, 1)	1	0	0	1	0	1	1	1	0	1
(1, 1)	0	1	0	1	1	0	1	1	1	0

Es sind $\mathcal{K}_{0,0,0}, \mathcal{K}_{0,1,1}, \mathcal{K}_{1,0,1}, \mathcal{K}_{1,1,1}$ keine Kreise, da für diese Punktmengen $\mathcal{K}$ durchweg $|\mathcal{K}| = 1$ gilt.

Gegeben sei jetzt die Kettenstruktur $\Sigma(\mathfrak{K}, \mathfrak{Q}(x, y) = px^2 + rxy + qy^2)$ mit elliptischer Form $\mathfrak{Q}$. Es ist also $p \cdot q \neq 0$ und weiterhin

$$k^2 = -\left(\frac{r}{p}\right) k + \left(-\frac{q}{p}\right)$$

nicht lösbar in $k \in \mathfrak{K}$. Die Betrachtungen von Kapitel II, Abschnitt 1, § 5, heranziehend, gehen wir zu der quadratischen Erweiterung (d.i. $(\mathfrak{L} : \mathfrak{K}) = 2$)

$$\mathfrak{L} = \{a + b\alpha \mid a, b \in \mathfrak{K}\}$$

von $\mathfrak{K}$ über mit $\alpha \in \mathfrak{L} - \mathfrak{K}$ und $p\alpha^2 + r\alpha + q = 0$.

Es sei

$$\delta := \alpha + \frac{r}{p} \tag{3.2}$$

gesetzt. Offenbar gilt

$$p\delta^2 = r\delta - q. \tag{3.3}$$

Wir identifizieren den Punkt (x_1, x_2), $x_1, x_2 \in \mathfrak{K}$, von $\mathbb{A}^2(\mathfrak{K})$ mit

$$z = x_1 + x_2\delta \text{ aus } \mathfrak{L}. \tag{3.4}$$

Damit ist die Menge der Punkte von $\mathbb{A}^2(\mathfrak{K})$ mit $\mathfrak{L}$ identifiziert, da $1, \delta$ eine Basis von $\mathfrak{L}$ über $\mathfrak{K}$ darstellt. Es sei ζ die Abbildung

$$\zeta : \begin{cases} \infty \to 0 \\ 0 \to \infty \\ x_1 + x_2\delta \to (x_1 + x_2\delta)^{-1} \text{ für } x_1 + x_2\delta \neq 0. \end{cases} \tag{3.5}$$

Die Abbildung ζ ist eine bijektive Abbildung von $\mathfrak{L} \cup \{\infty\} = \mathfrak{P}$, die zudem involutorisch ist, wie (3.5) sofort zeigt. Es gilt

$$(3.6) \qquad x_1' + x_2'\delta \equiv \frac{1}{x_1 + x_2\delta} = \frac{p x_1 + r x_2}{\mathfrak{Q}(x_1, x_2)} + \frac{-p x_2}{\mathfrak{Q}(x_1, x_2)}\,\delta$$

für $x_1 + x_2\delta \neq 0$ und damit sofort unter Beachtung von $\zeta^{-1} = \zeta$

$$(3.7) \qquad x_1 + x_2\delta = \frac{p x_1' + r x_2'}{\mathfrak{Q}(x_1', x_2')} + \frac{-p x_2'}{\mathfrak{Q}(x_1', x_2')}\,\delta .$$

Wir wollen zeigen, daß ζ eine Kreisverwandtschaft von $\Sigma(\mathfrak{K}, \mathfrak{Q}(x, y))$ ist, d.h. also eine bijektive Abbildung von $\mathfrak{P}$, gegenüber der Bild und Urbild eines jeden Kreises wieder ein Kreis ist. Wegen $\zeta^{-1} = \zeta$ brauchen wir nur zu zeigen, daß das Bild eines jeden Kreises wieder ein Kreis ist. In der Tat: Mit der gemeinsamen Gleichung ($t = 0$ oder $t \neq 0$, $t \in \mathfrak{K}$)

$$(3.8) \qquad t\mathfrak{Q}(x_1, x_2) + a x_1 + b x_2 + c = 0$$

der Kreise der Form $\mathbf{g} \cup \{\infty\}$, $\mathbf{g}$ eine Gerade, oder $\mathscr{K}$, erhält man unter Beachtung von (3.7)

$$(3.9) \qquad c\mathfrak{Q}(x_1', x_2') + a p x_1' + (a r - b p)\, x_2' + t p^2 = 0 .$$

Sei $\mathbf{k}$ der durch (3.8) dargestellte Kreis. Sei $\mathbf{k}'$ die Menge der Punkte (x_1', x_2'), die (3.9) genügen, vermehrt um den Punkt ∞ falls $c = 0$ ist. Es gilt $\mathbf{k}^\zeta \subseteq \mathbf{k}'$: Ist $\infty \in \mathbf{k}$, d.h. gilt $t = 0$, so ist offenbar $\infty^\zeta = (0, 0) \in \mathbf{k}'$; ist $(0, 0) \in \mathbf{k}$, d.h. gilt $c = 0$, so hat man nach Verabredung $\infty \in \mathbf{k}'$. Gilt $(0, 0) \neq (x_1, x_2) \in \mathbf{k}$, so zeigt der Übergang von (3.8) zu (3.9) offenbar $(x_1', x_2') \in \mathbf{k}'$. Wegen $|\mathbf{k}| > 1$ und $\mathbf{k}^\zeta \subseteq \mathbf{k}'$ ist $|\mathbf{k}'| > 1$. Ist $c \neq 0$, so stellt $\mathbf{k}'$ damit nach Definition einen Kreis dar. Im Falle $c = 0$ haben wir zu zeigen, daß $\mathbf{k}' - \{\infty\}$ eine Gerade ist. Angenommen, es wäre $ap = 0 = ar - bp$. Wegen $p \neq 0$ folgte dann $a = 0 = b$. Für diesen Fall stellt aber (3.8) keinen Kreis dar. — Es ist also stets $\mathbf{k}'$ ein Kreis mit $\mathbf{k}^\zeta \subseteq \mathbf{k}'$. Da nun aber der mit Hilfe von (3.6) vorgenommene Übergang von (3.9) zu (3.8) offenbar $(\mathbf{k}')^{\zeta^{-1}} \subseteq \mathbf{k}$, d.h. $\mathbf{k}' \subseteq \mathbf{k}^\zeta$ ergibt, so ist $\mathbf{k}^\zeta = \mathbf{k}'$ tatsächlich ein Kreis.

Wir haben $\mathscr{K}(a, b, c)$ schon dann einen Kreis genannt, wenn $|\mathscr{K}(a, b, c)| > 1$ gilt. Wir wollen zeigen, daß jeder Kreis wenigstens drei verschiedene Punkte enthält: Dies ist klar für die Kreise $\mathbf{g} \cup \{\infty\}$, $\mathbf{g}$ Gerade. Gegeben seien nun $\mathscr{K}(a, b, c)$ und ein Punkt (ξ, η) dieses Kreises. Bezeichnet τ die Translation

$$\tau\colon (x_1, x_2) \to (x_1 - \xi, x_2 - \eta),$$

so gilt

$$[\mathscr{K}(a, b, c)]^\tau = \mathscr{K}(2p\xi + r\eta + a, 2q\eta + r\xi + b, 0) \ni (0, 0).$$

Also ist $[\mathscr{K}(a, b, c)]^{\tau\zeta}$ Gerade und damit $|\mathscr{K}(a, b, c)| \geq 3$.

Anmerkung. Von $\mathcal{K}(a, b, c) \neq \emptyset$ kann nicht auf $|\mathcal{K}(a, b, c)| > 1$ geschlossen werden, wie z.B. schon $\mathcal{K}(0, 0, 0)$ zeigt. Daß nicht einmal $\mathcal{K}(a, b, c) \neq \emptyset$ zu gelten braucht, zeigt $\mathcal{K}(0, 0, 1)$ im Falle $\Sigma(\mathbb{R}, x^2 + y^2)$.

Wie man unmittelbar nachprüft, ist

$$z = x_1 + x_2\delta \to \bar{z} \equiv x_1 - x_2\alpha$$

ein Automorphismus von $\mathfrak{L}$, für den auch $\bar{\bar{z}} = z$ für jedes $z \in \mathfrak{L}$ gilt[61]. Offenbar hat man

$$\mathfrak{Q}(x_1, x_2) = pz\bar{z}. \tag{3.10}$$

Unter Beibehaltung der Beziehung $z = x_1 + x_2\delta$ schreiben wir anstelle von $\mathfrak{Q}(x_1, x_2)$ auch nur kurz $\mathfrak{Q}(z)$, sodaß gilt

$$\mathfrak{Q}(z) = pz\bar{z}.$$

Wir wenden uns jetzt der nachstehenden Aussage zu: Ist $\lambda, \mu \in \mathfrak{L}$, $\lambda \neq 0$, so stellt

$$\varphi\colon\ w = \lambda z + \mu;\quad \infty^\varphi = \infty \tag{3.11}$$

eine Kreisverwandtschaft von $\Sigma(\mathfrak{K}, \mathfrak{Q}(x, y))$ dar. — Zum Beweis dieser Aussage schreiben wir (3.11) in der Form

$$z = \nu w + \tau;\quad \nu = \frac{1}{\lambda},\ \tau = -\frac{\mu}{\lambda} \tag{3.12}$$

auf. Für den Kreis $\mathbf{k}$,

$$\mathcal{K}(a, b, c)\colon \mathfrak{Q}(z) + ax_1 + bx_2 + c = 0,$$

erhalten wir dann mit (3.10) und (3.12)

$$(p\nu\bar{\nu})\, w\bar{w} + \tilde{a}x_1' + \tilde{b}x_2' + \tilde{c} = 0 \tag{3.13}$$

mit geeigneten $\tilde{a}, \tilde{b}, \tilde{c} \in \mathfrak{K}$ und $0 \neq p\nu\bar{\nu} \in \mathfrak{K}$. Dabei ist außerdem gesetzt:

$$w = x_1' + x_2'\delta. \tag{3.14}$$

Wegen $|\mathbf{k}| \geq 3$ gilt $|\mathbf{k}^\varphi| \geq 3$. Also ist (3.13) die Gleichung eines Kreises $\mathbf{k}'$. Es gilt $\mathbf{k}^\varphi \subseteq \mathbf{k}'$. Geht man mit φ^{-1} von (3.13) zu $\mathbf{k}$ über, so erhält man außerdem $(\mathbf{k}')^{\varphi^{-1}} \subseteq \mathbf{k}$, also zusammen $\mathbf{k}' = \mathbf{k}^\varphi$.

Schließlich überführt die affine Abbildung (3.11) Geraden in Geraden.

Die Gruppe $\Gamma(\mathfrak{L})$ wird erzeugt durch die Stürzung ζ mitsamt den Abbildungen (3.11). Sie enthält also nur Kreisverwandtschaften. Offenbar ist $\mathfrak{K}' := \mathfrak{K} \dot\cup \{\infty\}$ ein Kreis, nämlich neben ∞ die Gerade mit der

---

[61] In speziellen Fällen handelt es sich sogar um den identischen Automorphismus von $\mathfrak{L}$.

Gleichung

$$x_2 = 0.$$

Also ist jede Punktmenge $(\mathfrak{K}')^\gamma$, $\gamma \in \Gamma(\mathfrak{L})$ ebenfalls ein Kreis von $\Sigma(\mathfrak{K}, \mathfrak{Q}(x, y))$. Ist umgekehrt ein beliebiger Kreis $\mathbf{k}$ von $\Sigma(\mathfrak{K}, \mathfrak{Q}(x, y))$ gegeben, so seien P, Q, R verschiedene Punkte auf $\mathbf{k}$; solche gibt es wegen $|\mathbf{k}| \geq 3$. Ist $\gamma \in \Gamma(\mathfrak{L})$ die Abbildung mit

$$\infty \to P, \quad 0 \to Q, \quad 1 \to R,$$

so ist $\mathbf{k}^{\gamma^{-1}}$ ein Kreis von $\Sigma(\mathfrak{K}, \mathfrak{Q}(x, y))$ durch ∞, 0, 1. Wegen $\infty \in \mathbf{k}^{\gamma^{-1}}$ ist $\mathbf{k}^{\gamma^{-1}}$ eine um ∞ erweiterte Gerade. Durch die beiden Punkte

$$0 = 0 + 0\delta, \quad 1 = 1 + 0\delta$$

geht aber genau eine Gerade, nämlich $\mathfrak{K}'$. Damit ist $\mathbf{k}^{\gamma^{-1}} = \mathfrak{K}'$, d.h. $\mathbf{k} = (\mathfrak{K}')^\gamma$. Also ist auch jeder Kreis von $\Sigma(\mathfrak{K}, \mathfrak{Q}(x, y))$ von der Form $(\mathfrak{K}')^\gamma$, $\gamma \in \Gamma(\mathfrak{L})$. Damit haben wir

Satz 3.1. *Die Geometrien $\Sigma(\mathfrak{K}, \mathfrak{Q}(x, y))$ und $\Sigma(\mathfrak{K}, \mathfrak{L})$ sind isomorph. Dabei ist*

$$\mathfrak{L} := \{a + b\alpha \mid a, b \in \mathfrak{K}\}$$

die quadratische Erweiterung von $\mathfrak{K}$ mit $\mathfrak{Q}(\alpha, 1) = 0$.

Auf Grund dieses Satzes 3.1 geben wir den Erörterungen von Abschnitt 2 dieses Paragraphen die abschließende Form

Satz 3.2: *Die Klasse der Möbiusebenen, die dem einfachen Satz von Miquel,* (M), *genügen, ist identisch mit der Klasse der Möbiusgeometrien* $\Sigma(\mathfrak{K}, \mathfrak{L})$, $(\mathfrak{L} : \mathfrak{K}) = 2$.

Dabei beachten wir, daß bei der Möbiusgeometrie $\Sigma(\mathfrak{K}, \mathfrak{L})$, $(\mathfrak{L} : \mathfrak{K}) = 2$, die Berührrelation scharf ist (Satz 2.2 von § 4, Kapitel II) also eine Möbiusebene vorliegt. Außerdem gilt ja in jeder Möbiusgeometrie $\Sigma(\mathfrak{K}, \mathfrak{L})$ der Satz von Miquel.

4. Weitere Kennzeichnungen von Möbiusgeometrien $\Sigma(\mathfrak{K}, \mathfrak{L})$, $(\mathfrak{L} : \mathfrak{K}) = 2$. Euklidische Möbiusebenen

Es gilt

Lemma 4.1. *Gegeben sei eine Möbiusebene Σ mit* SP-*Gruppe Γ. Dann gilt $\Sigma \cong \Sigma(\mathfrak{K}, \mathfrak{L})$, wo $\Sigma(\mathfrak{K}, \mathfrak{L})$ eine Möbiusgeometrie mit $(\mathfrak{L} : \mathfrak{K}) = 2$ und $\Gamma \cong \Gamma(\mathfrak{L})$ ist. Umgekehrt ist, wie bereits bewiesen wurde, jede Möbiusgeometrie $\Sigma(\mathfrak{K}, \mathfrak{L})$, $(\mathfrak{L} : \mathfrak{K}) = 2$, eine Möbiusebene, in der $\Gamma(\mathfrak{L})$ eine* SP-*Gruppe ist.*

Der Beweis folgt unmittelbar aus Satz 1.4, wobei

$$\mathfrak{B} := \{(\mathbf{a}, P, \mathbf{b}) \mid \mathbf{a} = \mathbf{b} \ni P \text{ oder } \mathbf{a} \cap \mathbf{b} = \{P\}\}$$

zugrunde liegt, mit Hilfe von Satz 2.2 von Kapitel II, § 4.

Wir wissen bereits (§ 2, Abschnitt 1), daß zu jeder Möbiusgeometrie $\Sigma(\mathfrak{K}, \mathfrak{L})$ eine Büschelgruppe gehört, die zu $\mathfrak{L}^\times/\mathfrak{K}^\times$ isomorph ist. Es gilt

Satz 4.1. *Gegeben sei eine Möbiusebene Σ mit Büschelgruppe $\mathfrak{G}$. Dann gilt $\Sigma \cong \Sigma(\mathfrak{K}, \mathfrak{L})$, wo $\Sigma(\mathfrak{K}, \mathfrak{L})$ eine Möbiusgeometrie mit $(\mathfrak{L} : \mathfrak{K}) = 2$ ist.*

Beweis. Wegen Satz 1.5c gilt in Σ der Satz von Miquel. Dann folgt aber Satz 4.1 aus Satz 3.2. ▯

Gegeben sei ein kommutativer Körper $\mathfrak{K}$. Die Teilmenge $\mathbf{P}$ von $\mathfrak{K}$ heißt eine *Anordnung von* $\mathfrak{K}$, wenn die beiden folgenden Eigenschaften erfüllt sind:

(i) *Für jedes $x \in \mathfrak{K}$ gilt eine und nur eine der Bedingungen* $x \in \mathbf{P}$, $\quad x = 0$, $\quad -x \in \mathbf{P}$.

(ii) *Aus $x, y \in \mathbf{P}$ folgt $x + y \in \mathbf{P}$ und $xy \in \mathbf{P}$.*

Ein *angeordneter Körper* ist eine Struktur, die sich zusammensetzt aus einem Körper $\mathfrak{K}$ mitsamt einer Anordnung $\mathbf{P}$ von $\mathfrak{K}$. Gegeben sei nun ein angeordneter Körper $\mathfrak{K}, \mathbf{P}$. Dann heißen genau die Elemente $x \in \mathbf{P}$ die (bezüglich $\mathbf{P}$) *positiven* Elemente von $\mathfrak{K}$, und die Elemente $x \in \mathfrak{K}$ mit $-x \in \mathbf{P}$ die *negativen* Elemente von $\mathfrak{K}$. Aus (i) folgt $0 \notin \mathbf{P}$. Somit besagt (i), daß

$$\mathfrak{K} = \mathbf{P} \cup \{0\} \cup \{x \mid -x \in \mathbf{P}\}$$

gilt, wo $\mathbf{P}$, $\{0\}$, $-\mathbf{P} \equiv \{x \mid -x \in \mathbf{P}\}$ paarweise disjunkte Mengen sind. Ein Element von $\mathfrak{K}$ ist also entweder positiv oder negativ oder gleich Null. Anstelle von $y - x \in \mathbf{P}$ schreibt man auch $x < y$ (x kleiner als y) oder $y > x$ (y größer als x). Ein Element $x \in \mathfrak{K}$ ist also genau dann positiv, wenn $x > 0$ ist; negativ, wenn $x < 0$ gilt. Es ist $x \leq y$ (oder $y \geq x$) eine Abkürzung für $x < y$ oder $x = y$. Aus (i), (ii) ergeben sich leicht Rechenregeln für Ungleichungen wie z.B.

$$x \leq y \text{ und } y \leq z \text{ implizieren } x \leq z,$$

$$x \leq y \text{ ergibt } x + z \leq y + z \text{ für jedes } z \in \mathfrak{K},$$

$$x \leq y \text{ ergibt } xz \leq yz \text{ für jedes } z \geq 0,\ z \in \mathfrak{K},$$

$$x \leq y \text{ und } y \leq x \text{ implizieren } x = y.$$

Für $a \neq 0$ erhalten wir im Falle $a \in \mathbf{P}$ auch $a^2 \in \mathbf{P}$ und im Falle $a \notin \mathbf{P}$ wegen $-a \in \mathbf{P}$ ebenfalls $a^2 = (-a)(-a) \in \mathbf{P}$. Bei einem angeordneten Körper ist also jedes von Null verschiedene Quadrat positiv. Mit

$1 = 1^2 \in \mathbf{P}$ gilt nach (ii)

$$1 + 1 + \cdots + 1 \in \mathbf{P}$$

für jede endliche Summe. Wegen $0 \notin \mathbf{P}$ hat also jeder angeordnete Körper Charakteristik 0.

Ein *euklidischer Körper* ist ein angeordneter Körper $\mathfrak{K}$, $\mathbf{P}$, in dem jedes nichtnegative Element ein Quadrat ist, d.h. in dem zu jedem $x \geq 0$ ein $y \in \mathfrak{K}$ mit $x = y^2$ existiert. Es gilt: Ein euklidischer Körper besitzt genau eine Anordnung. Sei zum Beweise $\mathbf{Q}$ eine Teilmenge von $\mathfrak{K}$, die den Eigenschaften (i), (ii) genügt. Ist $x \in \mathbf{P}$, so gilt $x = y^2 = (-y)(-y)$, also $x \in \mathbf{Q}$ nach (ii) für $\mathbf{Q}$. Damit ist $\mathbf{P} \subseteq \mathbf{Q}$. Angenommen, es gäbe ein $x \in \mathbf{Q}$ mit $x \notin \mathbf{P}$. Dann wäre wegen $x \neq 0$ aber $-x \in \mathbf{P} \subseteq \mathbf{Q}$. Somit müßte $\mathbf{Q}$ die Elemente x und $-x$ enthalten, was nicht stimmt. Bei einem euklidischen Körper ist also die Anordnung durch

$$\mathbf{P} = \{t^2 \mid 0 \neq t \in \mathfrak{K}\}$$

gegeben.

Der Körper der rationalen Zahlen ist ein angeordneter Körper mit der üblichen Anordnung. Er ist kein euklidischer Körper. Der Körper der reellen Zahlen ist ein euklidischer Körper.

Eine Möbiusebene $\Sigma(\mathfrak{K}, \mathfrak{L})$, $(\mathfrak{L} : \mathfrak{K}) = 2$, bei der $\mathfrak{K}$ ein euklidischer Körper ist, heißt eine *euklidische Möbiusebene.*

Bei einer euklidischen Möbiusebene $\Sigma(\mathfrak{K}, \mathfrak{L})$ gilt

$$\mathfrak{L} = \{a + bi \mid a, b \in \mathfrak{K}\} \text{ mit } i^2 = -1.$$

Denn ist $1, \alpha$ eine Basis von $\mathfrak{L}$ über $\mathfrak{K}$, so gilt $\alpha^2 + m\alpha + n = 0$ mit geeigneten Elementen $m, n \in \mathfrak{K}$. Wegen $\alpha \notin \mathfrak{K}$ ist $\left(\frac{m}{2}\right)^2 - n$ kein Quadrat (in $\mathfrak{K}$). Also ist

$$\left(\frac{m}{2}\right)^2 - n < 0, \text{ d.h. } n - \left(\frac{m}{2}\right)^2 > 0, \text{ d.h. } n - \left(\frac{m}{2}\right)^2 = t^2$$

mit einem geeigneten $t \in \mathfrak{K}$, $t \neq 0$. Für $i := \frac{m}{2t} + \frac{1}{t}\alpha$ gilt $i \notin \mathfrak{K}$ und $i^2 = -1$. Außerdem muß auch $1, i$ eine Basis von $\mathfrak{L}$ über $\mathfrak{K}$ sein, was wir beweisen wollten.

Bei einem euklidischen Körper existiert also genau eine quadratische Körpererweiterung.

Die euklidischen Möbiusebenen können begründungstheoretisch als Endstufe der diskreten ebenen Möbiusgeometrie aufgefaßt werden. — Sei $\mathrm{A}^2(\mathfrak{K})$ die affine Ebene über dem euklidischen Körper $\mathfrak{K}$. Dann kann man einen Kreis $\mathbf{k}$ von $\Sigma(\mathfrak{K}, \mathfrak{L}) \cong \Sigma(\mathfrak{K}, x^2 + y^2)$, der nicht durch ∞ geht, darstellen als Menge der Punkte (x_1, x_2) von $\mathrm{A}^2(\mathfrak{K})$ mit

$$(x_1 - m_1)^2 + (x_2 - m_2)^2 = r^2, \; 0 < r \in \mathfrak{K},$$

wo $M = (m_1, m_2)$, $m_1, m_2 \in \mathfrak{K}$, ein eindeutig dem Kreis **k** zugeordneter Punkt, der „Mittelpunkt“, ist, und wo $r > 0$ ebenfalls eindeutig **k** als „Radius“ zugewiesen ist. Versteht man unter dem Abstand $|X, Y|$ der Punkte

$$X = (x_1, x_2), \quad Y = (y_1, y_2)$$

den Wert

$$|X, Y| := \sqrt{(x_1 - y_1)^2 - (x_2 - y_2)^2}$$

(der Radikand der Wurzel ist nichtnegativ, also Quadrat), so ist $X \in \mathbf{k}$ gleichbedeutend mit

$$|X, M| = r$$

für alle $X \in \mathbf{k}$. Durch jeden Punkt P, für den $|P, M| > r$ ist, gibt es genau zwei Tangenten (Kreise durch ∞, die **k** berühren); für die Berührpunkte B dieser Tangenten gilt

$$|P, B|^2 = |M, P|^2 - r^2.$$

Nennt man

$$\pi(P, \mathbf{k}) = |M, P|^2 - r^2$$

die *Potenz* des Punktes P bezüglich **k**, ist **g** eine orientierte Gerade durch P, die **k** in den Punkten S, T schneidet, so ist $\pi(P, \mathbf{k})$ gleich dem Produkt der gemäß der Orientierung von **g** mit Vorzeichen zu versehenden Größen $|P, S|$, $|P, T|$ (Sekantentangentensatz).

Über euklidische Möbiusebenen beweisen wir

Satz 4.2. *Sei Σ eine Möbiusebene. Dann sind die folgenden Aussagen gleichwertig:*

(a) *Σ gestattet eine minimal dreifach transitive Gruppe Γ von Kreisverwandtschaften so, daß jede Abbildung γ von Γ wenigstens einen Fixpunkt besitzt.*
(b) *Σ ist euklidisch.*

Der Beweis erfolgt in mehreren Schritten. Dabei übergehen wir den vollständigen Beweis dafür, daß (a) aus (b) folgt, wenn $\Gamma = \Gamma(\mathfrak{L})$ unterlegt ist: Mit früheren Überlegungen bleibt nur noch zu bestätigen, daß bei euklidischem $\mathfrak{K}$ jedes $\gamma \in \Gamma(\mathfrak{L})$, $(\mathfrak{L} : \mathfrak{K}) = 2$, wenigstens einen Fixpunkt besitzt.

a) Sind P, Q, R, S verschiedene Punkte einer Möbiusebene Σ, die (a) genügt, so gibt es eine Abbildung γ aus Γ mit

$$P \to Q, \quad Q \to P, \quad R \to S, \quad S \to R.$$

Beweis. Ist γ die Abbildung aus Γ mit $P \to Q$, $Q \to P$, $R \to S$, so beachte man nach (a), daß es einen Punkt T mit $T^\gamma = T$ gibt. Es ist gewiß $T \neq P, Q, R, S$.

Da γ^2 die Fixpunkte P, Q, T besitzt, gilt $\gamma^2 = 1$ nach (a). Also ist $S^\gamma = R^{\gamma^2} = R$. ▯

Aufgrund von Lemma 4.1 ist damit Σ isomorph zu einer Möbiusgeometrie $\Sigma(\mathfrak{K}, \mathfrak{L})$ mit $(\mathfrak{L}: \mathfrak{K}) = 2$ und $\Gamma \cong \Gamma(\mathfrak{L})$. (Natürlich geht über diese letztere Isomorphie hinaus sogar Γ in $\Gamma(\mathfrak{L})$ über bei der Identifizierung von Σ und $\Sigma(\mathfrak{K}, \mathfrak{L})$.) Wir wollen zeigen, daß $\mathfrak{K}$ euklidischer Körper ist. Sei zunächst $\mathfrak{L} = \{a + b\alpha \mid a, b \in \mathfrak{K}\}$ gesetzt mit

$$\alpha^2 = m\alpha + n, \quad m, n \in \mathfrak{K}.$$

Wegen $\alpha \notin \mathfrak{K}$ ist hier $n \neq 0$. Wir zeigen nun

b) char $\mathfrak{K} \neq 2$.

Beweis. Angenommen, char $\mathfrak{K} = 2$.

1. Fall: $m \neq 0$.

Sei γ die Abbildung aus $\Gamma(\mathfrak{L})$ mit

$$\infty \to 0, \quad 0 \to \frac{n}{m^3}\alpha, \quad 1 \to \infty.$$

Sei $c + d\alpha$, $c, d \in \mathfrak{K}$, ein nach (a) vorhandener Fixpunkt[62] von γ. Gewiß ist

$$c + d\alpha \neq 0, 1, \frac{n}{m^3}\alpha.$$

Dann gilt

$$\begin{bmatrix} \infty & 0 \\ c + d\alpha & 1 \end{bmatrix} = \begin{bmatrix} 0 & \frac{n}{m^3}\alpha \\ c + d\alpha & \infty \end{bmatrix},$$

d.h. wegen char $\mathfrak{K} = 2$

$$(dm^2)^2 = n + m(dm^2).$$

Das ergäbe aber den Widerspruch $\alpha \in \mathfrak{K}$.

2. Fall: $m = 0$.

Wir betrachten die Abbildung $\gamma \in \Gamma(\mathfrak{L})$ mit

$$\infty \to 0, \quad 0 \to \infty, \quad 1 \to \alpha,$$

die den Fixpunkt $c + d\alpha$ haben möge. Es ist $c + d\alpha \neq 0, 1, \alpha$. Es folgt

$$\begin{bmatrix} \infty & 0 \\ c + d\alpha & 1 \end{bmatrix} = \begin{bmatrix} 0 & \infty \\ c + d & \alpha \end{bmatrix},$$

d.h. $\alpha = c^2 + d^2\alpha^2 = c^2 + d^2 n \in \mathfrak{K}$, was nicht zutrifft. ▯

---

[62] Ein solcher muß von vornherein $\neq \infty$ sein, da ja doch ∞ wegen $\infty \to 0$ kein Fixpunkt ist.

Mit Hilfe der Tatsache, daß char $\mathfrak{K} \neq 2$ ist, gehen wir zu der Basis

$$1, \; \tau := \alpha - \frac{m}{2}$$

von $\mathfrak{L}$ über $\mathfrak{K}$ über anstelle von $1, \alpha$. Es gilt also

$$\tau^2 = r := \left(\frac{m}{2}\right)^2 + n.$$

Wir beweisen nun:

c) Die multiplikative Gruppe $\mathfrak{K}^\times$ von $\mathfrak{K}$ zerfällt nach der Untergruppe $\mathfrak{Q}$ der Quadrate in genau zwei verschiedene Klassen.

Beweis. Es gilt

$$\text{(4.1)} \qquad \mathfrak{K}^\times = \mathfrak{Q} \cup (r\mathfrak{Q}), \qquad r\mathfrak{Q} := \{rq \mid q \in \mathfrak{Q}\},$$

und

$$\text{(4.2)} \qquad \mathfrak{Q} \cap (r\mathfrak{Q}) = \emptyset.$$

Die Aussage (4.2) liegt wegen $\tau^2 = r$, $\tau \notin \mathfrak{K}$, auf der Hand. Um (4.1) nachzuweisen, sei ein $b \in \mathfrak{K}^\times - \mathfrak{Q}$ hergenommen. Wegen $b \neq 1$ besitzt die Abbildung $\gamma \in \Gamma(\mathfrak{L})$ mit

$$\infty \to 0, \quad 0 \to \infty, \quad 1 \to b$$

einen Fixpunkt $c + d\tau \neq 0, 1$. Aus

$$\begin{bmatrix} \infty & 0 \\ c + d\tau & 1 \end{bmatrix} = \begin{bmatrix} 0 & \infty \\ c + d\tau & b \end{bmatrix}$$

folgt

$$c^2 + d^2 r + 2cd\tau = b;$$

damit ist

$$c^2 + d^2 r = b, \quad 2cd = 0.$$

Im Falle $d = 0$ hätte man $b = c^2 \in \mathfrak{Q}$, was $b \in \mathfrak{K}^\times - \mathfrak{Q}$ widerspricht. Es folgt also $c = 0$ und hieraus $b = rd^2 \in r\mathfrak{Q}$. Damit gilt (4.1). $\square$

d) Es ist $-1 \in r\mathfrak{Q}$.

Beweis. Die Abbildung $\gamma \in \Gamma(\mathfrak{L})$,

$$\infty \to 0, \quad 0 \to \infty, \quad 1 \to \tau,$$

besitzt einen Fixpunkt $c + d\tau \neq 0, 1, \tau$. Aus

$$\begin{bmatrix} \infty & 0 \\ c + d\tau & 1 \end{bmatrix} = \begin{bmatrix} 0 & \infty \\ c + d\tau & \tau \end{bmatrix}$$

folgt

$$c^2 + d^2 r + 2cd\tau = \tau,$$

was

$$c^2 + d^2 r = 0 \quad \text{und} \quad 2cd = 1$$

ergibt. Es ist also $c \neq 0$, $d \neq 0$ und weiter

(4.3) $$-1 = r\left(\frac{d}{c}\right)^2 \in r\mathfrak{Q}. \quad \square$$

Mit Hilfe von (4.3) gehen wir zur Basis

$$1,\ i := \frac{d}{c}\tau$$

von $\mathfrak{L}$ über $\mathfrak{K}$ über. Es gilt also mit (4.3)

$$i^2 = -1.$$

e) $\mathfrak{K}$ ist ein euklidischer Körper.

Beweis. Wir haben zu zeigen, daß $\mathfrak{Q}$ eine Anordnung von $\mathfrak{K}$ ist. Es müssen also die folgenden Eigenschaften nachgeprüft werden:

(i) Für jedes $x \in \mathfrak{K}$ gilt eine und nur eine der Bedingungen
$x \in \mathfrak{Q}, \quad x = 0, \quad -x \in \mathfrak{Q}$.

(ii) Aus $x, y \in \mathfrak{Q}$ folgt $x + y \in \mathfrak{Q}$ und $xy \in \mathfrak{Q}$.

Wegen (4.1), (4.2), (4.3) gilt

$$\mathfrak{K}^\times = \mathfrak{Q} \cup (-\mathfrak{Q}), \quad \mathfrak{Q} \cap (-\mathfrak{Q}) = \emptyset.$$

Daraus ergibt sich (i). Aus $x, y \in \mathfrak{Q}$ folgt gewiß $xy \in \mathfrak{Q}$; es folgt aber auch $x + y \in \mathfrak{Q}$: Wegen $x, y \in \mathfrak{Q}$ gibt es Größen $a, b \in \mathfrak{K}^\times$ mit $x = a^2$, $y = b^2$. Es gilt

(4.4) $$x + y \neq 0,$$

da sonst $-1 = \left(\frac{a}{b}\right)^2 \in \mathfrak{Q}$ entgegen d) wäre. Die Abbildung $\gamma \in \Gamma(\mathfrak{L})$,

$$\infty \to 0, \quad 0 \to \infty, \quad 1 \to a + bi,$$

besitzt einen Fixpunkt $c + di \neq 0, 1, a + bi$.

Aus

$$\begin{bmatrix} \infty & 0 \\ c + di & 1 \end{bmatrix} = \begin{bmatrix} 0 & \infty \\ c + di & a + bi \end{bmatrix}$$

folgt

$$c^2 - d^2 + 2cdi = a + bi$$

bzw.

$$a = c^2 - d^2 \quad \text{und} \quad b = 2cd.$$

Hiermit ist

$$x + y = a^2 + b^2 = (c^2 + d^2)^2 \in \mathfrak{Q} \cup \{0\}$$

bzw. wegen (4.4) sogar $x + y \in \mathfrak{Q}$. □

Damit ist Satz 4.2 bewiesen.

Unter einer *Figur F* verstehen wir vier verschiedene Kreise, die sich paarweise berühren in insgesamt sechs verschiedenen Punkten. In der miquelschen Möbiusebene $\Sigma(\mathfrak{K}, \mathfrak{L})$ existieren Figuren F dann und nur dann, wenn $\mathfrak{L} = \mathfrak{K}(i \mid i^2 = -1)$ gilt. In solchen Möbiusebenen haben die Kreise, die nicht durch ∞ gehen, in der affinen Ebene über $\mathfrak{K}$ die Gleichung

$$(x - m)^2 + (y - n)^2 = \mathrm{r}$$

wo r irgend ein pseudo-positives Element von $\mathfrak{K}$ sei. Dabei heiße $t \in \mathfrak{K}$ *pseudo-positiv*, wenn $r \neq 0$ ist und außerdem Elemente $\alpha, \beta \in \mathfrak{K}$ existieren mit $r = \alpha^2 + \beta^2$. (In einem euklidischen Körper fallen die Begriffe positiv und pseudo-positiv zusammen.)

5. Ebene Schnitte einer Quadrik

Wir betrachten die miquelsche Möbiusebene $\Sigma(\mathfrak{K}, \mathfrak{Q}(x, y))$ (s. Abschnitt 3). Gegeben sei ferner der dreidimensionale affine Raum $\mathrm{A}^3(\mathfrak{K})$ über $\mathfrak{K}$. Unter der Quadrik $\mathbf{Q}$ verstehen wir die Punktmenge

$$\mathbf{Q} := \{(x_1, x_2, x_3) \mid \mathfrak{Q}(x_1, x_2) = x_3\}, \tag{5.1}$$

wobei mit (x_1, x_2, x_3), $x_1, x_2, x_3 \in \mathfrak{K}$, die Punkte von $\mathrm{A}^3(\mathfrak{K})$ bezeichnet sind. Die Punkte und Geraden der Ebene

$$\Delta\colon\ x_3 = 0$$

können als die affine Ebene $\mathrm{A}^2(\mathfrak{K})$ aufgefaßt werden. In dieser um ∞ erweiterten Ebene betrachten wir die Möbiusebene $\Sigma(\mathfrak{K}, \mathfrak{Q})$. Wir wollen jetzt $\mathbf{Q}$ eineindeutig auf die Menge der Punkte von $\mathrm{A}^2(\mathfrak{K})$ beziehen

$$\sigma\colon\ (x_1, x_2, x_3)\ (\in \mathbf{Q}) \to (x_1, x_2). \tag{5.2}$$

Daß dies eine Abbildung ist, liegt auf der Hand. Sie ist injektiv: Hätte man verschiedene Punkte

$$(x_1, x_2, x_3),\ (x_1, x_2, \tilde{x}_3) \text{ auf } \mathbf{Q},$$

so wäre

$$x_3 = \mathfrak{Q}(x_1, x_2) = \tilde{x}_3$$

ein Widerspruch.

Die Abbildung

$$\sigma\colon \mathbf{Q} \to \Delta$$

ist bijektiv: Ausgehend von $(x_1, x_2, 0)$ ist $(x_1, x_2, \mathfrak{Q}(x_1, x_2))$ ein Urbild.

Wir nehmen jetzt einen weiteren — bisher nicht zu $\mathbb{A}^3(\mathfrak{K})$ gehörenden — fiktiven Punkt Z, sozusagen das Projektionszentrum von σ, mit in die Betrachtung. Es sei

$$\overline{\mathbf{Q}} := \mathbf{Q} \cup \{Z\}.$$

Fernerhin erweitern wir jede Ebene, die zur x_3-Achse parallel ist, um Z. Setzen wir noch

$$Z^\sigma = \infty,$$

so ist σ eine bijektive Abbildung von $\overline{\mathbf{Q}}$ auf die Menge $\Delta \cup \{\infty\}$ der Punkte von $\Sigma(\mathfrak{K}, \mathfrak{Q})$. Zu jeder Ebene $\mathbf{E}$ (hier sei stillschweigend Z hinzugefügt falls $\mathbf{E} \parallel x_3$-Achse gilt), die wenigstens zwei verschiedene Punkte mit $\overline{\mathbf{Q}}$ gemeinsam hat, nennen wir

$$\mathbf{E} \cap \overline{\mathbf{Q}}$$

einen *ebenen Schnitt.*

Wir wollen zeigen, daß das σ-Bild eines jeden ebenen Schnittes ein Kreis ist, und daß umgekehrt das Urbild eines jeden Kreises von $\Sigma(\mathfrak{K}, \mathfrak{Q})$ ein ebener Schnitt ist. Zum Beweise sei die Ebene

$$\mathbf{E}_{a,b,c,d}\colon\ ax_1 + bx_2 + cx_3 + d = 0$$

mit $|\mathbf{E}_{a,b,c,d} \cap \overline{\mathbf{Q}}| \geq 2$ betrachtet. Dann ist aber

$$(\mathbf{E}_{a,b,c,d} \cap \overline{\mathbf{Q}})^\sigma = \{(x_1, x_2) \mid c\,\mathfrak{Q}(x_1, x_2) + ax_1 + bx_2 + d = 0\}$$[63]

ein Kreis: Dies ist klar für $c \neq 0$. Des weiteren charakterisiert $c = 0$ die Tatsache, $Z \in \mathbf{E}_{a,b,c,d}$. Im Falle $c = 0$ sind natürlich nicht a, b beide Null, da $\mathbf{E}_{a,b,c,d}$ eine Ebene ist. Ist umgekehrt der Kreis

$$\mathbf{k}\colon\ t\mathfrak{Q}(x_1, x_2) + ax_1 + bx_2 + c = 0$$

gegeben, so ist

$$(\mathbf{E}_{a,b,t,c} \cap \overline{\mathbf{Q}})^\sigma = \mathbf{k}.$$

Anmerkung. Die Rolle des Punktes Z wird deutlicher, wenn wir $\mathbb{A}^3(\mathfrak{K})$ projektiv abschließen. Dann ist Z der uneigentliche Punkt der x_3-Achse und damit der einzige uneigentliche Punkt, der im projektiven Abschluß von

$$\mathfrak{Q}(x_1, x_2) = x_3 x_4$$

---

[63] Vereinigt mit $\{\infty\}$ falls $c = 0$ ist.

liegt. Jetzt gehört ohne jede weitere Zusatzdefinition Z zum projektiven Abschluß aller Ebenen $\mathbf{E}_{a,b,0,d}$. Zu diesem Abschluß gehören dann aber auch noch weitere Punkte, die in unserer Betrachtung keine Rolle spielen.

Im klassischen Fall $\mathfrak{K} = \mathbb{R}$, $\mathfrak{Q}(x, y) = x^2 + y^2$, ist $\mathbf{Q}$ offenbar ein elliptisches Paraboloid. In diesem Fall würde man an Stelle von $\mathbf{Q}$ lieber mit einer Kugel gearbeitet haben (s. Kapitel I), jedoch ist dies im allgemeinen nicht möglich. Man beachte in diesem Zusammenhang, daß bei unserer Erörterung nicht einmal char $\mathfrak{K} = 2$ ausgeschlossen war.

6. Orthogonalität. Beziehungen zu Anordnungseigenschaften

Im folgenden Abschnitt seien $\mathfrak{K}$, $\mathfrak{L} \supset \mathfrak{K}$ stets kommutative Körper mit $(\mathfrak{L}: \mathfrak{K}) = 2$. Dann heißt $\mathfrak{L}$ *separable*, bzw. *inseparable* (*quadratische*) *Erweiterung* von $\mathfrak{K}$, wenn die Zahl der Automorphismen von $\mathfrak{L}$, die $\mathfrak{K}$ elementweise festlassen, genau zwei bzw. genau eins ist. Es gilt

Lemma 6.1. *Im Falle* char $\mathfrak{K} \neq 2$ *ist* $\mathfrak{L}$ *immer separable* (*quadratische*) *Erweiterung von* $\mathfrak{K}$. *Im Falle* char $\mathfrak{K} = 2$ *sind die folgenden Aussagen gleichwertig*:

(1) $\mathfrak{L}$ *ist inseparabel über* $\mathfrak{K}$.
(2) *Es gibt ein* $\alpha \in \mathfrak{L} - \mathfrak{K}$ *mit* $\alpha^2 \in \mathfrak{K}$.
(3) *Für jedes* $\beta \in \mathfrak{L} - \mathfrak{K}$ *gilt* $\beta^2 \in \mathfrak{K}$.
(4) *Ist* $\gamma \in \mathfrak{L} - \mathfrak{K}$ *und gilt* $\gamma^2 = p\gamma + q$ *mit Elementen* $p, q \in \mathfrak{K}$, *so folgt* $p = 0$.

Beweis. Sei

$$\mathfrak{L} = \{a + b\alpha \mid a, b \in \mathfrak{K}\},$$

$$\alpha \in \mathfrak{L} - \mathfrak{K}, \quad \alpha^2 =: m\alpha + n, \quad m, n \in \mathfrak{K}.$$

Ein Automorphismus σ von $\mathfrak{L}$, der $\mathfrak{K}$ elementweise festläßt, ist bereits durch seine Wirkung auf α festgelegt:

$$(a + b\alpha)^\sigma = a + b\alpha^\sigma. \tag{6.1}$$

Aus $\alpha^2 = m\alpha + n$ folgt aber

$$(\alpha^\sigma)^2 = m(\alpha^\sigma) + n. \tag{6.2}$$

Wenn wir nun zeigen, daß die Gleichung

$$x^2 = mx + n \tag{6.3}$$

höchstens zwei Lösungen $x \in \mathfrak{L}$ hat, wissen wir, daß $\mathfrak{L}$ höchstens zwei Automorphismen besitzt, die $\mathfrak{K}$ elementweise festlassen.

Aus

$$(x - \alpha)(x - (m - \alpha)) = x^2 - mx - n$$

folgt aber, daß (6.3) nur die Lösungen

$$x = \alpha, \quad x = m - \alpha$$

besitzt. — Mit (6.2) ist also

$$\alpha^\sigma \in \{\alpha, m - \alpha\}.$$

Es ist (6.1) im Falle $\alpha^\sigma = \alpha$ der identische Automorphismus von $\mathfrak{L}$. Es stellt (6.1) auch für

$$\alpha^\sigma = m - \alpha \tag{6.4}$$

einen Automorphismus von $\mathfrak{L}$ dar, der $\mathfrak{K}$ elementweise festläßt. Dieser zweite Automorphismus kann im Falle char $\mathfrak{K} \neq 2$ nicht die Identität sein, da sonst

$$\alpha = m - \alpha,$$

d.h.

$$\alpha = \frac{m}{2} \in \mathfrak{K}$$

wäre.

Also ist im Falle char $\mathfrak{K} \neq 2$ $\mathfrak{L}$ stets separable (quadratische) Erweiterung von $\mathfrak{K}$. — Gilt nun im Falle char $\mathfrak{K} = 2$ die Bedingung (1), so muß der Automorphismus (6.1), (6.4) der identische sein. Dies ergibt

$$\alpha = m - \alpha = m + \alpha, \text{ d.h. } m = 0.$$

Damit gilt (2) wegen $\alpha^2 = m\alpha + n = n \in \mathfrak{K}$. Gelte nun (2) im Verein mit char $\mathfrak{K} = 2$. Wir wollen (3) nachweisen: Mit dem in (2) vorkommenden Element α beziehen wir $\mathfrak{L}$ auf die Basis $1, \alpha$. Für $\beta \in \mathfrak{L} - \mathfrak{K}$ haben wir dann mit geeigneten Elementen $a, b \in \mathfrak{K}$ jedenfalls

$$\beta = a + b\alpha.$$

Damit ist

$$\beta^2 = a^2 + b^2\alpha^2 \in \mathfrak{K}.$$

Also gilt (3).

Gelte nun (3) im Verein mit char $\mathfrak{K} = 2$. Für ein in (4) vorkommendes Element γ gilt also $\gamma^2 \in \mathfrak{K}$ und damit $p\gamma \in \mathfrak{K}$. Hier muß $p = 0$ sein, da sonst γ schon in $\mathfrak{K}$ läge. — Schließlich wollen wir von (4) auf (1) schließen: Für das Basiselement α (s. Beginn dieses Beweises) gilt nach (4) jedenfalls $m = 0$. Der Automorphismus (6.1), (6.4) ist dann aber die Identität. Also gilt (1). ▯

Anmerkungen. 1. Ist $\mathfrak{K}$ ein Körper endlicher Elementezahl, also ein Galoisfeld, von Charakteristik 2, so ist $\mathfrak{L} \supset \mathfrak{K}$, $(\mathfrak{L}: \mathfrak{K}) = 2$, separabel über $\mathfrak{K}$: Aus $a^2 = b^2$, $a, b \in \mathfrak{K}$, folgt nämlich $(a - b)^2 = 0$, d.h. $a = b$. Also ist $a \to a^2$ eine injektive Abbildung von $\mathfrak{K}$ und damit sogar eine bijektive, da $\mathfrak{K}$ nur endlich viele Elemente enthält. Wäre nun $\mathfrak{L}$ inseparabel über $\mathfrak{K}$, so würde nach Lemma 6.1, (2), ein $\alpha \in \mathfrak{L} - \mathfrak{K}$ mit $\alpha^2 = n \in \mathfrak{K}$ existieren, d.h. es würde $\alpha^2 = n = a^2$ mit einem $a \in \mathfrak{K}$ gelten. Dies führt aber auf $(\alpha - a)^2 = 0$, d.h. auf $\alpha = a \in \mathfrak{K}$.

2. Beispiel einer inseparablen quadratischen Körpererweiterung: Sei $\mathfrak{K}_0 = \{0, 1\}$ das Galoisfeld GF(2), sei $\mathfrak{K}$ der Quotientenkörper des Polynomringes $\mathfrak{K}_0[X]$. In $\mathfrak{K}$ ist X kein Quadrat. Also ist

$$\mathfrak{L} = \{a + b\alpha \mid a, b \in \mathfrak{K}\}, \quad \alpha^2 = X,$$

nach Lemma 6.1, (2), eine inseparable quadratische Körpererweiterung von $\mathfrak{K}$. Daß X kein Quadrat in $\mathfrak{K}$ ist, folgt so: Andernfalls wäre

$$X =: \left(\frac{a_0 + a_1X + \cdots + a_nX^n}{b_0 + b_1X + \cdots + b_mX^m}\right)^2$$

mit $a_i, b_i \in \mathfrak{K}_0$, wo nicht alle b_i Null sind. Mit $1 + 1 = 0$ und $c^2 = c$ für $c \in \mathfrak{K}_0$ erhalten wir damit

$$b_0X + b_1X^3 + \cdots + b_mX^{2m+1} = a_0 + a_1X^2 + \cdots + a_nX^{2n},$$

was nur im Falle, daß alle Koeffizienten a_i, b_i Null sind, eine Polynomidentität darstellt.

Vorgelegt sei eine beliebige Möbiusebene Σ. Eine zweistellige Relation $\perp$ auf der Menge der Kreise von Σ heiße eine *Orthogonalitätsrelation* von Σ, wenn die folgenden Eigenschaften erfüllt sind:

(O I) *Aus* $\mathbf{a} \perp \mathbf{b}$ *folgt* $\mathbf{b} \perp \mathbf{a}$ *für alle Kreise* $\mathbf{a}, \mathbf{b}$.

(O II) *Ist* $\mathbf{a} \perp \mathbf{b}$, *so gilt* $|\mathbf{a} \cap \mathbf{b}| = 2$.

(O III) *Zu* $P \in \mathbf{k}$, $Q \neq P$ *gibt es genau einen Kreis* $\mathbf{k}' \ni P, Q$ *mit* $\mathbf{k} \perp \mathbf{k}'$.

Wir beweisen zunächst

Lemma 6.2. *Sei* $\perp$ *eine Orthogonalitätsrelation der Möbiusebene* Σ. *Sind dann* $\mathbf{a}, \mathbf{b}, \mathbf{x}$ *Kreise mit* $\mathbf{a} \perp \mathbf{b}$ *und* $\mathbf{b} \cap \mathbf{x} = \{P\} \subset \mathbf{a}$, *so gilt* $\mathbf{a} \perp \mathbf{x}$.

Beweis. Es gilt $|\mathbf{a} \cap \mathbf{x}| = 2$: Im Falle $\mathbf{a} = \mathbf{x}$ wäre $\mathbf{a} \cap \mathbf{b} = \{P\}$, wo aber doch $|\mathbf{a} \cap \mathbf{b}| = 2$ nach (O II) gilt; im Falle $\mathbf{a} \cap \mathbf{x} = \{P\}$ gingen durch die beiden Punkte aus $\mathbf{a} \cap \mathbf{b}$ zwei verschiedene Kreise, nämlich $\mathbf{a}, \mathbf{b}$, die $\mathbf{x}$ berührten. — Sei $\mathbf{y}$ der nach (O III) eindeutig bestimmte Orthogonalkreis zu $\mathbf{a}$ durch die beiden Punkte aus $\mathbf{a} \cap \mathbf{x}$. Wäre $\mathbf{y} \neq \mathbf{x}$, so müßte $|\mathbf{y} \cap \mathbf{b}| = 2$ sein, da sonst durch $\mathbf{a} \cap \mathbf{x}$ zwei Berührkreise an $\mathbf{b}$ gingen, nämlich $\mathbf{x}, \mathbf{y}$. Dann hätte man aber durch $\mathbf{y} \cap \mathbf{b}$ zwei Orthogonalkreise zu $\mathbf{a}$ (nämlich $\mathbf{y}$ und $\mathbf{b}$) entgegen (O III). ▯

Wichtig im Zusammenhang mit Orthogonalitätsfragen in Möbiusebenen ist der Begriff der (F)-Ebene. Wird unter einem *Berührbüschel* (mit Grundpunkt P) eine maximale Menge von Kreisen durch P, die sich paarweise in P berühren, verstanden, so lautet die Definition einer (F)-Ebene wie folgt: So heiße jede Möbiusebene, die zusätzlich der weiteren Eigenschaft genügt: Berührt ein Kreis (einzeln) drei verschiedene Kreise eines Berührbüschels, so gehört er zu diesem Berührbüschel.

Man erkennt unmittelbar, daß zu jeder Menge von Kreisen, die sich paarweise in einem Punkt P berühren, ein Berührbüschel mit Grundpunkt P existiert, das alle Ausgangskreise enthält.

Wir beweisen:

Satz 6.1. *Eine* (F)-*Ebene* Σ *besitzt höchstens eine Orthogonalitätsrelation.*

Beweis. Gestattet Σ keine oder genau eine Orthogonalitätsrelation, so ist nichts mehr zu beweisen. $\perp$, $\top$ seien also zwei verschiedene Orthogonalitätsrelationen über Σ. Es gibt damit zwei verschiedene Kreise $\mathbf{a}, \mathbf{b}$, für die — bei geeigneter Bezeichnung — zwar $\mathbf{a} \perp \mathbf{b}$, aber nicht $\mathbf{a} \top \mathbf{b}$ gilt. Nach (O II) gilt $|\mathbf{a} \cap \mathbf{b}| = 2$. Sei $\mathbf{a} \cap \mathbf{b} = \{A, B\}$. Es sei $\mathbf{c}$ der nach (O III) (für die Relation $\top$ verwendet) vorhandene Kreis durch A, B mit $\mathbf{c} \top \mathbf{a}$; es gilt also $\mathbf{c} \neq \mathbf{b}$. Es bezeichne P einen beliebigen, aber dann festen Punkt auf $\mathbf{b}$ mit $P \notin \mathbf{a}$. Es sei $\mathbf{p}$ der Berührkreis durch A, P an $\mathbf{a}$. Offenbar gilt $\mathbf{p} \neq \mathbf{c}$. Im Falle $\mathbf{p} \cap \mathbf{c} = \{A\}$ hätte man zwei verschiedene Berührkreise (nämlich $\mathbf{a}$ und $\mathbf{c}$) durch A, B an $\mathbf{p}$. Also gilt $|\mathbf{p} \cap \mathbf{c}| = 2$. Sei $\mathbf{p} \cap \mathbf{c} = \{A, Q\}$. Es ist $P \notin \mathbf{p} \cap \mathbf{c}$, da sonst $\mathbf{b} = (ABP) = \mathbf{c}$ wäre. Der Berührkreis $\mathbf{v}$ durch P, B an $\mathbf{a}$ ist wegen $\mathbf{a} \perp \mathbf{b}$ und $\mathbf{a} \cap \mathbf{v} = \{B\} \subseteq \mathbf{b}$ nach Lemma 6.2 $\perp$-orthogonal zu $\mathbf{b}$; ebenfalls gilt $\mathbf{p} \perp \mathbf{b}$. Damit berühren sich $\mathbf{p}, \mathbf{v}$ in P, da sonst ein Widerspruch zu (O III) bezüglich der Relation $\perp$ vorläge.

Der Berührkreis $\mathbf{w}$ durch Q, B an $\mathbf{a}$ ist $\top$-orthogonal zu $\mathbf{c}$ nach Lemma 6.2 (dieses für die Relation $\top$ benutzt); ebenfalls gilt $\mathbf{p} \top \mathbf{c}$. Damit berühren sich $\mathbf{p}, \mathbf{w}$ in Q, da sonst ein Widerspruch zu (O III) bezüglich der $\top$-Relation vorläge. Wir haben somit drei verschiedene Kreise $\mathbf{a}, \mathbf{v}, \mathbf{w}$ eines Berührbüschels konstruiert, die von $\mathbf{p}$ einzeln berührt werden. (Es ist $\mathbf{v} \neq \mathbf{w}$, da sonst $\mathbf{v} = \mathbf{w}$ die Punkte $P, Q \neq P$ enthielte, also nicht $\mathbf{p}$ berührte.) Da eine (F)-Ebene vorliegt, müßte $B \in \mathbf{p}$ gelten, was wegen $|\mathbf{a} \cap \mathbf{p}| = 1$ nicht stimmt. ▯

Die Frage, die wir jetzt behandeln wollen, lautet: Wieviele Orthogonalitätsrelationen besitzt die miquelsche Möbiusebene $\Sigma(\mathfrak{K}, \mathfrak{L})$, $(\mathfrak{L} : \mathfrak{K}) = 2$? Wir beweisen zunächst

Satz 6.2. $\Sigma(\mathfrak{K}, \mathfrak{L})$, $(\mathfrak{L} : \mathfrak{K}) = 2$, *ist genau dann* (F)-*Ebene, wenn* $\mathfrak{L}$ *separable Erweiterung von* $\mathfrak{K}$ *ist.*

Beweis. Sei $\Sigma(\mathfrak{K}, \mathfrak{L})$ keine (F)-Ebene. Seien dann $\mathbf{a}', \mathbf{b}', \mathbf{c}'$ drei verschiedene Kreise eines Berührbüschels (Grundpunkt G'), die von dem

Kreis $\mathbf{k}'$ bzw. in den verschiedenen Punkten A', B', C' berührt werden. Wir überführen vermittels eines $\gamma \in \Gamma(\mathfrak{L})$ den Punkt G' nach ∞, A' nach 0, weiterhin einen von G', A' verschiedenen Punkt des Kreises $\mathbf{a}'$ nach 1. Die Bildkreise $\mathbf{a}, \mathbf{b}, \mathbf{c}$ der Kreise $\mathbf{a}', \mathbf{b}', \mathbf{c}'$ sind dann ebenfalls drei verschiedene Kreise eines Berührbüschels (Grundpunkt ∞), die von $(0\ B\ C)$ bzw. in $0, B, C$ berührt werden, wobei B, C die Bilder von B', C' bezeichnen und $\infty \notin (0\ B\ C)$ ist. Satz 5.1 von Kapitel II, § 2, entnimmt man

$$\begin{bmatrix} 0 & 1 \\ 0 & \infty \end{bmatrix} - \begin{bmatrix} 0 & 1 \\ C & \infty \end{bmatrix} \in \mathfrak{K},$$

$$\begin{bmatrix} B & B+1 \\ 0 & \infty \end{bmatrix} - \begin{bmatrix} B & B+1 \\ C & \infty \end{bmatrix} \in \mathfrak{K},$$

$$\begin{bmatrix} C & C+1 \\ 0 & \infty \end{bmatrix} - \begin{bmatrix} C & C+1 \\ B & \infty \end{bmatrix} \in \mathfrak{K},$$

wenn man $B + 1 \in \mathbf{b}$, $C + 1 \in \mathbf{c}$ beachtet und $B + 1 \neq B, \infty$; $C + 1 \neq C, \infty$. Man hat damit

$$\frac{1}{C} - \frac{1}{B} \in \mathfrak{K}, \tag{6.5}$$

$$\frac{1}{B} - \frac{1}{B - C} \in \mathfrak{K}, \tag{6.6}$$

$$\frac{1}{C} - \frac{1}{C - B} \in \mathfrak{K} \tag{6.7}$$

und vermittels Addition $\frac{2}{C} \in \mathfrak{K}$, was wegen $C \notin \mathbf{a}$ doch char $\mathfrak{K} = 2$ bedeutet. (6.5), (6.7) in der Form

$$\frac{B + C}{BC} \in \mathfrak{K}, \quad \frac{B}{C(B + C)} \in \mathfrak{K}$$

angeschrieben, ergeben bei Multiplikation: $C^2 \in \mathfrak{K}$. Damit ist nach Lemma 6.1, (2), der Körper $\mathfrak{L}$ inseparable Erweiterung von $\mathfrak{K}$.

Sei nun umgekehrt $\mathfrak{L}$ inseparable Erweiterung von $\mathfrak{K}$. Nach Lemma 6.1 ist also dann char $\mathfrak{K} = 2$ und für die Basis $1, \alpha$ von $\mathfrak{L}$ über $\mathfrak{K}$ gilt $\alpha^2 =: n \in \mathfrak{K}$. Daß $\Sigma(\mathfrak{K}, \mathfrak{L})$ nicht (F)-Ebene ist, beweist mit Hilfe von Satz 5.1 von Kapitel II, § 2, die folgende Figur:

$$\mathbf{a} := (0\ 1\ \infty), \quad \mathbf{b} := (\alpha\ \ \alpha + 1\ \ \infty),$$

$$\mathbf{c} := \left(\frac{n + n\alpha}{1 + n} \equiv C\ \ C + 1\ \ \infty\right), \quad \mathbf{k} := (0\ \alpha\ C).$$

Hier sind $\mathbf{a}, \mathbf{b}, \mathbf{c}$ verschiedene Kreise eines Berührbüschels (Grundpunkt ∞), die von $\mathbf{k}$ bzw. in den verschiedenen Punkten $0, \alpha, C$ berührt werden. $\square$

Satz 6.3. *Gegeben sei die miquelsche Möbiusebene* $\Sigma(\mathfrak{K}, \mathfrak{L})$, $(\mathfrak{L}: \mathfrak{K}) = 2$, *mit* char $\mathfrak{K} \neq 2$. *Dann gestattet* Σ *genau eine Orthogonalitätsrelation. Diese kann in der folgenden Form beschrieben werden: Sind* $\mathbf{a}, \mathbf{b}$ *Kreise durch den Punkt* P, *so gilt* $\mathbf{a} \perp \mathbf{b}$ *genau dann, wenn der freie Winkel* $\varphi \in (\mathbf{ab}; P)$ *Involution in der Gruppe* $\mathfrak{W}$ *der freien Winkel ist* (s. Kapitel II, § 3).

Beweis. Nach Lemma 6.1 ist $\mathfrak{L}$ separable Erweiterung von $\mathfrak{K}$. Nach den Sätzen 6.2, 6.1 besitzt also Σ höchstens eine Orthogonalitätsrelation. Es verbleibt zu zeigen, daß die beschriebene Relation $\perp$ tatsächlich eine Orthogonalitätsrelation darstellt. Zu (O I): Ist φ Involution von $\mathfrak{W}$, so gilt $-\varphi = \varphi$. Zu (O II): Wäre $\mathbf{a} \cap \mathbf{b} = \{P\}$ oder $\mathbf{a} = \mathbf{b}$, so wäre φ das Nullelement von $\mathfrak{W}$ und damit keine Involution. Zu (O III): Bestimmen wir zunächst die Involutionen der Gruppe $\mathfrak{W}$, die nach Satz 2.3 von Kapitel II, § 3, zu $\mathfrak{L}^\times/\mathfrak{K}^\times$ isomorph ist: (Sei $1, \alpha$ Basis von $\mathfrak{L}$ über $\mathfrak{K}$.) $(a + b\alpha)^2 \in \mathfrak{K}$, $b \neq 0$, führt auf

$$a + b\alpha = b\Big(-\frac{m}{2} + \alpha\Big) \in \mathfrak{K}^\times \cdot \Big(\alpha - \frac{m}{2}\Big),$$

wenn

$$\alpha^2 = m\alpha + n, \quad m, n \in \mathfrak{K},$$

gesetzt ist. Damit gibt es genau eine Involution ω in $\mathfrak{W}$. Gilt nun für den Punkt $Q \neq P$ in (O III) $Q \in \mathbf{k}$, so gibt es nach dem Winkelkalkül genau einen Kreis $\mathbf{k}' \ni P, Q$ mit $(\mathbf{kk}'; P) \in \omega$. Sei nun $Q \notin \mathbf{k}$. Da freie Winkel gegenüber $\Gamma(\mathfrak{L})$ invariant bleiben, können wir die spezielle Situation $P = \infty$, $\mathbf{k} = (\infty\, 0\, 1)$ annehmen. Es ist also $Q = c + d\alpha$ mit $d \neq 0$ wegen $Q \notin \mathbf{k}$. Wir fragen nun nach allen Punkten $X \neq \infty$ auf $\mathbf{k}$ mit $(\mathbf{k}(\infty\, X\, Q); \infty) \in \omega$. Dies führt gleichwertig auf die Gleichung

$$X = Q + g \cdot \Big(\frac{m}{2} - \alpha\Big)$$

mit einem $g \in \mathfrak{K}$. Wegen $X \in \mathfrak{K}$ ist also $g = d$, und damit

$$X = c + d \cdot \frac{m}{2}$$

eindeutig bestimmt. Damit ist auch (O III) bewiesen und also insgesamt Satz 6.3. $\square$

Satz 6.4. *Gegeben sei die miquelsche Möbiusebene* $\Sigma(\mathfrak{K}, \mathfrak{L})$, $(\mathfrak{L}: \mathfrak{K}) = 2$, *mit* char $\mathfrak{K} = 2$. *Ist dann* $\mathfrak{L}$ *separable Erweiterung von* $\mathfrak{K}$, *so besitzt* Σ *keine Orthogonalitätsrelation, ist* $\mathfrak{L}$ *inseparabel über* $\mathfrak{K}$, *so gibt es deren unendlich viele.*

Beweis. a) Sei $\mathfrak{L}$ separabel über $\mathfrak{K}$. Ist $1, \alpha$ Basis von $\mathfrak{L}$ über $\mathfrak{K}$, so ist

$$\alpha^2 =: m\alpha + n, \quad m, n \in \mathfrak{K},$$

wobei $m \neq 0$ sein muß nach Lemma 6.1, (2). Angenommen nun, Σ besäße eine Orthogonalitätsrelation. Dann sei $\mathbf{k}$ der Orthogonalkreis zu $(\infty\ 0\ 1)$ durch $0, \infty$. Es sei $P = u + v\alpha$ ein von $0, \infty$ verschiedener Punkt auf $\mathbf{k}$; es gilt also $v \neq 0$. Nach Lemma 6.2 ist der Berührkreis $\mathbf{b}$ durch ∞, 1 an $\mathbf{k}$ ebenfalls orthogonal zu $(\infty\ 0\ 1)$. Das Gleiche gilt für den Berührkreis $\mathbf{b}'$ durch 0, 1 an $\mathbf{k}$. Nach (O III) müssen sich $\mathbf{b}, \mathbf{b}'$ in 1 berühren, da sonst durch $\mathbf{b} \cap \mathbf{b}'$ zwei verschiedene Orthogonalkreise zu $(\infty\ 0\ 1)$ gingen, nämlich $\mathbf{b}, \mathbf{b}'$. Im Gegensatz zu $\mathbf{b} \cap \mathbf{b}' = \{1\}$ zeigen wir aber $|\mathbf{b} \cap \mathbf{b}'| = 2$: Nach Satz 5.2 von Kapitel II, § 2, gilt

$$\mathbf{b} = \{\infty\} \cup \left\{X \neq \infty \;\middle|\; \begin{bmatrix}\infty & 0\\ X & P\end{bmatrix} - \begin{bmatrix}\infty & 0\\ 1 & P\end{bmatrix} \in \mathfrak{K}\right\},$$

d.h.

$$\mathbf{b} = \{\infty\} \cup \{1 + P\zeta \mid \zeta \in \mathfrak{K}\},$$

und weiterhin

$$\mathbf{b}' = \{0\} \cup \left\{Y \neq 0 \;\middle|\; \begin{bmatrix}0 & \infty\\ Y & P\end{bmatrix} - \begin{bmatrix}0 & \infty\\ 1 & P\end{bmatrix} \in \mathfrak{K}\right\},$$

d.h.

$$\mathbf{b}' = \{0\} \cup \left\{\frac{P}{\zeta + P} \;\middle|\; \zeta \in \mathfrak{K}\right\}.$$

Also haben wir

$$1 \neq \frac{P}{vm + P} \in \mathbf{b} \cap \mathbf{b}'$$

wegen

$$\frac{P}{vm + P} = 1 + P \cdot \frac{vm}{u^2 + muv + nv^2}$$

(beachte char $\mathfrak{K} = 2$ und $u^2 + muv + nv^2 = \mathfrak{Q}(u, v) \neq 0$ mit

$$\mathfrak{Q}(x, y) := x^2 + mxy + ny^2).$$

b) Es sei $\mathfrak{L}$ inseparabel über $\mathfrak{K}$. Nach der Anmerkung zu Lemma 6.1 enthält dann $\mathfrak{K}$ unendlich viele Elemente. Sei $t \in \mathfrak{K}^\times$. Wir definieren eine von t abhängende Orthogonalitätsrelation $\perp_t$: Sei φ_t der gemäß der Isomorhie $\mathfrak{W} \cong \mathfrak{L}^\times/\mathfrak{K}^\times$ (s. Satz 2.3 von Kapitel II, § 3) der Klasse $(1 + t\alpha) \cdot \mathfrak{K}^\times \in \mathfrak{L}^\times/\mathfrak{K}^\times$ zugeordnete freie Winkel. Dabei ist $1, \alpha$ eine Basis von $\mathfrak{L}$ über $\mathfrak{K}$, also $\alpha^2 =: n \in \mathfrak{K}$ nach Lemma 6.1. Damit und mit $t \neq 0$ ist φ_t Involution in $\mathfrak{W}$. Seien jetzt $\mathbf{a}, \mathbf{b}$ Kreise durch den Punkt P. Wir setzen $\mathbf{a} \perp_t \mathbf{b}$ genau dann, wenn $\varphi_t \ni (\mathbf{ab}; P)$ gilt. Genau wie beim Beweis von Satz 6.3 geschehen, zeigt man, daß $\perp_t$ Orthogonalitätsrelation ist. Selbstverständlich ist $\perp_t \neq \perp_{t'}$, für $t \neq t' \in \mathfrak{K}^\times$, da $\varphi_t, \varphi_{t'}$ verschiedene freie Winkel sind, und damit z.B. $(\infty\ 0\ 1) \perp_t (\infty\ 0\ 1 + t\alpha)$, jedoch nicht $(\infty\ 0\ 1) \perp_{t'} (\infty\ 0\ 1 + t\alpha)$ gilt. □

Mit einer weiteren Orthogonalitätseigenschaft läßt sich eine Trennung vornehmen in Existenz genau einer Orthogonalitätsrelation und Existenz unendlich vieler solcher Relationen im Falle der Möbiusebenen $\Sigma(\mathfrak{K}, \mathfrak{L})$, $(\mathfrak{L}: \mathfrak{K}) = 2$. Zur Vorbereitung dieses Sachverhalts beweisen wir den für beliebige Möbiusebenen gültigen

Satz 6.5. *Es sei Σ eine Möbiusebene, die eine Orthogonalitätsrelation gestattet. Dann ist Σ (F)-Ebene genau dann, wenn die Orthogonalitätsrelation zusätzlich der folgenden Eigenschaft* (O IV) *genügt:*

(O IV) *Sind* $\mathbf{a}, \mathbf{b}$ *sich berührende und verschiedene Kreise, ist* $\mathbf{k}$ *ein weiterer Kreis mit* $\mathbf{k} \perp \mathbf{a}, \mathbf{b}$, *so gilt* $\mathbf{k} \supset \mathbf{a} \cap \mathbf{b}$.

Beweis. Sei Σ eine Möbiusebene, die eine Orthogonalitätsrelation mit zusätzlicher Eigenschaft (O IV) gestattet. Angenommen, es gäbe drei verschiedene Kreise $\mathbf{a}, \mathbf{b}_1, \mathbf{b}_2$ eines Berührbüschels (Grundpunkt P) und einen weiteren Kreis $\mathbf{k}$, der $\mathbf{a}, \mathbf{b}_1, \mathbf{b}_2$ bzw. in den Punkten A, B_1, B_2 berühre, der aber nicht zu dem Berührbüschel gehöre. Dann sind sicherlich die Punkte A, B_1, B_2, P paarweise verschieden. Der durch $\{P, B_\nu\}$, $\nu \in \{1, 2\}$, gehende, zu $\mathbf{a}$ orthogonale Kreis $\mathbf{d}_\nu$ wäre dann auch zu $\mathbf{b}_\nu$ orthogonal (Lemma 6.2). Genau so wäre $\mathbf{k} \perp \mathbf{d}_\nu$ wegen $\mathbf{d}_\nu \perp \mathbf{b}_\nu$ und

$$\mathbf{b}_\nu \cap \mathbf{k} = \{B_\nu\} \subset \mathbf{d}_\nu .$$

Aus $\mathbf{a} \cap \mathbf{k} = \{A\}$ und $\mathbf{d}_\nu \perp \mathbf{a}, \mathbf{k}$ folgte jetzt nach (O IV) $\mathbf{d}_\nu \in A$, was $\mathbf{d}_1 = \mathbf{d}_2 \equiv \mathbf{d}$ nach (O III) bedeutete. Also wäre $\mathbf{d} = (AB_1B_2) = \mathbf{k}$, was wegen $\mathbf{k} \perp \mathbf{d}_\nu = \mathbf{d}$ auf $\mathbf{k} \perp \mathbf{k}$ führte im Widerspruch zu (O II). Damit ist Σ eine (F)-Ebene. — Sei nun umgekehrt Σ eine (F)-Ebene, die eine Orthogonalitätsrelation gestattet. Wir wollen (O IV) nachweisen: Seien dazu $\mathbf{a}, \mathbf{b}, \mathbf{k}$ Kreise, P ein Punkt, mit $\mathbf{a} \cap \mathbf{b} = \{P\}$ und $\mathbf{k} \perp \mathbf{a}, \mathbf{b}$. Angenommen nun $\mathbf{k} \not\ni P$. Nach (O II) ist $|\mathbf{k} \cap \mathbf{a}| = 2$, $|\mathbf{k} \cap \mathbf{b}| = 2$. Sei $A \in \mathbf{a} \cap \mathbf{k}$, $\{B, B'\} := \mathbf{k} \cap \mathbf{b}$. Sei $\mathbf{d} \ni A, B$ der Kreis, der $\mathbf{a}$ in A berührt. Wir beachten dabei $A \neq B \notin \mathbf{a}$. Nach Lemma 6.2 gilt $\mathbf{d} \perp \mathbf{k}$. Es folgt nun $\mathbf{d} \cap \mathbf{b} = \{B\}$: Im Falle $\mathbf{d} = \mathbf{b}$ wäre $\mathbf{k} \supset \{A\} = \mathbf{a} \cap \mathbf{d} = \mathbf{a} \cap \mathbf{b} = \{P\}$; im Falle $|\mathbf{d} \cap \mathbf{b}| = 2$ gingen durch $\mathbf{d} \cap \mathbf{b}$ zwei zu $\mathbf{k}$ orthogonale Kreise, nämlich $\mathbf{d}, \mathbf{b}$, was (O III) widerspricht. Genauso berührt der durch A, B' gehende Kreis $\mathbf{d}'$, der $\mathbf{a}$ in A berührt, $\mathbf{b}$ in B'. Damit berührte $\mathbf{b}$ einzeln drei verschiedene Kreise — nämlich $\mathbf{a}, \mathbf{d}, \mathbf{d}'$ — eines Berührbüschels (Grundpunkt A); wir beachten dabei auch $\mathbf{d} \neq \mathbf{d}'$; da sonst

$$\mathbf{k} = (ABB') = \mathbf{d} \perp \mathbf{k}$$

gelten würde. Nun wäre, da eine (F)-Ebene vorliegt, $A \in \mathbf{b}$, d.h. $A \in \mathbf{a} \cap \mathbf{b} = \{P\}$, was nicht stimmt. Also gilt doch $P \in \mathbf{k}$ und damit (O IV). ▯

Satz 6.6. *Gegeben sei eine Möbiusebene $\Sigma(\mathfrak{K}, \mathfrak{L})$, $(\mathfrak{L}: \mathfrak{K}) = 2$, die eine Orthogonalitätsrelation $\perp$ gestattet. Dann sind die folgenden Aussagen gleichwertig:*

(1) *Σ gestattet genau eine Orthogonalitätsrelation.*
(2) *Die Relation $\perp$ genügt* (O IV).
(3) char $\mathfrak{K} \neq 2$.

Beweis. Aus (1) folgt (2): Aufgrund des Satzes 6.4 impliziert (1), daß char $\mathfrak{K} \neq 2$ gilt. Wegen Lemma 6.2 ist dann $\mathfrak{L}$ separabel über $\mathfrak{K}$. Also ist Σ nach Satz 6.2 (F)-Ebene. Damit gilt nach Satz 6.5 (O IV). Also ist (2) erfüllt. Aus (2) folgt (3): Nach Satz 6.5 ist Σ (F)-Ebene. Da Σ eine Orthogonalitätsrelation besitzt, ist diese eindeutig bestimmt nach Satz 6.1. Nach Satz 6.4 ist dann char $\mathfrak{K} \neq 2$. Also gilt (3). Aus (3) folgt (1): Dies folgt aus Satz 6.3. ▯

Besitzt eine Möbiusebene $\Sigma(\mathfrak{K}, \mathfrak{L})$, $(\mathfrak{L}: \mathfrak{K}) = 2$, genau eine Orthogonalitätsrelation, so ist nach Satz 6.6 char $\mathfrak{K} \neq 2$. In diesem Falle können wir eine Basis 1, α von $\mathfrak{L}$ über $\mathfrak{K}$ annehmen mit $\alpha^2 = n \in \mathfrak{K}$. Diese Basis sei jetzt festgehalten. Mit $\mathfrak{Q}$ bezeichnen wir die Menge aller x^2 mit $0 \neq x \in \mathfrak{K}$. Es gilt nun

Satz 6.7. *Gegeben sei eine Möbiusebene $\Sigma(\mathfrak{K}, \mathfrak{L})$, $(\mathfrak{L}: \mathfrak{K}) = 2$, die genau eine Orthogonalitätsrelation gestattet. Dann sind gleichwertig*

(O V) *Sind zwei verschiedene Kreise gleichzeitig zu zwei disjunkten Kreisen orthogonal, so haben sie einen nichtleeren Durchschnitt.*
(A) *Für jedes $x \in \mathfrak{K}$ gilt eine und nur eine der Bedingungen* $x \in \mathfrak{Q}$, $x = 0$, $xn \in \mathfrak{Q}$.
(*) *Gilt $x \in \mathfrak{K}$ und $xn \notin \mathfrak{Q}_0 = \mathfrak{Q} \cup \{0\}$, so folgt $x \in \mathfrak{Q}_0$.*

Beweis. Die Bedingungen (A), (*) sind gewiß gleichwertig. Gelte nun (O V). Wir wollen (*) nachweisen. Sei dazu $x \in \mathfrak{K}$ und $xn \notin \mathfrak{Q}_0$. Wir müssen also auf $x \in \mathfrak{Q}_0$ schließen. Sei $x \neq 1$, da sonst nichts zu beweisen ist. Dann ist der zu $(\infty\ 0\ \alpha)$ durch α, $x\alpha$ gehende orthogonale Kreis **a** fremd, d.h. disjunkt, zu $\mathbf{b} = (\infty\ 0\ 1)$: Wegen $\infty \notin \mathbf{a}$ erhielte man sonst für die Größe des Winkels $((\infty\ 0\ \alpha)\ \mathbf{a}; \alpha)$

$$\begin{bmatrix} \alpha & x\alpha \\ r & \infty \end{bmatrix} \in \alpha\mathfrak{K}, \quad r \in \mathfrak{K},$$

was $xn = r^2 \in \mathfrak{Q}_0$ ergäbe. Der Kreis **b** ist ebenfalls zu $\mathbf{c} = (\infty\ 0\ \alpha)$ orthogonal. Wegen $xn \notin \mathfrak{Q}_0$ ist $xn \neq 1$. Der durch 1, xn gehende, zu **b** orthogonale Kreis **d** — er lautet

$$\{1\} \cup \{Y \mid \begin{bmatrix} 1 & xn \\ Y & \infty \end{bmatrix} \in \alpha\mathfrak{K}\}$$

bzw.

$$\{1\} \cup \{Y(r) \mid Y(r) := \frac{r\alpha - xn}{r\alpha - 1}, \quad r \in \mathfrak{K}\}$$

— ist ebenfalls zu **a** orthogonal: Dies folgt aus $\mathbf{a} \cap \mathbf{d} = \{Y(-x), Y(-1)\}$, $Y(-x) \neq Y(-1)$ und

$$\begin{bmatrix} Y(-x) & Y(-1) \\ \alpha & 1 \end{bmatrix} = \alpha .$$

Nach (O V) müssen sich also **c**, **d** schneiden. Nennen wir einen solchen Schnittpunkt $s\alpha$, $s \in \mathfrak{K}$, so ist also

$$\begin{bmatrix} 1 & xn \\ s\alpha & \infty \end{bmatrix} \in \alpha\mathfrak{K}, \quad \text{d.h.} \quad x = s^2 \in \mathfrak{Q}_0,$$

was zu zeigen war. — Sei nun umgekehrt (*) erfüllt. Dann gilt (O V): Es seien **c**, **d** zwei verschiedene Kreise, die beide zu den fremden Kreisen **a**, **b** orthogonal sind. Die auftretenden acht Schnittpunkte bezeichnen wir mit $S_1(\mathbf{a}, \mathbf{c})$, $S_2(\mathbf{a}, \mathbf{c})$, $S_1(\mathbf{a}, \mathbf{d})$, ... usw. Zum Teil sind hier Punkte notwendig voneinander verschieden wie etwa $S_1(\mathbf{b}, \mathbf{c})$, $S_2(\mathbf{b}, \mathbf{c})$, da ja $\mathbf{b} \perp \mathbf{c}$ ist. Wir können sogar annehmen, daß alle Punkte paarweise verschieden sind, da sonst nichts mehr zu beweisen ist. Vermittels eines $\gamma \in \Gamma(\mathfrak{L})$ (wir schreiben $X^\gamma =: X'$, $\mathbf{k}^\gamma =: \mathbf{k}'$) überführen wir $S_1(\mathbf{b}, \mathbf{c})$ nach ∞, $S_2(\mathbf{b}, \mathbf{c})$ nach 0 und $S_1(\mathbf{a}, \mathbf{c})$ nach α. Es geht also **c** in $(\infty\ 0\ \alpha)$ über; **b** geht in $(\infty\ 0\ 1)$ über, da einmal $\mathbf{b}' \ni \infty, 0$ und zum anderen $\mathbf{b}' \perp \mathbf{c}'$ ist. Wir führen noch die Bezeichnung ein: $M := S_2'(\mathbf{a}, \mathbf{c})$, $P := S_1'(\mathbf{b}, \mathbf{d})$, $Q := S_2'(\mathbf{b}, \mathbf{d})$, $U_1 := S_1'(\mathbf{a}, \mathbf{d})$, $U_2 := S_2'(\mathbf{a}, \mathbf{d})$. Der gemachten Bemerkung zufolge sind also $\infty, 0, \alpha, M, P, Q, U_1, U_2$ acht verschiedene Punkte. Schreiben wir $M =: r\alpha$ — es ist also $r \neq 0, 1$ —, so ist $rn \notin \mathfrak{K}^2$. Gäbe es nämlich ein $s \in \mathfrak{K}$ mit $rn = s^2$, so würden sich $\mathbf{a}'$, $\mathbf{b}'$ in s schneiden wegen

$$\begin{bmatrix} \alpha & r\alpha \\ s & \infty \end{bmatrix} = -\frac{s}{n}\alpha \in \alpha\mathfrak{K}.$$

Es ist also $r \in \mathfrak{K}$, $rn \notin \mathfrak{K}^2$ und damit nach (*) $r \in \mathfrak{K}^2$. Nehmen wir für einen Augenblick an, wir hätten schon $rn = PQ$ bewiesen, so sind wir fertig. Denn dann schneiden sich $\mathbf{c}'$, $\mathbf{d}'$ in $\pm\sqrt{r}\,\alpha$ wegen

$$\begin{bmatrix} P & Q \\ \sqrt{r}\,\alpha & \infty \end{bmatrix} = \frac{\pm\sqrt{r}}{P}\alpha \in \alpha\mathfrak{K}.$$

Zum Beweise von $rn = PQ$: Wegen $U_1, U_2 \in \mathbf{a}'$ ist für $i = 1, 2$

$$\begin{bmatrix} r\alpha & \alpha \\ U_i & \infty \end{bmatrix} = x_i\alpha, \quad 0 \neq x_i \in \mathfrak{K}, \quad x_1 \neq x_2,$$

und

$$\begin{bmatrix} P & Q \\ U_i & \infty \end{bmatrix} = y_i\alpha, \quad 0 \neq y_i \in \mathfrak{K}, \quad y_1 \neq y_2,$$

d.h.

$$\frac{\alpha - x_i rn}{1 - x_i\alpha} = U_i = \frac{Q - y_i P\alpha}{1 - y_i\alpha}.$$

Damit kommt man auf

$$1 + x_i y_i rn = -Qx_i - y_i P,$$
$$-y_i n - x_i rn = Q + x_i y_i Pn$$

für $i = 1, 2$. Aus der hieraus folgenden Gleichung

$$(P^2 - rn)y_i^2 + (1 + r)(P - Q)\,y_i + \left(r - \frac{Q^2}{n}\right) = 0$$

(wegen $rn \notin \mathfrak{K}^2$ ist $P^2 - rn \neq 0$) nimmt man:

$$y_1 + y_2 = -\frac{(1 + r)(P - Q)}{P^2 - rn},$$

$$y_1 \cdot y_2 = -\frac{1}{n}\frac{Q^2 - rn}{P^2 - rn}.$$

Aus $\mathbf{a} \perp \mathbf{d}$ folgt $\begin{bmatrix} U_1 & U_2 \\ P & \alpha \end{bmatrix} = t\alpha$, $0 \neq t \in \mathfrak{K}$. Setzt man U_i, $i = 1, 2$, in der Form $\frac{Q - y_i P\alpha}{1 - y_i\alpha}$ ein, so folgt

$$t\alpha = \begin{bmatrix} U_1 & U_2 \\ P & \alpha \end{bmatrix} = \frac{(Q + y_1 n) - (1 + y_1 P)\,\alpha}{(Q + y_2 n) - (1 + y_2 P)\alpha},$$

was

$$(P^2 - n)\,y_1 y_2 n + (P - Q)\,n(y_1 + y_2) = Q^2 - n$$

zur Folge hat. Einsetzen von $y_1 + y_2$, $y_1 \cdot y_2$ liefert die Behauptung $rn = PQ$, wenn man $n \neq PQ$ beachtet. Im Falle $n = PQ$ wäre nämlich $\alpha \in \mathbf{d}'$ wegen $\begin{bmatrix} P & Q \\ \alpha & \infty \end{bmatrix} = -\frac{1}{P}\alpha \in \alpha\mathfrak{K}$, d.h. es wäre $\alpha \in \mathbf{d}' \cap \mathbf{a}' = \{U_1, U_2\}$. □

Satz 6.8. *Gegeben sei eine Möbiusebene $\Sigma(\mathfrak{K}, \mathfrak{L})$, $(\mathfrak{L} : \mathfrak{K}) = 2$, die genau eine Orthogonalitätsrelation gestattet. Dann sind die folgenden Aussagen gleichwertig:*

(O VI) *Sind P, Q, R drei verschiedene Punkte, dann gibt es durch R einen Kreis, der zu allen Kreisen durch P, Q orthogonal ist.*

(**) *Aus $\Pi \in \mathfrak{L}$ folgt $\Pi \cdot \overline{\Pi} \in \mathfrak{Q}_0$*[64].

Beweis. Gelte (O VI). Sei $\Pi \in \mathfrak{L} - \mathfrak{K}$. Dann gilt also $\Pi \neq \overline{\Pi}$. Sei **k** ein durch Π gehender Kreis, der zu allen Kreisen durch ∞, 0 orthogonal ist. Nach (O III) gilt $\mathbf{k} \not\ni 0, \infty$. Schneidet **k** den Kreis $(\infty\ 0\ 1)$ in Q_1, Q_2,

so folgt aus $\begin{bmatrix} Q_1 & Q_2 \\ \Pi & \infty \end{bmatrix} = t\alpha$, $t \in \mathfrak{K}$, die weitere Gleichung

$$\begin{bmatrix} Q_1 & Q_2 \\ \overline{\Pi} & \infty \end{bmatrix} = -t\alpha;$$

damit ist $\overline{\Pi} \in \mathfrak{K}$. Aus $(0\ \Pi\ \infty) \perp \mathbf{k}$ folgt

$$\begin{bmatrix} \Pi & \overline{\Pi} \\ Q_1 & \infty \end{bmatrix} = r \begin{bmatrix} \Pi & \infty \\ 0 & \overline{\Pi} \end{bmatrix} \alpha, \quad r \in \mathfrak{K},$$

und hieraus

$$\begin{bmatrix} \overline{\Pi} & \Pi \\ Q_1 & \infty \end{bmatrix} = -r \begin{bmatrix} \overline{\Pi} & \infty \\ 0 & \Pi \end{bmatrix} \alpha,$$

was multipliziert $1 = r^2\alpha^2 \frac{(\Pi - \overline{\Pi})^2}{\Pi\overline{\Pi}}$ d.h. $\Pi\overline{\Pi} = (2rnv)^2 \in \mathfrak{Q}_0$ ergibt, wenn $\Pi := u + v\alpha$ gesetzt wird. — Sei umgekehrt (**) erfüllt:

Wegen Satz 6.4 gilt char $\mathfrak{K} \neq 2$. Da das Doppelverhältnis von vier Punkten sich bei $\Gamma(\mathfrak{L})$-Abbildungen nicht ändert, bleibt nach Satz 6.3 auch Orthogonalität bzw. Nicht-Orthogonalität zweier Kreise unter Abbildungen aus $\Gamma(\mathfrak{L})$ eralten. Gemäß der dreifachen Transitivität von $\Gamma(\mathfrak{L})$ ist (O VI) daher bewiesen, wenn wir zeigen, daß durch α ein Kreis geht, der zu allen Kreisen durch $0, \infty$ orthogonal ist. Dies tut der Orthogonalkreis **k** zu $(\infty\ 0\ \alpha)$ durch $\alpha, -\alpha$. Es schneidet nämlich **k** den Kreis $(\infty\ 0\ G)$, $0, \infty \neq G := s + t\alpha$, $s, t \in \mathfrak{K}$, in $G_1 := g \cdot G$ und $G_2 := -G_1$, wobei $g^2 := \frac{\alpha}{G} \cdot \left(\overline{\frac{\alpha}{G}}\right)$, g in $\mathfrak{K}$ nach (**), gesetzt ist. Wegen $\mathbf{k} \perp (\infty\ 0\ \alpha)$ und

$$\begin{bmatrix} G_1 & G_2 \\ \alpha & \infty \end{bmatrix} = \frac{gs}{n(1-gt)} \alpha$$

für $s \neq 0$ ist außerdem **k** orthogonal zu allen Kreisen durch $0, \infty$. Man beachte dabei $1 - gt \neq 0$: Aus $-n = \alpha\overline{\alpha} = g^2 G\overline{G} = g^2 s^2 - g^2 t^2 n$ erhält man im Falle $gt = 1$ die Gleichung $gs = 0$; es war aber $s \neq 0$ vorausgesetzt. ▯

[64] Es bezeichne $\Pi \to \overline{\Pi}$ den nichtidentischen Automorphismus von $\mathfrak{L}$, der $\mathfrak{K}$ elementweise festläßt. Dann heißt $\Pi \cdot \overline{\Pi}$ auch die *Norm* von Π, die offenbar bereits in $\mathfrak{K}$ liegt.

Satz 6.9. *Gegeben sei eine Möbiusebene $\Sigma(\mathfrak{K}, \mathfrak{L})$, $(\mathfrak{L} : \mathfrak{K}) = 2$. Genau dann besitzt Σ eine Orthogonalitätsrelation mit den weiteren Eigenschaften* (O IV), (O V), (O VI), *wenn Σ euklidisch ist.*

Beweis. Sei zunächst in Σ eine Orthogonalitätsrelation mit den weiteren Eigenschaften (O IV), (O V), (O VI) gegeben. Wegen Satz 6.6 ist diese Relation eindeutig bestimmt. Wegen der Sätze 6.7, 6.8 stehen die Bedingungen (A) und (**) zur Verfügung. Aus (**) folgt $-n = \alpha\bar{\alpha} \in \mathfrak{Q}$. Sei $-n = t^2$. Wir betrachten die neue Basis $1, i := \frac{\alpha}{t}$ von $\mathfrak{L}$ über $\mathfrak{K}$. Es gilt $i^2 = -1$. Wir haben jetzt nur zu zeigen, daß $\mathfrak{Q} = \{0 \neq x^2 \in \mathfrak{K}\}$ eine Anordnung von $\mathfrak{K}$ ist. Satz 6.7 mit der Basis $1, i$ verwendet ergibt nach (A)

(i) Für jedes $x \in \mathfrak{K}$ gilt eine und nur eine der Bedingungen
$x \in \mathfrak{Q}, \quad x = 0, \quad -x \in \mathfrak{Q}.$

Ist nun $x, y \in \mathfrak{Q}$, d.h. $0 \neq x = u^2$, $0 \neq y = v^2$, $u, v \in \mathfrak{K}$, so ergibt (**) $(u + vi)(u - vi) \in \mathfrak{Q}_0$, d.h. $x + y \in \mathfrak{Q}_0$. Wäre $x + y = 0$, so hätte man $\left(\frac{u}{v}\right)^2 = -1$, was nicht geht. Damit ist $\mathfrak{K}$ euklidisch. — Sei umgekehrt nun $\mathfrak{K}$ euklidisch angenommen. Als Basis verwenden wir $1, \alpha$ mit $\alpha^2 = -1$. Wegen char $\mathfrak{K} = 0 \neq 2$ existiert genau eine Orthogonalitätsrelation in $\Sigma(\mathfrak{K}, \mathfrak{L})$. Daß (O V) gilt, folgt aus Satz 6.7. Daß (O VI) gilt, folgt aus Satz 6.8: Ist nämlich $u + vi$, $u, v \in \mathfrak{K}$, gegeben, so ist $(u + vi)(u - vi) = u^2 + v^2 \in \mathfrak{Q}_0$, da $u^2 \geq 0$, $v^2 \geq 0$, also $u^2 + v^2 \geq 0$ ist, und $u^2 + v^2$ als nichtnegatives Element von $\mathfrak{K}$ Quadrat sein muß. ▯

Anmerkungen: 1. Gegeben sei das Galoisfeld $\mathfrak{K} := GF(p^\nu)$, p Primzahl $\neq 2$, ν eine natürliche Zahl. Für $\mathfrak{L} := GF(p^{2\nu})$ gilt dann $(\mathfrak{L} : \mathfrak{K}) = 2$. In diesen miquelschen Möbiusebenen $\Sigma(\mathfrak{K}, \mathfrak{L})$ gibt es genau eine Orthogonalitätsrelation mit (O IV), (O V) nach den Sätzen 6.6, 6.7. Die Eigenschaft (O VI) ist nicht erfüllt, da $\mathfrak{K}$ nicht euklidisch ist (wegen z.B. char $\mathfrak{K} = p \neq 0$).

2. Ist $\mathfrak{K}$ der Körper Q der rationalen Zahlen, ist $\mathfrak{L}$ der Körper $\mathfrak{K}(i \mid i^2 = -1)$ der Gaußschen Zahlen, so gibt es in der miquelschen Möbiusebene $\Sigma(\mathfrak{K}, \mathfrak{L})$ genau eine Orthogonalitätsrelation, die nicht (O V), auch nicht (O VI) genügt, wie unsere Überlegungen zeigen.

3. Ist $\mathfrak{K}$ der Hilbertsche Zahlkörper Ω, ist $\mathfrak{L} := \mathfrak{K}(i \mid i^2 = -1)$, so gibt es in der miquelschen Möbiusebene $\Sigma(\mathfrak{K}, \mathfrak{L})$ genau eine Orthogonalitätsrelation, die (O IV), (O VI) genügt, jedoch nicht (O V): Wegen $\sqrt{\left(\frac{u}{v}\right)^2 + 1} \in \Omega$ — es sei $\Pi := u + vi$ mit $u, v \in \Omega$ und $v \neq 0$ — gilt $\Pi \cdot \bar{\Pi} \in \mathfrak{Q}_0$. Damit gilt (O VI). — Für das folgende beachte man $\sqrt{2\,|\sqrt{2}\,| - 2} \notin \Omega$ (vgl. Hilbert: Grundlagen der Geometrie, 6. Aufl.,

S. 104). Dann ist für $x := 2\,|\sqrt{2}| - 2 \in \Omega$ jedenfalls $-x \notin \mathfrak{Q}_0$ (Ω enthält nur reelle Zahlen), hingegen nicht $x \in \mathfrak{Q}_0$. Damit gilt nicht (O V) nach Satz 6.7, (*).

Unter einer (E)-Ebene verstehen wir eine Möbiusebene, die eine Orthogonalitätsrelation mit den weiteren Eigenschaften (O IV), (O V), (O VI) gestattet, und in der der Büschelsatz (s. Kapitel II, § 3, hier als Parallelitätsrelation auf der Menge der Punkte die Identitätsrelation genommen), erfüllt ist. Ohne Beweis geben wir an den folgenden

Satz. *Die Klasse der* (E)*-Ebenen fällt mit der Klasse der euklidischen Möbiusebenen zusammen.*

Anmerkung zu diesem Satz: G. Ewald beweist, daß (E)-Ebenen als Geometrie der ebenen Schnitte einer Semiquadrik in einem geeigneten projektiven Raum dargestellt werden können, wobei H. Terasaka eine stärkere Eigenschaft als (O VI) zu (O VI) abschwächte. M. Barner bemerkt, daß der dem projektiven Raum unterliegende Körper $\mathfrak{K}$ kommutativ sein muß. Wir zeigten, daß euklidische Körper $\mathfrak{K}$ für (E)-Ebenen charakterisierend sind.

Mit Anordnungsfragen, insbesondere in miquelschen Möbiusebenen, beschäftigt sich H. J. Kroll in seiner Dissertation. Ein weitgehendes Studium von Anordnungsfragen in der Kreisgeometrie geht auf B. Petkantschin zurück.

§ 3. Liegeometrien

Zu manchen der in § 2 behandelten Themenkreise hat man Entsprechungen für den Fall der Laguerregeometrie, zu manchen nicht. Wir heben hervor, daß mit einem Begriff Laguerreebene miquelsche Laguerreebenen algebraisiert werden können nach L. J. Smid. Man kann darüber hinaus zeigen, daß es sich dann um die Kettengeometrien $\Sigma(\mathfrak{K}, \mathfrak{L})$, $\mathfrak{L} = \mathbb{D}(\mathfrak{K})$, handelt. Auch hier hat man nach Yi Chen die Möglichkeit, den vollen Miquel zum Miquel abzuschwächen Wir heben hervor, daß eine Orthogonaltheorie, wie sie für die miquelschen Möbiusebenen in § 5 entwickelt wurde, in diesem Umfang für die Laguerregeometrie nicht existieren kann.

Für beliebige Dimensionen und nicht notwendig kommutative Körper hat H. Mäurer Laguerre- und andere Geometrien charakterisiert und untersucht.

Eng miteinander hängen zusammen Laguerre- und Liegeometrie, grob vergleichbar dem Zusammenhang von affiner und projektiver Geometrie. Der wesentliche Inhalt des vorliegenden Paragraphen ist ein

Satz von W. Leissner, der Liegeometrien über kommutativen Körpern charakterisiert. Dabei kommen auch allgemeine Untersuchungen, wie solche zur Automorphismengruppe einer Liegeometrie, zur Sprache.

Eine andere Axiomatik wurde von L. Dubikajtis gegeben. Auch Yi Chen hat Axiomatisierungsfragen der Liegeometrie behandelt.

1. Die Liegeometrien $\mathbf{K}^2$ ($\mathfrak{K}$) und ihre Automorphismengruppen

Die Matrix $\begin{pmatrix} -1 & & & & 0 \\ & 1 & & & \\ & & 1 & & \\ & & & 1 & \\ 0 & & & & -1 \end{pmatrix}$ vom Typ (5,5), deren Koeffizienten

$-1, 0, 1$ aus einem kommutativen Körper $\mathfrak{K}$ mit von 2 verschiedener Charakteristik seien, werde mit $\mathfrak{Q}$ bezeichnet.

$\mathfrak{V}^5(\mathfrak{K})$ sei der 5-dimensionale Vektorraum über $\mathfrak{K}$ und $\mathbb{P}^4(\mathfrak{K})$ der zugehörige 4-dimensionale projektive Raum. Vektoren des $\mathfrak{V}^5(\mathfrak{K})$ stellen wir durch große lateinische Buchstaben dar, z.B. in der Form

$$X = (x_0, x_1, x_2, x_3, x_4), \qquad Y = (y_0, y_1, y_2, y_3, y_4).$$

Für das Skalarprodukt

$$X^{\mathsf{T}}\mathfrak{Q}Y = -x_0y_0 + x_1y_1 + x_2y_2 + x_3y_3 - x_4y_4$$

schreiben wir kurz XY. Zwei Punkte des $\mathbb{P}^4(\mathfrak{K})$ heißen bezüglich $\mathfrak{Q}$ konjugiert, wenn ihre Repräsentanten X, Y die Gleichung $XY = 0$ erfüllen.

Unter der Liegeometrie $\mathbf{K}^2(\mathfrak{K})$ verstehen wir die *innere Geometrie* der durch die Matrix $\mathfrak{Q}$ definierten Quadrik des $\mathbb{P}^4(\mathfrak{K})$: Elemente der 1-sortigen Geometrie sind die bezüglich $\mathfrak{Q}$ selbstkonjugierten Punkte. Sie werden *Zykel* genannt. Wir sagen genau dann, daß zwei Zykel sich *berühren*, wenn sie bezüglich $\mathfrak{Q}$ konjugiert sind.

Schließlich nennen wir *Lietransformation* jeden Automorphismus der Geometrie $\mathbf{K}^2(\mathfrak{K})$, d.h. jede Permutation der Menge der Zykel, die sich berührende Zykel in sich berührende Zykel und sich nicht berührende Zykel wieder in sich nicht berührende Zykel überführt.

Ausgehend von der klassischen ebenen Geometrie von Laguerre kamen wir in Kapitel I, § 3, durch Hinzunahme eines weiteren Punktes, ∞, zur Geometrie von Lie, die sich durch Übergang zu den pentazyklischen Koordinaten der Zykel und Speere gerade als die Geometrie $\mathbf{K}^2(\mathbb{R})$, $\mathbb{R}$ der Körper der reellen Zahlen, repräsentieren ließ.

Ist $X = (x_0, x_1, x_2, x_3, x_4)$ ein beliebiger Zykel, so liegt er unabhängig von der speziellen Darstellung in genau einer der folgenden drei Klassen:

1. $x_0 + x_1 = 0$, $(x_2, x_3) = (0, 0)$

2. $x_0 + x_1 = 0$, $(x_2, x_3) \neq (0, 0)$

3. $x_0 + x_1 \neq 0$.

1.1. *Definition. Zykel der Klasse 1 nennen wir* uneigentliche Punkte, *Zykel der Klasse 2* Speere *und Zykel der Klasse 3* Laguerrezykel.

Für uneigentliche Punkte erhält man aus $-x_0^2 + x_1^2 + x_2^2 + x_3^2 - x_4^2 = 0$ die Beziehung $x_4 = 0$ und deshalb $x_0 = -x_1 \neq 0$. Damit gilt

1.2. *Es gibt genau einen uneigentlichen Punkt. Wir bezeichnen ihn mit* ∞ *und seine normierte Darstellung sei* $(-1, 1, 0, 0, 0)$.

Wir wollen noch normierte Darstellungen für die Speere und Laguerrezykel angeben:

1.3. *Jedes 5-tupel der Gestalt* $\left(-a, a, x, \frac{x^2-1}{2}, \frac{x^2+1}{3}\right)$ *bzw.* $\left(-a, a, 0, \frac{1}{2}, \frac{1}{2}\right)$, $a, x \in \mathfrak{K}$, *ist Normaldarstellung eines Speeres, und jeder Speer besitzt genau eine solche Normaldarstellung.*

Beweis. Sei $S = (-s_1, s_1, s_2, s_3, s_4)$ ein Speer. Wegen

$$0 = SS = -s_1^2 + s_1^2 + s_2^2 + s_3^2 - s_4^2$$

gilt $s_2^2 + s_3^2 = s_4^2$. Im Fall $s_2 = 0$ ist $s_4^2 = s_3^2 \neq 0$ und somit

$$S = 2s_4\left(-\frac{s_1}{2s_4}, \frac{s_1}{2s_4}, 0, \frac{1}{2}, \frac{1}{2}\right) \quad \text{oder} \quad S = 2s_4\left(\frac{s_1}{2s_4} - \frac{s_1}{2s_4}, 0, -\frac{1}{2}, \frac{1}{2}\right).$$

Im Fall $s_2 \neq 0$ erhalten wir aus der Darstellung $S = s_2(-s_1', s_1', 1, s_3', s_4')$ die Beziehung $(s_4' + s_3')(s_4' - s_3') = 1$. Dies ergibt

$$s_4' + s_3' =: x \neq 0, \quad x \in \mathfrak{K}$$

$$s_4' - s_3' = \frac{1}{x}$$

und somit $s_3' = \frac{x^2-1}{2x}$, $s_4' = \frac{x^2+1}{2x}$ bzw.

$$S = \frac{s_2}{x}\left(-s_1' x, s_1' x, x, \frac{x^2-1}{2}, \frac{x^2+1}{2}\right).$$

Jeder Speer besitzt also eine Normaldarstellung der in 1.3. angegebenen Form. Daß umgekehrt jedes solche 5-tupel einen Speer darstellt, rechnet man leicht nach. Stellen zwei solche normierte Speerdarstellungen $(-a, a, x_2, x_3, x_4)$, $(-b, b, y_2, y_3, y_4)$ denselben Speer dar, so gilt

$$(x_2, x_3, x_4) = c(y_2, y_3, y_4)$$

mit $c \neq 0$. Es gilt nun entweder

$$y_2 = 0 \Rightarrow x_2 = 0 \Rightarrow x_4 = \frac{1}{2} = y_4 \Rightarrow c = 1$$

oder

$$y_2 \neq 0 \Rightarrow x_2 \neq 0 \Rightarrow$$

$$(x_2, x_3, x_4) = \left(x_2, \frac{x_2^2 - 1}{2}, \frac{x_2^2 + 1}{2}\right); \quad (y_2, y_3, y_4) = \left(y_2, \frac{y_2^2 - 1}{2}, \frac{y_2^2 + 1}{2}\right) \Rightarrow$$

$$\left. \begin{aligned} c\,\frac{y_2^2 - 1}{2} &= \frac{(cy_2)^2 - 1}{2} \\ c\,\frac{y_2^2 + 1}{2} &= \frac{(cy_2)^2 + 1}{2} \end{aligned} \right| - \quad \Rightarrow c = 1.$$

Wir erhalten also in beiden Fällen $c = 1$. ▯

1.4. *Jedes 5-tupel der Gestalt* $\left(\frac{1+N}{2}, \frac{1-N}{2}, x, y, z\right)$ *mit* $x, y, z \in \mathfrak{R}$ *und* $N := x^2 + y^2 - z^2$ *ist Normaldarstellung eines Laguerrezykels, und jeder Laguerrezykel besitzt genau eine solche Normaldarstellung.*

Beweis. Zu jedem Laguerrezykel gibt es eine Darstellung

$$X = (x_0, x_1, x_2, x_3, x_4)$$

mit $x_0 + x_1 = 1$. Setzt man $x_2^2 + x_3^2 - x_4^2 =: N$, so erhält man

$$\begin{aligned} (x_1 - x_0)(x_1 + x_0) = x_1 - x_0 &= -N, \\ x_1 + x_0 &= 1. \end{aligned}$$

Auflösung dieser beiden Gleichungen nach x_0, x_1 ergibt $x_0 = \frac{1+N}{2}$, $x_1 = \frac{1-N}{2}$. — Andererseits stellt jedes solche 5-tupel einen Laguerrezykel mit $x_0 + x_1 = 1$ dar, und schließlich besitzt jeder Laguerrezykel nur eine Normaldarstellung. Sind nämlich X, Y Normaldarstellungen eines Laguerrezykels, so folgt aus $X = cY$ wegen

$$1 = x_0 + x_1 = c(y_0 + y_1) = c$$

die Beziehung $X = Y$. ▯

Sei $X = (x_0, x_1, x_2, x_3, x_4)$ ein beliebiger Zykel. Aus $\infty X = x_0 + x_1$ folgt

1.5. ∞ *wird genau von allen Speeren berührt.*

1.6. *Definition. Das einem Speer*

$$S = \left(-a, a, x, \frac{x^2 - 1}{2}, \frac{x^2 + 1}{2}\right) \textit{ resp. } S = \left(-a, a, 0, \frac{1}{2}, \frac{1}{2}\right)$$

eindeutig zugeordnete Tripel

$$\mathrm{R}(S) := \left(x, \frac{x^2-1}{2}, \frac{x^2+1}{2}\right) \textit{resp.}\ \mathrm{R}(S) := \left(0, \frac{1}{2}, \frac{1}{2}\right)$$

nennen wir die Richtung des Speers.

Diese Definition induziert eine Einteilung der Gesamtheit der Speere in Klassen gleicher Richtung. Es gilt

1.7. *Zwei Speere berühren sich dann und nur dann, wenn sie die gleiche Richtung haben.*

Beweis. (Bei den folgenden Überlegungen beachte man, daß für Speere $s_2^2 + s_3^2 = s_4^2$ gilt. Außerdem sollen die Speerrepräsentanten in der Normalform gegeben sein.)

a) Sind S_1 und S_2 Speere der gleichen Richtung, so sind sie von der Form $S_1 = (-a, a, s_2, s_3, s_4)$; $S_2 = (-b, b, s_2, s_3, s_4)$. Man erhält

$$S_1 S_2 = -ab + ab + s_2^2 + s_3^2 - s_4^2 = 0.$$

b) Es gelte für $S_1 = (-a, a, x_2, x_3, x_4)$ und $S_2 = (-b, b, y_2, y_3, y_4)$ die Gleichung

$$S_1 S_2 = -ab + ab + x_2 y_2 + x_3 y_3 - x_4 y_4 = 0.$$

Daraus erhält man

$$(*) \qquad x_2 y_2 + x_3 y_3 = x_4 y_4.$$

Quadrieren dieser Gleichung ergibt

$$x_2^2 y_2^2 + x_3^2 y_3^2 + 2 x_2 y_2 x_3 y_3 = x_4^2 y_4^2 = (x_2^2 + x_3^2)(y_2^2 + y_3^2)$$

bzw. $(x_2 y_3 - x_3 y_2)^2 = 0$, woraus $x_2 y_3 - x_3 y_2 = \begin{vmatrix} x_2 & x_3 \\ y_2 & y_3 \end{vmatrix} = 0$ folgt. Wir können also voraussetzen: $x_2 = c y_2$, $x_3 = c y_3$ mit $c \neq 0$. Nun ist entweder

$$y_4 = 0 \Rightarrow x_4^2 = x_2^2 + x_3^2 = c^2(y_2^2 + y_3^2) = c^2 y_4^2 = 0 \Rightarrow x_4 = 0 = c y_4$$

oder

$$y_4 \neq 0 \Rightarrow (\text{wegen } (*))\ x_4 y_4 = c(y_2^2 + y_3^2) = c y_4^2 \Rightarrow x_4 = c y_4.$$

Wir erhalten somit in jedem Fall $(x_2, x_3, x_4) = c(y_2, y_3, y_4)$, was $c = 1$ zur Folge hat, wie bereits beim Beweis von 1.3. gezeigt wurde. □

1.8. *Zu einem beliebig vorgegebenen Laguerrezykel gibt es aus jeder Richtungsklasse von Speeren genau einen, der den Laguerrezykel berührt.*

Beweis. Ist $K = \left(\dfrac{1+N}{2}, \dfrac{1-N}{2}, x, y, z\right)$ ein vorgegebener Laguerre-zykel und (s_2, s_3, s_4) eine vorgegebene Speerrichtung, so ist die Gleichung

$$SK = (-a, a, s_2, s_3, s_4)\left(\frac{1+N}{2}, \frac{1-N}{2}, x, y, z\right) = a + s_2 x + s_3 y - s_4 z = 0$$

eindeutig nach a lösbar. $\Box$

1.9. *Es gibt keinen Speer, der die drei Laguerrezykel* $K_2 := (1, 0, 1, 0, 0)$, $K_3 := (1, 0, 0, 1, 0)$, $K_4 := (0, 1, 0, 0, -1)$ *berührt.*

Beweis. Sei $S = (-s_1, s_1, s_2, s_3, s_4)$ ein Speer. Es ist $SK_i = s_1 + s_i$ für $i = 2, 3, 4$. Aus $SK_i = 0$ für $i = 2, 3, 4$ würde also folgen

$$S = (-s_1, s_1, -s_1, -s_1, -s_1),$$

was wegen $SS = s_1^2$ auch noch $s_1 = 0$ implizieren würde. $\Box$

Von grundlegender Bedeutung für die weiteren Untersuchungen dieses Abschnittes ist der Begriff der Lie-Inversion:

1.10. *Sind* X_0, Y_0 *fest gewählte Repräsentanten zweier sich nicht berührender Zykel, so stellt die „Lie-Inversion* $\lambda(X_0, Y_0)$*":*

$$(*) \qquad X \to X' := \frac{X(X_0 + Y_0)}{X_0 Y_0} \circ (X_0 + Y_0) - X^{65}$$

auf der Menge der Zykel eine involutorische Lietransformation dar, die X_0 *in* Y_0 *überführt und jeden Zykel festläßt, der* X_0 *und* Y_0 *berührt. Alle Lie-Inversionen werden von involutorischen Elementen der eigentlich orthogo-nalen Gruppe* $\mathfrak{O}_5^+(\mathfrak{Q}, \mathfrak{R})$, *d.h. von* (5, 5)-*Matrizen* $\mathfrak{A}$ *mit* $\mathfrak{A}\mathfrak{Q}\mathfrak{A}^\mathsf{T} = \mathfrak{Q}$, $|\mathfrak{A}| = +1$, $\mathfrak{A}^2 = \mathfrak{E}$ *induziert.*

Beweis. Jedenfalls stellt (*) eine lineare und involutorische Abbildung $X \to X' = X\mathfrak{A}'$ des $\mathfrak{V}^5(\mathfrak{R})$ in sich dar. Wir erhalten also $\mathfrak{A}'^2 = \mathfrak{E}$ und $\mathfrak{A}'$ induziert wegen $|\mathfrak{A}'| \in \{+1, -1\}$ eine Projektivität des $\mathbb{P}^4(\mathfrak{R})$. Da $\mathfrak{A}'$ und $-\mathfrak{A}'$ dieselbe Projektivität induzieren, sei $\mathfrak{A}$ aus $\{\mathfrak{A}', -\mathfrak{A}'\}$ so ge-wählt, daß $|\mathfrak{A}| = +1$ erfüllt ist. Schließlich genügt die Abb. $X \to X'' := X\mathfrak{A}$ für alle Vektoren $X, Y \in \mathfrak{V}^5(\mathfrak{R})$ der Bedingung $XY = X''Y''$ und führt somit Zykel wieder in Zykel, Nichtzykel in Nichtzykel, konjugierte Punktepaare in konjugierte Punktepaare und nicht-konjugierte Punkte-paare wieder in nicht-konjugierte Punktepaare über.

Zum noch ausstehenden Nachweis der Gleichung $\mathfrak{A}\mathfrak{Q}\mathfrak{A}^\mathsf{T} = \mathfrak{Q}$ sei

$$E_\varkappa = (d_0^\varkappa, d_1^\varkappa, d_2^\varkappa, d_3^\varkappa, d_4^\varkappa)$$

für $\varkappa = 1, 2, 3, 4, 5$ mit

$$d_\iota^\varkappa = \begin{cases} 0 \text{ für } \iota \neq \varkappa \\ 1 \text{ für } \iota = \varkappa \end{cases}$$

---

[65] Die Schreibweise $a \circ Y$ bedeute skalare Multiplikation des Skalars a mit dem Vektor Y.

gesetzt. Es ist $q_{\iota\varkappa} = E_\iota \mathfrak{Q} E_\varkappa^\mathsf{T} = E_\iota E_\varkappa = E_\iota'' E_\varkappa' = E_\iota \mathfrak{A} \mathfrak{Q} \mathfrak{A}^\mathsf{T} E_\varkappa^\mathsf{T} =: E_\iota \mathfrak{B} E_\varkappa^\mathsf{T} = b_{\iota\varkappa}$ für $\iota, \varkappa \in \{1, 2, 3, 4, 5\}$. ▯

Die von den Lie-Inversionen erzeugte Gruppe bezeichnen wir mit dem Symbol $L_+^5(\mathfrak{K})$.

Zum Nachweis einiger Transitivitätseigenschaften dieser Automorphismengruppe legen wir die sechs Zykel

$$\infty := (-1, 1, 0, 0, 0)$$

$$O := (1, 1, 0, 0, 0)$$

$$E := (1, 0, 1, 0, 0)$$

$$U := (0, 0, 0, -1, 1)$$

$$V := (0, 0, 0, 1, 1)$$

$$W := (0, 0, 1, 0, 1)$$

der Liefigur $\Lambda_0 := (\infty, O, E; U, V, W)$[66] zugrunde und versuchen, jeweils eine vorgegebene Zykelkonfiguration in eine Figur zu überführen, die ausschließlich aus Zykeln von Λ_0 besteht.

1.11. *Die Gruppe* $\mathrm{L}_5^+(\mathfrak{K})$ *ist einfach transitiv.*

Beweis. Wir zeigen, daß man jeden Zykel in ∞ überführen kann. Ist S ein Speer, so gibt es nach 1.9. einen Laguerrezykel K_{i_0}, $i_0 \in \{2, 3, 4\}$, der S nicht berührt. Also gibt es eine Lie-Inversion $\lambda(S, K_{i_0})$, die S nach K_{i_0} überführt; und einen Laguerrezykel kann man nach 1.5. immer durch eine Lie-Inversion nach ∞ überführen. ▯

1.12. $\mathrm{L}_5^+(\mathfrak{K})$ *ist auf der Klasse der sich berührenden Zykelpaare transitiv.*

Beweis. Ist X, Y ein solches 2-tupel, so können wir $X = \infty$ voraussetzen. Y ist dann ein Speer, den wir in U überführen wollen. Ist die Richtung $\mathrm{R}(Y) = (1, 0, 1)$, so setzen wir $\lambda_1 = 1$. Andernfalls berührt nach 1.7. der Speer Y nicht den Speer $W = (0, 0, 1, 0, 1)$. Dann sei λ_1 die Lie-Inversion $\lambda(Y, W)$. Da der uneigentliche Punkt die Speere Y und W berührt, erhalten wir $X^{\lambda_1} = \infty$ und $Y^{\lambda_1} = (-a, a, 1, 0, 1)$. Der Speer Y^{λ_1} berührt nicht den Speer $U = (0, 0, 0, -1, 1)$, kann somit durch die Lie-Inversion $\lambda(Y^{\lambda_1}, U)$ in U überführt werden und $\lambda(Y^{\lambda_1}, U)$ läßt ∞ fest. ▯

---

[66] Ein geordnetes Zykel-6-tupel $(X_1, X_2, X_3; Y_1, Y_2, Y_3)$ nennen wir *Liefigur* (s. Kapitel I, § 3), wenn es den folgenden Bedingungen genügt:
(1) X_1, X_2, X_3 sowie Y_1, Y_2, Y_3 berühren sich paarweise nicht.
(2) X_i berührt Y_k für $(i, k) \neq (3, 3)$.

1.13. *Die Gruppe* $L_5^+(\mathfrak{K})$ *ist transitiv auf der Klasse der Zykeltripel* $X; Y_1, Y_2$ *mit* X *berührt* Y_1 und Y_2; Y_1, Y_2 *berühren sich nicht.*

Beweis. Wir können annehmen, daß bereits die Situation $X = \infty$, $Y_1 = U$ und $Y_2 := (-a, a, y_2, y_3, y_4)$ vorliegt. Es gilt $y_3 + y_4 \neq 0$, da aus $y_3 + y_4 = 0$ und $y_2^2 + y_3^2 = y_4^2$ die Beziehung $y_2 = 0$ folgen würde, und somit hätte Y_2 dieselbe Richtung wie U, was zum Widerspruch $U = Y_1$ berührt Y_2 führen würde.

Falls die Richtung von Y_2 von $(1, 0, 1)$ verschieden ist, sei Y_2' diejenige normierte Darstellung von Y_2, für die $y_3 + y_4 = -1$ gilt. Weiterhin sei $Y_2'' := (0, 0, 1, 0, 1) = W$. Die Lie-Inversion $\lambda(Y_2', Y_2'')$ führt dann den Speer Y_2 in den Speer W über und läßt ∞ sowie U fest. Schließlich wird ein Tripel X_1, X_2, X_3, das den Bedingungen $X_1 = \infty$, $X_2 = U$, $X_3 = (-a, a, 1, 0, 1)$ genügt, durch die Lie-Inversion $\lambda(X_0, Y_0)$ mit $X_0 := (-a, a, 1, 0, 1)$ und $Y_0 := \left(0, 0, 0, -\frac{1}{2}, -\frac{1}{2}\right)$ in das Tripel $X_1^\lambda = \infty$, $X_2^\lambda = U$, $X_3^\lambda = V$ übergeführt. ▯

1.14. $L_5^+(\mathfrak{K})$ *ist transitiv auf den Zykelfiguren* $X_1, X_2; Y_1, Y_2$ *mit* X_1, X_2 *berühren sich nicht*; Y_1, Y_2 *berühren sich nicht*; X_ι *berührt* $Y_\varkappa$ *für* $\iota, \varkappa \in \{1, 2\}$.

Beweis. Wegen 1.13. können wir

$$X_1 = U = (0, 0, 0, -1, 1),$$
$$X_2 = V = (0, 0, 0, 1, 1),$$
$$Y_1 = \infty = (-1, 1, 0, 0, 0)$$

voraussetzen. Da Y_2 den Zykel $Y_1 = \infty$ nicht berührt, muß

$$Y_2 =: \left(\frac{1+N}{2}, \frac{1-N}{2}, x, y, z\right)$$

ein Laguerrezykel sein, für den man aus

$$X_1 Y_2 = -y - z = X_2 Y_2 = y - z = 0$$

die Beziehung $y = z = 0$ erhält. Ist $x \neq 0$, so setze man

$$X_0 := \left(\frac{1+N}{2}, \frac{1-N}{2}, x, 0, 0\right), \quad Y_0 := \left(-\frac{1}{2}, -\frac{1}{2}, 0, 0, 0\right).$$

Die Lie-Inversion $\lambda(X_0, Y_0)$ führt Y_2 in $O = (1, 1, 0, 0, 0)$ über und läßt das Tripel X_1, X_2, Y_1 elementweise fest. ▯

1.15. $L_5^+(\mathfrak{K})$ *ist transitiv auf der Klasse der Zykelfiguren* X_1, X_2, X_3; Y_1, Y_2 *mit* X_1, X_2, X_3 *berühren sich paarweise nicht*; Y_1, Y_2 *berühren sich nicht*; X_ι *berührt* $Y_\varkappa$.

Zum *Beweis* nehmen wir an, daß das Quadrupel $X_1, X_2; Y_1, Y_2$ bereits in O, ∞, U, V, übergeführt sei. Beim Beweis von 1.14. ergab sich, daß X_3 dann von der Form $X_3 = \left(\frac{1+N}{2}, \frac{1-N}{2}, x, 0, 0\right)$ sein muß. Da X_3 den Zykel O nicht berührt, folgt weiterhin $x \neq 0$. Sei $X_0 := (-x, x, 0, 0, 0)$, $Y_0 := (1, 1, 0, 0, 0)$. Die Lie-Inversion $\lambda_0 := \lambda(X_0, Y_0)$ vertauscht ∞ mit O, führt X_3 in $E = (1, 0, 1, 0, 0)$ über, und läßt jeden Zykel fest, der ∞ und O berührt. Es ergibt sich somit

$$O^{\lambda_0} = \infty, \quad \infty^{\lambda_0} = O, \quad X_3^{\lambda_0} = E, \quad U^{\lambda_0} = U, \quad V^{\lambda_0} = V. \quad \square$$

1.16. $\mathrm{L}_5^+(\mathfrak{K})$ *ist auf den Liefiguren* $\Lambda = (X_1, X_2, X_3; Y_1, Y_2, Y_3)$ *transitiv.*

Beweis. Wir setzen wieder voraus, daß das Fünftupel $X_1, X_2; Y_1, Y_2, Y_3$ in das Fünftupel $O, \infty; U, V, W$ übergeführt sei. Anwendung der Lie-Inversion λ_0 aus dem Beweis von 1.15. ergibt $O^{\lambda_0} = \infty$, $\infty^{\lambda_0} = O$, $X_3^{\lambda_0} = E$, $U^{\lambda_0} = U$, $V^{\lambda_0} = V$, $W^{\lambda_0} = W$. $\square$

Es gilt

Satz 1.1. *Die Gruppe* $\mathrm{L}_5^+(\mathfrak{K})$ *ist auf den Liefiguren scharf transitiv. Jede Projektivität* $X \to X' = X\mathfrak{A}$, $\mathfrak{A} \in O_5^+(\mathfrak{Q}, \mathfrak{K})$ *induziert eine Lietransformation* $\lambda_{\mathfrak{A}}$ *der* $\mathrm{L}_5^+(\mathfrak{K})$. *Die Abbildung* $\mathfrak{A} \in O_5^+(\mathfrak{Q}, \mathfrak{K}) \to \lambda_{\mathfrak{A}} \in \mathrm{L}_5^+(\mathfrak{K})$ *stellt einen Isomorphismus der* $O_5^+(\mathfrak{Q}, \mathfrak{K})$ *auf die* $\mathrm{L}_5^+(\mathfrak{K})$ *dar.*

Beweis. Da jedes Element der $\mathrm{L}_5^+(\mathfrak{K})$ von einer Matrix der $O_5^+(\mathfrak{Q}, \mathfrak{K})$ induziert wird — dies gilt ja für die Erzeugenden von $\mathrm{L}_5^+(\mathfrak{K})$ — genügt es zu zeigen, daß es höchstens ein Element der $O_5^+(\mathfrak{Q}, \mathfrak{K})$ gibt, das die Liefigur $\Lambda_0 = (\infty, 0, E; U, V, W)$ in eine vorgegebene Liefigur Λ_1 überführt. Führen also die eigentlich orthogonalen Matrizen $\mathfrak{A}$ und $\mathfrak{B}$ die Liefigur Λ_0 beide in dieselbe Liefigur Λ_1 über, so läßt $\mathfrak{A}\mathfrak{B}^{-1}$ das projektive Fundamentalsimplex Λ_0 fest. Dies ergibt (Hauptsatz der analytischen projektiven Geometrie): $\mathfrak{A}\mathfrak{B}^{-1} = t\mathfrak{E}$. Dabei muß der Skalar t wegen

$$\mathfrak{Q} = (\mathfrak{A}\mathfrak{B}^{-1})\, \mathfrak{Q}(\mathfrak{A}\mathfrak{B}^{-1})^{\mathsf{T}} = (t\mathfrak{E})\, \mathfrak{Q}(t\mathfrak{E})^{\mathsf{T}} = t^2\mathfrak{Q}$$

der Bedingung $t^2 = 1$ genügen. Außerdem gilt

$$t^5 = |t\mathfrak{E}| = |\mathfrak{A}\mathfrak{B}^{-1}| = |\mathfrak{A}|\, |\mathfrak{B}|^{-1} = 1,$$

was auf $t = 1$ zu schließen gestattet. $\square$

Satz 1.2. *Ist* σ *ein Körperautomorphismus, so induziert die Kollineation*

$$X \in \mathrm{P}^4(\mathfrak{K}) \to X^\sigma := (x_0^\sigma, x_1^\sigma, x_2^\sigma, x_3^\sigma, x_4^\sigma)$$

auf der Menge der Zykel eine Lietransformation λ_σ, *die die Liefigur*

$$\Lambda_0 = (\infty, O, E; U, V, W)$$

elementweise festläßt. — Umgekehrt kann jede Lietransformation, die Λ_0 *festläßt, durch eine solche Kollineation beschrieben werden, und die Abbil-*

dung $\sigma \in \mathscr{A}(\mathfrak{K}) \to \lambda_\sigma$ *stellt einen Isomorphismus der Automorphismengruppe von* $\mathfrak{K}$ *auf die Standuntergruppe von* Λ_0 *dar*[67,68].

Wir übergehen den einfachen Beweis für den ersten Teil dieses Satzes. Sei λ eine Lietransformation, die Λ_0 elementweise festläßt. Da U, V und ∞ festbleiben, geht die Gesamtheit der Laguerrezykel

$$K_x = \left(\frac{1+N}{2}, \frac{1-N}{2}, x, 0, 0\right), \quad x \in \mathfrak{K},$$

wieder in sich über, Sei

$$(1) \quad K_x^\lambda = \left(\frac{1+N}{2}, \frac{1-N}{2}, x, 0, 0\right)^\lambda =: \left(\frac{1+N'}{2}, \frac{1-N'}{2}, x^\sigma, 0, 0\right) = K_{x^\sigma}.$$

$x \to x^\sigma$ stellt eine bijektive Abbildung von $\mathfrak{K}$ auf sich dar, für die

$$(2) \qquad 0^\sigma = 0 \quad \text{und} \quad 1^\sigma = 1$$

gilt.

Da ∞, U und V festbleiben, bildet λ die Menge der Speere, die mit U bzw. V gleichgerichtet sind, ebenfalls auf sich ab. Durch

$$(3) \quad \begin{cases} U_a^\lambda = \left(-a, a, 0, -\frac{1}{2}, \frac{1}{2}\right)^\lambda =: \left(-a^\varrho, a^\varrho, 0, -\frac{1}{2}, \frac{1}{2}\right) = U_{a^\varrho}, \\ V_b^\lambda = \left(-b, b, 0, \frac{1}{2}, \frac{1}{2}\right)^\lambda =: \left(-b^\tau, b^\tau, 0, \frac{1}{2}, \frac{1}{2}\right) = V_{b^\tau} \end{cases}$$

werden somit zwei weitere bijektive Abbildungen ϱ, τ von $\mathfrak{K}$ auf sich definiert, für die jedenfalls auch

$$(4) \qquad 0^\varrho = 0^\tau = 0$$

gilt.

Für jedes Tripel $(a, b, x) \in \mathfrak{K}^3$ stellt $K := \left(\frac{1+N}{2}, \frac{1-N}{2}, x, a-b, a+b\right)$ die Normalform eines Laguerrezykels dar, der $U_a = \left(-a, a, 0, -\frac{1}{2}, \frac{1}{2}\right)$ und $V_b = \left(-b, b, 0, \frac{1}{2}, \frac{1}{2}\right)$ berührt. Außerdem gibt es einen Laguerrezykel K', der U, V_b, $K_x = \left(\frac{1+x^2}{2}, \frac{1-x^2}{2}, x, 0, 0\right)$ und K berührt.

$$\left(K' = \left(\frac{1+N'}{2}, \frac{1-N'}{2}, x, -b, b\right) \text{ leistet das Verlangte.}\right) -$$

Sei umgekehrt $K = \left(\frac{1+N}{2}, \frac{1-N}{2}, u, v, w\right)$ Normalform eines Laguerrezykels, der U_a und V_b berührt, und es gebe einen Laguerrezykel

---

[67] Die Automorphismengruppe von $\mathfrak{K}$ bezeichnen wir mit $\mathscr{A}(\mathfrak{K})$.

[68] Die Automorphismen von $\mathbf{K}^2(\mathfrak{K})$, die Λ_0 elementweise festlassen, bilden eine Untergruppe der vollen Automorphismengruppe. Sie wird die Standuntergruppe von Λ_0 genannt.

$K' = \left(\frac{1+N'}{2}, \frac{1-N'}{2}, u', v', w'\right)$, der U, V_b, K und K_x berührt: Aus $KU_a = a - \frac{v}{2} - \frac{w}{2} = KV_b = b + \frac{v}{2} - \frac{w}{2} = 0$ erhält man

$$K = \left(\frac{1+N}{2}, \frac{1-N}{2}, u, a-b, a+b\right).$$

Insbesondere ergibt sich für K', wenn man $a = 0$ setzt,

$$K' = \left(\frac{1+N'}{2}, \frac{1-N'}{2}, u', -b, b\right).$$

Schließlich erhält man aus

$$\begin{aligned} K'K &= -\frac{N'+N}{2} + u'u - 2ab \\ &= -\frac{u'^2 + u^2 - 4ab}{2} + u'u - 2ab \\ &= -\frac{(u'-u)^2}{2} = 0 \end{aligned}$$

und

$$\begin{aligned} K'K_x &= -\frac{u'^2 + x^2}{2} + u'x \\ &= -\frac{u'^2 + x^2 - 2u'x}{2} \\ &= -\frac{(u'-x)^2}{2} = 0 \end{aligned}$$

die Beziehungen $u = u' = x$ und somit $K = \left(\frac{1+N}{2}, \frac{1-N}{2}, x, a-b, a+b\right)$. Wir fassen zusammen:

(5) Der Laguerrezykel $K = \left(\frac{1+N}{2}, \frac{1-N}{2}, x, a-b, a+b\right)$ ist eindeutig durch die folgenden Berührrelationen bestimmt:

(α) K berührt U_a und V_b.

(β) Zu K und $K_x = \left(\frac{1+x^2}{2}, \frac{1-x^2}{2}, x, 0, 0\right)$ gibt es einen Laguerrezykel K', der U, V_b, K und K_x berührt.

Da K_x, U_a, V_b unter λ in K_{x^σ}, U_{a^ϱ}, V_{b^τ} übergehen, erhalten wir

(6) $K = \left(\frac{1+N}{2}, \frac{1-N}{2}, x, a-b, a+b\right)$ geht unter λ über in

$$K^\lambda = \left(\frac{1+N'}{2}, \frac{1-N'}{2}, x^\sigma, a^\varrho - b^\tau, a^\varrho + b^\tau\right).$$

Da ferner ein Laguerrezykel $K = \left(\frac{1+N}{2}, \frac{1-N}{2}, x, y, z\right)$ den Fixspeer $W = (0, 0, 1, 0, 1)$ genau dann berührt, wenn $x = z$ gilt, erhalten wir speziell für Laguerrezykel der Form

$$K = \left(\frac{1+N}{2}, \frac{1-N}{2}, a+b, a-b, a+b\right)$$

aus

$$K^\lambda = \left(\frac{1+N'}{2}, \frac{1-N'}{2}, (a+b)^\sigma, a^\varrho - b^\tau, a^\varrho + b^\tau\right)$$

die Beziehung

$$(7) \qquad (a+b)^\sigma = a^\varrho + b^\tau$$

für alle Zahlenpaare a, b aus $\mathfrak{K}$. Setzt man in (7) $b = 0$ bzw. $a = 0$, so erhält man wegen (4)

$$(8) \qquad \sigma = \varrho = \tau .$$

Weiterhin stellt nun σ wegen (7) einen Automorphismus der additiven Gruppe von $\mathfrak{K}$ dar. Zusammen mit (2) bestimmt dies für den Laguerrezykel $K = \left(\frac{1}{2}, \frac{1}{2}, 2x, x^2 - 1, x^2 + 1\right)$ als Bild

$$K^\lambda = \left(\frac{1+N}{2}, \frac{1-N}{2}, 2x^\sigma, (x^2)^\sigma - 1, (x^2)^\sigma + 1\right)$$

mit $N = 4[(x^\sigma)^2 - (x^2)^\sigma]$. Der Zykel $O = \left(\frac{1}{2}, \frac{1}{2}, 0, 0, 0\right)$ wird von einem Laguerrezykel $K^* = \left(\frac{1+N^*}{2}, \frac{1-N^*}{2}, a, b, c\right)$ genau dann berührt, wenn $N^* = 0$ gilt. Da der Zykel O unter λ fest bleibt, wird er nicht nur von K sondern auch von K^λ berührt und wir erhalten somit $N = 0$ bzw.

$$(9) \qquad (x^2)^\sigma = (x^\sigma)^2 .$$

Für $x =: a + b$ ergibt dies $(a^2 + 2ab + b^2)^\sigma = (a^\sigma + b^\sigma)^2$ bzw. $(a^2)^\sigma + 2(ab)^\sigma + (b^2)^\sigma = (a^\sigma)^2 + 2a^\sigma b^\sigma + (b^\sigma)^2$, was unter nochmaliger Beachtung von (9) auf $(ab)^\sigma = a^\sigma \cdot b^\sigma$ führt. σ ist somit ein Automorphismus des Körpers $\mathfrak{K}$.

Aus (3) und (6) folgt nun, daß die Normaldarstellungen der Zykel $X = (x_0, x_1, x_2, x_3, x_4)$ in $X^\lambda = (x_0^\sigma, x_1^\sigma, x_2^\sigma, x_3^\sigma, x_4^\sigma)$ übergehen, falls X ein Laguerrezykel oder ein mit U bzw. V gleichgerichteter Speer ist. Dies gilt auch für $\infty = (-1, 1, 0, 0, 0)$.

Sei nun $S_x = \left(0, 0, x, \frac{x^2-1}{2}, \frac{x^2+1}{2}\right)$ ein den Laguerrezykel O berührender Speer; $S_x \notin \{U, V\}$. Die Zykel ∞, 0, U und V bleiben unter λ fest. Also gilt

$$S_x^\lambda = \left(0, 0, y, \frac{y^2-1}{2}, \frac{y^2+1}{2}\right)$$

für ein $y \in \mathfrak{K}^\times$.

Da $K_x = \left(\frac{1}{2}, \frac{1}{2}, x, \frac{x^2-1}{2}, \frac{x^2+1}{2}\right)$ den Speer S_x berührt, muß $K_x^\lambda = \left(\frac{1}{2}, \frac{1}{2}, x^\sigma, \frac{(x^\sigma)^2-1}{2}, \frac{(x^\sigma)^2+1}{2}\right)$ den Speer S_x^λ berühren. Dies ist damit äquivalent, daß der Speer $S_{x^\sigma} = \left(0, 0, x^\sigma, \frac{(x^\sigma)^2-1}{2}, \frac{(x^\sigma)^2+1}{2}\right)$ den Speer S_x^λ berührt. S_x^λ muß also nach 1.7 die gleiche Richtung wie S_{x^σ} haben, und wir erhalten

$$S_x^\lambda = S_{x^\sigma} = \left(0, 0, x^\sigma, \frac{(x^\sigma)^2-1}{2}, \frac{(x^\sigma)^2+1}{2}\right).$$

Ist schließlich $S = \left(-a, a, x, \frac{x^2-1}{2}, \frac{x^2+1}{2}\right)$ ein beliebiger Speer mit von U und V verschiedener Richtung, so muß S^λ (wieder nach 1.7) die gleiche Richtung wie S_x^λ haben. Wir setzen

$$S^\lambda = \left(-a', a', x^\sigma, \frac{(x^\sigma)^2-1}{2}, \frac{(x^\sigma)^2+1}{2}\right).$$

Ferner muß S^λ den Laguerrezykel

$$\left(\frac{1+N}{2}, \frac{1-N}{2}, -\frac{a}{x}, 0, 0\right)^\lambda = \left(\frac{1+N^\sigma}{2}, \frac{1-N^\sigma}{2}, -\frac{a^\sigma}{x^\sigma}, 0, 0\right)$$

berühren, was $a' = a^\sigma$ impliziert.

Jede Lietransformation λ, die die Liefigur Λ_0 elementweise festläßt, wird also von einer Kollineation $X \to X^\sigma$, $\sigma \in \mathscr{A}(\mathfrak{K})$, induziert. Induzieren σ_1 und σ_2 dieselbe Lietransformation, so muß nach (1)

$$\left(\frac{1+N}{2}, \frac{1-N}{2}, x^{\sigma_1}, 0, 0\right) = \left(\frac{1+N'}{2}, \frac{1-N'}{2}, x^{\sigma_2}, 0, 0\right)$$

für alle x aus $\mathfrak{K}$ gelten, was auf $\sigma_1 = \sigma_2$ zu schließen gestattet. □

Zusammenfassung der Sätze 1.1, 1.2 liefert eine Darstellung der Gruppe aller Lietransformationen:

Satz 1.3. *Es bezeichne $\mathfrak{L}$ das kartesische Produkt der Automorphismengruppe von $\mathfrak{K}$ mit der eigentlich orthogonalen Gruppe $O_5^+(\mathfrak{Q}, \mathfrak{K})$. Ordnet man den Elementen $(\sigma, \mathfrak{A})$ und $(\tau, \mathfrak{B})$ aus $\mathfrak{L}$ das Produkt*

$$(\sigma, \mathfrak{A}) \cdot (\tau, \mathfrak{B}) := (\sigma\tau, \mathfrak{A}^\tau\mathfrak{B})$$

zu, so wird $\mathfrak{L}$ zu einer Gruppe, die die Untergruppe $(1, (O_5^+\mathfrak{Q}, \mathfrak{K}))$ als Normalteiler enthält.

Ordnet man schließlich der Kollineation $(\sigma, \mathfrak{A}): X \to X^\sigma\mathfrak{A}$ des $\mathbb{P}^4(\mathfrak{K})$ ihre Beschränkung auf die Menge der Zykel zu, so wird $\mathfrak{L}$ dabei isomorph auf die Gruppe aller Lietransformationen abgebildet.

Beweis. Sei λ eine vorgegebene Lietransformation. Ist dann $\lambda_\mathfrak{A} \in \mathrm{L}_5^+(\mathfrak{K})$ eine nach Satz 1.1 existierende Lietransformation, die der Bedingung $\Lambda_0^{\lambda\mathfrak{A}} = \Lambda_0^\lambda$ genügt, so läßt $\lambda(\lambda_\mathfrak{A})^{-1}$ die Liefigur Λ_0 fest. Mit einem geeigneten

Körperautomorphismus gilt dann nach Satz 1.2 $\lambda(\lambda_{\mathfrak{A}})^{-1} = \lambda_\sigma$ oder gleichwertig damit $\lambda = \lambda_\sigma \lambda_{\mathfrak{A}}$. Gilt außerdem $\lambda_\sigma \lambda_{\mathfrak{A}} = \lambda = \lambda_\tau \lambda_{\mathfrak{B}}$, so muß $\Lambda_0^{\lambda_{\mathfrak{A}}} = \Lambda_0^\lambda = \Lambda_0^{\lambda_{\mathfrak{B}}}$ sein, was nach Satz 1.1 auf $\lambda_{\mathfrak{A}} = \lambda_{\mathfrak{B}}$ und damit auch auf $\lambda_\sigma = \lambda_\tau$ bzw. $\mathfrak{A} = \mathfrak{B}$ und $\sigma = \tau$ zu schließen gestattet. ▯

Abschließend soll noch ein für Strukturuntersuchungen nützliches Korollar zu Satz 1.3 hervorgehoben werden.

Satz 1.4. *Ist $\mathfrak{K}_1$ ein Unterkörper von $\mathfrak{K}_2$ und läßt sich jeder Körperautomorphismus von $\mathfrak{K}_1$ zu einem Körperautomorphismus von $\mathfrak{K}_2$ fortsetzen, so läßt sich jede Lietransformation der Liegeometrie $\mathbf{K}^2(\mathfrak{K}_1)$ zu einer Lietransformation der Liegeometrie $\mathbf{K}^2(\mathfrak{K}_2)$ erweitern.*

Bei der Untersuchung, ob gewisse Transitivitätseigenschaften allgemein gültig sind, gestattet dieser Satz oft, Gegenbeispiele zu konstruieren. Dies sei noch kurz an einem typischen Beispiel demonstriert.

Bei drei verschiedenen Zykeln X_1, X_2, X_3 gibt es o.B.d.A. genau die folgenden fünf Konfigurationsmöglichkeiten:

1. *Die Zykel X_1, X_2, X_3 berühren sich paarweise.*
2. *Die Zykel X_1 und X_2 berühren sich nicht, berühren aber beide X_3.*
3. *Die Zykel X_1 und X_2 berühren sich, berühren aber beide nicht X_3.*
4. *Die Zykel X_1, X_2, X_3 berühren sich paarweise nicht, und es gibt einen Zykel, der alle drei Zykel berührt.*
5. *Die Zykel X_1, X_2, X_3 berühren sich paarweise nicht, und es gibt keinen Zykel, der alle drei Zykel berührt.*

Im klassischen Fall ist die Gruppe der Lietransformationen auf allen fünf Tripelklassen transitiv. Dieses Resultat behält für die Klassen 1 bis 4 bei beliebigen Liegeometrien $\mathbf{K}^2(\mathfrak{K})$ seine Gültigkeit. Betrachten wir jedoch die sechs Zykel

$$\begin{aligned}
X_1 &= (0, 0, 0, 1, 1)\\
X_2 &= (0, 0, 0, -1, 1)\\
X_3 &= (-1, 2, 0, 1, 2)\\
X_4 &= (1, 0, 0, 1, 0)\\
X_5 &= (2, -1, \sqrt{3}, 0, 0)\\
X_6 &= (2, -1, -\sqrt{3}, 0, 0)
\end{aligned}$$

der klassischen Lie-Ebene, so können wir X_1, X_2, X_3 nicht in X_1, X_2, X_4 überführen, da X_1, X_2, X_3 von X_5 und X_6 berührt werden, während es keinen Zykel gibt, der X_1, X_2 und X_4 berührt. Wegen Satz 1.4 ist dies also auch nicht in der Liegeometrie $\mathbf{K}^2(\mathfrak{K}_0)$, $\mathfrak{K}_0$ der Körper der rationalen Zahlen, möglich, obwohl es keinen Zykel mit rationalen Komponenten gibt, der X_1, X_2 und X_3 berührt.

2. Lie-Ebenen. Büschelhomogene Lie-Ebenen

Wir gehen aus von einer abstrakten Menge $\mathfrak{Z} = \{a, b, \ldots\}$, deren Elemente wir *Zykel* nennen. Auf der Menge der Zykel sei eine nicht-triviale, 2-stellige reflexive und symmetrische Relation gegeben. Stehen die Zykel a, b in dieser Relation, so sagen wir, daß sie sich berühren und schreiben $a - b$. Das aus der Menge der Zykel und der Relation „—" gebildete 2-tupel $[\mathfrak{Z}, -]$ nennen wir eine *Lie-Ebene*, wenn die drei folgenden Axiome erfüllt sind:

(S_I) *Zu zwei beliebig gegebenen Zykeln gibt es drei Zykel, die die beiden gegebenen berühren.*

(S_{II}) *Wenn drei verschiedene Zykel sich paarweise berühren, berührt jeder Zykel, der zwei dieser Zykel berührt, auch den dritten.*

(S_{III}) *Wenn drei verschiedene Zykel sich paarweise nicht berühren, aber alle von einem vierten Zykel berührt werden, gibt es noch (mindestens) einen weiteren Zykel, der alle drei berührt.*

Sind a, b verschiedene Zykel einer Lie-Ebene, so wollen wir unter dem *Büschel* $\langle a, b\rangle$ die Gesamtheit der Zykel verstehen, die a und b berühren. Schließlich heiße ein geordnetes Zykel-6-tupel $(a_1, a_2, a_3; b_1, b_2, b_3)$ *Liefigur,* wenn es den folgenden Bedingungen genügt:

(1) a_1, a_2, a_3 *berühren sich paarweise nicht;* b_1, b_2, b_3 *berühren sich paarweise nicht.*

(2) a_i *berührt* b_k *für* $(i, k) \neq (3, 3)$.

Es sei nun Γ eine Permutationsgruppe, die berührungstreu auf $\mathfrak{Z}$ operiert, d.h. jedes Element $\lambda \in \Gamma$ führe sich berührende Zykel in sich berührende Zykel und sich nicht berührende Zykel wieder in sich nicht berührende Zykel über. Elemente der Permutationsgruppe Γ werden wir auch *Γ-Automorphismen* nennen.

Ist Γ eine Automorphismengruppe der Lie-Ebene $[\mathfrak{Z}, -]$ (d.h. eine berührungstreu auf $\mathfrak{Z}$ operierende Permutationsgruppe), so soll das Tripel $[\mathfrak{Z}, -, \Gamma]$ eine *büschelhomogene Lie-Ebene* genannt werden, falls Γ den folgenden Axiomen T_I und T_{II} genügt:

(T_I) *Sind* $\Lambda = (a_1, a_2, a_3; b_1, b_2, b_3)$ *und* $\Lambda' = (a'_1, a'_2, a'_3; b'_1, b'_2, b'_3)$ *Liefiguren, so gibt es einen Γ-Automorphismus, der* a_i *in* a'_i *und* b_i *in* b'_i *— für* $i = 1, 2, 3$ *— überführt.*

(T_{II}) *Läßt ein Γ-Automorphismus drei Zykel eines Büschels fest, so läßt er das Büschel elementweise fest.*

Den Anschluß an die Erörterungen des vorhergehenden Abschnitts stellt der folgende Satz her.

Satz 2.1. *Bezeichnet* $\mathfrak{Q}(\mathfrak{K})$ *die Menge der Zykel einer Liegeometrie* $\mathbf{K}^2(\mathfrak{K})$, char $\mathfrak{K} \neq 2$, *und* $X -_{\mathfrak{K}} Y$ *das Konjugiertsein der Zykel* X, Y, *so stellt* *die Struktur* $\mathbf{L}(\mathfrak{K}) := [\mathfrak{Q}(\mathfrak{K}), -_{\mathfrak{K}}, \mathrm{L}_5^+(\mathfrak{K})]$ *eine büschelhomogene Lie-Ebene dar.*

Wir beschränken uns beim Beweis auf den Nachweis der Axiome $\mathrm{S_I}$, $\mathrm{S_{II}}$, $\mathrm{S_{III}}$ und $\mathrm{T_{II}}$ ($\mathrm{T_I}$ ist eine unmittelbare Folgerung aus Satz 1.1):

ad $\mathrm{S_I}$: Sind zwei verschiedene Zykel X_1, X_2 vorgegeben, so können wir X_1 auf Grund von 1.11 durch eine Lietransformation in den Zykel ∞ überführen. Berührt X_2 nicht X_1, so geht X_2 dabei in einen Laguerrezykel K über. Dann gibt es nach 1.5, 1.6 und 1.8 genau $|\mathfrak{K}| + 1 \geq 4$ Speere, die K und ∞ berühren.

Berührt X_2 den Zykel X_1, so geht X_2 in einen Speer S über. Wegen 1.7 wird S und ∞ gerade von allen Speeren berührt, die die gleiche Richtung wie S haben. Dies sind zusammen mit ∞ wieder genau $|\mathfrak{K}| + 1 \geq 4$ Berührzykel.

ad $\mathrm{S_{II}}$: Sind X_1, X_2 zwei sich berührende Zykel, und führt man X_1 nach ∞ über, so geht X_2 in einen Speer S über. Jeder Zykel Z, der ∞ und S berührt, muß wegen 1.5 und 1.7 ein Speer sein, der mit S gleichgerichtet ist. Da sich zwei gleichgerichtete Speere aber (wieder nach 1.7) immer berühren, ist auch $\mathrm{S_{II}}$ gezeigt.

ad $\mathrm{S_{III}}$: Sind X_1, X_2, X_3 drei Zykel, die sich paarweise nicht berühren, aber alle einen vierten Zykel Y berühren, so können wir nach 1.13 X_1 in $U = (0, 0, 0, -1, 1)$, X_2 in $V = (0, 0, 0, 1, 1)$ und Y in

$$\infty = (-1, 1, 0, 0, 0)$$

überführen. X_3 geht dabei in einen Speer S über, der weder mit U noch mit V gleichgerichtet sein kann. Er habe die Darstellung

$$S = \left(-a, a, x, \frac{x^2 - 1}{2}, \frac{x^2 + 1}{2}\right)$$

mit $x \neq 0$. Der Laguerrezykel

$$K = \left(\frac{1 + N}{2}, \frac{1 - N}{2}, -\frac{a}{x}, 0, 0\right)$$

ist nun ein von ∞ verschiedener Zykel, der U, V und S berührt.

ad $\mathrm{T_{II}}$: **a)** Ist $\langle A, B\rangle$ ein Büschel, dessen Zykel A, B sich berühren, so läßt sich jeder Zykel des Büschels als Linearkombination von A, B darstellen. Dies sieht man so: Nach 1.12. kann man A und B durch eine Lietransformation, die von einer Projektivität $X \to X' = X\mathfrak{A}$ induziert wird, in $\infty = (-1, 1, 0, 0, 0)$ und $U = (0, 0, 0, -1, 1)$ überführen. Jeder weitere Zykel des Büschels $\langle A, B\rangle$ muß dabei in einen mit U gleichgerichteten Speer $S = (-a, a, 0, -1, 1)$ übergehen, kann also als Linearkombination von ∞ und U dargestellt werden. In der Sprechweise der analytischen projektiven Geometrie besagt dies, daß das Büschel $\langle A, B\rangle$ aus einer Untermenge der projektiven Geraden durch A und B besteht.

Da die Elemente der $L_5^+(\mathfrak{K})$ von den Projektivitäten der $O_5^+(\mathfrak{Q}, \mathfrak{K})$ induziert werden, läßt jede solche Lietransformation mit drei Punkten einer Geraden die ganze Gerade und somit das Büschel $\langle A, B\rangle$ elementweise fest.

b) Es sei nun $\langle A, B\rangle$ ein Büschel, dessen Zykel A, B sich nicht berühren, und X_1, X_2, X_3 seien drei verschiedene Fixzykel dieses Büschels. Wegen der Gültigkeit von S_{I} muß es zu X_1, X_2 einen von A und B verschiedenen Zykel C geben, der X_1 und X_2 berührt. Wir überlegen uns, daß das 6-tupel $(A, B, C; X_1, X_2, X_3)$ eine Liefigur bildet: Wegen der Gültigkeit von S_{II} können sich keine zwei der drei Zykel X_1, X_2, X_3 berühren, da A und B sich sonst berühren müßten. Analog ergibt sich nun, daß die Zykel A, B, C sich ebenfalls paarweise nicht berühren.

Wir sind fertig, wenn wir nachweisen: Jedes Element aus der $L_5^+(\mathfrak{K})$, das die drei Zykel X_1, X_2, X_3 der Liefigur

(*) $$(A, B, C; X_1, X_2, X_3)$$

festläßt, läßt das Büschel $\langle A, B\rangle$ elementweise fest.

Da die Gruppe der Lietransformation $L_5^+(\mathfrak{K})$ auf den Liefiguren transitiv ist (Satz 1.1), genügt es, (*) für eine speziell ausgewählte Liefigur nachzuweisen. Wir legen bei unseren weiteren Überlegungen die Liefigur

$$\begin{aligned}
A &= \infty = (-1, 1, 0, 0, 0)\\
B &= O = (1, 1, 0, 0, 0)\\
C &= E = (1, 0, 1, 0, 0)\\
X_1 &= U = (0, 0, 0, -1, 1)\\
X_2 &= V = (0, 0, 0, 1, 1)\\
X_3 &= W = (0, 0, 1, 0, 1)
\end{aligned}$$

zugrunde.

Es sei also $\mathfrak{A}$ eine (5, 5)-Matrix, die eine Lietransformation induziert, und $\mathfrak{A}$ lasse die Zykel X_1, X_2, X_3 fest. Da die Zykel A, B und damit auch ihre Bilder von X_1, X_2 und X_3 berührt werden, erhalten wir

$$A\mathfrak{A} = (.\,, .\,, 0, 0, 0), \quad B\mathfrak{A} = (.\,, .\,, 0, 0, 0).$$

Weiterhin muß C in einen Zykel

$$C\mathfrak{A} = (.\,, .\,, .\,, 0, 0)$$

übergehen, da C von X_1 und X_2 berührt wird. Schließlich gilt für die fest gewählten Vektoren X_1, X_2, X_3 des $\mathfrak{V}^5(\mathfrak{K})$

$$X_\iota\mathfrak{A} = c_\iota X_\iota \text{ mit } c_\iota \neq 0 \text{ für } \iota = 1, 2, 3.$$

Aus der Linearkombination

$$C = -\frac{1}{2}A + \frac{1}{2}B - \frac{1}{2}X_1 - \frac{1}{2}X_2 + 1X_3$$

erhält man

$$\begin{aligned} C\mathfrak{A} = & -\tfrac{1}{2}A\mathfrak{A} + \tfrac{1}{2}B\mathfrak{A} - \tfrac{c_1}{2}X_1 - \tfrac{c_2}{2}X_2 + c_3X_3 \\ = & \quad (.,.,0,0,0) \\ & + (.,.,0,0,0) \\ & + \left(0,0,0,\tfrac{c_1}{2},-\tfrac{c_1}{2}\right) \\ & + \left(0,0,0,-\tfrac{c_2}{2},-\tfrac{c_2}{2}\right) \\ & + (0,0,c_3,0,c_3) \\ = & \ (.,.,.,0,0), \end{aligned}$$

was auf $c_1 = c_2 = c_3 =: c \neq 0$ zu schließen gestattet.

Ist nun X ein Zykel des Büschels $\langle A, B\rangle$, so ist er von der Gestalt $X = (0, 0, ., ., .)$, und wir können ihn als Linearkombination $X = \alpha X_1 + \beta X_2 + \gamma X_3$ darstellen. Das Bild von X ist

$$X\mathfrak{A} = \alpha X_1\mathfrak{A} + \beta X_2\mathfrak{A} + \gamma X_3\mathfrak{A} = c(\alpha X_1 + \beta X_2 + \gamma X_3) = cX$$

und stimmt wieder mit dem Zykel X überein. Damit ist Satz 2.1 vollständig bewiesen. ▯

Bevor wir die Umkehrung dieses Satzes beweisen, legen wir fest, wann zwei büschelhomogene Lie-Ebenen isomorph heißen sollen. Ist α eine bijektive Abbildung der Menge $\mathfrak{Z}$ einer büschelhomogenen Lie-Ebene $\mathbf{L} = [\mathfrak{Z}, -, \Gamma]$ auf die Menge $\mathfrak{Z}'$ einer büschelhomogenen Lie-Ebene $\mathbf{L}' = [\mathfrak{Z}', -', \Gamma']$, so geht die Berührrelation „—" (als Teilmenge von $\mathfrak{Z}\times\mathfrak{Z}$) in eine Relation „$-^{\alpha}$" von $\mathfrak{Z}'\times\mathfrak{Z}'$ über, und jedem Automorphismus $\gamma \in \Gamma$ wird durch die Abbildung $z' \in \mathfrak{Z}' \to z'^{\alpha^{-1}\gamma\alpha} =: (z')^{\gamma^\alpha}$ ein Automorphismus γ^α der Berührstruktur $[\mathfrak{Z}', -^{\alpha}]$ zugeordnet. Wir nennen α einen *Isomorphismus* von $\mathbf{L} = [\mathfrak{Z}, -, \Gamma]$ auf $\mathbf{L}' = [\mathfrak{Z}', -', \Gamma']$, wenn die Relation „$-^{\alpha}$" mit der Relation „$-'$" und die Gruppe Γ^α mit der Gruppe Γ' übereinstimmt. Unter Zugrundelegung dieses Isomorphiebegriffes gilt

Satz 2.2. *Jede axiomatisch gegebene büschelhomogene Lie-Ebene* $\mathbf{L} = [\mathfrak{Z}, -, \Gamma]$ *ist zu einer (in Satz* 2.1 *angegebenen) büschelhomogenen Lie-Ebene* $\mathbf{L}(\mathfrak{K}) = [\mathfrak{Q}(\mathfrak{K}), -_{\mathfrak{K}}, \mathrm{L}_5^+(\mathfrak{K})]$ *isomorph.*

Wir stellen dem umfangreichen Beweis, mit dem wir diesen Abschnitt beenden, einige Definitionen voran: Berühren sich die Zykel a, b einer vorgegebenen Lie-Ebene nicht, so schreiben wir $a \mathrel{-\!\!\!/} b$. n-tupel von Zykeln repräsentieren wir in der Form $(a_1, a_2, \ldots, a_n)$[69]. Ist γ ein Γ-

[69] Bei 1-tupeln werden wir jedoch die Klammern weglassen.

Automorphismus und sind $(a_1, a_2, \ldots, a_n)$, $(b_1, b_2, \ldots, b_n)$ zwei Zykel-n-tupel, so stellt die Schreibweise $(a_1, \ldots, a_n)^\gamma = (b_1, \ldots, b_n)$ eine Abkürzung für $a_i^\gamma = b_i$, $i = 1, 2, \ldots, n$ dar. Ferner bedeute für $\mathfrak{R} \in \{\neq, -, \not-\}$:

1. $(a_1, a_2, \ldots, a_n)_{\mathfrak{R}}$: Die Zykel $a_1, a_2, \ldots, a_n$ stehen paarweise in der Relation $\mathfrak{R}$.

2. $(a_1, \ldots, a_n)\, \mathfrak{R}(a_{n+1}, \ldots, a_m)$: Es gilt $a_\iota \mathfrak{R} a_\varkappa$ für alle Paare $\iota, \varkappa$ mit $\iota \in \{1, \ldots, n\}$ und $\varkappa \in \{n+1, \ldots, m\}$.

3. Die logische Konjunktion der drei Aussagen $(a_1, \ldots, a_n)_{\mathfrak{R}_1}$, $(a_{n+1}, \ldots, a_m)_{\mathfrak{R}_2}$ und $(a_1, \ldots, a_n)\, \mathfrak{R}_3(a_{n+1}, \ldots, a_m)$ werden wir knapp in der Form

$$(a_1, \ldots, a_n)_{\mathfrak{R}_1}\, \mathfrak{R}_3(a_{n+1}, \ldots, a_m)_{\mathfrak{R}_2}$$

ausdrücken.

Die Konfigurationen $(a, b)_- - (c, d)$ bzw. $a - b \not- c$ werden wir (nur im Fall $a \neq b$!) jedoch auch in der Form ${}^{a}_{b}\boxtimes^{c}_{d}$ bzw. $\overset{a-b}{\underset{c}{\not-}}$ darstellen. Schließlich besage die Schreibweise $(a_1, a_2, \ldots, a_n)_{\bigcirc}$ (bzw. $(a_1, a_2, \ldots, a_n)_{\circledcirc}$), daß es w e n i g s t e n s e i n e n (bzw. w e n i g s t e n s z w e i) Zykel gibt, der jeden der Zykel $a_1, a_2, \ldots, a_n$ berührt.

Im folgenden sei eine feste büschelhomogene Lie-Ebene $\mathbf{L} = [\mathfrak{Z}, -, \Gamma]$ zugrunde gelegt.

2.1. *Aus* ${}^{a}_{b}\boxtimes^{c}_{d}$ *folgt die Relation* $c - d$.

Beweis. Wenn c mit a oder b übereinstimmt, ist nichts zu zeigen. Gilt aber $(a, b, c)_{\neq}$, so folgt aus S_{II} die Behauptung. ▯

Als Folgerung aus 2.1. erhalten wir

2.2. *Aus* $(a, b)_{\not-} - (c, d)_{\neq}$ *folgt* $c \not- d$.

2.3. *Zu jedem Zykel* a *gibt es einen Zykel* b, *der* a *nicht berührt.*

Beweis (indirekt). Sei a ein Zykel, der jeden anderen Zykel berührt. Da die Berührrelation nicht-trivial ist, gibt es Zykel c und d, die sich nicht berühren. Nach S_I gibt es noch einen von a verschiedenen Zykel a', der c und d berührt. Wir erhalten ${}^{a}_{a'}\boxtimes^{c}_{d}$ und somit den Widerspruch $c - d$. ▯

2.4. *Zu* $\overset{a-b}{\underset{c}{\not-}}$ *gibt es höchstens* e i n e n *Zykel* d, *der* a, b, c *berührt.*

Beweis (indirekt). Sind $d \neq d'$ zwei Zykel, die $\overset{a-b}{\underset{c}{\not-}}$ berühren, so folgt aus ${}^{a}_{b}\boxtimes^{d}_{d'}$ die Beziehung $d - d'$ und aus ${}^{d}_{d'}\boxtimes^{b}_{c}$ der Widerspruch $b - c$. ▯

2.5. *Zu* $(a, b)_{\neq -}$ *gibt es einen Zykel* c, *der die Relationen* $(a, c)_{\not-} - b$ *erfüllt.*

Beweis. Nach 2.3. gibt es einen Zykel c', der a nicht berührt. Berührt c' den Zykel b, so sind wir fertig. Berührt c' nicht den Zykel b, dann gibt es nach S_1 drei Zykel $(u, v, w)_{\neq}$, die b und c' berühren. 2.4 besagt, daß es höchstens einen Zykel gibt, der die Figur $\overset{a-b}{\underset{c'}{+}}$ berührt. Also gibt es unter u, v, w mindestens zwei Zykel, die a nicht berühren. ▯

2.6. *Es gibt eine Liefigur. Ist* $\Lambda = (a_1, a_2, a_3; b_1, b_2, b_3)$ *eine Liefigur, so gilt* $a_3 \not\!+ b_3$, *und es gibt einen Zykel* b_3', *der* a_1, a_3, b_3 *berührt.*

Beweis. Nach Voraussetzung gibt es Zykel a_1, a_2, die sich nicht berühren und weiterhin nach S_I drei Zykel $(b_1, b_2, b_3)_{\neq}$, die a_1 und a_2 berühren. Aus $(a_1, a_2)_+ - (b_1, b_2, b_3)_{\neq}$ folgt nach 2.2. die Beziehung $(b_1, b_2, b_3)_+$.

Zu $(a_1, a_3)_{\neq}$ gibt es nach S_I noch einen weiteren Zykel b_3', der a_1 und b_3 berührt. Es gilt $(b_1, b_2, b_3')_+$, da $b_3' - b_{i_0}$, $i_0 \in \{1, 2\}$, wegen 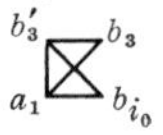 den Widerspruch $b_3 - b_{i_0}$ implizieren würde.

Zu $(b_1, b_2, b_3')_+ - a_1$ muß es nach S_{III} noch einen weiteren Zykel $a_3 \neq a_1$ geben, der b_1, b_2, b_3' berührt. a_3 ist auch von a_2 verschieden, da sonst aus 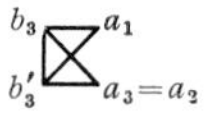 der Widerspruch $a_1 - a_2$ folgen würde. Aus $(b_1, b_2)_+ - (a_1, a_2, a_3)_{\neq}$ erhalten wir $(a_1, a_2, a_3)_+$. Würde nun der Zykel a_3 den Zykel b_3 berühren, so ergäbe 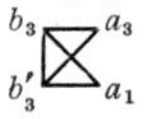 den Widerspruch $a_1 - a_3$.

Somit stellt das 6-tupel $(a_1, a_2, a_3; b_1, b_2, b_3)$ eine Liefigur dar, für die $a_3 \not\!+ b_3$ gilt, und deren Zykel a_1, a_3, b_3 von einem Zykel b_3' berührt werden. Da Γ auf den Liefiguren transitiv ist (Axiom T_I), gelten diese Eigenschaften für jede Liefigur. ▯

Als Korollar 1 erhalten wir eine Verschärfung von Axiom S_{III}:

2.7. *Zu einer Zykelkonfiguration* $a_1 - (b_1, b_2, b_3)_+$ *gibt es noch genau einen weiteren Zykel* $a_2 \neq a_1$, *der das Tripel* (b_1, b_2, b_3) *berührt.*

Beweis. Axiom S_{III} besagt, daß es mindestens einen solchen Zykel a_2 gibt. Gäbe es $(a_1, a_2, a_3)_{\neq}$ mit $(a_1, a_2, a_3) - (b_1, b_2, b_3)_+$, so wäre $(a_1, a_2, a_3; b_1, b_2, b_3)$ eine Liefigur, die der Relation $a_3 - b_3$ genügen würde im Widerspruch zu 2.6. ▯

Korollar 2 ist eine Verschärfung von 2.4:

2.8. *Eine Figur* $\overset{b_3-a_1}{\underset{a_3}{+}}$ *wird von genau einem Zykel berührt.*

Beweis. Wegen 2.4. genügt es, die Existenz eines Berührzykels nachzuweisen. Im Fall $a_3 - b_3$ ist b_3 ein Zykel, der a_1, a_3 und b_3 berührt. Es gelte also $a_3 \not\!+ b_3$, und b_1, b_2 seien zwei Zykel, die $(a_1, a_3)_+$ berühren. Berührt einer von ihnen auch b_3, so sind wir fertig. Andernfalls erhalten wir $a_1 - (b_1, b_2, b_3)_+$. Nach 2.9. gibt es noch genau einen weiteren Zykel

$a_2 \neq a_1$, der b_1, b_2, b_3 berührt. Von der zur Liefigur

$$\Lambda = (a_1, a_2, a_3; b_1, b_2, b_3)$$

ergänzten Figur $\overset{b_3-a_1}{\underset{a_3}{+}}$ wissen wir aber nach 2.6., daß es einen Zykel b_3' gibt, der a_1, a_3 und b_3 berührt. ▯

Für die weiteren Überlegungen werde die beliebig gewählte Liefigur

$$\Lambda_0 = (\infty, o, e; u, v, w)$$

(s. Abb. 69) festgehalten. Einen von ∞ verschiedenen Zykel nennen wir *Speer,* wenn er ∞ berührt und *Laguerrezykel,* wenn er ∞ nicht berührt. Ferner sei das Büschel $\langle u, v\rangle$ mit $\mathfrak{P}$, $\mathfrak{P} \setminus \infty$ mit $\mathfrak{K}$ und $\mathfrak{K} \setminus o$ mit $\mathfrak{K}^\times$ bezeichnet. Zwei Speere nennen wir *parallel,* wenn sie sich berühren.

2.9. *Die Parallelität stellt eine Äquivalenzrelation auf der Menge der Speere dar.*

Beweis. Reflexivität und Symmetrie liegen auf der Hand. Zur Transitivität: Gelten für die Speere s_1, s_2, s_3 die Relationen $s_1 - s_2$ und $s_2 - s_3$, so folgt aus $\overset{\infty\quad s_1}{\underset{s_2\quad s_3}{\boxtimes}}$ die Beziehung $s_1 - s_3$. ▯

Sind $(x, y)_{\neq}$ aus $\mathfrak{P}$, so folgt aus $(u, v)_{+} - (x, y)_{\neq}$ wegen 2.2.:

2.10. *Zwei verschiedene Zykel aus $\mathfrak{P}$ berühren sich nicht. Insbesondere ist also jeder Zykel aus $\mathfrak{K}$ ein Laguerrezykel.*

2.11. *Definition. Der eindeutig bestimmte Zykel, der $\overset{o-w}{\underset{e}{+}}$ berührt* (s. Abb. 69) *sei mit k_o bezeichnet.*

2.12. *k_o ist von o, e und w verschieden.*

2.13. *k_o ist ein Laguerrezykel.*

Beweis. Wäre k_o kein Laguerrezykel, so erhielte man aus $\overset{k_o\quad \infty}{\underset{w\quad 0}{\boxtimes}}$ *die Relation $\infty - o$ im Widerspruch zu* 2.10. ▯

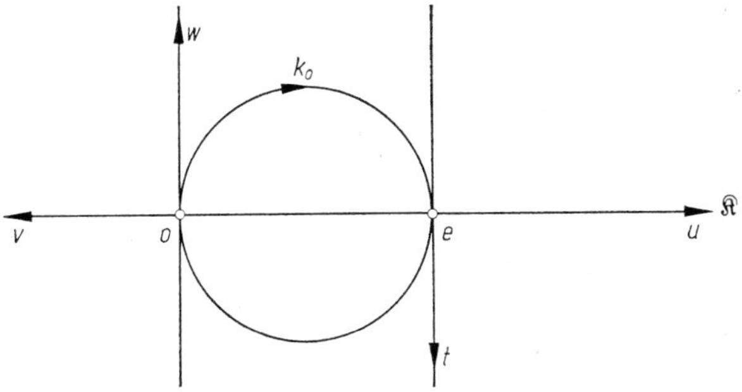

Abb. 69

2.14. *k_0, u, v berühren sich paarweise nicht.*

Beweis. k_0 kann weder u noch v berühren, da man für jeden Zykel a, der k_0 und o berührt, wegen ${}^{k_0}_{o}\boxtimes^{a}_{w}$ auf $a - w$ schließen kann. ▯

2.15. *Definition. Der eindeutig bestimmte Speer, der* $\overset{k_0-e}{\underset{\infty}{+}}$ *berührt* (s. Abb. 69), *sei mit t bezeichnet.*

2.16. *Es gilt* $(u, v, w, t)_+$.

Beweis. Wegen $\overset{u-e}{\underset{\infty}{+}}$ und $\overset{v-e}{\underset{\infty}{+}}$ ist u resp. v der einzige zu u resp. v parallele Speer, der den Zykel e berührt. Da der Speer t die Zykel k_0 und e berührt, wegen 2.14. aber von u und v verschieden ist, erhalten wir $(u, v, t)_+$. t muß auch von w verschieden sein, da wir sonst aus

$$t = w - (o, e, \infty)_+$$

nach 2.7. auf $t \in \{u, v\}$ schließen könnten. Würde der Speer t den Speer w berühren, so erhielte man aus ${}^{w}_{t}\boxtimes^{k_0}_{\infty}$ die Beziehung $k_0 - \infty$ im Widerspruch zu 2.13. ▯

Die Klassen der zu u, v, w und t parallelen Speere bezeichnen wir mit $[u]$, $[v]$, $[w]$, $[t]$. Wir stellen fest, daß für $u' \in [u]$, $v' \in [v]$, $w' \in [w]$ und $t' \in [t]$ die Relationen $(u', v', w', t')_+$ gelten. Dies folgt aus der Definition der Parallelität und aus der Tatsache, daß sie eine Äquivalenzrelation darstellt. Wir wollen nun die Speere dieser vier Klassen mit Zykeln aus $\mathfrak{K}$ indizieren:

2.17. *Die Zuordnungen* (s. Abb. 70)

$$x \in \mathfrak{K} \to w_x \in [w] \quad mit \quad x - w_x$$

$$x \in \mathfrak{K} \to t_x \in [t] \quad mit \quad x - t_x$$

stellen bijektive Abbildungen von $\mathfrak{K}$ auf $[w]$ resp. $[t]$ dar.

Beweis. Zu jedem x aus $\mathfrak{K}$ gibt es wegen $\overset{w-\infty}{\underset{x}{+}}$ und $\overset{t-\infty}{\underset{x}{+}}$ genau ein $w' \in [w]$ und genau ein $t' \in [t]$ mit $w' - x$ resp. $t' - x$. Umgekehrt gelten für jeden Speer $w' \in [w]$ resp. $t' \in [t]$ die Beziehungen $(u, v, w')_+ - \infty$ resp. $(u, v, t')_+ - \infty$. Nach 2.7. gibt es also genau einen Zykel x aus $\mathfrak{K}$, der w' resp. t' berührt. ▯

2.18. *Die Zuordnungen* (s. Abb. 70)

$$x \in \mathfrak{K} \to u_x \in [u] \quad mit \quad (u_x, v, w, t_x)_{\circledcirc}$$

$$x \in \mathfrak{K} \to v_x \in [v] \quad mit \quad (u, v_x, w, t_x)_{\circledcirc}$$

stellen bijektive Abbildungen von $\mathfrak{K}$ auf $[u]$ resp. $[v]$ dar.

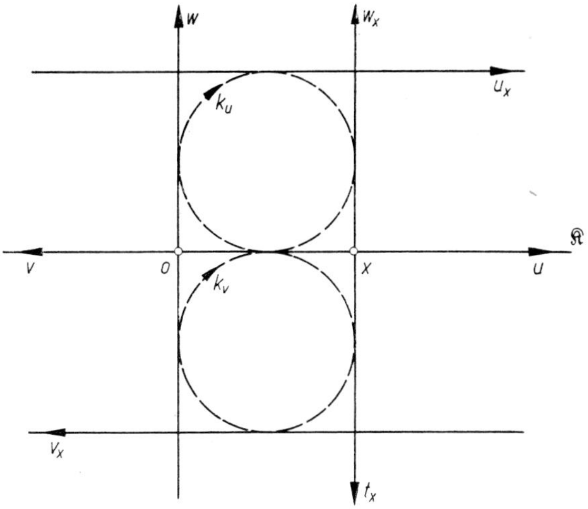

Abb. 70

Beweis. Für ein vorgegebenes $x \in \mathfrak{K}$ gilt $(v, w, t_x)_+ - \infty$ und $(u, w, t_x)_+ - \infty$. Somit gibt es genau ein $k_u \# \infty$ bzw. $k_v \# \infty$ mit $(v, w, t_x)_+ - (k_u, \infty)_{\neq}$ bzw. $(u, w, t_x)_+ - (k_v, \infty)_{\neq}$. Wir suchen alle Speere $u' \in [u]$, die k_u berühren resp. alle Speere $v' \in [v]$, die k_v berühren: Wegen $\overset{u-\infty}{\underset{k_u}{+}}$ und $\overset{v-\infty}{\underset{k_v}{+}}$ gibt es genau einen Speer $u' \in [u]$ und genau einen Speer $v' \in [v]$, die diese Bedingung erfüllen. Die angegebenen Zuordnungen stellen also eindeutige Abbildungen von $\mathfrak{K}$ in $[u]$ resp. $[v]$ dar. Andererseits gibt es zu vorgegebenen Speeren $u' \in [u]$ und $v' \in [v]$ wegen

$$(u', v, w)_+ - \infty$$

und $(u, v', w)_+ - \infty$ eindeutig bestimmte Laguerrezykel k_u, k_v, für die $(u', v, w) - k_u$ bzw. $(u, v', w) - k_v$ gilt. Zu $\overset{t-\infty}{\underset{k_u}{+}}$ und $\overset{t-\infty}{\underset{k_v}{+}}$ gibt es wieder eindeutig bestimmte Speere $t_x, t_y \in [t]$, die k_u bzw. k_v berühren. x resp. y sind die eindeutig bestimmten Urbilder von u' resp. v' bei der in 2.18 angegebenen Zuordnung. ▯

Wir beweisen nun die für die weiteren Untersuchungen grundlegende Aussage

2.19. *Läßt ein Γ-Automorphismus γ eine Liefigur elementweise fest, so ist γ die Identität.*

Beweis. Sei γ ein Γ-Automorphismus, der die Liefigur

$$\Lambda = (a_1, a_2, a_3; b_1, b_2, b_3)$$

elementweise festläßt. Da Λ_0 eine beliebig gewählte Liefigur war, können wir von der speziellen Situation $\Lambda = \Lambda_0$ ausgehen. Da ∞ unter γ festbleibt, gehen Speere wieder in Speere und Laguerrezykel wieder in Laguerrezykel über. Außerdem bleiben die Büschel $\langle \infty, 0 \rangle$ und $\langle u, v \rangle$, d.h. die Speere, die den Laguerrezykel o berühren und $\mathfrak{K}$ wegen Axiom T_{II} elementweise fest. Wir zeigen, daß jeder Speer unter γ in einen parallelen Bildspeer übergeht: Ist s ein Speer, so gibt es wegen $\overset{s-\infty}{\underset{o}{+}}$ genau einen zu s parallelen Speer s', der o berührt. Damit gilt $s^\gamma - s'^\gamma = s'$ und somit $s^\gamma - s$. Ist s ein Speer, der weder zu u noch zu v parallel ist, so gibt es wegen $(u, v, s)_+ - \infty$ genau einen Zykel x aus $\mathfrak{K}$, der s berührt. s ist der eindeutig bestimmte Zykel, der $\overset{s-\infty}{\underset{x}{+}}$ berührt. Andererseits gilt nach dem bereits Gezeigten $s^\gamma - s$ und $s^\gamma - (\infty, x)^\gamma = (\infty, x)$, was auf $s^\gamma = s$ zu schließen gestattet.

k_0 (vgl. 2.11) ist der eindeutig bestimmte Zykel, der $\overset{o-w}{\underset{e}{+}}$ berührt. Da (o, e, w) von γ fixiert werden, bleibt auch k_0 unter γ fest. Aus 2.13 erhält man $\overset{u-\infty}{\underset{k_0}{+}}$ und $\overset{v-\infty}{\underset{k_0}{+}}$. Sind u^* und v^* die eindeutig bestimmten Speere aus $[u]$ bzw. $[v]$, die k_0 berühren, so bleiben sie also ebenfalls unter γ fest. Wir fassen zusammen:

$$(\infty, u, u^*)^\gamma = (\infty, u, u^*)$$

und

$$(\infty, v, v^*)^\gamma = (\infty, v, v^*).$$

Wegen 2.14 gilt $u \mathrel{\not-} u^*$ und $v \mathrel{\not-} v^*$. Also werden nach Axiom T_{II} auch $[u]$ und $[v]$ von γ elementweise fixiert, und wir haben nachgewiesen, daß γ alle Speere festläßt.

Ist nun k ein Laguerrezykel, so gibt es wegen $\overset{u-\infty}{\underset{k}{+}}$, $\overset{v-\infty}{\underset{k}{+}}$, $\overset{w-\infty}{\underset{k}{+}}$ eindeutig bestimmte Speere $u' \in [u]$, $v' \in [v]$, $w' \in [w]$, die k berühren. Aus $(u', v', w')_+ - (k, \infty)_+$ folgt $(u', v', w')^\gamma - (k, \infty)^\gamma$ oder ausgerechnet: $(u', v', w')_+ - (k^\gamma, \infty)$, woraus wegen 2.7 die Beziehung $k^\gamma = k$ folgt. ▯

Als Korollar zu 2.21 erhalten wir:

2.20. *Γ ist auf den Liefiguren scharf transitiv.*

2.21. *Definition. Ein Γ-Automorphismus heiße Λ_0-Streckung, wenn er die Zykel (∞, o, u, v, w) der Liefigur Λ_0 elementweise festläßt.* **M** *bezeichne die Gruppe der Λ_0-Streckungen. Im folgenden werden wir genau die Λ_0-Streckungen mit dem (evtl. indizierten) Symbol μ bezeichnen.*

Für $x \in \mathfrak{K}^\times$ gilt $(\infty, o, x)_{\neq} - (u, v)_+$. Also ist $\Lambda = (\infty, o, x; u, v, w)$ eine Liefigur und die eindeutig bestimmte Lietransformation aus Γ, die $\Lambda_o = (\infty, o, e; u, v, w)$ in $\Lambda = (\infty, o, x; u, v, w)$, $x \in \mathfrak{K}^\times$, überführt, liegt in $\mathbf{M}$. Dies ergibt:

2.22. *Die Gruppe der Λ_o-Streckungen ist auf $\mathfrak{K}^\times$ scharf einfach transitiv. Ordnen wir $x \in \mathfrak{K}^\times$ die Λ_o-Streckung μ_x zu, die e in x überführt, so wird $\mathfrak{K}^\times$ durch $x \in \mathfrak{K}^\times \to \mu_x \in \mathbf{M}$ bijektiv auf die Gruppe der Λ_o-Streckungen abgebildet. Ordnen wir weiterhin $x, y \in \mathfrak{K}^\times$ als Produkt $x \cdot y$ dasjenige $z \in \mathfrak{K}_\times$ zu, für das $\mu_x \cdot \mu_y = \mu_z$ gilt, so wird $(\mathfrak{K}^\times, .)$ zu einer mit $\mathbf{M}$ isomorphen Gruppe. Produkt- und Inversenbildung von Λ_o-Streckungen lassen sich also vermöge $\mu_x \cdot \mu_y = \mu_{x \cdot y}$, $(\mu_x)^{-1} = \mu_{x^{-1}}$ in $(\mathfrak{K}^\times, .)$ berechnen.*

Durch die weitere Festsetzung $a \cdot o := 0 =: a \cdot o$ für beliebiges a aus $\mathfrak{K}$ wird $(\mathfrak{K}, .)$ zu einer Halbgruppe und es gilt $a^{\mu_x} = a \cdot x$ für beliebiges $a \in \mathfrak{K}$, $x \in \mathfrak{K}^\times$.

2.23. *Jede Λ_o-Streckung führt Speere in parallele Bildspeere über.*

Beweis. Sei μ eine Λ_o-Streckung. Alle Speere, die den Laguerrezykel o berühren, bleiben nach $\mathrm{T_{II}}$ fest. Ist s ein Speer, so gibt es einen zu s parallelen Speer s', der o berührt. Also berührt der Speer s^μ den Speer $s'^\mu = s'$. ▯

2.24. *Für $x \in \mathfrak{K}^\times$ und $a \in \mathfrak{K}$ gilt*

$$u_a^{\mu_x} = u_{ax}, \quad v_a^{\mu_x} = v_{ax}, \quad t_a^{\mu_x} = t_{ax}, \quad w_a^{\mu_x} = w_{ax}.$$

Beweis. Mit $u_a \in [u]$, $v_a \in [v]$, $t_a \in [t]$ und $w_a \in [w]$ liegt nach 2.23 auch $u_a^{\mu_x}$ in $[u]$, $v_a^{\mu_x}$ in $[v]$, $t_a^{\mu_x}$ in $[t]$ und $w_a^{\mu_x}$ in $[w]$.

Aus $t_a^{\mu_x} - a^{\mu_x} = ax$ resp. $w_a^{\mu_x} - a^{\mu_x} = ax$ folgt nun $t_a^{\mu_x} = t_{ax}$ resp. $w_a^{\mu_x} = w_{ax}$ (vgl. Definition 2.17), und aus $(u_a, v, w, t_a)_{\circledcirc}^{\mu_x} = (u_a^{\mu_x}, v, w, t_{ax})_{\circledcirc}$ resp. $(u, v_a, w, t_a)_{\circledcirc}^{\mu_x} = (u, v_a^{\mu_x}, w, t_{ax})_{\circledcirc}$ kann man auf $u_a^{\mu_x} = u_{ax}$ resp. $v_a^{\mu_x} = v_{ax}$ schließen (vgl. Definition 2.18). ▯

Zum Nachweis algebraischer Eigenschaften gewisser Untergruppen von Γ werden wir öfters als Hilfsmittel die folgenden drei Lietransformationen benötigen.

2.25. *Definition. τ, τ_1, τ_2 seien die involutorischen Transformationen aus Γ, die $\Lambda_o = (\infty, o, e; u, v, w)$ in $\Lambda_o^\tau = (u, v, w; \infty, o, e)$ resp.*

$\Lambda_o^{\tau_1} = (o, \infty, e; u, v, w)$ resp. $\Lambda_o^{\tau_2} = (\infty, o, e; u, v, w)$ überführen.

2.26. *Sind μ_x, μ_y Λ_o-Streckungen, so gilt $\tau\mu_x\tau\mu_y = \mu_y\tau\mu_x\tau$.*

Beweis. Es ist

$$(\infty, o, e; u, v, w)^{\tau\mu_x\tau\mu_y} = (\infty, o, y; u, v, x^\tau) = (\infty, o, e; u, v, w)^{\mu_y\tau\mu_x\tau}.$$

(Beim Ausrechnen ist zu beachten, daß Λ_o-Streckungen das Büschel $\langle\infty, o\rangle$ elementweise festlassen.) ▯

2.27. *Bezeichnet* $\gamma(u,\infty)$ *die Beschränkung von* $\gamma \in \Gamma$ *auf das Büschel* $\langle u,\infty\rangle$, *so gilt für* $\mu_x \in \mathbf{M}$:

(1) $[\tau\mu_x\tau]\,(u,\infty) = \mu_{x'}(u,\infty)$.

(2) *Die durch* (1) *induzierte Abbildung* $x \in \mathfrak{K}^\times \to x' \in \mathfrak{K}^\times$ *ist involutorisch.*

Beweis. ad (1): $\tau\mu_x\tau$ läßt $u = u_o$ und ∞ fest. $u_{x'} := u_e^{\tau\mu_x\tau}$ berührt $(u,\infty)^{\tau\mu_x\tau} = (u,\infty)$, liegt also in $\langle u,\infty\rangle$ und ist von $u = u_o$ verschieden. Wegen T_{II} muß $[\tau\mu_x\tau]\,(u,\infty)$ mit $\mu_{x'}(u,\infty)$ übereinstimmen.

ad (2): Für $u_a \in \langle u,\infty\rangle$ gilt wegen $u_a^\tau \in \langle\infty, u\rangle$: $u_a^{\tau\mu_{x'}\tau} = (u_a^\tau)^{(\tau\mu_x\tau)\tau} = u_a^{\mu_x}$, und wir erhalten $[\tau\mu_{x'}\tau]\,(u,\infty) = \mu_x(u,\infty)$. ▯

2.28. **M** *ist abelsch.*

Beweis. Sei $x, y \in \mathfrak{K}^\times$ vorgegeben und sei ferner x' das durch

$$[\tau\mu_x\tau]\,(u,\infty) = \mu_{x'}(u,\infty)$$

bestimmte Element aus $\mathfrak{K}^\times$. Aus 2.26 und 2.27 erhalten wir

$$\begin{aligned} &\mu_x(u,\infty)\cdot\mu_y(u,\infty)\\ &= [\tau\mu_{x'}\tau]\,(u,\infty)\cdot\mu_y(u,\infty)\\ &= \mu_y(u,\infty)\cdot[\tau\mu_{x'}\tau]\,(u,\infty)\\ &= \mu_y(u,\infty)\cdot\mu_x(u,\infty)\,. \end{aligned}$$

Dies ergibt:

$$u_{xy} = (u_e^{\mu_x})^{\mu_y} = u_e^{\mu_x(u,\infty)\cdot\mu_y(u,\infty)} = u_e^{\mu_y(u,\infty)\cdot\mu_x(u,\infty)} = u_y^{\mu_x} = u_{yx}$$

und somit $xy = yx$, woraus man auf $\mu_x\cdot\mu_y = \mu_y\cdot\mu_x$ schließen kann. ▯

2.29. *Definition. Eine Transformation* γ *aus* Γ *heiße* Λ_o-*Schiebung, wenn sie* ∞ *sowie die Sperrklassen* $[u]$ *und* $[v]$ *elementweise festläßt und im übrigen Speere in zum Urbild parallele Speere überführt.* **A** *bezeichne die Gruppe der* Λ_o-*Schiebungen. Im folgenden werden wir genau die* Λ_o-*Schiebungen mit dem (evtl. indizierten) Symbol* α *bezeichnen.*

2.30. *Zu vorgegebenem* x *aus* $\mathfrak{K}$ *gibt es genau eine* Λ_o-*Schiebung* α_x, *die* o *in* x *überführt. Hat eine* Λ_o-*Schiebung einen Fixzykel auf* $\mathfrak{K}$, *so ist sie die Identität aus* Γ.

Beweis. (1) Wir zeigen zunächst, daß es zu vorgegebenem x aus $\mathfrak{K}$ höchstens eine Λ_o-Schiebung gibt, die o in x überführt: Ist $\alpha \in \mathbf{A}$ mit $o^\alpha = x$ vorgegeben, so gilt $(\infty, o, e; u, v, w)^\alpha = (\infty, x, e^\alpha; u, v, w_x)$. Die Bestimmtheit von α ist demnach gezeigt, wenn wir nachweisen können, daß auch e^α eindeutig bestimmt ist. u^*, v^* (s. Abb. 71) sind die Speere aus $[u]$ bzw. $[v]$, die den Laguerrezykel k_o berühren (vgl. Definition 2.11). Da k_o außer ∞ der einzige Zykel ist, der die Speere $(u^*, v^*, w)_+$ berührt, ist k_o^α eindeutig bestimmt als der Zykel, der außer ∞ die Zykel

$$(u^*, v^*, w)^\alpha = (u^*, v^*, w_x)$$

berührt. Der Zykel e ist der einzige von o verschiedene Zykel aus $\mathfrak{K}$, der k_o berührt (s. 2.11, 2.13 und 2.14). e^α muß also der Zykel aus $\mathfrak{K} - \{x\}$ sein, der k_o^α berührt.

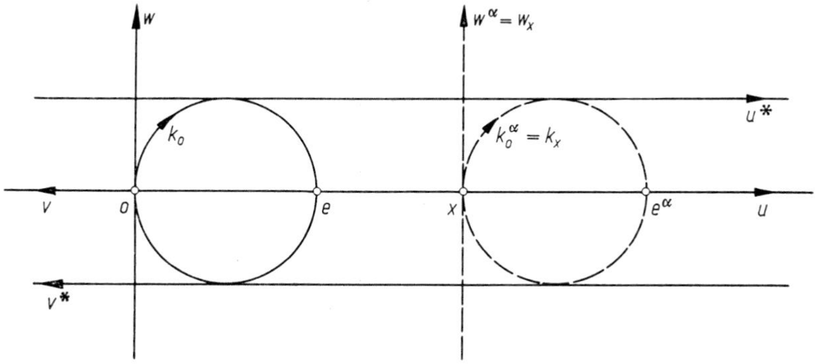

Abb. 71

(2) Wir wollen nun die Existenz einer Λ_0-Schiebung nachweisen, die o in x überführt: Zu vorgegebenem x aus $\mathfrak{K}$ gibt es genau einen Zykel k_x, der die Figur $\overset{x-w_x}{\underset{u^*}{\not-}}$ berührt (s. Abb. 71). k_x kann kein Speer sein, da er sonst sowohl in $[u]$ als auch in $[w]$ liegen müßte. Wegen $k_x - x \not- \infty$ ist k_x auch von ∞ verschieden und somit ein Laguerrezykel. Die Zykel x und k_x sind verschieden, da wir sonst aus $\overset{u^*-k_x}{\underset{\infty}{\not-}}$ und $\overset{u-x}{\underset{\infty}{\not-}}$ auf $u = u^*$ schließen könnten im Widerspruch zur Aussage 2.14. Ebenso führen die Annahmen $k_x - u$ resp. $k_x - v$ wegen $\overset{x\quad u}{\underset{k_x\quad w_x}{\boxtimes}}$ resp. $\overset{x\quad v}{\underset{k_x\quad w_x}{\boxtimes}}$ zum Widerspruch $u - w_x$ resp. $v - w_x$.

Nach 2.7 gibt es zur Konfiguration $(k_x, u, v)_+ - x$ noch genau einen Zykel $x' \neq x$, der (k_x, u, v) berührt. x' ist von ∞ verschieden, da ∞ den Laguerrezykel k_x nicht berührt, und aus $(\infty, x, x')_{\neq} - (u, v)_+$ können wir auf $(\infty, x, x')_+$ schließen. Die Zykel $(\infty, x, x'; u, v, w_x)$ bilden also eine Liefigur. Mit γ_x bezeichnen wir die Lietransformation aus Γ, die $(\infty, o, e; u, v, w)$ in $(\infty, o, e; u, v, w)^{\gamma_x} = (\infty, x, x'; u, v, w_x)$ überführt.

k_x ist der einzige Zykel, der $\underset{x'}{\overset{w_x - x}{+}}$ berührt und daher das γ_x-Bild von k_o. Wegen $u^{*\gamma_x} - (u, \infty)^{\gamma_x} = (u, \infty)$ liegt $u^{*\gamma_x}$ in $[u]$. Außerdem berührt $u^{*\gamma_x}$ den Zykel $k_o^{\gamma_x} = k_x$ und muß wegen $\underset{\infty}{\overset{u^* - k_x}{+}}$ also mit u^* zusammenfallen. Mit den Zykeln $(\infty, u, u^*)_{\neq}$ läßt γ_x das Büschel $\langle\infty, u\rangle$ elementweise fest. Der in 2.25 definierte Γ-Automorphismus τ_2 genügt der Bedingung $\tau_2\gamma_x\tau_2 = \gamma_x$: Da τ_2 die Zykel ∞, o, e aus $\mathfrak{P}$ fixiert, bleibt $\mathfrak{P}$ unter τ_2 elementweise fest, und wir erhalten

$$(\infty, o, e; u, v, w)^{\tau_2\gamma_x\tau_2} = (\infty, x, x'; u, v, w_x^{\tau_2}).$$

Dabei muß $w_x^{\tau_2}$ wegen $w = w^{\tau_2} - w_x^{\tau_2}$ als der eindeutig bestimmte Zykel, der $\underset{x}{\overset{w - \infty}{+}}$ berührt, ebenfalls mit w_x übereinstimmen. Ist nun v' ein beliebiger Speer aus $[v]$, so gilt $v'^{\gamma_x} = v'^{\tau_2\gamma_x\tau_2} = (v'^{\tau_2\gamma_x})^{\tau_2} = (v'^{\tau_2})^{\tau_2} = v'$, da v'^{τ_2} in $[u]$ liegt und unter γ_x nach dem bereits Gezeigten festbleibt.

Wir zeigen nun, daß γ_x die Identität sein muß, falls γ_x einen Zykel y aus $\mathfrak{K}$ festläßt: Es sei also $y^{\gamma_x} = y$. Aus dem bisherigen Teil des Beweises folgt, daß $k_x = k_o^{\gamma_x}$ die Zykel $(u^*, v^*, w_x)_+$ und aus $\mathfrak{K}$ genau die zwei Zykel $(x, x')_+$ berührt. Entsprechend wird der Laguerrezykel $k_y = k_o^{\gamma_y}$ von $(u^*, v^*, w_y)_+$ und $(y, y')_+$ aus $\mathfrak{K}$ berührt. w_y geht unter γ_x in einen zu $w^{\gamma_x} = w_x$ parallelen Speer über. Mit w_x ist also auch $w_y^{\gamma_x}$ zu w parallel, und da w_y der einzige Zykel ist, der $\underset{y}{\overset{w - \infty}{+}}$ berührt, erhalten wir $w_y^{\gamma_x} = w_y$. k_y bleibt als einziger Laguerrezykel, der $(u^*, v^*, w_y)_+ = (u^*, v^*, w_y)_+^{\gamma_x}$ berührt, ebenfalls unter γ_x fest. Die Zykelmenge $\{y, y'\}$ muß demnach auf sich abgebildet werden, was wegen $y^{\gamma_x} = y$ noch $y'^{\gamma_x} = y'$ ergibt. Damit haben wir nachgewiesen, daß die Liefigur $(\infty, y, y'; u, v, w_y)$ unter

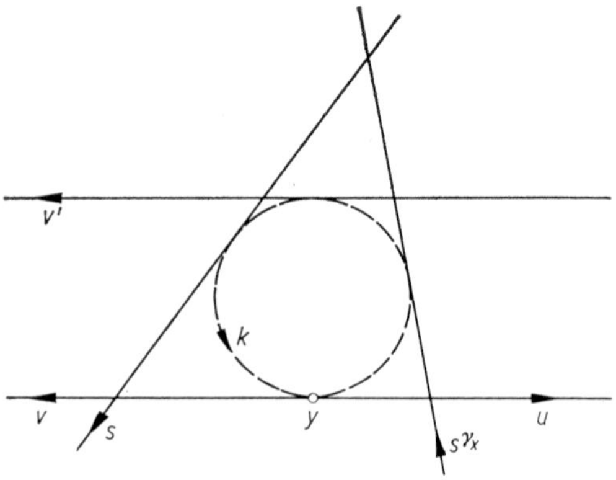

Abb. 72

γ_x elementweise festbleibt, und wir schließen nach 2.19, daß γ_x die Identität aus Γ ist.

2.30 ist vollständig bewiesen, wenn wir gezeigt haben, daß γ_x einen Fixzykel y aus $\mathfrak{K}$ haben müßte, wenn es einen Speer s in einen nicht zu s parallelen Speer s^{γ_x} überführen würde.

Sei also s^{γ_x} ein Speer, der nicht zu s parallel ist. s und s^{γ_x} können weder in $[u]$ noch in $[v]$ liegen. Aus $(s, s^{\gamma_x}, u)_+ - \infty$ folgt, daß es noch genau einen Laguerrezykel k gibt, der s, s^{γ_x} und u berührt (s. Abb. 72).

Wegen $\overset{v-\infty}{\underset{k}{+}}$ gibt es genau einen Speer $v' \in [v]$, der k berührt. k^{γ_x} ist wegen $(s, u, v')_+ - (k, \infty)_+$ der eindeutig bestimmte Laguerrezykel, der $(s, u, v')^{\gamma_x} = (s^{\gamma_x}, u, v')$ berührt, was auf $k^{\gamma_x} = k$ zu schließen gestattet. Schließlich muß mit k auch der eindeutig bestimmte Zykel y aus $\mathfrak{K}$ unter γ_x festbleiben, der $\overset{k-u}{\underset{v}{+}}$ berührt. Damit ist 2.30 bewiesen. ▯

2.31. *Für $x, y \in \mathfrak{K}$ sei $0^{\alpha_x \alpha_y} =: x + y$ gesetzt. Damit wird $(\mathfrak{K}, +)$ zu einer mit* **A** *isomorphen Gruppe. Ferner gilt für $x, y \in \mathfrak{K}$*

$$x^{\alpha_y} = x + y.$$

Da jedes $\alpha_a \in \mathbf{A}$ Speere in zum Urbild parallele Speere überführt und die Parallelität nach 2.9. auf der Menge der Speere eine Äquivalenzrelation darstellt, liegt mit $w_x \in [w]$ auch $w_x^{\alpha_a}$ in $[w]$. Zusammen mit $w_x^{\alpha_a} - x^{\alpha_a} = x + a$ ergibt dies

2.32. *Ist α_a eine Λ_0-Schiebung und $w_x \in [w]$, so gilt $w_x^{\alpha_a} = w_{x+a}$.*

2.33. *Zugrunde gelegt sei eine Zykelkonfiguration* (s. Abb. 73) $(a_1, a_2, a_3, a_4)_+ - c - (b_1, b_2, b_3, b_4)_+$ *mit* $a_\iota - b_\iota$ *für* $\iota = 1, 2, 3, 4$. *Aus* $(a_1, a_2, a_3, a_4)_{\circledcirc}$ *und* $(a_1, a_2, b_3, b_4)_{\circledcirc}$ *und* $(a_3, a_4, b_1, b_2)_{\circledcirc}$ *folgt* $(b_1, b_2, b_3, b_4)_{\circledcirc}$.

Beweis. Es gilt $c \notin \{a_1, a_2, a_3, a_4, b_1, b_2, b_3, b_4\}$. Sei

$$(a_1, a_2, a_3, a_4)_+ - (c, d)_+$$

$$(a_1, a_2, b_3, b_4)_+ - (c, d')_+$$

$$(a_3, a_4, b_1, b_2)_+ - (c, f)_+$$

Weiterhin sei g ein von c, d verschiedener Zykel, der $(a_1, a_2)_+$ berührt, und α die „Λ^*-Schiebung" der Liefigur $\Lambda^* := (c, d, g; a_1, a_2, a_3)$, die d in d' überführt. α läßt den zu a_1 resp. zu a_2 parallelen „Λ^*-Speer" b_1 resp. b_2 fest und führt die Λ^*-Speere a_3, a_4 in parallele Λ^*-Speere a_3^α, a_4^α über. Da a_ι^α und b_ι für $\iota \in \{3, 4\}$ die Figuren $\overset{a_\iota - c}{\underset{d'}{+}}$ berühren, erhalten wir $a_\iota^\alpha = b_\iota$ und somit $(a_3, a_4, b_1, b_2)^\alpha = (b_3, b_4, b_1, b_2) - (c, f^\alpha)$. ▯

2.34. $(\mathfrak{K}, +, \cdot)$ *ist ein kommutativer Körper.*

Beweis. 1. Wegen 2.28 und der Definition 2.22 ist $(\mathfrak{K}^\times, \cdot)$ eine Abelsche Gruppe.

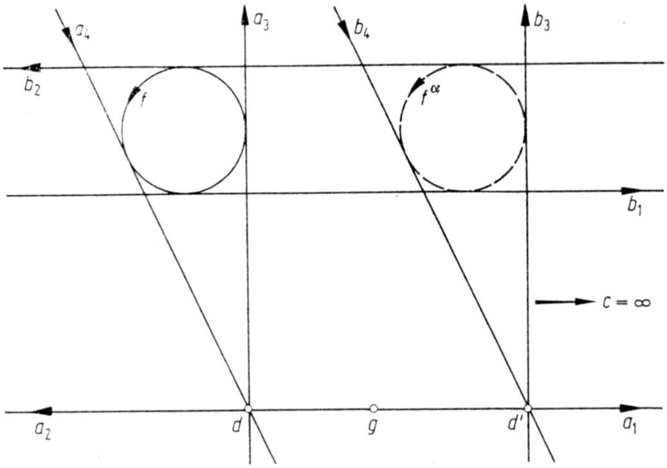

Abb. 73

2. Nach 2.31 ist $(\mathfrak{K}, +)$ eine Gruppe.

3. Für $x \in \mathfrak{K}^\times$ und $a \in \mathbf{A}$ gilt $\mu_x^{-1}\alpha_a\mu_x = \alpha_{ax}$: Da $\mu_x^{-1}, \alpha_a, \mu_x$ jeweils Speere in zum Urbild parallele Speere überführen (s. 2.24, 2.30), gilt dies auch für die zusammengesetzte Abbildung, wenn wir noch beachten, daß die Parallelität eine Äquivalenzrelation auf den Speeren darstellt. Da α_a alle Speere, die zu u bzw. v parallel sind, elementweise festläßt, gilt dies auch für $\mu_x^{-1}\alpha_a\mu_x$. Diese Abbildung liegt somit in $\mathbf{A}$ und stimmt wegen $o^{\mu_x^{-1}\alpha_a\mu_x} = ax$ mit α_{ax} überein.

4. Es ist $ax + bx = (a + b)\,x$ für beliebige Elemente a, b, x aus $\mathfrak{K}$: Ist $x = o$, so gilt $a \cdot o + b \cdot o = o = (a + b) \cdot o$. Für $x \neq o$ erhalten wir mit 3:

$$ax + bx = o^{\alpha_{ax}\alpha_{bx}} = o^{\mu_x^{-1}\alpha_a\mu_x\mu_x^{-1}\alpha_b\mu_x} = o^{\alpha_a\alpha_b\mu_x} = (a + b)^{\mu_x} = (a + b)\,x.$$

5. Mit 4 und der Kommutativität von $(\mathfrak{K}, \cdot)$ ist

$$x(a + b) = (a + b)\,x = ax + bx = xa + xb.$$

6. Aus der Gültigkeit beider Distributivgesetze folgt wieder

$$\begin{aligned} & a + a + b + b \\ = {} & a(1 + 1) + b(1 + 1) \\ = {} & (a + b)\,(1 + 1) \\ = {} & (a + b) \cdot 1 + (a + b) \cdot 1 \end{aligned}$$

bzw.

$$(-a) + a + a + b + b + (-b) = (-a) + a + b + a + b + (-b)$$

bzw. $a + b = b + a$. ▯

Da die Zykel o, e die neutralen Elemente bei der Addition und Multiplikation unseres Körpers $\mathfrak{K}$ sind, werden wir für sie von nun an die Symbole 0, 1 als Synonyma verwenden.

Die Subtraktion zweier Elemente a, b des Körpers $\mathfrak{K}$ schreiben wir in der Form $a \mathbf{-} b$, d.h. im Fettdruck, um sie im Druckbild von der Berührrelation unterscheiden zu können.

2.35. *Die Γ-Automorphismen φ_x, $x \in \mathfrak{K}$, die $(\infty, 0, 1; u, v, w)$ in $(\infty, x, x \mathbf{-} 1; u, v, t_x)$ überführen* (s. Abb. 74), *sind involutorisch. Sie lassen die Speerklassen $[u]$ und $[v]$ elementweise fest und werden bei Beschränkung auf $\mathfrak{K}$ durch $y \in \mathfrak{K} \to y^{\varphi_x} = x \mathbf{-} y$ beschrieben. Außerdem stellt ihre Beschränkung auf $\mathfrak{K}$ nie die Identität dar.*

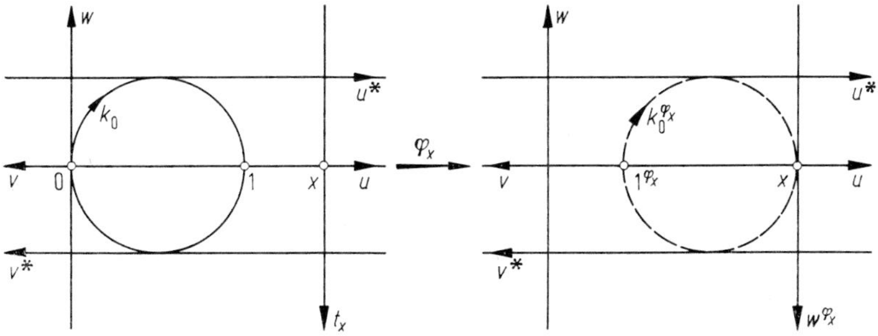

Abb. 74

Beweis. Aus $k_o^{\varphi_1} = (0, 1, w)^{\varphi_1} = (1, 0, t_1 = t) = k_o$ (man beachte die Definitionen 2.11 und 2.15) folgt, daß k_0 unter φ_1 auf sich selbst abgebildet wird. u^* und v^* bleiben als die einzigen Zykel, die $\underset{k_o}{\overset{u-\infty}{+}}$ resp. $\underset{k_o}{\overset{v-\infty}{+}}$ berühren, ebenfalls unter φ_1 fest. Dies impliziert wieder, daß $[u]$ und $[v]$ von φ_1 elementweise festgelassen werden. Aus

$$(\infty, 0, 1; u, v, w)^{\varphi_1 \alpha_{x-1}} = (\infty, 0, 1; u, v, w)^{\varphi_x}$$

erhalten wir $\varphi_x = \varphi_1 \alpha_{x-1}$ mit $\alpha_{x-1} \in \mathbf{A}$. Da φ_1 und α_{x-1} die Speerklassen $[u]$ und $[v]$ elementweise fixieren, gilt dies natürlich auch für φ_x.

Zu $\underset{t_x}{\overset{0-w}{+}}$ gibt es genau einen Zykel k (k muß ein Laguerrezykel sein), der $0, w, t_x$ berührt. k bleibt unter φ_x fest. Dies folgt unter Heranziehung der Speere $u' \in [u]$, $v' \in [v]$, die $\overset{u-\infty}{\underset{k}{+}}$ resp. $\overset{v-\infty}{\underset{k}{+}}$ berühren, aus

$$(k, \infty)_+ - (u', v', w)_+^{\varphi_x} = (u', v', t_x)_+ - (k, \infty)_+ .$$

k kann höchstens von zwei Zykeln aus $\mathfrak{K}$ berührt werden, denn aus $k - (x, y, z)_{\neq}$ mit $x, y, z \in \mathfrak{K}$ folgt der Widerspruch $k \in \{u, v\}$. Aus $0^{\varphi_x\varphi_x} - k^{\varphi_x\varphi_x}$ erhalten wir also $0^{\varphi_x\varphi_x} = x^{\varphi_x} = 0$. Setzt man $x^{\varphi_1} =: x'$ für $x \in \mathfrak{K}$, so liefert

$$0 = 0^{\varphi_x\varphi_x} = x^{\varphi_x} = x^{\varphi_1\alpha_{x-1}} = x' + x - 1$$

die Gleichung $x' = 1 - x$, und für $y \in \mathfrak{K}$ erhalten wir

$$y^{\varphi_x} = y^{\varphi_1\alpha_{x-1}} = (1 - y) + (x - 1) = x - y .$$

Diese Beziehung zeigt, daß die Abbildung $\varphi_x\varphi_x$ auf $\mathfrak{K}$ die Identität ist.

Der Beweis ist vollendet, wenn wir nachweisen, daß jeder Γ-Automorphismus, der bei Beschränkung auf $\mathfrak{K}$ und die Speerklassen $[u]$, $[v]$ mit der Identität übereinstimmt, auch die Identität sein muß. Es sei also γ ein Automorphismus, der $\mathfrak{K}$, $[u]$ und $[v]$ elementweise festläßt. Wir zeigen, daß dann auch w von γ fixiert wird: Da die Zykel o und e sich nicht berühren, gibt es höchstens zwei Zykel, die o, e, u^* berühren, und mit $(k_o, u)_{\neq}$ liegen auch zwei solche Zykel vor. Da o, e, u^* und u nach Voraussetzung alle von γ fixiert werden, gilt dies auch für k_o. Die Relationen $w - (k_o, o, \infty)$ und $\overset{k_o - o}{\underset{\infty}{+}}$ (s. 2.11 und 2.12) erlauben nun, auf $w^\gamma = w$ zu schließen. γ läßt also die Liefigur Λ_o elementweise fest und muß mit der Identität aus Γ übereinstimmen. ▯

Wir stellen fest, daß φ_o wie alle φ_x, $x \in \mathfrak{K}$, in $\Gamma(u, v)$ liegt und daß die Beschränkung auf $\mathfrak{K}$, $x^{\varphi_o} = 0 - x$, laut 2.35 nicht die Identität ist. Damit gilt

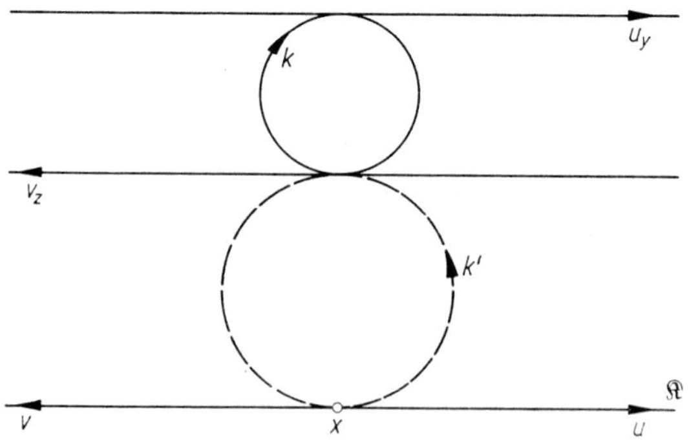

Abb. 75

2.36. $\operatorname{char} \mathfrak{K} \neq 2$.

Eine zweite wichtige Folgerung aus 2.35 ergibt sich, wenn wir die Laguerrezykel mit Hilfe von $\mathfrak{K}$ und der Speerklassen $[u]$, $[v]$ koordinatisiert haben.

2.37. *Die Zuordnung* (s. Abb. 75) $\infty \nparallel k \to (x, u_y, v_z)$ *mit* $k - u_y \in [u]$, $k - v_z \in [v]$ *und* $(k, x, u, v_z)_o$, $x \in \mathfrak{K}$, *stellt eine bijektive Abbildung der Menge der Laguerrezykel auf das kartesische Produkt* $\mathfrak{K} \times [u] \times [v]$ *dar.*

Beweis. 1. Wir zeigen die Eindeutigkeit der angegebenen Abbildung: Sei $k \nparallel \infty$ vorgegeben. Zu $\overset{u-\infty}{\underset{k}{\nparallel}}$ und $\overset{v-\infty}{\underset{k}{\nparallel}}$ gibt es eindeutig bestimmte Speere $u_y \in [u]$ und $v_z \in [v]$, die k berühren. Weiterhin gibt es genau einen Zykel k', der $\overset{k-v_z}{\underset{u}{\nparallel}}$ berührt. Wir suchen alle Zykel $x \in \mathfrak{K}$, die k' berühren: k' berührt die nicht parallelen Speere u und v_z, kann also kein Speer sein. Wegen $k' - k \nparallel \infty$ kann k' auch nicht mit dem Zykel ∞ übereinstimmen. Wir erhalten also $k' \nparallel \infty$ und somit $k' \neq u$. Aus $\overset{k'-u}{\underset{v}{\nparallel}}$ folgt, daß es genau einen Zykel x aus dem Büschel $\langle u, v\rangle$ gibt, der k' berührt. Dieser Zykel ist wegen $k' \nparallel \infty$ von ∞ verschieden.

2. Zu jedem Tripel $(x\ u_y\ v_z)$ aus $\mathfrak{K} \times [u] \times [v]$ gibt es genau ein Urbild: Zu vorgegebenem (x, u_y, v_z) gibt es genau einen Zykel k', der $\overset{x-u}{\underset{v_z}{\nparallel}}$ berührt. Urbilder von (x, u_y, v_z) sind alle Laguerrezykel, die u_y, v_z und k' berühren. k' muß wieder ein Laguerrezykel sein, da er die nicht parallelen Speere u und v_z berührt und wegen $k' - x \nparallel \infty$ auch von ∞ verschieden ist. Schließlich ist der eindeutig bestimmte Zykel k, der $\overset{k'-v_z}{\underset{u_y}{\nparallel}}$ berührt, ebenfalls ein Laguerrezykel, denn er berührt die nicht parallelen Speere u_y und v_z, und es gilt $k - k' \nparallel \infty$. $\square$

2.38. *Ein Laguerrezykel* $k(x, u_y, v_z)$ *berührt genau dann den Speer* w, *wenn* $x = \frac{y+z}{2}$ *gilt.*

Beweis. Da es zu vorgegebenem $u_y \in [u]$ und $v_z \in [v]$ wegen $(u_y, v_z, w)_+ - \infty$ genau einen Laguerrezykel gibt, der u_y, v_z und w berührt, genügt es zu zeigen: Berührt der Speer w den Laguerrezykel $k(x, u_y, v_z)$, so gilt $x = \frac{y+z}{2}$.

Es sei also nun $k(x, u_y, v_z)$ ein Laguerrezykel, der w berührt, und t_h sei der Speer aus $[t]$, der $k(x, u_y, v_z)$ berührt (s. Abb. 76).

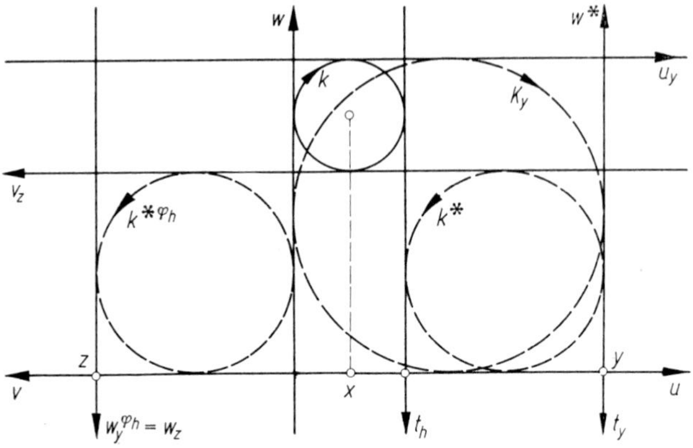

Abb. 76

Die involutorische Lietransformation φ_h (vgl. 2.35) führt

$$(w, t_h, u_y, v_z)_+ - (\infty, k)$$

in $(t_h, w, u_y, v_z)_+ - (\infty, k^{\varphi_h})_+$ über, läßt also k fest. Aus $(k, x, u, v_z)_\bigcirc$ folgt $(k, x, u, v_z)_\bigcirc^{\varphi_h} = (k, x^{\varphi_h}, u, v_z)_\bigcirc$, woraus wegen 2.37 die Beziehung $x^{\varphi_h} = x$ oder $h - x = x$ folgt. Wir erhalten somit

(1) $$x = \frac{h}{2}.$$

Bezeichnet k^* den Laguerrezykel, der die Speere $(u, v_z, t_h)_+$ berührt und $w^* \in [w]$ den eindeutig bestimmten Speer, der $\overset{w-\infty}{\underset{k^*}{+}}$ berührt, so verifiziert man leicht die folgenden Relationen:

(α) $(u_y, w, v_z, t_h)_+ - \infty - (u, w^*, v, t_y)_+$; $u_y - u, w - w^*, v_z - v, t_h - t_y$

(β) $(u_y, w, v_z, t_h)_+ - (\infty, k)_+$ bzw. $(u_y, w, v_z, t_h)_\circledcirc$

(γ) $(u_y, w, v, t_y)_\circledcirc$ (wegen Definition 2.18)

(δ) $(v_z, t_h, u, w^*)_+ - (\infty, k^*)$ bzw. $(v_z, t_h, u, w^*)_\circledcirc$.

Aus (α), (β), (γ), (δ) folgt nach 2.33 die Beziehung $(u, w^*, v, t_y)_\circledcirc$. Da $y \in \mathfrak{K}$ der einzige von ∞ verschiedene Zykel ist, der $(u, v, t_y)_+$ berührt, erhalten wir $w^* - y$ bzw. $w^* = w_y$. $w_y^{\varphi_h}$ liegt in $[t]$ und sei mit t_a bezeichnet. Aus $(u, w_y, v_z, t_h)_\circledcirc^{\varphi_h} = (u, t_a, v_z, w)_\circledcirc$ können wir (vgl. Definition 2.18) auf $a = z$ schließen, und wir erhalten $y^{\varphi_h} - w_y^{\varphi_h} = t_z$. Dies führt schließlich (vgl. 2.17) auf $y^{\varphi_h} = z$ oder

(2) $$h = y + z.$$

Vergleich von (1) und (2) ergibt die Behauptung. ▯

Im folgenden verwenden wir den

Hilfssatz. Es sei $\mathfrak{K}$ *ein kommutativer Körper und* Γ^* *eine auf* $\mathfrak{K} \cup \{\infty\}$ *operierende Permutationsgruppe, die alle Abbildungen*

$$\mu_a : \begin{cases} \infty \to \infty \\ x \in \mathfrak{K} \to x \cdot a \end{cases}, \quad a \in \mathfrak{K}^\times,$$

$$\alpha_a : \begin{cases} \infty \to \infty \\ x \in \mathfrak{K} \to x + a \end{cases}, \quad a \in \mathfrak{K},$$

enthält. Gilt dann

(*) *Zu je zwei Tripeln* (a, b, c), (a', b', c') *aus* $\mathfrak{K} \cup \{\infty\}$ *gibt es höchstens ein* $\gamma \in \Gamma^*$ *mit* $(a, b, c)^\gamma = (a', b', c')$,

so ist jede Abbildung aus Γ^*, *die* ∞ *mit* 0 *vertauscht, involutorisch.*

Beweis. Gibt es ein γ das $\infty^\gamma = 0$, $0^\gamma = \infty$ genügt, so muß $1^\gamma =: b$ in $\mathfrak{K}^\times$ liegen. Damit enthält Γ^* auch die Abbildung $\gamma\mu_{b^{-1}} =: i$, die $(\infty, 0, 1)^i = (0, \infty, 1)$ genügt. Nehmen wir für den Augenblick einmal an, wir hätten für alle x aus $\mathfrak{K}^\times$ bereits $x^i = x^{-1}$ nachgewiesen, so sind wir fertig, da dann $\gamma = i\mu_b$ mit der involutorischen Abbildung

$$\infty \to 0, \qquad 0 \to \infty, \qquad x \to x^{-1}b \ \text{ für } x \in \mathfrak{K}^\times$$

übereinstimmen muß.

Wir haben also nur $x^i = x^{-1}$ für alle $x \in \mathfrak{K}^\times$ nachzuweisen: Zunächst ist i involutorisch, da $(\infty, 0, 1)^{ii} = (\infty, 0, 1)$ gilt. Wegen

$$(\infty, 0, 1)^{i\mu_x i} = (\infty, 0, x^i)$$

gilt $i\mu_x i = \mu_{x^i}$ Anwendung der Abbildung

$$i\mu_{xy} i = i\mu_x i i\mu_y i = \mu_{x^i}\mu_{y^i}$$

auf 1 liefert $(x \cdot y)^i = x^i \cdot y^i$.

Die Abbildung $x \to x^i$ stellt also einen involutorischen Automorphismus der multiplikativen Gruppe von $\mathfrak{K}^\times$ dar und i läßt wegen

$$((-1)^i + 1)((-1)^i - 1) = [(-1)^i]^2 - 1 = [(-1)^2]^i - 1 = 1^i - 1 = 0$$

außer 1 auch -1 fest. Umgekehrt sind dies aber auch bereits alle Fixpunkte unter der Abbildung i: Gilt für ein $1 \neq x \in \mathfrak{K}$, $x^i = x$, so muß wegen $1 = 1^i = (x \cdot x^{-1})^i = x^i \cdot (x^{-1})^i = x \cdot (x^{-1})^i$ auch x^{-1} ein Fixpunkt unter i sein. Im Falle $x^{-1} \neq x$ besäße i demnach die drei verschiedenen Fixpunkte

$$1, \ x, \ x^{-1}$$

und müßte wegen (*) also mit der Identität aus Γ^* übereinstimmen, was nicht der Fall ist. Es gilt also $x = x^{-1}$ oder $x^2 - 1 = (x+1)(x-1) = 0$ d.h. $x \in \{1, -1\}$. Mit $(x \cdot x^i)^i = x^i \cdot x^{ii} = x^i \cdot x = x \cdot x^i$ ergibt dies $x \cdot x^i \in \{1, -1\}$ bzw.

$$x^i = cx^{-1}, \quad c \in \{1, -1\}.$$

Wir nehmen nun an, es gäbe ein $x \in \mathfrak{K}^\times$ für das $x^i \neq x^{-1}$ ist und wollen daraus einen Widerspruch ableiten: Jedenfalls ist dann $x^i = -x^{-1}$ und $-1 \neq 1$. Für die Abbildung

$$\mu_{-1} \cdot \alpha_1 =: j \begin{cases} \infty \to \infty \\ x \in \mathfrak{K} \to 1 - x \end{cases}$$

gilt

$$(\infty, 0, 1)^{iji} = (1, 0, \infty) = (\infty, 0, 1)^{jij}$$

und damit

$$x^{iji} = x^{jij}$$

d.h.

$$c_1(1 + x^{-1})^{-1} = 1 - c_2(1 - x)^{-1}$$

bzw.

$$x^2(1 - c_1) + x(c_1 + c_2) + (c_2 - 1) = 0$$

mit $c_1, c_2 \in \{1, -1\}$.

Die Annahme $c_1 = 1$ führt auf

$$x(1 + c_2) + (c_2 - 1) = 0$$

und damit im Fall $c_2 = +1$ auf den Widerspruch $2x = 0$ und im Fall $c_2 = -1$ auf den Widerspruch $-2 = 0$. Es muß also $c_1 = -1$ sein, d.h. x muß einer Gleichung

$$2x^2 + x(c_2 - 1) + (c_2 - 1) = 0, \quad c_2 \in \{+1, -1\}$$

genügen. Hier läßt sich die Annahme $c_2 = 1$ wieder nicht aufrecht erhalten, da dies zum Widerspruch $2x^2 = 0$ führt. Es ist somit $c_2 = -1$, d.h. $2x^2 - 2x - 2 = 0$ bzw.

$$(\dagger) \qquad x^2 - x - 1 = 0.$$

Da für $-x$ ebenfalls

$$(-x)^i = ((-1)(x))^i = (-1)^i x^i = +x^{-1} \neq -x^{-1} = (-x)^{-1}$$

gilt, muß (†) auch für $-x$ erfüllt sein, d.h. es ist auch

$$(-x)^2 - (-x) - 1 = x^2 + x - 1 = 0$$

Subtraktion der Gleichung (†) von dieser Gleichung ergibt nun den Widerspruch $2x = 0$. □

Bezeichnet $\Gamma(a, b)$ die Untergruppe von Γ, die das Büschel $\langle a, b\rangle$ wieder auf sich abbildet, so soll $\Gamma^*(a, b)$ dadurch aus $\Gamma(a, b)$ hervorgehen, daß jede Transformation $\gamma \in \Gamma(a, b)$ durch ihre Beschränkung auf das Büschel $\langle a, b\rangle$ ersetzt wird. Die Beschränkung von γ auf das Büschel $\langle a, b\rangle$ sei mit $\gamma(a, b)$ bezeichnet. Damit stellt $\Gamma^*(a, b)$ eine auf $\langle a, b\rangle$ operierende Permutationsgruppe dar, die wegen Axiom T_{II} der Bedingung (*) des soeben bewiesenen Hilfssatzes genügt. Da weiterhin für $x \in \mathfrak{K}$, $a \in \mathfrak{K}^\times$, $b \in \mathfrak{K}$ jedenfalls

$$x^{\mu_a \alpha_b} = xa + b, \quad w_x^{\mu_a \alpha_b} = w_{xa+b}, \quad \infty^{\mu_a \alpha_b} = \infty$$

gilt (vgl. 2.22, 2.24, 2.31, 2.32), liefert dieser Hilfsatz

2.39. *Gehört γ zu $\Gamma(u, v)$ resp. $\Gamma(\infty, w)$ und vertauscht γ die Zykel $(\infty, 0)$ resp. $(\infty, w =: w_0)$, so ist $\gamma(u, v)$ resp. $\gamma(\infty, w)$ involutorisch.*

2.40. *Vertauscht $\gamma \in \Gamma$ die Zykel $(a_1, b_3)_{\neq -}$, so ist $\gamma(a_1, b_3)$ involutorisch.*

Beweis. Sei $\gamma \in \Gamma$ vorgegeben mit $a_1^\gamma = b_3$ und $b_3^\gamma = a_1$. Zu $(a_1, b_3)_{\neq -}$ existiert nach 2.5. noch ein Zykel a_2, der $(a_1, a_2)_+ - b_3$ genügt und diese Konfiguration läßt sich nach Axiom S_I zu $(a_1, a_2)_+ - (b_1, b_2, b_3)_{\neq}$ ergänzen. 2.2 besagt, daß dann $(b_1, b_2, b_3)_+$ gelten muß. Ergänzen wir entsprechend $(b_1, b_2)_+ - (a_1, a_2)$ zu $(b_1, b_2)_+ - (a_1, a_2, a_3)_{\neq}$, so stellt $(a_1, a_2, a_3; b_1, b_2, b_3)$ eine Liefigur dar. Bezeichnet σ die Lietransformation aus Γ, die die Liefigur $(\infty, 0, 1; u, v, w)$ in $(a_1, a_2, a_3; b_1, b_2, b_3)$ überführt, so vertauscht $\sigma\gamma\sigma^{-1}$ die Zykel ∞ und w.

Nach 2.39. ist also $x^{\sigma\gamma\sigma^{-1}\sigma\gamma\sigma^{-1}} = x^{\sigma\gamma^2\sigma} = x$ für alle $x \in \langle\infty, w\rangle$. Für $y \in \langle a_1, b_3\rangle$ ergibt dies wegen $y^{\sigma^{-1}} \in \langle\infty, w\rangle$ die Beziehung $y^{\sigma^{-1}\sigma\gamma^2\sigma^{-1}} = y^{\sigma^{-1}}$ bzw. $y^{\gamma^2} = y$. ∎

2.41. *Es sei x aus $\mathfrak{K}$ und μ_y aus $\mathbf{M}$ vorgegeben. Dann gilt für den in 2.25 definierten Γ-Automorphismus τ:*

(1) *Für $u_x \in [u]$ ist $u_x^{\tau\mu_y\tau} = u_{xy^{-1}}$;*

(2) *für $v_x \in [v]$ ist $v_x^{\tau\mu_y\tau} = v_{xy}$;*

(3) *für $x \in \mathfrak{K}$ ist $x^{\tau\mu_y\tau} = x$.*

Beweis. Zu (1): $\tau\mu_y$ vertauscht ∞ und u. Also gilt nach 2.40 für $u_x \in [u] \subseteq \langle\infty, u\rangle$: $u_x^{\tau\mu_y\tau\mu_y} = u_x$ bzw. nach 2.24

$$u_x^{\tau\mu_y\tau} = u_x^{(\mu_y)^{-1}} = u_x^{\mu_{y^{-1}}} = u_{x\cdot y^{-1}}.$$

Zu (2): Setzt man $\tau_1 \cdot \tau_2 =: \tau_3$ für die in 2.25 definierten Γ-Automorphismen τ_1, τ_2, so gehört $\tau_3\mu_y$ zu $\Gamma(u, v)$ und vertauscht ∞ mit 0. Wegen 2.39 gilt somit

$$e^{\tau_3\mu_y\tau_3\mu_y} = e \quad \text{oder} \quad e^{\tau_3\mu_y\tau_3} = e^{(\mu_y)^{-1}} = y^{-1}.$$

Dies ergibt

$$(\infty, 0, e; u, v, w)^{\tau_3\mu_y\tau_3} = (\infty, 0, y^{-1}; u, v, w) = (\infty, 0, e; u, v, w)^{\mu_{y^{-1}}}$$

bzw. $\tau_3\mu_y\tau_3 = \mu_{y^{-1}}$.

Aus $(\infty, 0, e;\ u, v, w)^{\tau_3\tau} = (v, u, w;\ 0, \infty, e) = (\infty, 0, e;\ u, v, w)^{\tau\tau_3}$ folgt ferner, daß τ_3 mit τ vertauschbar ist und $\tau_3 \cdot \tau$ die Zykel v und ∞ vertauscht. Daher ist $\tau\tau_3\mu_{y^{-1}}$ bei Beschränkung auf das Büschel $\langle\infty, v\rangle$ involutorisch und wir erhalten für $v_x \in [v]$: $v_x^{\tau\mu_y\tau\mu_{y^{-1}}} = v_x^{\tau\tau_3\mu_{y^{-1}}\tau_3\tau\mu_{y^{-1}}} = v_x$ bzw. nach 2.24 $v_x^{\tau\mu_y\tau} = v_x^{\mu_y} = v_{xy}$.

Zu (3): Das Büschel $\langle u, v\rangle$ geht unter der involutorischen Abbildung τ in das Büschel $\langle\infty, 0\rangle$ über, das von μ_y wegen T_{II} elementweise festgelassen wird. ▯

Wir wollen nun den Zykeln „pentazyklische Koordinaten" aus $\mathfrak{K}$ zuordnen:

I. ∞ bilden wir auf den uneigentlichen Punkt $(-1, 1, 0, 0, 0)$ von Abschnitt 1 ab.

II. Durch

$$u_x \in [u] \to U_x = (-x, x, 0, 1, 1),$$
$$v_y \in [v] \to V_y = (-y, y, 0, -1, 1)$$

wird $[u]$ resp. $[v]$ bijektiv auf die Speere der Richtung $\left(0, \frac{1}{2}, \frac{1}{2}\right)$ resp. $\left(0, -\frac{1}{2}, \frac{1}{2}\right)$ des vorhergehenden Abschnitts abgebildet.

III. (1) Der Menge der Speere s, die weder zu u noch zu v parallel sind, entspricht vermöge der Beziehung

$$s = x^{\tau\alpha_a} \rightleftharpoons (x, a),\quad x \in \mathfrak{K}^\times,\quad a \in \mathfrak{K},\quad \alpha_a \in \mathbf{A},$$

die Menge der Paare (x, a) aus $\mathfrak{K}^\times \times \mathfrak{K}$:

Ist s ein Speer mit $(s, u, v)_+$, so gibt es wegen $\overset{s-\infty}{\underset{o}{+}}$ genau einen zu s parallelen Speer s', der o berührt, und s' ist von u und v verschieden. Da der Γ-Automorphismus τ (vgl. Definition 2.25) das Büschel $\langle u, v\rangle$ in das Büschel $\langle\infty, 0\rangle$ überführt, gibt es ein $x \in \langle u, v\rangle$, das der Gleichung $x^\tau = s'$ genügt, und $\infty^\tau = u$, $o^\tau = v$ läßt auf $x \in \mathfrak{K}^\times$ schließen. Weiterhin folgt aus $(s, u, v)_+ - \infty$, daß es genau einen Zykel a aus $\mathfrak{K}$ gibt, der den Speer s berührt. Die Λ_o-Schiebung α_a führt x^τ in einen zu s' parallelen Speer über, der $o^\tau = a$ berührt. Wegen $\overset{s'-\infty}{\underset{a}{+}}$ gibt es jedoch genau einen zu s' parallelen Speer, der a berührt, und wir erhalten $x^{\tau\alpha_a} = s$. — Haben wir $s = x^{\tau\alpha_a} = y^{\tau\alpha_b}$, so berührt s die Zykel a und b aus $\mathfrak{K}$. a kann nicht von b verschieden sein, da sonst wegen $(u, v)_+ - (a, b, \infty)_+ - s$ der Speer s mit u oder mit v übereinstimmen müßte. Aus $a = b$ folgt $\tau\alpha_a = \tau\alpha_b =: \gamma$

und aus $x^\gamma = y^\gamma$ schließlich auch noch $x = y$. Die Abbildung, die $s = x^{\tau\alpha_a}$ auf $(x, a) \in \mathfrak{K}^\times \times \mathfrak{K}$ abbildet, ist also eindeutig. Natürlich stellt andererseits für jedes $x \in \mathfrak{K}^\times$, $a \in \mathfrak{K}$, $\alpha_a \in \mathbf{A}$ der Zykel $x^{\tau\alpha_a}$ einen Speer dar, der zum Speer x^τ parallel ist, wobei x^τ nicht zu $\infty^\tau = u$ und $o^\tau = v$ parallel ist.

(2) Die weder zu u noch zu v parallelen Speere werden durch

$$s = x^{\tau\alpha_a} \to S = \left(ax, -ax, x, \frac{x^2-1}{2}, \frac{x^2+1}{2}\right)$$

bijektiv auf die Speere des vorhergehenden Abschnitts abgebildet, die eine von $\left(0, \frac{1}{2}, \frac{1}{2}\right)$ und $\left(0, -\frac{1}{2}, \frac{1}{2}\right)$ verschiedene Richtung haben: Diese Abbildung ist nach (1) und 1.3 jedenfalls injektiv und zu vorgegebener Normalform eines Speers des Abschnitts 1

$$S = \left(-c, c, y, \frac{y^2-1}{2}, \frac{y^2+1}{2}\right), \quad y \in \mathfrak{K}^\times,$$

ist $y^{\tau\alpha_b}$ ein Urbild, falls man $b := -\frac{c}{y}$ setzt.

Durch II. und III. werden die Speere bijektiv auf die Speere von Abschnitt 1 abgebildet. Außerdem berühren sich zwei Speere genau dann, wenn ihre Bilder die gleiche Richtung haben. Dies ist nach 1.7 gleichbedeutend damit, daß die Bilder konjugiert sind.

IV. Durch $k(x, u_y, v_z) \to K = \left(\frac{1+N}{2}, \frac{1-N}{2}, x, \frac{z-y}{2}, \frac{z+y}{2}\right)$ werden schließlich auch die Laguerrezykel bijektiv auf die Laguerrezykel von Abschnitt 1 abgebildet. (Dies folgt aus 1.4 und 2.37.)

Es seien $k(x, u_y, v_z) \rightharpoonup K = \left(\frac{1+N}{2}, \frac{1-N}{2}, x, \frac{z-y}{2}, \frac{z+y}{2}\right)$ ein vorgegebener Laguerrezykel und

$$u_c \rightharpoonup U_c = (-c, c, 0, 1, 1) \quad \text{sowie} \quad v_d \rightharpoonup V_d = (-d, d, 0, -1, 1)$$

vorgegebene Speere aus $[u]$ resp. $[v]$. Aus

$$KU_c = \left(\frac{1+N}{2}, \frac{1-N}{2}, x, \frac{z-y}{2}, \frac{z+y}{2}\right)(-c, c, 0, 1, 1) = c - y$$

und

$$KV_d = \left(\frac{1+N}{2}, \frac{1-N}{2}, x, \frac{z-y}{2}, \frac{z+y}{2}\right)(-d, d, 0, -1, 1) = d - z$$

folgt: Die Bilder eines Speers $u_c \in [u]$ resp. eines Speers $v_d \in [v]$ und eines Laguerrezykels k sind genau dann konjugiert, wenn k den Speer u_c resp. v_d berührt.

Ist schließlich $s = b^{\tau\alpha_a} \rightharpoonup S = \left(ab, -ab, \frac{b^2-1}{2}, \frac{b^2+1}{2}\right)$, $b \in \mathfrak{K}^\times$, ein weder zu u noch zu v paralleler Speer, so berührt s den Laguerrezykel $k(x, u_y, v_z)$ genau dann, wenn der Speer $s^{\alpha_{-a}} =: s_1$, $\alpha_{-a} \in \mathbf{A}$, den Laguerrezykel $k^{\alpha^{-a}} =: k_1$ berührt. Es ist $s_1 = b^{\tau\alpha a^{\alpha^{-a}}} = b^\tau$ und nach 2.29, 2.31 $k_1 = (k(u, u_y, v_z))^{\alpha^{-a}} = k(x - a, u_y, v_z)$. s_1 berührt weiterhin k_1 genau dann, wenn der Speer $s_2 := s_1^{\tau\mu_b^{-1}\tau}$, $\mu_b^{-1} \in \mathbf{M}$, den Laguerrezykel $k_1^{\tau\mu_b^{-1}\tau} =: k_2$ berührt. Es ist $s_2 = b^{\tau\tau\mu_b^{-1}\tau} = e^\tau = w$ und nach 2.41

$$k_2 = k(x - a, u_y, v_z)^{\tau\mu_b^{-1}\tau} = k(x - a, u_{yb}, v_{zb^{-1}}).$$

2.38 besagt nun, daß $s_2 = w$ den Laguerrezykel k_2 genau dann berührt, wenn $x - a = \frac{yb + zb^{-1}}{2}$ gilt.

Ebenso ist die Bedingung, daß die Bilder S von s und K von k konjugiert sind, mit

$$SK = \left(ab, -ab, b, \frac{b^2 - 1}{2}, \frac{b^2 + 1}{2}\right)\left(\frac{1 + N}{2}, \frac{1 - N}{2}, x, \frac{z - y}{2}, \frac{z + y}{2}\right)$$

$$= -ab + bx - \frac{b^2 y + z}{2} = b\left(x - a - \frac{yb + zb^{-1}}{2}\right) = 0$$

d. h. mit

$$x - a = \frac{yb + zb^{-1}}{2}$$

äquivalent.

Da nach 1.5 der uneigentliche Punkt zu einem Zykel $Z \neq \infty$ genau dann konjugiert ist, wenn Z ein Speer ist, können wir — das bisher Bewiesene zusammenfassend — sagen: Zwei Zykel der axiomatisch vorgegebenen büschelhomogenen Lie-Ebene, die nicht zwei verschiedene Laguerrezykel sind, berühren sich genau dann, wenn ihre Bilder konjugiert sind.

Dann muß Entsprechendes aber auch für zwei verschiedene Laguerrezykel gelten: Es seien in einer beliebigen büschelhomogenen Lie-Ebene Laguerrezykel $k_1 \neq k_2$ gegeben. Im Fall $k_1 \not- k_2$ gibt es wegen $(k_1, k_2, \infty)_+$ entweder keinen oder mindestens zwei Speere, die k_1 und k_2 berühren.

Im Fall $k_1 - k_2$ gibt es wegen $\overset{k_1 - k_2}{\underset{\infty}{\not|}}$ genau einen Speer, der k_1 und k_2 berührt. Zwei verschiedene Laguerrezykel berühren sich demnach dann und nur dann, wenn es genau einen Speer gibt, der beide Laguerrezykel berührt. Aufgrund des bisher Gezeigten können wir für unsere vorliegende büschelhomogene Lie-Ebene also sagen: Zwei verschiedene Laguerrezykel k_1, k_2 berühren sich dann und nur dann, wenn es genau einen Speer von Abschnitt 1 gibt, der zu den beiden Bildern K_1, K_2 konjugiert ist, und dies ist damit äquivalent, daß K_1 und K_2 konjugiert sind, wenn man beachtet, daß nach Satz 2.1 auch die Struktur $[\mathfrak{Q}(\mathfrak{K}), -_{\mathfrak{K}}, \mathrm{L}_5^+(\mathfrak{K})]$ eine büschelhomogene Lie-Ebene ist.

Identifizieren wir die Zykel unserer Lie-Ebene mit ihren Bildern, so geht Γ in eine Untergruppe der vollen Automorphismengruppe der Liegeometrie $\mathbf{K}^2(\mathfrak{K})$ über. Den Nachweis, daß Γ in die $L_5^+(\mathfrak{K})$ übergeht, erbringen wir in zwei Schritten:

1. Die von den Lietransformationen τ, τ_1, τ_2 (siehe 2.25) sowie $\gamma \in \Gamma$ mit $\infty^\gamma = \infty$ und $w^\gamma \in [w]$ erzeugte Gruppe E stimmt mit Γ überein.

2. Das unter 1. angegebene Erzeugendensystem von Γ liegt in der $L_5^+(\mathfrak{K})$ und somit auch Γ.

Da die $L_5^+(\mathfrak{K})$ nach Satz 1.1 auf den Liefiguren scharf transitiv ist, kann Γ wegen Axiom T_I keine echte Untergruppe der $L_5^+(\mathfrak{K})$ sein und muß also mit ihr übereinstimmen.

Zu 1. α) E führt ∞ in jeden vorgegebenen Zykel über:

α 1) Ist k ein vorgegebener Laguerrezykel, so seien $u_x \in [u]$, $v_y \in [v]$, $w_z \in [w]$, die wegen $\underset{k}{\overset{u-\infty}{+}}$, $\underset{k}{\overset{v-\infty}{+}}$, $\underset{k}{\overset{w-\infty}{+}}$ eindeutig bestimmten Speere, die k berühren. Außerdem sei k' ein von k und ∞ verschiedener Zykel des Büschels $\langle u_x, v_y\rangle$. Der Γ-Automorphismus γ, der die Liefigur Λ_o in die Liefigur $\Lambda = (\infty, k, k'; u_x, v_y, w_z)$ überführt, liegt wegen $\infty^\gamma = \infty$ und $w^\gamma = w_z \in [w]$ im Erzeugendensystem von E, und es gilt $\infty^{\tau_1\gamma} = 0^\gamma = k$.

α 2) Ist s ein Speer, der weder zu u noch zu v parallel ist, so gilt $s = x^{\tau\alpha_b}$ mit $x \in \mathfrak{K}^\times$, $\alpha_b \in \mathbf{A}$ (vgl. III. (1)). Da $\mathbf{A}$ im Erzeugendensystem von E liegt und es nach α 1) eine Lietransformation $\gamma \in$ E gibt, die $\infty^\gamma = x$ genügt, erhalten wir $\infty^{\gamma\tau\alpha_b} = s$, und $\gamma\tau\alpha_b$ liegt in E.

α 3) Ist $u_x \in [u]$ resp. $v_y \in [v]$ vorgegeben, so ergänzen wir

$$(\infty, \cdot) - (u_x, v_o, w_o)_+ \quad \text{resp.} \quad (\infty, \cdot) - (u_o, v_y, w_o)$$

zu einer Liefigur Λ. Die Lietransformation $\gamma \in \Gamma$, die Λ_o in Λ überführt, liegt wieder im Erzeugendensystem von E, und es gilt $\infty^{\tau\gamma} = u^\gamma = u_x$ resp. $\infty^{\tau\tau_2\gamma} = u^{\tau_2\gamma} = v^\gamma = v_y$.

β) Zu vorgegebenem $y \in \mathfrak{K} \cup \infty$ gibt es eine Lietransformation $\varepsilon \in$ E, die die Bedingungen $e^\varepsilon = y$ und $u^\varepsilon = u$ erfüllt: Für $y \in \mathfrak{K}$ leistet $\alpha_{y-1} \in \mathbf{A}$ das Verlangte, und für $y = \infty$ kann man $\alpha_{-1}\tau_1 \in$ E wählen.

γ) Jeder Γ-Automorphismus γ, der ∞ festläßt, liegt in E: Ist nämlich $o^\gamma = k$, so sei w_z der eindeutig bestimmte Speer aus $[w]$, der k berührt. Aus $w_z^{\gamma^{-1}\tau} - (\infty, o)^\tau = (u, v)$ erhält man $w_z^{\gamma^{-1}\tau} =: y \in \mathfrak{K} \cup \infty$. Wählt man nach β) eine Lietransformation $\varepsilon \in$ E, die $e^\varepsilon = y$ und $u^\varepsilon = u$ genügt, so gilt $w^{\tau\varepsilon\tau\gamma} = y^{\tau\gamma} = w_z \in [w]$ und $\infty^{\tau\varepsilon\tau\gamma} = u^{\tau\gamma} = \infty$, was $\tau\varepsilon\tau\gamma =: \varepsilon' \in$ E impliziert, woraus $\gamma = \tau\varepsilon^{-1}\tau\varepsilon' \in$ E folgt.

δ) Ist γ schließlich eine beliebig vorgegebene Lietransformation aus Γ, so sei $\infty^\gamma = z$ gesetzt. Nach α) gibt es eine Lietransformation $\varepsilon_1 \in$ E, die ∞ in z überführt.

$\varepsilon_1\gamma^{-1} =: \varepsilon_2$ läßt ∞ fest und liegt nach γ) also in E. Mit ε_1 und ε_2 ist jedoch auch $\gamma = \varepsilon_2^{-1} \cdot \varepsilon_1$ in E enthalten.

Zu 2. Die in 2.25 definierte Abbildung τ vertauscht ∞ mit $u = u_0$, bildet also das Büschel $\langle\infty, u\rangle$ auf sich ab. Es ist also $u_e^\tau =: u_a$ für ein $a \in \mathfrak{K}^\times$. Zusammen mit 2.41 ergibt dies für $y \in \mathfrak{K}^\times$ $u_e^{\tau\mu_y\tau} = u_{ay}^\tau = u_{y^{-1}}$ oder $u_x^\tau = u_{a(a^{-1}x)}^\tau = u_{(a^{-1}x)^{-1}} = u_{ax^{-1}}$ für alle $x \in \mathfrak{K}^\times$. τ läßt sich demnach bei Beschränkung auf das Büschel $\langle u, \infty\rangle$ durch die Abbildung $X \to X\mathfrak{S}_a$ mit

$$\mathfrak{S}_a := \begin{bmatrix} 0 & 0 & 0 & 0 & 1 \\ 0 & 0 & 0 & -1 & 0 \\ 0 & 0 & 1 & 0 & 0 \\ \dfrac{a^2-1}{2a} & \dfrac{-a^2-1}{2a} & 0 & 0 & 0 \\ \dfrac{a^2+1}{2a} & \dfrac{-a^2+1}{2a} & 0 & 0 & 0 \end{bmatrix},$$

beschreiben. Da diese zur $\mathfrak{O}_5^+(\mathfrak{Q}, \mathfrak{K})$ gehörende Transformation für $x \in \mathfrak{K}^\times$ $u_x \leftrightarrow U_x = (-x, x, 0, 1, 1)$ in $U_{ax^{-1}} = (-ax^{-1}, ax^{-1}, 0, 1, 1)$ überführt und $u = u_0$ mit ∞ vertauscht.

Andererseits muß τ als Element der vollen Automorphismengruppe der Liegeometrie $\mathbf{K}^2(\mathfrak{K})$ von der Form

$$X \to X^\tau = X^\sigma\mathfrak{B}, \quad \mathfrak{B} \in \mathfrak{O}_5^+(\mathfrak{Q}, \mathfrak{K}), \quad \sigma \in \mathscr{A}(\mathfrak{K}),$$

sein (Satz 1.3).

Es ist

$$(-1, 1, 0, 0, 0)^\sigma\,\mathfrak{B} = (-1, 1, 0, 0, 0)\,\mathfrak{B} \sim (-1, 1, 0, 0, 0)\,\mathfrak{S}_a \text{[70]}$$

$$(0, 0, 0, 1, 1)^\sigma\,\mathfrak{B} = (0, 0, 0, 1, 1)\,\mathfrak{B} \sim (0, 0, 0, 1, 1)\,\mathfrak{S}_a$$

$$(-1, 1, 0, 1, 1)^\sigma\,\mathfrak{B} = (-1, 1, 0, 1, 1)\,\mathfrak{B} \sim (-1, 1, 0, 1, 1)\,\mathfrak{S}_a$$

Da die Gruppe $\mathrm{L}_5^+(\mathfrak{K})$ Axiom T_{II} genügt, stimmen $\mathfrak{B}$ und $\mathfrak{S}_a$ in ihrer Wirkung auf das Büschel $\langle u, \infty\rangle$ überein, und wir erhalten:

(*) $\quad (-x, x, 0, 1, 1)^\sigma\mathfrak{B} \sim (-x^\sigma, x^\sigma, 0, 1, 1)\,\mathfrak{S}_a \sim (-x, x, 0, 0, 1, 1)\,\mathfrak{S}_a$

für alle $x \in \mathfrak{K}$. Für $x \neq x^\sigma$ wären $(-x^\sigma, x^\sigma, 0, 1, 1)$ und $(-x, x, 0, 1, 1)$ Repräsentanten verschiedener Zykel aus $\langle u, \infty\rangle$, und wir erhielten $(-x^\sigma, x^\sigma, 0, 1, 1)\,\mathfrak{S}_a \nsim (-x, x, 0, 1, 1)\,\mathfrak{S}_a$ im Widerspruch zu (*). Es ist also $x^\sigma = x$ für alle x aus $\mathfrak{K}$, und die Lietransformation τ: $X \to X^\tau = X^\sigma\mathfrak{B}$ liegt wegen $\sigma = 1$ in der $\mathrm{L}_5^+(\mathfrak{K})$.

---

[70] Die Schreibweise $(x_0, x_1, x_2, x_3, x_4) \sim (y_0, y_1, y_2, y_3, y_4)$ bedeute, daß $(x_0, x_1, x_2, x_3, x_4)$ und $(y_0, y_1, y_2, y_3, y_4)$ Repräsentanten desselben Zykels sind.

Es sei nun τ_1 durch $X \to X^{\tau_1} = X^{\sigma_1}\mathfrak{B}_1$, $\mathfrak{B}_1 \in \mathfrak{O}_5^+(\mathfrak{Q}, \mathfrak{K})$, $\sigma_1 \in \mathscr{A}(\mathfrak{K})$, gegeben. Da τ_1 das Büschel $\langle\infty, 0\rangle$ elementweise festläßt, erhalten wir

$$(0, 0, 0, 1, 1)^{\sigma_1}\,\mathfrak{B}_1 = (0, 0, 0, 1, 1)\,\mathfrak{B}_1 \sim (0, 0, 0, 1, 1)$$

$$(0, 0, 0, -1, 1)^{\sigma_1}\,\mathfrak{B}_1 = (0, 0, 0, -1, 1)\,\mathfrak{B}_1 \sim (0, 0, 0, -1, 1)$$

$$(0, 0, 1, 0, 1)^{\sigma_1}\,\mathfrak{B}_1 = (0, 0, 1, 0, 1)\,\mathfrak{B}_1 \sim (0, 0, 1, 0, 1).$$

$\mathfrak{B}_1$ muß bei Beschränkung auf $\langle 0, \infty\rangle$ also mit der Identität $\mathfrak{E} \in \mathfrak{O}_5^+(\mathfrak{Q}, \mathfrak{K})$ übereinstimmen, und aus

$$\left(0, 0, x, \frac{x^2-1}{2}, \frac{x^2+1}{2}\right)\tau_1 \sim \left(0, 0, x^{\sigma_1}, \frac{(x^{\sigma_1})^2-1}{2}, \frac{(x^{\sigma_1})^2+1}{2}\right)$$
$$\sim \left(0, 0, x, \frac{x^2-1}{2}, \frac{x^2+1}{2}\right)$$

für alle x aus $\mathfrak{K}$ erhalten wir wieder, daß σ_1 die Identität sein muß bzw. daß τ_1 in der $L_5^+(\mathfrak{K})$ liegt.

Mit τ_1 und τ liegt auch $\tau_2 = \tau\tau_1\tau$ in der $L_5^+(\mathfrak{K})$.

Es sei nun ein Γ-Automorphismus γ vorgegeben, der die Bedingungen $\infty^\gamma = \infty$ und $w^\gamma =: w_a \in [w]$ erfüllt: Aus $\overset{\infty \quad w_o}{\underset{w_a \quad w_1^\gamma}{\boxtimes}}$ folgt $w_1^\gamma \in [w]$. Setzen wir $w_1^\gamma =: w_b$, $b \in \mathfrak{K}$, so stimmt γ wegen T_{II} bei Beschränkung auf das Büschel $\langle\infty, w\rangle$ mit jeder Abbildung $\zeta \in \Gamma$ überein, die der Bedingung

$$(\infty, w_0, w_1)^\zeta = (\infty, w_a, w_b)$$

genügt. Wir stellen fest, daß $\zeta := \mu_{b-a} \cdot \alpha_a$, $\mu_{b-a} \in \mathbf{M}$, $\alpha_a \in \mathbf{A}$, das Verlangte leistet (s. 2.24; 2.32). Damit gilt bei Beschränkung auf die zu w parallelen Speere: $w_y^\gamma = w_y^{\mu_{b-a}\alpha_a} = w_{y(b-a)+a}$. Da andererseits die von den (5, 5)-Matrizen

$$\mathfrak{A}_x := \begin{bmatrix} 1+\frac{x^2}{2}, & -\frac{x^2}{2}, & x, & 0, & 0 \\ \frac{x^2}{2}, & 1-\frac{x^2}{2}, & x, & 0, & 0 \\ x, & -x, & 1, & 0, & 0 \\ 0, & 0, & 0, & 1, & 0 \\ 0, & 0, & 0, & 0, & 1 \end{bmatrix}, \quad x \in \mathfrak{K},$$

resp.

$$\mathfrak{M}_x := \begin{bmatrix} \frac{1+x^2}{2}, & \frac{1-x^2}{2}, & 0, & 0, & 0 \\ \frac{1-x^2}{2}, & \frac{1+x^2}{2}, & 0, & 0, & 0 \\ 0, & 0, & x, & 0, & 0 \\ 0, & 0, & 0, & x, & 0 \\ 0, & 0, & 0, & 0, & x \end{bmatrix}, \quad x \in \mathfrak{K}^\times,$$

induzierten Lietransformationen der $L_5^+(\mathfrak{K})$ die Zykel

$$w_y \rightleftharpoons W_y = (y, -y, 1, 0, 1), \quad y \in \mathfrak{K},$$

in $W_{y+x} = (y + x, -(y + x), 1, 0, 1)$ resp. in $W_{yx} = (yx, -yx, 1, 0, 1)$ überführen, wird γ bei Beschränkung auf das Büschel $\langle w, \infty \rangle$ durch die Transformation $X \to X' = X\mathfrak{A}_a\mathfrak{M}_{b-a} =: X\mathfrak{C}$ beschrieben. Ist nun γ durch die Lietransformation $X \to X^\gamma = X^\sigma\mathfrak{B}$ gegeben, so muß $\mathfrak{B}$ bei Beschränkung auf $\langle w, \infty \rangle$ wieder dieselbe Wirkung wie $\mathfrak{C}$ haben, da

$$(-1, 1, 0, 0, 0)^\sigma\, \mathfrak{B} = (-1, 1, 0, 0, 0)\, \mathfrak{B} \sim (-1, 1, 0, 0, 0)\, \mathfrak{C}$$

$$(0, 0, 1, 0, 1)^\sigma\, \mathfrak{B} = (0, 0, 1, 0, 1)\, \mathfrak{B} \sim (0, 0, 1, 0, 1)\, \mathfrak{C}$$

$$(1, -1, 1, 0, 1)^\sigma\, \mathfrak{B} = (1, -1, 1, 0, 1)\, \mathfrak{B} \sim (1, -1, 1, 0, 1)\, \mathfrak{C}$$

gilt. Die Äquivalenzen

$$(x, -x, 1, 0, 1)^\sigma\, \mathfrak{B} \sim (x^\sigma, -x^\sigma, 1, 0, 1)\, \mathfrak{C} \sim (x, -x, 1, 0, 1)\, \mathfrak{C}$$

implizieren nun wieder, daß σ der identische Körperautomorphismus ist.

§ 4. Minkowskigeometrien

Auch die Minkowskigeometrie läßt sich neben der Forderung einfacher Grundeigenschaften mit Hilfe eines etwas umfangreicher formulierten Satzes von Miquel axiomatisch charakterisieren wie G. Kaerlein in seiner Dissertation gezeigt hat.

Wir wollen im vorliegenden Paragraphen eine Charakterisierung der Minkowskigeometrien vortragen, die mit durchsichtigen geometrischen Eigenschaften dieser Geometrie arbeitet, gleichzeitig eng mit Transitivitätseigenschaften der linearen projektiven Gruppe einhergeht.

Zum Verständnis der benutzten Axiome ziehe man das klassische Modell der ebenen Schnitte eines einschaligen Hyperboloids im dreidimensionalen projektiven reellen Raum heran (s. Kapitel I, § 4). Mit den zwei Familien I, II von Geraden auf einem solchen Hyperboloid kann man also die Relationen $\parallel_+$, $\parallel_-$ beschreiben: Es ist $P \parallel_+ Q$ bzw. $P \parallel_- Q$ wenn P, Q gemeinsam einer Geraden der Familie I bzw. II angehören. Kreise (ebene Schnitte) sind genau die Durchschnitte $\mathbf{E} \cap \mathbf{P}$, wo $\mathbf{P}$ die Menge der Punkte des Hyperboloids bezeichnet, und $\mathbf{E}$ die Menge der Punkte einer Ebene, die nicht Tangentialebene des Hyperboloids ist.

1. (B)-Geometrien und ihre Charakterisierung

Sei $\mathbf{P} \neq \emptyset$ eine abstrakte Menge. Wir betrachten zwei Äquivalenzrelationen, $\parallel_+$, $\parallel_-$ (*Plus-Parallelität, Minus-Parallelität*) auf $\mathbf{P}$ und darüber hinaus eine Menge $\Pi \neq \emptyset$ von Teilmengen von $\mathbf{P}$. Wir nennen die Elemente $A, B, C, \ldots$ von $\mathbf{P}$ *Punkte*, die Elemente $\mathfrak{a}, \mathfrak{b}, \mathfrak{c}, \ldots$ von Π *ebene Schnitte* (oder nur *Schnitte*), *pseudo-euklidische Kreise* (oder nur *Kreise*). Wir nennen die Struktur $(\mathbf{P}, \|_+, \|_-; \Pi)$ eine $(\mathbf{B})$-Geometrie genau dann, wenn die folgenden Axiome gelten:

(P) *Zu $A, B \in \mathbf{P}$ existiert eine und nur in Punkt $X \in \mathbf{P}$, mit $A \|_+ X \|_- B$.*

(A 1) *Zu $P \in \mathbf{P}$, $\mathfrak{s} \in \Pi$, existieren eindeutig bestimmte Punkte $P_+, P_- \in \mathfrak{s}$ mit $P_+ \|_+ P \|_- P_-$.*

(A 2) *Es gibt drei paarweise nicht-parallele Punkte.*

Bemerkung: In (A 2) benutzten wir die Bezeichnung der Nicht-Parallelität. Dabei nennen wir $A, B \in \mathbf{P}$ *nicht-parallel*, wenn A weder plus-parallel, noch minus-parallel zu B ist. — Im Fall $P \in \mathfrak{a}$ sagen wir auch *P liegt auf $\mathfrak{a}$, P geht durch $\mathfrak{a}$*, usw.

Lemma 1.1. *Aus $P, Q \in \mathbf{P}$ und $P \|_+ Q \|_- P$ folgt $P = Q$.*

Beweis. Mittels Axiom (P) erhält man die Eindeutigkeit des Punktes X, der der Gleichung $P \|_+ X \|_- Q$ genügt. Da $P \|_+ P \|_- Q$ und $P \|_+ Q \|_- Q$ gelten, erhalten wir $P = Q$. ▯

Lemma 1.2. *Zwei verschiedene Punkte P, Q eines Schnittes sind nicht-parallel.*

Beweis. Wir nehmen an $P \|_+ Q$. Dann erhalten wir $P \|_+ P$, $Q \in \mathfrak{s}$. Wegen Axiom (A 1) gilt dann $P = Q$. ▯

Lemma 1.3. *Falls ein Punkt P nicht zum Schnitt $\mathfrak{s}$ gehört, gilt $P_+ \neq P_-$, wobei $\mathfrak{s} \ni P_- \|_- P \|_+ P_+ \in \mathfrak{s}$.*

Beweis. Aus der Annahme $P_+ = P_-$ folgt $P_- \|_- P_- \|_+ P_+$, was wegen Axiom (P) auf $P = P_- \in \mathfrak{s}$ zu schließen gestattet. ▯

Wir wollen nun eine Klasse von $(\mathbf{B})$-Geometrien betrachten: Es sei $\mathbf{M}$ eine abstrakte Menge, die wenigstens drei Elemente enthält. Darüber hinaus betrachten wir eine Menge $\mathfrak{S}$ von Permutationen von $\mathfrak{M}$. Jedes geordnete Paar (m_1, m_2) von Elementen $m_1, m_2 \in \mathfrak{M}$ wollen wir nun einen *Punkt* nennen, so daß gilt $\mathbf{P} = \mathfrak{M} \times \mathfrak{M}$. Für zwei Punkte $A = (a_1, a_2)$ und $B = (b_1, b_2)$ definieren wir: $A \|_+ B$ dann und nur dann, wenn $a_1 = b_1$; $A \|_- B$ dann und nur dann, wenn $a_2 = b_2$ gilt. Zu jeder Permutation $\mathfrak{s} \in \mathfrak{S}$, definieren wir einen *Schnitt*

$$\mathfrak{s} := \{(m, m^{\mathfrak{s}}) \mid m \in \mathfrak{M}\} \subset \mathbf{P}.$$

Tatsächlich erhalten wir, ausgehend von der Menge $\mathfrak{M}$, $|\mathfrak{M}| \geq 3$, und einer Menge $\mathfrak{S} \neq \emptyset$ von Permutationen von $\mathfrak{M}$, eine $(\mathbf{B})$-Geometrie:

Offenbar sind $\|_-$, $\|_+$ Äquivalenzrelationen auf $\mathbf{P}$. Zu den Punkten $A = (a_1, a_2)$ und $B = (b_1, b_2)$ ist $X := (a_1, b_2)$ die eindeutige Lösung zu $A \|_+ X \|_- B$. — Zu $P = (p_1, p_2) \in \mathbf{P}$, $\mathfrak{s} = \{(m, m^{\mathfrak{s}}) \mid m \in \mathfrak{M}\}$, sind die Punkte $P_+ := (p_1, p_1^{\mathfrak{s}})$ und $P_- := (p_2^{\mathfrak{s}^{-1}}, p_2)$ die eindeutig bestimmten Lösungen von $\mathfrak{s} \ni P_+ \|_+ P$ und $\mathfrak{s} \ni P_- \|_- P$. — Falls m_1, m_2, m_3 drei verschiedene Elemente von $\mathfrak{M}$ sind, sind (m_1, m_1), (m_2, m_2) und (m_3, m_3) drei paarweise nicht-parallele Punkte.

Wir bezeichnen die durch $\mathfrak{M}$, $\mathfrak{S}$ gegebene (**B**)-Geometrie durch $(\mathfrak{M}, \mathfrak{S})$. Zwei (**B**)-Geometrien $\mathbf{B}(\mathbf{P}, \|_+, \|_-; \Pi)$, $\mathbf{B}'(\mathbf{P}', \|'_+, \|'_-; \Pi')$ heißen *streng isomorph*, wenn es einen *strengen Isomorphismus von* **B** auf **B'** gibt, d.h. eine Bijektion

$$\sigma: \mathbf{P} \to \mathbf{P}'$$

mit den Eigenschaften

$$P \|_+ Q \Leftrightarrow P^\sigma \|'_+ Q^\sigma$$

$$P \|_- Q \Leftrightarrow P^\sigma \|'_- Q^\sigma$$

$$\mathfrak{a} \in \Pi \Leftrightarrow \mathfrak{a}^\sigma \in \Pi'.$$

Wir beweisen nun

Satz 1.1. *Zu einer* (**B**)-*Geometrie* $\mathbf{B}(\mathbf{P}, \|_+, \|_-; \Pi)$ *existiert eine Menge* $\mathfrak{M}$, $|\mathfrak{M}| \geq 3$ *und eine Menge* $\mathfrak{S}$ *von Permutationen von* $\mathfrak{M}$ *derart, daß* **B** *streng isomorph zu* $(\mathfrak{M}, \mathfrak{S})$ *ist.*

Beweis. Da $\Pi \neq \emptyset$, gibt es einen Schnitt $\mathfrak{s}$. Wir setzen $\mathfrak{M} := \mathfrak{s}$. Aus Axiom (A 2) folgt, daß es drei paarweise nicht-parallele Punkte gibt; A, B, C. Wegen Axiom (A 1) gibt es Punkte A_+, B_+, C_+ auf $\mathfrak{s}$ mit $A_+ \|_+ A$, $B_+ \|_+ B$, $C_+ \|_+ C$. Die Punkte A_+, B_+, C_+ sind paarweise verschieden. Andernfalls würden etwa aus $A_+ = B_+$ die Relationen $A \|_+ A_+ \|_+ B_+ \|_+ B$ und damit $A \|_+ B$ folgen. Also gilt $|\mathbf{M}| \geq 3$.

Wir definieren nun eine Bijektion zwischen **P** und $\mathfrak{M} \times \mathfrak{M}$. Für $P \in \mathbf{P}$ definieren wir $P^\sigma := (P_+, P_-)$, wobei P_+, P_- die Punkte aus **s** sind mit $P_+ \|_+ P \|_- P_-$. Wegen Axiom (P) ist die Abbildung σ bijektiv. Die oben definierten Parallelitätsrelationen auf $\mathfrak{M} \times \mathfrak{M}$ bezeichnen wir mit $\|'_+, \|'_-$; damit erhalten wir

$$P \|_+ Q \Leftrightarrow P^\sigma \|'_+ Q^\sigma \quad \text{und} \quad P \|_- Q \Leftrightarrow P^\sigma \|'_- Q^\sigma,$$

weil (vgl. Lemma 1.2) zwei verschiedene Punkte eines Schnittes nicht-parallel sein müssen. Jeder Schnitt $\mathfrak{t} \in \Pi$ induziert eine Permutation $\mathfrak{t}$ von $\mathfrak{M}$: Zu $M \in \mathfrak{M}$ bestimmen wir (s. Axiom (A 1)) den Punkt T auf $\mathfrak{t}$ mit $T \|_+ \mathfrak{M}$. Dann definieren wir $M^{\mathfrak{t}} \in \mathfrak{s}$ als den Punkt, für den gilt $M^{\mathfrak{t}} \|_- T$. Tatsächlich ist

$$\mathfrak{t}: \mathfrak{M} \to \mathfrak{M}$$

eine Bijektion. Verschiedene Schnitte definieren verschiedene Permutationen auf $\mathfrak{M}$, da für verschiedene Schnitte $\mathfrak{t}, \mathfrak{t}'$ es wenigstens einen Punkt M auf $\mathfrak{s}$ gibt mit $M^{\mathfrak{t}} \neq M^{\mathfrak{t}'}$. Deshalb steht die Menge Π der Schnitte in einer eineindeutigen Zuordnung zu der Menge $\mathfrak{S}$ der Permutationen von $\mathfrak{M}$. Die Eigenschaft $\mathfrak{t} \in \Pi \Leftrightarrow \mathfrak{t}^\sigma \in \Pi'$, wobei Π' die Menge der Schnitte von $(\mathfrak{M}, \mathfrak{S})$ bezeichnet, ist nun eine direkte Folge. ▯

Gegeben seien Mengen $\mathfrak{M}, \mathfrak{M}'$ mit $|\mathfrak{M}|$, $|\mathfrak{M}'| \geq 3$ und nichtleere Mengen $\mathfrak{S}, \mathfrak{S}'$ von Permutationen von $\mathfrak{M}, \mathfrak{M}'$, dann interessieren wir uns für die Frage: Wann gilt $(\mathfrak{M}, \mathfrak{S}) \simeq (\mathfrak{M}', \mathfrak{S}')$, d.h. wann sind die (**B**)-Geometrien $(\mathfrak{M}, \mathfrak{S})$ und $(\mathfrak{M}', \mathfrak{S}')$ streng isomorph? Die Antwort gibt

Satz 1.2. *Die Beziehung* $(\mathfrak{M}, \mathfrak{S}) \simeq (\mathfrak{M}', \mathfrak{S}')$ *gilt dann und nur dann, wenn es Bijektionen gibt*

$$\alpha, \beta \colon \mathfrak{M} \to \mathfrak{M}'$$

mit

$$\mathfrak{t} \in \mathfrak{S} \Leftrightarrow \alpha^{-1}\mathfrak{t}\beta \in \mathfrak{S}'.$$

Beweis. Sei $(\mathfrak{M}, \mathfrak{S})$ streng isomorph zu $(\mathfrak{M}', \mathfrak{S}')$. σ bezeichne die Bijektion der Menge der Punkte von $(\mathfrak{M}, \mathfrak{S})$ auf die Menge der Punkte von $(\mathfrak{M}', \mathfrak{S}')$

$$\sigma \colon \mathfrak{M} \times \mathfrak{M} \to \mathfrak{M}' \times \mathfrak{M}'.$$

Für gegebene $m, n \in \mathfrak{M}$ bestimmen wir

$$(m, n)^\sigma =: (m^\alpha, n^\beta).$$

Da gilt

$$(m, q) \parallel_+ (m, n) \parallel_- (p, n) \Leftrightarrow (m, q)^\sigma \parallel_+ (m^\alpha, n^\beta) \parallel_- (p, n)^\sigma$$

erhalten wir Bijektionen

$$\alpha, \beta \colon \mathfrak{M} \to \mathfrak{M}'.$$

Wenn wir den Schnitt

$$\mathfrak{t} = \{(m, m^{\mathfrak{t}}) \mid m \in \mathfrak{M}\}$$

haben, wissen wir, daß

$$\{(m^\alpha, m^{\mathfrak{t}\beta}) \mid m \in \mathfrak{M}\} = \{(m', m'^{\alpha^{-1}\mathfrak{t}\beta}) \mid m' \in \mathfrak{M}'\} = \alpha^{-1}\mathfrak{t}\beta$$

ein Schnitt von $(\mathfrak{M}', \mathfrak{S}')$ ist. Wir betrachten den strengen Isomorphismus σ^{-1} von $(\mathfrak{M}', \mathfrak{S}')$ auf $(\mathfrak{M}, \mathfrak{S})$,

$$(m', n')^{\sigma^{-1}} = (m'^{\alpha^{-1}}, n'^{\beta^{-1}})$$

und erhalten analog, daß aus $\alpha^{-1}\mathfrak{t}\beta \in \mathfrak{S}'$ folgt

$$(\alpha^{-1})^{-1}\alpha^{-1}\mathfrak{t}\beta\beta^{-1} = \mathfrak{t} \in \mathfrak{S}.$$

Wenn wir andererseits von Bijektionen α, β ausgehen, können wir eine Bijektion

$$\sigma \colon \mathfrak{M} \times \mathfrak{M} \to \mathfrak{M}' \times \mathfrak{M}'$$

durch

$$(m, n)^\sigma := (m^\alpha, n^\beta)$$

definieren. Unter der Annahme $\mathfrak{t} \in \mathfrak{S} \Leftrightarrow \alpha^{-1}\mathfrak{t}\beta \in \mathfrak{S}'$ stellt diese Abbildung einen strengen Isomorphismus dar. ▯

Bemerkung: Wenn $(\mathfrak{M}, \mathfrak{S})$ ein System ist, das die (**B**)-Geometrie $(\mathbf{P}, \|_+, \|_-; \Pi)$ beschreibt und gemäß Satz 1.1 konstruiert ist, dann enthält $\mathfrak{S}$ die Identität. Für ein beliebiges System $(\mathfrak{M}, \mathfrak{S})$ muß $\mathfrak{S}$ nicht notwendig die Identität ε enthalten. Jedoch folgt aus Satz 1.2, daß man bis auf einen strengen Isomorphismus $\varepsilon \in \mathfrak{S}$ annehmen kann, was wir im folgenden tun wollen.

2. (B*)-Geometrien und ihre Charakterisierung

Betrachten wir die ebenen Schnitte eines einschaligen Hyperboloids im dreidimensionalen projektiven Raum, so sehen wir, daß die folgende Aussage gilt (s. Abb. 77)

(A 3) *Durch die drei paarweise nicht-parallele Punkte geht genau ein Schnitt.*

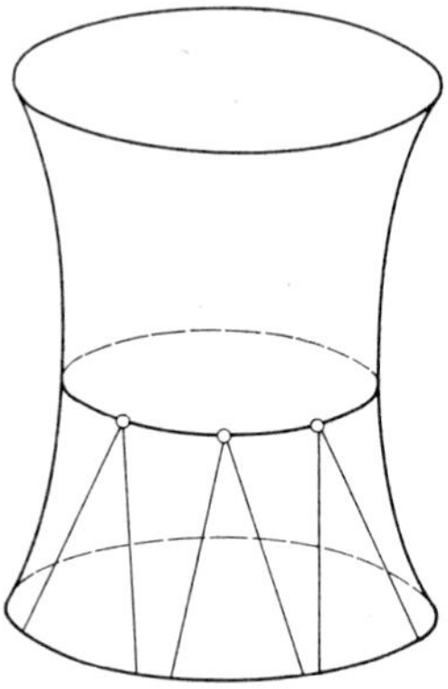

Abb. 77

Selbstverständlich ist (A 3) nicht für jede (**B**)-Geometrie richtig, z. B. nicht für

$$(\mathfrak{M} = \{1, 2, 3\}, \mathfrak{S} = \{(1), (12)\}).$$

Der folgende Satz charakterisiert die Gültigkeit von (A 3) in einer (**B**)-Geometrie.

Satz 2.1. *Gegeben sei eine* (**B**)*-Geometrie.* (A 3) *ist dann und nur dann erfüllt, wenn* (†) *in dem beschreibenden System* $(\mathfrak{M}, \mathfrak{S})$ *gültig ist, mit*

(†) $\mathfrak{S}$ *ist scharf transitiv auf der Menge der geordneten Tripel paarweise verschiedener Elemente* $m_1, m_2, m_3 \in \mathfrak{M}$.

Beweis. Sei (A 3) erfüllt. Gehen wir von den jeweils verschiedenen Elementen $m_1, m_2, m_3 \in \mathfrak{M}$ und $m_1', m_2', m_3' \in \mathfrak{M}$ aus, so sind (m_1, m_1'), (m_2, m_2'), (m_3, m_3') drei paarweise nicht parallele Punkte. Es gibt nun genau einen Schnitt

$$\mathfrak{t} = \{(m, m^{\mathfrak{t}}) \mid m \in \mathfrak{M}\},$$

der diese enthält. Damit ist (†) nachgewiesen. — Umgekehrt folgt aus (†) Axiom (A 3). □

Wenn in einer (**B**)-Geometrie (A 3) gültig ist, so nennen wir sie eine (**B***)-Geometrie z.B. ist ($\mathfrak{M} := \{1, 2, 3\}$, $\mathfrak{S} := \{(1), (1, 2), (1, 3), (2, 3), (1, 2, 3), (1, 3, 2)\}$) eine (**B***)-Geometrie. Darüberhinaus sind

$$(\mathfrak{M} := \mathfrak{K} \cup \{\infty\}; \ \mathfrak{S} := \mathrm{PGL}(2, \mathfrak{K})), \quad \mathfrak{K} \text{ ein Körper},$$

(**B***)-Geometrien; im Falle $\mathfrak{K} = \mathrm{GF}(2)$ erhalten wir das obige Beispiel.

3. Die Konfiguration (G) und (B*G)-Geometrien

Für diesen Abschnitt nehmen wir an, daß die zugrunde liegende Geometrie Σ eine (**B***)-Geometrie ist.

Gegeben seien Punkte P_1, P_2, P_3, P_4 aus **P**, das geordnete Punkte-4-tupel (P_1, P_2, P_3, P_4) nennen wir genau dann ein *Viereck*, wenn gilt

$$P_1 \parallel_- P_2; \ P_3 \parallel_- P_4; \ P_1 \parallel_+ P_3; \ P_2 \parallel_+ P_4.$$

Im Falle, daß die folgende Eigenschaft — Konfiguration (G) — in Σ gilt, nennen wir Σ eine (**B***G)-*Geometrie.*

Konfiguration (G): *Gegeben seien die Vierecke*

$$A_1, A_2, A_3, A_4$$
$$B_1, B_2, B_3, B_4$$
$$C_1, C_2, C_3, C_4$$
$$D_1, D_2, D_3, D_4$$

derart, daß

$$A_\nu, B_\nu, C_\nu, D_\nu \text{ für } \nu = 1, 2, 3$$

vier verschiedene Punkte auf einem *Schnitt* $\mathfrak{k}_\nu$ *sind. Dann sind auch*

$$A_4, B_4, C_4, D_4$$

vier verschiedene Punkte auf einem Schnitt $\mathfrak{k}_4$.

Satz 3.1. *Gegeben sei eine* (**B***)-*Geometrie* Σ *und ein beschreibendes System* $(\mathfrak{M}, \mathfrak{S})$ *von* Σ *mit* $id \in \mathfrak{S}$, *dann ist* $\mathfrak{S}$ *genau dann eine Untergruppe der Gruppe aller Permutationen von* $\mathfrak{M}$, *wenn* (G) *in* Σ *gilt.*

Beweis. a) Sei $\mathfrak{S}$ eine Untergruppe der Gruppe aller Permutationen auf $\mathfrak{M}$ und A_1, A_2, A_3, A_4; B_1, B_2, B_3, B_4; C_1, C_2, C_3, C_4; D_1, D_2, D_3, D_4; seien Vierecke derart, daß A_1, B_1, C_1, D_1; A_2, B_2, C_2, D_2; A_3, B_3, C_3, D_3; jeweils vier verschiedene Punkte auf einem gemeinsamen Schnitt $\mathfrak{k}_1$; $\mathfrak{k}_2$; $\mathfrak{k}_3$ sind. Ausgehend vom Schnitt $\mathfrak{s} := \mathfrak{k}_1$, konstruieren wir ein beschreibendes System $(\mathfrak{M}', \mathfrak{S}')$ wie bereits in Abschnitt 1. Offenbar gilt $id' \in \mathfrak{S}'$ (vgl. Abschnitt 1). Aus $(\mathfrak{M}', \mathfrak{S}') \simeq \Sigma \simeq (M, S)$ folgt $(M', S') \simeq (M, S)$.

Mit Satz 1.2 erhalten wir Bijektionen

$$\xi, \eta\colon \mathfrak{M} \to \mathfrak{M}'$$

mit $\mathfrak{S}' = \xi^{-1}\mathfrak{S}\eta$. Unter Anwendung von $id' \in \mathfrak{S}'$ erhalten wir

$$\mathfrak{S}' = \xi^{-1}\mathfrak{S}\xi .$$

Deshalb ist $\mathfrak{S}'$ selbst eine Gruppe. Nun wollen wir beweisen, daß A_4, B_4, C_4, D_4 paarweise nicht-parallele Punkte sind: Im Falle $A_4 \parallel_+ B_4$ erhalten wir $A_2 \parallel_+ A_4 \parallel_+ B_4 \parallel_+ B_2$, d.h. $A_2 \parallel_+ B_2$, was im Widerspruch zu der Tatsache steht, daß A_2, B_2, C_2, D_2 vier verschiedene Punkte eines gemeinsamen Schnittes und deshalb paarweise nicht-parallel sind (Lemma 1.2). Im Falle $A_4 \parallel_- B_4$ würden wir aus $A_3 \parallel_- A_4 \parallel_- B_4 \parallel_- B_2$ die Beziehung $A_3 \parallel_- B_3$ erhalten. Axiom (A 3) einer (**B***)-Geometrie besagt, daß genau ein Schnitt existiert, nennen wir ihn $\mathfrak{k}_4$, der A_4, B_4, C_4 enthält. Es bleibt zu beweisen, daß D_4 auf $\mathfrak{k}_4$ liegt. — In den Bezeichnungen aus dem System $(\mathfrak{M}', \mathfrak{S}')$ ist $\mathfrak{k}_1'$ die Identität. Wir setzen nun $\mathfrak{k}_2' =: \alpha$; $\mathfrak{k}_3' =: \beta$.

Welcher Punkt ist $(A_1^{\alpha^{-1}}, A_1^{\beta}) \in \mathfrak{M}' \times \mathfrak{M}'$ zugeordnet? Wegen $A_2 \in \mathfrak{k}_2 = \alpha$ und $A_2 \parallel_- A_1$, erhalten wir $A_2 = (A_1^{\alpha^{-1}}, A_1)$. In gleicher Weise erhalten wir $A_3 = (A_1, A_1^{\beta})$. Aus

$$A_1^{\alpha^{-1}} \parallel_+ A_2 \parallel_+ A_4 \quad \text{und} \quad A_1^{\beta} \parallel_- A_3 \parallel_- A_4$$

folgt somit

$$A_4 = (A_1^{\alpha^{-1}}, A_1^{\beta}) \in \alpha\beta \in \mathfrak{S}' .$$

Nehmen wir B, C, D an Stelle von A, so erhalten wir $B_4, C_4, D_4 \in \alpha\beta$. Damit ist $\mathfrak{k}_4 = \alpha\beta \in \mathfrak{S}'$ und $D_4 \in \mathfrak{k}_4$.

b) Wir wollen nun umgekehrt die Gültigkeit von (G) annehmen. Für das beschreibende System $(\mathfrak{M}, \mathfrak{S})$, $id \in \mathfrak{S}$, müssen wir beweisen, daß $\mathfrak{S}$ eine Untergruppe der Gruppe aller Permutationen von $\mathfrak{M}$ ist. Wir wollen den Beweis in zwei Schritten führen:

(i) $\alpha, \beta \in \mathfrak{S}$ impliziert $\alpha\beta \in \mathfrak{S}$,

(ii) $\alpha \in \mathfrak{S}$ impliziert $\alpha^{-1} \in \mathfrak{S}$.

Die Implikation (ii) kann leicht bewiesen werden, wenn (i) richtig ist: α enthält wenigstens drei verschiedene Punkte, die wir (A, A^{α}), (B, B^{α}), $(C, C^{\alpha}) \in \mathfrak{M} \times \mathfrak{M}$ nennen wollen. Diese Punkte sind paarweise nicht-parallel. Deshalb gibt es einen Schnitt β, der (A^{α}, A), (B^{α}, B), (C^{α}, C) enthält. Aus (i) folgt nun $\alpha\beta \in \mathfrak{S}$. Aus (A, A), (B, B), $(C, C) \in \alpha\beta$ folgt

$\alpha\beta = id$ und somit $\alpha^{-1} = \beta \in \mathfrak{S}$. — Wir wollen nun (i) beweisen. Für $|\mathfrak{M}| = 3$ ist $\mathfrak{S}$ die Menge aller Permutationen von $\mathfrak{M}$ (übrigens ist das auch richtig für $|\mathfrak{M}| = 4$, aber nicht für $|\mathfrak{M}| \in \{5, 6, 7, 8, \ldots\}$). Deshalb kann die Anzahl $|\mathbf{M}|$ der Punkte eines Schnittes mit wenigstens 4 angenommen werden. Wir nehmen verschiedene Punkte A, B, C, D aus $id \in \mathfrak{S}$. Dann sind (A, A^α), (B, B^α), (C, C^α), (D, D^α) vier verschiedene Punkte aus α und $(A^\alpha, A^{\alpha\beta})$, $(B^\alpha, B^{\alpha\beta})$, $(C^\alpha, C^{\alpha\beta})$, $(D^\alpha, D^{\alpha\beta})$ vier verschiedene Punkte aus β.

Wir wollen die Bezeichnungen

$$A_1 := A^\alpha; \quad A_2 := (A, A^\alpha); \quad A_3 := (A^\alpha, A^{\alpha\beta}); \quad A_4 := (A, A^{\alpha\beta})$$

benutzen und die entsprechenden Bezeichnungen für die Punkte B, C, D. Offenbar ist A_1, A_2, A_3, A_4 ein Viereck; entsprechendes gilt für die Punkte B_1, B_2, B_3, B_4 usf. Darüber hinaus erhalten wir, daß jedes der Quadrupel (jedes auf einem gemeinsamen Schnitt),

$$A_1, B_1, C_1, D_1; \quad A_2, B_2, C_2, D_2; \quad A_3, B_3, C_3, D_3; \quad A_4, B_4, C_4, D_4;$$

aus vier paarweise nicht-parallelen Punkten besteht.

Sei γ der eindeutig bestimmte Schnitt durch A_4, B_4, C_4. Dann liegt wegen (G) der Punkt D_4 auf γ. Falls D die Menge

$$\{(X, X) \mid X \in \mathfrak{M} - \{A, B, C\}\}$$

durchläuft, erhalten wir

$$\{(X, X^{\alpha\beta}) \mid X \in \mathfrak{M} - \{A, B, C\}\} \subseteq \gamma.$$

Sei $x \in \mathfrak{M}$ und $(X, X^\gamma) \in \gamma$. Aus $(X, X^{\alpha\beta}) \in \gamma$ und $(X, X^\gamma) \parallel_+ (X, X^{\alpha\beta})$ folgt $X^\gamma = X^{\alpha\beta}$ (Lemma 1.2) und damit $\alpha\beta = \gamma \in \mathfrak{S}$.

4. Symmetrie und (B*GS)-Geometrien

Gegeben sei eine (**B**)-Geometrie Σ, und ein Schnitt $\mathfrak{s}$ von Σ. Sind P, Q Punkte dieser Geometrie, so heißt Q *symmetrisch zu* P bezüglich $\mathfrak{s}$ genau dann, wenn es Punkte $P_+ = Q_-$, $Q_+ = P_- \in \mathfrak{s}$ gibt mit $P_+ \parallel_+ P \parallel_- P_-$ und $Q_+ \parallel_+ Q \parallel_- Q_-$ (s. Abb. 78).

Lemma 4.1. *Gegeben sei ein Schnitt* $\mathfrak{s}$ *und ein Punkt* P. *Dann existiert ein und nur ein Punkt* $P^*_\mathfrak{s}$, *der symmetrisch zu* P *bezüglich* $\mathfrak{s}$ *ist. Darüber hinaus gilt* $(P^*_\mathfrak{s})^*_\mathfrak{s} = P$. Gegeben seien Schnitte $\mathfrak{s}, \mathfrak{t}$.

Wir nennen $\mathfrak{s}$ *symmetrisch* zu $\mathfrak{t}$ genau dann, wenn für alle $P \in \mathfrak{s}$ gilt $P^*_\mathfrak{t} \in \mathfrak{s}$.

Lemma 4.2. *Wenn* $\mathfrak{s}$ *symmetrisch zu* $\mathfrak{t}$ *ist, so ist* $\mathfrak{t}$ *auch symmetrisch zu* $\mathfrak{s}$.

Beweis. Wir betrachten einen Punkt $R \in \mathfrak{t}$. Man bestimme $P \in \mathfrak{s}$ mit $R \parallel_+ P$ und $S \in \mathfrak{t}$ mit $S \parallel_- P$. Dann ist $P^*_\mathfrak{t}$ der Punkt, für den gilt $R \parallel_- P^*_\mathfrak{t} \parallel_+ S$. Aus $\mathfrak{s}$ symmetrisch zu $\mathfrak{t}$ folgt $P^*_\mathfrak{t} \in \mathfrak{s}$. Da R der Punkt ist, für den $\mathfrak{s} \ni P \parallel_+ R \parallel_- P_\mathfrak{t}^* \in \mathfrak{s}$ gilt, ist $R_\mathfrak{s}^*$ der Punkt mit $P \parallel_- R_\mathfrak{s}^* \parallel_+ P_\mathfrak{t}^*$. Dann gilt aber offenbar $R_\mathfrak{s}^* = S \in \mathfrak{t}$. ▯

In einer (**B**)-Geometrie Σ betrachten wir die folgende Symmetriebedingung (S):

(S) *Sind* $\mathfrak{s}, \mathfrak{t}$ *verschiedene Schnitte und ist* P *ein Punkt aus* $\mathfrak{s} - \mathfrak{t}$ *mit* $P_\mathfrak{t}^* \in \mathfrak{s}$, *so ist* $\mathfrak{s}$ *symmetrisch zu* $\mathfrak{t}$.

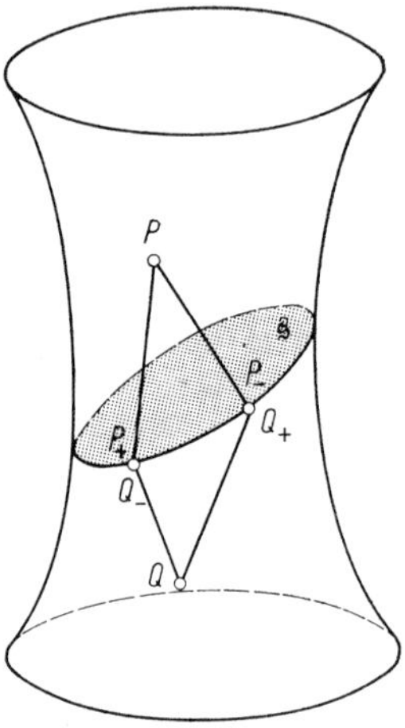

Abb. 78

Satz 4.1. *Gegeben sei eine* (**B***G)-*Geometrie* Σ *und ein beschreibendes System* $(\mathfrak{M}, \mathfrak{S})$ *von* Σ *mit* $id \in \mathfrak{S}$. *Dann gilt die Bedingung* (S) *dann und nur dann, wenn die folgende Bedingung* (††) *erfüllt ist*:

(††) *Falls* A, B, C, D *vier verschiedene Punkte von* $\mathfrak{M}$ *sind, existiert eine Permutation* $\mathfrak{p} \in \mathfrak{S}$ *mit* $A^\mathfrak{p} = B$, $B^\mathfrak{p} = A$, $C^\mathfrak{p} = D$, $D^\mathfrak{p} = C$.

Beweis. a) Sei zunächst Bedingung(††) für das beschreibende System $(\mathfrak{M}, \mathfrak{S})$ erfüllt. Wir erinnern uns daran, daß $\mathfrak{S}$ eine Gruppe sein muß (Satz 3.1). Um (S) zu beweisen, betrachten wir verschiedene Schnitte $\mathfrak{s}, \mathfrak{t}$ und einen Punkt P aus $\mathfrak{s} - \mathfrak{t}$ mit $P_\mathfrak{t}^* \in \mathfrak{s}$. Ausgehend von dem Schnitt $\mathfrak{t}$ konstruieren wir ein beschreibendes System $(\mathfrak{M}', \mathfrak{S}')$, wie wir es im Abschnitt 1 getan haben. Aus

$$\mathfrak{S}' = \xi^{-1}\mathfrak{S}\xi$$

mit einer Bijektion

$$\xi\colon \mathfrak{M} \to \mathfrak{M}'$$

(vgl. Abschnitt 3) erhalten wir, daß (††) auch für $(\mathfrak{M}', \mathfrak{S}')$ gilt. Wir betrachten nun einen Punkt $R \in \mathfrak{s}$ und wir wollen beweisen, daß auch $P_\mathfrak{t}^*$ auf $\mathfrak{s}$ liegt. Für den Fall, daß $R \in \mathfrak{t}$ oder $R \in \{P, P_\mathfrak{t}^*\}$ gilt, ist wegen

Lemma 4.1 nichts zu beweisen. Somit können wir $R \notin \mathfrak{t}$ und $R \notin \{P, P_\mathfrak{t}^*\}$ annehmen. Es gilt ferner $P \neq P_\mathfrak{t}^*$, sonst ergäbe Lemma 1.3 $P \in \mathfrak{t}$. Wegen (A 3) ist $\mathfrak{s}$ der eindeutig bestimmte Schnitt durch $R, P, P_\mathfrak{t}^*$. Wir bezeichnen mit R_+, R_-, P_+, P_- die Punkte aus $\mathfrak{t}$ mit $R_+ \parallel_+ R \parallel_- R_-$ und $P_+ \parallel_+ P \parallel_- P_-$. Wegen Lemma 1.3 erhalten wir $R_+ \neq R_-$ und $P_+ \neq P_-$. Ferner sind R_+, R_-, P_+, P_- vier verschiedene Punkte aus $\mathfrak{t}$: Im Fall $R_+ = P_+$, erhielten wir $R \parallel_+ R_+ \parallel_+ P$, d.h. $R \parallel_+ P$; aber zwei verschiedene Punkte auf einem gemeinsamen Schnitt sind nicht-parallel. Im Fall $R_+ = P_- \equiv (P_\mathfrak{t}^*)_+$ erhalten wir den Widerspruch $R \parallel_+ P_\mathfrak{t}^*$. — Wenn wir nun (††) bezüglich der Punkte P_+, P_-, R_+, R_- anwenden, erhalten wir einen Schnitt $\mathfrak{p} \in \mathfrak{S}$ mit $R = (R_+, R_-)$, $R_\mathfrak{t}^* = (R_-, R_+)$, $P = (P_+, P_-)$, $P_\mathfrak{t}^* = (P_-, P_+) \in \mathfrak{p}$. Damit gilt $\mathfrak{s} = \mathfrak{p} \ni R_\mathfrak{t}^*$.

b) Wir nehmen nun die Gültigkeit von (S) für Σ an und wollen die Bedingung (††) beweisen: Im Fall $|\mathfrak{M}| = 3$ ist nichts zu beweisen. Seien also A, B, C, D vier verschiedene Elemente aus $\mathfrak{M}$. Wir betrachten den Schnitt $\mathfrak{t} = id$ und $\mathfrak{s} \ni (A, B), (B, A), (C, D)$. Wir wollen $(D, C) \in \mathfrak{s}$ beweisen, weil dann $\mathfrak{s}$ eine Permutation in $\mathfrak{S}$ ist mit $\mathfrak{A}^\mathfrak{s} = B$, $B^\mathfrak{s} = A$, $C^\mathfrak{s} = D$, $D^\mathfrak{s} = C$. Weil $\mathfrak{s} \neq \mathfrak{t}$ und $P \equiv (A, B) \in \mathfrak{s} - \mathfrak{t}$ gilt zusammen mit $P_\mathfrak{t}^* = (B, A) \in \mathfrak{s}$, ist der Schnitt $\mathfrak{s}$ symmetrisch zu $\mathfrak{t}$. Also folgt aus $(C, D) \in \mathfrak{s}$, $(D, C) = (C, D)_\mathfrak{t}^* \in \mathfrak{s}$. ▯

Eine (**B***G)-Geometrie heißt (**B***GS)-Geometrie, wenn sie zusätzlich der Bedingung (S) genügt.

Bemerkung: Die Symmetriebedingung (S) ist nicht in jeder (**B***G)-Geometrie erfüllt.

5. (B*GS)-Geometrien als Minkowskigeometrien

Mit den Betrachtungen über v. Staudt-Petkantschin-Gruppen (§ 2, Abschnitt 1) sind also die (**B***GS)-Geometrien genau die Geometrien $(\mathfrak{M}, \mathfrak{S})$, wo $\mathfrak{M}$ die projektive Gerade $\mathbb{P}(\mathfrak{K})$ über einem kommutativen Körper $\mathfrak{K}$ bezeichnet und $\mathfrak{S} = \mathrm{PGL}(2, \mathfrak{K})$ die projektive Gruppe $\Gamma(\mathfrak{K})$ dieser Geraden. Wir beweisen den folgenden Satz 5.1, der die Brücke schlägt zwischen den Kettengeomtrien $\Sigma(\mathfrak{K}, \mathfrak{L})$, $\mathfrak{L} := \mathbb{A}(\mathfrak{K}) = \mathfrak{K} \times \mathfrak{K}$ der Ring der anormal-komplexen Zahlen über $\mathfrak{K}$, und den (**B***GS)-Geometrien.

Satz 5.1. *Gegeben sei der kommutative Körper $\mathfrak{K}$. Dann sind die Geometrien $(\mathbb{P}(\mathfrak{K}), \Gamma(\mathfrak{K}))$ und $\Sigma(\mathfrak{K}, \mathfrak{K} \times \mathfrak{K})$ streng isomorph.*

Beweis. Wir wollen hier $\mathbb{A}(\mathfrak{K})$ in der Form $\mathfrak{K} \times \mathfrak{K}$ zugrunde legen. Der Körper $\mathfrak{K}$ erscheint dann als Unterring als Menge der Elemente (k, k), $k \in \mathfrak{K}$. Wir haben $\mathfrak{I}_+ = \{(0, k) \mid k \in \mathfrak{K}\}$, $\mathfrak{I}_- = \{(k, 0) \mid k \in \mathfrak{K}\}$. Die projektive Gerade $\mathbb{P}(\mathfrak{K} \times \mathfrak{K})$ ist die Menge der Elemente (bis auf reguläre Faktoren)

$$((a_1, a_2), (b_1, b_2)), \; a_\nu, b_\nu \in \mathfrak{K},$$

wo wegen

$$\langle (a_1, a_2), (b_1, b_2) \rangle = \mathfrak{K} \times \mathfrak{K}$$

die Paare (a_1, b_1), (a_2, b_2) projektive Punkte von $\mathrm{P}(\mathfrak{K})$ repräsentieren. Damit liefert

$$\mathfrak{R}((a_1, a_2), (b_1, b_2)) \to (\mathfrak{K}^\times (a_1, b_1), \mathfrak{K}^\times (a_2, b_2)),$$

$\mathfrak{R}$ die Einheitengruppe von $\mathfrak{K} \times \mathfrak{K}$, eine Bijektion σ von

$$\mathrm{P}(\mathfrak{K} \times \mathfrak{K}) \text{ auf } \mathrm{P}(\mathfrak{K}) \times \mathrm{P}(\mathfrak{K}).$$

Die beiden Punkte A, C gegeben durch

$$((a_1, a_2), (b_1, b_2)), \quad ((c_1, c_2), (d_1, d_2)),$$

von $\mathrm{P}(\mathfrak{K} \times \mathfrak{K})$ sind plus-parallel genau dann, wenn

$$\begin{vmatrix} (a_1, a_2) & (b_1, b_2) \\ (c_1, c_2) & (d_1, d_2) \end{vmatrix} \in \mathfrak{J}_+,$$

d.h. wenn

$$\begin{vmatrix} a_1 & b_1 \\ c_1 & d_1 \end{vmatrix} = 0$$

ist. Also sind sie plus-parallel genau dann, wenn die Punkte (a_1, b_1), (c_1, d_1) von $\mathrm{P}(\mathfrak{K})$ übereinstimmen, d.h. wenn die ersten Komponenten von A^σ, C^σ zusammenfallen. Mutatis mutandis hat man $A \parallel_- C$ genau dann, wenn die zweiten Komponenten von A^σ, C^σ zusammenfallen. — Wir zeigen nun noch, daß auch die Kreise von resp. $\Sigma(\mathfrak{K}, \mathfrak{K} \times \mathfrak{K})$, $(\mathrm{P}(\mathfrak{K}), \Gamma(\mathfrak{K}))$ sich gegenüber σ entsprechen: Die Kreise in $\Sigma(\mathfrak{K}, \mathfrak{K} \times \mathfrak{K})$ sind gegeben durch

$$[\mathrm{P}(\mathfrak{K})]^\gamma, \quad \gamma \in \Gamma(\mathfrak{K} \times \mathfrak{K}).$$

Sei hier γ die Abbildung

$$F\tilde{X}_1 = X_1 A_{11} + X_2 A_{21}$$
$$F\tilde{X}_2 = X_1 A_{12} + X_2 A_{22}$$

mit $F \in \mathfrak{R}$, $|A_{\nu\mu}| \in \mathfrak{R}$, $X_1 = (x_1, x_2)$, $X_2 = (y_1, y_2)$. Ein Punkt von $\mathrm{P}(\mathfrak{K}) \subset \mathrm{P}(\mathfrak{K} \times \mathfrak{K})$ ist durch

$$(X_1, X_2) = ((x, x), (y, y))$$

gegeben. Dann ist $(\tilde{X}_1, \tilde{X}_2)^\sigma$ der Punkt

$$((x, y)^{\gamma_1}, (x, y)^{\gamma_2})$$

von $\mathrm{P}(\mathfrak{K}) \times \mathrm{P}(\mathfrak{K})$, wobei $\gamma_1, \gamma_2 \in \Gamma(\mathfrak{K})$ durch die Matrizen

$$\begin{pmatrix} a_1 & b_1 \\ c_1 & d_1 \end{pmatrix}, \quad \begin{pmatrix} a_2 & b_2 \\ c_2 & d_2 \end{pmatrix}$$

gegeben sind mit

$$A_{11} = (a_1, a_2), \quad A_{12} = (b_1, b_2), \quad A_{21} = (c_1, c_2), \quad A_{22} = (d_1, d_2).$$

Es gilt also, daß

$$\{(\tilde{X}_1, \tilde{X}_2)^\sigma \mid (X_1, X_2) \in \mathbb{P}(\mathfrak{K})\} = \{(P, P^{\gamma_1^{-1}\gamma_2}) \mid P \in \mathbb{P}(\mathfrak{K})\}$$

ein Kreis von $(\mathbb{P}(\mathfrak{K}), \Gamma(\mathfrak{K}))$ ist. Umgekehrt ist das σ-Urbild von

$$\delta = \{(P, P^\delta) \mid P \in \mathbb{P}(\mathfrak{K})\}, \quad \delta \in \Gamma(\mathfrak{K}),$$

ein Kreis von $\Sigma(\mathfrak{K}, \mathfrak{K} \times \mathfrak{K})$: Dies sieht man, wenn man von der Abbildung $\gamma \in \Gamma(\mathfrak{K} \times \mathfrak{K})$,

$$\begin{pmatrix} (1, a) & (0, b) \\ (0, c) & (1, d) \end{pmatrix},$$

ausgeht mit $\delta\colon = \begin{pmatrix} a & b \\ c & d \end{pmatrix}$. Wir haben also abschließend den

Satz 5.2. *Die Klasse der* (**B***GS)*-Geometrien fällt mit der Klasse der Minkowskigeometrien* $\Sigma(\mathfrak{K}, \mathfrak{K} \times \mathfrak{K})$ *zusammen.*

Kapitel IV

Kurven- und Flächensysteme als Kettengeometrien

In der reellen Ebene hat man drei Geometrien von Kurvensystemen, die Kettengeometrien sind: Möbius-, Laguerre-, Minkowskigeometrie. Im reellen dreidimensionalen Raum gibt es deren genau fünf: Es sind die Geometrien $\mathbb{G}_\nu = \Sigma(\mathbb{R}, \mathfrak{L}_\nu)$ mit

$$(1) \quad \mathfrak{L}_1 = \mathbb{C} \times \mathbb{R},$$

$$(2) \quad \mathfrak{L}_2 = \mathbb{D} \times \mathbb{R},$$

$$(3) \quad \mathfrak{L}_3 = \mathbb{R} \times \mathbb{R} \times \mathbb{R},$$

$$(4) \quad \mathfrak{L}_4 = \mathbb{R}[X] / \langle X^3 \rangle,$$

$$(5) \quad \mathfrak{L}_5 = \mathbb{R}[X, Y] / \langle X^2, XY, Y^2 \rangle.$$

Neben Aussagen, die diese Geometrien betreffen, werden wir in § 2 einen Ausblick auf den bisher nicht berührten nichtkommutativen Fall $\Sigma(\mathfrak{K}, \mathfrak{L})$ geben, wobei $\mathfrak{K}$, $\mathfrak{L}$ in unseren Betrachtungen nicht notwendig kommutative Körper sein werden. Als Anwendung dieser Überlegungen werden wir die Geometrie $\Sigma(\mathbb{C}, \mathfrak{L})$, $\mathfrak{L}$ der Körper der Quaternionen, betrachten, die die Geometrie der Kreise und Kugeln im vierdimensionalen reellen Raum darstellt. Selbstverständlich kann auch etwa die Minkowskigeometrie $\Sigma(\mathbb{C}, \mathbb{C} \times \mathbb{C})$ als Geometrie eines Flächensystems im vierdimensionalen reellen Raum gedeutet werden. Dasselbe gilt für die Laguerregeometrie $\Sigma(\mathbb{C}, \mathbb{D}_{\mathbb{C}})$.

§ 1. Die Geometrien $\mathbb{G}_\nu$ und Verallgemeinerungen

1. Der n-dimensionale Raum als Algebra. Singularitätskegel

Es sei $n \geq 2$ eine natürliche Zahl und es sei $\mathfrak{K}$ ein kommutativer Körper. Die Punkte des n-dimensionalen affinen Raumes $\mathbb{A}^n(\mathfrak{K})$ sind dann die geordneten n-tupel

$$x = (x_1, x_2, \ldots, x_n)$$

von Elementen x_i aus $\mathfrak{K}$. In gewohnter Weise addieren wir solche geordneten n-tupel,

$$(x_1, \ldots, x_n) + (y_1, \ldots, y_n) := (x_1 + y_1, \ldots, x_n + y_n),$$

und multiplizieren sie mit Elementen aus $\mathfrak{K}$,

$$k(x_1, \ldots, x_n) := (kx_1, \ldots, kx_n).$$

Man kommt so zum n-dimensionalen Vektorraum $\mathfrak{V}^n(\mathfrak{K})$ über $\mathfrak{K}$. Wir setzen nun noch eine Multiplikation „$\cdot$" auf $\mathfrak{V}^n(\mathfrak{K})$ voraus derart, daß $\mathfrak{L} := (\mathfrak{V}^n(\mathfrak{K}), \cdot)$ Algebra einer Kettengeometrie $\Sigma(\mathfrak{K}, \mathfrak{L})$ ist. Solche Multiplikationen existieren immer; beispielsweise ist

$$xy = (x_1, \ldots, x_n) \cdot (y_1, \ldots, y_n) := (x_1 y_1, \ldots, x_n y_n)$$

eine gewünschte Multiplikation. Im Falle $\mathfrak{K} = \mathbb{R}$ und $n = 2$ bzw. 3 haben wir genau 3 bzw. 5 gewünschter Algebren. Diese seien im folgenden stets mit den nachstehenden Multiplikationen zugrundegelegt:

$$\mathbb{C}\colon\quad (x_1, x_2) \cdot (x_1, y_2) = (x_1 y_1 - x_2 y_2, x_1 y_2 + x_2 y_1),$$

$$\mathbb{D}\colon\quad x \cdot y = (x_1 y_1, x_1 y_2 + x_2 y_1),$$

$$\mathbb{A}\colon\quad x \cdot y = (x_1 y_1, x_2 y_2),$$

$$\mathfrak{L}_1\colon\quad (x_1, x_2, x_3) \cdot (y_1, y_2, y_3) = (x_1 y_1 - x_2 y_2, x_1 y_2 + x_2 y_1, x_3 y_3),$$

$$\mathfrak{L}_2\colon\quad x \cdot y = (x_1 y_1, x_1 y_2 + x_2 y_1, x_3 y_3),$$

$$\mathfrak{L}_3\colon\quad x \cdot y = (x_1 y_1, y_2 x_2, x_3 y_3),$$

$$\mathfrak{L}_4\colon\quad x \cdot y = (x_1 y_1, x_1 y_2 + x_2 y_1, x_1 y_3 + x_2 y_2 + x_3 y_1),$$

$$\mathfrak{L}_5\colon\quad x \cdot y = (x_1 y_1, x_1 y_2 + x_2 y_1, x_1 y_3 + x_3 y_1).$$

Unter der Punktmenge $\mathbf{C}_\Sigma$ des $\mathbb{A}^n(\mathfrak{K})$ verstehen wir die Menge $\mathfrak{L} - \mathfrak{R}$ der Nichteinheiten von $\mathfrak{L}$. Wir nennen $\mathbf{C}_\Sigma$ den *Singularitätskegel* von $\Sigma(\mathfrak{K}, \mathfrak{L})$. Es ist $\mathbf{C}_\Sigma$ gleich der Vereinigung aller maximalen Ideale von $\mathfrak{L}$. Solche maximalen Ideale sind lineare Unterräume des Vektorraumes $\mathfrak{L}$ über $\mathfrak{K}$. Es ist also $\mathbf{C}_\Sigma$ aus solchen Unterräumen, die maximale Ideale darstellen, zusammengesetzt.

Mit Überlegungen aus Kapitel II, § 2, Abschnitt 3, haben wir unmittelbar

Satz 1.1. *Der Singularitätskegel ist im Falle $|\mathbf{C}_\mathfrak{L}| \geq 2$ gleich der Vereinigung aller singulären Geraden durch den Ursprung $O = (0, \ldots, 0)$.*

Im Falle $\mathfrak{K} = \mathbb{R}$ und

a) $\mathfrak{L} = \mathbb{C}$ ist $\mathbf{C}_\Sigma = \{(0, 0)\}$ ein Punkt,
b) $\mathfrak{L} = \mathbb{D}$ ist $\mathbf{C}_\Sigma = \{(0, k) \mid k \in \mathbb{R}\}$ eine Gerade,
c) $\mathfrak{L} = \mathbb{A}$ ist $\mathbf{C}_\Sigma = \{(a, b) \mid a, b \in \mathbb{R}$ mit $a \cdot b = 0\}$ ein Geradenpaar.

Auch für die Geometrien $\mathbb{G}_\nu$ wollen wir die Singularitätskegel angeben. Es ist $\mathbf{C}_\Sigma$ im Falle

a) $\mathfrak{L}_1$ eine Ebene $\{(a, b, 0) \mid a, b \in \mathbb{R}\}$ mitsamt einer Geraden $\{(0, 0, c) \mid c \in \mathbb{R}\}$,
b) $\mathfrak{L}_2$ ein Ebenenpaar $\{(a, b, c) \mid a, b, c \in \mathbb{R}$ mit $a \cdot c = 0\}$,
c) $\mathfrak{L}_3$ ein Ebenentripel $\{(a, b, c) \mid a, b, c \in \mathbb{R}$ mit $a \cdot b \cdot c = 0\}$,
d) $\mathfrak{L}_4$ eine Ebene $\{(0, b, c) \mid b, c \in \mathbb{R}\}$,
e) $\mathfrak{L}_5$ eine Ebene $\{(0, b, c) \mid b, c \in \mathbb{R}\}$.

Zum allgemeinen Fall zurückkehrend gilt

Satz 1.2. *Eine Gerade ist singulär genau dann, wenn die zu ihr parallele Gerade durch den Ursprung im Singularitätskegel liegt.*

Sei $e_1 = 1, e_2, \ldots, e_n$ eine Basis von $\mathfrak{L}$ über $\mathfrak{K}$. Mit Strukturkonstanten $\Gamma^\sigma_{\nu\mu}$ gelte

$$e_\nu e_\mu = \sum_\sigma \Gamma^\sigma_{\nu\mu} e_\sigma .$$

Ist ε_ν, $\nu = 1, \ldots, n$, das geordnete n-tupel, dessen ν-Komponente 1, dessen andere Komponenten 0 sind, so sei

$$\varepsilon_\nu = \sum_\tau a_{\nu\tau} e_\tau \text{ mit Konstanten } a_{\nu\tau} \in \mathfrak{K} .$$

Es ist dann

$$x \equiv (x_1, \ldots, x_n) = \sum_{\nu,\tau} x_\nu a_{\nu\tau} e_\tau .$$

Wir zeigen nun, daß x Nichteinheit ist genau dann, wenn

$$\begin{vmatrix} d_{11} & d_{12} & \cdots & d_{1n} \\ \vdots & & & \\ d_{n1} & d_{n2} & \cdots & d_{nn} \end{vmatrix} = 0 \tag{1.1}$$

ist mit

$$d_{ij} = \sum_{\tau,\sigma,\nu} \Gamma^i_{\tau\sigma} a_{\nu\tau} a_{j\sigma} x_\nu . \tag{1.2}$$

An Stelle von (1.1), (1.2) schreiben wir kurz

$$\left\| \sum_{\tau,\sigma,\nu} \Gamma^i_{\tau\sigma} a_{\nu\tau} a_{j\sigma} x_\nu \right\| = 0 . \tag{1.3}$$

Zum Beweis unserer Behauptung zeigen wir, daß $x \in \mathfrak{L}$ genau dann Einheit ist, wenn

$$\left\| \sum_{\tau,\sigma,\nu} \Gamma^i_{\tau\sigma} a_{\nu\tau} a_{j\sigma} x_\nu \right\| \neq 0 \tag{1.4}$$

ist: Sei x Einheit. Dann gibt es ein

$$\xi = (\xi_1, \ldots, \xi_n) \in \mathfrak{L}$$

mit

$$x\xi = 1. \tag{1.5}$$

Dies bedeutet

$$\sum_{\nu,\tau,\mu,\sigma} x_\nu a_{\nu\tau} e_\tau \cdot \xi_\mu a_{\mu\sigma} e_\sigma = 1,$$

d.h.

$$\begin{cases} 1 = \sum_{\tau,\sigma,\nu,j} \Gamma^1_{\tau\sigma} a_{\nu\tau} a_{j\sigma} x_\nu \xi_j, \\ 0 = \sum_{\tau,\sigma,\nu,j} \Gamma^i_{\tau\sigma} a_{\nu\tau} a_{j\sigma} x_\nu \xi_j \qquad \text{für } i = 2, 3, \ldots, n. \end{cases} \tag{1.6}$$

Wäre jetzt

$$\|\Gamma^i_{\tau\sigma} a_{\nu\tau} a_{j\sigma} x_\nu\| = 0,$$

so gäbe es ein $\eta = (\eta_1, \ldots, \eta_n) \neq O$ mit

$$0 = \sum_{\tau,\sigma,\nu,i,j} \Gamma^i_{\tau\sigma} a_{\nu\tau} a_{j\sigma} x_\nu \eta_j e_i = x\eta$$

auf Grund der Existenz einer nichttrivialen Lösung des zu (1.6) homogenen linearen Gleichungssystems. Mit (1.5) zusamen wäre dann

$$1 = x\xi$$

und

$$1 = x(\xi + \eta),$$

was nicht geht, da das inverse Element einer Einheit eindeutig bestimmt ist. Also gilt (1.4).

Ist auf der anderen Seite $x \in \mathfrak{L}$ ein Element mit Gültigkeit von (1.4), so ist (1.6) lösbar in ξ_j. Damit gibt es ein $\xi \in \mathfrak{L}$ mit (1.5) und x ist Einheit.

Wir haben also gezeigt den

Satz 1.3. $\mathbf{C}_\Sigma = \left\{ (x_1, x_2, \ldots, x_n) \,\middle|\, \left\| \sum_{\tau,\sigma,\nu} \Gamma^i_{\tau\sigma} a_{\nu\tau} a_{j\sigma} x_\nu \right\| = 0 \right\}.$

Wegen

$$\left\| \sum_{\tau,\sigma,\nu} \Gamma^i_{\tau\sigma} a_{\nu\tau} a_{j\sigma} X_\nu \right\| \in \mathfrak{K}[X_1, X_2, \ldots, X_n]$$

ist außerdem $\mathbf{C}_\Sigma$ eine Varietät.

Eine Punktmenge **M** des $\mathbb{A}^n(\mathfrak{K})$ heiße ein *Kegel*, wenn es einen Punkt P gibt derart, daß mit $Q \in \mathbf{M}$, $Q \neq P$, die ganze Verbindungsgerade von P, Q in **M** liegt. Gemäß dieser Definition ist der Singularitätskegel ein Kegel, wobei $P = (0, \ldots, 0)$ gesetzt ist.

Die Abbildung

$$\sigma: (z_1, z_2, \ldots, z_n) \to \left(\frac{1}{z_1}, \frac{1}{z_2}, \ldots, \frac{1}{z_n}\right), \tag{1.7}$$

die eine Rolle in der algebraischen Geometrie spielt, heißt auch *standard quadric transformation.* Faßt man $\mathbb{A}^n(\mathfrak{K})$ mit der Multiplikation

$$(x_1, x_2, \ldots, x_n) \cdot (y_1, y_2, \ldots, y_n) = (x_1 y_1, x_2 y_2, \ldots, x_n y_n)$$

zur Algebra $\mathfrak{L} := \mathfrak{K} \times \mathfrak{K} \times \cdots \times \mathfrak{K}$ mit n Faktoren zusammen, so ist σ gerade die Abbildung

$$\varrho: z \to \frac{1}{z}. \tag{1.8}$$

Bei anderen Algebren hat man ebenfalls die Abbildung $z \to z^{-1}$. Zum Beispiel im Falle $\mathfrak{K} = \mathbb{R}$ und $\mathfrak{L} =$

a) $\mathbb{C}$ ist $\varrho: (x_1, x_2) \to \left(\frac{x_1}{x_1^2 + x_2^2}, -\frac{x_2}{x_1^2 + x_2^2}\right)$,

b) $\mathbb{D}$ ist $\varrho: (x_1, x_2) \to \left(\frac{1}{x_1}, -\frac{x_2}{x_1^2}\right)$,

c) $\mathbb{A}$ ist $\varrho: (x_1, x_2) \to \left(\frac{1}{x_1}, \frac{1}{x_2}\right)$ (d.h. (1.7)).

Bei den räumlichen Fällen $\mathbb{G}_\nu$ kann man nacheinander schreiben:

1. $(x_1, x_2, x_3) \to \left(\frac{x_1}{x_1^2 + x_2^2}, -\frac{x_2}{x_1^2 + x_2^2}, \frac{1}{x_3}\right)$,
2. $(x_1, x_2, x_3) \to \left(\frac{1}{x_1}, -\frac{x_2}{x_1^2}, \frac{1}{x_3}\right)$,
3. $(x_1, x_2, x_3) \to \left(\frac{1}{x_1}, \frac{1}{x_2}, \frac{1}{x_3}\right)$,
4. $(x_1, x_2, x_3) \to \left(\frac{1}{x_1}, -\frac{x_2}{x_1^2}, \frac{x_2^2}{x_1^3} - \frac{x_3}{x_1^2}\right)$,
5. $(x_1, x_2, x_3) \to \left(\frac{1}{x_1}, -\frac{x_2}{x_1^2}, -\frac{x_3}{x_1^2}\right)$.

Für die Algebra $\mathfrak{L}$ ist die Abbildung

$$\varrho: z \to \frac{1}{z}$$

genau auf dem Komplement des Singularitätskegels erklärt,

$$\varrho: \mathfrak{R} \to \mathfrak{R},$$

wo sie eine Bijektion darstellt. Wir wollen jetzt die Menge $\mathfrak{L}$ der Punkte des Raumes $A^n(\mathfrak{K})$ so erweitern, daß ϱ auch auf $\mathbf{C}_\Sigma$ erklärt ist. Die Absicht dabei ist, uns auf „inhomogene Weise" die Menge der Punkte von $\Sigma(\mathfrak{K}, \mathfrak{L})$ zu verschaffen in der Art, wie man in den Anfängen der Funktionentheorie den Punkt ∞ als fiktives Bild von 0 über die Abbildung $z \to \frac{1}{z}$ einführt. Zu diesem Zweck führen wir Quotienten $\frac{x}{y}$ ein für $x, y \in \mathfrak{L}$: *Quotienten* $\frac{x}{y}$ sollen in dieser Gestalt geschriebene geordnete Paare x, y von Elementen aus $\mathfrak{L}$ sein, sofern das von x, y im Ring $\mathfrak{L}$ erzeugte Ideal der ganze Ring $\mathfrak{L}$ ist[71]. Wir setzen

$$\frac{x}{y} = \frac{x'}{y'}$$

genau dann, wenn eine Einheit u existiert mit $x' = ux$ und $y' = uy$; der Punkt x sei mit dem Quotienten $\frac{x}{1}$ identifiziert. Die Äquivalenzklasse (gegenüber der Relation „="), der $\frac{x}{y}$ angehört, sei mit $\left(\frac{x}{y}\right)$ bezeichnet. Ist u eine Einheit, so ist für beliebiges $x \in \mathfrak{L}$

$$\frac{x}{u}$$

ein Quotient mit

$$\frac{x}{u} = \frac{u^{-1}x}{1}.$$

Äquivalenzklassen gegenüber der Relation „=" seien Punkte genannt. Die Menge der Punkte werde mit $\overline{\mathfrak{L}}$ bezeichnet. Es gilt also $\overline{\mathfrak{L}} \supset \mathfrak{L}$. Die Abbildung

$$\left(\frac{x}{y}\right) \to \left(\frac{y}{x}\right)$$

ist eine Bijektion auf $\overline{\mathfrak{L}}$, die auf $\mathfrak{R}$ mit ϱ übereinstimmt; wir bezeichnen sie ebenfalls mit ϱ. Wir übergehen die auf der Hand liegende Erörterung, daß $\overline{\mathfrak{L}}$ die in Kapitel II eingeführte projektive Gerade über dem Ring $\mathfrak{L}$ darstellt. Es kann also $\overline{\mathbb{C}}$ als Kugel, $\overline{\mathbb{D}}$ als Zylinder im $A^3(\mathbb{R})$ und $\overline{\mathbb{A}}$ als einschaliges Hyperboloid im projektiven dreidimensionalen reellen Raum aufgefaßt werden. Der nun folgende Satz gibt Auskunft über die Menge $\overline{\mathfrak{L}} - \mathfrak{L}$ (auch uneigentlicher Teil des $A^n(\mathfrak{K})$ genannt) der neu zu $A^n(\mathfrak{K})$ hinzukommenden Punkte:

Satz 1.4. *Es gilt stets* $(\mathbf{C}_\Sigma)^\varrho \subseteq \overline{\mathfrak{L}} - \mathfrak{L}$; *weiterhin ist* $(\mathbf{C}_\Sigma)^\varrho = \overline{\mathfrak{L}} - \mathfrak{L}$ *genau dann, wenn* $\mathfrak{L}$ *lokaler Ring ist.*

---

[71] Wir schließen hiermit z.B. im Falle $\mathfrak{K} = \mathbb{R}$, $\mathfrak{L} = \mathbb{C}$ den Quotienten $\frac{0}{0}$ aus.

Beweis. Die Punkte des Singularitätskegels sind genau durch $\left(\frac{x}{1}\right)$ gegeben, wo x Nichteinheit in $\mathfrak{L}$ ist. Es ist $\left(\frac{x}{1}\right)^{\varrho} = \left(\frac{1}{x}\right)$ ein neuer Punkt, d.h. ein Element von $\overline{\mathfrak{L}} - \mathfrak{L}$: Andernfalls wäre

$$\left(\frac{1}{x}\right) = \left(\frac{y}{1}\right) \quad \text{mit} \quad y \in \mathfrak{L}.$$

Dies ergäbe aber

$$y = u \cdot 1, \quad 1 = ux$$

mit $u \in \mathfrak{R}$, was jedoch nicht stimmt wegen $x \notin \mathfrak{R}$. Nehmen wir nun an, daß $\mathfrak{L}$ nicht lokal ist, so gibt es Nichteinheiten x, y mit $x + y \in \mathfrak{R}$. Damit ist $\left(\frac{x}{y}\right)$ ein Punkt, der zudem in $\overline{\mathfrak{L}} - \mathfrak{L}$ liegt. Würde nun

$$(\mathbf{C}_\Sigma)^{\varrho} = \overline{\mathfrak{L}} - \mathfrak{L}$$

gelten, so wäre also $\left(\frac{y}{x}\right) \in \mathbf{C}_\Sigma$, was auf

$$\frac{y}{x} = \frac{z}{1}, \quad z \in \mathfrak{L}, \quad z \notin \mathfrak{R},$$

führte. Jedenfalls folgte dann $1 = ux$, $u \in \mathfrak{R}$, was wegen $x \notin \mathfrak{R}$ einen Widerspruch ergibt. — Sei nun $\mathfrak{L}$ lokaler Ring und sei $\left(\frac{x}{y}\right) \in \overline{\mathfrak{L}} - \mathfrak{L}$ gegeben. Dann folgt $y \notin \mathfrak{R}$, da sonst

$$\left(\frac{x}{y}\right) = \left(\frac{y^{-1}x}{1}\right) \in \mathfrak{L}$$

gelten würde. Wäre nun noch $x \notin \mathfrak{R}$, so würde das von x, y erzeugte Ideal im maximalen Ideal $\mathfrak{L} - \mathfrak{R}$ von $\mathfrak{L}$ liegen und $\left(\frac{x}{y}\right)$ wäre somit gar kein Punkt gewesen. Also haben wir $x \in \mathfrak{R}$, $y \notin \mathfrak{R}$ und damit $\left(\frac{y}{x}\right) \in \mathbf{C}_\Sigma$, was zu beweisen war. ▯

Für die Geometrien G_ν, $\nu = 1, 2, \ldots, 5$, hat man genau in den Fällen G_4, G_5 in $\mathfrak{L}_\nu$ einen lokalen Ring vor sich. In den Fällen G_4, G_5 ist also die Menge der neuen Punkte als Bild des Singularitätskegels gegenüber ϱ gegeben. Dasselbe gilt für die Geometrien $\Sigma(\mathbb{R}, \mathbb{C})$, $\Sigma(\mathbb{R}, \mathbb{D})$. In diesen Fällen läßt sich der uneigentliche Teil leicht vorstellen: Man fügt zu $A^n(\mathfrak{K})$ einfach nochmals den Singularitätskegel hinzu in neuer Bezeichnung.

Wie sieht nun

$$\overline{\mathfrak{L}} - (\mathfrak{L} \cup (\mathbf{C}_\Sigma)^{\varrho})$$

für die Geometrien G_1, G_2, G_3, wo nicht lokale Ringe vorliegen, aus?

Diese Menge ist gleich

$$\left\{\frac{(0,0,1)}{(1,0,0)}, \frac{(1,0,0)}{(0,0,1)}\right\} \quad \text{im Falle } \mathfrak{G}_1,$$

$$\left\{\left(\frac{(0,k,1)}{(1,0,0)}\right), \left(\frac{(1,0,0)}{(0,k,1)}\right) \,\middle|\, k \in \mathbb{R}\right\} \quad \text{im Falle } \mathfrak{G}_2,$$

$$\left\{\left(\frac{(1,1,0)}{(a,b,1)}\right), \left(\frac{(1,0,1)}{(a,1,b)}\right), \left(\frac{(0,1,1)}{(1,a,b)}\right) \,\middle|\, a, b \in \mathbb{R} \text{ mit } a \cdot b = 0\right\}$$

vereinigt mit

$$\left\{\left(\frac{(1,0,0)}{(0,1,1)}\right), \left(\frac{(0,1,0)}{(1,0,1)}\right), \left(\frac{(0,0,1)}{(1,1,0)}\right)\right\} \quad \text{im Falle } \mathfrak{G}_3.$$

2. $\Gamma(\mathfrak{L})$ als Gruppe birationaler Abbildungen. Darstellung von Ketten

Wir gehen von derselben Situation wie in Abschnitt 1 aus: Die Dimension n von $\mathfrak{L}$ über $\mathfrak{K}$ sei ≥ 2, jedoch endlich. Schauen wir uns wiederum die Abbildung

$$x \to \frac{1}{x}$$

an. Ist x regulär, so gilt nach (1.4)

$$\left\| \sum_{\tau,\sigma,\nu} \Gamma^i_{\tau\sigma} a_{\nu\tau} a_{j\sigma} x_\nu \right\| \neq 0$$

und (1.6) läßt sich nach $(\xi_1, \xi_2, \ldots, \xi_n) = \frac{1}{x}$ auflösen. Die Cramersche Regel liefert dann Ausdrücke

$$\xi_j = \frac{f_j(x_1, \ldots, x_n)}{\left\| \sum_{\tau,\sigma,\nu} \Gamma^i_{\tau\sigma} a_{\nu\tau} a_{j\sigma} x_\nu \right\|}, \quad j = 1, \ldots, n, \tag{2.1}$$

wobei f_j aus der im Nenner stehenden Determinante dadurch entsteht, daß die j Spalte durch die Spalte

$$\begin{pmatrix} 1 \\ 0 \\ \vdots \\ 0 \end{pmatrix}$$

ersetzt wird. Offenbar sind die

$$f_j(X_1, X_2, \ldots, X_n) \in \mathfrak{K}[X_1, X_2, \ldots, X_n]$$

Polynome vom Grade höchstens $n - 1$ und ist

$$\left\| \sum_{\tau,\sigma,\nu} \Gamma^i_{\tau\sigma} a_{\nu\tau} a_{j\sigma} X_\nu \right\| \in \mathfrak{K}[X_1, X_2, \ldots, X_n]$$

ein Polynom vom Grade höchstens n. Da die (2.1) zugrunde liegende Abbildung involutorisch ist, darf man $(x_1, \ldots, x_n)$ mit $(\xi_1, \ldots, \xi_n)$ vertauschen. Es ist also ϱ in beiden Richtungen eine rationale Abbildung, somit eine birationale Abbildung.

Haben wir eine beliebige Abbildung

$$\sigma: \binom{x}{y} \to \binom{ax + by}{cx + dy} \quad \text{mit} \quad ad - bc \in \mathfrak{R}$$

von $\Gamma(\mathfrak{L})$, so betrachten wir die Menge

$$\mathbf{D} = \left\{ \binom{x}{y} \,\middle|\, y \in \mathfrak{R} \quad \text{und} \quad cx + dy \in \mathfrak{R} \right\},$$

die Teilmenge der Menge der Punkte von $\mathrm{A}^n(\mathfrak{K})$ ist. Dann ist

$$\sigma: \mathbf{D} \to \mathbf{D}^\sigma$$

ebenfalls eine rationale Abbildung: Wir schreiben zunächst σ in der Form

$$\binom{x}{1} \to \binom{ax + b}{cx + d}.$$

Nun ist $cx + d$ ganz rational in $x_1, x_2, \ldots, x_n$. Mit (2.1) sind dann die $R_\nu(x_1, x_2, \ldots, x_n)$ in

$$(cx + d)^{-1} (ax + b) = \sum_{\nu=1}^{n} R_\nu e_\nu$$

offenbar rational in $x_1, x_2, \ldots, x_n$. — Im gleichen Sinne ist σ^{-1} rational, also σ birational. Es besteht somit $\Gamma(\mathfrak{L})$ nur aus birationalen Abbildungen in dem Sinne, daß, wo immer $\sigma, \sigma^{-1} \in \Gamma(\mathfrak{L})$ einen Teil von $\mathrm{A}^n(\mathfrak{K})$ in einen Teil von $\mathrm{A}^n(\mathfrak{K})$ abbilden, dies mit einer rationalen Abbildung geschieht.

Lemma 2.1. *Es besitze $\mathfrak{L}$ genau $\nu \leq 3$ maximale Ideale und es sei* char $\mathfrak{K} \neq 2$, $|\mathfrak{K}| > 3$. *Dann gilt die Aussage:*

(†) *Sind c, d Elemente aus $\mathfrak{L}$ mit $\langle c, d \rangle = \mathfrak{L}$, so gibt es Elemente k_1, k_2 aus $\mathfrak{K}$ mit $k_1 c + k_2 d \in \mathfrak{R}$.*

Beweis. Zwei (nicht notwendig verschiedene) Elemente $c + kd$ mit verschiedenem $k \in \mathfrak{K}$ können nicht im gleichen maximalen Ideal $\mathfrak{J}$ liegen, da sonst $\langle c, d \rangle \subseteq \mathfrak{J} \subset \mathfrak{L}$ wäre. Wegen $|\mathfrak{K}| \geq 4$ gibt es also ein $k \in \mathfrak{K}$ so, daß $c + kd \in \mathfrak{R}$ ist. Man setze jetzt $k_1 = 1$, $k_2 = k$. ∎

Die Algebren $\mathfrak{L}_1$, $\mathfrak{L}_2$ besitzen je zwei verschiedene maximale Ideale, $\mathfrak{L}_3$ genau drei, $\mathfrak{L}_4$, $\mathfrak{L}_5$ als lokale Ringe genau eines. Also gilt für die Geometrien G_ν die Bedingung (†).

Mit Satz 3.1 von Kapitel II, § 2, wissen wir, daß

$$\mathbf{g} \cup \binom{1}{0}$$

eine Kette ist, falls **g** reguläre Gerade ist. Die Menge dieser mit Hilfe des Singularitätskegels nach Satz 1.2 leicht überschaubaren Ketten sei mit Φ bezeichnet. Dann gilt:

Satz 2.1. *Die Menge aller Ketten der Geometrie $\Sigma(\mathfrak{K}, \mathfrak{L})$, die der Bedingung (†) von Lemma 2.1 genügen möge, ist gegeben durch die Menge der Ketten*

$$\varphi^{\varrho\tau}, \quad wo \quad \varphi \in \Phi \quad gilt,$$

und wo

$$\tau\colon x \to x + t, \quad t \in \mathfrak{L},$$

Translation von $\mathbb{A}^n(\mathfrak{K})$ *ist.*

Beweis. Daß $\varphi^{\varrho\tau}$ Kette ist, liegt wegen $\varrho, \tau \in \Gamma(\mathfrak{L})$ auf der Hand. Sei nun ψ eine beliebige Kette. Sei

$$\psi = [\mathbb{P}(\mathfrak{K})]^\gamma, \quad \gamma \in \Gamma(\mathfrak{L}),$$

$$\gamma\colon \binom{x}{y} \to \binom{ax + by}{cx + dy}, \quad ad - bc \in \mathfrak{R}.$$

Wegen $(-b) \cdot c + a \cdot d \in \mathfrak{R}$ ist $\langle c, d \rangle = \mathfrak{L}$. Also gibt es wegen (†) Elemente $k_1, k_2 \in \mathfrak{K}$ mit $k_1 c + k_2 d \in \mathfrak{R}$. Diese beiden Elemente k_1, k_2 können selbstverständlich nicht beide 0 sein. Also ist

$$\binom{k_1}{k_2}^\gamma = \binom{s}{r}$$

ein Punkt auf ψ mit $r \in \mathfrak{R}$. Also enthält ψ einen Punkt P von $\mathbb{A}^n(\mathfrak{K})$. Ist nun τ die Translation mit $(0, 0, \ldots, 0)^\tau = P$, so gilt demnach $\psi^{\tau^{-1}} \ni O$. Also ist

$$\psi^{\tau^{-1}\varrho} \ni \binom{1}{0}.$$

Also ist $\psi^{\tau^{-1}\varrho} := \varphi \in \Phi$ wegen Satz 3.1 von Kapitel II, § 2. Dies ergibt $\psi = \varphi^{\varrho\tau}$, was zu beweisen war. ▯

Satz 2.1 gibt der Abbildung ϱ ihre besondere Bedeutung. Für den Fall der Geometrie $\mathbb{G}_5$ erhält man — den uneigentlichen Teil vernachlässigend und beachtend, daß der Singularitätskegel hier eine Ebene **C** ist — als Ketten genau die nicht zu **C** parallelen Geraden, außerdem alle Parabeln, die nicht ganz in einer zu **C** parallelen Ebene liegen, deren Achse aber parallel zu **C** ist. Nach Satz 2.1 von Kapitel II, § 4, kann man von vornherein entnehmen, daß im Falle $\mathbb{G}_5$ alle Ketten eben sind. Aus dem gleichen Satz folgt, daß im Falle $\mathbb{G}_4$ nicht alle Ketten eben sein können. Denn für das maximale Ideal $\mathfrak{R}$ von $\mathfrak{L}_4$ gilt $\mathfrak{R}^3 = 0$, jedoch $\mathfrak{R}^2 \neq 0$.

3. Das Automorphismenproblem für die Geometrien G_ν

Das Automorphismenproblem ist für die Laguerregeometrien G_4, G_5 bereits beantwortet mit Satz 3.1 von Kapitel II, § 6. Wir beweisen jetzt den folgenden Satz von H. Schaeffer, der die Fälle G_4, G_5 noch einmal mit einschließt, aber auch G_1, G_2, G_3 (neben unendlich vielen weiteren Fällen) umfaßt:

Satz 3.1. *Gegeben sei eine Kettengeometrie $\Sigma(\mathfrak{K}, \mathfrak{L})$, die den folgenden Bedingungen genügt:*

(i) *$\mathfrak{L}$ besitzt nur endlich viele maximale Ideale,*
(ii) *die (nicht notwendig als endlich vorausgesetzte) Dimension des Vektorraumes $\mathfrak{L}$ über $\mathfrak{K}$ ist wenigstens gleich 3,*
(iii) char $\mathfrak{K} \neq 2$ *und* $|\mathfrak{K}| \geq 3n + 2$, *wo n die Anzahl der maximalen Ideale von $\mathfrak{L}$ bezeichnet.*[72]

Dann kann jede Kettenverwandtschaft in $\Sigma(\mathfrak{K}, \mathfrak{L})$ in der Gestalt (s. Satz 2.4 von Kapitel II, § 2)

$$\mathfrak{R}(x_1, x_2) \to (x_1^\tau, x_2^\tau)\mathfrak{A}$$

aufgeschrieben werden.

Der Beweis erfolgt in mehreren Schritten:

a) Zu jedem $l \in \mathfrak{L}$ gibt es ein $k \in \mathfrak{K}$ mit $l + k, l + k + 1, l + k - 1 \in \mathfrak{R}$ (s. Beweis zu Lemma 6.2 von Kapitel II, § 2, außerdem beachte man $|\mathfrak{K}| \geq 3n+2 \geq 4$).

b) Jede Kette enthält mindestens vier verschiedene eigentliche Punkte $\mathfrak{R}(x, 1)$, $x \in \mathfrak{L}$.

Beweis. Gegeben seien Elemente $c, d \in \mathfrak{L}$ mit $\langle c, d\rangle = \mathfrak{L}$. Jedes der n maximalen Ideale $\mathfrak{J}$ enthält höchstens ein Element der Form $c + kd$, $k \in \mathfrak{K}$, da sonst c, d beide in $\mathfrak{J}$ liegen müßten. Wegen

$$n + 4 \leq 3n + 2 \leq |\mathfrak{K}|$$

gibt es also verschiedene Elemente $k_1, k_2, k_3, k_4 \in \mathfrak{K}$ derart, daß $c + k_i d \in \mathfrak{R}$, $i = 1, 2, 3, 4$, gilt, d. h. daß $c + k_i d$ in keinem der maximalen Ideale liegt. — Gegeben sei nun die Kette $\psi = [\mathrm{P}(\mathfrak{K})]^\gamma$, $\gamma \in \Gamma(\mathfrak{L})$, mit

$$\gamma\colon \mathfrak{R}(x_1, x_2) \to \mathfrak{R}(x_1 a + x_2 b, x_1 c + x_2 d),\ ad - bc \in \mathfrak{R}.$$

Also gilt $\langle c, d\rangle = \mathfrak{L}$. Die Punkte $[\mathfrak{R}(1, k_i)]^\gamma$, $i = 1, 2, 3, 4$, liegen offenbar auf ψ und sind eigentlich. □

c) Ist P ein Punkt, ψ eine Kette, so gibt es auf ψ vier verschiedene Punkte A_1, A_2, A_3, A_4 derart, daß P, A_1, A_2, A_3, A_4 paarweise nicht parallel sind.

---

[72] Ist $\mathfrak{L}$ von endlicher Dimension ν über $\mathfrak{K}$, so ist (i) herleitbar. In diesem Falle folgt übrigens (iii) aus char $\mathfrak{K} \neq 2$ und $|\mathfrak{K}| \geq 3\nu + 2$.

Beweis. Wir können o.B.d.A. $\psi = \mathbb{P}(\mathfrak{K})$ annehmen. Sei $P = \mathfrak{R}(c, d)$. Also gilt $\langle c, d \rangle = \mathfrak{L}$. Der Beweis von b) zeigte die Existenz vier verschiedener Elemente k_1, k_2, k_3, k_4 in $\mathfrak{K}$ mit $c + k_i d \in \mathfrak{R}$, $i = 1, 2, 3, 4$. Die Punkte $A_i := \mathfrak{R}(-k_i, 1)$, $i = 1, 2, 3, 4$ sind paarweise verschieden und liegen auf ψ. Wegen

$$\begin{vmatrix} c & d \\ -k_i & 1 \end{vmatrix} = c + k_i d \in \mathfrak{R}$$

sind also P, A_1, A_2, A_3, A_4 paarweise nicht parallel. ▯

d) Ist P ein eigentlicher Punkt, so gibt es auf jeder regulären Geraden drei verschiedene, nicht zu P parallele, eigentliche Punkte.

Beweis. Ist $\mathbf{g}$ eine reguläre Gerade, so ist $\mathbf{g} \cup \mathfrak{R}(1, 0)$ nach Satz 3.1 von Kapitel II, § 2, eine Kette. Also gibt es nach c) vier verschiedene Punkte A_1, A_2, A_3, A_4 auf $\mathbf{g} \cup \mathfrak{R}(1, 0)$, derart daß P, A_1, A_2, A_3, A_4 paarweise nicht parallel sind. Dies beweist d). ▯

e) Eine Ebene heiße *regulär,* wenn sie drei paarweise nicht parallele nichtkollineare (eigentliche) Punkte enthält. Ist nun $\mathbf{E}$ eine reguläre Ebene und $P \in \mathbf{E}$, so gibt es einen eigentlichen Punkt $Q \notin \mathbf{E}$ mit $P \nparallel Q$.

Beweis. Wegen $(\mathfrak{L} : \mathfrak{K}) \geq 3$ gibt es einen eigentlichen Punkt $S \notin \mathbf{E}$. Wegen $S \nparallel \mathfrak{R}(1, 0)$ geht durch S eine reguläre Gerade $\mathbf{g}$ nach Satz 1.1 von Kapitel II, § 2. (Durch zwei nicht parallele Punkte geht wenigstens eine Kette!). Wegen d) gibt es auf $\mathbf{g}$ zwei nicht zu P parallele eigentliche Punkte. Mit $\mathbf{g} \nsubseteq \mathbf{E}$ hat man damit e). ▯

f) Sind P, Q, R verschiedene, kollineare, eigentliche Punkte, so gibt es zwei verschiedene reguläre Ebenen durch diese Punkte.

Beweis (s. Abb. 79). Sei $\mathbf{h}$ die Verbindungsgerade von P, Q, R. Sei $\mathbf{g} \neq \mathbf{h}$ eine reguläre Gerade durch P. Eine solche gibt es: Es genügt zu zeigen, daß durch $\mathfrak{R}(0, 1)$ wenigstens zwei verschiedene reguläre Geraden gehen. Sei $l \in \mathfrak{L} - \mathfrak{K}$. Nach a) gibt es ein $k \in \mathfrak{K}$, mit $l + k \in \mathfrak{R}$. Offenbar ist $\mathfrak{R}(0, 1) \nparallel \mathfrak{R}(l + k, 1) \notin \mathbb{P}(\mathfrak{K})$. Also gehen durch $\mathfrak{R}(0, 1)$ die verschiedenen regulären Geraden $\mathbb{P}(\mathfrak{K}) - W$, $(\mathfrak{R}(0, 1), \mathfrak{R}(l + k, 1), W) - \{W\}$, wo $W = \mathfrak{R}(1, 0)$ gesetzt ist. — Seien S_1, S_2 nach d) existierende, verschiedene Punkte auf $\mathbf{g}$, die nicht zu R parallel sind. Also spannen S_1, S_2, R eine reguläre Ebene $\mathbf{E}_1$ auf. Nach e) existiert ein Punkt $T \notin \mathbf{E}_1$ mit $T \nparallel P$. Wählt man nach d) auf der regulären Geraden durch P, T zwei nicht zu R parallele Punkte T_1, T_2, so spannen R, T_1, T_2 eine zweite reguläre Ebene $\mathbf{E}_2$ auf. Es gilt $\mathbf{E}_1 \cap \mathbf{E}_2 = h$. ▯

g) Ist σ eine beliebige Kettenverwandtschaft mit den Fixpunkten $W, O := \mathfrak{R}(0, 1)$, $1 := \mathfrak{R}(1, 1)$, so bildet σ reguläre Ebenen (als Punktmengen betrachtet) auf reguläre Ebenen ab.

Beweis. Da σ^{-1} ebenfalls Kettenverwandtschaft mit den Fixpunkten $W, O, 1$ ist, genügt es zu zeigen, daß die σ-Bilder der Punkte einer regulären Ebene **E** wieder in einer regulären Ebene **E**′ liegen. Sei **E** aufgespannt, von den paarweise nicht parallelen Punkten P_1, P_2, P_3. Wir betrachten die reguläre Ebene **E**′, die von den paarweise nicht parallelen Punkten P_1^σ, P_2^σ, P_3^σ aufgespannt sei. Sei $S \in \mathbf{E}$. Wir zeigen $S^\sigma \in \mathbf{E}'$. Dies ist trivial, wenn S auf einer der Geraden durch P_i, P_j liegt. Sei dies jetzt nicht der Fall. Nach d) gibt es einen Punkt $Q \neq P_1$ auf der Geraden durch P_1, P_2 derart, daß $Q \nparallel S$ ist und daß die Gerade **g** durch Q, S die Gerade durch P_1, P_3 schneidet. Dieser Schnittpunkt sei T genannt. Wegen $Q \neq P_1$ gilt $Q \neq T$. Wegen $Q \nparallel S$ und da T auf der regulären Geraden **g** durch S, Q liegt, ist $Q \nparallel T$. Wegen Q^σ, $T^\sigma \in \mathbf{E}'$ ist $S^\sigma \in \mathbf{g}^\sigma \subset \mathbf{E}'$, da $\mathbf{g}^\sigma \cup W$ Kette ist. ▯

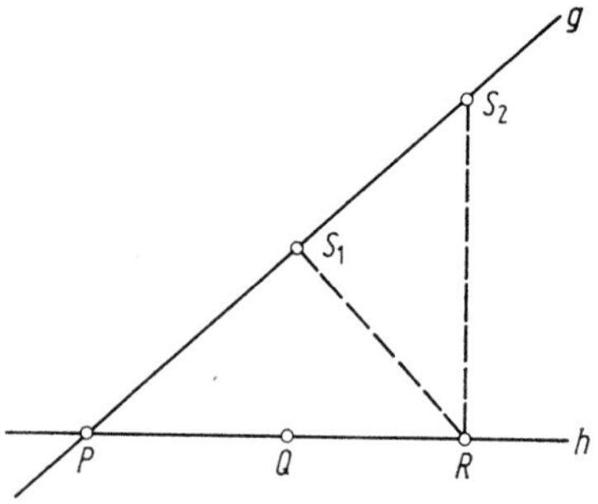

Abb. 79

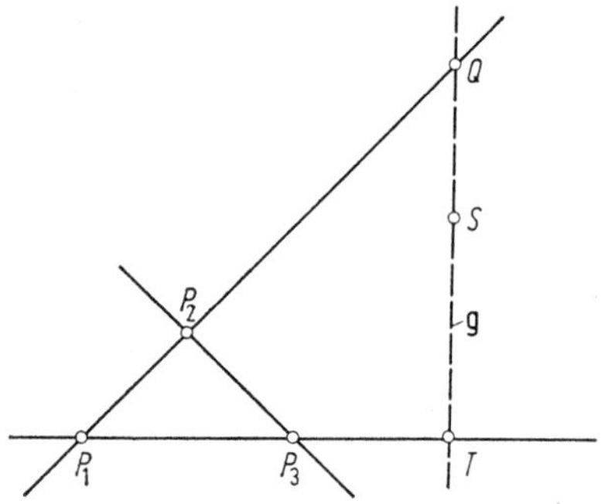

Abb. 80

h) σ überführt parallele Geraden in parallele Geraden.

Beweis. Wegen f), g) überführt σ Geraden in Geraden. Um zu zeigen, daß σ auch parallele Geraden in parallele Geraden überführt, kennzeichnen wir parallele Lage mit Hilfe der Inzidenzrelation (wir beachten dabei $|\mathfrak{K}| \geq 3$). Die beiden verschiedenen Geraden **g**, **h** sind aber parallel genau dann, wenn die beiden folgenden Bedingungen (i), (ii) erfüllt sind:

(i) $\mathbf{g} \cap \mathbf{h} = \emptyset$.

(ii) Es gibt verschiedene Punkte G_1, G_2 auf **g**, verschiedene Punkte H_1, H_2 auf **h** und außerdem einen (eigentlichen) Punkt $F \notin \mathbf{g} \cup \mathbf{h}$ derart, daß G_1H_1F und G_2H_2F je kollineare Punktetripel darstellen. ▯

i) Nach f), g), h) überführt σ Geraden in Geraden, parallele Geraden in parallele Geraden. Also ist σ Affinität. Nach einem Satz der affinen Geometrie ist damit σ — beschränkt auf $\mathfrak{L}$ — eine semilineare Abbildung über $\mathfrak{K}$. Der Körperautomorphismus $\alpha(\sigma)$ der zur semilinearen Abbildung $\sigma \mid \mathfrak{L}$ über $\mathfrak{K}$ gehört, fällt mit der Restriktion $\sigma \mid \mathfrak{K}$ zusammen:

$$k^{\alpha(\sigma)} = k^{\alpha(\sigma)} \cdot 1 = (k \cdot 1)^\sigma = k^\sigma.$$

j) $\sigma \mid \mathfrak{L}$ ist Automorphismus des Ringes $\mathfrak{L}$. Es läßt σ den Körper $\mathfrak{K}$ als Ganzes fest.

Beweis. Es bleibt nur noch $(ab)^\sigma = a^\sigma b^\sigma$ für alle $a, b \in \mathfrak{L}$ zu zeigen, oder gleichbedeutend hierzu (wegen $1 + 1 \neq 0$) $(c^\sigma)^2 = (c^2)^\sigma$ für alle $c \in \mathfrak{L}$. Sei $c \in \mathfrak{L}$ vorgegeben: Nach a) gibt es $k \in \mathfrak{K}$ mit $d \equiv c + k$, $d - 1$, $d + 1 \in \mathfrak{R}$. Also sind die Punkte d^2, 1, d, $-d$ (eigentlich $\mathfrak{R}(d^2, 1)$ usf.) paarweise nicht parallel. Wegen der Invarianz der harmonischen Lage (s. Satz 6.3 von Kapitel II, § 2, in Verbindung mit den dortigen Lemmata 4.3 und 6.2) gilt also

$$\begin{bmatrix} d^2 & 1 \\ d & -d \end{bmatrix} \equiv -1 = \begin{bmatrix} (d^2)^\sigma & 1 \\ d^\sigma & (-d)^\sigma \end{bmatrix},$$

d.h. $(d^2)^\sigma = (d^\sigma)^2$. Also haben wir

$$(c^2 + k^2 + 2ck)^\sigma = (c^\sigma)^2 + (k^\sigma)^2 + 2c^\sigma k^\sigma,$$

d.h. $(c^2)^\sigma = (c^\sigma)^2$, was zu beweisen war. $\square$

k) Die Restriktion von σ auf $\mathfrak{L}$ läßt sich auf genau eine Weise zur Kettenverwandtschaft von $\Sigma(\mathfrak{K}, \mathfrak{L})$ fortsetzen.

Beweis. Da jeder Punkt P von $\Sigma(\mathfrak{K}, \mathfrak{L})$ sich darstellen läßt als Schnitt zweier sich berührender Ketten $\varphi, \psi: \varphi \cap \psi = \{P\}$, eine Kette aber bereits durch drei ihrer eigentlichen Punkte bestimmt ist (und solche enthält nach b)), gibt es höchstens eine Fortsetzung. Durch

$$[\mathfrak{R}(x, y)]^\sigma = \mathfrak{R}(x^\sigma, y^\sigma)$$

wird aber eine Fortsetzung definiert. $\square$

l) Es gilt Satz 3.1.

Beweis. Die Schritte j) und k) zeigen, daß es zu einer Kettenverwandschaft

$$\mathfrak{R}(x,y) \to \mathfrak{R}(x,y)'$$

mit $\mathfrak{R}(1, 0)' = \mathfrak{R}(1, 0)$, $\mathfrak{R}(0, 1)' = \mathfrak{R}(0, 1)'$ und $\mathfrak{R}(1, 1)' = \mathfrak{R}(1, 1)$ einen Automorphismus δ von $\mathfrak{L}$ gibt so, daß

$$\mathfrak{R}(x, y)' = \mathfrak{R}(x^\delta, y^\delta)$$

für alle Punkte $\mathfrak{R}(x,y)$ und überdies $\mathfrak{K}^\delta = \mathfrak{K}$ erfüllt ist.

Geht man nun von einer beliebigen Kettenverwandtschaft

$$\varkappa : \mathfrak{A}(x, y) \to \mathfrak{A}(x, y)^\varkappa$$

aus, so gibt es eine Abbildung $\gamma \varepsilon \Gamma(\mathfrak{L})$ mit $[\mathfrak{R}(1, 0)^\varkappa]^\gamma = \mathfrak{R}(1,0)$, $[\mathfrak{R}(0,1)^\varkappa]^\gamma = \mathfrak{R}(0,1)$, $[\mathfrak{R}(1,1)^\varkappa]^\gamma = \mathfrak{R}(1,1)$. Dies zeigt, daß $\varkappa$ in der Gestalt (s. Satz

2.4 von Kapitel II, § 2)

$$\varkappa : \mathfrak{R}(x,y) \to \mathfrak{R}(x^\tau, y^\tau)\,\mathfrak{A}$$

geschrieben werden kann, wo $\mathfrak{A}$ eine zu γ gehörige Matrix ist. □

§ 2. Geometrie der Körpererweiterungen

In diesem Paragraphen seien $\mathfrak{L}$ ein (nicht notwendig kommutativer) Körper und $\mathfrak{K}$ ein (ebenfalls nicht notwendig kommutativer) echter Unterkörper von $\mathfrak{L}$. Mit $\mathfrak{L}'$ bezeichnen wir die projektive Gerade über $\mathfrak{L}$, d.h. die Menge $\mathfrak{L}' = \mathfrak{L} \cup \{\infty\}$, deren Elemente wir also (übrigens stets in den folgenden Untersuchungen) in inhomogener Schreibweise zugrunde legen. Entsprechend ist gesetzt $\mathfrak{K}' = \mathfrak{K} \cup \{\infty\}$. Es gilt also $\mathfrak{K}' \subset \mathfrak{L}'$. Die Elemente von $\mathfrak{L}'$ nennen wir *Punkte*, die Punktmengen $(\mathfrak{K}')^\gamma$, $\gamma \in \Gamma(\mathfrak{L})$, *Ketten*. Wir sprechen dann wieder von der Geometrie $\Sigma(\mathfrak{K}, \mathfrak{L})$. Die Gruppe $\Gamma(\mathfrak{L})$ werde nun zunächst eingeführt (s. Lemma 1.1).

1. Die Gruppe $\Gamma(\mathfrak{L})$

Wir definieren die Permutationen $\sigma(a, c)$, $\pi(a, c)$, ϱ, $\varphi(a, b, c)$, $\psi(a, b, c, p)$ von $\mathfrak{L}'$, wobei $a, b, c, p \in \mathfrak{L}$ mit $a, b \neq 0$ ist:

$$\sigma(a, c): \quad z \to \begin{cases} az + c \\ \infty \end{cases} \quad \text{für} \quad \begin{matrix} z \neq \infty \\ z = \infty \end{matrix},$$

$$\pi(a, c): \quad z \to \begin{cases} za + c \\ \infty \end{cases} \quad \text{für} \quad \begin{matrix} z \neq \infty \\ z = \infty \end{matrix},$$

$$\varrho: \quad z \to \begin{cases} z^{-1} \\ \infty \\ 0 \end{cases} \quad \text{für} \quad \begin{matrix} z \neq 0, \infty \\ z = 0 \\ z = \infty \end{matrix},$$

$$\varphi(a, b, c): \quad z \to \begin{cases} azb + c \\ \infty \end{cases} \quad \text{für} \quad \begin{matrix} z \neq \infty \\ z = \infty \end{matrix},$$

$$\psi(a, b, c, p): \quad z \to \begin{cases} a(z-p)^{-1}\,b + c \\ \infty \\ c \end{cases} \quad \text{für} \quad \begin{matrix} z \neq p, \infty \\ z = p \\ z = \infty \end{matrix}.$$

Es sei nun $\Gamma_\sigma(\mathfrak{L})$ die von ϱ und allen Permutationen $\sigma(a, c)$, $0 \neq a \in \mathfrak{L}$, $c \in \mathfrak{L}$, erzeugte Gruppe von Permutationen von $\mathfrak{L}'$. Es sei ferner $\Gamma_\pi(\mathfrak{L})$ die von ϱ und allen $\pi(a, c)$, $0 \neq a \in \mathfrak{L}$, $c \in \mathfrak{L}$, erzeugte Gruppe. Unter

$\Gamma_0(\mathfrak{L})$ verstehen wir die Menge aller Permutationen der Gestalt $\varphi(a, b, c)$, $\psi(a, b, c, p)$ mit $a, b, c, p \in \mathfrak{L}$ und $ab \neq 0$. Dann gilt

Lemma 1.1. $\Gamma_\sigma(\mathfrak{L}) = \Gamma_\pi(\mathfrak{L}) = \Gamma_0(\mathfrak{L}) := \Gamma(\mathfrak{L})$.

Beweis. Wir zeigen $\Gamma_\sigma \subseteq \Gamma_\pi \subseteq \Gamma_0 \subseteq \Gamma_\sigma$. — Wegen

$$\sigma(a, c) = \pi(a^{-1}, 0) \cdot \varrho \cdot \pi(a^{-1}, 0) \cdot \varrho \cdot \pi(a, c)$$

legt jedes $\sigma(a, c)$ in Γ_π. Also gilt $\Gamma_\sigma \subseteq \Gamma_\pi$. — Zum Beweis von $\Gamma_\pi \subseteq \Gamma_0$: Dies ist nachgewiesen, wenn wir $\varrho \in \Gamma_0$ und $\pi(a, c) \in \Gamma_0$ für alle $a, c \in \mathfrak{L}$ mit $a \neq 0$ haben und außerdem, daß Γ_0 Gruppe ist gegenüber der Multiplikation von Permutationen. Nun gilt $\varrho = \psi(1, 1, 0, 0)$, $\pi(a, c) = \varphi(1, a, c)$. Die Menge Γ_0 enthält die identische Permutation in der Gestalt $\varphi(1, 1, 0)$. Die Frage der Assoziativität bereitet keine Schwierigkeiten, da Abbildungen zugrunde liegen. Weiterhin gilt

$$[\varphi(a, b, c)]^{-1} = \varphi(a^{-1}, b^{-1}, -a^{-1}cb^{-1}) \in \Gamma_0$$

und

$$[\psi(a, b, c, p)]^{-1} = \psi(b, a, p, c) \in \Gamma_0.$$

Wir beachten nun außerdem

$$\varphi(a, b, c) \cdot \varphi(a', b', c') = \varphi(a'a, bb', a'cb' + c') \in \Gamma_0,$$

$$\varphi(a', b', c') \cdot \psi(a, b, c, p) = \psi(ab'^{-1}, a'^{-1}b, c, a'^{-1}(p - c')\, b'^{-1}) \in \Gamma_0,$$

und fernerhin mit dem Gezeigten

$$\psi \cdot \varphi = (\varphi^{-1}\psi^{-1})^{-1} = (\varphi_1 \cdot \psi_1)^{-1} = \psi_2^{-1} = \psi_3 \in \Gamma_0,$$

wo φ_1 eine geeignete Abbildung des Types φ ist, und ψ_1, ψ_2, ψ_3 geeignete Abbildungen des Typs ψ sind.

Schließlich haben wir

$$\omega := \psi(a, b, c, p) \cdot \psi(a', b', c', p') \in \Gamma_0$$

nachzuweisen: Offenbar ist

$$\omega = \varphi(1, 1, -p) \cdot \psi(1, 1, 0, 0) \cdot \varphi(a, b, c) \cdot \psi(a', b', c', p').$$

Wenn wir beachten, daß $\varphi \cdot \psi$ zum Typ ψ gehört, so haben wir mit geeigneten Elementen $\bar{a}, \bar{b}, \bar{c}, \bar{p} \in \mathfrak{L}$, $\bar{a} \cdot \bar{b} \neq 0$,

$$\begin{aligned}\omega &= \varphi(1, 1, -p) \cdot \psi(1, 1, 0, 0) \cdot \psi(\bar{a}, \bar{b}, \bar{c}, \bar{p}) \\ &= \varphi(1, 1, -p) \cdot \psi(1, 1, 0, 0) \cdot \psi(1, 1, 0, \bar{p}) \cdot \varphi(\bar{a}, \bar{b}, \bar{c}).\end{aligned}$$

Im Falle $\bar{p} = 0$ ist die rechte Seite vom Typ φ, da dann das Produkt der beiden mittleren Faktoren $\varphi(1, 1, 0)$ ist. Im Falle $\bar{p} \neq 0$ ist das Produkt der beiden mittleren Faktoren gleich

$$\psi_1 := \psi(\bar{p}^{-1}, -\bar{p}^{-1}, -\bar{p}^{-1}, \bar{p}^{-1}),$$

so daß gilt

$$\omega = \varphi(1, 1, -p) \cdot \psi_1 \cdot \varphi(\bar{a}, \bar{b}, \bar{c}) = \varphi(1, 1, -p) \cdot \psi_2 = \psi_3 \in \Gamma_0$$

mit früher Gezeigtem.

Damit ist $\Gamma_0(\mathfrak{L})$ eine Gruppe und es gilt $\Gamma_\pi \subseteq \Gamma_0$. Schließlich gilt $\Gamma_0 \subseteq \Gamma_\sigma$: Zuerst ist

$$\varphi(a, b, c) = \varrho \cdot \sigma(b^{-1}, 0) \cdot \varrho \cdot \sigma(a, c) \in \Gamma_\sigma;$$

zum anderen gilt

$$\psi(a, b, c, p) = \varphi(1, 1, -p) \cdot \varrho \cdot \varphi(a, b, c) \in \Gamma_\sigma. \quad \square$$

Wir halten noch fest:

Lemma 1.2. *Die Menge $\Phi(\mathfrak{L})$ aller Abbildungen φ bildet eine Untergruppe von $\Gamma(\mathfrak{L})$. Die Abbildungen φ sind gekennzeichnet als diejenigen Elemente aus $\Gamma(\mathfrak{L})$, die ∞ als Fixpunkt besitzen. Es ist also $\Phi(\mathfrak{L})$ der Stabilisator Γ_∞ von ∞. Die Menge der Abbildungen $\gamma \in \Gamma(\mathfrak{L})$, die die Punkte ∞, 0, 1 als Fixpunkte haben, ist gegeben durch*

$$\Gamma_{\infty,0,1} = \{\varphi(a, a^{-1}, 0) \mid a \in \mathfrak{L}^\times = \mathfrak{L} - \{0\}\}$$

(*Stabilisator von* ∞, 0, 1).

Hinsichtlich Transitivitätseigenschaften beweisen wir das folgende

Lemma 1.3. a) *$\Gamma(\mathfrak{L})$ ist einfach transitiv auf $\mathfrak{L}'$.*

b) *$\Gamma(\mathfrak{L})$ ist minimal dreifach transitiv auf $\mathfrak{L}'$ genau dann, wenn $\mathfrak{L}$ kommutativer Körper ist.*

c) *Sind A, B, C, D verschiedene Punkte, so gibt es ein $\gamma \in \Gamma(\mathfrak{L})$ mit $A^\gamma = B$, $B^\gamma = A$, $C^\gamma = D$, $D^\gamma = C$.*

Beweis. Zu a): Wir zeigen, daß es ein $\gamma_0 \in \Gamma(\mathfrak{L})$ gibt mit $\infty \to P$, $0 \to Q$, $1 \to R$, wo P, Q, R drei beliebige verschiedene Punkte sind: Im Falle $P = \infty$ tut dies $\sigma(R - Q, Q)$, wobei wir $R, Q \in \mathfrak{L}$ und $R \neq Q$ beachten, da $P = \infty$, Q, R verschiedene Punkte von $\mathfrak{L}'$ sind. Im Falle $P \neq \infty$ sei zunächst

$$\psi := \psi(1, 1, 0, P);$$

wegen $P^\psi = \infty$ sind Q^ψ, P^ψ verschiedene Elemente von $\mathfrak{L}$ und

$$\sigma(R^\psi - Q^\psi, Q^\psi) \cdot \psi^{-1}$$

ist ein gesuchtes γ_0.

Zu b): Ist $\mathfrak{L}$ kommutativ, so besteht $\Gamma_{\infty,0,1}$ nur aus der identischen Permutation, und $\Gamma(\mathfrak{L})$ ist minimal dreifach transitiv auf $\mathfrak{L}'$. Ist umgekehrt $\Gamma(\mathfrak{L})$ minimal dreifach transitiv auf $\mathfrak{L}'$, so folgt $|\Gamma_{\infty,0,1}| = 1$. Damit ist jede Abbildung $\varphi(a, a^{-1}, 0)$ für $a \in \mathfrak{L}^\times$ die Identität. Das bedeutet $x = axa^{-1}$ für alle $a, x \in \mathfrak{L}$, $a \neq 0$. Also gilt $ax = xa$ für alle $a, x \in \mathfrak{L}$ und $\mathfrak{L}$ ist kommutativ.

Zu c): Nach a) gibt es ein $\delta \in \Gamma(\mathfrak{L})$ mit $A^\delta = \infty$, $B^\delta = 0$, $C^\delta = 1$. Damit ist $D^\delta \in \mathfrak{L}^\times$. Ist

$$\psi = \psi(D^\delta, 1, 0, 0),$$

so hat $\gamma = \delta\psi\delta^{-1}$ die verlangte Eigenschaft. □

2. Der Satz von Cartan-Brauer-Hua. Der Satz von Hua

Wir definieren das *Zentrum* $\mathfrak{Z}(\mathfrak{L})$ des beliebigen Körpers $\mathfrak{L}$:

$$\mathfrak{Z}(\mathfrak{L}) := \{x \in \mathfrak{L} \mid ax = xa \quad \text{für alle} \quad a \in \mathfrak{L}\}.$$

Es bildet offenbar $\mathfrak{Z}(\mathfrak{L})$ einen kommutativen Unterkörper von $\mathfrak{L}$. Wir zeigen nun den Satz von Cartan-Brauer-Hua, der im folgenden Verwendung finden wird:

Satz 2.1. *Ist $\mathfrak{H}$ ein echter Unterkörper von $\mathfrak{L}$ mit*

$$a\mathfrak{H}a^{-1} := \{aha^{-1} \mid h \in \mathfrak{H}\} \subseteq \mathfrak{H}$$

für alle $a \in \mathfrak{L}^\times$, so folgt $\mathfrak{H} \subseteq \mathfrak{Z}(\mathfrak{L})$.

Beweis. Für $a \in \mathfrak{L} - \mathfrak{H}$ und $h \in \mathfrak{H}$ gilt $aha^{-1} := h_1 \in \mathfrak{H}$ und

$$(1 + a)\, h(1 + a)^{-1} := h_2 \in \mathfrak{H},$$

d.h. $ah = h_1 a$ und $(1 + a)\, h = h_2(1 + a)$, was auf $h = h_2 + (h_2 - h_1)\, a$ führt. Wäre $h_2 - h_1 \neq 0$, so müßte $a \in \mathfrak{H}$ sein, was nicht der Fall ist. Also hat man $h_2 = h_1$ und damit $h = h_2$. Also gilt $ah = ha$ für alle $h \in \mathfrak{H}$ und $a \in \mathfrak{L} - \mathfrak{H}$. Ist nun $h' \in \mathfrak{H}$ und $a \in \mathfrak{L} - \mathfrak{H}$, so gilt auch $a + h' \in \mathfrak{L} - \mathfrak{H}$ und damit $(a + h')\, h = h(a + h')$ für alle $h \in \mathfrak{H}$. Da noch $ah = ha$ ist, folgt hieraus $h'h = hh'$. Also gilt $ah = ha$ für alle $h \in \mathfrak{H}$ und $a \in \mathfrak{L}$, was $\mathfrak{H} \subseteq \mathfrak{Z}(\mathfrak{L})$ bedeutet. □

Unter einem *Automorphismus der additiven Gruppe* des Körpers $\mathfrak{L}$ hat man eine bijektive Abbildung $x \to x'$ von $\mathfrak{L}$ zu verstehen mit

$$(x + y)' = x' + y' \quad \text{für alle} \quad x, y \in \mathfrak{L}.$$

Ein solcher hat offenbar die Eigenschaften $0' = 0$ und $(-x)' = -x'$ für alle $x \in \mathfrak{L}$. Ein Automorphismus der additiven Gruppe von $\mathfrak{L}$ heißt ein *Automorphismus* von $\mathfrak{L}$, wenn außerdem

$$(xy)' = x'y' \quad \text{für alle} \quad x, y \in \mathfrak{L}$$

gilt; er heißt ein *Antiautomorphismus* von $\mathfrak{L}$, wenn

$$(xy)' = y'x' \quad \text{für alle} \quad x, y \in \mathfrak{L}$$

gilt. Jeder Auto- oder Antiautomorphismus von $\mathfrak{L}$ hat die Eigenschaften $1' = 1$ und $(x^{-1})' = (x')^{-1}$ für alle $x \in \mathfrak{L}^\times$: Denn $x \cdot x^{-1} = 1$ impliziert $1 = 1' = (xx^{-1})' = x'(x^{-1})'$ bzw. $1 = (x^{-1})'\, x'$. In beiden Fällen muß daher $(x^{-1})' = (x')^{-1}$ gelten.

Ist $a \in \mathfrak{L}^\times$, so stellt

$$x \to x' := axa^{-1}$$

einen Automorphismus von $\mathfrak{L}$ dar. Genau diese Automorphismen von $\mathfrak{L}$ heißen *innere Automorphismen* von $\mathfrak{L}$. Offenbar ist $x' = axa^{-1} := x^\varphi$, $\varphi \equiv \varphi(a, a^{-1}, 0)$. Somit ist die Menge der inneren Automorphismen von $\mathfrak{L}$ eine Gruppe gegenüber der Multiplikation von Permutationen, die zu $\Gamma_{\infty,0,1}$ isomorph ist.

Im Falle des Quaternionenkörpers stellt

$$a + bi + cj + dk \to a - bi - cj - dk,$$

$a, b, c, d \in \mathbb{R}$, einen involutorischen Antiautomorphismus dar (s. § 2, Abschnitt 4).

Im folgenden werden wir den Satz von Hua verwenden. Er lautet

Satz 2.2. *Seien $\mathfrak{L}$ ein Körper und τ ein Automorphismus der additiven Gruppe von $\mathfrak{L}$. Gilt dann $1^\tau = 1$ und $(x^{-1})^\tau = (x^\tau)^{-1}$ für alle x aus $\mathfrak{L}^\times$, so ist τ ein Auto- oder ein Antiautomorphismus von $\mathfrak{L}$.*

Der Beweis erfolgt in mehren Schritten:

a) Sei $s, t \in \mathfrak{L}^\times$ mit $st \neq 1$. Dann gilt

$$sts = s - [s^{-1} + (t^{-1} - s)^{-1}]^{-1}. \tag{2.1}$$

Beweis. Wegen $s, t \in \mathfrak{L}^\times$ und $st \neq 1$ existieren s^{-1}, t^{-1}, $(t^{-1} - s)^{-1}$ und liegen in $\mathfrak{L}^\times$. Nun gilt

$$\begin{aligned} v := s^{-1} + (t^{-1} - s)^{-1} &= s^{-1}((t^{-1} - s) + s)\,(t^{-1} - s)^{-1} \\ &= s^{-1}t^{-1}(t^{-1} - s)^{-1} \in \mathfrak{L}^\times. \end{aligned}$$

Also existiert v^{-1} und ist gleich $(t^{-1} - s)\,ts = s - sts$, was zu beweisen war. ▯

b) Für $a, b \in \mathfrak{L}$ gilt $(aba)^\tau = a^\tau b^\tau a^\tau$.

Beweis. Dies ist sicherlich richtig für $a = 0$ oder $b = 0$. Im Falle $a \cdot b = 1$ folgt die Behauptung so:

$$(aba)^\tau = a^\tau = a^\tau \cdot b^\tau \cdot (b^{-1})^\tau = a^\tau b^\tau a^\tau.$$

Sei nun $a, b \in \mathfrak{L}^\times$ mit $ab \neq 1$. Dann gilt auch $a^\tau, b^\tau \in \mathfrak{L}^\times$ und $a^\tau b^\tau \neq 1$, letzteres, da sonst $a^\tau = (b^\tau)^{-1} = (b^{-1})^\tau$, d.h. $a = b^{-1}$ wäre. Benutzen wir jetzt (2.1) zweimal, und zwar für $s = a$, $t = b$ und für $s = a^\tau$, $t = b^\tau$, so erhalten wir

$$aba = a - [a^{-1} + (b^{-1} - a)^{-1}]^{-1},$$
$$a^\tau b^\tau a^\tau = a^\tau - [(a^\tau)^{-1} + ((b^\tau)^{-1} - a^\tau)^{-1}]^{-1}.$$

Aus diesen beiden Gleichungen folgt b), wenn wir beachten, daß τ ein Automorphismus der additiven Gruppe ist, der außerdem $(x^{-1})^\tau = (x^\tau)^{-1}$ genügt für alle $x \in \mathfrak{L}^\times$. ▯

c) Für $h \in \mathfrak{L}$ gilt $(h^\tau)^2 = (h^2)^\tau$.

Beweis. Setzen wir in b) $b = 1$ und $a = h$, so folgt

$$(h^2)^\tau = h^\tau \cdot 1^\tau \cdot h^\tau = (h^\tau)^2. \quad \Box$$

d) Für $x, y \in \mathfrak{L}$ gilt $(xy)^\tau + (yx)^\tau = x^\tau y^\tau + y^\tau x^\tau$.

Beweis. Wir setzen in c) $h = x + y$. Dann folgt $(x^\tau + y^\tau)^2 = [(x + y)^2]^\tau$, d.h.

$$(x^\tau)^2 + x^\tau y^\tau + y^\tau x^\tau + (y^\tau)^2 = (x^2)^\tau + (xy)^\tau + (yx)^\tau + (y^2)^\tau,$$

d.h. die Behauptung, wenn wir c) nochmals benutzen für $h = x$ und für $h = y$. $\Box$

e) Für $x, y \in \mathfrak{L}$ gilt $(xy)^\tau \in \{x^\tau y^\tau, y^\tau x^\tau\}$.

Beweis. Für $x = 0$ oder $y = 0$ ist nichts zu beweisen. Sei $xy \neq 0$. Es gilt

$$\begin{aligned}[(xy)^\tau - x^\tau y^\tau]\,[(xy)^{-1}]^\tau\,[(xy)^\tau - y^\tau x^\tau] &= [1 - x^\tau y^\tau((xy)^{-1})^\tau]\,[(xy)^\tau - y^\tau x^\tau] \\ &= (xy)^\tau - x^\tau y^\tau - y^\tau x^\tau + x^\tau y^\tau[(xy)^{-1}]^\tau\, y^\tau x^\tau.\end{aligned}$$

Mit b) folgt, dies zweimal verwendend,

$$x^\tau(y^\tau[(xy)^{-1}]^\tau\, y^\tau)\, x^\tau = x^\tau(y(xy)^{-1}\, y)^\tau\, x^\tau = [x\,(y(xy)^{-1}\, y)\, x]^\tau = (yx)^\tau.$$

Also haben wir

$$[(xy)^\tau - x^\tau y^\tau]\,[(xy)^{-1}]^\tau\,[(xy)^\tau - y^\tau x^\tau] = (xy)^\tau - x^\tau y^\tau - y^\tau x^\tau + (yx)^\tau = 0,$$

wenn wir noch d) beachten. Hieraus folgt aber e). $\Box$

f) In $\mathfrak{L}$ gibt es keine Elemente a, b, c, d, die gleichzeitig

$$(2.2) \qquad (ab)^\tau = a^\tau b^\tau \neq b^\tau a^\tau \quad \text{und} \quad (cd)^\tau = d^\tau c^\tau \neq c^\tau d^\tau$$

genügen.

Beweis. Angenommen, doch! Seien a, b, c, d solche Elemente. Wir zeigen, daß dann für jedes Element $s \in \mathfrak{L}$ die Gleichung

$$(2.3) \qquad (as)^\tau = a^\tau s^\tau$$

gelten muß: Nach e) gilt

$$[a(b + s)]^\tau \in \{a^\tau(b + s)^\tau, (b + s)^\tau\, a^\tau\}.$$

Im Falle $[a(b + s)]^\tau = a^\tau(b + s)^\tau$ haben wir

$$(ab)^\tau = (as)^\tau = a^\tau b^\tau + a^\tau s^\tau,$$

d.h. (2.3) mit (2.2). Im Falle $[a(b + s)]^\tau = (b + s)^\tau\, a^\tau$ haben wir

$$(ab)^\tau + (as)^\tau = b^\tau a^\tau + s^\tau a^\tau.$$

Hier muß

$$(2.4) \qquad (as)^\tau \neq s^\tau a^\tau$$

gelten, da wir sonst einen Widerspruch zu $(ab)^\tau \neq b^\tau a^\tau$ in (2.2) hätten. Verwenden wir nun e) für $x = a$, $y = s$, so folgt (2.3) mit Hilfe von (2.4).

Die Überlegung, die wir für $[a(b+s)]^\tau$ durchgeführt haben, führen wir nun durch für die Ausdrücke $[(a+s)\,b]^\tau$, $[c(d+s)]^\tau$, $[(c+s)\,d]^\tau$. Dann erhalten wir entsprechend zu (2.3)

$$(2.5)\qquad (sb)^\tau = s^\tau b^\tau,\quad (cs)^\tau = s^\tau c^\tau,\quad (sd)^\tau = d^\tau s^\tau \text{ für alle } s \in \mathfrak{L}.$$

Wir verwenden jetzt (2.3) für $s = d$, die erste der Gleichungen (2.5) für $s = c$, die zweite für $s = b$, die dritte für $s = a$. Dies ergibt

$$(2.6)\qquad \begin{cases} a^\tau d^\tau = (ad)^\tau = d^\tau a^\tau, \\ c^\tau b^\tau = (cb)^\tau = b^\tau c^\tau. \end{cases}$$

Mit e) folgt

$$[(a+c)\,(b+d)]^\tau \in \{(a+c)^\tau\,(b+d^\tau),\,(b+d)^\tau\,(a+c)^\tau\}.$$

Im ersten Falle ergibt dies

$$(ab)^\tau + (cb)^\tau + (ad)^\tau + (cd)^\tau = a^\tau b^\tau + c^\tau b^\tau + a^\tau d^\tau + c^\tau d^\tau,$$

im zweiten Falle

$$(ab)^\tau + (cb)^\tau + (ad)^\tau + (cd)^\tau = b^\tau a^\tau + b^\tau c^\tau + d^\tau a^\tau + d^\tau c^\tau.$$

Jede dieser beiden Gleichungen führt zu einem Widerspruch: Im ersten Falle beachten wir

$$(ab)^\tau = a^\tau b^\tau;\quad (cb)^\tau = c^\tau b^\tau;\quad (ad)^\tau = a^\tau d^\tau;\quad (cd)^\tau \neq c^\tau d^\tau$$

nach (2.2) und (2.6); im zweiten Falle beachten wir

$$(ab)^\tau \neq b^\tau a^\tau;\quad (cb)^\tau = b^\tau c^\tau;\quad (ad)^\tau = d^\tau a^\tau;\quad (cd)^\tau = d^\tau c^\tau$$

nach (2.2) und (2.6).

Damit ist f) bewiesen. ▯

g) Es gilt Satz 2.2.

Beweis. Ist τ ein Auto- oder ein Antiautomorphismus, so ist nichts mehr zu beweisen. Sei nun τ weder ein Automorphismus noch ein Antiautomorphismus von $\mathfrak{L}$. Dann muß es Elemente $a, b \in \mathfrak{L}$ geben mit $(ab)^\tau \neq b^\tau a^\tau$ und es muß Elemente $c, d \in \mathfrak{L}$ geben mit $(cd)^\tau \neq c^\tau d^\tau$. Verwenden wir e) für $x = a$, $y = b$, so folgt hiermit $(ab)^\tau = a^\tau b^\tau$; verwenden wir e) für $x = c$, $y = d$, so folgt $(cd)^\tau = d^\tau c^\tau$. Mit der Existenz von Elementen a, b, c, d hat man aber einen Widerspruch zu f). ▯

3. Ketten. Fährten

Nach Definition sind die Ketten durch $(\mathfrak{K}')^\gamma$, $\gamma \in \Gamma(\mathfrak{L})$, gegeben. Wegen $|\mathfrak{K}'| \geq 3$ enthält also jede Kette wenigstens drei verschiedene Punkte. Wegen $\mathfrak{K} \subset \mathfrak{L}$ können nicht alle Punkte in einer einzigen Kette liegen. Aus Lemma 1.3 folgt:

Lemma 3.1. *Durch drei verschiedene Punkte geht wenigstens eine Kette.*

Wir beweisen nun

Satz 3.1. *Durch drei verschiedene Punkte geht genau eine Kette dann und nur dann, wenn $\mathfrak{K}$ im Zentrum von $\mathfrak{L}$ liegt.*

Beweis. Gibt es drei verschiedene Punkte, durch die genau eine Kette geht, so geht durch je drei verschiedene Punkte genau eine Kette, da $\Gamma(\mathfrak{L})$ dreifach transitiv auf $\mathfrak{L}'$ ist. Nehmen wir nun an, daß durch ∞, 0, 1 genau eine Kette hindurchgeht, so muß insbesondere

$$(\mathfrak{K}')^\gamma = \mathfrak{K}' \quad \text{für alle} \quad \gamma \in \Gamma_{\infty,0,1}$$

sein. Also muß

$$a\mathfrak{K}a^{-1} = \mathfrak{K} \quad \text{für alle} \quad a \in \mathfrak{L}^\times$$

gelten. Dies bedeutet nach dem Satz von Cartan-Brauer-Hua (Satz 2.1), daß $\mathfrak{K} \subseteq \mathfrak{Z}(\mathfrak{L})$ gilt, da $\mathfrak{K} \subset \mathfrak{L}$ ist. — Liegt umgekehrt $\mathfrak{K}$ im Zentrum von $\mathfrak{L}$, so ist also

$$a\mathfrak{K}a^{-1} = \mathfrak{K} \quad \text{für alle} \quad a \in \mathfrak{L}^\times,$$

d.h. $(\mathfrak{K}')^\gamma = \mathfrak{K}'$ für alle $\gamma \in \Gamma_{\infty,0,1}$. Sei nun $(\mathfrak{K}')^\delta$, $\delta \in \Gamma(\mathfrak{L})$, eine beliebige Kette durch ∞, 0, 1. Wegen $\infty, 0, 1 \in (\mathfrak{K}')^\delta$ gibt es Punkte $P, Q, R \in \mathfrak{K}'$ mit $P^\delta = \infty$, $Q^\delta = 0$, $R^\delta = 1$. Es gibt ein $\varepsilon \in \Gamma(\mathfrak{K}) \subset \Gamma(\mathfrak{L})$ mit $\infty^\varepsilon = P$, $0^\varepsilon = Q$, $1^\varepsilon = R$. Also ist $\varepsilon\delta \in \Gamma_{\infty,0,1}$. Damit haben wir

$$(\mathfrak{K}')^\delta = [(\mathfrak{K}')^\varepsilon]^\delta = (\mathfrak{K}')^{(\varepsilon\delta)} = \mathfrak{K}'. \quad \square$$

Satz 3.2. *Die Ketten sind genau gegeben durch die Punktmengen*

$$\{\infty\} \cup \{a\xi b + c \mid \xi \in \mathfrak{K}\};$$

$$\{c\} \cup \{a\frac{1}{\xi - p}b + c \mid \xi \in \mathfrak{K}\} \text{ mit } p \notin \mathfrak{K}.$$

Dabei sind a, b, c, p in $\mathfrak{L}$ mit $a \cdot b \neq 0$.

Beweis. Daß diese Punktmengen Ketten sind, liegt auf der Hand, da nach Definition die Punktmengen $(\mathfrak{K}')^\gamma$, $\gamma \in (\mathfrak{L})$, die Ketten sind. Wir müssen umgekehrt zeigen, daß auch jede Kette von der aufgeschriebenen Form ist, da wir wegen der Forderung $p \notin \mathfrak{K}$ möglicherweise nicht die Punktmengen $(\mathfrak{K}')^\gamma$, $\gamma = \psi(a, b, c, p)$, $p \in \mathfrak{K}$, berücksichtigt haben. Dann ist aber $(\mathfrak{K}')^\gamma = (\mathfrak{K}')^\varphi$ mit $\varphi = \varphi(a, b, c)$. $\square$

Im Falle $\mathfrak{K} \not\subseteq \mathfrak{Z}(\mathfrak{L})$ gehen also durch drei verschiedene Punkte wenigstens zwei verschiedene Kreise. Wir definieren den Begriff der Fährte: Sind A, B, C verschiedene Punkte, so verstehen wir unter der *Fährte* (ABC) den Durchschnitt aller Ketten, die A, B, C enthalten. Im Falle $\mathfrak{K} \subseteq \mathfrak{Z}(\mathfrak{L})$ fällt der Fährtenbegriff mit dem Kettenbegriff zusammen. Zu einem genaueren Studium der Fährten verwenden wir das

Lemma 3.2. *Es gilt* $\mathfrak{F} = \bigcap_{a \in \mathfrak{L}^\times} a\mathfrak{K}a^{-1} = \mathfrak{K} \cap \mathfrak{Z}(\mathfrak{L})$.

Beweis. $\mathfrak{F}$ ist ein Körper, da alle

$$a\mathfrak{K}a^{-1} = \{aka^{-1} \mid k \in \mathfrak{K}\}, \quad a \in \mathfrak{L}^\times,$$

Unterkörper von $\mathfrak{L}$ sind. Setzt man $a = 1$, so sieht man $\mathfrak{F} \subseteq \mathfrak{K}$. Aus $u \in \mathfrak{L}^\times$ folgt $u\mathfrak{F}u^{-1} \subseteq \mathfrak{F}$, da $\mathfrak{F} \subseteq a\mathfrak{K}a^{-1}$ für alle $a \in \mathfrak{L}^\times$ doch

$$u\mathfrak{F}u^{-1} \subseteq u \cdot a\mathfrak{K}a^{-1} \cdot u^{-1} = (ua)\,\mathfrak{K}(ua)^{-1}$$

impliziert, d.h.

$$u\mathfrak{F}u^{-1} \subseteq b\mathfrak{K}b^{-1} \quad \text{für alle} \quad b \in \mathfrak{L}^\times.$$

Mit Hilfe des Satzes von Cartan-Brauer-Hua (Satz 2.1; hier an Stelle von $\mathfrak{H}$ den Unterkörper $\mathfrak{F} \subseteq \mathfrak{K} \subset \mathfrak{L}$ zugrunde gelegt) hat man $\mathfrak{F} \subseteq \mathfrak{Z}(\mathfrak{L})$. — Zu $\mathfrak{K} \cap \mathfrak{Z}(\mathfrak{L}) \subseteq \mathfrak{F}$: Ist $k \in \mathfrak{K} \cap \mathfrak{Z}(\mathfrak{L})$, so gilt $k = aka^{-1}$ für alle $a \in \mathfrak{L}^\times$, d.h. $k \in a\mathfrak{K}a^{-1}$ für alle $a \in \mathfrak{L}^\times$. □

Den Begriff der Kettenverwandtschaft wie in jeder Kettenstruktur verwendend, haben wir nun den grundlegenden Satz über Fährten:

Satz 3.3. a) *Jede Punktmenge* $(\mathfrak{F}')^\gamma$, $\gamma \in \Gamma(\mathfrak{L})$, *ist eine Fährte und umgekehrt ist jede Fährte von dieser Form.*

b) *Durch drei verschiedene Punkte geht genau eine Fährte.*

c) *Eine Kette enthält mit den verschiedenen Punkten* A, B, C *die ganze Fährte* (ABC).

d) *Eine Kettenverwandtschaft überführt Fährten in Fährten.*

Beweis. Die Aussage c) folgt unmittelbar aus der Definition des Fährtenbegriffs. Zu d): Sei χ eine Kettenverwandtschaft, sei $\xi = (ABC)$ eine Fährte. Dann gilt

$$(ABC) = \bigcap_{\mathbf{k} \ni A, B, C} \mathbf{k}, \quad (A^\chi B^\chi C^\chi) = \bigcap_{\mathbf{h} \ni A^\chi, B^\chi, C^\chi} \mathbf{h}$$

und

$$(ABC)^\chi = \bigcap_{\mathbf{k} \ni A, B, C} \mathbf{k}^\chi.$$

Deshalb ist

$$(ABC)^\chi \supseteq (A^\chi B^\chi C^\chi).$$

Da für eine Kette $\mathbf{h}$ auch $\mathbf{h}^{\chi^{-1}}$ eine Kette ist, und da $A^\chi, B^\chi, C^\chi \in \mathbf{h}$ offenbar $A, B, C \in \mathbf{h}^{\chi^{-1}}$ impliziert, so ist auch

$$(ABC)^\chi \subseteq (A^\chi B^\chi C^\chi),$$

was d) beweist. — Um a) zu zeigen, bestimmen wir zunächst alle Ketten, die ∞, 0, 1 enthalten: Ist $(\mathfrak{K}')^\delta$, $\delta \in \Gamma(\mathfrak{L})$, eine solche Kette, so gibt es

Punkte $P, Q, R \in \mathfrak{K}'$ mit $P^\delta = \infty$, $Q^\delta = 0$, $R^\delta = 1$. Sei $\varepsilon \in \Gamma(\mathfrak{K})$ mit $\infty^\varepsilon = P$, $0^\varepsilon = Q$, $1^\varepsilon = R$. Sei $\mu := \varepsilon\delta$. Dann ist

$$(\mathfrak{K}')^\delta = [(\mathfrak{K}')^\varepsilon]^\delta = (\mathfrak{K}')^\mu \text{ mit } \infty^\mu = \infty, \quad 0^\mu = 0, \quad 1^\mu = 1.$$

Da $\Gamma_{\infty,0,1}(\mathfrak{L})$ aber aus allen Abbildungen $\varphi(a, a^{-1}, 0)$, $a \in \mathfrak{L}^\times$, besteht, so ist die Menge aller Ketten durch ∞, 0, 1 durch

$$\{\infty\} \cup (a\mathfrak{K}a^{-1}), \; a \in \mathfrak{L}^\times,$$

gegeben. Dies bedeutet

$$\bigcap_{\mathbf{k} \ni \infty,0,1} \mathbf{k} = \{\infty\} \cup \bigcap_{a \in \mathfrak{L}^\times} a\mathfrak{K}a^{-1} = \mathfrak{F}' \equiv \mathfrak{F} \cup \{\infty\}.$$

Nach d) sind demnach alle Punktmengen $(\mathfrak{F}')^\gamma$, $\gamma \in \Gamma(\mathfrak{L})$, Fährten. Ist auf der anderen Seite (ABC) eine beliebige Fährte, so sei $\gamma \in \Gamma(\mathfrak{L})$ eine Abbildung mit $\infty^\gamma = A$, $0^\gamma = B$, $1^\gamma = C$. Mit d) gilt

$$(ABC) = (\infty^\gamma \, 0^\gamma \, 1^\gamma) = (\infty \; 0 \; 1)^\gamma = (\mathfrak{F}')^\gamma.$$

— Zum Beweis von b): Hätten wir die Ketten bezüglich des Unterkörpers $\mathfrak{F}$ an Stelle des Körpers $\mathfrak{K}$ eingeführt, so ergibt die Darstellung a) mit $\mathfrak{F} \subseteq \mathfrak{Z}(\mathfrak{L})$ (Lemma 3.2) die Aussage b) nach Satz 3.1. ☐

Jeder Automorphismus oder Antiautomorphismus von $\mathfrak{L}$ wird zu einer Permutation von $\mathfrak{L}'$, wenn man ihn durch $\infty \to \infty$ auf $\mathfrak{L}'$ fortsetzt. Es bezeichne $\mathscr{A}(\mathfrak{L}, \mathfrak{K})$ die Menge aller so auf $\mathfrak{L}'$ fortgesetzten Auto- und Antiautomorphismen von $\mathfrak{L}$, die $\mathfrak{K}$ als Ganzes festlassen. Gegenüber der Multiplikation von Permutationen ist $\mathscr{A}(\mathfrak{L}, \mathfrak{K})$ eine Gruppe.

Aus Satz 3.2 folgt sofort

Satz 3.4. *Alle $\varkappa \in \mathscr{A}(\mathfrak{L}, \mathfrak{K})$ sind Kettenverwandtschaften. Damit sind auch alle $\gamma \in \mathscr{A}(\mathfrak{L}, \mathfrak{K}) \cdot \Gamma(\mathfrak{L})$ Kettenverwandtschaften.*

4. 2-Sphären auf der 4-Sphäre

Wir betrachten den Fall $\mathfrak{K} := \mathbb{C}$ und $\mathfrak{L} := \mathbb{Q}$ der Körper der Quaternionen. Zur Darstellung dieses Falles ziehen wir den affinen Raum $\mathscr{A}^4(\mathbb{R})$ heran. Der Punkt (x_1, x_2, x_3, x_4) sei hier mit der Quaternion

$$x_1 + x_2 i + x_3 j + x_4 k$$

identifiziert. Statt $x_1 + x_2 i + x_3 j + x_4 k$ schreiben wir meist

$$(x_1 + x_2 i) + (x_3 + x_4 i)\, j.$$

Lemma 4.1. *Ist q eine Quaternion, so gibt es eine Quaternion $a \neq 0$ und eine komplexe Zahl ξ mit $q = a\xi a^{-1}$.*

Beweis. Ist $q = c_1 + c_2 j$ mit komplexen Zahlen c_1, c_2, so können wir $c_2 \neq 0$ voraussetzen, da sonst schon $a = 1$, $\xi = c_2$ eine Lösung darstellt.

Sei ξ eine existierende komplexe Zahl, die der quadratischen Gleichung

$$(\xi - \bar{c}_1)(c_1 - \xi) = c_2 \bar{c}_2 \tag{4.1}$$

genügt. Hier ist $c_1 - \xi \neq 0$, da sonst $c_2 = 0$ sein müßte. Wir setzen

$$a := \frac{c_2}{c_1 - \xi} + j.$$

Offenbar ist $a \neq 0$ wegen $\frac{c_2}{c_1 - \xi} \in \mathbb{C}$. Nun gilt

$$q \cdot a = (c_1 + c_2 j)\left(\frac{c_2}{c_1 - \xi} + j\right) = \left(\frac{c_1 c_2}{c_1 - \xi} - c_2\right) + \left(c_1 + \frac{c_2 \bar{c}_2}{\bar{c}_1 - \bar{\xi}}\right) j,$$

wenn wir die Rechenregel

$$j\eta = \bar{\eta} j \quad \text{für} \quad \eta \in \mathbb{C}$$

beachten. Also ist mit (4.1)

$$q \cdot a = \frac{c_2 \xi}{c_1 - \xi} + \bar{\xi} j = a \cdot \xi,$$

was zu beweisen war. ▯

Lemma 4.2. *Ist a eine Quaternion $\neq 0$, so stellt $a\mathbb{C}a^{-1}$ eine Ebene durch die Punkte $0 = (0, 0, 0, 0)$, $1 = (1, 0, 0, 0)$ dar. Umgekehrt ist jede Ebene durch $0, 1$ von dieser Form.*

Beweis. $a\mathbb{C}a^{-1}$ besteht genau aus allen Punkten

$$a(\alpha + \beta i)\, a^{-1} \quad \text{mit} \quad \alpha, \beta \in \mathbb{R},$$

also aus allen Punkten

$$\alpha + \beta(a i a^{-1}), \quad \alpha, \beta \in \mathbb{R}. \tag{4.2}$$

Es ist $aia^{-1} := u \notin \mathbb{R}$, da sonst $i = a^{-1}ua$ aus $\mathbb{R}$ wäre. Damit ist (4.2) die Ebene durch die nichtkollinearen Punkte $0, 1, u = (u_1, u_2, u_3, u_4)$:

$$\{(\alpha + \beta u_1, \beta u_2, \beta u_3, \beta u_4) \mid \alpha, \beta \in \mathbb{R}\}.$$

Sei nun umgekehrt $\mathbf{E}$ eine Ebene durch $0, 1$: Sei q ein Punkt der Ebene $\mathbf{E}$, der nicht auf der Verbindungsgeraden von $0, 1$ liegt. Nach Lemma 4.1 gibt es eine Quaternion $a \neq 0$ und eine komplexe Zahl ξ mit $q = a\xi a^{-1}$. Damit ist $0, 1, q \in a\mathbb{C}a^{-1}$. Da $a\mathbb{C}a^{-1}$ eine Ebene ist, gilt also $\mathbf{E} = a\mathbb{C}a^{-1}$ wegen der Nichtkollinearität von $0, 1, q$. ▯

Lemma 4.3. *Ist Δ eine beliebige Ebene des* $\mathbb{A}^4(\mathbb{R})$, *so stellt* $\Delta' \equiv \Delta \cup \{\infty\}$ *eine Kette dar.*

Beweis. Es seien p, q verschiedene Punkte von Δ. Sei

$$\varphi \equiv \varphi(q - p, 1, p).$$

Es stellt φ auch eine affine Abbildung des $\mathbb{A}^4(\mathbb{R})$ dar. Damit ist $\Delta^{\varphi^{-1}} \ni 0, 1$ eine Ebene. Also gilt nach Lemma 4.2 $\Delta^{\varphi^{-1}} = a\mathbb{C}a^{-1}$ mit einer geeigneten Quaternion $a \neq 0$. Damit ist $\Delta \cup \{\infty\} = [a\mathbb{C}a^{-1} \cup \{\infty\}]^{\varphi}$ eine Kette. ▯

Um die Frage nach den, neben den in Lemma 4.3 genannten Ketten, noch verbleibenden Ketten zu beantworten, studieren wir im $\mathbb{A}^4(\mathbb{R})$ die Inversion ε an der Hypereinheitskugel

$$\mathbf{HE} \equiv \{(x_1, x_2, x_3, x_4) \mid x_1^2 + x_2^2 + x_3^2 + x_4^2 = 1\}.$$

Nach Definition überführt diese 0 in ∞, ∞ in 0 und den Punkt $x \neq 0$ des $\mathbb{A}^4(\mathbb{R})$ in den Punkt $\tilde{x}$ mit den Eigenschaften

(i) $$\tilde{x} = \mu x, \quad 0 < \mu \in \mathbb{R},$$

(ii) $$d(0, x) \cdot d(0, \tilde{x}) = 1.$$

Dabei bezeichnet $d(p, q)$ den euklidischen Abstand der Punkte p, q. Bevor wir die Inversion an **HE** weiter verfolgen, stellen wir noch einige Rechenregeln für Quaternionen bereit:

Ordnet man der Quaternion $a_1 + a_2 j$, $a_1, a_2 \in \mathbb{C}$, die (2, 2)-Matrix

(4.3) $$(a_1 + a_2 j)^\lambda \equiv \begin{pmatrix} a_1 & a_2 \\ -\bar{a}_2 & \bar{a}_1 \end{pmatrix}$$

zu, so entsprechen sich Addition (bzw. Multiplikation) von Quaternionen und zugeordneten Matrizen:

$$(p + q)^\lambda = p^\lambda + q^\lambda, \ (pq)^\lambda = p^\lambda q^\lambda.$$

Außerdem ist die Abbildung λ bijektiv von $\mathbb{Q}$ auf

$$\left\{ \begin{pmatrix} a_1 & a_2 \\ -\bar{a}_2 & \bar{a}_1 \end{pmatrix} \,\middle|\, a_1, a_2 \in \mathbb{C} \right\}.$$

Man kann die Quaternionen geradezu über diese Matrizen einführen. Den Rechenaufwand erfordernden Nachweis etwa des assoziativen Gesetzes der Multiplikation kann man dann sofort dem assoziativen Gesetz der Multiplikation von Matrizen entnehmen.

Gegeben sei nun die Quaternion $a_1 + a_2 j$. Unter der zu $a_1 + a_2 j$ *konjugierten Quaternion* $\overline{a_1 + a_2 j}$ versteht man die Quaternion $\bar{a}_1 - a_2 j$. Die Abbildung

$$q \to \bar{q}, \quad q \in \mathbb{Q},$$

ist offenbar eine involutorische Abbildung von $\mathbb{Q}$, die auf $\mathbb{C}$ mit der dortigen Konjugiertenbildung

$$\alpha + \beta i \to \alpha - \beta i, \quad \alpha, \beta \in \mathbb{R},$$

übereinstimmt. Offenbar gilt

$$\overline{(a_1 + a_2 j)^\lambda} = \overline{\begin{pmatrix} a_1 & a_2 \\ -\bar{a}_2 & \bar{a}_1 \end{pmatrix}}^{\mathsf{T}}, \tag{4.4}$$

wobei, wie schon in Kapitel I, § 1, eingeführt, $\overline{(a_{\nu\mu})}$ durch $(\overline{a_{\nu\mu}})$ für $a_{\nu\mu} \in \mathbb{C}$ erklärt ist.

Seien p, q Quaternionen und $\mathfrak{A}$, $\mathfrak{B}$ die gemäß (4.3) diesen Quaternionen zugeordneten Matrizen. Dann gilt mit (4.4)

$$\overline{(pq)^\lambda} = \overline{\mathfrak{A}\mathfrak{B}}^{\mathsf{T}} = (\bar{\mathfrak{A}}\bar{\mathfrak{B}})^{\mathsf{T}} \stackrel{\bullet}{=} \bar{\mathfrak{B}}^{\mathsf{T}}\bar{\mathfrak{A}}^{\mathsf{T}} = (\bar{q})^\lambda (\bar{p})^\lambda .$$

Also ist wegen der Eineindeutigkeit von λ

$$\overline{pq} = \bar{q}\bar{p}. \tag{4.5}$$

Da $\overline{p+q} = \bar{p} + \bar{q}$ auf der Hand liegt, ist $q \to \bar{q}$ ein involutorischer Antiautomorphismus von $\mathbb{Q}$. Die Quaternion q mit reellen Komponenten q_1, q_2, q_3, q_4 geschrieben, hat man

$$\overline{q_1 + q_2 i + q_3 j + q_4 k} = q_1 - q_2 i - q_3 j - q_4 k .$$

Unter der *Norm* $\mathcal{N}(a_1 + a_2 j)$ der Quaternion $q = a_1 + a_2 j$, $a_1, a_2 \in \mathbb{C}$ versteht man

$$\mathcal{N}(a_1 + a_2 j) = \begin{vmatrix} a_1 & a_2 \\ -\bar{a}_2 & \bar{a}_1 \end{vmatrix} = a_1\bar{a}_1 + a_2\bar{a}_2 .$$

Es gilt also $0 \leq \mathcal{N}(p) \in \mathbb{R}$, weiterhin stets $\mathcal{N}(p) = \mathcal{N}(\bar{p})$ und

$$\mathcal{N}(pq) = |\mathfrak{A}\mathfrak{B}| = |\mathfrak{A}|\,|\mathfrak{B}| = \mathcal{N}(p) \cdot \mathcal{N}(q),$$

wenn wieder $\mathfrak{A}$, $\mathfrak{B}$ die p, q zugeordneten Matrizen darstellen. Außerdem ist $\mathcal{N}(p) = p\bar{p}$. Auf der Hand liegt, daß $\mathcal{N}(p) = 0$ ist genau dann, wenn $p = 0$ ist. Das Zentrum $\mathfrak{Z}(\mathbb{Q})$ von $\mathbb{Q}$ ist der Körper $\mathbb{R}$ der reellen Zahlen. Aus $\mathcal{N}(p) = p\bar{p}$ folgt also im Falle $p \neq 0$

$$p^{-1} = \frac{\bar{p}}{\mathcal{N}(p)} . \tag{4.6}$$

Zurück nun zur Inversion an der Hypereinheitskugel **HE**. Wir beachten, daß für die Quaternion x

$$d(0, x) = \sqrt[\geq 0]{\mathcal{N}(x)}$$

gilt. Aus (ii) folgt hiermit

$$\mathcal{N}(x) \cdot \mathcal{N}(\tilde{x}) = 1.$$

Aus (i) folgt

$$\mathcal{N}(\tilde{x}) = \mathcal{N}(\mu) \cdot \mathcal{N}(x) = \mu^2 \cdot \mathcal{N}(x);$$

also ist

$$\mu^2 = \frac{1}{[\mathcal{N}(x)]^2}, \quad \text{d.h.} \quad \mu = \frac{1}{\mathcal{N}(x)}$$

wegen $\mu > 0$ und $\mathcal{N}(x) > 0$. Nach (i) ist damit

$$\tilde{x} = \frac{x}{\mathcal{N}(x)},$$

d.h.

$$\tilde{x} = \frac{1}{\bar{x}} \tag{4.7}$$

mit Hilfe von (4.6) und $\mathcal{N}(x) = \mathcal{N}(\bar{x})$.

Bezeichnet σ die Abbildung $x \to \bar{x}$, $\infty \to \infty$, so ist also $\sigma \in \mathcal{A}(\mathbb{Q}, \mathbb{C})$ und $\sigma\varrho$ nach Satz 3.4 eine Kettenverwandtschaft. $\sigma\varrho$ ist aber nach (4.7) die Inversion an **HE**, $\varepsilon = \sigma\varrho$.

Satz 4.1. *Die Menge aller Ketten von $\Sigma(\mathbb{C}, \mathbb{Q})$ ist gegeben durch die Menge aller $\Delta \cup \{\infty\}$, Δ eine Ebene des $\mathrm{A}^4(\mathbb{R})$, vereinigt mit der Menge aller Kugeln des $\mathrm{A}^4(\mathbb{R})$.*

Beweis. Unter Berücksichtigung von Lemma 4.3 muß noch gezeigt werden: Jede Kugel des $\mathrm{A}^4(\mathbb{R})$ ist Kette; jede Kette, die nicht von der Form $\Delta' = \Delta \cup \{\infty\}$, Δ Ebene, ist, ist Kugel. — Gegeben sei die Kugel **K**. Sei p ein Punkt auf **K**, sei τ die Translation $\varphi(1, 1, -p)$. Dann ist $\mathbf{K}^\tau$ eine Kugel durch den Ursprung 0. Eine Kugel durch den Ursprung wird aber durch die Inversion an **HE** in eine Ebene Δ mitsamt $\{\infty\}$ überführt. Damit ist

$$K = (\Delta')^{\varepsilon\tau^{-1}} \text{ Kette},$$

da $\varepsilon\tau^{-1}$ Kettenverwandtschaft ist. — Gegeben sei nun die beliebige Kette $\mathbf{K}_0$ durch ∞. Seien ferner p, q untereinander und von ∞ verschiedene Punkte auf $\mathbf{K}_0$ und sei $\varphi \equiv \varphi(q - p, 1, p)$. Dann enthält die Kette $(\mathbf{K}_0)^{\varphi^{-1}}$ die Punkte ∞, 0, 1. Beim Beweis von Satz 3.3a haben wir alle Ketten durch ∞, 0, 1 der Geometrie $\Sigma(\mathfrak{K}, \mathfrak{L})$ bestimmt; diese sind durch $(a\mathfrak{K}a^{-1}) \cup \{\infty\}$ gegeben. Also ist

$$(\mathbf{K}_0)^{\varphi^{-1}} = (a\mathbb{C}a^{-1}) \cup \{\infty\}$$

mit einem geeigneten $a \in \mathbb{Q}^\times$. Damit ist also $\mathbf{K}_0$ von der Form Δ', denn φ ist eine Affinität des $\mathrm{A}^4(\mathbb{R})$ und $a\mathbb{C}a^{-1}$ eine Ebene nach Lemma 4.2. —

Ist nun $\mathbf{K}_1 \not\ni \infty$ eine beliebige Kette, so betrachten wir

$$(\mathbf{K}_1)^\tau, \quad \text{wo} \quad \tau := \varphi(1, 1, -p)$$

ist mit einem festen Punkt $p \in \mathbf{K}_1$. Also enthält $(\mathbf{K}_1)^\tau$ den Punkt 0 und damit $(\mathbf{K}_1)^{\tau\varepsilon}$ den Punkt ∞. Also ist $(\mathbf{K}_1)^{\tau\varepsilon}$ von der Form Δ' und hiermit

$$\mathbf{K}_1 = (\Delta')^{\varepsilon\tau^{-1}}.$$

Es ist $0 \notin \Delta$, da sonst $\infty \in \mathbf{K}_1$ wäre. Ebenen $\Delta \not\ni 0$ werden vermöge ε in Kugeln überführt. Also ist $\mathbf{K}_1$ Kugel. ▯

Nach Definition ist eine Fährte (ABC) der Durchschnitt aller Ketten durch A, B, C. Aus anschaulichen Gründen sind daher die Fährten der Geometrie $\Sigma(\mathbb{C}, \mathbb{Q})$ genau alle (um ∞ erweiterten) Geraden von $\mathbb{A}^4(\mathbb{R})$ mitsamt allen Kreisen des $\mathbb{A}^4(\mathbb{R})$. Da $\mathfrak{F} = \mathbb{C} \cap \mathfrak{Z}(\mathbb{Q}) = \mathbb{C} \cap \mathbb{R} = \mathbb{R}$ ist, kennt man nach Satz 3.3a damit auch die Ketten der Geometrie $\Sigma(\mathbb{R}, \mathbb{Q})$.

In der Geometrie $\Sigma(\mathbb{C}, \mathbb{Q})$ ist aus anschaulichen Gründen die folgende Eigenschaft (*) erfüllt:

(*) *Ist Φ eine Fährte, $P \notin \Phi$ ein Punkt, so gibt es genau eine Kette durch P, die Φ als Teilmenge enthält.*

Wir wollen die Gültigkeit dieser Eigenschaft (*) für beliebige Geometrien $\Sigma(\mathfrak{K}, \mathfrak{L})$ dieses Paragraphen charakterisieren:

Satz 4.2. *Die Geometrie $\Sigma(\mathfrak{K}, \mathfrak{L})$ genügt der Eigenschaft* (*) *genau dann, wenn gilt*

(i) $\mathfrak{L} = \bigcup_{a \in \mathfrak{L}^\times} a\mathfrak{K}a^{-1}$

und

(ii) *Für jedes $a \in \mathfrak{L}^\times$ mit $\mathfrak{K} \neq a\mathfrak{K}a^{-1}$ ist*

$$\mathfrak{K} \cap (a\mathfrak{K}a^{-1}) = \mathfrak{K} \cap \mathfrak{Z}(\mathfrak{L}).$$

Beweis. Sei (i), (ii) erfüllt. Wegen Satz 3.3d genügt es (*) nur für den Fall $\Phi := (\infty\ 0\ 1)$ nachzuweisen. Wegen (i) gilt $P \in a\mathfrak{K}a^{-1}$ für ein geeignetes $a \in \mathfrak{L}^\times$. Dann ist $(a\mathfrak{K}a^{-1}) \cup \{\infty\}$ eine Kette durch P, die Φ umfaßt. Jede weitere Kette, die Φ umfaßt, ist ebenfalls von der Form $(b\mathfrak{K}b^{-1}) \cup \{\infty\}$, $b \in \mathfrak{L}^\times$. Gehen wir also von $P \in a\mathfrak{K}a^{-1} \neq b\mathfrak{K}b^{-1} \in P$ aus: Offenbar ist $(b^{-1}a)\ \mathfrak{K}(b^{-1}a)^{-1} \neq \mathfrak{K}$, d.h. nach (ii)

$$P \in (a\mathfrak{K}a^{-1}) \cap (b\mathfrak{K}b^{-1}) = \mathfrak{K} \cap Z(\mathfrak{L}) = \mathfrak{F}.$$

Also wäre $P \in \mathfrak{F}' = (\infty\ 0\ 1) = \Phi$, was nicht der Fall ist. —

Sei umgekehrt (*) erfüllt. Sei P ein beliebiges Element aus $\mathfrak{L}$. Wir wollen (i), d.h.

$$P \in \bigcup_{a \in \mathfrak{L}^\times} a\mathfrak{K}a^{-1},$$

nachweisen: Im Falle $P \in (\infty\ 0\ 1) = \mathfrak{F}'$ gilt schon $P \in \mathfrak{K}$. Sei also $P \notin (\infty\ 0\ 1)$ angenommen. Dann gibt es nach (*) eine Kette **k** durch P, die $(\infty\ 0\ 1)$ umfaßt. Wegen $\infty, 0, 1 \in \mathbf{k}$ ist $\mathbf{k} = (a\mathfrak{K}a^{-1}) \cup \{\infty\}$ mit einem $a \in \mathfrak{L}^{\times}$. Also ist $P \in a\mathfrak{K}a^{-1}$. Dies beweist (i). —

Zum Beweis von (ii): Sei a ein Element aus $\mathfrak{L}^{\times}$ mit $\mathfrak{K} \neq a\mathfrak{K}a^{-1}$. Trivialerweise gilt

$$\mathfrak{K} \cap \mathfrak{Z}(\mathfrak{L}) \subseteq \mathfrak{K} \cap (a\mathfrak{K}a^{-1}).$$

Angenommen, es gäbe einen Punkt P in $\mathfrak{K} \cap (a\mathfrak{K}a^{-1})$, der nicht in $\mathfrak{F}$ liegt: Dann wäre $P \notin (\infty\ 0\ 1) = \mathfrak{F}'$. Durch P, $(\infty\ 0\ 1)$ gäbe es dann nach (*) genau eine Kette. Die Ketten $\mathfrak{K}'$, $(a\mathfrak{K}a^{-1}) \cup \{\infty\}$ gehen durch P und umfassen $(\infty\ 0\ 1)$. Es gilt aber nicht $\mathfrak{K} = a\mathfrak{K}a^{-1}$. ▯

Anmerkung zu Satz 4.2: Eine hinreichende Bedingung für (ii) ist,

(ii') $(\mathfrak{K}:\mathfrak{F})$ und $(\mathfrak{L}:\mathfrak{K})$ sind beide Primzahlen.

Denn betrachten wir $a\mathfrak{K}a^{-1} \neq \mathfrak{K}$, $a \in \mathfrak{L}^{\times}$, so liegt der Körper

$$\mathfrak{Z} := \mathfrak{K} \cap (a\mathfrak{K}a^{-1})$$

zwischen $\mathfrak{F}$ und $\mathfrak{K}$. Aus $(\mathfrak{K}:\mathfrak{F}) = (\mathfrak{K}:\mathfrak{Z}) \cdot (\mathfrak{Z}:\mathfrak{F})$ und $(\mathfrak{K}:\mathfrak{F})$ prim folgt $(\mathfrak{Z}:\mathfrak{F}) = 1$ oder $(\mathfrak{K}:\mathfrak{Z}) = 1$, was auf $\mathfrak{Z} = \mathfrak{F}$ oder $\mathfrak{K} = \mathfrak{Z}$ führt. Es ist $\mathfrak{K} \neq \mathfrak{Z}$ (und damit $\mathfrak{Z} = \mathfrak{F}$, was (ii) beweist): Im Falle

$$\mathfrak{K} = \mathfrak{Z} = \mathfrak{K} \cap (a\mathfrak{K}a^{-1})$$

gilt $\mathfrak{K} \subseteq a\mathfrak{K}a^{-1}$. Beachten wir nun $\mathfrak{L} \neq a\mathfrak{K}a^{-1}$ (sonst wäre $\mathfrak{K} = a^{-1}\mathfrak{L}a = \mathfrak{L}$), so führt $(\mathfrak{L}:\mathfrak{K}) = (\mathfrak{L}:a\mathfrak{K}a^{-1}) \cdot (a\mathfrak{K}a^{-1}:\mathfrak{K})$ und $(\mathfrak{L}:\mathfrak{K})$ prim auf

$$(a\mathfrak{K}a^{-1}:\mathfrak{K}) = 1,$$

d.h. auf $a\mathfrak{K}a^{-1} = \mathfrak{K}$, was nicht stimmt. ▯

Die Bedingung (ii') ist im Falle $\mathfrak{K} \neq \mathbb{C}$, $\mathfrak{L} = \mathbb{Q}$ erfüllt. Hier ist ja $\mathfrak{F} = \mathbb{R}$ und also $(\mathfrak{K}:\mathfrak{F}) = 2$, $(\mathfrak{L}:\mathfrak{K}) = 2$. Daß hier auch (i) gilt, zeigt Lemma 4.1.

Wir wollen in diesem Abschnitt 4 noch auf eine Konsequenz der Eigenschaft (*) eingehen: Kettenverwandtschaften sind definiert als Bijektionen χ derart, daß mit jeder Kette **k** auch $\mathbf{k}^{\chi}$ und $\mathbf{k}^{\chi^{-1}}$ Ketten sind. Wir geben im folgenden Satz hinreichende Bedingungen dafür, daß Bijektionen χ bereits dann Kettenverwandtschaften darstellen, wenn mit jeder Kette **k** auch $\mathbf{k}^{\chi}$ Kette ist.

Satz 4.3. *Gegeben sei eine Geometrie $\Sigma(\mathfrak{K}, \mathfrak{L})$, $\mathfrak{L}$ (nicht notwendig kommutativer) Körper, die eine der folgenden Bedingungen erfüllt*[73].

---

[73] Da $\mathfrak{K}$ echter Unterkörper von $\mathfrak{L}$ ist, gibt es keine Geometrie $\Sigma(\mathfrak{K}, \mathfrak{L})$, die zugleich beiden Bedingungen (A), (B) genügt.

(A) $\mathfrak{K} \subseteq \mathfrak{Z}(\mathfrak{L})$

(B) $\mathfrak{L} = \bigcup_{a \in \mathfrak{L}^\times} a\mathfrak{K}a^{-1}$ *und* $\mathfrak{K} \cap (b\mathfrak{K}b^{-1}) \subseteq \mathfrak{Z}(\mathfrak{L})$ *für jedes* $b \in \mathfrak{L}^\times$, *für das* $\mathfrak{K} \neq b\mathfrak{K}b^{-1}$ *gilt.*

Dann ist jede Bijektion χ *von* $\mathfrak{L}'$ *bereits dann eine Kettenverwandtschaft, wenn mit jeder Kette* $\mathbf{k}$ *auch* $\mathbf{k}^\chi$ *eine Kette ist.*

Beweis. Nach Satz 3.1 ist (A) gleichwertig damit, daß durch je drei verschiedene Punkte genau eine Kette geht. Gelte nun (A) und sei χ eine Bijektion von $\mathfrak{L}'$, für die für jede Kette $\mathbf{g}$ auch $\mathbf{g}^\chi$ Kette ist. Wir betrachten die Kette $\mathbf{k}$. Wegen $|\mathbf{k}| \geq 3$ enthält die Punktmenge $\mathbf{k}^{\chi^{-1}}$ wenigstens drei verschiedene Punkte A, B, C. Durch A, B, C geht eine Kette $\mathbf{h}$. Also ist auch $\mathbf{h}^\chi$ eine Kette. Es gilt $\mathbf{h}^\chi \ni A^\chi, B^\chi, C^\chi$. Durch die drei verschiedenen Punkte A^χ, B^χ, C^χ geht aber genau eine Kette wegen (A). Also ist $\mathbf{h}^\chi = \mathbf{k}$ und damit $\mathbf{k}^{\chi^{-1}} = \mathbf{h}$ Kette.

Nach Satz 4.2 ist (B) gleichwertig mit der Eigenschaft (*): Ist Φ Fährte, $P \notin \Phi$ Punkt, so gibt es genau eine Kette durch P, Φ. Gelte nun (B) und sei χ eine Bijektion von $\mathfrak{L}'$, für die für jede Kette $\mathbf{g}$ auch $\mathbf{g}^\chi$ Kette ist. Sei $\mathbf{k}$ eine Kette. Wegen $\mathfrak{K} \not\subseteq \mathfrak{Z}(\mathfrak{L})$ kann $\mathbf{k}$ keine Fährte sein. Seien A, B, C verschiedene Punkte von $\mathbf{k}$, sei Φ die Fährte (ABC), sei $P \in \mathbf{k} - \Phi$. Für den beliebigen Punkt X schreiben wir $X' = X^{\chi^{-1}}$. Wir betrachten die Fährte $\Psi := (A'\,B'\,C')$, die ebenfalls keine Kette sein kann. Deshalb gibt es wenigstens zwei verschiedene Ketten $\mathbf{x}, \mathbf{y}$ durch Ψ. Wäre $P' \in (A'\,B'\,C')$, so wäre $P \in \mathbf{x}^\chi \cap \mathbf{y}^\chi$. Da aber wegen

$$(a\mathfrak{K}a^{-1}) \cap (b\mathfrak{K}b^{-1}) = \mathfrak{K} \cap \mathfrak{Z}(\mathfrak{L})$$

für $a\mathfrak{K}a^{-1} \neq b\mathfrak{K}b^{-1}$ der Durchschnitt zweier verschiedener Ketten mit wenigstens drei gemeinsamen Punkten schon eine Fährte ist, würde gelten $P \in \mathbf{x}^\chi \cap \mathbf{y}^\chi = (ABC) = \Phi$, was nicht der Fall ist. (Dieser Beweis, daß aus $P' \in (A'\,B'\,C')$ die Aussage $P \in (ABC)$ folgt, kann nicht von vornherein mit Satz 3.3d geführt werden, da noch nicht feststeht, ob χ eine Kettenverwandtschaft ist.) Also ist $P' \notin \Psi$. Wegen der Eigenschaft (*) geht durch P', Ψ eine Kette $\mathbf{h}$. Es ist auch $\mathbf{h}^\chi$ eine Kette. Wegen $P', A', B', C' \in \mathbf{h}$ gilt $P, A, B, C \in \mathbf{h}^\chi$ und damit $\Phi \subset \mathbf{h}^\chi$.

Nach (*) geht aber durch P, Φ genau eine Kette. Mit $P \in \mathbf{k} \supset \Phi$ ist also $\mathbf{k} = \mathbf{h}^\chi$ und damit $\mathbf{h} = \mathbf{k}^{\chi^{-1}}$ Kette. ▯

Anmerkung: Unter den Satz 4.3 fallen z.B. alle Möbiusgeometrien $\Sigma(\mathfrak{K}, \mathfrak{L})$, $\mathfrak{L}$ kommutativer Körper, aber z.B. auch die Geometrie $\Sigma(\mathbb{C}, \mathbb{Q})$ der 2-Sphären auf der 4-Sphäre.

5. n-Punkt-Invarianten und Doppelverhältnisse von n-tupeln

Wir betrachten nun die Gruppe $\Gamma(\mathfrak{S})$ über dem Körper $\mathfrak{S}$. Mit $[n; \mathfrak{S}]$ bezeichnen wir alle geordneten n-tupel $(A_1, \ldots, A_n)$, wobei n eine natürliche Zahl und $A_1, \ldots, A_n$ verschiedene Punkte aus $\mathfrak{S}' := \mathfrak{S} \cup \{\infty\}$ sind. Ist $\mathbf{I} \neq \emptyset$ eine Menge und ω eine Abbildung von $[n; \mathfrak{S}]$ in $\mathbf{I}$

$$\omega\colon [n; \mathfrak{S}] \to \mathbf{I},$$

so nennen wir das Paar $(\mathbf{I}, \omega)$ eine *n-Punkt-Invariante* von $\Gamma(\mathfrak{S})$ genau dann, wenn für alle $\gamma \in \Gamma(\mathfrak{S})$ und alle $(A_1, \ldots, A_n) \in [n; \mathfrak{S}]$ die Gleichung

$$(A_1^\gamma, \ldots, A_n^\gamma)^\omega = (A_1, \ldots, A_n)^\omega$$

gilt. Die n-Punkt-Invarianten $(\mathbf{I}, \omega)$ und $(\mathbf{I}', \omega')$ nennen wir *äquivalent*, wenn es eine Bijektion gibt

$$\alpha\colon [n; \mathfrak{S}]^\omega \to [n; \mathfrak{S}]^{\omega'}$$

derart, daß

$$[(A_1, \ldots, A_n)^\omega]^\alpha = (A_1, \ldots, A_n)^{\omega'}$$

für alle $(A_1, \ldots, A_n) \in [n; \mathfrak{S}]$ gilt. — Diese Relation ist eine Äquivalenzrelation auf der Klasse der n-Punkt-Invarianten von $\Gamma(\mathfrak{S})$.

Wir bezeichnen mit Σ die Menge aller $\Gamma(\mathfrak{S})$-Bahnen von $[n; \mathfrak{S}]$ und mit σ die Abbildung, die jedem Element von $[n; \mathfrak{S}]$ seine Bahn zuordnet. Damit können alle n-Punkt-Invarianten in der Form $(\mathbf{I}; \sigma\mu)$ aufgeschrieben werden, wobei $\mathbf{I} \neq \emptyset$ eine beliebige Menge und $\mu\colon \Sigma \to \mathbf{I}$ eine beliebige Abbildung ist.

Da $\Gamma(\mathfrak{S})$ transitiv auf $[1; \mathfrak{S}]$ operiert, gibt es bis auf Äquivalenz nur eine 1-Punkt-Invariante. Weiter gibt es bis auf Äquivalenz nur eine 2-Punkt-Invariante und nur eine 3-Punkt-Invariante. Wenn $\mathfrak{S}$ den Körper $\mathbb{C}$ der komplexen Zahlen bezeichnet, also $\mathfrak{S}'$ die vollständige Gaußsche Zahlenebene ist, erhalten wir sofort bekannte geometrische Beispiele für 4-Punkt-Invarianten, die nicht äquivalent sind. Zum Beispiel sind $(\mathbf{I}_\nu, \omega_\nu)$ $1 < \nu < 4$ paarweise nicht äquivalent, wobei gesetzt sei

$$\mathbf{I}_1 = \mathbf{I}_2 := \{0, 1\};\ \mathbf{I}_3 := \text{Torusgruppe mod } \pi;\ \mathbf{I}_4 = \mathbb{C}$$

und

$$(A_1, A_2, A_3, A_4)^{\omega_1} := 1 \text{ (bzw. 0)}$$

falls

$$(A_1, A_2, A_3, A_4) \in [n; \mathfrak{S}]$$

gemeinsam einem Kreis angehören (bzw. nicht angehören);

$$(A_1, A_2, A_3, A_4)^{\omega_2} := 1 \text{ (bzw. 0)}$$

falls das Quadrupel A_1, A_2, A_3, A_4 sich in harmonischer Lage befindet (bzw. sich nicht in harmonischer Lage befindet);

$(A_1, A_2, A_3, A_4)^{\omega_3} :=$ Winkel mod π, der um A_2 im positiven Sinne (definiert mittels einer Indikatrix auf der Kugel) vom Kreis durch A_1, A_2, A_3 zum Kreis durch A_1, A_2, A_4

führt;

$$(A_1, A_2, A_3, A_4)^{\omega_4} := \begin{bmatrix} A_1 & A_2 \\ A_4 & A_3 \end{bmatrix}.$$

In diesem Abschnitt wollen wir alle n-Punkt-Invarianten, $n \geq 3$, im Falle beliebiger Körper charakterisieren. Sei $m := n - 3$. Wir interessieren uns für alle geordneten m-Tupel $(\alpha_1, \ldots, \alpha_m)$ von Elementen $\alpha_\nu \in \mathfrak{S} - \{0, 1\}$. Wir setzen $(\alpha_1, \ldots, \alpha_m) \sim (\beta_1, \ldots, \beta_m)$ genau dann, wenn es ein $a \in \mathfrak{S}^\times = \mathfrak{S} - \{0, 1\}$ gibt mit $\beta_\nu = a\alpha_\nu a^{-1}$ für alle $\nu = 1, 2, \ldots, m$. Das ist eine Äquivalenzrelation. Wir bezeichnen mit $\langle(\alpha_1, \ldots, \alpha_m)\rangle$ die Äquivalenzklasse von $(\alpha_1, \ldots, \alpha_m)$ und mit $\mathbf{E}_m$ die Menge

$$\{\langle(\alpha_1, \ldots, \alpha_m)\rangle \mid \alpha_1, \ldots, \alpha_m \in \mathfrak{S} - \{0, 1\}\}.$$

Für $(P_1, \ldots, P_4) \in [4; \mathfrak{S}]$ definieren wir

$$\begin{pmatrix} P_1 & P_2 \\ P_4 & P_3 \end{pmatrix} := (P_2 - P_3)^{-1} (P_1 - P_3) (P_1 - P_4)^{-1} (P_2 - P_4),$$

wobei wir im Falle, daß ∞ in $\{P_1, \ldots, P_4\}$ vorkommt, die beiden Ausdrücke $(P_\nu - P_\mu)$, die ∞ enthalten, fortlassen. Es ist also zum Beispiel

$$\begin{pmatrix} \infty & P_2 \\ P_4 & P_3 \end{pmatrix} = (P_2 - P_3)^{-1} (P_2 - P_4).$$

Da $(P_1, \ldots, P_4) \in [4; \mathfrak{S}]$ gilt, haben wir stets

$$\begin{pmatrix} P_1 & P_2 \\ P_4 & P_3 \end{pmatrix} \in \mathfrak{S} - \{0, 1\}.$$

Unter

$$\begin{bmatrix} & A_1 & A_2 \\ A_4 \cdots & A_n & A_3 \end{bmatrix}$$

verstehen wir das Element

$$\left\langle\left(\begin{pmatrix} A_1 & A_2 \\ A_4 & A_3 \end{pmatrix}, \begin{pmatrix} A_1 & A_2 \\ A_5 & A_3 \end{pmatrix}, \ldots, \begin{pmatrix} A_1 & A_2 \\ A_n & A_3 \end{pmatrix}\right)\right\rangle$$

von $\mathbf{E}_{n-3}$ für $(A_1, \ldots, A_n) \in [n; \mathfrak{S}]$, $n \geq 4$. (Für $n = 4$ erhalten wir die Doppelverhältnisse) Es gilt nun

Satz 5.1. *Sei $n \geq 4$ eine natürliche Zahl, $\mathbf{I}$ eine beliebige nicht-leere Menge und Ω eine beliebige Abbildung*

$$\Omega: \mathbf{E}_{n-3} \to \mathbf{I}.$$

Setzt man

$$(A_1, \ldots, A_n)^\omega = \begin{bmatrix} & A_1 & A_2 \\ A_4 \cdots & A_n & A_3 \end{bmatrix}^\Omega$$

für $(A_1, \ldots, A_n) \in [n; \mathfrak{S}]$, *so ist* $(\mathbf{I}, \omega)$ *eine n-Punkt-Invariante. Darüber hinaus gibt es keine anderen n-Punkt-Invarianten.*

Mit anderen Worten besagt dieser Satz, daß

$$(A_1, \ldots, A_n), (B_1, \ldots, B_n) \in [n; \mathfrak{S}]$$

genau dann zur selben $\Gamma(\mathfrak{S})$-Bahn gehören, wenn ihre „verallgemeinerten Doppelverhältnisse"

$$\begin{bmatrix} & A_1 & A_2 \\ A_4 \cdots & A_n & A_3 \end{bmatrix}; \begin{bmatrix} & B_1 & B_2 \\ B_4 \cdots & B_n & B_3 \end{bmatrix}$$

gleich sind. In diesem Zusammenhang wollen wir betonen, daß

$$\begin{bmatrix} A_1 & A_2 \\ A_\nu & A_3 \end{bmatrix} = \begin{bmatrix} B_1 & B_2 \\ B_\nu & B_3 \end{bmatrix} \qquad \nu = 4, \ldots, n$$

im allgemeinen nicht hinreichend dafür ist, daß $(A_1, \ldots, A_n)$, $(B_1, \ldots, B_n)$ in derselben Bahn liegen. Jedoch ist es hinreichend im Fall, daß $\mathfrak{S}$ ein kommutativer Körper ist. Für den allgemeinen Fall haben wir das folgende Gegenbeispiel: Sei $\mathfrak{S}$ die Menge der Quaternionen, dann betrachten wir $(\infty, 0, 1, i, 2i)$, $(\infty, 0, 1, -i, 2i) \in [5; \mathfrak{S}]$. Hier gilt

$$\begin{bmatrix} \infty & 0 \\ i & 1 \end{bmatrix} = \begin{bmatrix} \infty & 0 \\ -i & 1 \end{bmatrix}; \begin{bmatrix} \infty & 0 \\ 2i & 1 \end{bmatrix} = \begin{bmatrix} \infty & 0 \\ 2i & 1 \end{bmatrix}$$

wegen

$$\langle -i \rangle = \langle j(-i)\, j^{-1} \rangle = \langle i \rangle .$$

Falls $(\infty, 0, 1, i, 2i)$, $(\infty, 0, 1, -i, 2i)$ in derselben $\Gamma(\mathfrak{S})$-Bahn lägen, müßte es einen inneren Automorphismus geben

$$z \to aza^{-1}, \quad a \in \mathfrak{S}^\times ,$$

der $-i = aia^{-1}$, $2i = a(2i)\, a^{-1}$ genügt; aber das ist offensichtlich nicht richtig.

Um die Bahnen zu beschreiben, ist es deshalb nicht ausreichend, ein verallgemeinertes Doppelverhältnis durch

$$\left(\left\langle \begin{pmatrix} A_1 & A_2 \\ A_4 & A_3 \end{pmatrix} \right\rangle, \left\langle \begin{pmatrix} A_1 & A_2 \\ A_5 & A_3 \end{pmatrix} \right\rangle, \ldots, \left\langle \begin{pmatrix} A_1 & A_2 \\ A_n & A_3 \end{pmatrix} \right\rangle \right)$$

zu definieren; aber es ist möglich, wie wir beweisen werden, wenn wir

$$\left\langle \left(\begin{pmatrix} A_1 & A_2 \\ A_4 & A_3 \end{pmatrix}, \begin{pmatrix} A_1 & A_2 \\ A_5 & A_3 \end{pmatrix}, \ldots, \begin{pmatrix} A_1 & A_2 \\ A_n & A_3 \end{pmatrix} \right) \right\rangle$$

benutzen, also indem wir die oben definierten verallgemeinerten Doppelverhältnisse

$$\begin{bmatrix} & A_1 & A_2 \\ A_4 \cdots & A_n & A_3 \end{bmatrix}$$

verwenden. Um den Satz zu beweisen, beginnen wir mit einem Lemma, das die verallgemeinerten Doppelverhältnisse auf andere Weise charakterisiert.

Lemma 5.1. $\Gamma\begin{pmatrix} A & B & C \\ P & Q & R \end{pmatrix}$ *bezeichne die Menge aller* $\gamma \in \Gamma(\mathfrak{S})$, *die* $A^\gamma = P$; $B^\gamma = Q$, $C^\gamma = R$ *genügen. Dann gilt für*

$$(A, B, C, D_1, D_2, \ldots, D_{m=n-3}) \in [n; \mathfrak{S}]$$

die Gleichung

$$\begin{bmatrix} & A & & B \\ D_1 & \cdots & D_m & C \end{bmatrix} = \left\{ (D_1^\gamma, D_2^\gamma, , \ldots, D_m^\gamma) \mid \gamma \in \Gamma\begin{pmatrix} A & B & C \\ \infty & 0 & 1 \end{pmatrix} \right\}.$$

Beweis. Sei ε ein Element von $\Gamma\begin{pmatrix} A & B & C \\ \infty & 0 & 1 \end{pmatrix}$ und $\alpha_\nu := (D_\nu)^\varepsilon$ für $\nu = 1, 2, \ldots, m$. Wegen der Bijektivität von ε, erhalten wir $\alpha_\nu \in \mathfrak{S} - \{0, 1\}$. Darüber hinaus gilt

$$\left\{ (D_1^\gamma, \ldots, D_m^\gamma) \mid \gamma \in \Gamma\begin{pmatrix} A & B & C \\ \infty & 0 & 1 \end{pmatrix} \right\} = \left\{ (\alpha_1^\delta, \ldots, \alpha_m^\delta) \mid \delta \in \Gamma\begin{pmatrix} \infty & 0 & 1 \\ \infty & 0 & 1 \end{pmatrix} \right\}.$$

Da $\Gamma\begin{pmatrix} \infty & 0 & 1 \\ \infty & 0 & 1 \end{pmatrix}$ genau die inneren Automorphismen von $\mathfrak{S}$ enthält, erhalten wir

$$\left\{ (D_1^\gamma, \ldots, D_m^\gamma) \mid \gamma \in \Gamma\begin{pmatrix} A & B & C \\ \infty & 0 & 1 \end{pmatrix} \right\} = \langle (\alpha_1, \ldots, \alpha_m) \rangle \in \mathbf{E}_m.$$

Sei für den Moment $\left\{ (D_1^\gamma, \ldots, D_m^\gamma) \mid \gamma \in \Gamma\begin{pmatrix} A & B & C \\ \infty & 0 & 1 \end{pmatrix} \right\}$ mit

$$\begin{bmatrix} & A & & B \\ D_1 & \cdots & D_m & C \end{bmatrix}^*$$

bezeichnet. Damit setzen wir

$$\begin{bmatrix} & A & & B \\ D_1 & \cdots & D_m & C \end{bmatrix}^* = \langle (\alpha_1, \ldots, \alpha_m) \rangle \in \mathbf{E}_m$$

wobei $\alpha_\nu = (D_\nu)^\varepsilon$, $\nu = 1, 2, \ldots, m$ mit einem beliebigen $\varepsilon \in \Gamma\begin{pmatrix} A & B & C \\ \infty & 0 & 1 \end{pmatrix}$ ist.

1. Fall: $A = \infty$

Wenn wir $\varepsilon = \varphi\left(\frac{1}{C - B}, 1, \frac{-1}{C - B} B\right)$ nehmen (man beachte

$(A, B, C, D_1, \ldots, D_m) \in [n; \mathfrak{S}])$, so gilt

$$\begin{bmatrix} & A & B \\ D_1 & \cdots D_m & C \end{bmatrix}^* = \left\langle \begin{pmatrix} A & B \\ D_1 & C \end{pmatrix}, \begin{pmatrix} A & B \\ D_2 & C \end{pmatrix}, \ldots, \begin{pmatrix} A & B \\ D_m & C \end{pmatrix} \right\rangle = \begin{bmatrix} & A & B \\ D_1 & \cdots D_m & C \end{bmatrix}.$$

2. Fall: $B = \infty$

Setze $\varepsilon = \psi(C - A, 1, 0, A)$. Dann gilt

$$\begin{aligned} \langle(\alpha_1, \ldots, \alpha_m)\rangle &= \left\langle \left((C - A) \frac{1}{D_1 - A}, \ldots, (C - A) \frac{1}{D_m - A} \right) \right\rangle \\ &= \left\langle \begin{pmatrix} A & B \\ D_1 & C \end{pmatrix}, \ldots, \begin{pmatrix} A & B \\ D_m & C \end{pmatrix} \right\rangle \\ &= \begin{bmatrix} & A & B \\ D_1 & \cdots D_m & C \end{bmatrix}. \end{aligned}$$

3. Fall: $C = \infty$

Setze $\varepsilon = \psi(1, A - B, 1, A)$. Dann gilt

$$\frac{1}{D_\nu - A}(A - B) + 1 = \frac{1}{D_\nu - A}((A - B) + (D_\nu - A)) = \frac{1}{A - D_\nu}(B - D_\nu)$$

und deshalb

$$\langle(\alpha_1, \ldots, \alpha_m)\rangle = \begin{bmatrix} & A & B \\ D_1 & \cdots D_m & C \end{bmatrix}.$$

4. Fall: $\infty \notin \{A, B, C\}$

Setze $a \equiv (B - A)(B - C)^{-1}(C - A)$, $c \equiv a(A - B)^{-1}$ und

$$\varepsilon = \psi(a, 1, c, A).$$

Dann erhalten wir für $D_\nu = \infty$

$$D_\nu^\varepsilon = c = (A - B) \begin{pmatrix} A & B \\ D_\nu & C \end{pmatrix} (A - B)^{-1}$$

und für $D_\nu \neq \infty$ (beachte $D_\nu \notin \{A, B, C\}$)

$$D_\nu^\varepsilon = a \frac{1}{D_\nu - A} + c = (A - B) \begin{pmatrix} A & B \\ D_\nu & C \end{pmatrix} (A - B)^{-1}.$$

Somit gilt

$$\begin{aligned} \langle(\alpha_1, \ldots, \alpha_m)\rangle &= \left\langle \left(t \begin{pmatrix} A & B \\ D_1 & C \end{pmatrix} t^{-1}, \ldots, t \begin{pmatrix} A & B \\ D_m & C \end{pmatrix} t^{-1} \right) \right\rangle \\ &= \left\langle \begin{pmatrix} A & B \\ D_1 & C \end{pmatrix}, \ldots, \begin{pmatrix} A & B \\ D_m & C \end{pmatrix} \right\rangle \\ &= \begin{bmatrix} & A & B \\ D_1 & \cdots D_m & C \end{bmatrix} \end{aligned}$$

mit $t \equiv A - B$.

Insgesamt haben wir nun

$$\begin{bmatrix} & A & & B \\ D_1 & \cdots & D_m & C \end{bmatrix}^* = \begin{bmatrix} & A & & B \\ D_1 & \cdots & D_m & C \end{bmatrix}. \quad \square$$

Lemma 5.2. *Für* $(A_1, \ldots, A_m) \in [n; \mathfrak{S}]$ *und* $\gamma \in \Gamma(\mathfrak{S})$ *gilt*

$$\begin{bmatrix} & A_1^\gamma & & A_2^\gamma \\ A_4^\gamma & \cdots & A_n^\gamma & A_3^\gamma \end{bmatrix} = \begin{bmatrix} & A_1 & & A_2 \\ A_4 & \cdots & A_n & A_3 \end{bmatrix}.$$

Beweis. Aus Lemma 5.1 folgt

$$\begin{bmatrix} & A_1^\gamma & & A_2^\gamma \\ A_4^\gamma & \cdots & A_n^\gamma & A_3^\gamma \end{bmatrix} = \left\{ (A_4^{\gamma\tau}, \ldots, A_n^{\gamma\tau}) \mid \tau \in \Gamma \begin{pmatrix} A_1^\gamma & A_2^\gamma & A_3^\gamma \\ \infty & 0 & 1 \end{pmatrix} \right\}$$

$$= \left\{ (A_4^\delta, \ldots, A_n^\delta) \mid \delta \in \Gamma \begin{pmatrix} A_1 & A_2 & A_3 \\ \infty & 0 & 1 \end{pmatrix} \right\} = \begin{bmatrix} & A_1 & & A_2 \\ A_4 & \cdots & A_n & A_3 \end{bmatrix}. \quad \square$$

Als Folge aus Lemma 5.2 erhalten wir, daß die Paare $(\mathbf{I}, \omega)$ aus dem Satz n-Punkt-Invarianten sind.

Es bleibt zu beweisen, daß jede n-Punkt-Invariante in dieser Art beschrieben werden kann: Betrachten wir also eine beliebige n-Punkt-Invariante $(\mathbf{I}, \omega)$. Wir müssen beweisen, daß aus

$$\begin{bmatrix} & A_1 & & A_2 \\ A_4 & \cdots & A_n & A_3 \end{bmatrix} = \begin{bmatrix} & B_1 & & B_2 \\ B_4 & \cdots & B_n & B_3 \end{bmatrix}$$

$(A_1, \ldots, A_n)^\omega = (B_1, \ldots, B_n)^\omega$ für beliebig vorgegebene Elemente $(A_1, \ldots, A_n)$, $(B_1, \ldots, B_n)$ aus $[n; \mathfrak{S}]$ folgt. Mit

$$\xi \in \Gamma \begin{pmatrix} A_1 & A_2 & A_3 \\ \infty & 0 & 1 \end{pmatrix}, \eta \in \Gamma \begin{pmatrix} B_1 & B_2 & B_3 \\ \infty & 0 & 1 \end{pmatrix}$$

und Lemma 5.2 erhalten wir

$$\begin{bmatrix} & \infty & & 0 \\ A_4^\xi & \cdots & A_n^\xi & 1 \end{bmatrix} = \begin{bmatrix} & \infty & & 0 \\ B_4^\eta & \cdots & B_n^\eta & 1 \end{bmatrix}$$

und somit

$$\langle (A_4^\xi, \ldots, A_n^\xi) \rangle = \langle (B_4^\eta, \ldots, B_n^\eta) \rangle.$$

Hieraus folgt die Existenz eines Elementes $t \in \mathfrak{S}^\times$ mit $A_\nu^\xi = t B_\nu^\eta t^{-1}$ für $\nu = 4, \ldots, n$.

Wir bezeichnen den inneren Automorphismus von $\mathfrak{S}$, der von t induziert wird mit ι. Dann erhalten wir $A_\nu^{\xi\iota^{-1}\eta^{-1}} = B_\nu$ für $\nu = 1, 2, \ldots, n$ mit $\gamma \equiv \xi\iota^{-1}\eta^{-1} \in \Gamma(\mathfrak{S})$. Somit gilt

$$(A_1, \ldots, A_n)^\omega = (A_1^\gamma, \ldots, A_n^\gamma)^\omega = (B_1, \ldots, B_n)^\omega. \quad \square$$

Ist $\mathfrak{S}$ zum Beispiel der Körper der Quaternionen, so erhält man

$$\begin{bmatrix} \infty & 0 \\ i,\, 2i & 1 \end{bmatrix} = \langle (i,\, 2i) \rangle \quad \text{und} \quad \begin{bmatrix} \infty & 0 \\ -i,\, 2i & 1 \end{bmatrix} = \langle (-i,\, 2i) \rangle .$$

Weil es keinen inneren Automorphismus ϱ gibt, der $(-i)^\varrho = i$ und $(2i)^\varrho = 2i$ genügt, so erhalten wir $\langle (i, 2i) \rangle \neq \langle (-i, 2i) \rangle$, woraus folgt, daß $(\infty, 0, 1, i, 2i)$, $(\infty, 0, 1, -i, 2i)$ in verschiedenen Bahnen liegen in Übereinstimmung mit unseren vorherigen Überlegungen.

6. Das Automorphismenproblem

Es gilt der folgende

Satz. *Liegt in $\mathfrak{K}$ wenigstens ein von 0 und 1 verschiedenes Element des Zentrums von $\mathfrak{L}$, so ist die Gruppe $\mathbb{M}$ der Kettenverwandtschaften Produkt der Gruppen $\mathscr{A}(\mathfrak{L}, \mathfrak{K})$, $\Gamma(\mathfrak{L})$,*

$$\mathbb{M} = \mathscr{A}(\mathfrak{L}, \mathfrak{K}) \cdot \Gamma(\mathfrak{L}),$$

wobei $\mathscr{A}(\mathfrak{L}, \mathfrak{K})$ die bereits eingeführte Gruppe der Auto- und Antiautomorphismen von $\mathfrak{L}$ ist, die $\mathfrak{K}$ als Ganzes festlassen und durch $\infty \to \infty$ auf $\mathfrak{L}'$ erweitert seien.

Wir werden diesen Satz hier nur für char $\mathfrak{K} \neq 2$ beweisen (als Satz 6.5). Für den allgemeinen Fall verweisen wir auf W. Benz [25]. Im Falle char $\mathfrak{K} \neq 2$ ist wegen $1 \neq -1 \in \mathfrak{K} \cap \mathfrak{Z}(\mathfrak{L})$ die Forderung $|\mathfrak{K} \cap \mathfrak{Z}(\mathfrak{L})| \geq 3$ von selbst erfüllt.

Sei bis auf Widerruf $\mathfrak{K} \subseteq \mathfrak{Z}(\mathfrak{L})$. Wir betrachten $\mathfrak{L}$ als Vektorraum über $\mathfrak{K}$. Die Punkte des zugehörigen affinen Raumes $\mathfrak{A}$ sind dann genau die Elemente von $\mathfrak{L}$. Sind $P, Q, \in \mathfrak{L}$ verschiedene Punkte, so ist

$$(PQ) := \{\alpha P + (1 - \alpha)\, Q \mid \alpha \in \mathfrak{K}\}$$

die Verbindungsgerade von P, Q. Ist $\mathbf{g}$ Gerade, so stellt $\mathbf{g} \cup \{\infty\}$ eine Kette durch ∞ dar: Sind nämlich P, Q verschiedene Punkte von $\mathbf{g}$, so gilt

$$\mathbf{g} = \{\alpha P + (1 - \alpha)\, Q \mid \alpha \in \mathfrak{K}\} = \{\alpha(P - Q) + Q \mid \alpha \in \mathfrak{K}\},$$

was mit Satz 3.2 (man setze hier $a = 1$, $b = P - Q$, $c = Q$) die Behauptung zeigt. Ist umgekehrt $\mathbf{k}$ eine Kette durch ∞, so ist $\mathbf{k}_0 := \mathbf{k} - \{\infty\}$ eine Gerade: Nach Satz 3.2 ist

$$\mathbf{k}_0 = \{a\xi b + c \mid \xi \in \mathfrak{K}\} \text{ mit } a, b \in \mathfrak{L} \text{ und } a \cdot b \neq 0.$$

Mit $P := a \cdot b + c$, $Q = c$ und $\mathfrak{K} \subseteq \mathfrak{Z}(\mathfrak{L})$ ist dann

$$k_0 = \{\xi ab + c \mid \xi \in \mathfrak{K}\} = \{\xi \cdot (P - Q) + Q \mid \xi \in \mathfrak{K}\}$$

die Verbindungsgerade von P, Q.

Sind $\mathbf{a}, \mathbf{b}$ Ketten durch P, so setzen wir $\mathbf{a}P\mathbf{b}$ genau dann, wenn es ein $\gamma \in \Gamma(\mathfrak{L})$ mit $P^\gamma = \infty$ gibt so, daß die Geraden $(\mathbf{a}^\gamma)_0 \equiv \mathbf{a}^\gamma - \{\infty\}$, $(\mathbf{b}^\gamma)_0$ parallel sind. Es gilt

Lemma 6.1. *Sind* $\mathbf{a}, \mathbf{b}$ *Ketten durch* P *mit* $\mathbf{a} \cap \mathbf{b} = \{P\}$ *und mit* $\mathbf{a}P\mathbf{b}$, *so gilt für jedes* $\delta \in \Gamma(\mathfrak{L})$ *das* P *in* ∞ *überführt,* $(\mathbf{a}^\delta)_0 \parallel (\mathbf{b}^\delta)_0$, *d.h.* $(\mathbf{a}^\delta)_0$ *parallel zu* $(\mathbf{b}^\delta)_0$.

Beweis. Sei zunächst $P = \infty$. Der Stabilisator von ∞ in $\Gamma(\mathfrak{L})$ ist die Gruppe $\Phi(\mathfrak{L})$ von Abschnitt 1. Wir zeigen, daß alle $\varphi \in \Phi(\mathfrak{L})$, auf $\mathfrak{L}$ beschränkt, Affinitäten sind: $z \to \alpha z \beta + \gamma$ mit $\alpha, \beta, \gamma \in \mathfrak{L}$ und $\alpha \neq 0 \neq \beta$ überführt aber tatsächlich Geraden in Geraden (da $\varphi(\alpha, \beta, \gamma)$ Ketten durch ∞ in Ketten durch ∞ überführt) und parallele Geraden in parallele Geraden; sind nämlich (N, Q), (R, S) parallele Geraden, d.h. gilt $S - R = \lambda(Q - N)$ mit einem $\lambda \in \mathfrak{K}$, so ist wegen $\lambda \in \mathfrak{Z}(\mathfrak{L})$

$$(\alpha S \beta + \gamma) - (\alpha R \beta + \gamma) = \alpha(S - R)\beta = \lambda\alpha(Q - N)\beta$$
$$= \lambda[(\alpha Q \beta + \gamma) - (\alpha N \beta + \gamma)].$$

Aus $\mathbf{a}P\mathbf{b}$ folgt nun die Existenz eines $\varepsilon \in \Gamma(\mathfrak{L})$ mit $(\mathbf{a}^\varepsilon)_0 \parallel (\mathbf{b}^\varepsilon)_0$ und (wegen $P = \infty$) $\varepsilon \in \Phi(\mathfrak{L})$. Also ist $(\mathbf{a}^\delta)_0 \parallel (\mathbf{b}^\delta)_0$ eine Folge des Affinitätscharakters von $\varepsilon^{-1}\delta \in \Phi(\mathfrak{L})$. Der Fall $P \neq \infty$ erledigt sich so: Die Gesamtheit der Abbildungen aus $\Gamma(\mathfrak{L})$, die P in ∞ überführen, ist durch $\psi(1, 1, 0, P) \cdot \Phi(\mathfrak{L})$ gegeben. Gilt nun $(\mathbf{a}^\varepsilon)_0 \parallel (\mathbf{b}^\varepsilon)_0$ für ein $\varepsilon \in \psi \cdot \Phi$, so folgt für jedes $\delta \in \psi \cdot \Phi$ offenbar $(\mathbf{a}^\delta)_0 \parallel (\mathbf{b}^\delta)_0$, da $\varepsilon^{-1}\delta \in \Phi$ ist. □

Lemma 6.2. (i) *Aus* $\mathbf{a}P\mathbf{b}$, $\mathbf{a} \neq \mathbf{b}$, *folgt* $\mathbf{a} \cap \mathbf{b} = \{P\}$. *Aus* $P \in \mathbf{a}$ *folgt* $\mathbf{a}P\mathbf{a}$. *Es ist* $\mathbf{b}P\mathbf{a}$ *eine Folge von* $\mathbf{a}P\mathbf{b}$. *Schließlich ergibt* $\mathbf{a}P\mathbf{b}$, $\mathbf{b}P\mathbf{c}$ *auch* $\mathbf{a}P\mathbf{c}$.

(ii) *Ist k eine Kette, sind* P, Q *Punkte mit* $P \in \mathbf{k}$, $Q \notin \mathbf{k}$, *so gibt es genau eine Kette* $\mathbf{k}'$ *durch* P, Q *mit* $\mathbf{k}P\mathbf{k}'$.

(iii) *Folgt aus* $\mathbf{a} \cap \mathbf{b} = \{P\}$ *stets* $\mathbf{a}P\mathbf{b}$, *so ist* $\mathfrak{L}$ *eine kommutative quadratische Erweiterung von* $\mathfrak{K}$.

Beweis. (i) und (ii) folgen aus entsprechenden Eigenschaften für die Parallelitätsrelation in $\mathfrak{A}$ und unter Berücksichtigung von Lemma 6.1; insbesondere ist (ii) eine Folge des euklidischen Parallelenaxioms.

Zu (iii): Hier ist $\mathfrak{A}$ die affine Ebene über $\mathfrak{K}$. Ist $l_0 \in \mathfrak{L}$ mit $l_0 \notin \mathfrak{K}$, so ist $1, l_0$ eine Basis von $\mathfrak{L}$ über $\mathfrak{K}$: Sei $l \in \mathfrak{L}$. Dann zeichne man durch l die Parallele zur Geraden $(0, 1)$, die die Gerade $(0, l_0)$ in αl_0, $\alpha \in \mathfrak{K}$ schneiden möge. Also gilt $l = \alpha l_0$ oder $l \neq \alpha l_0$ und $l - \alpha l_0 = \lambda(1 - 0)$ mit einem $\lambda \in \mathfrak{K}^\times$; insgesamt ist $l = \lambda + \alpha l_0$ mit $\lambda \in \mathfrak{K}$. Wegen $\mathfrak{K} \subseteq \mathfrak{Z}(\mathfrak{L})$ ist dann $\mathfrak{L}$ kommutativ. □

Die Beweise der folgenden Sätze 6.1, 6.2 und der zugehörigen Korollare verlaufen ähnlich wie die entsprechender Sätze in Kapitel II, § 2, Abschnitt 4, 6. Wir überlassen sie dem Leser. Man beachte bei der Durchführung $\mathfrak{K} \subseteq \mathfrak{Z}(\mathfrak{L})$, die Lemmata 6.1, 6.2, sowie Doppelverhältniseigenschaften von Abschnitt 5.

Satz 6.1. *Es seien* $\mathbf{a}, \mathbf{b}$ *Ketten durch den Punkt* P *mit* $\mathbf{a} \cap \mathbf{b} = \{P\}$. *Dann sind die folgenden Aussagen gleichwertig*

(i) $\mathbf{a} P \mathbf{b}$;

(ii) *Es gibt Punkte* A, A', B, B'; F *mit*: A, A' *sind verschiedene Punkte auf* $\mathbf{a} - \mathbf{b}$, B, B' *sind verschiedene Punkte auf* $\mathbf{b} - \mathbf{a}$, $F \notin \mathbf{a} \cup \mathbf{b}$, $PFAB$, $PFA'B'$ *sind je konzyklische Quadrupel, d.h. je gemeinsam einer und derselben Kette angehörend.*

Korollar zu Satz 6.1: *Ist* χ *eine Kettenverwandtschaft, so ist* $\mathbf{a} P \mathbf{b}$ *mit* $\mathbf{a}^\chi P^\chi \mathbf{b}^\chi$ *gleichwertig.*

Satz 6.2. *Es seien* A, B, C, D *verschiedene Punkte auf einer Kette* $\mathbf{k}$. *Dann sind die folgenden Aussagen gleichwertig*

(i) $\begin{bmatrix} A & B \\ D & C \end{bmatrix} = \langle(-1)\rangle$[74];

(ii) *Es gibt verschiedene Punkte* F, G, H *mit* $F, G, H \notin \mathbf{k}$; $AHGD$, $BHFD$ *sind konzyklische Quadrupel*;

$(FGD)\ D(ABD)$;

$(AFD)\ D(CHD)\ D(BGD)$.

Das Korollar zu Satz 6.1 zusammen mit Satz 6.2 führen auf das Korollar zu Satz 6.2: Ist χ eine Kettenverwandtschaft, so ist

$$\begin{bmatrix} A & B \\ D & C \end{bmatrix} = -1 \quad \text{mit} \quad \begin{bmatrix} A^\chi & B^\chi \\ D^\chi & C^\chi \end{bmatrix} = -1$$

gleichwertig für je vier verschiedene Punkte A, B, C, D.

Wir beweisen nun den

Satz 6.3. *Ist* $x \to x'$ *eine bijektive Abbildung von* $\mathfrak{L}'$ *mit* $\infty' = \infty$, $0' = 0$, $1' = 1$ *so, daß für je vier verschiedene Punkte* A, B, C, D *mit*

$$\begin{bmatrix} A & B \\ D & C \end{bmatrix} = -1 \quad \textit{auch} \quad \begin{bmatrix} A' & B' \\ D' & C' \end{bmatrix} = -1$$

folgt, so ist $x \to x'$ *auf* $\mathfrak{L}$ *ein Automorphismus oder aber ein Antiautomorphismus.*

Beweis. Seien x, y verschiedene Elemente aus $\mathfrak{L}$. Dann sind $x, y, \frac{x+y}{2}$,

---

[74] Wegen $\langle(-1)\rangle = \{-1\}$ schreiben wir kurz $\begin{bmatrix} A & B \\ D & C \end{bmatrix} = -1$.

∞ verschiedene Punkte mit

$$\begin{bmatrix} x & y \\ \infty & \frac{x+y}{2} \end{bmatrix} = -1.$$

Also gilt

$$\begin{bmatrix} x' & y' \\ \infty & \left(\frac{x+y}{2}\right)' \end{bmatrix} = -1,$$

was auf $\left(\frac{x+y}{2}\right)' = \frac{x'+y'}{2}$ führt, eine Formel, die gewiß auch für $x = y$ richtig ist. $y = 0$ ergibt $\left(\frac{x}{2}\right)' = \frac{x'}{2}$ für alle $x \in \mathfrak{L}$. Damit ist

$$(x+y)' = 2\left(\frac{x+y}{2}\right)' = x' + y'$$

für alle $x, y \in \mathfrak{L}$. Also stellt $x \to x'$ einen Automorphismus der additiven Gruppe von $\mathfrak{L}$ dar, für den nach Annahme auch noch $1' = 1$ gilt. Hiermit ist auch $(-1)' = -1$. Sei $x \in \mathfrak{L} - \{0, 1, -1\}$ (im Falle $|\mathfrak{L}| = 3$ liegt Satz 6.3 auf der Hand). Dann sind $x, x^{-1}, 1, -1$ verschiedene Punkte mit

$$\begin{bmatrix} x & x^{-1} \\ 1 & -1 \end{bmatrix} = \left\langle \begin{pmatrix} x & x^{-1} \\ 1 & -1 \end{pmatrix} \right\rangle = \left\langle \frac{1}{x^{-1}+1}(x+1)\frac{1}{x-1}(x^{-1}-1) \right\rangle = -1.$$

Also gilt

$$-1 = \begin{bmatrix} x' & (x^{-1})' \\ 1 & -1 \end{bmatrix} = \left\langle \frac{1}{v+1}(x'+1)\frac{1}{x'-1}(v-1) \right\rangle$$

mit $v := (x^{-1})'$. Also ist

$$(1+v)\frac{1}{1-v} = (x'+1)\frac{1}{x'-1},$$

d.h. $(x')^{-1} = v = (x^{-1})'$. Diese Formel ist natürlich auch für $x \in \{1, -1\}$ richtig. Damit ist mit dem Satz von Hua Satz 6.3 bewiesen. ∎

Wir kommen hiermit zu

Satz 6.4. *Gilt für die Geometrie* $\Sigma(\mathfrak{K}, \mathfrak{L})$ *sowohl* char $\mathfrak{K} \neq 2$ *als auch* $\mathfrak{K} \subseteq \mathfrak{Z}(\mathfrak{L})$, *so ist* $\mathbb{M} = \mathscr{A}(\mathfrak{L}, \mathfrak{K}) \cdot \Gamma(\mathfrak{L})$.

Beweis. Ist χ eine Kettenverwandtschaft, so sei $\gamma \in \Gamma(\mathfrak{L})$ eine Abbildung mit $\infty^\gamma = (\infty^\chi)$, $0^\gamma = (0^\chi)$, $1^\gamma = (1^\chi)$ (Lemma 1.3). Es ist dann auch $\mu = \chi\gamma^{-1}$ eine Kettenverwandtschaft. Für diese gilt $\infty^\mu = \infty$, $0^\mu = 0$, $1^\mu = 1$. Auf Grund des Korollars zu Satz 6.2 folgt mit Satz 6.3 $\mu \in \mathscr{A}(\mathfrak{L}, \mathfrak{K})$, d.h.

$$\chi = \mu\gamma \in \mathscr{A}(\mathfrak{L}, \mathfrak{K}) \cdot \Gamma(\mathfrak{L}).$$

Da andererseits jede Bijektion aus $\mathscr{A}(\mathfrak{L}, \mathfrak{K}) \cdot \Gamma(\mathfrak{L})$ nach Satz 3.4 auch eine Kettenverwandtschaft darstellt, ist Satz 6.4 gezeigt. ∎

Schließlich nun den allgemeinen Fall, wo nicht notwendig $\mathfrak{K} \subseteq \mathfrak{Z}(\mathfrak{L})$ gilt, betrachtend, beweisen wir:

Satz 6.5. *Gilt* char $\mathfrak{K} \neq 2$ *für die Geometrie* $\Sigma(\mathfrak{K}, \mathfrak{L})$, *so ist*

$$\mathbb{M} = \mathscr{A}(\mathfrak{L}, \mathfrak{K}) \cdot \Gamma(\mathfrak{L}).$$

Beweis. Sei χ eine sonst beliebige Kettenverwandtschaft mit den Fixpunkten ∞, 0, 1. Nach Satz 3.3d überführt χ Fährten in Fährten. Da dies χ^{-1} ebenfalls tut als Kettenverwandtschaft, so ist mit Satz 3.3a) χ eine Kettenverwandtschaft der Geometrie $\Sigma(\mathfrak{F}, \mathfrak{L})$, $\mathfrak{F} = \mathfrak{K} \cap \mathfrak{Z}(\mathfrak{L}) \subseteq \mathfrak{Z}(\mathfrak{L})$. Also gilt nach Satz 6.4 (für den dortigen Unterkörper $\mathfrak{K}$ hier $\mathfrak{F}$ genommen) $\chi \in \mathscr{A}(\mathfrak{L}, \mathfrak{F}) \cdot \Gamma(\mathfrak{L})$. Ist $\chi = \alpha \cdot \gamma$ mit $\alpha \in \mathscr{A}(\mathfrak{L}, \mathfrak{F})$, $\gamma \in \Gamma(\mathfrak{L})$, so ist wegen $\alpha^{-1}\chi \in \Gamma_{\infty,0,1}$ offenbar γ ein innerer Automorphismus von $\mathfrak{L}$, was auf $\gamma \in \mathscr{A}(\mathfrak{L}, \mathfrak{F})$, d.h. auf $\chi \in \mathscr{A}(\mathfrak{L}, \mathfrak{F})$ führt. Betrachten wir nun das Bild der Kette $\mathfrak{K}'$ gegenüber χ: Wegen $(\mathfrak{K}')^\chi \ni \infty$, 0, 1 gilt

$$(\mathfrak{K}')^\chi = \{\infty\} \cup a\mathfrak{K}a^{-1}$$

mit einem geeigneten $a \in \mathfrak{L}^\times$. Wir betrachten die Kettenverwandtschaft $\chi_1 := \chi \cdot \varphi(a^{-1}, a, 0)$, für die wegen $\varphi(a^{-1}, a, 0) \in \mathscr{A}(\mathfrak{L}, \mathfrak{F})$ auch $\chi_1 \in \mathscr{A}(\mathfrak{L}, \mathfrak{F})$ gilt. Wegen $(\mathfrak{K}')^{\chi_1} = \mathfrak{K}'$ hält der Auto- oder Antiautomorphismus $\chi_1 \in \mathscr{A}(\mathfrak{L}, \mathfrak{F})$ sogar $\mathfrak{K}$ als Ganzes fest. Damit ist $\chi_1 \in \mathscr{A}(\mathfrak{L}, \mathfrak{K})$. Wegen $\varphi(a^{-1}, a, 0) \in \Gamma(\mathfrak{L})$ ist also $\chi \in \mathscr{A}(\mathfrak{L}, \mathfrak{K}) \cdot \Gamma(\mathfrak{L})$. — Sei nun σ eine beliebige Kettenverwandtschaft der Geometrie $\Sigma(\mathfrak{K}, \mathfrak{L})$ und sei $\delta \in \Gamma(\mathfrak{L})$ eine Abbildung mit $\infty^\sigma = (\infty^\delta)$, $0^\sigma = (0^\delta)$, $1^\sigma = (1^\delta)$. Dann ist nach dem vorweg Gezeigten jedenfalls $\sigma\delta^{-1} \in \mathscr{A}(\mathfrak{L}, \mathfrak{K}) \cdot \Gamma(\mathfrak{L})$, d.h. $\sigma \in \mathscr{A}(\mathfrak{L}, \mathfrak{K}) \cdot \Gamma(\mathfrak{L})$. Mit Satz 3.4 ist damit Satz 6.5 vollständig bewiesen. ▯

Wir schauen uns nun noch den Fall $\Sigma(\mathbb{C}, \mathbb{Q})$ der 2-Sphären auf der 4-Sphäre an. Da das Produkt zweier Antiautomorphismen eines Körpers $\mathfrak{L}$ ein Automorphismus von $\mathfrak{L}$ sein muß, so läßt sich jeder Antiautomorphismus von $\mathbb{Q}$ in der Form

$$q \to (\bar{q})^\alpha,$$

wo α ein Automorphismus von $\mathbb{Q}$ ist, darstellen. Da jeder Automorphismus von $\mathbb{Q}$ ein innerer Automorphismus von $\mathbb{Q}$ ist, also in $\Gamma_{\infty,0,1} = \Phi \subset \Gamma(\mathfrak{L})$ liegt, so ist nach Satz 6.5 die Gruppe $\mathbb{M}$ im Falle $\Sigma(\mathbb{C}, \mathbb{Q})$ gegeben genau durch die Abbildungen

$$x \to x^\gamma, \quad \gamma \in \Gamma(\mathfrak{L}),$$

und

$$x \to (\bar{x})^\gamma, \quad \gamma \in \Gamma(\mathfrak{L}).$$

Anhang

1. Relationen

Als fundamental in der gesamten Mathematik hat sich der Begriff der Relation herausgestellt. Zu seiner Definition gehen wir von einer Menge $\mathfrak{M}$ aus. Bezeichnet dann $\mathfrak{M}^n$, n eine natürliche Zahl, die Menge aller geordneten n-tupel über $\mathfrak{M}$, so heißt jede Teilmenge von $\mathfrak{M}^n$ eine *n-stellige Relation* über $\mathfrak{M}$. Ist ϱ eine n-stellige Relation über $\mathfrak{M}$ und gilt $(x_1, \ldots, x_n) \in \varrho$, $x_i \in \mathfrak{M}$, $i = 1, \ldots, n$, so sagen wir auch, daß das geordnete n-tupel $x_1, \ldots, x_n$ in der Relation ϱ stehe. Für $n = 2$ wird auch an Stelle von $(x_1, x_2) \in \varrho$ kürzer $x_1 \varrho x_2$ geschrieben. Im Bereich der natürlichen Zahlen hat man z. B. die zweistellige Relation

$$\{(x_1, x_2) \mid x_1 < x_2\},\ x_1, x_2 \text{ natürliche Zahlen;}$$

im Bereich der reellen Zahlen liegt z. B. die folgende 3-stellige Relation vor

$$\{(x_1, x_2, x_3) \mid x_1 + x_2 = x_3\}, \quad x_i \in \mathbb{R}.$$

Es seien jetzt $\mathfrak{M}_1, \mathfrak{M}_2, \ldots, \mathfrak{M}_r$ endlich viele Mengen, die nicht paarweise disjunkt zu sein brauchen. Unter $\mathfrak{M}_1 \times \mathfrak{M}_2 \times \cdots \times \mathfrak{M}_r$ sei dann die Menge aller geordneten r-tupel $(x_1, \ldots, x_r)$ verstanden mit $x_i \in \mathfrak{M}_i$, $i = 1, \ldots, r$. Sind nun $\mathfrak{S}_1, \mathfrak{S}_2, \ldots, \mathfrak{S}_t$ Mengen, so verstehen wir unter einer Relation vom Typ $(i_1, i_2, \ldots, i_s)$ über der Struktur $(\mathfrak{S}_1, \mathfrak{S}_2, \ldots, \mathfrak{S}_t)$, wobei i_ν natürliche Zahlen sind mit

$$1 \leq i_1, i_2, \ldots, i_s \leq t,$$

eine Teilmenge von

$$\mathfrak{S}_{i_1} \times \mathfrak{S}_{i_2} \times \cdots \times \mathfrak{S}_{i_s}.$$

Gewiß ist eine Relation vom Typ $(i_1, \ldots, i_s)$ über $(\mathfrak{S}_1, \ldots, \mathfrak{S}_t)$ eine s-stellige Relation über $\mathfrak{S}_{i_1} \cup \mathfrak{S}_{i_2} \cup \cdots \cup \mathfrak{S}_{i_s}$ oder auch über

$$\mathfrak{S}_1 \cup \mathfrak{S}_2 \cup \cdots \cup \mathfrak{S}_t.$$

Umgekehrt kann man z. B. eine n-stellige Relation über $\mathfrak{M}$ als Relation vom Typ $(1, 1, \ldots, 1)$ über der Struktur $(\mathfrak{S}_1 \equiv \mathfrak{M})$ schreiben. Trotz der möglichen unmittelbaren Zurückführung des Begriffs der Relation vom Typ $(i_1, \ldots, i_s)$ auf den der s-stelligen Relation, verzichten wir nicht auf diesen Begriff, da er bei der Typenbeschreibung geometrischer Strukturen nützlich ist.

2. Geometrische Strukturen

Unter einer *n-sortigen geometrischen Struktur* verstehen wir eine geordnete Folge von n Mengen $\mathfrak{S}_1, \mathfrak{S}_2, \ldots, \mathfrak{S}_n$ zusammen mit endlich oder unendlich vielen Relationen über der Struktur $(\mathfrak{S}_1, \ldots, \mathfrak{S}_n)$. Betrachten wir beispielsweise eine Menge $\mathfrak{P}$ von Punkten und eine Menge $\mathfrak{G}$ von Geraden, so haben wir eine zweisortige Geometrie. Setzen wir $\mathfrak{S}_1 := \mathfrak{P}$, $\mathfrak{S}_2 := \mathfrak{G}$, so ist also eine Inzidenzrelation zwischen Punkten und Geraden eine Relation vom Typ (1, 2); eine Orthogonalitätsrelation auf der Menge der Geraden ist eine Relation vom Typ (2, 2), ein Winkelbegriff wird durch eine Relation vom Typ (2, 2, 1) geliefert, eine Trennrelation für Punkte durch eine Relation vom Typ (1, 1, 1). — Ein metrischer Raum kann als zweisortige geometrische Struktur angesehen werden, $\mathfrak{S}_1 :=$ Menge der Punkte, $\mathfrak{S}_2 := \mathbb{R}$. Hier spielt eine Relation vom Typ (1, 1, 2) eine Rolle,

$$\{(x, y, \mathscr{d}(x, y)) \mid x, y \in \mathfrak{S}_1, \mathscr{d}(x, y) \in \mathbb{R}\},$$

wo $\mathscr{d}(x, y)$ die Distanz der Punkte x, y bezeichnet.

Berührstrukturen sind zweisortige Geometrien mit Relationen vom Typ (1, 2) (Inzidenzrelation), (2, 1, 2) (Berührrelation).

Für eine rasche Orientierung im Bereich der geometrischen Strukturen bietet sich der folgende Typenbegriff an: Haben wir die geometrische Struktur $(\mathfrak{S}_1, \mathfrak{S}_2, \ldots, \mathfrak{S}_n)$ eingeführt mit den Grundrelationen $\mathscr{R}, \mathscr{R}', \ldots$, so sprechen wir von einer geometrischen Struktur vom Typ

$$(n; T, T', \ldots),$$

wo $\mathscr{R}, \mathscr{R}', \ldots$ die Typen von $\mathscr{R}, \mathscr{R}', \ldots$ über $(\mathfrak{S}_1, \ldots, \mathfrak{S}_n)$ bezeichnen.

Ein metrischer Raum kann als geometrische Struktur vom Typ (2; 112) angesehen werden, eine Berührstruktur als geometrische Struktur vom Typ

$$(2; 12, 212)$$

(wird hier noch ein Winkelbegriff in Betracht gezogen, so wäre

$$(2; 12, 212, 221)$$

der Typ). Die Liegeometrie hätte den Typ (1; 11).

3. G-invariante Begriffe, G-Invarianten. Kleinsches Erlanger Programm. Geometrie einer geometrischen Struktur

Gegeben seien Mengen $\mathfrak{S}_1, \mathfrak{S}_2, \ldots, \mathfrak{S}_n$ und eine Gruppe **G**, deren Elemente die Gestalt $\varphi = (\varphi_1, \ldots, \varphi_n)$ haben, wo φ_i eine Permutation von $\mathfrak{S}_i$, $i = 1, 2, \ldots, n$ ist, und deren zugrunde liegende Verknüpfung

$$\varphi \cdot \psi = (\varphi_1\psi_1, \ldots, \varphi_n\psi_n)$$

ist, wo $\varphi_i\psi_i$ die Multiplikation von Permutationen $(s_i \to (s_i^{\varphi_i})^{\psi_i}, s_i \in \mathfrak{S}_i)$ darstellt. Dann nennen wir eine Relation $\mathscr{R}$ über $(\mathfrak{S}_1, \ldots, \mathfrak{S}_n)$ einen **G**-invarianten Begriff über $(\mathfrak{S}_1, \ldots, \mathfrak{S}_n)$, wenn die **G**-Bilder der Elemente von $\mathscr{R}$ wieder in $\mathscr{R}$ liegen. Betrachten wir beispielsweise die Möbiusgruppe einer Möbiusebene als Gruppe **G**, so ist hier die Inzidenzrelation, d.h. also der Inzidenzbegriff, ein **G**-invarianter Begriff: Die zugrunde liegende Relation

$$\mathscr{I} = \{(P, \mathbf{k}) \mid \text{Punkt } P \text{ liegt auf Kreis } \mathbf{k}\}$$

geht über in

$$\{(P^\mu, \mathbf{k}^\mu)\ (P, \mathbf{k}) \in \mathscr{I}, \mu \in \mathbf{G}\} \subseteq \mathscr{I}.$$

Wir nennen eine oben beschriebene Gruppe **G** eine Gruppe von Automorphismen der geometrischen Struktur $(\mathfrak{S}_1, \ldots, \mathfrak{S}_n)$ mit den Relationen $\mathscr{R}, \mathscr{R}', \ldots$, wenn $\mathscr{R}, \mathscr{R}', \ldots$ alle **G**-invariant sind. Weiterhin sei jetzt eine Menge $\mathfrak{J}$ gegeben und eine Relation $\overline{\mathscr{R}}$ über $(\mathfrak{S}_1, \ldots, \mathfrak{S}_n)$. Dann nennen wir eine Abbildung

$$\tau : \overline{\mathscr{R}} \to \mathfrak{J}$$

eine **G**-*Invariante,* wenn zu jedem $i \in \mathfrak{J}$ die Urbildmenge $i^{\tau^{-1}}$ durch **G** in sich überführt wird. Ist beispielsweise auf einer reellen projektiven Geraden die Relation $\overline{\mathscr{R}}$ die Menge aller geordneten Punktequadrupel $ABCD$ (A, B, C, D verschieden), d.h. also eine Relation vom Typ (1111), ist $\mathfrak{J} = \mathbb{R}$ und

$$(ABCD)^\tau := \begin{bmatrix} A & B \\ D & C \end{bmatrix},$$

so ist beispielsweise τ eine $\Gamma(\mathbb{R})$-Invariante.

Unter der **G**-Geometrie einer geometrischen Struktur $(\mathfrak{S}_1, \ldots, \mathfrak{S}_n)$ mit den Grundrelationen $\mathscr{R}, \mathscr{R}', \ldots$ — es sei **G** hiervon eine Gruppe von Automorphismen — versteht man die Theorie der **G**-invarianten Begriffe und der **G**-Invarianten. Die Klassifizierung invarianter Begriffe und Invarianten nach Automorphismengruppen **G** nennt man auch das *Kleinsche Erlanger Programm.*

Literaturverzeichnis

Aczél, J., Benz, W.: Kollineationen auf Drei- und Vierecken in der Desarguesschen projektiven Ebene und Äquivalenz der Dreiecksnomogramme und der Dreigewebe von Loops mit der Isotopie-Isomorphie-Eigenschaft. Aequationes Math. **3**, 86–92 (1969).

— Golab, S., Kuczma, M., Siwek, E.: Das Doppelverhältnis als Lösung einer Funktionalgleichung. Ann. Polon. Math. **9**, 183–187 (1960).

— McKiernan, M. A.: On the characterization of plane projective and complex Möbius-transformations. Math. Nachr. **33**, 317–337 (1967).

Ancochea, G.: Le théorème de von Staudt en géométrie projective quaternionienne. J. Reine Angew. Math. **184**, 193–198 (1942).

Arnold, H. J.: Die Geometrie der Ringe im Rahmen allgemeiner affiner Strukturen. Hamburger Math. Einzelschriften, Nr. 4. Göttingen: Vandenhoeck & Ruprecht 1971.

Artin, E.: [1] Galois Theory. 2. Aufl. Notre Dame Math. Lectures, No. 2. Notre Dame, Ind. 1944.

— [2] Geometric Algebra. New York-London: Interscience Publishers 1957.

Artzy, R.: [1] Linear Geometry. Reading, Mass.: Addison-Wesley 1965.

— [2] A pascal theorem applied to Minkowski Geometry. To appear in Journal of Geometry.

Arvesen, O. P.: [1] Une application de la transformation par semi-droites réciproques. Norske Vid. Selsk., Forh. **9**, 13–15 (1936).

— [2] Etwas über Laguerres Richtungsgeometrie. Norsk mat. Tidsskr. **18**, 112–125 (1930) [Norwegisch].

— [3] Sur la solution de Laguerre du problème d'Appollonius. C. R. Acad. Sci., Paris **203**, 704–706 (1936).

— [4] Sur les transformations par semi-droites réciproques. Norsk mat. Tidsskr. **21**, 9–12 (1939).

Baer, R.: [1] The fundamental theorems of elementary geometry. An axiomatic analysis. Trans. Amer. Math. Soc. **56**, 94–129 (1944).

— [2] Linear algebra and projective geometry. 2. Aufl. New York: Academic Press 1966.

Baldus, R.: Nichteuklidische Geometrie. Hyperbolische Geometrie der Ebene. 4. Aufl. Bearbeitet und ergänzt von F. Löbell. Sammlung Göschen, Bd. 970/970a. Berlin: de Gruyter 1964.

Barbilian, D.: [1] Zur Axiomatik der projektiven ebenen Ringgeometrien. I. Jber. Deutsch. Math. Verein. **50**, 179–229 (1940).

— [2] Zur Axiomatik der projektiven ebenen Ringgeometrien. II. Jber. Deutsch. Math. Verein. **51**, 34–76 (1941).

Barlotti, A.: Sulle *m*-structure di Möbius. Rend. Ist. Mat. Univ. Trieste **1**, fasc. **1**, 35–46 (1969) [Engl. Zusammenfassung].

Barner, M.: Zur Möbius-Geometrie: die Inversionsgeometrie ebener Kurven. J. Reine Angew. Math. **206**, 192—220 (1961).

Beck, H.: [1] Ein Seitenstück zur Möbiusschen Geometrie der Kreisverwandtschaften. Trans. Amer. Math. Soc. **11**, 414—448 (1910).

— [2] Koordinatengeometrie. I. Die Ebene. Berlin: Springer 1919.

— [3] Der Fundamentalsatz der Lieschen Kugelgeometrie im Euklidischen Raum. Math. Z. **15**, 159—167 (1922).

— [4] Zur Lieschen Kugelgeometrie im Nichteuklidischen Raum. Jber. Deutsch. Math. Verein. **32**, 132—147 (1923).

Benz, W.: [1] Axiomatischer Aufbau der Kreisgeometrie auf Grund von Doppelverhältnissen. J. Reine Angew. Math. **199**, 56—90 (1958).

— [2] Zur Theorie der Möbiusebenen. I. Math. Ann. **134**, 237—247 (1958).

— [3] Beziehungen zwischen Orthogonalitäts- und Anordnungseigenschaften in Kreisebenen. Math. Ann. **134**, 385—402 (1958).

— [4] (8_3, 6_4)-Konfigurationen in Laguerre-, Möbius- und weiteren Geometrien. Math. Z. **70**, 283—296 (1958).

— [5] Über Winkel- und Transitivitätseigenschaften in Kreisebenen. I, II. J. Reine Angew. Math. **205**, 48—74 (1960/1961); **207**, 1—15 (1961).

— [6] Über Möbiusebenen. Ein Bericht. Jber. Deutsch. Math. Verein. **63**, 1—27 (1960).

— [7] Zur Möbiusgeometrie über einem Körperpaar. Arch. Math. **13**, 136—146 (1962).

— [8] Über eine Verallgemeinerung des Satzes von Miquel. Publ. Math. Debrecen **9**, 227—230 (1962).

— [9] Süss'sche Gruppen in affinen Ebenen mit Nachbarelementen und allgemeineren Strukturen. Abh. Math. Sem. Univ. Hamburg **26**, 83—101 (1963).

— [10] Zur Theorie der Möbiusebenen. II. Math. Ann. **149**, 211—216 (1962/1963).

— [11] Fährten in der Laguerregeometrie. Math. Ann. **150**, 66—78 (1963).

— [12] Elliptische Kreisbüschel als Gruppen. Tensor (N. S.) **13**, 232—245 (1963).

— [13] Pseudo-Ovale und Laguerre-Ebenen. Abh. Math. Sem. Univ. Hamburg **27**, 80—84 (1964).

— [14] Das von Staudtsche Theorem in der Laguerregeometrie. J. Reine Angew. Math. **214/215**, 53—60 (1964).

— [15] Zykelverwandtschaften als Berührungstransformationen. J. Reine Angew. Math. **220**, 103—108 (1965).

— [16] Laguerre-Geometrie über einem lokalen Ring. Math. Z. **87**, 137—145 (1965).

— [17] Ω-Geometrie und Geometrie von Hjelmslev. Math. Ann. **164**, 118—123 (1966).

— [18] Die Gruppe der Lietransformationen in der ebenen Geometrie von Lie über einem Körper. Abh. Math. Sem. Univ. Hamburg **29**, 197—211 (1966).

— [19] Eine Kennzeichnung der van der Waerden-Smid-Geometrien. Math. Ann. **165**, 19—23 (1966).

— [20] Nichtkommutative Möbiusgeometrie. Math. Nachr. **38**, 349—359 (1968).

— [21] Zur Linearität relativistischer Transformationen. Jber. Deutsch. Math. Verein. **70**, Heft 2, Abt. 1, 100—108 (1967).

— [22] Die Galoisgruppen als Gruppen von Inversionen. Math. Ann. **178**, 169—172 (1968).

— [23] Über die Grundlagen der Geometrie der Kreise in der pseudo-euklidischen (Minkowskischen) Geometrie. J. Reine Angew. Math. **232**, 41—76 (1968).

— [24] Die 4-Punkt-Invarianten in der projektiven Geraden über einem Schiefkörper. Ann. Polon. Math. **21**, 97—101 (1968).

— [25] Zur Geometrie der Körpererweiterungen. Canad. J. Math. **21**, 1097—1122 (1969).

[26] Ein gruppentheoretisches Modell der pseudo-euklidischen (Minkowskischen) Geometrie. Mathematica (Cluj) **12** (35), 21—23 (1970).
Benz, W.: [27] Permutations and plane sections of a ruled Quadric. In: Symposia Mathematica, Istituto Nazionale di Alta Matematica, Vol. **V**, pp. 325—339 (1970).
— [28] Zur Einbettung pappus'scher Ebenen in miquelsche Ebenen. Erscheint in J. reine angew. Math.
— [29] Zum Büschelsatz in der Geometrie der Algebren. Erscheint in Monatsh. Math.
— [30] Beiträge zur Geometrie der Körpererweiterungen. Erscheint in Demonstratio Mathematica.
— [31] Ebene Geometrie über einem Ring. Erscheint in Mathem. Nachrichten.
— [32] Über die Funktionalgleichung der Längentreue im Ringbereich. Erscheint in Aequationes Math.
— [33] Einige Systeme algebraischer Kurven und eine Dimensionsformel. Erscheint in Hamburger Abhandlungen.
— Elliger, S.: Über die Funktionalgleichung $f(1 + x) + f(1 + f(x)) = 1$. Aequationes Math. **1**, 267—274 (1968).
— Leissner, W., Schaeffer, H.: Kreise, Zykel, Ketten. Zur Geometrie der Algebren. Ein Bericht. Jber. Deutsch. Math. Verein. **74**, 107—122 (1972).
— Mäurer, H.: Über die Grundlagen der Laguerre-Geometrie. Ein Bericht. Jber. Deutsch. Math. Verein. **67**, Abt. 1, 14—42 (1964/1965).
Bilo, M. J.: Sur le théorème fondamental (au sens restreint) de la géométrie projective quaternionienne. In: IIIe Congrès National des Sciences, Vol. **2**, pp. 93—96. Bruxelles 1950.
Biscarini, P.: Una caratterizzazione dei piani finiti di Möbius. Boll. Un. Mat. Ital., IV. Ser., **3**, 993—997 (1970).
Blaschke, W.: [1] Untersuchungen über die Geometrie der Speere in der euklidischen Ebene, Monatshefte Math. Phys. **21**, 3—60 (1910).
— [2] Über die Laguerresche Geometrie orientierter Geraden in der Ebene I. Arch. Math. Phys. **18**, 132—140 (1911).
— [3] Vorlesungen über Differentialgeometrie und geometrische Grundlagen von Einsteins Relativitätstheorie. III. Differentialgeometrie der Kreise und Kugeln. Bearbeitet von G. Thomsen. Grundlehren der math. Wissenschaften in Einzeldarstellungen, Bd. 29. Berlin: Springer 1929.
— [4] Kinematische Begründung von S. Lies Geraden-Kugel-Abbildung. S.-B. Math.-Nat. Kl. Bayer. Akad. Wiss. 1948, 291—297 (1949).
— [5] Projektive Geometrie. 3. Aufl. Basel-Stuttgart: Birkhäuser 1954.
— [6] Analytische Geometrie. 2. Aufl. Basel-Stuttgart: Birkhäuser 1954.
Bol, G.: Vlakke Laguerre-meetkunde. Amsterdam: H. J. Paris 1928.
Borsuk, K.: Multidimensional Analytic Geometry. Monografie Matematyczne, Tom 50. Warschau: PWN-Polish Scientific Publishers 1969.
Bottema, O.: The inversive distance between two circles. Canad. J. Math. **19**, 1149—1152 (1967).
Brauer, R.: On a theorem of H. Cartan. Bull. Amer. Math. Soc. **55**, 619—620 (1949).
Brauner, H.: [1] Eine Verallgemeinerung der Zyklographie. Arch. Math. **9**, 470—480 (1958).
— [2] Geometrie auf der Cayleyschen Fläche. Österr. Akad. Wiss. Math.-Nat. Kl. S.-B. II, **173**, 93—128 (1964).
— [3] Kreisgeometrie in der isotropen Ebene. Monatsh. Math. **69**, 105—128 (1965).
— [4] Geometrie des zweifach isotropen Raumes. I. Bewegungen und kugeltreue Transformationen. J. Reine Angew. Math. **224**, 118—146 (1968).
Buckel, W.: [1] Eine Kennzeichnung des Systems aller Kreise mit nichtverschwindendem Radius der euklidischen Ebene. J. Reine Angew. Math. **191**, 13—29 (1953).

Buckel, W.: [2] Eine Kennzeichnung des Systems aller nichtzerfallenden Kegelschnitte der projektiven Ebene. J. Reine Angew. Math. **191**, **165–178** (**1953**).
Buekenhout, F.: Une généralisation du théorème de von Staudt-Hua. Acad. Roy. Belg. Bull. Cl. Sci. (5) **51**, 1282–1283 (1965).
Burau, W.: La projezione stereografica e le sue generalizzazioni. Rend. Sem. Mat. Messina **1**, 88–93 (1955).
Carathéodory, C.: The most general transformations of plane regions which transform circles into circles. Bull. Amer. Math. Soc. **43**, 573–579 (1937).
Cartan, E.: Leçons sur la géométrie projective complexe. Paris: Gauthier-Villars 1931.
Chen, Y.: [1] Zur Axiomatik der ebenen Geometrie von Lie über einem Körper. Dissertation Bochum 1967.
— [2] Der Satz von Miquel in der Möbiusebene. Math. Ann. **186**, 81–100 (1970).
Chiang, L. F.: A matrix theory of circles and spheres. Acad. Sinica Sci. Rec. **1**, 257–262 (1945).
Cicco, J. de: [1] The analogue of the Moebius group of circular transformations in the Kasner plane. Bull. Amer. Math. Soc. **45**, 936–943 (1939).
— [2] The geometry of the z-plane based on a quadratic extension Γ of a field K^*. Univ. e Politec. Torino, Rend. Sem. Mat. **18**, 91–119 (1958/1959).
Cofman, J.: [1] Triple transitivity in finite Möbius planes. Atti Accad. Naz. Lincei Rend. Cl. Sci. Fis. Mat. Natur. (8) **42**, 616–620 (1967) [Ital. Zusammenfassung].
— [2] Translations in finite Möbius planes. Arch. Math. (Basel) **19**, 664–667 (1968).
— [3] Inversions in finite Möbius planes of even order. Math. Z. **116**, 1–7 (1970).
Coolidge, J. L.: [1] A treatise on the circle and the sphere. Oxford: Clarendon Press 1916.
— [2] The geometry of the complex domain. Oxford: Clarendon Press 1924.
Coxeter, H. S. M.: [1] Inversive distance. Ann. Mat. Pura Appl. (4) **71**, 73–83 (1966).
— [2] The inversive plane and hyperbolic space. Abh. Math. Sem. Univ. Hamburg **29**, 217–242 (1966).
— [3] Inversive geometry. Educ. Studies Math. **3**, 310–321 (1971).
Crowe, D. W.: Projective and inversive models for finite hyperbolic planes. Michigan Math. J. **13**, 251–255 (1966).
Deaux, R.: [1] Sur la transformation circulaire directe. Mathesis **46**, 264–282 (1932).
— [2] Couples communs à une involution de Möbius et à une inversion isogonale. Mathesis **63**, 216–218 (1954).
— [3] Introduction à la géométrie des nombres complexes. Bruxelles: A. de Boeck 1947.
Dembowski, P.: [1] Inversive planes of even order. Bull. Amer. Math. Soc. **69**, 850–854 (1963).
— [2] Möbiusebenen gerader Ordnung. Math. Ann. **157**, 179–205 (1964).
— [3] Automorphismen endlicher Möbius-Ebenen. Math. Z. **87**, 115–136 (1965).
— [4] Zur Geometrie der Suzukigruppen. Math. Z. **94**, 106–109 (1966).
— [5] Finite Geometries. Ergebnisse der Mathematik und ihrer Grenzgebiete, Bd. 44. Berlin-Heidelberg-New York: Springer 1968.
— Hughes, D. R.: On finite inversive planes. J. London Math. Soc. **40**, 171–182 (1965).
Dubikajtis, L.: [1] La géométrie de Lie. Rozprawy Mat. **15**, (1958).
— [2] Un système d'axiomes communs à quelques géométries. Ann. Polon. Math. **5**, 209–236 (1958/1959).
— Guściora, H.: [1] Un modèle hyperbolique de la géométrie plane de Laguerre. Bull. Acad. Polon. Sci., Sér. Sci. Math. Astronom. Phys. **15**, 619–626 (1967) [Russian summary].

Dubikajtis, L.: Guściora, H.: [2] On a hyperbolic model of the solid Laguerre geometry. Bull. Acad. Polon. Sci., Sér. Sci. Math. Astronom. Phys. **15**, 865–869 (1967) [Russian summary].

— Guściora, H.: [3] On a certain generalization of the plane Laguerre geometry to the 3-dimensional space. Bull. Acad. Polon. Sci., Sér. Sci. Math. Astronom Phys. **16**, 327–331 (1968) [Russian summary].

Epstein, P.: Die dualistische Ergänzung des Potenzbegriffs in der Geometrie des Kreises. Z. Math. Phys. **37**, 499–520 (1906).

Ewald, G.: [1] Axiomatischer Aufbau der Kreisgeometrie. Math. Ann. **131**, 354–371 (1956).

— [2] Über den Begriff der Orthogonalität in der Kreisgeometrie. Math. Ann. **131**, 463–469 (1956).

— [3] Über eine Berühreigenschaft von Kreisen. Math. Ann. **134**, 58–61 (1957).

— [4] Begründung der Geometrie der ebenen Schnitte einer Semiquadrik. Arch. Math. **8**, 203–208 (1957).

— [5] Beispiel einer Möbiusebene mit nichtisomorphen affinen Unterebenen. Arch. Math. **11**, 146–150 (1960).

— [6] Ein Schließungssatz für Inzidenz und Orthogonalität in Möbiusebenen. Math. Ann. **142**, 1–21 (1960/1961).

— [7] Aus konvexen Kurven bestehende Möbiusebenen. Abh. Math. Sem. Univ. Hamburg **30**, 179–187 (1967).

— [8] Geometry: An Introduction. Belmont, Calif.: Wadsworth Publishing Comp. 1971.

Fladt, K.: [1] Die nichteuklidische Zyklographie und ebene Inversionsgeometrie (Geometrie von Laguerre, Lie und Möbius). I. Arch. Math. **7**, 391–398 (1956).

— [2] Die nicht euklidische Zyklographie und ebene Inversionsgeometrie (Geometrie von Laguerre, Lie und Möbius). II. Arch. Math. **7**, 399–405 (1957).

— [3] Zur Möbiusinvolution der Ebene. Elem. Math. **24**, 62–63 (1969).

Freudenthal, H.: Die Bedeutung der topologischen Voraussetzung bei der Buckel-van Heemertschen Charakterisierung des Systems der Kreise. J. Reine Angew. Math. **194**, 190–192 (1955).

Gambier, B.: Cycles paratactiques. Mém. Sci. Math., No. 104. Paris: Gauthier-Villars 1944.

Gormley, P. G.: Stereographic projection and the linear fractional group of transformations of quaternions. Proc. Roy. Irish. Acad., Sect. A **51**, 67–85 (1947).

Graf, U.: [1] Über komplexe Zahlsysteme und ihren Zusammenhang mit den äquidistanten Transformationen in Ebenen mit nichteuklidischer Maßbestimmung. S.-B. Berlin. Math. Ges. **32**, 33–44 (1933).

— [2] Über die Strukturen einer Geometrie orientierter Punkte und einer Geometrie orientierter Geraden. S.-B. Berlin. Math. Ges. **33**, 37–46 (1934).

— [3] Über Laguerresche Geometrie in Ebenen mit nichteuklidischer Maßbestimmung und den Zusammenhang mit Raumstrukturen der Relativitätstheorie. Tôhoku Math. J. **39**, 279–291 (1934).

— [4] Über Laguerresche Geometrie in Ebenen und Räumen mit nichteuklidischer Metrik. Jber. Deutsch. Math. Verein. **45**, 212–234 (1935).

— [5] Über komplexe Kreise in der Gaußschen Ebene. Monatsh. Math. Phys. **44**, 238–247 (1936).

— [6] Zur Möbiusschen und Laguerreschen Kreisgeometrie in der Minimalebene. S.-B. Berlin. Math. Ges. **35**, 25–34 (1936).

— [7] Zur Liniengeometrie im linearen Strahlenkomplex und zur Laguerreschen Kugelgeometrie. Math. Z. **42**, 189–202 (1937).

— Kahlau, R.: [1] Über eine Gruppe von Parabelsätzen. S.-B. Berlin. Math. Ges. **34**, 30–32 (1935).

Graf, U.: Kahlau, R: [2] Einige Sätze über Parabeln gleicher Achsenrichtung. Unterrichtsbl. Math. u. Nat. **41**, 114—117 (1935).

Graustein, W. C.: Introduction to higher geometry, 7. Aufl. New York: Macmillan 1963.

Groh, H. J.: [1] Topologische Laguerreebenen. I. Abh. Math. Sem. Univ. Hamburg **32**, 216—231 (1968).

— [2] Topologische Laguerreebenen. II. Abh. Math. Sem. Univ. Hamburg. **24**, 11—21 (1969/1970).

— [3] Characterization of ovoidal Laguerre planes. Arch. Math. (Basel) **20**, 219—224 (1969).

— [4] On flat Laguerre Planes. J. of Geometry **1**, 18—40 (1971).

Grünwald, J.: Über duale Zahlen und ihre Anwendung in der Geometrie. Monatsh. Math. **17**, 81—136 (1906).

Gusciora, H.: A system of axioms of the real plane Laguerre geometry. Bull. Acad. Polon. Sci., Sér. Sci. Math. Astronom. Phys. **13**, 363—366 (1956) [Russian summary].

Gyarmathi, L.: [1] Die Modelle der hyperbolischen ebenen Geometrie in der Möbiusschen Ebene. I. Publ. Math. Debrecen **14**, 153—160 (1967).

— [2] Die Modelle der hyperbolischen ebenen Geometrie in der Möbiusschen Ebene. II. Publ. Math. Debrecen **15**, 149—163 (1968).

Heemert, A. van: Zur Kennzeichnung der Systeme der Kreise und der Kegelschnitte. J. Reine Angew. Math. **194**, 183—189 (1955).

Heise, W.: [1] Zum Begriff der topologischen Möbiusebenen. Abh. Math. Sem. Univ. Hamburg **33**, 216—224 (1969).

— [2] Eine Definition des Möbiusraumes. Manuscripta Math. **2**, 39—47 (1970) [Engl. Zusammenfassung].

— [3] Schwache Möbiusräume. Abh. Math. Sem. Univ. Hamburg **35**, 54—56 (1971).

— [4] Eine neue Klasse von Möbius-*m*-Strukturen. Rend. Ist. Mat. Univ. Trieste **2**, 125—128 (1970).

— Karzel, H.: Eine Charakterisierung der ovoidalen Kettengeometrien. J. Geometry **2**, 69—74 (1972).

Hering, Ch.: [1] Eine Klassifikation der Möbius-Ebenen. Math. Z. **87**, 252—262 (1965).

— [2] Eine Bemerkung über Automorphismengruppen von endlichen projektiven Ebenen und Möbiusebenen. Arch. Math. (Basel) **18**, 107—110 (1967).

— [3] Endliche zweifach transitive Möbiusebenen ungerader Ordnung. Arch. Math. (Basel) **18**, 212—216 (1967).

Hesselbach, B.: Über zwei Vierecksätze der Kreisgeometrie. Abh. Math. Sem. Univ. Hamburg **9**, 265—271 (1933).

Hilbert, D.: Grundlagen der Geometrie. Mit Supplementen von Paul Bernays. 10. Aufl. Stuttgart: B. G. Teubner 1968.

Hjelmslev, J.: [1] Om den rette Linies Bestemmelse ved to Punkter. Bull. Acad. Roy. Danemark 1916, No. 3, pp. 181—189.

— [2] Tre Foredrag over Geometriens Grundlag. Mat. Tidsskr. B 1921, pp. 25—48, 95—121; 1922, pp. 54—70.

— [3] Die natürliche Geometrie. Abh. Math. Sem. Univ. Hamburg **2**, 1—36 (1923).

— [4] Einleitung in die allgemeine Kongruenzlehre. 1.—6. Mitt. Danske Vid. Selsk. Mat.-Fys. Medd. **8** (1929); **10** (1929); **19** (1942); **22** (1945); **22** (1945); **25** (1949).

— [5] Grundlag for den projektive geometri. Kopenhagen: Gyldendalske Boghandel 1943.

Hoffman, A. J.: [1] Chains in the projective line. Duke Math. J. **18**, 827—830 (1951).

Hoffmann, A. J.: [2] On the foundations of inversion geometry. Trans. Amer. Math. Soc. **71**, 218–242 (1951).

Hotje, H.: Möbiusräume, die einen sphärisch-projektiven Raum enthalten. Abh. Math. Sem. Univ. Hamburg **35**, 131–139 (1971).

Hua, L. K.: [1] On the automorphisms of a field. Proc. Nat. Acad. Sci. U.S.A. **35**, 386–389 (1949).

— [2] Fundamental theorem of the projective geometry on a line and geometry of matrices. In: Contes rendus du Premier Congrès des Mathématiciens Hongrois. Budapest: Akadémiai Kiadó 1952.

— [3] On semi-homomorphisms of rings and their applications in projective geometry. Uspehi Matem. Nauk (N.S.) **8**, No. 3 (55), 143–148 (1953).

Hubaut, X.: Construction d'une droite projective sur une algèbre associative. Acad. Roy. Belg. Bull. Cl. Sci. (5) **50**, 618–623 (1964).

Inzinger, R.: Über eine Abbildung der Speere einer Ebene. Monatsh. Math. **52**, 124–137 (1948).

Iversen, U.: Zum Begriff der topologischen Laguerreebene. Abh. Math. Sem. Univ. Hamburg **34**, 227–237 (1969/70).

Izumi, S.: Lattice theoretic foundation of circle geometry. Proc. Imp. Acad. Tokyo **16**, 515–517 (1940).

Jankowski, A.: The system of axioms of the Möbiusgeometry. Bull. Acad. Polon. Sci., Sér. Sci. Math. Astr. Phys. **6**, 489–494 (1958).

Johansson, I.: Ein Beitrag zur ebenen Geometrie von Laguerre. Math. Z. **32**, 259–290 (1930).

Juel, C.: [1] Om v. Staudt's definitioner. Meddelelser København **7**, No. 16.

— [2] Vorlesungen über projektive Geometrie mit besonderer Berücksichtigung der v. Staudtschen Imaginärtheorie. Grundlehren der math. Wissenschaften in Einzeldarstellungen, Bd. 42. Berlin: Springer 1934.

Kaerlein, G.: Der Satz von Miquel in der pseudo-euklidischen (Minkowskischen) Geometrie. Dissertation Bochum 1970.

Karzel, H.: Zusammenhänge zwischen Fastbereichen, scharf zweifach transitiven Permutationsgruppen und 2-Strukturen mit Rechtecksaxiom. Abh. Math. Sem. Univ. Hamburg **32**, 191–206 (1968).

Kashigawi, H.: Oriented circles in non-euclidean space. IV. Memoirs Kyoto (A) **7**, 297–321 (1924).

Kasner, E., De Cicco, J.: The conformal near-Moebius transformations. Bull. Amer. Math. Soc. **46**, 784–793 (1940).

Kerékjártó, B. de: Sur les fondements de la géométries des cercles. Mat. fiz. Lap. **47**, 48–57 (1940) [Franz. Zusammenfassung].

Kollros, L.: Généralisation des théorèmes de Miquel et Clifford. Verh. Schweiz. naturforsch. Ges. 82–83 (1941).

Klein, F.: [1] Vorlesungen über höhere Geometrie. 3. Aufl. Bearbeitet und herausgegeben von W. Blaschke. Grundlehren der math. Wissenschaften in Einzeldarstellungen, Bd. 22. Berlin: Springer 1926 (Nachdruck 1968).

— [2] Vorlesungen über nicht-euklidische Geometrie. Für den Druck neu bearbeitet von W. Rosemann. Grundlehren der math. Wissenschaften in Einzeldarstellungen. Bd. 26. Berlin: Springer 1928 (Nachdruck 1968).

Kozlovskii, K. I.: Configurations of circles in circular quaternary. Mat. Issled. **1**, 196–207 (1966) [Russisch].

Krier, N.: Some characterizations of finite miquelian Möbius planes. Math. Z. **124**, 1–8 (1972).

Krishnaswami Ayyangar, A. A. : Oriented circles. J. Indian Math. Soc. **20**, 204–211 (1934).

Kroll, H.-J.: [1] Ordnungsfunktionen in Möbiusebenen. Abh. Math. Sem. Univ. Hamburg **35**, 195—214 (1971).
— [2] Ordnungsfunktionen in Miquelschen Möbiusebenen und ihre Beziehungen zu algebraischen Anordnungen. J. of Geometry **1**, 90—108 (1971).
Kruppa, E.: Die affine duale Ebene und eine ihr aufgeprägte Maßbestimmung in einer Abbildung auf den $\mathbb{R}_4$. Monatsh. Math. Phys. **47**, 338—355 (1939).
Kubota, T.: [1] Note on Laguerre transformations. Tôhoku Math. J. **15**, 227—231 (1919).
— [2] Einige Bemerkungen zur Lieschen Kugelgeometrie. Tôhoku Sci. Rep. **9**, 1—12 (1920).
— [3] Einige Bemerkungen über geometrische Verwandtschaften. Tôhoku Sci. Rep. **15**, 671—674 (1920).
— [4] Ein Satz über Zykelreihen. Monatsh. Math. Phys. **43**, 66—68 (1936).
Kunle, H., Fladt, K., Süß, W.: Erlanger Programm und Höhere Geometrie. In: Grundzüge der Mathematik, Band II, Teil B, S. 227—231. Göttingen: Vandenhoeck & Ruprecht 1971.
Laguerre, E. N.: Oeuvres de Laguerre. Tome II. Géométrie. Paris, 1905.
Lawrence, P. A.: Affine Mappings in the Geometries of Algebras. Dissertation Waterloo, Ontario, 1971.
Lebesgue, H.: Sur deux théorèmes de Miquel et de Clifford. Nouv. Ann. (4) **16**, 481—495 (1916).
Leisenring, K.: A theorem on nonloxodromic Möbius transformations. Michigan Math. J. **6**, 51—52 (1959).
Leißner, W.: [1] Büschelhomogene Lie-Ebenen. J. Reine Angew. Math. **246**, 76—116 (1971).
— [2] Eine Charakterisierung der multiplikativen Gruppe eines Körpers. Jber. Deutsch. Math. Verein. **73**, 92—100 (1971).
Lenz, H.: Zur Definition der Flächen zweiter Ordnung. Math. Ann. **131**, 385—389 (1956).
Lie, S., Scheffers, G.: Geometrie der Berührungstransformationen I. Leipzig, 1896.
Lingenberg, R.: Grundlagen der Geometrie I. B. I.-Hochschultaschenbuch, Bd. 158/158a. Mannheim: Bibliographisches Institut 1969.
Loehrl, A.: Die Laguerresche Gruppe der Ebene. Tôhoku Math. J. **2**, 5—29 (1912).
Lüneburg, H.: [1] Finite Möbius-planes admitting a Zassenhaus group as group of automorphisms. Illinois J. Math. **8**, 586—592 (1964).
— [2] Die Suzukigruppen und ihre Geometrien. Lecture Notes in Mathematics, Vol. 10. Berlin-Heidelberg-New York: Springer 1965.
— [3] On Möbius-planes of even order. Math. Z. **92**, 187—193 (1966).
— [4] Kreishomogene endliche Möbiusebenen. Math. Z. **101**, 68—70 (1967).
Maeda, J.: On the Laguerre-geometry of plane curves. Jap. J. Math. **17**, 13—25 (1940).
Maeda, K.: On the osculating Laguerre cycle of the oriented plane curve. Sci. Rep. Tôhoku Imp. Univ., Ser. 1, **31**, 55—69 (1942).
Matsumura, S.: Beiträge zur Geometrie der Kreise und Kugeln. LXI. J. Osaka Inst. Sci. Tech., Part I, **2**, 47—50 (1950).
Mäurer, H.: [1] Über die Winkelmetrik von Smid in Möbiusebenen und ihre Kennzeichnung durch den vollen Satz von Miquel. Staatsexamensarbeit Mainz 1961.
— [2] Ein spiegelungsgeometrischer Aufbau der Laguerre-Geometrie. I, II. Math. Z. **87**, 78—100, 263—282 (1965).
— [3] Laguerre- und Blaschke-Modell der ebenen Laguerre-Geometrie. Math. Ann. **164**, 124—132 (1966).
— [4] Möbius- und Laguerre-Geometrien über schwach konvexen Semiflächen. Math. Z. **98**, 355—386 (1967).

Mäurer, H.: [5] Ein axiomatischer Aufbau der mindestens 3-dimensionalen Möbius-Geometrie. Math. Z. **103**, 282—305 (1968).

— [6] Die der Laguerre-Geometrie zugehörende Lie-Geometrie. Abh. Math. Sem. Univ. Hamburg **34**, 90—97 (1969/1970).

— [7] Spiegelungen an Halbovoiden. Arch. Math. **21**, 411—415 (1970).

Mehmke, R.: Zur Bestimmung des Punktepaares, das im Sinne von Möbius zwei gegebene Punktepaare der Ebene harmonisch trennt. Jber. Deutsch. Math. Verein. **37**, 333—334 (1928).

Melchior, U.: Die projektive Gerade über einem lokalen Ring, ihre lineare Gruppe und ihre Geometrie. Dissertation Bochum 1968.

Möbius, F.: Gesammelte Werke (hier: Theorie der Kreisverwandtschaften). Leipzig: Hirzel 1886.

Monville, L.: Analytische Beiträge zu Lies Abbildung des Imaginären der ebenen Geometrie. Mitt. Math. Sem. Univ. Gießen 1922, S. 33.

Morley, F. and F. V.: Inversive Geometry. London: C. Bell & Sons 1933.

Müller, E.: [1] Die Geometrie orientierter Kugeln nach Grassmanns Methoden. Monatsh. Math. Phys. **9**, 269—315 (1898).

— [2] Einige Gruppen von Sätzen über orientierte Kreise in der Ebene. Jber. Deutsch. Math. Verein. **20**, 168—192 (1911).

— [3] Vorlesungen über darstellende Geometrie. Bd. II. Die Zyklographie. Aus dem Nachlaß herausg. von J. L. Krames. Wien: F. Deuticke 1929.

Narasinga Rao, A.: Studies in circle geometry. Math. Student **8**, 53—72 (1940).

Nishiuchi, T., Kashiwagi, H.: Oriented circles in non-Euclidean space. Mem. Coll. Sci. Kyôto **4**, 273—303 (1920).

Ogura, K.: Some theorems in the Geometry of the Oriented Circles in a Plane. Tôhoku Math. J. **3**, 104—109 (1913).

Parnasskii, I. V.: On a certain analogy of Laguerre geometry. Moskov. Gos. Ped. Inst. Ucen. Zap. No. **243**, 291—297 (1965) [Russisch].

Patterson, B. C.: The inversive plane. Amer. Math. Monthly **48**, 589—599 (1941).

Peczar, L.: Über eine einheitliche Methode zum Beweis gewisser Schließungssätze. Monatsh. Math. **54**, 210—220 (1950).

Pedoe, D.: [1] Circles. Internat. Series of Monographs on Pure and Appl. Math., Vol. 2. New York-Toronto-Paris: Pergamon Press 1957.

— [2] A course of Geometry for Colleges and Universities. Cambridge: University Press 1970.

Permutti, R.: [1] Una generalizzazione del piani di Möbius. Matematiche (Catania) **22**, 360—374 (1967).

— [2] Suelle m-structure ovoidali di Möbius. Matematiche (Catania) **23**, 50—59 (1968).

Pernet, R.: La droite projective quaternionienne et les transformations de Study-Pimiä. C. R. Acad. Sci., Paris **252**, 3529—3531 (1961).

Perron, O.: Kreisverwandtschaften in der hyperbolischen Geometrie. Math. Z. **93**, 69—79 (1966).

Petkantschin, B.: [1] Axiomatischer Aufbau der zweidimensionalen Möbiusschen Geometrie. Ann. Univ. Sofia. Fac. Sci., Livre 1, Math. Phys. **36**, 219—325 (1940) [Bulgarisch, deutsche Zusammenfassung].

— [2] Über die Orientierung der Kugel in der Möbiusschen Geometrie. Jber. Deutsch. Math. Verein. **51**, 124—147 (1941).

— [3] The axiomatics of complex two-dimensional Möbius geometry. Ann. Univ. Sofia Fac. Sci. Phys. Math., Livre 1, Math. **56**, 85—126 (1963) [Bulgarisch, deutsche Zusammenfassung].

Pieri, M.: Nuovi Principii di Geometria delle inversioni. Giorn. Mat. Battaglini **49**, 49—96 (1911); **50**, 106—140 (1912).

Pimiä, L.: Abbildung der Lieschen Kugelgeometrie auf eine höhere komplexe Gerade. Ann. Acad. Sci. Fennicae, Ser. A I, Math.-Phys. No. **4**, 50 pp. (1941).

Schaal, H.: Euklidische und pseudo-euklidische Sätze über Kreis und gleichseitige Hyperbel. Elem. Math. **19**, 53–56 (1964).

Schaeffer, H.: Das von Staudtsche Theorem in der Geometrie der Algebren. Erscheint in J. Reine Angew. Math.

Schleiermacher, A., Strambach, K.: Freie Erweiterungen in der affinen Geometrie und in der Geometrie der Kreise. I, II. Abh. Math. Sem. Univ. Hamburg **34**, 22–37 (1969); 209–226 (1970).

Schmieden, C., Laugwitz, D.: Eine Erweiterung der Infinitesimalrechnung. Math. Z. **59**, 1–39 (1958).

Schmitt, K.-A.: Winkel- und Transitivitätseigenschaften in Berührstrukturen. Dissertation Mainz 1963.

Schwerdtfeger, H.: [1] Zur Geometrie der Möbius-Transformation. Math. Nachr. **18**, 168–172 (1958).

— [2] On a property of the Moebius group. Ann. Mat. Pura Appl. (4) **54**, 23–31 (1961).

— [3] Geometry of Complex Numbers. Mathematical Expositions, No. 13. Toronto: University of Toronto Press 1962.

Skopec, Z. A., Yaglom, I. M.: Isomorphism of the Möbius and Laguerre transformation groups in noneuclidean planes. Moskov. Gos. Ped. Inst. Ucen. Zap. No. **271**, 341–361 (1967) [Russisch].

Smid, L. J.: Over cirkelmeetkunden. Groningen: P. Noordhoff 1928.

Sommerville, D. M. Y.: Quadratic systems of circles in non-euclidean geometry. Amer. Math. Soc. Bull. **25**, 161–173 (1919).

Sperner, E.: Beziehungen zwischen geometrischer und algebraischer Anordnung. S.-B. Heidelberger Akad. Wiss., Math.-Nat. Kl., no. **10**, 413–448 (1949).

Staudt, G. K. C. von: Beiträge zur Geometrie der Lage, Bd. I,. Nürnberg 1856.

Strambach, K.: [1] Über sphärische Möbiusebenen. Arch. Math. (Basel) **18**, 208–211 (1967).

— [2] Sphärische Kreisebenen. Math. Z. **113**, 266–292 (1970).

— [3] Zentrale Kreisverwandtschaften und die Heringsche Klassifikation von Möbiusebenen. Math. Z. **117**, 41–45 (1970).

Strubecker, K.: [1] Über eine Kreisfigur. J. Reine Angew. Math. **169**, 79–86 (1933).

— [2] Über Konstruktionen in der Laguerre-Geometrie. S.-B. Akad. Wiss. Wien **143**, 233–265 (1934).

— [3] Zur Möbius-Involution der Ebene. Monatsh. Math. Phys. **41**, 439–444 (1934).

— [4] Über die Lieschen Abbildungen der Linienelemente der Ebene auf die Punkte des Raumes (Ein Beitrag zur Kinematik der Minimalebene). Vorl. Mitt. Anz. Akad. Wiss. Wien 1934, S. 315–318.

— [5] Kinematik, Liesche Kreisgeometrie und Geraden-Kugel-Transformation. Elem. Math. **8**, 4–13 (1953).

— [6] Geometrie in einer isotropen Ebene. I, II, III. Math. Naturwiss. Unterricht **15**, 297–306, 343–351, 385–394 (1962/1963).

Study, E.: [1] Geometrie der Dynamen. Leipzig, 1903.

— [2] Über Lies Kugelgeometrie. Jber. Deutsch. Math. Verein. **25**, 96–113 (1916).

— [3] Vorlesungen über ausgewählte Gegenstände der Geometrie. III. Das Imaginäre in der ebenen Geometrie. 2. Tl. (E. Studys hinterlassene Manuskripte herausg. von E. A. Weiss), § 1–§ 8, Bonn, 1933, 101 S.; § 9–§ 14, Bonn, 1934, 84 S.

Süß, W.: Beiträge zur gruppentheoretischen Begründung der Geometrie. I, II. Tôhoku Math. J. **27**, 213–242 (1926); **28**, 228–241 (1927).

Takasu, T.: [1] Differentialgeometrien in den Kugelräumen. Bd. 1. Konforme Differentialkugelgeometrie von Liouville und Möbius. Tokyo: Maruzen 1938.

— [2] Differentialgeometrien in den Kugelräumen. Bd. 2. Laguerresche Differentialkugelgeometrie. Tokyo: Maruzen 1939.

— [3] Realisierung jeder von den elliptischen konformen, parabolischen konformen, hyperbolischen konformen, elliptischen Laguerreschen, parabolischen Laguerreschen und hyperbolischen Laguerreschen Räumen in einem andern. Tôhoku Math. J. **48**, 331–343 (1941).

— [4] Parabolic Lie geometry. Yokohama Math. J. **4**, 95–98 (1956).

Tamássy, L.: Über eine Verallgemeinerung der Möbiusschen Kreisgeometrie. Acta Univ. Debrecen **2**, 137–143 (1955). [Ungarisch, deutsche Zusammenfassung].

Thas, J. A.: [1] Doppelverhältnis eines geordneten Punktequadrupels auf der projektiven Geraden über einer assoziativen Algebra mit Einselement. Simon Stevin **42**, 97–108 (1968/1969) [Holländisch, engl. Zusammenfassung].

— [2] Eine Untersuchung über projektive Geraden über der totalen Matrixalgebra $M_3(K)$ der 3×3 — Matrizen mit Elementen in einem algebraisch abgeschlossenen Körper K. Verhdl. Vlaamse Acad. Wet., Lett. schone Kunsten Belgie, Kl. Wet. **31**, No. 112, 1–115 (1969) [Holländisch, engl. Zusammenfassung].

Uhl, A.: Ein axiomatischer Aufbau der Laguerre-Geometrie. Dissertation Karlsruhe 1964.

Vries, J. de: Konfigurationen von Punkten und Kreisen. Akad. Wetensch. Amsterdam, Proc. **39**, 486–488 (1936).

Waerden, B. L. van der, Smid, L. J.: Eine Axiomatik der Kreisgeometrie und der Laguerregeometrie. Math. Ann. **110**, 753–776 (1935).

Wakeford, E. K.: Miquel's theorem and the double six. London Math. Soc. Proc. (2) **15**, 340–342 (1916).

Witt, W.: Über Steinersche Systeme. Abh. Math. Sem. Univ. Hamburg **12**, 265–275 (1938).

Wölk, R.-D.: Topologische Möbiusebenen. Math. Z. **93**, 311–333 (1966).

Yaglom, I. M.: [1] On the groups of Moebius and Laguerre in planes of constant curvature. C. R. (Doklady) Acad. Sci. URSS (N.S.) **54**, 297–300 (1946).

— [2] On the theory of circular Lie transformations. Kazan. Gos. Univ. Ucen. Zap. **125**, 183–193 (1965) [Russisch].

— [3] Complex numbers in geometry. Translated from the Russian by Eric J. F. Primrose. New York-London: Academic Press 1968.

Yang, Ch.: [1] Certain chains in a finite projective geometry. Acad. Sinica Sci. Rec. **2**, 44–46 (1947).

— [2] Certain chains in a finite projective geometry. Duke Math. J. **15**, 37–47 (1948).

Ziegenbein, P.: Konfigurationen in der Kreisgeometrie. J. Reine Angew. Math. **183**, 9–24 (1940).

Literaturzuordnung

Hier ordnen wir die im Literaturverzeichnis angegebenen Arbeiten und Bücher den einzelnen Kapiteln zu. Dabei handelt es sich um teils in den betreffenden Kapiteln benutzte Literatur, teils um weiterführende bzw. in Teilaspekten im Zusammenhang mit dem Vorgetragenen relevante Literatur.

Kapitel I

R. Artzy [1], O. P. Arvesen [1]—[4], R. Baldus, M. Barner, H. Beck [1]—[4], W. Benz [21], [23], [32], W. Blaschke [1]—[6], G. Bol, K. Borsuk, O. Bottema, H. Brauner [1]—[4], W. Burau, C. Carathéodory, E. Cartan, L. F. Chiang, J. L. Coolidge [1], [2], H. S. M. Coxeter [1]—[3], R. Deaux [1]—[3], L. Dubikajtis / H. Guściora [1]—[3], P. Epstein, K. Fladt [1]—[3], B. Gambier, U. Graf [1]—[7], U. Graf / R. Kahlau [1], [2], W. G. Graustein, J. Grünwald, R. Inzinger, R. Inzinger / U. Iversen, I. Johansson, C. Juel [2], H. Kashigawi, E. Kasner / J. de Cicco, L. Kollros, F. Klein [1], [2], A. A. Krishnaswami Ayyangar, E. Kruppa, T. Kubota [1]—[4], H. Kunle / K. Fladt / W. Süß, E. N. Laguerre, H. Lebesgue, K. Leisenring, S. Lie / G. Scheffers, A. Loehrl, J. Maeda, K. Maeda, S. Matsumura, R. Mehmke, F. Möbius, L. Monville, F. und F. V. Morley, E. Müller [1]—[3], A. Narasinga Rao, T. Nishiuchi / H. Kashiwagi, K. Ogura, I. V. Parnasskii, B. C. Patterson, D. Pedoe [1], [2], O. Perron, L. Pimiä, H. Schaal, H. Schwerdtfeger [1]—[3], Z. A. Skopec / I. M. Yaglom, D. M. Y. Sommerville, K. Strubecker [1]—[6], E. Study [1]—[3], T. Takasu [1]—[4], L. Tamássy, J. de Vries, E. K. Wakeford, I. M. Yaglom [1]—[3].

Kapitel II

J. Aczél / W. Benz, J. Aczél / S. Golab / M. Kuczma / E. Siwek, J. Aczél / M. A. Mc Kiernan, H. J. Arnold, E. Artin [1], [2], R. Baer [2], D. Barbilian [1], [2], W. Benz [2], [6]—[9], [14]—[17], [22], [29], [31]—[33], W. Benz / S. Elliger, W. Benz / W. Leissner / H. Schaeffer, W. Benz / H. Mäurer, J. de Cicco [1], [2], H. Freudenthal, J. Hjelmslev [1]—[5], A. J. Hoffman [1], L. K. Hua [2], X. Hubaut, C. Juel [1], P. A. Lawrence, W. Leißner [2], H. Mäurer [1], [3], L. Peczar, H. Schaeffer, C. Schmieden / D. Laugwitz, K. A. Schmitt, G. K. C. von Staudt, W. Süß, J. A. Thas [1], [2], W. Witt, Ch. Yang [1], [2].

Kapitel III

R. Artzy [2], R. Baer [1], A. Barlotti, W. Benz [1]—[3], [5]—[7], [10]—[13], [18], [19], [23], [26]—[28], W. Benz / W. Leissner / H. Schaeffer, W. Benz / H. Mäurer, P. Biscarini, W. Buckel [1], [2], Y. Chen [1], [2], J. Cofman [1]—[3], D. W. Crowe, P. Dembowski [1]—[5], P. Dembowski / D. R. Hughes, L. Dubikajtis [1], L. Dubikajtis [2], G. Ewald [1]—[8], H. J. Groh [1]—[4], H. Guściora, L. Gyarmathi [1], [2], A. van Heemert, W. Heise [1]—[4], W. Heise / H. Karzel, Ch. Hering [1]—[3], B. Hesselbach, D. Hilbert, A. J. Hoffman [2], H. Hotje, S. Izumi, A. Jankowski, G. Kaerlein, H. Karzel, B. de Kerékjártó, K. I. Kozlovskii, N. Krier, H.-J. Kroll [1], [2], W. Leißner [1], H. Lenz, R. Lingenberg, H. Lüneburg [1]—[4], H. Mäurer [2], [4]—[7], U. Melchior, R. Permutti [1], [2], B. Petkantschin [1]—[3], M. Pieri, A. Schleiermacher / K. Strambach, L. J. Smid, E. Sperner, K. Strambach [1]—[3], A. Uhl, B. L. van der Waerden / L. J. Smid, R.-D. Wölk, P. Ziegenbein.

Kapitel IV

J. Aczel / S. Golab / M. Kuczma / E. Siwek, G. Ancochea, W. Benz [20], [24], [25], [30], W. Benz / W. Leissner / H. Schaeffer, M. J. Bilo, R. Brauer, F. Buekenhout, P. G. Gormley,. L. K. Hua [1], [3], H. Mäurer [4], R. Pernet, H. Schaeffer.

Sachverzeichnis

DG 721/33/72